太原科技大學

Taiyuan University of Science and Technology

1　1. 太原科技大学校徽

2　2. 太原科技大学 70 周年校庆标识

科大之荣

—太原科技大学校歌

1=F $\frac{4}{4}$ 进行曲 激情澎湃的

杨全平词
陈　楠曲

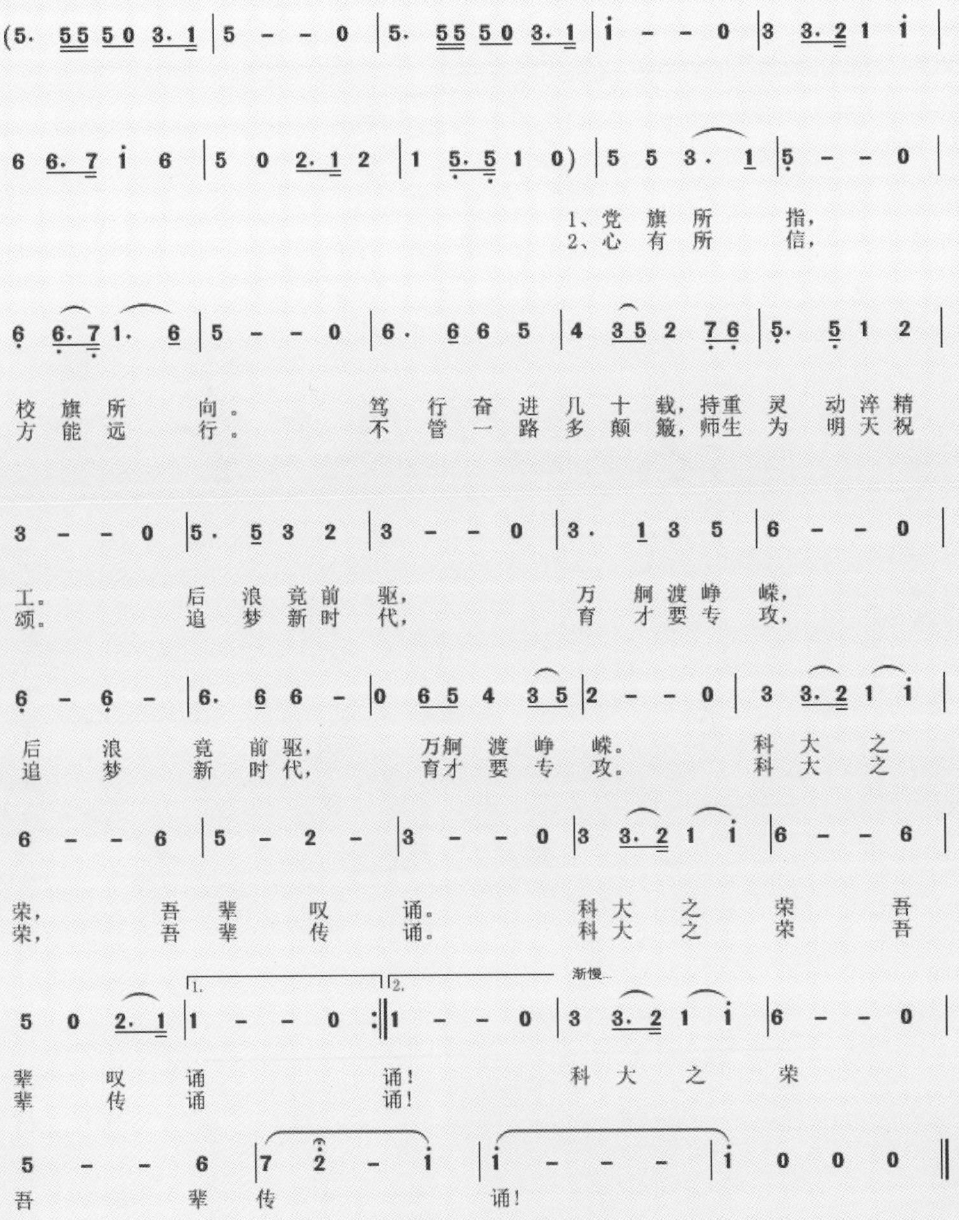

(5. 55 50 3.1 | 5 – – 0 | 5. 55 50 3.1 | i – – 0 | 3 3.2 1 i |

6 6.7 i 6 | 5 0 2.1 2 | 1 5.5 1 0) | 5 5 3. 1 | 5 – – 0 |

1、党 旗 所 指，
2、心 有 所 信，

6 6.7 1. 6 | 5 – – 0 | 6. 6 6 5 | 4 35 2 76 | 5. 5 1 2 |

校 旗 所 向。笃 行 奋 进 几 十 载，持重 灵 动 淬 精
方 能 远 行。不 管 一 路 多 颠 簸，师生 为 明 天 祝

3 – – 0 | 5. 5 3 2 | 3 – – 0 | 3. 1 3 5 | 6 – – 0 |

工。后 浪 竞 前 驱，万 舸 渡 峥 嵘，
颂。追 梦 新 时 代，育 才 要 专 攻，

6 – 6 – | 6. 6 6 – | 0 65 4 35 | 2 – – 0 | 3 3.2 1 i |

后 浪 竞 前 驱，万舸 渡 峥 嵘。科 大 之
追 梦 新 时 代，育才 要 专 攻。科 大 之

6 – – 6 | 5 – 2 – | 3 – – 0 | 3 3.2 1 i | 6 – – 6 |

荣，吾 辈 叹 诵。科 大 之 荣 吾
荣，吾 辈 传 诵。科 大 之 荣 吾

[1.] [2.] 渐慢...

5 0 2.1 | 1 – – 0 :|| 1 – – 0 | 3 3.2 1 i | 6 – – 0 |

辈 叹 诵 诵！科 大 之 荣
辈 传 诵 诵！

5 – – 6 | 7 2 – i | i – – – | i 0 0 0 ||

吾 辈 传 诵！

1　　1. 太原科技大学校歌

2　　2. 太原科技大学校训

历届党委书记、校长（院长）

校长　支秉渊
（1952 年 9 月—1954 年春）

校长　余戈
（1953 年 10 月—
1959 年 3 月）

书记　崔从正
（1953 年 10 月—
1960 年 4 月）

校长、院长、书记　赵伟
（1959 年 3 月—1960 年 4 月校长）
（1978 年 7 月—
1983 年 11 月院长、书记）

书记、院长　阎钊
（1961 年—1969 年 9 月）

书记、革委会主任 寒行
（1971 年 10 月—
1973 年 10 月）

革委会主任　焦国鼐
（1972 年 3 月—
1973 年 4 月）

革委会主任　王维庄
（1973 年 4 月—
1975 年 4 月）

革委会主任、院长　侯俊岩
（1975 年 7 月—1978 年 7 月）

书记、院长　马奔
（1981 年 8 月—
1985 年 11 月）

院长　曾一平
（1983 年 11 月—
1985 年 11 月）

书记　王保东
（1985 年 11 月—1994 年 12 月）
（1990 年 7 月—1992 年 9 月
书记兼院长）

院长　黄松源
（1985 年 11 月—
1990 年 7 月）

院长　王明智
（1992 年 9 月—
2000 年 10 月）

书记　张进战
（1997 年 9 月—
1999 年 5 月）

书记　朱明
（1999 年 11 月—
2004 年 2 月）

院长　张少琴
（2000 年 10 月—
2003 年 1 月）

校长　郭勇义
（2003 年 1 月—
2015 年 3 月）

书记　杨波
（2004 年 9 月—
2015 年 12 月）

校长　左良
（2015 年 7 月—
2018 年 7 月）

书记　王志连
（2015 年 12 月—今）

校长　卫英慧
（2018 年 7 月—
2020 年 11 月）

校长　白培康
（2021 年 5 月—）今

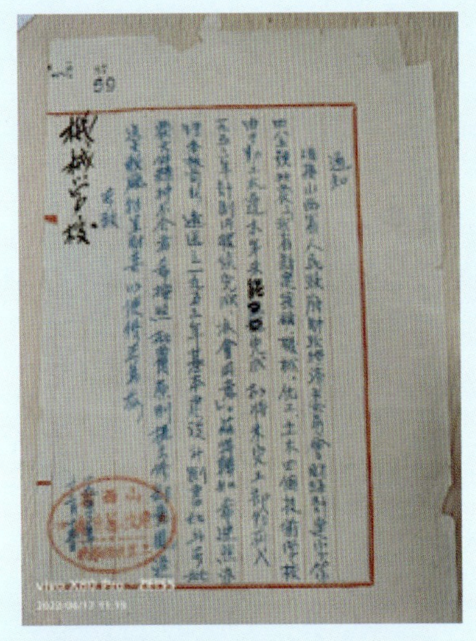

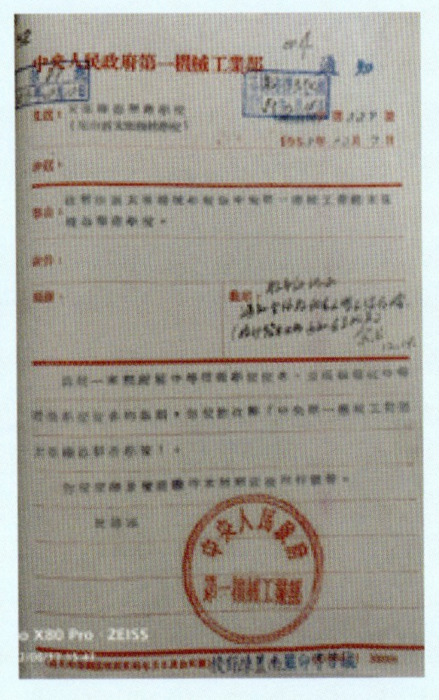

中央人民政府第一机械工业部

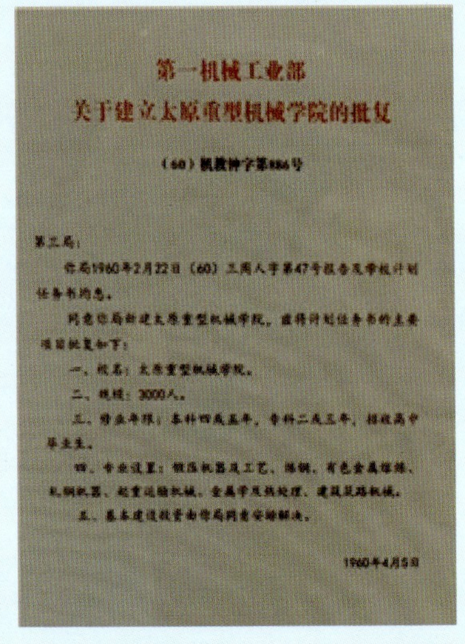

第一机械工业部
关于建立太原重型机械学院的批复

（60）机教钟字第886号

第三局：

你局1960年2月22日（60）三局人字第47号报告及学校计划任务书均悉。

同意你局新建太原重型机械学院，兹将计划任务书的主要项目批复如下：

一、校名：太原重型机械学院。

二、规模：3000人。

三、修业年限：本科四或五年，专科二或三年，招收高中毕业生。

四、专业设置：锻压机器及工艺、炼钢、有色金属冶炼、轧钢机器、起重运输机械、金属学及热处理、建筑筑路机械。

五、基本建设投资由你局同意安排解决。

1960年4月5日

山西省人民政府

晋政函〔2003〕212号

关于同意将山西综合职业技术学院化工分院并入太原重型机械学院的批复

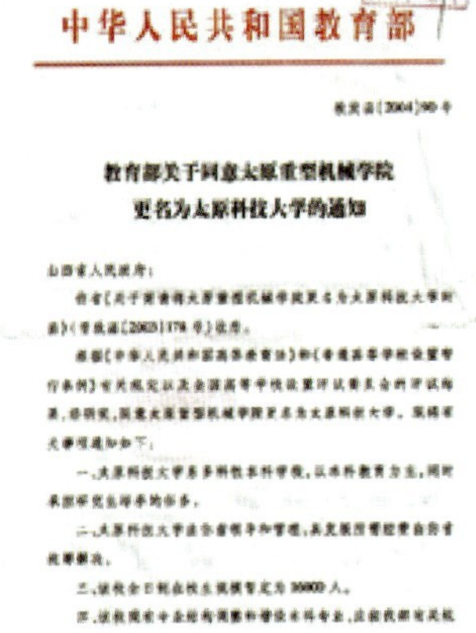

中华人民共和国教育部

教发函〔2004〕90号

教育部关于同意太原重型机械学院更名为太原科技大学的通知

山西省人民政府：

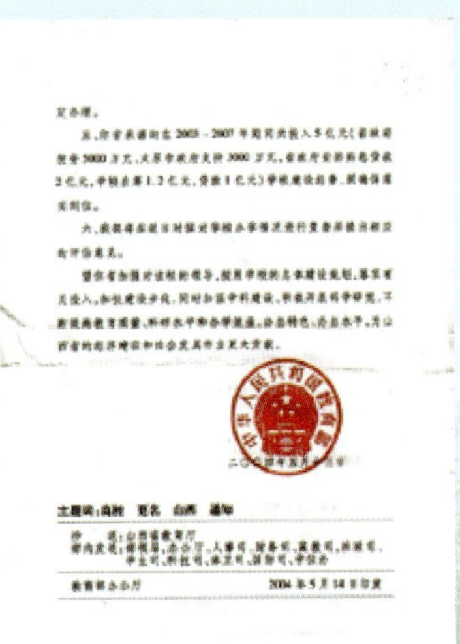

主题词：高校　更名　山西　通知

教育部办公厅　　2004年5月14日印发

1　2　3
4　5

1. 山西省机械制造工业学校筹备

2. 更名为中央第一机械工业部太原机器制造学校

3. 第一机械工业部关于建立太原重型机械学院的批复

4. 关于同意将山西综合职业技术学院化工分院并入太原重型机械学院的批复

5. 教育部关于同意太原重型机械学院更名为太原科技大学的通知

中央第一机械工业部太原机器制造学校
（借居于太原重机厂技工学校）

中央第一机械工业部太原机器制造学校

机械工业部太原重型机械学院

太原重型机械学院南校区
（山西综合职业技术学院化工分院）并入

太原科技大学主校区

太原科技大学南校区

太原科技大学西校区

太原科技大学晋城校区

太原科技大学揭牌校庆大会

太原科技大学申博成功庆祝大会

2004 年学科建设大会

2006 年教学水平评估报告会

2017 年本科教学工作审核评估会

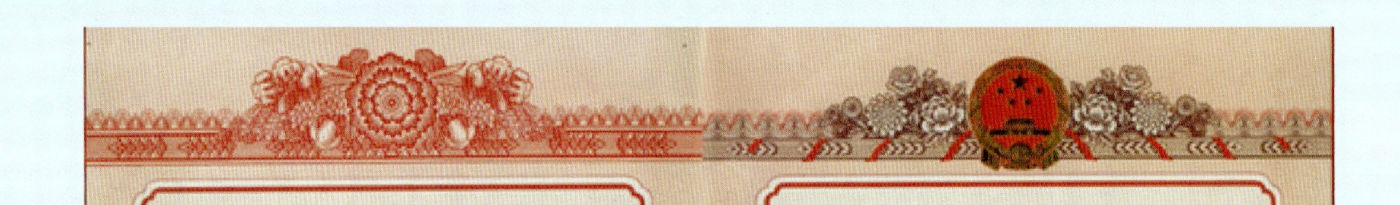

为表彰在促进科学技术进步工作中做出重大贡献，特颁发此证书，以资鼓励。

证　书

获奖项目：发电机护环液压强化新工艺

获奖单位：太原重机学院等

奖励等级：叁　等　奖

奖励日期：一九八五年

国家科学技术进步奖
评审委员会

国家重大技术装备成果奖

表彰证书

项目名称：300MW和600MW火电铸锻件

获奖单位：太原重型机械学院

表彰等级：壹　等

1
2

1. 学校自主研发的发电机护环液压强化新工艺获1985年“国家科技进步三等奖”

2. 学校与中国二重合作的600MW汽轮机低压转子整锻新工艺获“国家重大技术装备成果一等奖”

国家技术发明奖

证 书

为表彰国家技术发明奖获得者，特颁发此证书。

项目名称：一种空间机构的钢板滚切剪技术与装备

奖励等级：二等

获 奖 者：黄庆学(太原科技大学)

证书号：2008-F-216-2-01-R01

国家科学技术进步奖

证 书

为表彰国家科学技术进步奖获得者，特颁发此证书。

项目名称：延长大型轧机轴承寿命研究

奖励等级：二 等

获 奖 者：黄 庆 学

证书号：2003-J-216-2-07-R01

国家科学技术进步奖

证 书

为表彰国家科学技术进步奖获得者，特颁发此证书。

项目名称：大型宽厚板矫直成套技术装备开发与应用

奖励等级：二等

获 奖 者：黄庆学

证书号：2010-J-216-2-01-R01

1
2 3 4

1. 黄庆学教授当选中国工程院院士

2. 一种空间机构的钢板滚切剪技术与装备荣获 2008 年“国家技术发明二等奖”

3. 延长大型轧机轴承寿命研究荣获 2003 年“国家科技进步二等奖”

4. 大型宽厚板矫直成套技术装备开发与应用荣获 2010 年“国家科技进步二等奖”

1 | 2
3 | 4

1. 徐格宁教授获“国家科学技术进步奖二等奖”

2. 马立峰教授团队研制并转化应用的“宽厚板定制化轧制生产工艺及成套设备自主研发与应用”项目荣获“中国机械工业科学技术一等奖”

3.12000 吨航空铝合金厚板张力拉伸装备研制与应用荣获“国家科学技术进步奖”

4.2019 年获得“全国教育系统先进集体”

1 2
3
4

1. 学校设计研制的国庆 50 周年山西彩车

2. 学校与清华美院（艺术造型）联合设计研制的国庆 60 周年山西彩车

3. 学校设计研制的国庆 70 周年山西彩车

4. 学校自主设计制作的“智能草坪”在 2008 年北京残奥会闭幕式上大放异彩

中共太原重型机械学院第四次党代会合影

中共太原重机学院第五次代表大会合影

中国共产党太原科技大学第九次党员代表大会合影

庆祝中华人民共和国成立七十周年文艺晚会

热烈庆祝中国共产党成立 100 周年升旗仪式

1. 1984 年 8 月曾一平院长（前排右三）与支边的毕业生合影留念，（前排右四为矿机 80 级校友，北斗三号卫星系统总设计师陈忠贵）

2. 我校女排在全国大学生第六届“兴华杯”排球赛上取得全国第五名佳绩

3. 574 名“青圪蛋”助力第二届全国青年运动会

4. 疫情期间，志愿者为返校学生进行行李消毒

1 2
3 4
5

1. 学校与中国科学院金属研究所签署产学研全面合作协议

2. 学校与山西鹏飞集团签订产学研合作签约揭牌仪式

3. 学校与太重集团签署国家重点实验室共建共管共享协议

4. 学校与太原钢铁集团有限公司签订校企全面合作协议

5. 学校高端装备智能制造产教融合实训基地项目启动仪式（太忻一体化经济区 2022 年首批重点项目）

学校外教克莱特夫妇在学院运动会上领奖

2009 年太原科技大学与奥本大学合作
培养博士硕士研究生项目签字仪式

2012 年日本丰桥创造大学代表团来访

2019 年与马来西亚拉曼大学签约仪式

学校旧操场

太原重型机械学院
主楼前雕塑

学校原图书馆
（建于 1981 年）

1
2 3
4 5

1. 图书馆

2. 主楼

3. 综合楼

4. 西校区教学楼

5. 体育馆

学校主校区全景

学校西校区全景

校园规划图

1
2
建校 70 周年校庆倒计时一周年启动仪式

太原科技大学校史

（1952—2022年）

太原科技大学校史编写组　编

国防工業出版社

·北京·

图书在版编目（CIP）数据

太原科技大学校史 / 太原科技大学校史编写组编 . —北京：国防工业出版社，2023.2

ISBN 978-7-118-12805-5

Ⅰ . ①太… Ⅱ . ①太… Ⅲ . ①太原科技大学－校史－1952-2022 Ⅳ . ① G649.282.51

中国国家版本馆 CIP 数据核字（2023）第 022900 号

※

国防工業出版社出版发行

（北京市海淀区紫竹院南路 23 号 邮政编码 100048）

天津嘉恒印务有限公司印刷

新华书店经售

*

开本 787 × 1092 1/16 **插页** 10 **印张** 34¼ **字数** 528 千字

2023 年 2 月第 1 版第 1 次印刷 **印数** 1—2500 册 **定价** 198.00 元

（本书如有印装错误，我社负责调换）

国防书店：（010）88540777 书店传真：（010）88540776

发行业务：（010）88540717 发行传真：（010）88540762

太原科技大学校史编纂委员会

主　　任： 王志连　白培康

副 主 任： 杨全平　刘向军

委　　员： 刘翠荣　萧芬芬　谢　刚　侯　华　马立峰

王平平　张文杰　康永征　李建权

太原科技大学校史编写组

组　　长： 杨全平

副 组 长： 康永征

编写成员： 王延波　张慧锋　刘国帅　丁月华　刘明星　楚志兵

赵雪梅　董伟华　梁雅琦　南晓欢　陆　畅　张慧婷

赵　敏　王　成　王　峰　武晓潇　郭治谦

太原科技大学

序言 Foreword

负重奋进，胸怀强国梦想，笃行求实，谱写时代华章。金秋十月，太原科技大学将迎来建校七十周年华诞。70 年来，太原科技大学始终与祖国共奋进、与时代同发展，谱写了山西高等教育的精彩华章。国以史为鉴，校以史明志。回顾学校七十年波澜壮阔的发展历程，特别是党的十八大以来学校实现的跨越式发展，对于进一步明确肩负历史使命，走好未来新的长征路具有广泛而深远的意义。

薪火相传七十载，矢志不渝强国梦。太原科技大学走过的辉煌之路，是我国重型机械行业发展、壮大的一个缩影。20 世纪 50 年代初，新中国社会主义建设蓬勃兴起，迫切需要大量专业技术人才。1952 年，太原科技大学的前身——山西省机械制造工业学校正式创建。1953 年，学校划归中央第一机械工业部，更名太原机器制造学校。1960 年，升格为太原重型机械学院，成为当时全国两所重型机械本科院校之一。20 世纪五六十年代，国家先后将长春汽校、汉口机器制造学校锻冲专业并入，将大连工学院、沈阳机电学院起重运输机械专业并入，并从清华大学、哈军工、哈工大等重点院校抽调了一大批知名专家来校工作，奠定了学校在国家重型机械行业中的地位。1998 年学校隶属关系变更为中央与地方共建、山西省管为主。2004 年学校更名为太原科技大学。校名虽几经递嬗更迭，却恰似金色年轮，昭示着科大人始终与共和国重型机械工业相伴相生、休戚与共、奋斗逐梦的家国情怀。七十载薪火相传，七十载矢志不渝。科大人始终笃信重型机械工业是国家现代化建设的脊梁，始终坚守在重型机械人才培养的第一线，丹心励耕，潜心育才，先后培养出 13 万名各类毕业生，赢得了“中国机械工业人才摇篮”的美誉。

勠力同心促发展，立德树人书新篇。七十载薪火相承，七十载破浪前行。学校始终坚持党的全面领导，坚持社会主义办学方向，全面贯彻党的教育方针，落实立德树人的根本任务，在接续奋斗中书写高质量发展新篇。近年来，学校党委以巨大的政治勇气和强烈的责任担当，坚持创新、协调、绿色、开放、共享“五大发展”理念，按照调整、提升、突围“三步走”战略，全面推进“十大战略工程”，推进全面从严治党向纵深发展，学科竞争力得到全面增强，师资队伍整体素质全面加强，科研实力和服务经济社会发展能力全面提升，学校各项事业获得长足发展，向现代化大学迈出了坚实步伐。经过七十年的不懈努力，学校现已发展成为一所以工为主，文理科为两翼，装备制造主流学科特色鲜明，理学、工学、法学、文学、经济学、管理学、艺术学、教育学等八大学科门类相互支撑，学士、硕士、博士多层次教育合理衔接的教学研究型大学。

不忘初心勇担当，牢记使命启新程。峥嵘岁月，与国同梦；擘画宏猷，再谱华章。2021 年 9 月，中国共产党太原科技大学第九次代表大会胜利召开。第九次党代会登高望远、审时度势，准确把握学校新方位，描绘了学校未来 5 至 30 年的发展蓝图，围绕推进学校各项事业制定战略部署，全面开启了建设特色鲜明的高水平研究应用型大学的新征程。而今站在建校 70 年的历史新起点，俯拾岁月荣光，用翔实的史料、平实的叙述，在时事纵横的历史坐标里回顾太原科技大学的发展历程，借此感佩前辈、激励后昆。桃李芝兰共华诞，如歌七秩启新元。在新的历史时期，我们将立足中华民族伟大复兴战略全局和世界百年未有之大变局，坚持以习近平新时代中国特色社会主义思想为指导，顺应时代潮流，把握发展大势，以立德树人为根本任务，以服务国家、服务地方经济社会发展为价值追求，以支撑行业和产业科技进步为目标导向，以加强学科内涵建设、提高人才培养质量为主攻方向，以深化治理体系改革、提升治理能力现代化水平为根本动力，以优化基本办学指标、改善基本办学条件为基础支撑，以加强党的领导和党的建设为坚强政治保障，进一步总结经验，彰显特色，不忘初心，砥砺前行，以更加昂扬自信的精神状态，更加坚实有力的步伐，朝着建设特色鲜明的高水平研究应用型大学的目标奋勇前行，在服务国家战略和地方发展中彰显科大担当，贡献科大力量！

是为序，纪念太原科技大学建校七十周年。

党委书记：王志伟　　校　长：白培康

目录 Contents

太原科技大学

第一篇

中专时期（1952—1960年）

太原科技大学的前身为山西省机械制造工业学校。1951年12月，山西省人民委员会根据华北行政委员会下发的关于筹建学校的文件精神，决定由山西省工业厅筹建山西省机械制造工业学校。1953年12月，学校划归中央第一机械工业部领导，更名为中央第一机械工业部太原机器制造学校。1960年4月，经国家第一机械工业部批准，学校升格为本科高校，命名为太原重型机械学院。

学校的中专时期，正处于新中国刚刚成立后的经济恢复时期和国家第一个五年计划及1958年以后“大跃进”时期，学校逐步发展，健康成长，先后为国家培养了2311名中等专业技术人才。

第一章　山西省机械制造工业学校（1952—1953年）

1951年12月至1953年12月，为适应国家和山西省工业发展的需要，根据华北行政委员会和山西省人民委员会指示部署，山西省机械制造工业学校应运而生。经过近两年的艰苦创业，学校在基础建设、招生入学、专业教学等方面都取得了较好成绩，学校建设初具雏形。

第一节　学校初创

新中国成立前的山西，在军阀阎锡山的长期统治下，战火连年，民不聊生。再加上日本帝国主义侵略者战争铁蹄的蹂躏，工农业生产受到了严重破坏，教育和科学技术水平十分落后，专业技术教育几乎是一片空白。

新中国成立初期，百度待兴，工业技术人才的短缺，与当时经济建设的需要极不适应，因而发展技术教育、培养工业技术人才，就成为当时最为迫切的任务之一。山西省机械制造工业学校就是在这种形势下应运而生的。

1951年冬，为迎接国家经济建设的高潮，适应山西省工业发展的需要，山西省人民委员会根据华北行政委员会的指示精神，决定由山西省工业厅在太原市筹建山西省机械制造工业学校等五所中专学校（其余四所学校是采矿学校、冶金学校、建筑学校、化工学校）。1952年春，各中专学校的筹备小组组建，开始进行学校设计、校址选择、人员配备和学生招收等各项工作。山西省机械制造工业学校的筹建组设在太原市西羊市的省第一工业技术学校内。

为保证建校工作的顺利进行，山西省工业厅决定，各中专学校都要以一个企业为依托，协助建校。山西省机械制造工业学校依托于太原重型机器厂（以下简称“太原重机厂”，现名为太原重型机械集团公司），学校在校址选定、人员配备、专业设置等许多方面，都受到了太原重机厂的支持。1952年8月，山西省文教厅召开会议，研究确定了五所中专学校的人事和建校问题。会议决定，在山西省机械制造工业学校的房屋尚未竣工之时，为不影响当年学生入学，由太原重机厂腾出房屋，供学校使用。会议还宣布了省人事厅的决定，由近代中国机械工业奠基人之一、中国内燃机研制的先驱、太原重机厂副厂长、总工程师支秉渊先生兼任山西省机械制造工业学校校长，太原重机厂技工学校长李懋堂先生兼任副校长。随后，学校陆续调入（包括毕业分配）教职工19名，省政府对学校的校名、校旗、校徽作了统一规定。山西省机械制造工业学校正式诞生。

在山西省机械制造工业学校筹建过程中，艰苦的建校工作同时展开，首先要进行的是校址选定和土建设计。选址不仅是学校建设的基础，而且对学校的发展有着十分重要的影响。在学校选址工作中，主要考虑了两个因素：一是太原重机厂要求，东面有技工学校，西面有技术学校，两所学校分别培养技术工人和技术干部（当时称为“左右手”），主张将校址定于太原重机厂之西；二是由于窊流村北、东社村南、太原重机厂之西的土地，已是国家征收过的公产地，“该地不花分文，只需支付个别有主迁坟费”就可修房盖屋。于是，学校校址就选定在这里。

建校初期，学校占地还是较多的，但由于缺乏长远规划和发展远见，自动放弃了多处已占土地，才形成了现在这样一个占地狭窄、四面被围的局面。

校址选定后，立即开始了土建设计工作。由于当时太原市设计单位少，设计力量薄弱，学校的设计工作就委托山西省第一工业技术学校测绘班的学生承担。设计人员在现场进行了简单的勘测之后，即提出了土建设计。1952 年秋，学校土建破土动工。1953 年 8 月，完成了教学楼、宿舍楼、大饭厅等建筑面积 6221m^2，完成基建投资 45 万元。学校师生结束了客居太原重机厂技工学校的生活，迁入自建校舍。

1952 年夏，学校开始招生。学生是由省工业厅、省文教厅从山西省和广东省为新建的五所中专学校统一考试录取的。同年 9 月 9 日，山西省籍 20 名学生进校，9 月 26 日，广东省籍 30 名学生进校，其中有 9 名华侨学生。10 月 4 日，学校举行了首届学生开学典礼，从这一天起山西省机械制造工业学校开学上课了。

在借居于太原重机厂技工学校时，师生员工的工作、学习、生活条件十分困难。但是，这些创建者们发扬艰苦奋斗的精神，克服重重困难，边教、边学、边建校，大家工作不计报酬，互相配合得很好，工作效率较高。由于多数同志是初出茅庐，教学经验不足，为加强教学研究工作，学校开展多种形式的教研活动，在当时有着特别重要的意义。学校对教师提出了“教什么，学什么，先学后教，边学边教，互教互学”的要求，保证教学任务的完成。广东籍学生初到北国，生活很不适应，山西的饭菜也不合他们的口味，上课听不懂教师的话，完成作业有很大困难，思想很不安定，教学效果受到了影响。省政府和学校领导十分关心广东籍学生的生活和学习，热情地帮助他们解决实际困难，为使他们度过北方的严冬，给他们发放了棉衣、棉被等御寒用品，调供了部分大米，改进伙食管理，提高饭菜质量，帮助他们逐步适应了北方生活。在学习上，学校要求教师加强对他们的个别辅导，请一些懂普通话的同学做“翻译”，帮助他们沟通语言，提高学习兴趣，巩固专业知识，从而保证了教学质量。

1952 年，学校教学和生活条件较差，全年经费预算 28 万元，其中，基建、工资、助学金三项合计 26 万元，用于教学行政、图书资料的费用仅有 2 万元，经费相当困难。据一份当时的财产登记材料记载，1953 年共有图书资料、教学器材 603 册；报纸 6 份；篮球 1 个；橄榄球 1 个；手榴弹 3 枚。但是，全校师生发扬不怕困难、艰苦奋斗的革命精神，团结一致，奋发向上，因陋就简，努力工作，刻苦学习，学校各项工作都推进迅速。

第二节 专业规划与教学工作

学校初创时期，山西省人民政府规定的具体培养目标是：培养机械制造企业中设计制图、工业用电和动力方面的中等设计人员及车、钳、锻、铸车间的中等技术人才。为实现这一目标，学校当时规划设置机械制造、机械设计、锻铸和工业用电四个专业，学制三年，发展规模为 1200 人（在校学生），计划从 1954 年起，每年招生 400 人。但这些规划在后来的学校发展中，没有完全付诸实施。

1952 年首批学生入学后，学校根据省政府指示精神，把教学当作“压倒一切的中心工作”，校长、教务主任把主要精力放在教学工作上。当时，学校实际上还没有确定专业，也没有教学计划，先开设了语文、数学、物理、化学、政治、体育等六门课程，类同于普通高中的课程。后来，首批学生的专业确定为金属切削加工专业。1953年，学校制订了《金属切削加工专业的教学计划（草案）》（此计划于1954年2月经高教部批准后正式执行），这是学校第一个专业教学计划。该教学计划在政治觉悟、思想品德、专业技术水平、理论文化程度和实际操作技能等方面，都对专业学生提出了明确要求。对学生在校三年期间的全部教学环节、教学内容和教学过程都做了具体规定。同时，要求金属切削加工专业除开设必要的基础课、技术基础课外，还需要开设金属切削机床、金属切削原理与刀具、机器制造工艺学等专业课程。在实践教学方面，设置零件设计3周，教学实习3次12周，生产实习6周，总学时为3240小时。

为保证教学计划顺利实施，学校积极调配教师，从一些厂矿企业聘请了部分技术人员来校任课，保证了各门课程按期开课。

1953年9月，学校招收了第二届学生210名，除金属切削加工专业（1955年改为锻冲专业）外，又增设了锻铸专业（1955年改为电炉炼钢专业），在校学生达到258人，教职工80人，学校规模有了一定发展。

第二章　中央第一机械工业部太原机器制造学校（1953—1960年）

1953年12月至1960年4月，学校处于“中央第一机械工业部太原机器制造学校”时期。在这一时期，学校通过逐步健全管理体制、调整专业设置、加强教学管理、推进实验室和实习工厂建设、创办工人班和夜技校，以及开展体育运动等，各项工作稳步前行，学校进入全国中等专业学校的先进行列。

第一节　改变隶属关系　健全管理体制

1953年12月7日，山西省机械制造工业学校划归中央第一机械工业部（以下简称“一机部”）领导，并根据一机部通知，将学校名称改为“中央第一机械工业部太原机器制造学校”（以下简称“太原机校”）。

随着隶属关系和学校名称的改变，对学校的建设速度和办学水平提出了更高、更严的要求。在第一个五年计划时期，国家制定了“优先发展重工业”的方针，一机部十分重视对技术人才的培养。为适应机械工业发展的需要，培养出数量多、质量高的技术人才，学校从1954年起，进行了一系列整顿工作，全面学习苏联经验，加快了学校建设的步伐。

1954年6月，高教部中专教育行政会议提出了“学习苏联经验，改进教学”的要求。在此之前，一机部于1953年11月就已聘请了苏联中等专业教育专家，驻北京机器制造学校指导部属中专学校的教学工作。太原机校于1954年派人去北京学习，随即在全校全面学习苏联经验，从领导体制、组织机构、专业设置、管理办法、教学文件等各个方面，学习苏联的做法，使学校建设走上正规化道路。

同年，一机部重新任命了学校领导干部，充实和加强了学校领导力量，并建立了校务会议的领导体制。学校校务会议主席由校长担任，副校长、党政工团各部门负责人及全体教师都是校务会议成员。校务会议研究讨论学校教学工作、行政工作和思想政治工作等重大事项，会议决议经校长批准后执行。这种领导体制，既保证了校长负责制，又发挥了集体领导的作用，在当时是行之有效的。

学校的日常工作，由各行政部门承担。学校设立精干的办事机构，设有明确的职责分工。各部门围绕教学工作，各司其职，办事效率较高。表2-1是1954年太原机校组织机构图。

为加强对教学工作的组织领导，健全教学管理体制，根据1955年3月1日高教部《关于发布中等专业学校学科委员会工作规程的通知》精神，学校于同年建立了锻冲、炼钢两个专业；在技术基础课和普通课方面，也设立了数学、物理、化学、语文、政治、工程力学、金属工艺学、制图等课程的学科委员会，这是学校教学工作的基层领导实体。

学科委员会主任由教务副校长遴选有经验的教师担任，负责组织本学科教师研究教学内容，编制审查学期授课计划，并具体研究疑难章节的教学方法，交流教学经验，协助实验室、课程研究室、实习工厂的工作。专业课学科委员会还直接组织领导生产实习、教学实习的工作。学科委员会的设立，大大加强了学校对教学工作的领导，有力地推动了教师的教学研究活动，对于教学大纲的执行和授课计划的完成都起到了保障作用。数学、物理、力学、锻冲等学科委员会，由于领导力量较强，工作扎实，开展活动较多，作用尤为显著，学校曾多次予以表扬。

表 2-1　1954 年太原机校组织机构图

<table>
<tr><td rowspan="19">校长</td><td colspan="3">办公室　校务会议</td></tr>
<tr><td rowspan="9">教务副校长</td><td colspan="2">图书馆　阅览室</td></tr>
<tr><td rowspan="6">普通课
教学科</td><td>语文（俄语）学科委员会</td></tr>
<tr><td>数学学科委员会</td></tr>
<tr><td>物理学科委员会
物理实验室</td></tr>
<tr><td>化学学科委员会
普通、分析（化学、分析化学、化学实验室、普通冶金）实验室</td></tr>
<tr><td>政治课教学组</td></tr>
<tr><td>体育课教学组
操场与文体器材</td></tr>
<tr><td rowspan="2">基础技术
课教学科</td><td>制图学科委员会
制图室</td></tr>
<tr><td>工程力学学科委员会</td></tr>
<tr><td rowspan="4">教务科</td><td rowspan="3">专业课学
科委员会</td><td>金属工艺学
金属切削原理与道具</td></tr>
<tr><td>金属切削机床
机械制造工艺学</td></tr>
<tr><td>生产组织与经济技术测定</td></tr>
<tr><td colspan="2">实习工厂</td></tr>
<tr><td rowspan="5">总务主任</td><td>会计股</td><td></td></tr>
<tr><td>卫生股</td><td></td></tr>
<tr><td>总务科</td><td>事务组（包括房屋管理设备修理）
供应与保管组</td></tr>
<tr><td>食堂股</td><td></td></tr>
<tr><td>基建科</td><td></td></tr>
</table>

在各学科委员会下还先后设立了一些课程研究室。其中，工程力学研究室开展的活动较有成效。他们发动师生一起动手，从 1954 年至 1956 年，两年共积累资料和制作挂图、仪器、模型等 885 件，有力地促进了教学工作。数学、物理、制图等研究室也开展了一些活动，有些研究室由于教学任务较重，工作没有很好开展，成效不甚显著。

第二节　调整专业设置　加强锻冲建设

1953年，高教部《关于中等技术学校（中等专业学校）设置专业的原则的通知》规定：中央各业务部在制订所属中等技术学校专业设置计划时，以中央业务部门集中统一计划为原则，学校之间应适当分工，所设专业力求集中单一。根据这一精神，一机部对部属学校的专业设置进行了统一调整。1955年年初，太原机校的金属切削加工专业改为锻冲专业，将刚招生的锻铸专业改为电炉炼钢专业。一机部还决定，机械行业的锻冲专业要集中在太原机校，将汉口机器制造学校的锻冲专业并入太原机校，长春汽车工业高等专科学校的锻压专业停办，其专业教师也调入太原机校工作。根据这一决定，1955年8月，汉口机器制造学校锻冲专业250名师生迁入太原机校，这时，锻冲专业教师达到12人，学生达到793人，成为学校当时规模最大、师资力量最强的专业。

为了加强锻冲专业建设，学校制订了专业教学计划，并经高教部批准执行。教学计划规定：锻冲专业培养德、智、体全面发展的锻冲专业技术员，学生毕业后，应能担负下列工作：

（1）编制重型锻造、冷冲压、热模锻的工艺规程，制定技术定额；

（2）按照工艺规程组织生产，解决一般技术问题；

（3）使用、保养、修理锻冲机械与起重机械；

（4）设计简单的冷冲压、热模锻机械；

（5）编制作业计划，掌握生产调度工作。

教学计划还要求：学生毕业后，应具有普通高中文化程度，掌握制图、工程力学、金属工艺学、电工学等基础理论知识，掌握热处理、自由锻、冷冲压、热冲压工艺学、加热炉原理与制造等专业理论和技术知识，实际操作技能应达到三级锻工的水平。为达到上述要求，锻冲专业除开设基础课、技术基础课以外，还设有自由锻、冷冲工艺学、热冲工艺学、加热炉原理与构造等专业课程。此专业的教师有较丰富的教学经验，具有一定的学术水平，采用的教材也有一定的深度和广度。

1956年，锻冲专业首批学生完成了教学计划规定的全部教学任务，进行了毕业设计，通过了毕业答辩。毕业时，学校对其中两个班（锻冲302和锻冲303）组织了国家考试，由国家考试委员会主持进行。国家考试委员会由学校内外锻冲领域的专家和技术人员组成，学生于7月初开始毕业设计，8月下旬进行了毕业答辩，国家考试委员会审核了学生的设计方案，听取了学生的答辩和说明，专家和教师们对学生的设计水平表示满意。参加国家考试的90名学生，有83名取得了良好以上成绩，占比92.29%。

学生毕业后，被分配到全国80多个单位工作，他们后来大多数都成为各单位和各部门的业务技术骨干，有不少人担负了党政领导工作。锻冲专业为国家机械工业建设做出了一定贡献，而太原机校也以锻冲专业的规模和声望，闻名于机械行业。

在着重办好锻冲专业的同时，学校还设有电炉炼钢专业，旨在培养电炉炼钢领域的中等技术人才。专业主要课程包括：化学、分析化学、物理化学、普通冶金学、电炉炼钢等。1956年，电炉炼钢专业改为炼钢专业。

第三节　进行教学改革　加强教学管理

加强教学管理是提高教学质量的重要措施。1954年，通过学习苏联经验，学校制定（修订、编译）了教学文件、制订各种教学计划和教学表格。

一、制定和修订教学文件

1954—1955年，学校全力推动各类教学文件制定（修订、编译）的工作。原金切专业的教学计划和后来的锻冲、电炉炼钢专业教学计划，基本上是照抄了苏联同类专业的教学计划；具体各门课程的教学大纲，大部分也是照抄苏联同类专业的。锻冲专业的金属工艺学、金相学与热处理等9门课程的教学大纲，直接采用了苏联同类课程的大纲，由一机部工教司编译。1956年年初，学校的教学文件基本齐全，各门课程都有了教学大纲，这是教学工作上的基本建设，对推动教学管理规范化起到了重要作用。但是，由于这些教学文件多系"进口"，在贯彻执行中遇到了不少问题。例如，教学计划规定的一些课程，由于没有教师，无法开课；有的课程虽能勉强开课，但教学质量较差；有的教师对大纲规定的内容不熟悉，找不到合适的教材，临时从报纸、杂志上找材料；有的教材多、课时少，学生负担过重，影响了教学效果。为减轻学生负担，学校根据一机部工教司指示，将外语（俄语）列为选修课和免修课，并决定从1956年起，各专业学制延长为四年。同时，要求教师执行"少而精"的原则，在教学中"精讲多练"。这样，一定程度上缓解了学生负担过重的问题。

二、推行6种工作计划和各种教学表格

在此期间，学校积极学习苏联经验，推行6种工作计划、24种教学表格（1956年暑假以后减为15种），把整个教学工作有机地组织起来。学校的一切教学活动，都要严格执行这6种工作计划，并通过24种表格反映出来。

具体来讲，6种工作计划包括：① 校务会议工作计划；② 学科委员会工作计划；③ 班主任工作计划；④ 学科小组工作计划；⑤ 教师政治业务进修计划；⑥ 学生群众课外活动工作计划。这些工作计划，学校每学期（或学年）组织制订一次，经有关领导批准后执行。通过工作计划，学校的教学工作变得更加有组织、有计划、有秩序、有协调，较好地推动了教学工作。

学校制定了各种教学表格，根据有关教学文件，分别由教师、学生或各级教学负责人填写，并报各级领导审批。表2-2是当时教学表格使用方法。

表2-2　教学表格使用方法一览表

编号	名称	填写人	根据的文件	何时填写	何时交	交于何人	备注
1	课程表	教务副校长	各科主任提出的统计资料		开学前7天公布	校长（批准）	
2	教学进程表	教务副校长	高教部批准的教学计划	前一个学期放假前	新学年开学前10天公布	校长（批准）	

（续）

编号	名称	填写人	根据的文件	何时填写	何时交	交于何人	备注
3	教室日志	教员	班长报告表 课时授课计划	上课时	课后	放在科主任办公室	用完后交教务科
4	学期授课计划	教员	教学计划、大纲教材	前一个学期放假前	开学前	教务副校长（批准）	先由学科委员会讨论通过，教务副校长批准后发还教员
5	课时授课计划	教员	学期授课计划	每课前3天			学科委员会主任经常检查
6	听课意见簿	校长、教务副校长、科主任、教员					
7	学生实习作业统计卡片	实习指导员		每天			作业结束后评分
8	学生教学实习报告表	实习指导员	作业统计	每作业结束	每工种结束	操作技术评价委员会	
9	考试成绩报告表	教员	考试结果	学期末		教务副校长	
10	学生缺席月报表	科主任	每班学生缺席统计表	月末	下月初	教务副校长	
11	课堂测问成绩月报表	科主任	每班课堂测问成绩统计表	月末			
12	学生登记表	学生		入学时		校长办公室	
13	学生自学指示图表	教务科	学生登记表、考试成绩报告表及其他相关文件	按需要随时填写		教务科	
14	教员授课时数年度统计表	教务副校长	每班教员授课时数统计表	每月末	每学年末		
15	每班教员授课时数统计表	科主任	教室日志（用班长报告表核对）	每天	月末	教务副校长核对后签名	
16	每班学生缺席统计表	班主任（班长）	班长报告表	每天	月末	科主任	
17	每班课堂测问成绩统计表	班主任（班长）	教室日志	每月末	下月初	科主任	
18	班长报告表	班长		每天	下课后	科主任	
19	教员互相听课表	学科委员会主任		每月末	每月初公布	科主任	
20	教学大纲与教学计划时数差别对照表	教务副校长	苏联教学大纲现用教学大纲教学计划				

这些教学表格中，每种表格都从侧面反映了教学工作的某种情况和倾向。教务部门根据这些教学表格，可以了解教学文件的执行情况，分析教学工作中存在的问题并加以研究解决。1955 年，从学生自学指示图表的统计数字中发现，学生参加非教学性的社会、政治活动过多，影响了他们的学习，其中学生干部的情况尤为严重。1955 年 3 月，锻冲专业的一个班长平均每周参加会议长达 20 小时，一般学生参加会议也有 10 小时之多。这一情况引起了学校领导注意，并就此做出明确规定：学生每周参加会议的时间不得超过 3 小时，学生干部不得超过 5 小时，从而纠正了这种倾向，保证了学生的学习时间。由此可见，教学表格在组织教学、指导工作方面起了重要作用。有一些表格，如课堂测问成绩月报表、教师授课统计表等，由于过于烦琐，不便填写，后来或流于形式或中断推行。

另外，学校还组织教师学习了苏联的教学方法，开展了教学法研究，提高了教师的教学能力。通过全面学习苏联经验，学校的管理工作逐步走上正轨，有力地促进了学校办学水平和教学质量的提高。但由于对苏联经验生搬硬套，在执行过程中也遇到了一些矛盾和问题，一定程度上影响了工作。

第四节　推进实验室和实习工厂的建设

各专业的教学计划，要求教学工作必须贯彻理论联系实际的原则，完成实践性教学环节的教学任务，培养学生的实际操作能力。因此，学校十分重视实验室与实习工厂的建设。

学校初创时期，实验、实习条件很差，理化仪器室只有几件普通理化仪器。1954 年以后，学校根据实验项目的要求，本着“先普及，后提高”的原则，有计划、有重点地购置了一些仪器设备，配备了实验室技术人员和管理人员，开出了一部分实验项目，研究制订了实验室建设规划，先后建立了电工、物理、化学、理力、金相、材力等普通课实验室和技术基础课实验室。在建立普通课、技术基础课实验室的基础上，从 1955 年起，学校开始筹建专业课实验室，分析化学、工业分析、物理化学、公差、锻冲等实验室就是那时建立的。一部分高精度的仪器，如分析天平、电动天平、定碳仪、定硫仪也在当时购进，各实验室已具备了一定的实验测试手段。到 1956 年，实验室总面积达 800m^2 以上。1955 年以后入学的学生，基础理论教学中的实验课已基本上能按照大纲要求开课。前几届学生的实验课，由于设备条件所限，有部分实验课未能开出，学校有计划地组织他们到校外参观进行补救。

为适应教学实习的需要，建设实习基地的工作也被提上了议事日程。1954 年 4 月，学校决定建立实习工厂，并组织了由 3 个人组成的工厂筹备组，负责实习工厂的建设工作。筹备组首先从沈阳、上海等地的部属企业无偿调进了车床 21 台，钻、镗、铣、刨、锯、磨床各 1 台，购置了部分工机具，调进了一些技术工人。同年秋，利用学生饭厅，因陋就简地安装了部分车床，这些车床 1955 年就承担了教学实习的任务。与此同时，实习工厂的厂房土建工程也开始动工，到 1956 年，厂房建成面积达 1457m^2，安装了冷热机械加工的各种设备。这些设施不但满足了学生金工实习的需要，还生产了 4 英寸老虎钳、6 英寸平口钳。到 1958 年，实习工厂试制了 7 马力、10 马力的锅驼机，4.5kW 鼓风机和其他协作件，完成产值53万元，其中，商品产值43.9万元，利润达24.7万元，为学校增加的经费，占到学校总经费的51.3%。1960年，实习工厂为山西省农业厅生产闸门起重机30台，产值54万元。

实习工厂从无到有，从小到大，建设速度较快。工厂建设的过程表明，一机部关于“校办工厂要培养人，出产品，增加收入”的要求是正确的。实习工厂不但是学校教学工作不可分割的一部分，也为社会提供了产品，为学校增加了办学经费。

学生的生产实习，多数安排在部属企业进行。学校同工厂挂钩，向工厂提供部分技术资料，接受工厂的部分科研课题，并向工厂提出一些合理化建议，既完成了生产实习任务，又对工厂生产有一定的帮助。

第五节　重视体育　坚持全面发展

健康的体质是国家建设人才所必备的条件，培养学生具有健康的身体是各类学校的主要任务之一。新中国成立初期，国家提出了“健康第一”的口号。1954年4月8日，《政务院关于改进和发展中学教育的指示》中，把“具有一定的政治觉悟、文化教养和健康体质”三者同时规定为对培养学生的要求。山西省机械工业制造学校初创的时候，就将体育列为重要教学内容之一，学校最早的4名教师中就有1名体育教师。学校采用课堂教学和课外活动相结合的方式，引导学生开展体育锻炼，并组织参与各种体育比赛。1954年，在太原市学生男子排球赛中，学校代表队获得冠军。

从1955年起，学校在体育锻炼方面也学习苏联，开始推行了劳卫制锻炼标准，将体育课同劳卫制结合起来。1956年，经测验，87%的学生达到了《劳卫制预备级标准》，并有45%的学生达到良好以上成绩。同年4月，学校举行了首届运动会，全校98%的学生参加20个项目的比赛，这是对建校以来学生体育运动成绩的总检查。学生在比赛中表现出的不怕困难、顽强争先的良好风格以及互相帮助、团结友爱的集体主义精神，受到了师生和来宾的好评。

学校体育运动的普遍开展，大大增强了学生体质，保证了教学工作的顺利完成，也受到了太原市体委的重视。

第六节　开设工人班和夜中技　办学形式多元化

为适应国家建设的需要，太原机校采取多种办学形式，加快培养人才的步伐。根据一机部指示精神，锻冲专业于1955年和1956年，从部属企业在职工人中，先后招收了两个工人班。根据该班学生年龄偏大、文化程度较低、有一定实际操作技能的特点，重新修订了教学计划，增加了普通课、基础理论课的时数，取消了教学实习的内容，减少了生产实习的时数，学制定为四年。

在组织教学过程中，学校对工人班采取了一系列有效措施，诸如选配教学经验丰富的教师开课，加强对个别学生补习和课外辅导等；同时，还实行了奖学金制度，对学习成绩优秀的学生进行奖励，从而促进了教学工作的顺利进行。学生基本上达到了教学计划规定的要求。毕业后，由一机部统一分配工作（多数回原企业单位）。

工人班教学计划与普通班比照见表 2-3。

表 2-3　工人班教学计划与普通班比照表　　（单位：周）

班次	总周数	理论教学	考试	教学实习	生产实习	毕业设计	假期
工人班	201	131	19	0	10	6	35
普通班	152	90	14	12	12	6	18
相差周数	+49	+41	+5	−12	−2	0	+17

根据全国职工业余教育会议精神和一机部通知，1955 年，太原机校还创办了“夜中技”。从太原重机厂、太原矿山机器厂和本校的在职职工中，招收两个班的学员，分别学习金属切削和锻冲专业的课程，每周教学时数为 12 小时，学制五年。1956 年，夜中技继续招生，学校设立夜校部，管理夜中技的教学工作。1957 年以后，由于政治运动增多，夜校部教学工作受到很大影响，“大跃进”时期夜校部曾一度停课，复学后学员到课率大大下降，不少学员中途辍学，首届学员中，实际毕业人员只有 20 余人，占入学人数的 20% 左右。

1954 年以后，太原机校进入了成长发展的重要阶段。这一阶段，学校全面学习苏联经验，建立健全了领导体制，制定了教学文件，加强了教学管理，执行了 6 种工作计划和各种教学表格，提高了实验测试手段，建立了教学实习基地，开辟了多种办学渠道，教学秩序井井有条，教学质量迅速提高。到 1956 年，学校规模已发展到 1506 人（在校学生），学校建筑面积已达 22740m^2。尽管在学习苏联经验中，密切联系学校的实际不够，但这一阶段，毕竟是中专时期的黄金阶段，1956 年前后培养出来的学生受到了机械行业技术业务部门的欢迎。

第七节　1957—1960 年的太原机器制造学校

一、1957 年的调整

1956 年，学校增设了冶金机械制造专业（1957 年改为轧钢机制造专业），全校招收新生 600 名，学生人数突然膨胀。但是，由于学校在师资力量、管理干部、物质条件、教学组织、领导思想等各个方面都没有充分准备，不能适应这一新的情况，导致刚刚走上正轨的教学工作又出现了新的矛盾。因此，学校于 1957 年进行了一次调整。

1957 年，学校根据一机部通知要求停止对外招生，实行内部招生，计划从部属企业的职工中招收 200 名学生。在实际招生过程中，由于报名人数不足，考生文化水平低，只有锻冲、轧钢机制造两个专业录取了 73 名新生，招生人数比上年大大减少，使当时的教学矛盾有了一定程度的缓和。1957 年 7 月，为解决 56 级学生人数过于集中的问题，学校对 56 级学生进行了全面质量检查。经过严格考试，有 120 多名学生留级，占到学生人数的五分之一。采取这种大留级的办法，虽属无奈，但却改变了各年级学生的分布状况，对于组织教学起到了积极作用。学校采取的这些调整措施，使 1956 年招生过多、发展过快的矛盾稍有缓和。

二、学校下放企业，师生参加生产劳动

1958 年，党中央提出了“教育为无产阶级政治服务，教育与生产劳动相结合”的教育方针。为贯彻这一方针，加强学校同企业的联系，使理论联系实际、教学结合生产，太原重机厂同太原机校联合向一机部建议，并经一机部正式批准，太原机校下放归太原重机厂领导。除人事、财务仍由部教育局直接管理外，学校的教学实习、生产实习、校办工厂的产销计划都由太原重机厂统一安排。这种领导体制，有利于师生参加生产劳动，但却大大削弱了学校正常的理论教学工作。

1958 年以后，“大跃进”运动席卷全国，学校的正常教学秩序受到了严重干扰和破坏。为了“大炼钢铁”，学校停课，校园内建起了土高炉、小转炉群，进行热火朝天的土法炼钢。学生走出学校，有的去西山采矿，有的奔赴晋南、晋东南各县，帮助各地修建炼钢炉，传授炼钢技术，培训炼钢人员。1958 年上半年，学生劳动周数占总周数的 39.6%，下半年又增加了 3.2%。1959 年，学校又组织了 150 多名师生参加了修建汾河水库的劳动，历时近三个月。1960 年，国家处于经济困难时期，全校师生又参加了保粮保钢的劳动，成立了指挥部，1000 多名师生开赴太原重机厂大干 110 天，完成近 10 万个劳动日。过多的生产劳动，虽使师生受到了一定的实际锻炼，但却大量挤占了理论教学时间，影响了教学工作。表 2-4 是 1958 年上半年生产劳动与理论教学情况。

表 2-4　1958 年上半年生产劳动与理论教学情况统计表

序别	班级数	理论教学		生产劳动		备　注
		周数 / 周	百分比 /%	周数 / 周	百分比 /%	
1	2	12	63.2	7	36.8	炼钢三年级
2	12	13	54	11	46	二年级全部
3	2	14	58.4	10	41.6	一年级两个留级班
4	6	15	65.5	8	34.5	锻冲三年级
5	2	19	83	4	17	工人班
合计	24	73	60.4	41	39.6	

三、加强理论教学工作

为了贯彻“教育与生产劳动相结合”的方针，1958 年学校组织修订了各专业的教学计划，将实习时数由原来的 20% ～ 25% 增加到 40%，使生产劳动正式纳入了教学计划。在教学内容上增加了专业课比重，结合生产实际，增加新的科技内容，鼓励师生进行科研活动。在课程设计、毕业设计中，采用了“真刀真枪”的做法。一方面，组织现场教学，师生到车间边操作、边教学；另一方面，根据企业生产需求，选择了真课题进行设计，不少同学设计的方案直接应用于生产。这种同生产劳动密切结合的教学方法，使学生从感性直观的层面增强了对教材的理解，也直接服务于生产，体现了教学工作的实际效益，受到了有关企业的好评。但是，在贯彻教育方针过程中，由于偏重生产劳动，削弱了理论教学，一定程度上影响了教学质量。

1959 年 4 月，一机部在南昌召开了教育工作会议，分析了教育工作形势，讨论了加

强理论教学的问题。会后，学校认真回顾了1958年以来的教学工作情况，对于削弱理论教学的问题有了初步认识，明确提出了“组织全校各方面的力量，全力以赴地提高教学质量”的任务。学校教务部门立即采取了提高教学质量的一系列措施，这些措施是：

（1）大力扭转忽视理论教学的思想，强调贯彻教学文件，加强教学过程的计划性和教学检查工作，对于各类人员的听课时数，做了具体规定。

（2）整顿教学秩序，精减各种会议，提高会议效率，健全学生的学习、生活规范性文件，加强学生管理，严格成绩考核。按考试、考查的有关规定，执行升留级制度。

（3）抓教师业务培训，提高师资质量。1959年，全校167名教师中有54名参加了学校办的各种业务学习，25名参加了本市各院校（厂矿）组织的业务学习，并抽调20多名教师送清华大学、哈尔滨工业大学等重点院校脱产进修，这是提高教学质量的长远措施。

（4）加强课堂教学管理，在教师中提倡“一不”（课备不好不登讲台），“二教”（教书、教人），“三抓”（抓概念、抓疑难、抓重点），“四加强”（加强教材研究、加强对学生情况的分析、加强课程间联系、加强课堂检查），“五化”（内容系统化、理论逻辑化、板书整齐化、语言通俗化、讲课艺术化），“六结合”（教材科学性与思想性相结合、基础理论与生产实际相结合、直观感性认识与完整理论概念相结合、教师启发诱导与学生的独立思考相结合、课堂教学与课外辅导相结合、传授知识与培养学生分析能力相结合）。

1959年8月，受一机部教育局委托，学校主持召开了部属学校锻冲专业教学计划修订会议，南昌航空工业学校、上海机械工业学校、德阳机械工业学校、河南机械专科学校、太原机械学院的锻冲专业教师代表参加了会议。经过认真讨论，制订了部属中等专业学校锻冲专业统一的教学计划，同时还修订了本专业13门课程及生产实习、毕业设计的教学大纲，并制订了锻冲专业教材编写计划，对整顿教学秩序、提高教学质量起了良好作用。

经过一番努力，理论教学有了一定加强，教学质量也有所提高，学生学习成绩有了明显上升。表2-5是当时的学生成绩对比表。

表2-5 学生成绩对比表

	1958/1959年第二学期			1959/1960年第一学期		
课程	参加考试人数/人	不及格人数/人	占百分比/%	参加考试人数/人	不及格人数/人	占百分比/%
语文	646	75	11.6	847	33	3.9
数学	646	85	13.1	950	98	10.4
化学	326	43	13.2	604	28	4.7
制图	709	114	16	845	42	4.9
其他	6516	592	9.1	7790	371	4.8

四、光荣出席全国文教群英会

在贯彻教育方针的过程中，学校结合自己的实际情况，做了大量工作，使生产劳动、理论教学都取得了较好的成绩，校办工厂也试制了几种新产品，较好地完成了生产任务。学校还根据上级指示，组织师生积极开展技术革命、技术革新和科学研究活动，虽然一些科研项目和成果带有浮夸的成分，没有真实反映师生的科研水平，但大家向科学进军的热情却是十分可贵的，不少师生也确实搞了一些技术革新，为校办工厂和其他企业的生产、技术改造做出了贡献。

1960年，国家处于困难时期，学校大抓师生生活，开展农副业生产，改进伙食管理，在炊管人员中开展了“十比五竞赛”活动，改善了群众的生活，受到了师生的好评。

由于在教学、科研、生产、生活管理、勤工俭学等方面的显著成绩，学校先后多次受到山西省委和太原市委的表扬，并在1960年，光荣地出席了全国文教战线群英会，进入全国中等专业学校先进行列。锻压专业教师阎德琦，在教学、技术革新和7马力锅驼机试制过程中，积极工作、刻苦钻研，成绩显著，在全国文战线群英会上被评为先进工作者代表。

五、大学初期的中专部

1960年年初，太原机器制造学校奉命升格为大学，即太原重型机械学院。1961年，太原重机厂技工学校并入学院，与学院的中专师生合建中专部，管理中专的教学工作。20世纪60年代初，国家为了度过困难时期，实行了“调整、巩固、充实、提高”的方针，学院中专部也进行了大规模的调整工作，这是继1957年之后的又一次调整。从1961年起，中专停止招生，并且对在校中专学生作了如下安排：

（1）1961年夏，213名学生应征入伍。

（2）一、二年级755名学生集体休学，其中66名非农业户口的学生安排在朔县农场劳动，16名学生留校劳动。

（3）三年级399名学生到1961年12月底全部毕业，并分配工作。

至此，中专学生全部离校。1963年，集体休学的59级中专学生复学。不久，中专部划归太原重机厂，恢复技工学校，学生在技工学校毕业分配工作。

第三章　中专时期学校党的建设和思想政治工作

山西省机械制造工业学校初创时期，就十分重视党的建设。1952 年，学校只有三名党员，党的组织只设党小组。在省机械工业厅党组织领导下，由机械、冶金、采矿、建筑、化工等五所中专学校联合建立党支部，统一领导各校党的工作。1953 年 10 月，学校独立建立党支部，开始积极进行党的建设，吸收先进分子参加党的组织。1954 年 4 月，党员增加到 7 人。1955 年，党员增加到 19 人。同年夏季，学校设立党总支，并分设了教师、职工、学生三个党支部，党的组织进一步壮大。1957 年 2 月，学校召开了党员大会，选举产生了党的第一届委员会。1959 年 6 月的党员大会选举产生了第二届校党委。当时，全校已有党员 104 人，是学校各项工作的骨干力量。

中专时期，学校党的工作的指导方针是明确的。各级党组织把党的建设放在一切工作的首位，通过强有力的思想工作、严格的组织纪律以及党员模范带头作用，教育群众、团结群众、热情帮助群众进步，按照详细、具体的党建计划，积极发展党员，使党的组织迅速发展，党的力量日益壮大，党的威信不断提高，从而保证了党的路线、政策的贯彻执行，保证了学校各项工作的顺利进行。1955 年的党支部工作计划规定，支部的工作任务是："加强思想政治领导，加强对青年团、工会的具体领导，密切联系和团结广大群众，保证深入开展教学改革，完成教学计划，提高教学质量。"当时的党组织同学校行政的配合比较好，有力地保证了学校建设和发展。

1958 年以后，学校实行了党委领导一切的体制，党委领导校务委员会的工作，各科室党支部领导同级行政工作，强调党的领导要"一竿子插到底"，事事要求书记挂帅，从而使党的组织陷入了行政事务，削弱了党的工作。

同时，为了培养德才兼备的人才，太原机校十分重视思想政治工作。学校通过政治课、形势教育、劳动教育，以及做个别深入细致的工作等多种形式，帮助学生树立社会主义的政治方向，培养辩证唯物主义世界观和共产主义道德品质，培养学生爱祖国、爱人民、爱劳动、爱科学、爱护公共财物的优良品德和集体主义精神。学校党组织、各级领导干部、政工人员及全体教师，通过言传身教、身体力行，对学生进行培养教育，并能经常地开展批评与自我批评，克服和纠正各种不良倾向，使学校的思想政治工作取得了较好效果。20 世纪 50 年代，太原机校的学生，普遍地养成了一种能吃苦、爱劳动、不怕困难、艰苦朴素、待人诚实、团结友爱、听党的话、积极向上的良好风气，这应该说是当时思想政治工作的主流。

第二篇

太原重型机械学院时期（1960—2004年）

1960—2004年，学校处于太原重型机械学院时期。这一时期的学校在探索中前行，在曲折中发展，在改革中奋进，办学规模、管理水平、师资队伍、科研能力等方面都取得了质的提升，实现了多科性本科高校的跨越，为服务国家战略、社会经济发展做出了应有的贡献。

第四章　学院的建立与初步发展（1960—1976年）

1960年4月，在太原机器制造学校的基础上建立了太原重型机械学院（以下简称太原重机学院）。时值国民经济困难时期，国家制定了“调整、巩固、充实、提高”的方针，学院内部也进行了一系列调整工作，逐步适应了高校教学工作的要求。同时，学院全面贯彻《教育部直属高等学校暂行工作条例》，对教学、科研、行政管理、思想工作、基本建设等各个方面进行了整顿，各项工作都走上了初步发展的道路。到1965年底，在校学生人数达1578人，教职工总数达537人，学校建筑面积已有32154m^2，并有116名学生毕业分配工作。

第一节　学院的创建

一、建院过程

在第一个五年计划时期，国家的重型机械行业有了很大的发展。太原市是机械工业、钢铁工业、煤炭工业、电力工业比较集中的城市，是全国的重工业基地之一。但是，还没有一所培养重型机械工业技术人才的高等学校。机械工业技术教育，远不能适应重工业发展的要求。在太原创建一所重型机械行业的高等工科学校是必要的。20世纪50年代后期，太原机器制造学校在校学生已经发展到1801人，设有锻冲、轧钢机器、炼钢、机器制造、热处理等五个专业，图书资料、实验室、实习工厂的建设已有一定规模，在教学工作上也积累了一些经验，取得了一定成绩。这是创建太原重机学院的前提条件与客观要求。

1958年9月，太原机校经过一段时间酝酿提出了改建大学的要求，经太原市教育局批准，试办了金属压力加工专科班。学生除少数从社会招收外，多数由学校各专业抽调内转。1959年，专科班招收了第二届学生，这两届专科班（后转为师训班，不久有的送外校培训，有的转本科学习）时间不长，教学计划也不够完善，但在组织大学教学工作方面进行了积极的探索与准备。

1960年1月9日，学校向一机部提出了建立太原重型机械学院的请示；同年2月22日，一机部三局批准了建设学院的计划任务书；4月5日，一机部正式批准建立了太原重型机械学院，并对学校的规模、学制、专业、基建等方面都做了具体规定，太原重型机械学院作为重型机械行业的高等工科院校正式诞生。

第一机械工业部

关于建立太原重型机械学院的批复

（60）机教钟宇第886号

第三局：

你局1960年2月22日（60）三周人字第47号报告及学校计划任务书均悉。

同意你局新建太原重型机械学院，兹将计划任务书的主要项目批复如下：

一、校名：太原重型机械学院。

二、规模：3000人。

三、修业年限：本科四或五年，专科二或三年，招收高中毕业生。

四、专业设置：锻压机器及工艺、炼钢、有色金属熔炼、轧钢机器、起重运输机械、金属学及热处理、建筑筑路机械。

五、基本建设投资由你局统一安排解决。

1960年4月5日

二、渡过经济困难时期

一机部关于正式建立太原重型机械学院的批复，极大地鼓舞了广大师生员工，大家决心不辜负国家期望，把学院办好，为社会主义建设培养人才。学院在听取群众意见的基础上，对学院建设提出了两种方案：一是在太原机校的基础上改建、扩建；二是另选新址建设学院。当时，太原机校占地仅195亩，建筑面积27000m^2，是按照1200人规模的中专学校设计建设的，改建大学占地面积不够，必须向周围扩伸，但四面已被铁路、厂矿所占，余地不大。已建房屋布局也不合理，在这里扩建，要拆除部分建筑，必然造成浪费，这方案实属下策。如果另选新址，则可以按照大学的要求设计建设学院，充分发挥投资效果。1960年9月，学院向太原市城建局提出了在太原市下元附近征地建院的申请（当时那里还是一片旷野，地价也不高），但遗憾的是，这一申请未得到有关部门的支持。后来，学院就在原太原机校校址上改建、扩建。

建院之时，正值国民经济严重困难之际，学院根据当时的经济情况，提出了一些基本建设项目，但国家还是无力满足要求。1961年，原计划土建投资80万元，建设6个项目8800m^2，但由于资金不足，调整为投资12万元，3个项目4000m^2。在实际工作中，由于施工力量不足，只完成1.2万元，基本建设速度极其缓慢。

为了渡过困难，学院从1960年年底起，一方面贯彻劳逸结合的方针，适当削减了教学、科研、行政工作任务以及文体活动的时间，增加师生休息时间；另一方面，学院积极组织农副业生产，进行生产自救。1961年，学院在太谷县、清徐县等地建立了三个农副业生产基地，种地288亩，生产了粮食和蔬菜，养猪151头，养羊25只，改善了师生生活。在集体灶就餐师生，每人每天可吃到二斤半蔬菜（国家只能供应半斤），全年供应教职工及家属蔬菜10万多斤。每月加工豆腐1万多斤，供应师生。学院还特别重视食堂工作，加强领导改进伙食管理，搞好师生生活。这一系列措施，在20世纪60年代初期，对于师生战胜饥荒，渡过困难时期，起了重要的保证作用。同时，在学院党委领导下，学院加强了思想政治工作，帮助群众树立不怕困难、战胜困难的勇气和信心，全院师生在艰苦的条件下，表现出师生高度的政治觉悟和优良的思想品质，大家团结一致，艰苦奋斗，渡过了最困难的三年。

三、建院初期的领导体制及组织机构

为了适应学院的建设工作，1960年年底，根据一机部指示，学院收归一机部直接领导。同时，正式撤销了“太原机器制造学校”的名称，任命了学院的党政领导干部，太原重机厂党委副书记阎钊担任了院党委书记、院长。对原中专时期的党委和校务委员会进行了调整，组成了学院党委和院务委员会，领导学院各项工作。

经学院党委、院务委员会研究决定，按高等学校的体制，对原学校的组织机构也进行了调整。设立了两系、四处、一室、一部，即机械一系、机械二系、教务处、总务处、生产处、人事处、学院办公室和中专部。

学院教务长领导教学工作，总务长领导行政总务工作，财务科也直接由总务长领导。

全院有两个专业，16 个教研组，其中基础课教研组 7 个，包括：政治、语文、俄语、体育、物理、数学、化学。

技术基础课教研组 4 个，包括：力学、金工、电工、制图；

专业课教研组 5 个，包括：锻冲、轧钢、炼钢、热处理、生产组织。

学院设立了子弟学校、托儿所等附属机构。

全院有教职工 495 人，教师 164 人，院级干部及院长助理、教务长、总务长共 5 人，处系负责人 8 人，科级干部 19 人（正 4，副 15）。

1961 年学院组织机构见表 4-1。

表 4-1　1961 年学院组织机构

<table>
<tr><td rowspan="25">院务委员会
院长
副院长
院长助理
总务长
教务长</td><td colspan="2">院长办公室</td></tr>
<tr><td colspan="2">财务科</td></tr>
<tr><td rowspan="2">人事处</td><td>人事组</td></tr>
<tr><td>保卫组</td></tr>
<tr><td rowspan="5">总务处</td><td>子弟学校、托儿所</td></tr>
<tr><td>基建设备科</td></tr>
<tr><td>总务科</td></tr>
<tr><td>卫生所</td></tr>
<tr><td>膳食科</td></tr>
<tr><td rowspan="6">中专部</td><td>中专总务科</td></tr>
<tr><td>中专附属厂各工段</td></tr>
<tr><td>中专各教研组</td></tr>
<tr><td>中专附属工厂</td></tr>
<tr><td>中专附属工厂各工段</td></tr>
<tr><td>中专教务科</td></tr>
<tr><td rowspan="3">教务处</td><td>教务科</td></tr>
<tr><td>科研科</td></tr>
<tr><td>图书馆</td></tr>
<tr><td rowspan="5">生产处</td><td>产技术科</td></tr>
<tr><td>院部附属工厂</td></tr>
<tr><td>院部附属工厂各工段</td></tr>
<tr><td>财务供销</td></tr>
<tr><td>附：教学行政组</td></tr>
<tr><td>一系</td><td>各教研组</td></tr>
<tr><td>二系</td><td>各教研组</td></tr>
</table>

第二节　过渡性教学工作

学院建立以后，没有立即安排社会招生任务。1960 年夏季，招收的金属压力加工专科班学生，入学后转入本科锻压专业学习，并从本校师训班（1958 年和 1959 年招收的金属压力加工专科班，1960 年 2 月改为物理、电工、数学三个师训班）中抽调学生，转入了本科锻压、轧机专业学习。1961 年夏季，学院只从社会招收了 20 名学生，并选调部分在校中专学生转入本科学习，成为当时过渡性班级。学院干部和教师也是原中专时期的人员，大家对高等学校的管理办法、教学工作都比较生疏。为了适应新的情况，摸索高等教育的规律，学院从各专业的实际情况出发，学习兄弟院校经验，组织制订了教学文件，加强了实验设备、图书资料的建设，特别是重点抓了师资队伍的培养提高（另述），尽快完成中专教学工作到大学教学工作的过渡。锻压专业在制订教学计划的过程中，参照了太原工业学院、西安交通大学等兄弟院校同类专业和相近专业的文件，根据本校学生大部分是由中专学生转来、已有一定专业知识、基础知识比较薄弱的特点，适当增加了基础理论的课程。在专业课中，由于中专时期偏重工艺，适当加强了设备方面的课程。轧机专业也抓了教学文件的制订工作，明确了专业性质、培养目标和教学要求。但过渡性教学文件有很强的针对性和临时性，只适用于当时的教学工作。

学院还十分重视实验室的改造和建设。原中专的实验室，虽有一定基础，但设备不足，手段落后，基础课五个实验室（普通物理、化学、金相热处理、材料力学、电工等）条件都比较差，化学实验室的排气、排水设施不好，材料力学实验室没有充电测试仪器，金相热处理实验室没有物理性能实验的设备，电工实验室没有工业电子学、电力驱动方向的设备，这些实验室基本上无法开展高等学校课程的实验项目。专业实验室的建设也较为落后。改变这一状况是当时教学工作的迫切需要。学院于 1960 年 9 月，设立了教学设备科，负责实验室的改造和建设，并于当年购进了 5.4 万元的仪器设备，扩建实验室完成 18.5 万元。1961 年年初，学院进一步认识到加强实验室建设在高等学校建设中的重要地位，在当时经济十分困难的情况下，千方百计地筹集资金购置设备仪器，全年设备投资 72.76 万元。这些资金用于生产设备 12.76 万元，用于教学设备 60 万元，为部分基础实验室购置了一些贵重仪器，开始改变了实验室的状况，它为学院以后的实验室建设也起了很好的作用。

1961 年设备购置情况见表 4-2。

表 4-2　1961 年设备购置情况表

投资 项目	生产设备	教学设备			合计
		各实验室	陈列室	中专	
金额 / 万元	12.76	51.46	1.24	7.3	72.76

1960 年，图书馆藏书只有 10 万册，外文书籍更少，学院教学参考资料严重短缺，图书馆占房面积小，人员和设备不足，这种状况，也不能适应学院教学的需要。1961 年，适当增加了图书经费（2 万元），购书 1 万多册，增加了外文书籍的比例（约占三分之一）

和大学教学参考书籍，并调进了人员，改进了管理，开放了新的阅览室，逐步发挥图书馆在教学工作中的重要作用。

1961 年以前，学院既要统筹好中专教学工作，又要探索大学教学工作新的规律，工作头绪繁杂，在这段时期内，采取了一些临时性措施，为逐步适应高等教育的要求打下了一定基础。

第三节 全面贯彻《教育部直属高等学校暂行工作条例》

1961 年 9 月，中共中央批准施行的《教育部直属高等学校暂行工作条例》（以下简称《高校六十条》），是新中国成立以后我国高等教育工作的经验总结。对于刚刚诞生的太原重机学院，贯彻《高校六十条》的过程，就是建立正常的教学秩序、工作秩序的过程。同年冬季，全院师生密切联系学院工作的实际情况，在办学指导思想、知识分子政策、红专关系、双百方针、领导体制等各个方面，认真领会《高校六十条》的精神，进一步明确了高等学校以教学为主的指导思想。大家一致认识到，学院应集中全力抓教学，把搞好教学工作、提高教学质量放在一切工作的首位，行政管理、总务后勤、思想政治工作都应该树立教学服务的思想，围绕教学工作进行。

按照《高校六十条》要求，1962 年学院实行了党委领导下的院务委员会负责制，各系党总支对行政起保证监督作用，改变了以往“一竿子插到底”的领导方法，撤销了各教研组的“核心组”，党委集中主要精力抓贯彻落实党的方针政策，抓思想政治工作。1962 年党委召开了 47 次会议，讨论了 59 项议题，其中：关于思想政治工作方面的议题 22 项，占 37%；教学工作方面的议题 11 项，占 18.6%；行政工作方面的议题 10 项，占 17%；党群工作方面的议题 16 项，占 27.4%。

在贯彻《高校六十条》过程中，学院党委的工作得到了一定的改善，行政系统工作得到加强，提高了行政部门和管理干部的主动性、积极性。1962 年，进一步调整了院务委员会，增加了教学人员在院务委员会中的比例，18 名委员中有教师 9 名，占 50%。院务委员会紧紧抓住了教学工作这一个环节，半年内召开了 4 次会议，讨论议题 11 项，其中 6 项是研究有关教学工作的议题，占 54%。各系设立了以系主任为首的系务委员会，领导系教学行政工作，独立处理问题。1962 年下半年，学院根据教学工作的需要，将物理、化学、数学、外语、体育、政治等教研组从各系划出，建立了基础课委员会，专门管理基础课的教学工作，这一措施既健全了学院体制，也加强了基础理论教学工作。

在调整了领导体制之后，学院随即制定了各项规章制度，使各级行政部门的管理工作走上了正轨。1962 年制定的《院务委员会工作条例》具体规定了院务委员会的任务、职责、组成办法和工作方法，是院务委员会工作的基本依据。同年，又制定了《系务委员会工作条例》，明确了系行政领导的职责范围、工作程序以及同党组织的关系。这是学院两个最基本的工作条例。此后，在教务方面，制定了排课调课、学籍管理、成绩管理、生产实习、毕业设计，以及毕业实习的暂行规定，还修订了《教师工作量计算和付酬办法》，使教学管理基本上做到了有章可循。在行政工作中，学院制定了《文书处理工作暂行规定》，对学院文件的拟制、发文、收文、承办、归档等一系列文书工作的程序作了详细规定。同时还制定了《总务工作条例》，强调了为教学服务的指导思想，并在房产管理、车辆管理、物资管理、财务管理等方面都制定了规章制度，扭转了行政管理中的混乱局面，建立了正常的工作秩序。

建院初期，学院全面贯彻《高校六十条》，明确了以教学为主的思想，改革了党的领导体制和方法，制定了一系列教学行政管理方面的规章制度，这都是学院建设的基础性工作，对学院的发展有着重要意义。

第四节　师资队伍建设

一、结合“精减”工作，调整充实师资队伍

1960 年，学院建立的时候，全院教师 213 人，具有本科学历者占 19.2%，具有专科学历者占 29.2%，具有中专学历者占 51.6%。其中大学教师 104 名，104 名教师中具有大学专科以上文化程度的 26 名，占 25%，整个师资队伍的素质和人员结构，远不能适应高等学校教学工作的要求。要办好学院，必须加强师资队伍的建设，提高师资的质量。

20 世纪 60 年代初，在国民经济困难时期，国家提出“调整、巩固、充实、提高”的方针，实行精减职工队伍、压缩城市人口的政策。学院经过充分准备，反复动员，进行了精减压缩工作。1961 年，精减教职工 377 人，占教职工总数 568 人的 66.4%，其中教师 9 人。1962 年，精减教职工 264 人，其中教师 100 人，两年共精减教职工 641 人（含中专部 202 人），精减教师 109 人。结合这次精减工作，学院对教师队伍进行了调整，一部分未达到大学文化程度的教师离开了教学岗位，有的到大学读书，有的调出另行安排工作，也有的回乡务农，师资队伍的质量有了提高。

1961 年和 1962 年学院精减情况统计见表 4-3 和表 4-4。

表 4-3　1961 年学院精减情况统计表　（单位：人）

单位项目	总数	返乡	调出	离职	回城市	参军
院本部	175	78	50	4	39	4
中专部	202	32	163		7	
总计	377	110	213	4	46	4

表 4-4　1962 年学院精减情况统计表　（单位：人）

精减情况	总数	教师	职员	工勤	生产技工
精减后人数	182	100	35	38	9
精减了的人数	264	回乡 121	调出 72	升学 60	其他 11

在大量精减教职工的同时，学院有计划地充实了教师队伍。1962 年，分配来的大学毕业生共 20 名，从清华大学、哈尔滨军事工程学院、哈尔滨工业大学等重点院校调进教师 68 名。

1962 年年底，大学教师由精减后的 45 名增加到 133 名。这些教师进校后加强了教师队伍的力量，大大改变了教师队伍的结构。新分配来的年轻教师，基础知识牢固，受过系统的高等教育，加之他们上进、好学、富有生气，有培养前途。这批教师后来大都

成为各学科教学、科研的骨干力量，不少人担任了教研室、系处领导工作。1963 年以后，学院逐年接收若干高等学校毕业生或留学生来学院任教，使教师队伍不断地得到了充实和加强。

二、积极组织师资培训工作

1961 年，中专学生全部离校，大学在校学生人数较少，学院抓住这一时机，积极组织教师在职培训和脱产进修，选送 43 名教师到全国 14 所高校脱产进修，占当时教师总数的 33%，还选派 8 人去山西教育学院学习，10 人去太原工学院学习，另有 30 名教师参加了本院在职进修班。这一年，参加各种进修的教师达 91 人，占教师总数的 70%。1962 年，学院又分两批选送了 28 名骨干教师到重点高校进修，在提高业务水平的同时，学习兄弟学校的教学经验。这一年学院也举办了高等数学、理论力学、材料力学、外语等几个业余进修班，组织 80 名教师在职进修。

学院特别重视对进修教师的管理，对于外出脱产进修的教师，经常派人同进修院校联系，要求对他们进行严格考核，并定期听取教师的进修情况汇报，审查他们的成绩。对在职进修的青年教师，除了严格考核外，还要求教师在限期内阅读指定的书籍、资料和文章，并写出读书报告。指导教师要对青年教师的读书报告进行认真阅评。学院的严格要求，促进了教师学习的自觉性和主动性。经过段进修培训，大大提高了师资水平。据 1962 年年底统计，教师中具有大学本科文化程度的人数已上升至 73%，专科程度者由 28% 下降为 13%，中专程度者由 42% 下降为 9%。在 1966 年以前，教师业务培训工作一直没有间断，每年派出教师到外校进修，并举办多期在职进修班，不断提高了师资质量。

三、贯彻党的知识分子政策，调动广大教师的积极性

为了建设一支好的师资队伍，学院在充实教师数量、调整师资结构、提高师资水平的同时，还特别重视贯彻党的知识分子政策，充分发挥教师在教学工作中的积极主导作用。

1961 年，学院根据国家政策规定，第一次评定了教师的职称，有 12 名教师晋升为讲师。1963 年，学院第二次评定教师职称，又有 6 名教师晋升为讲师。讲师以上的教师达到 18 人，占教师总数的 17.6%。为了帮助教师在业务上提高，学院组织他们制订了个人发展规划，每个教师都从自己的实际情况出发，根据教学工作的要求，确定了自己的专业方向、进修课程，明确了奋斗目标，提出了具体措施。师资部门、教务部门和各学科组织，经常督促教师落实自己的发展规划，并检查他们的执行情况，组织教师交流自修的经验，互相帮助、共同提高。学院在注重教师普遍培训的同时，加强了对各学科重点对象的培养和提高工作。根据教师的业务水平、教学能力，选定了 33 名有一定培养前途的业务尖子，作为学科带头人，进行重点培养，并尽量从工作条件、生活条件上给他们提供帮助，创造较好的环境，使他们能一心一意钻研业务。各学科都派了青年教师给他们做助手，帮助他们进行教学工作和科学研究工作。学院还召开他们的家属座谈会，要求他们多承担家务劳动，支持亲人提高业务水平。各学科带头人的培养提高，也带动了全体教师的自修积极性。1965 年，全院教师有 215 人，其中讲师 30 人，基本上适应了高等学校教学工作的要求。

第五节　学院的初步发展

一、专业建设情况

建院初期，学院只有两个专业。锻压工艺及设备专业是在原中专锻冲专业的基础上建设的，由于这个专业原来就有一定基础，建立学院后，师资力量进行了充实和调整，到1963年已有骨干教师14名，其中，讲师4名。这个专业尽快搜集了全国同类专业的教学文件和教材，增加了实验设备，专业方向由原来的侧重工艺，改为设备工艺并重。为加强设备课的教学力量，学院选调了一些教师，进修设备课程，参加大型设备的设计工作，保证了设备课的教学质量。轧钢机械专业，是由原中专的轧钢机械制造专业改建的，培养轧钢机械设计方面的工程技术人才。这个专业所设课程，除基础课之外，还开设了画法几何及机械制图、理论力学、材料力学、金属工艺学、机械原理、热工学等11门技术基础课，专业课主要有轧钢设备、孔型设计、设备润滑、轧钢车间设计等10门。另外，还开设一些选修课。到1963年，轧钢机械专业教师已有12名，虽然大部分是青年教师，但都具有扎实的理论知识和教学经验，是学院较强的专业之一。

1961年年底，筹建了工程机械专业，培养建筑筑路机械、挖掘起重机械方面的工程技术人才，并从中专转入了部分学生。专业教材主要从军事院校、工程兵部队搜集。1962年，这个专业还从解放军工程兵部队调进了部分实验设备，明确了“以军为主”的专业性质和两个“专门化”的专业方向（两个专门化是指：挖掘机及风动工具、建筑筑路机械），改名为工程兵机械专业。在组织教学过程中，没有开设军事工程机械方面的全部课程，也难以分两个专门化进行教学，实际上体现不了“以军为主”的性质。1963年9月，经一机部教育局批准，专业名称改为建筑筑路机械，并于年底修改制订了专业教学计划，重新确定了专业培养目标：为建筑筑路机械方面培养工程技术人才，要求毕业生对建筑筑路机械能进行设计，并具有相应的工艺知识和解决生产技术问题的能力。根据这一培养目标，对专业的课程设置、教学环节、时间安排等都进行了适当的调整。这个专业是1962年正式从社会招生的。

1961年年底，学院开始筹建铸造专业，并于1962年开始招生。作为机械行业领域的通用专业，该专业的培养目标是：培养掌握钢铁铸造生产技术的工程技术人才，要求学生毕业后能够承担铸造车间及其设备的设计、编制铸造工艺规程、进行产品质量控制及生产组织工作和铸造方面的科研教学工作。铸造专业采用了教育部颁发的教学计划，选用了全国通用教材。从1962年起，先后调进了一些专业教师，后来大都成为这个专业的教学骨干。1962年，高级工程师张明之从太原重机厂调入这个专业，进一步加强了该专业的师资力量，对于培养青年教师进行教学、科研工作，都起到了一定作用。

1964年年底，一机部在上海召开了部属高等学校专业调整会议，为了加强二、三线地区的经济建设，会议决定：“将大连工学院、沈阳机电学院的起重运输机械专业搬迁到太原重机学院，设立起重运输机械及设备专业。”会后，一机部教育局就这一决定，于1965年3月12日印发了《关于高等学校专业调整的通知》，对于调整有关事宜，作了明确规定。同年5月，这两个学院的起机专业教师16人，学生174人来到了太原重机学院，并且带来价值 10 万元的专业设备仪器，近千册图书、资料。这一系列调整增强了学院的实力，推动了学院建设。起机专业于 1965 年开始招生，1966 年接收了 14 名越南留学生，当时国家正处于动荡时期，他们不久即离校回国。

到 1965 年，学院拥有锻压、铸造、轧机、筑机、起机五个专业，学制为五年，但从中专转入本科学习的锻压、筑机、轧机部分学生，学制为四年半。

二、修订教学文件，改进教学方法

在全面贯彻《高校六十条》的过程中，学院明确了以教学为主的办学方向，集中力量抓教学，有计划地抓了各专业的建设，并修订了各类教学文件，改进了教学方法，为提高教学质量作了很大努力。

（一）制定和修订教学文件

建院初期的各类教学文件是在原中专的基础上参考其他同类型的高等学校同类专业的教学文件而制订的。1962 年 6 月，全国高等工科院校教学工作会议以后，学院有计划地组织制定（修订）了各类教学文件，对基础课、技术基础课采用了教育部推荐与颁发的 19 种教学大纲。专业课教学大纲，也是根据教育部的推荐进行选编和修订的，还采用了 20 余种全国通用教材，基本上做到了教学文件正规化，为稳定教学秩序创造了条件。

根据教学文件规定，学院调整了各个专业的教学时数，加强了基础理论教学和基本技能的训练。1962 年，全院 9 个班学生，都适当减少了公益劳动的时间，进一步克服了以前劳动过多的偏向，年教学时间保证在 30 ～ 36 周，假期共 9 周。各专业都按照教学计划的要求，加强实践性教学环节，开设了习题课、实验课，组织了教学实习、课程设计与生产实习。以数学、物理课为例，数学课的习题课学时数达到 58 学时，物理课的习题课时数达到了 10 学时。根据锻压 6103 和工机 6102 两个班的统计，1962 年数学课每个学生平均完成作业 950 个习题，物理课半年布置作业 130 个习题，平均完成 120 个。不少基础课教师都重视了学生实验课，在设备不足的条件下，积极扩大实验项目，尽量多开实验，使各课程的实验开出率有了明显提高。

（二）贯彻“少而精”原则，开展教学法研究

1962 年以后，在组织教学过程中，作为教学工作法规的教学大纲，并不能完全付诸执行。由于各学科理论教学内容贪多贪深的现象相当普遍，严重挤占实践性教学环节，加重了学生负担，成为影响教学质量提高的重要因素之一。

为改变这种状况，学院根据上级指示精神，从 1963 年 7 月起，在教学工作中提出了贯彻“少而精”的原则，强调“三提倡”和“三反对”，即：提倡从实际出发、讲求实效；提倡分清主次、保证重点；提倡全局观点。反对主观主义、贪多偏高；反对平均主义；反对片面观点。并且采取了下列具体的措施：

（1）适当控制周学时数。在教学计划不变的情况下，对各专业各年级的教学周学时，做了具体规定，如锻压、铸造专业各班的每周课时不得超过 53 学时，课堂教学不得超过 23 学时。轧机、筑机专业各班每周课时控制在 52 学时之内，课堂教学不得超过 21.5 学时。

（2）精选教学内容。在控制教学时数的条件下，对教学内容也必须删减，不能浓缩。精选选工程或章节的基本内容，讲透讲好，而对大纲规定之外的非基本内容，经教研组讨论，报系主任批准后，要适当地加以删减，从而保证基本内容的教学效果。

（3）控制课外作业。减少一部分大纲以外的自定作业和对掌握基本内容关系不大的课外作业，保证了学生的学习主动性，有利于学生自学能力的培养。

（4）开展教研活动，改进教学方法。各教研组定期研究各学科的教学内容和方法，提倡启发式，不搞填鸭式，教研组还经常组织教学观摩和经验交流，学院也组织了教学经验交流，表扬了好的典型。

（5）控制考试次数，改进考试办法。对于各学科的考试、考查及课堂测验的次数都作了规定，改变了考试过多、各学科以考试（测验）压学生、争时间的现象。

由于贯彻“少而精”的教学原则，改进了教学方法，教学质量有了一定提高，理论教学突出了基本内容，实践性环节加强了基本训练，使学生的学习成绩有了明显上升。1963年下半年，数学、物理两门课程期末考试成绩优良的学生，占到参加考试学生的79.5%。

三、进行教育改革，试行半工半读

1964年以后，学院贯彻了国家关于教育改革的一系列指示精神，加强了思想政治教育工作，在教学工作中增加了政治内容，强调培养有文化的劳动者，提出了以毛泽东思想指导教学工作。继续贯彻“少而精”的原则，精减教材。加强实践性教学环节，提倡现场直观教学。从生产实际出发，“真刀真枪”搞毕业设计。1964年锻压专业6002班学生，在7个企业进行了11个题目的毕业设计，为太原重机厂锻压车间设计改装的蒸汽自由锻操纵配气系统，当即试车，取得良好效果。1965年，轧机专业6102班学生，在4个企业选了7个题目进行毕业设计，有的在当时就已经用于生产，实现了生产效益。“真刀真枪”搞毕业设计，使理论同生产实际相结合，有利于培养学生的实际操作技能和独立思考、分析问题的能力，也有利于培养学生的工作责任感和事业心，对教学、生产都有好处。

为了贯彻刘少奇同志关于“两种教育制度和两种劳动制度”的指示，1965年4月，学院在锻压专业64级的三个班共93名学生中，试行了半工半读的教育体制，并与太原重机厂签订协议书，商定实行“二顶一”的劳动制度，轮流在太原重机厂固定岗位上顶班劳动，并参加车间的各种活动，遵守工厂纪律。厂方负责学生的劳动保护事宜，并发给学生一定的生活补贴（按当时助学金每人每月15元补足差额）。学院成立领导组，负责领导半工半读的工作。并以锻压专业教师为主，抽调物理、数学、外语、体育等14名教师，组成联合教研组，负责半工半读班的教学工作。同时，教师也以“四顶一”或“二顶一”的制度，在车间参加劳动。学生试行半工半读，一半时间学习，一半时间劳动。学院专门编制了培养方案和教学计划，提出了德、智、体三方面的具体要求。在劳动方面，对学生的工种岗位、劳动时间、生产技能、劳动态度都做了具体规定；在教学方面，精减了不少课程，压缩了理论教学时数，撤销了该专业理论教学计划中的340学时，占原统一计划588学时数的57.8%。

四、科学研究工作及实习工厂建设

早在中专时期，不少教师曾参加过技术革新的工作，并取得过成果。20世纪60年代，随着教学工作的进展和师资力量的增强，大家逐步认识到科学研究对于提高教学质量和师资水平的重要意义，学院也组织了些学术活动，引导教师参加科研工作。因为是刚开始，所以，科研规模比较小，选题也比较单一，只是起步性的。大部分教师的科研工作同实验室建设相结合，自行设计、制作实验设备和器材装备各个实验室。随后，积累了一定经验，才逐步承担了国家科研项目。例如，1965 年锻压教研组的教师，同太原重机厂技术人员合作，共同接受了铁道部 12V175 型柴油机车生产中关于“曲轴墩压锻造新工艺的试验研究与试制”任务，于 20 世纪 70 年代后期取得成果。

随着教学、科研工作的发展，学院的实习工厂也加快了建设速度，到 1965 年年底，厂房建筑面积已达 3893m^2，固定资产已达 106 万元。除完成各专业生产实习的任务和科研试制任务之外，还积极组织生产，承担了社会生产任务。1963 年先后试制成功了 GW-40 型钢筋弯曲机和 GQ-40 钢筋切断机，并通过鉴定，成为实习工厂的定型产品，进行批量生产，销往各地建筑部门。为适应生产发展的需要和半工半读的要求，学院加强了工厂的建设。1965 年，工厂内部设立了财务供销机构，实行单独核算，并把金工教研组划归工厂领导，加强了工厂技术力量，使得工厂规模和生产有了很大发展。

五、加强思想政治工作

20 世纪 60 年代初期，随着《高校六十条》的贯彻执行，学院党的组织建设和领导方法也有了加强和改善，这是学院各项工作顺利发展的有力保证。

1962 年 1 月，学院召开了建院以来第一次党员大会，总结了学院党委的工作，选举产生了学院第一届党委会和党的监察委员会，讨论通过了《端正政策，增强团结，克服困难，努力建设新学院》的工作报告，提出总结经验教训、学习和贯彻党的政策、加强政治教育、增强团结、搞好教学工作等一系列任务。

为了贯彻大会提出的任务，1962 年，学院党委对党员干部和全体党员进行了轮训，分期分批进行了党的知识的教育。回顾总结了 1958 年以后思想政治工作的经验教训，初步端正了学院思想政治工作的方向。在 1962 年以后的一段时间内，由于加强了对师生的宣传教育工作，开展了学雷锋做好事的活动，党内民主生活比较正常，党内外群众心情舒畅、精神面貌较好，广大师生积极要求进步，加强品德修养，形成了一种团结友爱、互相帮助、争做好事、路不拾遗的良好风气，这是学院建校以来思想政治工作取得显著成效的最好时期，保证了各项任务的完成，促进了学院的建设和发展。

1963 年 1 月，第二次全院党员大会召开，讨论通过的《鼓足干劲，扎扎实实地工作，为提高教学质量而奋斗》的工作报告，总结 1962 年党委的工作，提出了 1963 年的工作任务，并选举产生了学院第二届党的委员会。这次会议，继续把教学工作确定为学院工作的中心任务，加强了党对教学工作的领导。在政治工作上，贯彻了党的八届十中全会精神。

第六节　特殊时期的发展

1966 年 5 月，学校停止了长达六年的招生工作。1972—1976 年，学校招收了五届工农兵学员，共 777 人。

一、1966—1969 年的学校情况

1966 年 5 月，学校多数师生在雁北地区参加农村“四清”（清账目，清仓库，清工

分，清财务）运动。6月初，学校出现了大字报。7月底，师生先后从农村返回学校，参加了运动。学校全面停课，并停止招收新生，毕业生不分配工作，留在学校搞运动。同年8月13日，部分学生到山西省委请愿，在省委大院受到省委机关干部的劝阻。此时，学校开始了内乱，出现了一些战斗队、红卫兵组织。

1967年1月19日，学校的造反组织联合发表了“夺权声明”，并夺了学校党、政、财、文大权。继而，群众组织分裂为两派，严重对立，发生武斗并逐步升级。在武斗中，学院房屋实验设备、图书资料遭到了严重破坏。与此同时，一些学生和教职工还走出校门进行“大串联”。

1968年10月，解放军毛泽东思想宣传队（以下简称“军宣队”）进驻学校，领导运动，制止武斗，拆除工事，收缴武器。10月底“军宣队”同两派组织负责人共同组成了“大联合委员会”，组织部和群众“斗私批修”，至此，大规模的武斗基本结束了。同时又主持了66届、67届、68届毕业生的分配工作，这三届学生共794人，于当年年底全部离校。1969年9月，学校成立了革命委员会（以下简称“革委会”），“革委会”由“军宣队”、被“解放”的领导干部、教职工和学生代表共15人组成。“革委会”将师生员工统一按军事建制改编为8个连队，指定了连长、指导员，领导各连队的运动。

二、下放地方，疏散农村，进行“斗、批、改”

（一）学校下放

1969年10月26日，中共中央下发了《关于高等学校下放问题的通知》文件，根据文件精神，学校下放由山西省革委会领导。由于当时教学、科研工作仍处在停顿状态，山西省革委会对学校业务工作未做多少指导。

（二）实行紧急战备疏散

1969年年底，林彪擅自发出战备动员的“紧急指示”，山西省革命委员会通知在太原市的各高等院校进行紧急战备疏散，迁离太原市。经与有关地县联系，省革委会批准学校疏散到晋东南地区晋城县金村公社。1970年1月，除实习工厂人员、老弱病残人员留守学校外，其余师生员工携带家属分两批到晋城县。到达晋城后，师生分别居住在金村公社金村大队、孟匠大队、岳匠大队，并同农民一起参加农业生产劳动。

（三）在农村进行“斗、批、改”

1970年3月，晋东南地区向学校派出了8人组成的“军宣队”和30人组成的工人毛泽东思想宣传队（简称“工宣队”），领导全校运动。1970年8月，根据中共中央通知，1964年和1965年入学的学生按69届和70届毕业生分配工作，至此，学生全部离开学校。1971年4月，根据上级通知精神，学校教职工从农村返回太原市。山西省又重新派了8人组成的“军宣队”，组成了整党建党领导组，继续对学校进行“整党建党”工作。

三、恢复教学工作，培养工农兵学员

（一）重建党委会，实行一元化领导

学校于1972年3月召开了第三次党员大会，全校171名党员中有124名出席了大会，选举产生了14人组成的第三届党委会，并经省委常委批准，建立了5人组成的党

委常委会，党委书记由“军宣队”负责人担任。党委对学校的政治运动、业务工作实行一元化领导。同时各连队都建立了党支部，领导各连队的工作，党的组织得到了恢复。1973年年底，“军宣队”撤离学校，在此之前学校撤销了连队建制，设立了两个系和基础部的教学体制，校党政机关的设置是：办事组、政工组、后勤组和教育革命组。党的组织也作了相应调整，在两个系设了总支部委员会，其余单位设立了支部，党组织对党政工作实行一元化领导。

（二）招收工农兵学员

1972年，根据山西省“革委会”安排，学校招收了工农兵学员。4月，入学的235名学生，高中毕业生64名，占27%；初中文化程度的学生167名，占70.6%；小学文化程度的学生4名，占2.4%。学校把第一届工农兵学员按文化水平高低编班，分别补习初中、高中课程。以后各届工农兵学员，情况大抵也是如此。

（三）特殊时期的教学科研工作

1966年5月至1972年4月间，学校教学工作陷于停滞状态。招收工农兵学员期间的教学工作，实行开门办学的方针，同工厂、企业挂钩，承担企业的技术改造、产品设计任务，通过典型产品和典型任务组织教学，学生在参加典型产品的设计、制造过程中，学习有关基础理论和专业知识。通过开门办学，学生学到一定的设计、生产的实际知识，培养了一定的实际操作技能。学生还要“学工”（下工厂参加劳动）、“学农”（参加农业生产劳动）、“学军”（参加军事训练），师生频繁外出下厂下乡，大大减少了理论教学时间，削弱了基础理论教学工作。工农兵学员在三年的学习过程中，政治课占到总学时的20.5%，“学工”、“学军”、“学农”的时数占总学时的42.44%，业务课只占到37.06%。

1973年5月，经一机部教育局批准，起重运输机械及设备专业改名为起重运输机械，建筑筑路机械专业改名为工程机械，并着手筹建矿山机械专业。矿山机械专业的专业方向是除煤矿以外的金属、非金属矿所用凿岩、采掘和装运设备，以设计为主，兼顾制造工艺、维修，此专业从1975年开始招生。

为适应开门办学需要，学校于1974年改变了教学管理体制，撤销了系、基础部建制，按照轧机、起机、工机、锻压、铸造、矿机专业，设立了6个专业委员会。基础课和技术基础课教研室拆散，教师分配到各专业委员会，各个专业委员会还设立了相应的党的总支委员会，领导专业委员会政治和业务工作。在这种体制下，基础理论和基本知识的教学工作受到很大削弱。化学课被砍掉了，物理、数学课的教学时数被大大压缩，不少实验课被取消，材料力学的7个实验项目，被压为2个拉伸实验。

在培养工农兵学员的同时，学校还举办了电工基本知识、设计制图、热处理、冷轧冷拔等五期在职职工短训班，有40多个企业的工人、技术人员，共300多人接受了技术培训。

1974年初，为了恢复教学秩序，学校先后派人到朝阳农学院、北京大学、清华大学等样板单位“学习”“取经”，提出“学朝农，迈大步”“教育学大寨”等行动口号，鼓励学生同工人、农民“画等号”，同十七年“对着干”，在毕业生中树立“不当干部当农民，不拿工资拿工分”的榜样。

实际上，在这段时期（1968年），部分师生曾一度复课，实习工厂也同时恢复生产。广大教师身处逆境，仍能坚持钻研业务。讲师周则恭，原来只掌握一门外语（俄语），在特殊时期，他刻苦自学，熟练掌握了日、德、英三种外语，并翻译出版了《高速锤锻造》《液压技术应用》等外文论著和《断裂力学》译文专辑，约十万多字。胡崇培编写出版的《冷冲模图册》，锻压教研室郭会光等老师合作研究的《发电机炉环液压胀形强化新工艺》《爆炸强化炉残余应力及工艺》以及在1978年山西省科技大会和全国机械工业科技大会上获奖的其他项目的研究工作，不少是在这时期进行的。

1976年春天，在悼念周恩来总理的时候，学校图书馆、实习工厂等单位的教职工制作了花圈，送到太原市五一广场。不少师生填写、传抄、背通悼念周总理、抨击“四人帮”的诗词，工机专业7303班的学生公开贴出了大标语，把矛头直指江青反党集团。

1976年10月，“四人帮”被粉碎，学校也结束了不幸的历史，获得了新生。

第五章　进行建设性整顿　迈开稳步发展步伐
（1976—1983 年）

粉碎“四人帮”以后，特别是党的十一届三中全会以后，党和国家实现了伟大的历史性转折。太原重机学院进入了一个新的时期。学院认真贯彻党中央关于“调整、改革、整顿、提高”的方针和一机部关于学校工作“建设性整顿”的指导思想，在政治上、思想上、组织上进行了拨乱反正，全面消除“十年动乱”中所造成的消极影响。推倒了“两个估计”，纠正了冤假错案，落实了知识分子政策，实现了工作重点的转移，把主要精力集中到教学、科研的中心任务上来。调整了教学体制，整顿了教学秩序，大抓了师资队伍建设，加速了实验室改造和实验测试手段的更新，开展了学术交流和科学研究活动，使教学质量和科研水平有了明显提高。

在大抓提高教学质量和科研水平的同时，学院还大力进行了社会主义精神文明的建设，加强思想政治工作，对师生进行共产主义理想信念教育，开展了“五讲四美三热爱”活动，并取得了显著成效。

在党的十一届三中全会以后，国家的“四化”（工业、农业、科技、国防四个现代化）建设日新月异，蒸蒸日上，学院各项工作也顺利开展，是兴旺发达的重要时期。到 1983 年年底，在校学生人数已达 1585 人，教职工总数达 1075 人，其中副教授以上高级知识分子 41 人，讲师、工程师以上知识分子 154 人，学院建设面积已达 $72000m^2$，设备投资累计达 942.39 万元。学院有本科生、研究生、专科生、夜大生同时在校学习，培养了不同规格的人才，为我国机械工业做出了应有的贡献。

第一节　逐步实现工作重点转移

一、推倒“两个估计”，重新肯定知识分子的地位和作用

1976 年 10 月，党和人民取得了粉碎“四人帮”的伟大胜利，国家进入了个新的历史时期。太原重机学院结束了“十年动乱”的历史，开始了新的发展阶段。全院师生积极参加了揭批查“四人帮”反革命集团的斗争，冲破了两个“凡是”（凡是毛主席做出的决策，都要坚持拥护；凡是毛主席的指示，都始终不渝地遵循）的禁区，进行了关于“真理标准问题”的讨论，恢复了党的“实事求是，一切从实际出发”的思想路线，从思想上、理论上澄清了“四人帮”制造的混乱。特别是推倒了“四人帮”炮制的“两个估计”，打碎了强加给广大知识分子的精神桎梏，肯定了知识分子是工人阶级的一部分和他们在“四化”建设中的重要地位及作用，明确了教师是学校工作的骨干，是教学工作的主力军。全校师生员工深刻领会了“科学技术就是生产力”这一马克思主义论断，懂得了知识分子是党和国家的宝贵财富。1978 年前后，全院开始出现尊重知识、尊重知识分子的风气，有 13 名离开教学岗位的教师重返了教学工作岗位。学院在思想上进行了一系

列的拨乱反正。

二、落实政策，平反“冤假错”案

1977 年，学院设立了专门机构，对特殊时期受到审查的人员逐一进行了复查，给 44 人进行了彻底平反，纠正了对 3 人的错误处理和错误结论，推倒了加在他们头上的不实之词。通过个别谈心、召开座谈会等形式，做思想政治工作，还召开了几次大会，公开给他们平反，恢复名誉，向他们赔礼道歉。对他们在经济上遭受的损失给予补偿，有的补发了工资，有的进行了经济补助，并妥善处理了遗留问题。

1978 年，根据中共中央指示精神，对 1957 年“反右派”斗争中的案件进行了复查，由于“反右派”斗争的扩大化而错划的 21 名“右派分子”（本校错划的 10 名，在外单位错划后调入学院的 1 名）、18 名“反社会主义分子”（学生）全部进行了改正，并有两人恢复了党籍，7 人恢复了团籍（按超龄退团处理）。有一对夫妇，原是学校教师，被错划为右派后，遣送回乡劳动改造，给他们的生活造成极大困难。这次复查后，恢复了他们的教师工作，评定了职称，经济上给予了补助，帮助他们安排好了生活。有一个教师被错划为“右派分子”后，遣送回乡，并已经去世，学院派人向他的子女宣布了对他的改正决定，清理了子女档案中的有关材料。对于被错划的学生，学院主动同地方政府联系妥善安排了他们的工作和生活。对于在反右派斗争中，虽未定为“右派分子”，但错误地受到批判和其他处分的 6 名教职员工，也都做了复查和纠正。每位蒙冤者，都感受到了党的关怀。在落实政策中，学院认真贯彻党的实事求是的思想路线，对以前处理错的案子，一件件进行了复查纠正。

党的十一届三中全会后，落实政策及纠正“冤假错”案的工作，其认真、全面彻底的程度和实事求是的精神，是 1962 年的甄别平反工作所远远不能相比的。落实政策及纠正“冤假错”案的工作把党的政策真正落到了实处，从而维护了学院安定团结的政治局面，调动了广大教职工的积极性。

三、实现工作重点的转移

党的十一届三中全会做出的把工作重点转移到经济建设上来的战略决策，是新中国成立以来党的历史上具有深远意义的伟大转折。学院党委领导全院师生认真学习并贯彻执行党的十一届三中全会的精神，明确教学工作、科学研究工作是学院的中心任务，逐步把主要精力集中到教学工作和科学研究工作上来。学院党委从领导思想和工作方法上，都摒弃过去那种以政治运动为主、政治可以冲击一切的做法，否定“文革”中要把学院办成“政治大学”“专政工具”的口号，端正了办学方向。在 1979 年院党委工作的指导思想中，明确提出“把工作重点逐渐转移到以教学、科研为中心的轨道上来，围绕整顿教学秩序、提高教学质量，积极开展各项工作”。在实际工作中，领导深入课堂，从调查研究入手，进行教学检查，大抓教学业务工作。从 1979 年起，为了加强业务工作的领导，对于广大干部进行了业务技术教育，要求各级领导干部，了解本院各专业概况。组织科以上部门认真学习了各专业的业务知识，并到工厂实地参观，增长专业技术知识。学院出现了人人关心教学、教师钻研业务、积极开展科研活动、学生勤奋读书的良好风气。党政工作、行政总务工作都明确了为教学科研服务的目标。

第二节　全面进行建设性整顿

为了适应国家经济建设的要求，为“四化”建设培养合格人才，学院认真学习并贯彻执行了党的“调整、改革、整顿、提高”的方针，从招生制度、教学体制、管理机构、领导思想、政治工作、行政总务等各个方面全面进行了建设性整顿，基本恢复了正常的教学秩序。

一、建立正常的教学管理体制

建立正常的教学管理体制是学院在教学工作中拨乱反正的重要任务。1977 年 11 月，学院撤销了 6 个专业委员会，恢复了基础部和系的建制以及所属的公共课、基础课、技术基础课及专业课教研室共 19 个。

基础部包括：数学、物理、化学、材料力学、理论力学、外语、零件、原理、体育、制图、电工、机制、金相热处理。

机械一系包括：轧机、起机。

机械二系包括：工机、矿机。

机械三系包括：锻压、铸造。

政治部包括：马列主义教研室。

各系、部都建立了相应的党总支委员会，并适当调整，配备了各系、部和职能处室的干部，任命了教研室主任。到 1978 年 2 月，学院已基本完成了教学体制的拨乱反正，为顺利组织教学工作创造了条件。

与此同时，根据山西省委指示，工宣队撤离了学院，撤销了“太原重机学院革命委员会”的称谓，恢复了院长、副院长的职务。将原来的“委员会”集体负责制改为院长负责制，加强了院长在学院工作中的权力与职责，这对搞好学院各项行政工作无疑是有着重要意义的。

二、恢复高考招生制度

为了培养“四化”建设的合格人才，国家从 1977 年起，恢复实行了全国统一高考、直接从高中毕业生中招收学生的制度。学院经过充分准备，积极参加了全国统一招生工作，1977 年从 24 个省、市、自治区招收了 431 名学生，他们全部具有高中文化程度。由于招生制度变更，高考工作推迟到冬季进行，学生在 1978 年 3 月才得以入学。

三、整顿教学秩序，加强教学管理

整顿教学秩序，严格教学管理，加强课堂教学，是提高教学质量的关键。为整顿教学秩序，学院大力开展了调查研究。1979 年，组织了两次大规模的教学检查工作。学院党政领导全部参加了检查工作，以院领导干部为首并抽调有关部门人员组成检查组，深入课堂、实验室、教研室、学生宿舍，通过召开座谈会、个别访问等形式，听取师生意见、了解教学第一线的实际情况，对教学工作中的问题进行了全面的分析研究。学院重新肯定了理论教学的重要地位，进一步明确了教师在教学工作中的主导作用和“以课堂

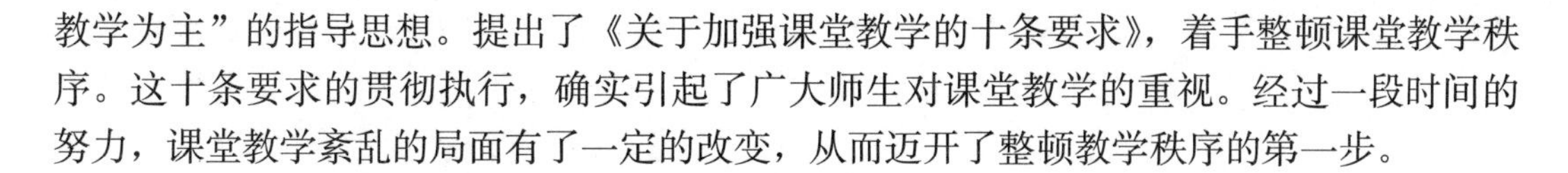

教学为主”的指导思想。提出了《关于加强课堂教学的十条要求》，着手整顿课堂教学秩序。这十条要求的贯彻执行，确实引起了广大师生对课堂教学的重视。经过一段时间的努力，课堂教学紊乱的局面有了一定的改变，从而迈开了整顿教学秩序的第一步。

附：关于加强课堂教学的十条要求

一、各系、基础部应组织教研室制订各门课程的教学大纲（草案）。内容应包括该门课程的教学目的和任务，基本要求，内容的重点和深度、广度，主要教学内容和习题课、实验课、作业的安排，本课程与其他课程的联系以及基本内容的学时分配等。制订大纲的工作应在各课程开课前进行完毕，并报系（部）审定，经院批准后实施。

二、教研室对各门课程必须制订出学期教学进度计划（教学日历）。教学进度计划要反映出讲课、实验、习题等的安排，由各教研室在每学期开学前制订出来。

三、各教研室一定要把有经验的教师安排到教学第一线。对于新教师，应由老教师分工负责培养。新任课的教师，教研室应指定课题，充分准备，进行试讲，审查合格，并经系（部）和院批准，方可上课。

四、教研室对教学大纲规定的习题课和实验课，要妥善安排。

五、教研室要把教学法研究活动作为基本任务之一，经常开展这一工作。教研室的教学法研究活动要做到每周不少于4小时。

六、任课教师应根据教学大纲和教材，结合学生的实际情况，写好上课的教案。

七、课堂讲授是教学的基本形式。教师应注意钻研和不断改进教学方法，努力提高课堂讲授的水平。任课教师要注意听取学生对教学的意见和要求，改进教学工作，做到教学相长。

八、任课教师在课后应深入到学生中去，搞好辅导工作。

九、任课教师要认真地批改学生的作业。基础课的作业每次至少应批改三分之一。

1979年6月26日

在整顿课堂教学工作的同时，学院对学生的成绩管理也进行了整顿。严格进行考试成绩管理，使考试成绩既能反映学院的教学质量和学生的学业水平，又能促进教学工作，这是教师和学生最关心的重要教学环节。1978年7月和1979年5月，学院先后制定了《关于考试办法的若干规定》和《学生成绩考核的暂行规定》，开始纠正考试中的不良风气，使学生成绩的考核和管理工作有了依据。但是，规章制度的制定不能代替实际管理工作。1978年至1980年的两三年内，又出现了学生课程考试成绩偏高的“分数贬值”现象。根据1979/1980和1980/1981两个学年86门课程考试成绩的统计资料表明，属于常态分配的14门课程，占16%，负偏态分配的68门，占79.5%，正偏态分配的4门，占4.5%，可见高分偏多、“分数贬值”现象是严重的。从1980年起，学院教务部门对试题标准、保密纪律、考场秩序、评卷办法等各个环节都提出了具体要求，严格组织了课堂考试工作，实行了升留级制度。经过几个学期的努力，逐步做到了试题难度适中，减少了考场舞弊现象，使学生成绩管理工作有了明显好转。1981/1982学年第一学期的考试成绩，常态分配上升为39%，负偏态分配下降为59%，正偏态分配为2%，基本趋于正常状态。

1978年后，学院根据多年来的教学实践，参考兄弟院校经验，先后制定了8个教学管理方面的规章制度，经 1982 年院长办公会议讨论通过后，铅印成册，发给师生人手一册，明令执行，使学院的教学秩序基本走上了正轨。1983 年年初，教育部《全国高等学校学生学籍管理规定》下达以后，学院又将这些制度进行了修改，作为该规定的实施细则，继续执行。

四、整顿工作秩序，加强行政管理

党的十一届三中全会以后，学院对行政管理工作进行了一段恢复性整顿。整理了校容校貌、清理垃圾、维修校舍、绿化校园、铺设道路，初步改变了学院面貌。在 1979 年一机部部属北方六所院校的校容校貌检查评比中，获得了第一名，受到了部教育局的表扬。

在恢复性整顿的基础上，学院有计划地对行政管理工作进行了建设性整顿。

首先，端正了行政管理和总务后勤工作为教学、科研和师生生活服务的方向，调整了行政管理人员，把改造和安装教学科研设施列为行政维修工作的重点。同时，改造了供电线路及供水管道、锅炉设施，加强对电、水、采暖的管理，彻底改变了经常停电断水状况，冬季供暖状况也有了好转，保证了教学、科研工作的顺利进行，方便了师生生活。

其次，实行了严格的计划管理制度。管理秩序混乱的重要原因之一，就是工作缺乏计划，带有很大盲目性。为改变这种状况，学院从 1979 年起，恢复和建立了严格的计划管理制度。按年度和学期，提出了全院工作计划，各系处也制订了自己的工作计划，明确任务，分清主次，争取工作的主动性，克服随意性。学院特别重视教务部门、财务部门、科研生产部门、设备部门的计划制订和执行情况，经常进行督促检查，年终进行总结，工作有始有终，逐步克服了行政管理工作的混乱状态。

建立健全规章制度，是对行政管理工作进行建设性整顿的又一个主要措施。党的十一届三中全会以后，学院分别制定了党委和行政各职能部门的职责范围的暂行规定，明确规定了党政职能部门的工作任务和职责，并分别经 1980 年党委会议和院长办公会议讨论通过，在全院执行，使党政各部门的工作有了最基本的依据。随后，学院又陆续制定了一些具体的行政管理方面的规章制度，针对文书管理、印章管理、车辆管理、房产管理、设备管理以及人事、财务等方面存在的问题，提出了管理办法，进一步整顿了行政管理秩序，使学院的管理工作开始走上了正轨。

第三节　努力提高教学质量

在学院进行建设性整顿的过程中，着重整顿了教学秩序，加强了对各个环节的管理，为提高教学质量创造了条件。党的十一届三中全会以后，学院紧紧围绕提高教学质量这一中心任务，进行了不懈努力，并取得了显著成效。

一、专业的设置改造

在 1977 年恢复高考招生制度的时候，学院设立的专业有轧钢机械、起重运输机械、工程机械、矿山机械、锻压工艺及设备、铸造工艺及设备 6 个专业。专业数量偏少，而大都以新产品设计类为主，类型也单一。这样的专业结构，不利于提高学院的教学科研水平。20 世纪 70 年代末期，学院多次讨论了专业设置和改造的问题，提出了“理工结合、机电配套”的专业建设方针。从1977年起，学院先后招收了应用数学、应用力学、工业电气自动化三个师资班（本科），抽调了教师，拟订了教学计划，选用了教材，为筹建理电类专业作了准备。由于种种原因，应用数学和应用力学专业的筹建工作一直没有完成，师资班学生毕业后，筹建工作也告暂停。工业电气自动化专业于1980年正式设立，并开始招生。这是一个全国通用专业，采用了兄弟高校同类专业的教学计划和大纲。从此，学院有了第一个电类专业，改变了单一的专业结构。

1983年，学院进一步确定了“以重型为主，设备设计与制造工艺相结合，机、电、管配套”的专业建设指导思想，积极开展了专业的建设与改造工作。1983年设立的工业企业管理工程专业和机械制造工艺与设备专业，就具体贯彻了这一指导思想。企管专业培养现代化企业的管理人，设有公共课、基础课、专业基础课、专业课等四类24门课程。这个专业承担着干部培训的任务，尚未招收本科学生。机制专业是全国通用专业，培养机械制造工艺与设备设计方面的技术人才，采用全国同类专业的教学计划。这两个专业的新建，进一步增加了专业类别，便于不同学科学术的发展和交流。

在积极新建专业的同时，学院还特别重视对老专业的建设和改造，采取“办好重点，带动全面”的办法。1983年，机械工业部确定起重运输机械专业为部重点专业，学院确定锻压工艺及设备专业为院重点专业。在师资培养提高、设备更新和实验室建设、研究室设置、硕士研究生的招收和培养以及科研课题的选择和成果的推广、教学组织等诸方面都给予重点保证，使重点专业能在各个方面走在前面，起到带头作用。1981年，学院各专业都取得了学士学位授予权；1983年，工机专业（含起重运输机械、矿山机械）获得硕士学位授予权。

二、培养目标及教学计划

各专业本科学生的学制都定为四年，学院总的培养目标是：经过四年的教育，为国家“四化”建设输送德智体全面发展的高级工程技术人才，要求学生毕业后，能在自己所学专业的对口企业、设计部门、科学研究单位及高等院校独立从事机械设计、科学研究、教学和其他技术工作。为达到这一总的培养目标，学院要求学生在校学习期间，业务上要获得工程师的基本训练，牢固掌握本专业必需的基本理论，具有一定的专业知识、电子计算机应用知识、企业管理知识以及制造工艺知识和实际操作技能，受到机械设计和科学研究方面的初步训练，最少要掌握一门外国语，能阅读和翻译本专业的外文书刊，能了解国内外本专业科技发展的最新成果，具有分析和解决问题的能力。在政治思想上，学院要求学生比较熟悉马克思列宁主义、毛泽东思想的基本原理，坚持“四项基本原则”，坚决拥护党的路线、方针、政策，有理想、有道德、有文化、有纪律，爱祖国，爱人民，积极热情，不怕困难，能全心全意地为人民服务，为“四化”建设服务。在身体方面，学院要求学生积极参加体育锻炼和各项文娱活动，讲究卫生、防止疾病，要具有充沛的精力和健康的体魄。

为了适应以上培养目标，学院于20世纪70年代末对各个专业教学计划进行了调整和修改，各个教学环节的主要指标如下：

（1）四年总的教学周数为204周，主学和兼学共180周。主学为146周，占80%，包括公共课、基础理论课、技术基础课、专业课、实验教学生产实习、课程设计、毕业设计或论文以及考试等教学环节。兼学为34周，占20%，包括入学教育、军事训练、农业劳动、公益劳动、形势教育、政治活动以及毕业教育等。四年假期共 24 周（每年寒假暑假共 7 周）。

（2）课程设置（以起机、工机、矿机三个机械类专业为例）。课内总学时：2620 学时。公共课（政治、体育、公共外语）占总学时的 20.5%，基础理论课占总学时的 23.7%，技术基础课占总学时的 43.8%，专业课占总学时的 12%。三个专业共开设 28 门必修课程，包括中共党史、政治经济学、哲学、体育、公共外语、高等数学、工程数学、普通物理、普通化学、电子计算机算法语言、机械制图、金属工艺学、机制工艺学、金属学及热处理、公差及技术测量、理论力学、材料力学、机械原理、机械零件、电工学、实验技术、热工学基础及热机、液体力学及液压力传动、结构力学、金属结构、底盘设计以及专业机械设计等。

专业机械设计共有 90 ～ 120 学时，分为以下各专门化课程：

（1）工程机械构造，工程机械设计；

（2）矿山生产工艺及设备，矿山机械设计；

（3）起重机械，连续运输机械。

学院各个专业除了必修课程之外，都开设 10 门左右的加选课，供成绩较好、学有余力的学生选修。以锻压专业为例，开设的选修课程有：弹性力学、弹性有限元法、断裂力学、位错及塑变机原理、机械振动、相似理论及其在塑性加工中的应用、锻压新工艺及设备专题、自然辩证法、第二外国语、科技情报检索等。

这个教学计划在执行过程中，多数专业的课程设置和学时数都超过了计划的规定，实际授课学时大部分已超过 2700 学时，周学时一般都在 22 ～ 24 学时，学生学习负担偏重。

1982 年，学院又一次修订了教学计划，并贯彻了以下修订原则：

（1）要加强工程师的基本训练，注重实践性教学环节的安排；

（2）要继续加强基础，特别是加强技术基础和专业基础理论，以增强专业的广泛适应性；

（3）增加选修课，注重学生智能培养。

各专业教学计划修订以后，有以下一些较显著的特点：

（1）普遍做到了四年外语不断线，即一、二年级学习基础外语，三年级学习科技外语，四年级学专业外语，在毕业设计中要完成一定量的译文。外语总学时由原来的 240 学时增加到 320 学时以上，加强了外语教学，以提高学生外语水平。

（2）机电各专业普遍加强了电子计算机算法语言及程序设计课程，增加了上机时数，并与后续课程的大型作业、课程设计、毕业设计结合起来，做到应用计算机经常化，以提高学生的计算机应用水平。

（3）各专业还分别增设了一些必要的技术基础课程，如弹性力学、工程力学、工程热力学、流体力学基础、工程机械电力拖动等课程。

（4）加强了实践性环节，金工实习、专业实习、毕业实习共用 14 周左右，课程设计、毕业设计合起来不少于 16 周。

（5）增设了共产主义品德课，把思想工作同教学工作结合起来，注重了对学生的品德培养。

修改后的教学计划，其弊端是学时总数没有得到控制，并有增长的趋势，学生负担

仍然偏重，不利于学生智能的培养，限制了学生在学习中的主动性。

三、教材建设

1978 年 3 月，一机部在天津召开了部属学校和全国工科院校对口专业教材会议，讨论了工科机电类专业建设的一系列问题，安排了各专业课的教材编写和出版任务。责成学院负责组成工程机械、起重运输机械、矿山机械和石油矿场机械专业课教材的编写工作。同年 6 月，学院在太原市的著名风景区晋祠主持召开了这四个专业 13 门课程的教材编写会议，同济大学、上海交通大学、大连工业学院、吉林工业大学、武汉水运学院、西安石油学院、甘肃工业大学等 8 所学校的代表出席了会议，具体安排了各门课程教材的编写工作。学院承担了主编《金属结构》《叉车》《铲土运输机械）《矿山机械概况》等 4 种教材的任务，并协编《起重运输机械》《工程机械液压传动》《钻孔机械》等四种教材。这次由一机部组织的教材编写工作，是学院教材建设上的转折点。

与此同时，学院还积极参加了轧钢机械、锻压、铸造等专业课程和哲学、政治经济学、自然辩证法等各基础课程教材的编写工作。这些教材在 1982 年前后陆续审定出版。

教材建设是教学工作的重要一环，学院从 1978 年以来，一直抓紧教材的编写工作，由学院主编和协编的教材，已经出版的共 31 种，这些统编教材的出版和采用，取代了学院原来的一部分自编教材，大大提高了教材水平。1983 年，学院采用的 300 多种教材中，统编教材占 80%，学院的教材建设迈出了一大步。

四、大力开展高教理论研究，改进教学方法

加强高教理论和教学方法的研究，是提高办学水平和教学质量的重要途径。在全院教学人员中，接受过系统教育理论教育的人员很少，约占到 5%，而对高教理论有系统了解的人更少，这是影响学院“上质量、上水平”的重要原因之一。随着工作重点的转移，学院逐步认识到探索高教规律，进行高教理论研究的重要性，并组织教学人员开展了这一工作。1981 年年初，学院成立了高教研究学会的筹委会，1982 年年初，正式成立了学院高教研究学会，组织会员开展了有计划的学术活动。同年 4 月，召开了第一批 70 多名会员大会，通过了学会章程，确定了年度研究课题，并有 9 名会员宣读了论文。学会从开始筹备时就出版了《教学研究》杂志（后改名《高教研究》），共刊载了论文百余篇，从学院实际出发，探讨了高等教育的办学体制、思想工作、管理办法以及教学科研、师资建设诸方面的问题，有的文章被省和部的有关刊物转载。学会搜集了高教理论期刊、理论专著数十种，初步具备了研究工作的条件。

在研究高教理论的同时，学院还重视了教学方法的研究工作。1981 年以后，各系、部、教研室多次召开了教学经验交流会，树立了一批经验丰富、教学效果显著的典型，推广他们的教学方法，推动了全院教师在改进教学方法上的积极性。越来越多的教师逐步采用了灵活的教学方法和先进的教学手段（如电化教学等），发挥学生学习的主动性，以加强培养学生分析和解决问题的能力。

五、增加办学层次，发挥学院潜力

为了进一步适应“四化”建设的需要，为国家培养更多人才，学院在办好四年制本

科专业的同时，采取多层次、多形式的办学方式。开办了夜大学、干部专修科，接收了委托代培学生，承担了成人教育的任务。招收了硕士研究生，改变了原来学院单一本科生的结构。

学院夜大学机械制造工艺与设备专业，1982 年开始招生，学制 5 年。培养德智体全面发展的具有本专业比较宽厚的基础理论、专门知识和基本技能的高级工程技术人才，要求达到全日制本科学生的知识水平。夜大学坚持在业余时间上课，每周 12 学时，5 年教学时数为 2166 学时，其中，公共课 234 学时，占 10.8%；基础课 796 学时，占 367%；技术基础课 773 学时，占 35.6%；专业课 363 学时，占 16.9%。在总学时中，实验课 175 学时，设计作业 40 学时，金工实习 4 周，专业实习 3 周，毕业实习、设计共 12 周。

1983 年，在 82 级 9 个班的物理统考中，夜大学名列第三，均分为 79 分，及格率为 94.6%。数学 13 个班统考中，夜大学名列第六，均分为 79.22 分，及格率为 100%，这说明夜大学的教学质量能达到全日制班级的水平。办学 3 年，只有 4 人退学，淘汰率为 3%。

学院工业企业管理工程专业的干部专修科于 1983 年招生，学生是 40 岁以下具有 5 年工龄的企业管理干部，学制为 2 年，培养目标是：为本省工业企业培养业务管理骨干。学生在校期间，总学时数为 1446 学时，其中，公共课 404 学时，占 27.94%；基础课 406 学时，占 28.08%；专业基础课 244 学时，占 16.87%；专业课 392 学时，占 27.11%。

1983 年，学院同长治钢铁厂签订合同，为该厂代培在职职工，经考试录取 49 名学员，学习轧钢机械方面的专业技术知识，3 年共设 24 门课程，总学时为 2098 学时。学员结业后回厂工作。这种厂校挂钩、委托办学的形式是进行办学体制改革的一种尝试，也是学院挖掘潜力、为社会多做贡献的又一渠道。

为了加强对夜大学、专修科及委托办学的教学管理工作，学院 1982 年在教务处设立夜校部，专管夜大学的教学行政工作。1983 年，夜大学改为干部培训科，管理成人教育的教学工作。

招收和培养研究生是国家“四化”建设赋予高等学校的重要任务。学院从 1981 年开始招收研究生，截至 1984 年，在校研究生达 19 人，已毕业 4 人。他们攻读的专业和学科分别是：起重运输机械、锻压工艺及设备、重型机械强度、轧钢机械、铸造工艺及设备等，全院有 1 名教授、14 名副教授担任了研究生导师。

学院硕士研究生教育坚持德智体全面发展的方针，要求学生在本学科内具有坚实的基础理论、系统的专业知识和必要的科学实验技能，熟悉所从事的研究方向和科技发展动向，掌握一门以上外国语，能熟练地阅读、翻译外文文献资料，并能用外文撰写文稿，学生毕业后应具有从事科学研究、教学工作及独立承担专门技术工作的能力。

学院的硕士研究生培养方案规定，研究生学制为两年半，在职研究生为三年半（其中要求完成一年的教学工作量，理论课程学习一般略少于一年半，从事科学研究工作和撰写论文时间一般不少于一年），为了培养研究生的自学能力和独立思考能力，每周授课时间不超过 18 学时。在研究生的教学管理上试行了学分制，要求研究生在课程学习和教学实践环节中，必须修满 37 ～ 42 学分，其中必修课不低于 28 学分，教学实践环节不低于 2 学分（每 20 学时的课程考试及格后，可取得 1 学分）。

为加强对研究生的管理，学院在科研处设立研究生科，负责管理研究生的教学行政工作，并制定了若干研究生管理方面的规章制度，如《对研究生实行三级管理的几点意

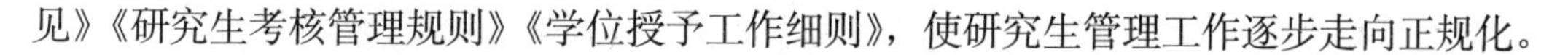

见》《研究生考核管理规则》《学位授予工作细则》，使研究生管理工作逐步走向正规化。

六、毕业生信息反馈

为了解学生毕业后的工作情况，积极搜集毕业生反馈信息，针对存在问题采取有效措施，提高教学质量和适应社会经济建设的需要，学院根据机械工业部教育局的通知精神，于1983年10月起用3个多月的时间，对81届和82届毕业生的质量进行了调查。调查工作分南北两路进行，由各系主任带队，抽调了16名教师参加（其中副教授6名，讲师10名），走了15个城市和地区，访问了37个企业事业单位，接触了135名企事业单位领导和工程技术人员，对323名毕业生的工作表现、业务水平进行了实地考察，占两届毕业生总数1033人的31%，倾听了各方面的意见，取得了大量第一手材料。

调查统计表明，学院毕业生的基础理论水平较好。据对323名毕业生的抽样调查统计，科研院（所）、工厂企业认为基础理论比较扎实的145人，占44.9%；认为一般的176人，占54.5%；认为较差的2人，占0.6%。

在外语水平方面，用人单位认为较好的56人，占17.3%；一般的247人，占76.5%；较差的20人，占6.2%。这一状况说明，学院外语教学工作亟待加强。

在工程设计和基本技能方面，也有一定差距，特别是工艺知识和操作技能差距较为明显。

在专业知识方面，用人单位认为，专业知识面比较宽的61人，占18.9%；一般的251人，占77%；比较窄的11人，占34%。

毕业生的工作适应能力方面，比较强的94人，占29.1%；一般的224人，占63%；较差的5人，占1.6%。

毕业生创新精神强的75人，占23.2%；一般的232人，占71.8%；较差的16人，占5%。

在毕业生的工作态度、思想面貌方面，用人单位普遍反映良好。认为绝大多数毕业生拥护党的方针政策，思想进步，有事业心，工作踏实，虚心好学，合作精神比较好，积极参加社会工作和文体活动，不少人已成为各单位的文体骨干。

毕业生信息反馈，像一面镜子反映了学院教学工作、思想工作以及其他各项工作的情况。学院认真研究综合了这些重要的资料，进一步明确了改进教学、提高教学质量的努力方向。虽然在基础理论教学工作和专业课教学工作上比较好，但同先进的兄弟院校相比还存在着一定差距，继续加强基础理论和专业知识教学工作，是进一步提高教学质量的关键。外语教学和基本技能的训练是学院教学工作的薄弱环节，改变外语教学面貌和加强对学生能力的培养是提高教学质量的重点。根据这次调查结果，学院制定了具体措施，不断改进了教学工作。

第四节　充实教师队伍　提高师资质量

在1978年召开的全国教育工作会议上，邓小平同志指出：学校培养合格人才“关键在教师”。正确地指明了教师在教学工作中的地位和作用。因为教师是学校教学工作和科研工作的直接组织者和参加者，教学、科研都是通过教师的活动来实现的。教师业务水平的高低，是影响教学质量的决定性因素。

1966年之前，学院专任教师已达215人，这是一支思想基础和业务水平比较好的年轻的师资队伍。在“十年动乱”中，有不少骨干教师离开学院，使学院师资队伍的数量减少、质量显著下降。加强师资队伍的建设是粉碎“四人帮”以后学院建设的当务之急。1977年以后，学院在教务部门设立了师资科，负责师资队伍的建设工作，并采取了一系列措施，充实师资力量，调整师资结构，提高师资素质，使学院师资队伍的面貌有了较大变化。

一、扩充师资力量

1976年后，学院在建设师资队伍的问题上，首先注意了充实教师的数量，积极同有关企事业单位联系，三年内调进了66名科技人员充任教学工作，并积极选留毕业生任教。学院先后在1977年、1978年招收了三个师资班培养师资。1980年左右，先后从在校学生中挑选了41名适合做教师的学生，送到全国7所高校代培，毕业后回院担任教师工作。到1982年年初，有56名学生留校任教，为师资队伍增添了生气勃勃的力量，全院教师的数量迅速增加。此后逐年都有应届毕业生留校任教，教师数已发展为404人，其中1981年以后毕业的青年教师186人，占44%。

在扩充教师队伍的同时，学院十分重视师资质量。在调进的人员中，要由有关教研室组织严格的业务考核，进行试讲，在确认其适合做教学工作之后，才办调人手续。在选留毕业生时，也要由有关教研室考核、推荐，征求学生所在系和专业负责人意见，主管部门要进行严格审查，确保了教师队伍的素质。

二、调整师资队伍

对原有师资队伍进行适当调整，也是提高师资质量的重要措施。1981年年底，“文革”前毕业于高等学校（含具有同等学力）的占62%，其中50年代以前毕业的占19%。而“文革”中毕业的就占25%。教师队伍的这一年龄结构表明：学院教师是一支年轻化的队伍，具有丰富经验的老教师偏少，有的学科缺乏带头人和业务骨干。在全院教师中，有227人能独立开课，占教师总数的64%。仅有25人能掌握一门以上外语。有121人承担了科研任务，而有独立科研能力的教师仅有73人，占20%，这说明师资的业务水平不高。特别是在教师岗位上有65人是毕业于1975年至1979年的大学生，限于当时的历史条件，有的同志基础知识和专业水平较为薄弱，担任教学工作有一定困难。1982年以后，学院反复讨论了这部分教师的问题，根据每个人的实际知识水平和业务能力，通过严格考核，进行了调整。在做好思想工作的同时，将34人调离教师岗位，分配他们做适当的工作。调整以后，还有31人留在教师队伍当中。这次调整从实际出发，没有采用简单的“一刀切”的做法，对教师队伍的建设是有益的。与此同时，学院对于个别不适于做教师工作的中年教师也进行了调整。

三、提高教师业务水平

加强对教师的业务培训，不断提高他们的知识水平，是提高师资质量的重要方面。

这不仅有利于青年教师的迅速成长，也有利于中老年教师学习新知识，赶上世界科学技术日新月异的发展步伐。1977 年以后，学院采取了多种形式，加强了教师业务水平的培训提高工作。

（一）举办各种类型的短训班、进修班，以提高广大教师，尤其是中年教师的基础理论、外语和电子计算机应用水平

多数中年教师原学的外语语种是俄语，又经十年动乱的荒废，外语水平大大降低，这是中年教师的一个突出弱点，也是妨碍他们业务提高的主要障碍。为适应英语在国内外广为使用的情况，1978 年以后，学院先后举办了英语初级班、中级班共 19 期，有 160 名（次）中年教师参加了学习，同时，还开设了日语、法语、德语等几种语种的进修班，帮助教师学习和提高外语水平，参加各种外语进修班学习的共达 180 多人，其中主要是中年教师。经过一段持续努力，绝大多数中年教师都能掌握一门外语，用以阅读专业外文书刊、编译科技资料。

为了扩充中年教师的基础理论知识，提高他们业务水平，学院还办了工程数学、弹性力学、断裂力学、有限元法、优化设计等基础理论进修班，组织中年教师先后参加学习，从而开阔了他们的知识视野，加深了他们的理论基础，为他们进一步提高本学科业务知识水平创造了条件。

电子计算机的原理和应用，对广大中老年教师来说，是一门全新的知识，而这种知识又是科学技术工作（包括教学）不可忽视的重要手段。为帮助广大教师掌握电子计算机的有关知识和技能，学院先后用五年时间举办了 13 期电子计算机原理、算法语言、程序设计等方面的进修班，分期分批组织中年以上教师进行了学习，不但完成了教师电子计算机知识的扫盲任务，而且不少教师还具有一定的应用能力。由于相当一部分课程的大型作业、课程设计、毕业设计要用电子计算机来完成，从而使学生使用计算机的能力也得到了提高。

中年教师是学院师资队伍的骨干力量，在学院发展的历史上起着承上启下的作用。1977 年以后，根据中年教师的实际情况，从现代科技发展情况出发，对中年教师的外语水平、基础理论水平、电子计算机原理和应用水平进行了培训提高，这不仅使中年教师本身的质量有了显著提高，也在整个师资队伍的建设中起到了重要的带动作用。

（二）严格要求，帮助青年教师迅速成长

青年教师的状况如何，将决定明天的教学科研水平。学院十分重视青年教师的培养提高工作。1982 年年初，学院对青年教师的政治觉悟、思想品德、业务水平等各方面规定了严格条件，并提出了对他们进行培养提高的具体措施。学院要求青年教师首先要到教学第一线，在主讲教师指导下，参加辅导、答疑、批改作业、指导实习、实验和设计等教学环节的工作，尽快过好教学关。在五年内至少能独立承担一门课程的讲授任务和其他教学环节的工作。在过教学关的同时，还必须通过自学和选修研究生课程的办法，积极进行在职进修，五年内达到硕士研究生水平。大多数青年教师在教学工作和在职进修方面都取得了显著成绩，到 1983 年已有不少课程由青年教师主讲，有 14 名青年教师考取了在职研究生和脱产研究生。学院青年教师在迅速成长，并在教学科研工作中发挥出越来越重要的作用。

（三）聘请外籍英语专家任教，提高教师英语水平

学院英语教学工作一直是比较薄弱的。1982 年以前的英语教师很大一部分毕业于俄语专业，后来才转学英语的。为了提高教师的英语水平，1982年，学院聘请了美籍英语专家安德鲁斯（Andrews）及其夫人来院任教，对英语教师进行了集中培训。1983年又聘请美籍英语专家克莱特（Kragt）及其夫人来院任教，继续培训英语教师。经过两年集中学习，英语教师水平有了一定提高。再加上分配了一部分英语专业本科毕业生充实了外语师资队伍，英语教师队伍的面貌有了较大改观。

在训外语教师的同时，外国专家还承担了培训其他中青年教师的任务。学院举办了两期科技英语进修班，每期一年，选调30名中年教师脱产进修，按照“四会”（会听、会说、会读、会译）的要求，帮助教师熟练掌握本专业的科技英语，收到了较好的效果。1984年聘请了美籍英语专家艾利斯（Evans）来院以后，在重点培训教师的同时，还为高年级学生开设了课程，直接参加了学院教学工作。学院连续聘请了外籍专家来培训教师，以提高教师的外语水平，收到了一定效果。

（四）积极开展国内外科技交流，选送教师外出进修

组织教师参加各种科技学术活动，是提高教师业务水平的重要途径。学院每年要派大量中青年教师参加全国各行业、各学科的专题讲习会和研讨会，开展学术交流，促进教师的知识更新。1980年以后，平均每年要派出百余名教师接受各种业务短期训练，并有计划地选送中青年教师到重点学校进行专题进修。1980年至1983年的四年中，共有68名教师在外进修，对于提高教师业务水平起到了积极作用。

在进行国内学术交流的同时，学院还积极鼓励中青年教师同国外进行科技交流，到1983年，全院已有9名教师作为访问学者到美、英、日、德、加拿大等国家进修和访问，了解国外科技动态，学习先进的科技成果，参加科研活动。由于教师的努力和国外同行的帮助，有的教师在进修过程中取得了可喜的研究成果。

（五）抓紧对老教师的在职提高

由于老教师数量偏少，承担的教学任务较重，他们的在职提高存在着一定的客观困难。但面对世界科学技术飞速发展的形势，迫切要求他们接收新的知识。学院十分重视对骨干老教师的知识更新，尽可能帮助他们参加各种科技交流，通过承担科研任务、指导硕士研究生以及研究生课程、编译教材、开设新课等途径，不断提高他们的学术水平和教学能力，进而扩充和更新知识，继续发挥学科带头人的作用。

从1978年起，学院多次评定了教师职称，40人获教授、副教授职称，179人获讲师职称，师资状况逐步适应了教学工作要求，但也存在着一些弱点。例如，本院学生留校任教的数量过多，在全院教师中有132名是本院毕业生，占31.5%，在186名青年教师中，有115名是留校学生，占61.8%，这种师资结构近亲繁殖的现象，不利于博采众家之长，有碍于学术水平的提高。

第五节　积极开展科学研究工作

1978年3月召开的全国科学大会，为发展我国的科学研究事业和科学教育事业指明了方向。为了充分发挥高等学校在科学研究中的“一个重要方面军”的作用，学院于同年6月召开了科学研究工作会议，学习了全国科学大会文件，总结了几年来学院科研工作，表彰了科研先进工作者，研究制订了科研工作长远规划，使学院的科学研究工作出现了新的气象。

一、提高认识，加强管理

1979年年初，学院设立了科研处，逐步健全了科研管理体制，先后设立了下属各科室，明确了职责，制定了一系列规章制度，担负起科研管理工作。科研管理部门不仅负责制订科研规划、计划，管理科研经费、项目和课题，检查督促科研进度，鉴定呈报科研成果，还负责组织学术活动，搜集、管理、提供科技情报，编辑出版《学报》，管理研究生工作和电子计算机站工作。科研管理工作的加强，为广大教师参加科研工作创造了条件，极大地提高了学院科研水平。同时，学院重点工作发生转移，改变建院初期以过教学关、单纯以教学为主的状况，把学科研究工作提到了应有的重要地位，明确了认识，加强了管理，积极开展了研究工作。

二、大力开展科学研究工作

学院科研工作，始终坚持面向经济建设、面向机械工业、为“四化”服务的方向。1978年，学院承担了14个项目的科研任务，其中国家项目9个，占64%，这些项目都在不同程度上有所进展。有的取得了较好的成果，如：护环胀形新工艺的研究成果达到了国际水平；挖掘机工作装置最佳参数的电算程序、矿用装药车、倒棱机、锥蜗杆等项目的研究成果达到了国内先进水平。这一年学院的专项科研经费达18万元。1979年，学院安排了20个科研项目，有70%的教研室都承担了科研任务，各个专业教研室都有自己的研究课题。1980年以前，学院10个项目获山西省科研成果奖，获一机部科研成果奖1项，学院科研部门还作为先进集体出席了山西省高校科研表彰大会，受到省政府表扬。学院的科研工作，出现了欣欣向荣，稳步发展的景象。

此后，科研项目、课题和经费逐年有所增加。1983年，学院承担科研项目32项，其中机械工业部和专业局重点项目15项，部教育局考核项目5项，省科委项目1项，厂院合同项目5项，自选项目6项，全年科研经费52.7万元，其中课题费24.7万元，专项科研设备费28万元。参加科研人员49人，其中有73.5%的人是讲师以上的骨干教学人员。同年，学院有140多人次出席了国内各种学术会议，发表了各种学术论文32篇，在各刊物上发表论文88篇，其中有4篇参加了国际性学术会议，有42名教师担任了各学科全国和地方性学会的理事、常务理事，学院的科学研究工作不断发展。

三、建设队伍，改善条件

建设一支具有相当数量和有一定质量的专兼结合的科研队伍，是搞好科学研究工作的根本保证。党的十一届三中全会以前，学院的科研队伍建设速度较慢，是影响科研工作的主要因素。学院科研队伍是在粉碎“四人帮”以后逐步形成并发展起来的，时间比较晚，且基本上是兼职科研人员，许多骨干教师利用繁重的教学任务之空隙，搞科研活动，参加科研的教师约占教师总数的30%，普及率也不高。1979年，一机部正式批准学院建立“重型机械强度研究室”，这是学院第一个专门科研机构，确定了15名专职科研人员的编制。1981年，这个研究室已配备了5名专职科研人员，开展了研究工作。学院的科研队伍建设，走上了专兼结合的道路。强度研究室建立后立即提出了自身建设的方案，明确了以下主攻方向：

（1）工程断裂力学在高压容器结构安全可靠性中的研究；

（2）以有限元计算为主，辅以电测、光弹的实测手段，开展对重型机械、工程和矿山机械等典型产品的强度分析和计算；

（3）结合大型水压机管道、大型工程、矿山机械液压回路的水击现象的研究，逐步开展对弹性体、流体相互作用下的振动问题的研究；

（4）创造条件，招收硕士研究生，培养断裂力学科研人员。

经过几年努力，作为学院第一个研究机构的强度室逐步发展。1983 年已有专职科研人员 10 名，招收了 2 名硕士研究生，承担了 8 项科研任务，完成了其中 3 项，另有 4 项已取得阶段研究成果，发表了 16 篇论文，在学院科研工作中起到了带头作用。

随着专职科研队伍的发展壮大，学院兼职科研队伍也有了进一步发展，各教研室都组织了一定力量，参加科研工作。起机、锻压等教研室已经形成了基本稳定的科研方向，组成了一个兼职科研梯队，在完成教学任务的前提下人人都能参加科研活动，承担不同的科研任务并取得显著成果。

同时，学院十分重视科研条件的建设。1977 年以后，每年约投入 20 万元，逐年购置了一些科研设备，但由于原有设备比较落后，这种设备购置状况仍不能满足科研工作开展需要。1983 年，学院认真研究，把改善科研条件提上重要议事日程，一年内购置了 39 万元的精密仪器，完成了进货、验收、安装、调试工作，很快投入使用。这些设备包括 7T08S 信号处理系统（日本产）、6809 微处理机（美国产）、台式扫描电镜（国产）、23 台 PC-88 微型计算机（日本产）。其中，从日本引进的信号处理系统是当时现代化多功能的精密分析设备，对科学研究和培养研究生工作起到了重要作用。这是山西省第一台信号处理系统，可为全省科学工作者提供服务。

四、加强情报工作，办好学术刊物

1977 年后，学院利用各种渠道和形式搜集了科技情报，为科学研究服务。1982 年，学院正式建立了科技情报管理机构，并参加了一机部高等院校及重型行业科技情报网的活动，同国内科技情报部门建立了广泛联系，负责搜集、整理、研究、提供国内外的科技情报信息，编辑出版了《重型机械译文集》《科情参考》《科研动态》等刊物，对情报的交流和使用起到了一定作用。从 1983 年起，学院情报部门同图书馆相配合，在研究生、本科高年级学生中开设了情报检索课，对于普及情报知识、提高情报搜集和使用水平发挥了积极作用。

为了交流科技信息，学院还积极组织国内外专家、学者来院讲学，介绍各学科最新发展情况和研究成果。1982 年 9 月，德国柏林工业大学教授贝茨（Beitz）博士应邀来院讲学，介绍了国外“电子计算机辅助设计”等方面的成果。1984 年初，日本长冈技术科学大学教授伊藤广应邀来院访问，同学院教师在起重运输机械动力学等方面进行了广泛的学术交流，介绍了日本的研究情况，促进了学院科研工作。

此外，创办科技刊物、刊载和交流科技论文也是学院科研工作的重要组成部分。1972 年，恢复招生后，学院就创办了《科技通讯》，它不仅对于活跃学术氛围、开展学术讨论、促进科研工作起了积极作用，而且也为创办科技刊物积累了经验，做了必要准备。《科技通讯》共出版19期，1980年年底，筹办了《太原重机学院学报》（以下简称《学报》），这是一份自然科学的综合性刊物，主要刊登学院各学科的学术论文、研究报告、专题评述以及综合性评论等，至1983年年底，《学报》共出版8期，刊发科学论文92篇，并同国内632个高等院校、科研院所、生产企业建立了广泛联系，从而使《学报》逐步在国内建立了一定的信誉和影响。

五、制订发展规划，明确主政方向

1983年，根机械工业部要求，学院组制了科研工作《“七五”规划》，规定了学院科研的指导思想，提出了研究渠道和大型课题，明确了主政方向。

（一）学院科研工作的指导思想

（1）为振兴机械工业服务，为机械工业上质量、上水平、发展新产品、推广新技术、提高经济效益服务；

（2）为提高学院学术水平服务，把科研同教学紧密结起来，为提高师资水平和教学质量服务，培养合格硕士研究生，为培养博研究生创造条件；

（3）研究方向以应用科学为主，适当注意基础理论的研究；

（4）发挥部门办学优势，坚持教学、科研、生产三结合，逐步形成学院科研特色。

这些指导思想，指明了学院开展科研的正确方向，使科研工作走上了正轨。

（二）当前开展科研的四个渠道

（1）新产品、新工艺、新技术的应用研究；

（2）材料科学的研究；

（3）基础件、部件、整机试验与分析研究；

（4）设计方法学研究。

同时，此规划还确定了“七五”期间的20多个大型课题。这一规划通过各个年度的计划，逐步实施。规划的实现，将使学院的科研水平发展到一个崭新阶段。

第六节　实验实习手段和图书资料的建设

实践性教学环节，是整个教学工作的重要组成部分，一个高等工科学校的实验测试手段的现代化程度和图书资料建设状况，在很大程度上标志着这个学院的办学水平。为了逐步改善办学条件，学院大大加强了实验实习手段和图书资料的建设。

一、实验室的改造和建设

1977年，学院只有11个实验室，设备陈旧，设施简陋，实验开出率不到实验教学大纲要求的40%，实验质量也不高。实验室的落后状况，较大程度影响了学生的培养效果。从1979年起，结合贯彻实施学位工作条例，学院有步骤地进行了实验室的整顿和建设。首先抓基础课实验室的建设，集中使用经费，购置基础课实验室设备仪器，在房屋改造方面予以优先安排。1979年至1981年，实验设备费投资的70%用于基础实验室。到1981年，基础课实验室的面貌发生了较大变化，实验课开出率已增加到85%，其中物理课已单设实验课程，实验课开出率达到90%以上，化学、力学、公差等课程的实验课开出率达到了 70% ～ 88%。由于设备更新，实验质量也有了较大提高。

1982 年，一机部教育局在长沙召开了实验室工作会议，讨论了部属高校实验室建设有关问题。会后，学院在继续抓好基础实验室建设的同时，把实验室建设的重点转移到专业实验室上来，大力推进各专业实验室的改造和设备更新，积极筹建了新专业和新学科实验室，为起重运输机械、工程机械专业和强度室服务的金属结构联合试验台于 1982 年开始建设。价值 27 万元的主机和 13 万元的测试仪器陆续到货，随即进行房屋改造和安装调试。这个实验室的建成，大大提高了学院专业实验室的水平。同时，不少专业实验室利用科研、毕业设计的机会，自制设备，武装实验室，效果较为显著。

至 1983 年年底，学院有实验室 20 个，使用面积 8008m^2，其中基础课和技术基础课实验室 10 个，专业课实验室 8 个，中心实验室（计算站、电教室）2 个。1980 年，各实验室固定资产 6207 台件，原值 661.44 万元，其中，单台万元以上的设备 38 台件，原值 215.30 万元。到 1983 年年底，实验设备固定资产增加到 6561 台件，原值 942.39 万元，增长了 42%，单台万元以上的设备 64 台件，原值 396.81 万元，增长了 84.3%。

在积极提高实验测试手段的同时，学院十分重视实验室的管理和实验队伍的建设。1982 年，设立了实验室管理科，具体负责实验室建设、实验设备管理和实验人员的培训、提高工作。学院制定了一系列实验室管理规章制度，充实和培训了实验室工作人员，全院实验室共有人员 84 人，其中：工程师（含讲师）10 人，占 12%；助理工程师 17 人，占 20%；技术人员 21 人，占 25%；工人 12 人；其他 24 人。这支实验技术队伍虽然数量尚不足，专业技术和操作水平也不高，但是，一支年轻的、具有一定知识结构的实验技术队伍已经形成。

1983 年，学院 70 门课程共开出实验 441 个，各课实验平均开出率达到实验教学大纲要求的 54%。但是，实验室面积不足、设备缺少依然是亟待解决的主要问题，这些都影响着实验教学的质量。

二、实习工厂的建设

实习工厂是全院各专业的教学实习基地，担负着学生金工实习、科研试制的重要任务，同时也承担国家的生产任务。党的十一届三中全会以来，实习工厂经过整顿，条件逐步改善，教学质量不断提高，产值产量稳步上升。

（一）改善条件，提高教学实习质量

为教学服务是实习工厂的一贯办厂方针。1980 年，为搞好教学管理、提高教学质量，工厂设立了教育科，负责教学实习组织工作，制定了一系列学生实习的规章制度，对学生实习提出了明确要求和考核办法，逐步建立了正常教学秩序。同年筹建了专门的教学实习车间，配备了专用的金属加工机床，其中车床 8 台、铣床 2 台、刨床 3 台、磨床 2 台、钳台 4 个、平口钳 24 个，为学生实习提供了必要的设备。同时，实习工厂还加强了教学队伍的建设，先后从各车间、各工种抽调了一部分理论基础好、实际操作能力强、经验丰富的老工人担任各个工种的实习指导教师。挑选了一部分青年工人，对他们进行专门理论培训和实践考核，逐步培养他们承担指导学生教学实习的工作。到 1983 年，实习工厂每学期可安排 200 人为期 6 周的教学实习任务，有 50 名工人师傅能担任教学实习的指导工作。供实习用的设备能做到钳工每人 1 台，车工、刨工两人 1 台，铣工、磨工 4

人 1 台，保证了学生实习操作时间。在铸、锻、焊等工种，学生都能实际参加各个工序的生产工作，保证了教学实习的质量。

（二）为科研服务

在完成教学任务的同时，工厂还承担着为学院进行科研试制的任务。1977 年以后，接收了部分科研项目的机械加工任务。例如，国家项目三辊轧机的部分机械加工件就是委托工厂承担的。工厂技术人员同各学科科研人员密切结合，为学院科研工作做出了贡献。

（三）完成国家生产计划，提高经济效益

完成国家生产任务、为社会创造财富是实习工厂的又一个重要任务。从 20 世纪 60 年代起，钢筋弯曲机、钢筋切断机就成为实习工厂的主要定型产品。1977 年，生产弯曲机 64 台、切断机 116 台，产值为 77.36 万元。随着产品的社会需要量增加，实习工厂改进了工艺设计，进行了技术改革，加强了生产的组织管理，生产不断发展，产值逐年上升。1983 年，生产弯曲机 96 台、切断机 383 台，产值达 145.10 万元，比 1977 年增长了 17.8%，平均每年增长 3.1%. 随着产值产量的增加，产品质量逐步提高。产品销往全国各省市，有 71 台切断机还在国外使用，得到了建筑行业的普遍赞誉。GQ40-1 型钢筋切断机在 1981 年的全国同行业质量评比中，荣获第一名，并被山西省评为优质产品，获得地方优质产品证书。

在努力搞好原产品生产的同时，实习工厂还积极组织新产品的研制，推进产品更新换代。新试制的 GQ40-2 型钢筋切断机通过鉴定并投放市场。轧扭机的研制工作取得重大进展。实习工厂以不断开发新产品的精神，求生存、求发展，立足于机械行业之林，并打入国际市场。

学校实习工厂共有职工 193 人，其中干部 34 人，技术人员 11 人，工人 148 人。各种设备 71 台，厂房面积近 6000m^2，固定资产原值 103.80 万元。

三、计算机站的建设

学院于 1978 年开始筹建电子计算机站，投资 92 万元，订购了国产 DTS-154 型计算机一台。1979 年，进行了 90m^2 机房的改造和建设，培训了技术人员。1980 年 4 月，设备先后到货并开始安装调试，5 月中旬，交付使用。从此，DTS-154 机承担起了教学和科研计算任务。到 1983 年年底，总计完成了五届学生约 2000 人的算法语言教学实习任务，上机时数达 6000 小时。同时，计算机站还为学生毕业设计、教师科研工作提供了有效服务。1981 年至 1983 年，共有 300 名学生在毕业设计中使用了计算机。DTS-154 机在投入使用之后，就已成为当时国内的淘汰产品。学院决定进一步扩建电子计算机站，提高设备的现代化水平。1983 年年底，投资 70 余万元购置了四种型号的微型机 50 台（套），使学院微型机终端数达到 62 台，按师生每年占有上机时数，达到年人均 50 小时。学院又建成了 60m^2 的苹果机教室，进一步改善了计算机站的设备条件，提高了计算机教学水平。

计算机站共有工作人员 15 人，其中，教学人员 7 人（讲师以上 3 人）。设备仪器共 186 台（件），原值 184.72 万元，房屋使用面积达 336m^2。每年完成教学总时数的 1390 学时，每学期学生上机时数可达到 10670 小时，教师和科研人员上机计算时数达到 3000 小时。学院计算机站的建设具有了一定规模，设备比较先进，在教学科研中发挥了显著作用。

四、电化教学和语言实验室的建设

为了提高教学手段的现代化程度，学院于1978年开始筹备电化教学系统。1979年，教务部门设立电化教学科，管理电化教学的建设，同年安装了黑白工业闭路电视设备，并完成了播放室、教室的改造建设任务，投入了使用。1982年至1983年，学院又购置彩色录放像设备及配套设备，更新了原有黑白闭路电视，提高了设备现代化水平。

学院电化教学系统的建设，采用自行安装、调试、自行维修的办法，设备总值达47.2万元，房屋使用面积达592.8m^2，初具了一定规模。配备了12名工作人员，完成了一定的教学任务。1980年以后，先后制作了《地下矿山生产工艺》《工程数学》《分光镜》《BASIC语言讲座》等12部教学录像片，在教学中发挥了良好作用。完成彩色电视转换片25部，为全院各教研室制作幻灯片、投影片6000余套（张），电教室库存专业录像资料达155种以上。在播放这些录像的同时，还播放量一小部分科技电影片、专业电影片，有效地支持了各学科的教学工作。

另外，电教室还为学院宣传教育提供了良好服务，摄制并播放了4部思想教育片，向省、市电视台报送了6部新闻电视片。

为提高外语教学水平，学院于1981年决定建设语言实验室。同年年底先行建成听音室，面积280m^2，设100个座位，配备了彩色电视机、收录机、快速复制机以及听播系统的各种设施。1982年投入使用，开展了大量教学活动。每周开放21次，接待人员1000人次。听音室的建设及使用受到了山西省教育部门好评。随后，语言实验室二期工程开始建设，投资6万元购置了挪威产的“天宝”502型语言学习设备。这套设备的安装使用，对加强学生的外语听说训练，提高外语教学水平发挥了重要作用。

五、图书资料建设

1966年前，学院图书馆藏书11万册，馆舍面积500m^2，年经费2万元。1976年后，学院十分重视图书资料建设，图书馆工作受到极大重视。通过新建馆舍、增加投资、添置设备、提高购书的数量和质量，使得图书馆面貌发生了很大变化，图书馆逐渐成为教学、科研和思想教育的重要阵地。

1981年，新建的图书馆楼落成并投入使用，面积达4600m^2，分设教师、公共课、专业课、中外文期刊、情报检索等阅览室，可供700名师生同时阅览。

1981年，教育部召开全国高等学校图书馆公祖会议，颁发了《中华人民共和国高等学校图书馆工作条例》，学校图书馆负责人参加了会议。会后，学院认真讨论了图书馆建设有关问题，决定设立“图书馆委员会”，由11名知识丰富的同志组成，负责讨论图书馆资料建设方面的重大问题。同时，学院配备了管理人员，调整了管理体制，健全了采编、流通、期刊、情报服务等馆内管理部门，制定了一系列规章制度。1983年，图书馆工作人员达35人，藏书达32万册，其中，中文图书25万册，外文图书5万册，各种期刊2万册，单行本科技资料、声像资料4300份，订阅现刊1300多种，报纸68份。在馆藏结构上，充分体现了学院特色，按各专业、各学科需求，搜集采购书刊。为提高书刊利用率，定期编印新书通报，开展新书展览，进行资料复印，推荐书目剪报，受到师生好评。

此外，学院图书馆协助部分教研室建立自己的资料室，推进各学科资料建设工作，形成了以图书馆为中心的图书资料网络。

第七节　体育卫生工作

体育卫生工作是高等学校教育的重要组成部分，是全面贯彻党的教育方针的一个重要方面。学校十分重视体育卫生工作。1980 年，教育部、卫生部颁发了《高等学校体育教育工作暂行规定》《高等学校卫生工作暂行规定》两个文件，明确了高校体育卫生工作的任务要求。学院认真贯彻执行，推动学校体育卫生工作进一步发展。

1983 年 11 月 29 日至 12 月 5 日，山西省教育厅组成了由 17 所高校代表参加的体育卫生工作检查验收团，对各学院体育卫生工作进行了全面检查验收。经过听取汇报、座谈了解、抽查考核等，详细检查了解了学院体育卫生工作情况，一致肯定学院体育卫生工作完全达到了两个“暂行规定”标准，省教育厅为学院颁发了合格证书，表明学院体育卫生工作取得一定成绩。

一、加强领导，健全机制

1982 年，经过院长办公会议讨论，确定了一名副院长直接领导体育卫生工作，将体育教研室划为学院的直属教研室，卫生所的业务工作直接由主管院长领导。学院还调整健全了院体育运动委员会，促进了体育教学工作和各项体育运动的开展。同时，卫生所也制定了一系列保健、防疫、医疗工作的制度，调整了爱国卫生运动委员会，充实加强了办事机构，把卫生健康工作同爱国卫生运动结合起来，取得了显著成效。

二、加强体育教学工作

1980 年后，根据学院实际情况，组织修订了体育课教学大纲，编写了教学日历。每届学生坚持两年开设体育课，每周 2 学时，总共 144 学时，达到了大纲要求。

为搞好体育教学组织工作，学院大力整顿教学秩序，制定了一系列课堂管理制度。1980 年起，学院还制定了体育课成绩考核办法，对学生进行学期考查、学年考试。学期考查包括学习（锻炼）态度、技评达标两个方面，学年考试除这两个方面外，还增加了体育基础理论考试。由于实行严格的考核制度，学生迟到早退现象大大减少，到课率有了很大提高。

在课堂教学中，根据学生的体质情况，还开设了体育保健课，因病不能坚持正常体育课的学生参加学习。保健课的考核评分标准，按普通体育课的 80% 计算。

此外，为充实体育师资队伍，调进（分配）一部分教师来院任教。1983 年，体育教师增加到 12 人，在数量上达到了教育部规定的要求（师生比例为 1 ∶ 125 ～ 1 ∶ 150）。同时，学院加强教学水平的培训，组织教师研究教学方法，进行集体备课、观摩教学、交流经验。体育教师全部参加在职进修，学习新知识、新技能，并送 12 人次到兄弟院校单项短期进修，教师知识不断提高。学院鼓励教师进行体育科研，部分教师积极开展了学生体质研究，发表了一些论文。

三、积极开展群众性体育活动

开展各种形式的体育活动，组织好课外锻炼，是体育课教学的重要任务。学院一直实行上早操和课间操制度，早操由全院统一组织，课间操由各班组织，体育教师轮流进行检查，保证早操、课间操的出勤率和效果。学生每周有组织地进行两次课外活动，复习巩固课堂教学内容，并根据个人爱好和特长进行锻炼，提高了大家体育锻炼的自觉性。同时，积极推行《国家体育锻炼标准》，平均达标率在 50% 以上，学生的身体素质有了提高。

在普遍开展体育锻炼的基础上，学院经常组织各种体育比赛，每年举行两次田径运动会，平均每月进行一次单项比赛。各系、团委、学生会，也经常组织体育比赛，活跃了学院生活，提高了运动水平，增强了学生体质。通过体育比赛，选拔了各个项目的优秀运动员组成了学院代表队，坚持了常年有计划的训练，学院田径、球类代表队参加了各种校际比赛，取得了较好成绩。

四、搞好卫生保健工作

为培养学生的健康体魄，除加强体育锻炼外，必须积极进行防病治病，开展爱国卫生运动，搞好卫生保健工作。学院卫生保健工作是由卫生所承担的，卫生所有 18 名医护人员，购置了近 2 万元的医疗器械，负责学院的体育卫生、卫生防疫、工业卫生、饮食卫生、妇幼保健等各项工作。

学院卫生工作，贯彻预防为主的方针，1980 年以来，建立了学生健康卡片，对学生进行定期的健康检查和素质测试，分析学生身体发育规律和常见病、多发病的发病情况，以便及时采取措施，保证学生健康。1981 年年底，对 1315 名学生进行了健康检查，发现 81 级学生的裸眼视力比入学时低 0.29，卫生人员提出了改善照明的建议，受到学院重视，有关部门当即采取措施，在全部教室、宿舍安装了日光灯，提高了照明度，保护了学生视力。

为了防止多发病、传染病的发生，学院加强了饮食卫生的管理。卫生人员对炊事人员进行卫生常识教育，制定了饮食卫生管理制度，保证了饮食卫生；对炊事人员定期进行检查，发现患有肝炎、肺结核等病的炊事人员，及时调离，避免饮食传染。如发现各种传染病，即进行严格隔离，积极治疗，传染病的发病率逐年下降。

1981—1983 年传染病发病情况统计见表 5-1。

表 5-1　1981—1983 年传染病发病情况统计表

年份 / 年	痢疾	肝炎	疟疾	阿米巴痢疾	肺 TB
1981	5	8	2	1	0
1982	4	2	0	0	4
1983	0	2	0	0	3

对于季节性疾病和流行病的防治，卫生人员也采取了积极措施，冬季重点进行呼吸道感染的防治，夏季重点进行肠胃感染的防治，把防病治病同经常性的爱国卫生运动结合起来，加强环境卫生管理，及时处理各种有害排放物，保持了环境的清洁，对学生的卫生保健工作起了保证作用。

第八节　加快学院建设　改善师生生活条件

1976 年后，加快学院建设速度、改善师生的生活条件是学院行政总务工作的重要任务。

一、加快基建速度，搞好建院规划

1977年，学院建筑面积共有48856m²，其中，教学用房13317m²、生活用房27791m²，基本建设远远不能满足教学、行政和师生生活的要求，水电供应紧张，采暖设施陈旧，房屋短缺，布局零乱，设施简陋，再加上地处偏僻、交通不便，给教学、科研工作和师生生活等造成了很大困难。1978年后，学院先后建成了12814m²的教学用房（包括实验室和图书馆），教学用房面积增加了近一倍，特别是6350m²的教学实验大楼的建成，大大改善了教学条件，缓和了教学用房的紧张状况，为电子计算机站、电化教学以及其他实验室建设提供了条件。在此期间，学院还投资6.7万元，建成了27500m²的运动场，建造了田径、球类场地和各种辅助设施，为学生开展体育运动创造了良好条件。

在积极建设教学用房的同时，学院还重视生活用房建设。1981年，建成了4832m²的学生宿舍大楼，学生宿舍总面积达到了11268m²，基本解决了学生住房问题，还为扩大招生、开办各种培训班、举办成人教育提供了可能。

教职工住房紧张是建院以来一直存在的严重问题，加之特殊时期学院建房很少，在住宅问题上欠债过多，广大教职工迫切要求加以解决。1976年至1978年，学院三栋二类住宅竣工，安排了81户教职工入住，稍微缓解了一部分职工的住宿问题。但随着学院的发展、教职工人数的增加，住房不足的矛盾又突出起来。1980年，5300m²的三栋住宅楼竣工，又解决了一部分中、高级知识分子和住宿拥挤的职工的住房问题，学院在改善教职工住宅问题上又前进了一步。但是，由于住宅紧张，仍有许多教工和家属居住在单身职工宿舍和学生宿舍，学院又没有新建单身职工住宅，单身教职工住宿紧张也是一个突出问题。党的十一届三中全会以后，党和国家关心人民生活，大力解决职工住宅问题，学院做了一些努力，但住宅建设的速度仍不能适应学院发展的需要和教职工生活的需求。加快住宅建设仍然是基本建设的重要任务。

学院还通过房产维修解决了教职工的不少生活问题。1977年至1983年，共凿井三眼，更换上水管数百米，建造了容量为350吨的蓄水池，长期以来供水不足的问题得到了缓解。1979年，投资2.3万元，改建了供电线路，改变了过去经常停电的状况，并对院内电路走向也进行了调整和改造，保证了教学、生产、生活用电。为了治理学院环境，1978年至1981年，院内道路全部铺设了沥青路面或水泥路面，建造了学院大门，绿化了校园，在家属院建了整齐划一的煤池，使校容校貌有了较大改观。

1977年至1983年，学院基本建设完成累计投资419.59万元，建设面积达29070m²，是1960年至1976年16年间基建投资188.76万元的2.22倍，是16年间建设面积19353m²的1.5倍。这一速度虽然与国家教育事业的发展仍不相适应，也不能完全满足学院教学、科研、职工生活的需要，但这一时期学院基本建设毕竟有了较大发展。

由于学院没有进行过总体规划，建筑物布局极不合理，影响了有限的占地利用率。从1982年起，学院根据一机部指示精神，着手进行了总体规划工作。1983年10月7日，机械工业部批准了调整后的学院基建计划任务书，规定学院的规模为3000人，专业为9个，占用土地为305亩，建筑面积为135400m²，再建面积为64500m²。这个任务书还规定，学院再建工程分两期进行，并具体明确了1988年以前的第一期工程的项目和投资总数。

根据机械工业部下达的计划任务书，学院积极组织了总体规划和扩建设计，请机械设计总院承担了设计的全部技术工作。设计人员在学院进行了实地勘测，听取了各方面意见，提出了具体扩初设计方案。1984 年 10 月 6 日，机械工业部做出了《关于太原重机学院初步设计的批复》，重新核定了基本建设面积和第一期工程的项目投资，将学院建筑总面积调整为 122470m^2，第一期工程扩建 29664m^2，投资 1417.74 万元。不但明确了学院建设的目标，也大大增加了学院各项工程建设的计划性。学院加紧进行了第一期工程的各项建设工作。

二、加强总务管理，改善师生生活

总务工作坚持为教学服务、为科研服务、为师生生活服务的方向。学院整顿了总务工作秩序，充实了管理干部和工勤队伍，建立健全了规章制度，改进了管理办法，使总务工作在保证教学、科研和改善职工生活方面都起到了显著作用。

（一）明确重点，办好食堂

食堂工作是广大师生最关心的问题，也是比较繁杂、困难较多的一项工作。以前，学院曾因伙食问题发生过多次纠纷，1976 年后，为了改进伙食工作，学院进行了持续努力，取得了一些成效。

1978 年，学院招收了 16 名炊事员，充实了炊管人员队伍，随后又有 13 名老工人退休，补充了青年工人。学院抓紧对新工人进行业务培训和思想教育，使炊管队伍迅速成长。到 1982 年，共有炊管人员 63 人，人员的平均年龄下降，业务素质有了很大提高。炊管人员同就餐人员的比例达到 1:27，基本满足了伙食工作的要求，这是改进伙食工作的重要基础。

1978 年至 1982 年，学院投资 6.9767 万元购置了 33 台炊事机具，基本实现了炊事工作机械化，大大提高了劳动生产率，减轻了炊事人员的劳动强度。学院还投资 16.8 万元扩建和改造了厨房、餐厅，增加了卫生设施，维修了炊事机具，配备了生活车辆，大大改善了炊事工作条件。

加强领导、改进伙食管理办法是搞好伙食工作的关键。1981 年，学生伙食由原来的份饭制改为食堂制，就餐者有了进行随意选择的可能，受到了大家的欢迎。对炊管人员采取了评分计奖的办法，根据每个人完成的工作数量和质量评定分数，计算奖金。这种管理办法，对过去“大锅饭”的计奖弊病有所改变，有利于调动炊管人员的积极性。但在实际执行过程中，每个人的分数等级很难评定准确，有些工作定额也不尽合理，人员的工作数量和质量也不易考核，管理状况仍无根本改变。1983 年年初，伙食管理又采取了专业承包、联产计奖的办法，实行半企业化管理，把炊管人员分成若干生产专业小组，规定完成一定的生产定额。根据各个专业组的营业额和服务质量，计算奖金。这种管理办法，进一步调动了炊管人员的积极性，饭菜花样增加，服务态度改善，也改变了以前饭菜严重浪费的现象。伙食工作的改进，受到了广大师生的欢迎。

（二）积极开设新的服务项目

1976 年后，学院总务系统积极开设了一些新的服务项目，方便了教职工生活。为解决教职工冬季吃菜难的问题，有关部门设法为教职工从外地拉运蔬菜；节假日期间，尽力帮助教职工购置水果、副食和其他物品；为解决教职工买粮难，学院同地方粮食部门联系，于 1981 年开设了粮店，大大方便了群众；学院从 1979 年起还专门开了交通班车，供教职工上下班乘坐；每逢节假日，增开了学院到市区的定点班车，改善了教职工的交通出行条件。

1982 年，经太原市政府批准，学院筹建了知青劳动服务公司，开办了饭店、百货、副食、书亭等门市部，设立了洗衣、缝纫、修理等服务项目。服务公司的筹建，不仅有利于安排教职工的子女就业，解除了大家的后顾之忧，而且兴办了第三产业，改善了学院师生的生活。

学院子弟小学有教职工 17 名，在校学生 200 多人，教学质量比较好，学院幼儿园为教职工子女入托提供了方便。

（三）搞好总务队伍建设

在高等学校总务工作没有实行社会化的情况下，总务管理和服务工作量很大，头绪繁杂，需要建设一支有一定专业知识水平和管理能力以及有较强的事业心和熟练技术的管理干部和工勤队伍。

1978 年以前，总务系统共有 153 人，其中干部 52 人，工人 101 人。在干部中大学以上文化程度 6 人，干部队伍的专业知识水平不高，使总务系统当时的工作效率较低。党的十一届三中全会以后，学院对总务部门的人员进行了充实和调整。1983 年，在调整各级干部的过程中，配备了有一定专业知识的人员担任总务管理工作，提高了总务干部的知识化、专业化水平，招收了一批新工人，进行了文化和业务技术培训，提高了工勤队伍的素质，总务队伍的数量和质量都有了提高。总务系统共有人员 178 人，其中干部 51 人，大学文化程度的人员有所增加，工勤人员共有 127 人，文化程度都达到了初中以上。

第九节　社会主义精神文明建设

社会主义精神文明的建设是建设社会主义的重要特征。高等学校在精神文明建设中担负着尤为重要的责任。把学生培养成有理想、有道德、有文化、有纪律的人才是学院思想政治工作的根本任务。

一、加强思想教育，建设精神文明

粉碎“四人帮”以后，在各项工作进行全面拨乱反正的过程中，学院思想政治工作本身也完成了拨乱反正的任务，逐步纠正了长期以来在思想政治工作中存在着的“左”的错误，恢复了党的实事求是的优良传统。通过学习党的有关文件、组织认真讨论，大家联系实际，敞开思想，用中央文件精神逐步统一大家的认识，保证了师生在政治上、思想上同党中央保持一致。

政治课教学是对学生进行思想教育的重要形式，是学院思想政治工作的组成部分。1977 年，恢复了马列主义教研室以后，学院对政治课的教学工作进行了一系列整顿，重新修订了教学大纲，制订了新的教学计划，哲学、政治经济学和中共党史三门课程总学时达到 180 ～ 210 学时。在研究生和高年级学生中，开设了自然辩证法选修课，通过政治理论教学系统地向学生传授马列主义基本原理，阐明共产主义在全世界必然胜利的道理，帮助大家树立共产主义世界观，坚定为实现共产主义理想而奋斗终生的信念。在政治课教学中坚持理论联系实际的原则，联系社会生活、自然科学、专业技术中的实际，引导学生认识社会和自然界事物发展的规律，剔除了以前教材中“左”的内容，受到了学生的欢迎。

为对学生进行共产主义道德品质教育，根据教育部有关规定，学院于1983年设立了共产主义品德教研室，聘请了26名思想政治工作人员担任专职和兼职教师，开设了共产主义品德课，并正式纳入了学院教学计划。品德课的教学内容主要包括：怎样做一个合格大学生教育、爱国主义教育、共产主义人生观教育、法制教育、共产主义道德教育和形势教育，共130学时。通过共产主义品德课的教学，使学生从理论上初步懂得了共产主义道德品质的标准，分清了是非、善恶、美丑等界限，从而加强了他们道德品质修养的自觉性，这是对学生进行思想教育的又一重要形式，也是学院思想政治工作的重要手段。但是，在高等学校设立共产主义品德课还仅仅是开始，教学内容和方法还都有待改进，学院将不断总结经验，逐步探索用课堂教学的方式对学生进行思想教育的经验，把品德课教学搞好。

在对学生进行思想教育中，学院始终坚持开展“学雷锋创三好”的活动，用雷锋精神武装广大学生的思想，鼓励学生向“三好”目标努力。学院每年大力表彰在“创三好”活动中涌现出来的先进集体和个人，1979年至1983年，共表彰了“三好学生”344人次，授予他们“三好学生”光荣称号，同时也表彰了603名（次）优秀团员，41个（次）先进团支部。实行“学雷锋创三好”活动对于学生思想建设具有重要的积极作用。1982年前后，还开展了“学习张华”“学习张海迪”的活动，组织学生进行了人生观的讨论。此外，共青团、学生会等群众团体结合节假日经常性地开展其他活动，如组织书画讲座和比赛、百科知识竞赛、音乐知识讲座、郊游活动、社会调查等，既活跃了学生生活，增加了学生知识，陶冶了学生情操，又寓教育于活动之中，加强了对学生的思想教育工作。

从1982年起的三年中，学院根据中央要求，每年3月都开展了“全民文明礼貌月”的活动，以“五讲四美三热爱”（五讲：讲文明、讲礼貌、讲卫生、讲秩序、讲道德；四美：环境美、语言美、心灵美、行为美；三热爱：热爱祖国、热爱社会主义、热爱中国共产党）为主要内容，全院统一动员，治“脏”、治“乱”、治“差”，创造优美环境，建立优良秩序，进行优质服务，使学生在创建文明单位的道路上不断前进。在“全民文明礼貌月”活动中，学院先后出席了山西省、太原市、河西区召开的文明礼貌月活动先进集体表彰大会，受到了省、市、区党委和政府多次表彰，1983年太原市授予学院“文明卫生单位”的称号。学院在精神文明建设中取得了显著成绩。

二、思想政治工作的体制、队伍和方法

学院的思想政治工作是在学院党委领导下进行的。为适应建设社会主义精神文明的要求，党委多次整顿调整了思想政治工作机构，充实了人员，改进了工作方法，对思想政治工作实行了有力的领导，这是思想政治工作取得成绩的根本保证。

为加强学生的思想政治工作，学院党委于1982年设立了学生工作部（处），配合宣传部专门管理学生思想政治工作并指导团委的工作，党委规定了学生工作部的职责，明确了工作任务，各个系都配备了分管学生思想政治工作的专职党总支副书记，并选调一些毕业生担任学生专职辅导员，还聘请了部分热心于学生工作的教师担任了兼职班主任，

建立了一支专兼职结合的学生思想工作队伍。

为了提高政工队伍的素质，学院党委规定了选拔政工人员的条件，提出了对政工人员的要求，同时，也在全院进行了思想政治工作地位和作用的教育，使广大师生明确了思想政治工作的重要意义和政治工作人员的重要作用。但是由于在某些具体问题上，政工人员的待遇尚未很好地得到解决，影响了一部分政工干部的专业思想。

全院政工队伍共有 84 人，其中专职人员 26 人，兼职班主任有 34 人，在政治思想、业务水平上都有了提高。

学院行政领导、工会组织积极配合党委进行思想政治工作。1981 年以后，在全院教职工中开展了“为人师表”的活动，强调人人做思想政治工作，把思想政治工作同教学工作、行政管理工作结合起来，取得了显著效果。特别是广大教师，由于他们同学生的密切关系，决定了教师在思想政治工作中的重要地位。教师的言行，对学生有着深刻的影响。学院在教师中，先后开展了学习罗健夫、学习蒋筑英等先进事迹的活动，鼓励广大教师教书育人，把思想教育同教学业务结合起来，利用课堂教学、实验实习、设计、答疑等各个教学环节，对学生进行了大量的思想教育工作，收到了良好的效果，学院评选并表彰了模范教师，树立为人师表的典型。

党的十一届三中全会以后，学院在思想政治工作中坚持正面教育、采取疏导的方针。政工人员对学生、对同志，平等相待，说服教育，以理服人。允许不同的认识、不同的观点同时存在，并展开讨论。通过实践检验，让大家辨别好坏、美丑、是非。政工人员既要积极宣传党的方针政策，宣传共产主义道德，引导大家正确认识问题，又要虚心听取群众意见，向群众学习，不断提高自己的认识，共同进步。1982 年冬季，因为几名炊事员殴打学生而发生了学生罢灶罢课的事件，学院严肃处理了相关炊事员，对罢灶罢课的学生坚持疏导原则，各级领导干部和广大政工人员深入到学生中去，进行说服教育，向广大学生讲明道理，指出他们的错误做法，引导学生用自我教育的方法，认识到罢灶罢课等闹事的方式破坏了学院正常教学秩序和安定团结的局面，因而是错误的，也是不利于问题解决的。学生在提高认识的基础上，第二天就进餐复课，有的同学还主动进行了自我批评，学院没有追究学生的责任。这一事件的妥善解决，使广大学生受到了一次教育，提高了他们分析认识问题的能力，进而增强了同学之间、师生之间以及学生同炊事人员之间的团结。学院及时对处理这次事件的工作进行了总结，肯定了处理过程中所采取的一系列方式方法，为进一步改进思想政治工作积累了经验。

三、积极进行党的建设

加强党的领导是各项工作顺利进行的保证。为充分发挥党组织的战斗堡垒作用和党员的先锋模范作用，从 1980 年起，学院开展了“两先两优”（先进党支部、先进党小组、优秀党员、优秀党员干部）的活动，各级党组织及全体党员都制订了活动计划，党委经常检查各支部的执行情况，定期进行评选。1980 年至 1983 年，共表彰了优秀党支部 4 个、优秀党员 26 名。1979 年以后，学院党委还结合学习贯彻《关于党内政治生活若干准则》、党的十二大通过的新党章，先后进行了共产主义信念教育、党风党纪教育、党的性质任务教育，努力转变党组织的软弱、涣散状态，抵制和纠正各种不正之风。党委重点抓了党员领导干部的学习，集中训练党员，联系实际，进行讨论，改进作风，促进工作，都收到了一定效果。同时，党委和各基层党组织，还恢复了党课教育，坚持了组织生活的制度，加强对党员的日常教育和管理工作，提高了党的战斗力。

随着党的优良作风的恢复和党的工作的加强，广大党外群众更加热爱党、拥护党，要求入党的人数大量增加。学院党委根据中央指示精神，把在知识分子中发展党员当作一件大事来抓，积极开展组织发展工作，热情帮助党外群众学习党的方针政策和基本知识，及时吸收符合条件的同志入党，取得了很大成效。

在知识分子中发展党员：首先，院党委在党内进行了大量的思想教育工作，明确了在知识分子中发展党员的重要意义，改变了过去党建工作中的陈旧观念，为发展知识分子党员创造了条件；其次，党委健全了一套培养、考察、审批的组织手续，并制订了具体的规划；再次，党委强调了坚持标准、保证质量的具体要求，从而将基层党组织发展知识分子党员的工作落到实处。1981 年以后，全院共发展党员 142 名，其中知识分子党员 125 名，占 88.03%，在学生中发展党员 90 名，在教师中发展党员 35 名，包括副教授 7 名、讲师、工程师 26 名。全院党员总数发展到 385 名，其中：教师 95 名，占 25.9%；干部 153 名，占 20.26%；工人 35 名，占 10%；学生 69 名，占 3.5%。经过几年努力，在知识分子中的党建工作有了很大进展，学院知识分子入党难的问题一定程度上得到解决。但是，从几年来发展党员情况可以看出，吸收中年以上知识分子入党的数量偏少，党的发展工作还不能适应学院工作的需要，学院党委努力加强这一方面的工作，大量吸收知识分子入党，不断开创学院党建工作的新局面。

第十节　改革体制　开拓前进

改革领导体制，主要是实行党政分工，改变党委“一元化”领导体制，建立行政指挥系统，充分发挥行政系统作用。1979 年，学院撤销“革命委员会”，分设了党政的办事机构，撤销了党政合一的学院办公室，设立了党委办公室、院长办公室，撤销了党委政治部，原政治部属科室，改设为党委组织部、宣传部、武装部，行政方面的人事处、保卫科等，为进行领导体制的改革，迈出了第一步。

1981 年，学院实行了党委领导下的院长分工负责制，建立了学院行政指挥系统的一套工作程序。党委是学院各项工作的领导核心，主要任务是贯彻执行党和政府的各项方针政策，抓好思想政治工作，搞好党的思想建设和组织建设，讨论决定学院的重要事项。院长在党委领导下，分工领导行政工作。教学、科研、生产、财务、人事行政管理工作的重大问题，经党委讨论后，院长具体负责贯彻执行。学院在领导体制上的这一改革，开始纠正了“以党代政”的现象，党委从行政事务中解脱出来，改善并加强了党的领导。学院行政系统也建立了独立的工作秩序，院长根据自己的职权建立了院长办公会议的制度，讨论决定行政工作中的重要问题，并印发了《院长办公会议纪要》，整理记载办公会议讨论决定的重要事项，便于有关部门贯彻执行，学院行政各职能部门也积极开展了工作，初步发挥了行政系统的指挥作用。

但是，由于当时对体制改革的认识尚有局限性，加之在干部配备、机构设置方面的条件所限，在系一级仍然实行党总支为主的领导体制。1982 年，改革的浪潮在全国兴起，一机部在北京召开了部属学校校（院）长会议，讨论制定了《校（院）长工作条例》等体制改革的重要文件，学院认真贯彻了会议精神，进一步讨论了学院教学、科研及行政总务工作的管理体制，在各个方面进行了管理改革的尝试，使学院的工作又向前迈进了一步。

1983年是学院的改革之年，学院调整了各级领导班子，进行了机构改革，使学院的体制改革取得了较大进展。根据中央提出的干部“四化”（革命化、年轻化、知识化、专业化）要求，1983年初开始酝酿调整领导班子问题。鉴于原院系领导班子年龄偏大，知识水平、专业水平都不能适应“四化”建设的要求，经过充分的思想酝酿、组织准备之后，在机械工业部教育局的主持下，首先进行了院级领导班子的调整工作。1983年6月，机械工业部教育局负责人来学院进行了新班子人选的考察工作，同年9月，院级班子调整完毕。新班子由7名成员组成，平均年龄下降到51.85岁，文化程度全部达到大学水平，其中有副教授4名，“四化”水平有了明显提高。

院级班子调整之后，1983年9月至12月，对学院各系、处的领导班子进行了调整，学院根据中央有关要求，结合本院的实际情况，制定了调整方案，严格坚持“四化”标准，把干部的革命化标准放在第一位，把住了年龄关，对干部的学历和实际知识水平、业务能力等进行了反复考察，共任命了67名系处级干部，平均年龄下降到48.2岁，具有大学文化程度的49人，占73.1%，具有中级以上各种技术职称的26名，占38.8%，中层干部的“四化”水平有了显著提高。

院系两级班子调整后，学院党委和行政领导紧抓了新班子的自身建设，经过反复讨论，制定了加强自身建设的十项措施，对领导干部的思想、政治素质、工作方法、生活作风等各个方面都提出了严格要求。这十项措施作为学院领导班子的十条保证，在全院公布，不仅对院级领导班子建设有着重要作用，对中层班子的建设也有着指导意义。

学院在调整领导班子的同时，进行了机构调整，按照实际工作需要调整了党、政职能机构和各基层组织。全院共设25个系处一级机构，41个科室，任命了57名科级干部，初步进行了机构改革。

这次干部调整和机构改革工作，是建院以来规模最大、范围最广的一次干部制度的改革，对学院的发展有着深远的影响。这次调整干部中，坚持了选拔干部的“革命化、年轻化、知识化、专业化”标准，把干部的年龄、文化知识水平和业务能力同政治标准提到了等同的地位来加以考察，改变了长期以来选拔干部重政治、轻业务的倾向，使大批年富力强的知识分子走上领导岗位。尽管有些干部走上领导岗位以后，由于缺乏经验，表现出这样、那样的缺点，甚至对有的干部使用不一定妥当，机构设置、干部队伍的臃肿问题尚未得到很好解决，但这次改革，毕竟使各级领导班子的构成发生了显著变化，大批具有真才实学的知识分子在各级领导岗位上得到迅速成长，学院的各项工作也出现了新的面貌。

在这次干部调整和机构改革中，有20多位老干部退居二、三线，其中包括5名院级领导干部和16名中层干部。这些老干部有着丰富的革命斗争经验，在战争年代他们出生入死，为人民的解放事业做出了贡献，新中国成立以后，他们长期从事党的教育事业，积累了丰富的工作经验，为学院的建设和发展耗费了大量心血、取得了显著成绩。在这次改革中，他们又能从党和国家的利益出发，为“四化”建设的目标着想，主动让贤，推荐并帮助年轻的新干部挑起重担，表现了革命老干部高度的思想觉悟和高尚的思想品质。妥善安排好退居二、三线老干部的生活、学习和工作是这次体制改革的重要任务。对退居在二线的老干部，院党委设一名顾问，有关科室设立了协理员，安排了他们的工作，对于退居二线的科级干部，有关科室设了助理员，也妥善安排了他们的工作。院党委设立“老干部办公室”，专门管理离休老干部的有关事项，离休老干部单独建立了党支部，负责离休干部的思想、学习和生活管理工作。学院对离休干部坚持“政治待遇一视同仁，生活待遇优先照顾”的原则，在阅读文件、听报告、乘车、住房等方面，妥善处理了离休干部的问题，保证了广大离休干部心情愉快、安度晚年。

体制改革完成以后，学院贯彻执行机械工业部制定的部属高等学校《校（院）长工作条例》，开始对教学、科研、生产、行政管理等进行进一步改革。学院实行党委领导下的院长负责制，进一步明确了党政分工，扩大了以院长为首的行政系统在教学、科研、人事、财务、生产、行政、总务等方面的指挥权力，在系一级也开始实行了系主任负责制，党总支起保证监督作用，加强了系主任对教学行政工作的职权和责任，从而发挥了业务干部在业务工作中的主动性和积极性，使学院各级领导的精力进一步集中到以教学、科研为中心的工作上来。学院明确提出了“上质量、上水平”（提高教学质量、科研水平）的口号，为开创学院工作的新局面创造了条件。

第六章　坚持社会主义方向　在改革整顿中发展（1983—1992年）

1982年党的十二大以后，随着改革开放的不断深入，人们的思想、文化、道德观念以及生活方式等都发生了变化。于是，反对资产阶级自由化，加强和改善党的领导，坚持社会主义办学方向，贯彻党的教育方针，端正教育思想，把德育放在首位，把稳定规模、改善办学条件、深化教学改革落到实处，提高教学质量，为国家培养合格的建设者和接班人，就成了学院这一时期工作的主题。

第一节　加强和改善党的领导　坚持社会办学方向

一、整党工作和反对资产阶级自由化、坚持四项基本原则教育

根据中央和山西省委的部署，学院整党工作于1984年12月24日开始，1986年1月结束。工作进程分为五个阶段：思想发动、专题教育、对照检查、组织处理和总结提高。共有331名教职工党员和146名学生党员参加了整党工作。

通过整党工作的开展，广大党员提高了坚持“四项基本原则”、坚决执行党的十一届三中全会以来的路线、方针、政策的自觉性；进一步明确了做一名合格共产党员必须具有大公无私的品格和全心全意为人民服务的精神，认识到以权谋私的行为和不负责任的官僚主义是党性不纯的表现；进一步认识到要加强党的领导，必须坚持民主集中制和集体领导的原则，严格党的组织纪律，充分发扬党内民主。

通过全面整党，进一步加强了学校党的思想、组织、作风建设，对于加强和改善党的领导、发挥基层党组织的战斗堡垒作用和党员模范带头作用、搞好学院各项工作有着极为重要的意义。

1986年12月以来，在资产阶级自由化思潮的泛滥和影响下，国内部分高校的学生陆续上街游行，并发表了一些极不负责任的言论，在社会上造成了很坏的影响，引起了各级领导的高度重视。中共山西省委先后召开会议，传达中宣部和国家教委关于部分高校学生上街游行问题的通报。学院党委及时传达会议情况，认真贯彻执行党中央和中共山西省委的各项指示精神，加强了反对资产阶级自由化、坚持四项基本原则教育。各部门密切配合，齐抓共管，把政治教育与解决实际问题相结合，注意发挥学生党员、学生干部的骨干作用，有力维护了学院安定团结的局面。

二、中层干部和机构的调整

1985年11月6日，机械工业部教育局副局长王文广来校宣布了机械工业部关于太原重型机械学院领导干部的任命决定：王保东同志任党委书记，黄松元同志任院长，刘世昌同志任党委副书记，朱永昭同志任副院长。

1986 年 3 月，学院进行了机构和中层干部调整工作。将原有 28 个系处单位，调整为 25 个。撤销了物资处、基建处，设立了基建设备物资处；党委学生工作部改设为学生处，统管学生的政治思想和管理工作；马列主义教研室与德育教研室合并，设立社会科学部。中层干部调整采取全免新任的办法，将原系处干部 66 人（不含退居二线的干部）免职，重新任命 60 名处系干部。重新任命的干部中，党员 56 人，占 93.3%；最大年龄 57 岁，最小年龄 30 岁，平均年龄 46.9 岁，比调整前的 47.4 岁有所降低；具有大学以上文化程度的 49 人，占 81%，比调整前提高了 1.7%；具有讲师以上职称的教学人员 24 人，占 40%。中层干部的年轻化、知识化、专业化水平有了明显提高。

为了吸收国内外先进高校的管理经验，提高学校教学、科研管理水平，这次调整将原任中层领导工作的 6 名副教授调至教学岗位，加强了一线力量。在各系、部、教学、科研、人事部门，全部选用了清华大学、上海交通大学、北京师范大学、哈尔滨工业大学等国内重点大学的毕业生和曾在国外留学的人员担任主要领导职务。

1986 年 3 月 6 日公布的 25 个系处单位，见表 6-1。

表 6-1　1986 年 3 月 6 日公布的 25 个系处单位

单位名称（党团机构）		单位名称（教学行政机构）	
1	党委办公室	1	院长办公室
		2	教务处
2	党委组织部	3	科研处
		4	人事处
3	党委宣传部	5	学生处
		6	财务处
4	党委统战部	7	总务处
		8	保卫处（人民武装部）
5	纪检委	9	基建设备物资处
		10	机械一系
6	老干办	11	机械二系
		12	机械三系
7	院工会	13	管理工程系
		14	基础部
8	院团委	15	社会科学部
		16	图书馆
		17	机器厂

1988 年，校党委和行政班子把学院领导体制的改革提到了重要议事日程，对系处机构和领导干部进行了调整。这次机构调整的指导思想是：坚持党政分开，职能明确，理顺关系，提高效率；精减党委机构，加强行政指挥系统职能，下放权力。调整中层干部的指导思想是：坚持干部“四化”标准，进一步实现干部年轻化，55 岁以上干部均退居二线；贯彻改革的思想，引入竞争机制，调动广大干部积极性；任用公正、正派的人，

注重干部的实绩；精减党委机关工作人员，充实和加强行政部门及基层单位；妥善安排这次不再任职的党政干部的工作。

调整工作于1988年3月8日完成。调整后共设党政机构13个，撤销了党委人民武装部、统战部、老干办、打击经济犯罪办公室等4个部门。行政部门增设了监察审计处，负责监察审计工作。本着改革精神，对中层干部分别采用任命、聘任和招聘的办法。党委系统干部实行任命制，任命了26名；行政系统干部由原先的任命制改为党委讨论、院长聘任制，聘任了32名，实行一年试聘期。对总务处处级干部实行公开招聘，通过应聘人员公开答辩、考评委员会考评、党委讨论，院长聘任了3人。机器工厂干部招聘工作也在准备中。

1988年3月8日公布的13个党政机构，见表6-2。

表6-2　1988年3月8日公布的13个党政机构

<table>
<tr><th colspan="2">单位名称（党团机构）</th><th colspan="2">单位名称（行政机构）</th></tr>
<tr><td rowspan="2">1</td><td rowspan="2">党委办公室</td><td>1</td><td>院长办公室</td></tr>
<tr><td>2</td><td>教务处</td></tr>
<tr><td rowspan="2">2</td><td rowspan="2">党委组织部</td><td>3</td><td>科研处</td></tr>
<tr><td>4</td><td>人事处</td></tr>
<tr><td rowspan="2">3</td><td rowspan="2">党委宣传部</td><td>5</td><td>学生处</td></tr>
<tr><td>6</td><td>监察处</td></tr>
<tr><td rowspan="3">4</td><td rowspan="3">纪检委</td><td>7</td><td>基建设备处</td></tr>
<tr><td>8</td><td>总务处</td></tr>
<tr><td>9</td><td>财务处</td></tr>
</table>

1990年，院级领导任期届满。7月31日，机械电子工业部教育司司长任耀先代表机械电子工业部党组宣布了机械电子工业部关于太原重型机械学院领导班子的任免文件，调整后学院新的领导班子成员是：党委书记王保东同志（兼任太原重型机械学院院长），朱永昭同志继任太原重型机械学院副院长，彭瑞棠、李永善同志任太原重型机械学院副院长。

1990年12月4日，学院再次按照改革的精神和实现干部"四化"的精神，对中层干部作了调整。调整一律实行任命制，指导思想是：充实基层，强化重点；相对稳定，适当交流；统筹兼顾，理顺关系；坚持标准，控制职数。调整的结果是：大学以上文化程度的62人，占中层干部总数的83%，平均年龄45.6岁，35岁以下的8人，35～45岁的25人，46～55岁的39人，55岁以上的3人。干部"四化"程度进一步提高。

三、召开第四次、第五次党代会

为加强和改善党的领导，确保办学的社会主义方向，促进学院改革发展快步进行，学院分别于1987年和1991年依次召开了第四次、第五次党代会。

（一）第四次党代会

1987年6月20日至24日，学院召开第四次党代会。王保东书记代表上届党委作了

《加强和改善党的领导，为全面贯彻党的教育方针而奋斗》的报告，提出了学校的校风是："求实、严谨、团结、奋进"。"求实"——要实事求是，从实际出发，理论联系实际，说实话、办实事、讲实效；"严谨"——要严密、严格、谨慎，用科学的态度，一丝不苟、严格按客观规律办事；"团结"——要在坚持四项基本原则的基础上思想一致和行动一致，同心同德，互相学习，彼此关心，加强协作；"奋进"——要奋发向上，积极进取，勇于拼搏，在改革精神的指导下，有所发现、有所创新、有所作为。

党代会号召，全院各级领导干部和全体党员要吃苦在前，享受在后，带领群众共同创建"求实、严谨、团结、奋进"的校风。大会期间，经过充分酝酿和民主选举，产生了第四届党委会和纪律检查委员会，为学院教育改革、各项工作稳步前进和健康发展提供了有力的组织保证。王希曾代表纪律检查委员会作了《纪委工作报告》。

第四届党委会委员、书记、副书记名单

委　员：（以姓氏笔画为序）

王　容　王保东　刘世昌　朱永昭　吉登云　李荣华　李捷三

谢永昌　黄松元

书　记：王保东

副书记：刘世昌

党委纪律检查委员会委员、书记、副书记名单

委　员：（以姓氏笔画为序）

王希曾　师　谦　仵陞良　李海荣　黄东保　梁斌秀　谢永昌

书　记：谢永昌

副书记：王希曾

（二）第五次党代会

1991年12月28日—29日，学院召开了第五次党代会。王保东书记代表第四届党委会，向大会做了题为《加强党的领导，为实现我院的"八五"计划而努力奋斗》的报告。谢永昌代表纪律检查委员会，做了题为《加强党风和廉政建设，提高党组织的凝聚力和战斗力》的工作报告。

这次代表大会是在全党全国人民为实现现代化建设的第二个战略目标而努力奋斗的关键时刻，是在全院师生员工为实现学院"八五"计划和十年发展规划而努力工作的进程中召开的。党代会的指导思想是：以江泽民同志在庆祝建党70周年大会上的讲话为指针，认真贯彻党的基本路线，全面落实党的教育方针；从反和平演变的高度，加强党的建设，提高党的战斗力；总结工作，明确任务，认清形势，坚定信心，动员全体党员统一思想，立志改革，团结进取，振兴重院，为学院上质量、上水平、办出特色，为完成"八五"计划而努力奋斗。会议实事求是地回顾和总结了过去四年来工作的经验和教训，提出了今后工作的指导思想和奋斗目标。

大会认为，第四次党代会以来，院党委在上级党组织的正确领导下，带领全院师生员工，认真贯彻落实党的基本路线和教育方针，坚持四项基本原则，反对资产阶级自由化，发展了学院安定团结的政治局面；加强思想政治工作，落实德育到位，使师生员工的精神状态积极向上，健康发展；坚持改革，狠抓校风和学风建设，扎扎实实做好基础工作，使学校的工作面貌发生了可喜的变化，初步形成了"求实、严谨、团结、奋进"

的良好校风，实现了1987年6月第四次党代会提出的奋斗目标。

大会认为，要实现学院"八五"计划的奋斗目标，为国家培养合格的建设者和接班人，就必须加强党的领导，搞好党的自身建设，提高党的凝聚力；就必须全面贯彻落实党的基本路线和教育方针，坚持社会主义办学方向，把德育放在首位；就必须深化教育改革，以本科教学为重点，全面提高人才培养的质量；就必须大力开展科学研究，搞好科研开发；就必须艰苦创业，努力改善办学条件，优化育人环境；就必须全心全意依靠广大教职工办好学校。

经过充分讨论酝酿，按照党的组织原则，大会民主选举产生了第五届党委委员和纪检委委员，组成了新一届党委会和纪律检查委员会。

第五届党委会委员、书记、副书记名单

委　员：（以姓氏笔画为序）

王保东　师　谦　朱永昭　刘世昌　杜八先　李荣华　张锦秀
彭瑞棠　谢永昌

书　记：王保东

副书记：刘世昌

纪律检查委员会委员、书记、副书记名单

委　员：（以姓氏笔画为序）

王台惠　王希曾　仵陞艮　李海荣　黄东保　董喜乐　谢永昌

书　记：谢永昌

副书记：李海荣

四、落实知识分子政策

党的十一届三中全会以来，学院根据中央、山西省委和机械工业部有关文件精神，从调动一切积极因素、加快社会主义现代化建设步伐的全局出发，不断地清除"左"的思想影响，坚持实事求是、有错必纠的原则，认真落实知识分子政策。

（一）平反"冤假错"案，处理历史遗留问题

截至1986年年底，平反冤假错案84件。其中，为被错划为"右派分子"的21位同志做了彻底平反改正工作；为在"反右"斗争中被错打为"反社会主义分子"的18名学生做了改正结论；为在"反右"斗争中受到冲击和处分的6位同志作了改正结论；审查了1958年重新处理的"内清案件"5件，并全部释疑，合理安排了这些同志的工作；"五反"案件有9件，其中有1人申诉，经复查，错误的部分已全部改正；"文革"中被列为审查对象的21人，经调查核实，属"冤假错"案的13人，全部予以平反，其余8人，有的予以释疑，有的作了公正的结论；为干部中的1名所谓"5•16"分子公开平了反；为被打成"张赵反革命集团"和清查扩大化受到牵连的8位同志公开平了反；"文革"中因一般政治历史问题、经济问题、生活作风问题和所谓现行问题，受到审查和不适当地进行过批判的27位同志，其中属冤假错案的10人落实了政策，其余不属于"冤假错"案的17位同志也实事求是地为他们作了公正的结论；为"文革"中"冤假错"案被扣发工资的5位同志，补发工资合计5000元；"文革"中被抄家的有18户，被抄财物计款1900余元，清退的有14户，原物还保存的全部退还本人，原物已丢失的补偿款4935元。

（二）彻底清理人事档案

对全院 1281 人的档案彻底清理，从档案中清理出的材料共 4397 份（19579 页），一类退还本人，一类销毁。清理好的档案都经清理人签字、领导审查、分类装订，消除了许多同志的顾虑。

（三）解决了知识分子入党难的问题

1979 年至 1986 年，学院党委共发展知识分子党员 144 名，占教职工新党员总数的 90% 以上，其中副教授 16 名、讲师 47 名。有 21 名申请时间长，本人表现好，但因家庭、社会关系、本人历史问题长期不能入党的知识分子，终于在全面落实知识分子政策的大好形势下，光荣地加入了党组织。5 名被错划为右派或在“反右”中受到错误处分的知识分子，也入了党。对申请入党的知识分子，也指定了专人培养教育。党内外普遍反映，优秀知识分子入党不再难了。

（四）充分信任，放手使用

1979 年以来，学院积极选拔、推荐知识分子担任校内各级领导职务，评定职称，担任省、市、区人大代表和政协委员，出国进修、考察、访问。对在“反右”“文革”等运动中，被错误对待的同志，都一视同仁，充分信任，大胆使用，他们在各个岗位上发挥了作用。

（五）补发式换发毕业证书

根据教育部［1983］教职字 007 号文、教育部［1984］教学字 031 号文、山西省高教厅［1983］晋高教二字 13 号文件的规定，学校为“文革”前中专部、中专 58 级参军者、大专班金属压力加工专业、数学师训班、中专 59 级技工班、中专 59 级参军人员、中专 59 级工程预算班等专业的 362 人补发或换发了毕业证书。

（六）办实事，为知识分子解除后顾之忧

落实知识分子政策和做好知识分子工作是紧密相连的，根本目的都是要调动知识分子的积极性。基于这一认识，学院在做好落实政策工作的同时，也在努力为知识分子办实事，改善他们的学习、工作、生活条件。为 135 名知识分子调整了住房；解决家属农转非户口 15 户；解决夫妇两地分居 16 人；每年为知识分子补助书报费；调整图书馆开放时间，节假日在内全天开放，晚上延长到 10 时闭馆，还为教师提供进入书库的方便；解决了教工生活使用煤气问题；改善了职工食堂状况，饭菜质量明显提高；自筹资金搞单身宿舍加层，青年教师住房拥挤情况有所缓和；筹建子弟中学，解决了子女上学难的问题；为职工上下班开通班车，周一、周三、周五有接送车进城，方便职工去城里开会、办事和去市区购物。

五、政治思想教育和法制教育

1989 年，学院党委认真贯彻中共中央和国务院有关文件和中共山西省委有关指示精神，分析研究面临的形势，进行了大量的思想政治教育工作，努力维护安定团结的政治局面。

（一）进行政治思想教育与法制教育

党的十三届四中全会的召开，标志着党和全国人民平息政治风波取得了决定性胜利。根据中共中央［1989］4 号文件精神，学院决定进行政治思想教育与法制教育。

新学年开学伊始，从8月中旬到9月上旬，学院集中对全院师生员工进行了政治思想和法制教育。这次教育活动以党的十一届四中全会精神和邓小平同志的三个讲话为主要学习内容，帮助学生密切联系自己的思想实际，统一认识，提高思想，转好弯子，站稳立场。集中教育之前，抽调教工中的骨干400多人，进行了三天培训，然后参加到学生班级和教职工各学习小组。全院50个学生班，每期分3个小组，每组配备了干部或教师，领导学生学习。担任此任务的干部教师157名，其中教授、副教授25名。经过学习文件、专题讨论，法制教育、清查清理，自我反思、思想鉴定三个阶段的教育活动，通过集中教育与革命传统教育相结合、与义务劳动相结合、与思想鉴定相结合、与整顿校纪校风相结合的方法，使广大学生思想上的弯子开始转了、扣子开始松了，大家的精神面貌明显地发生变化。

（二）党员重新登记

党员重新登记是党中央针对政治风波中暴露出来的问题所作出的一个重要决定，是新形势下一种特殊形式的党员民主评议，是在一个特定条件下，给广大党员一次还要不要当一个名副其实共产党员的郑重选择机会，是为了进一步纯洁党组织和保持党组织先进性所采取的一项有力措施，是党内政治生活中的一件大事。

1990年，根据党中央的指示精神和中共山西省委的安排部署，学院在"清查""清理"的基础上，认真进行了党员重新登记工作。党员重新登记工作于7月下旬开始，用了一个月时间，高标准、严要求，精心组织了党员重新登记工作。1991年1月4日，第二批党员重新登记补课开始，通过集中教育、收听收看有关讲话和录像、参观太原钢铁厂渣山治理现场、听李双良报告，经过个人总结、小组识议、支部通过重新登记补课的党员全部通过登记。

第二节　以德育为首　推进教学工作

学院贯彻党的教育方针，坚持社会主义办学方向，坚持以教学为中心，把德育放在首位，以本科教学为主，把加强基础、拓宽专业、增加能力、办出特色作为阶段目标，进行了改革与落实。

一、教育教学思想

为了贯彻《中共中央教育体制改革的决定》，学院的教学工作从过去学习苏联和受西方教育的冲击中总结经验教训，结合当时办学实际，提出了学院办学定位和教育教学思想。

（一）学院是为行业服务、专业性强、专业面窄的高等工科大学

在改革开放、实现现代化的形势下，国家的生产、科技、社会生活已经发展了，学科再不增加，专业再不拓宽，就适应不了新的要求。在此之前，学院的教师和领导干部对于什么是或者有没有高等教育理论，知者不多，或说知之不深，认为教师只要学术水平高就行，个别人甚至片面认为，工科高等学校只需要研究自然科学的规律，对人才培养规律关注不够，更没有认识到教师也需要有教育科学水平，需要掌握高等教育的教学理论。从1985年起，学院教师和干部经过数次教育思想学习讨论，认识到重机学院的教育有以下特点：

（1）专门教育。作为专门人才培养，既要打好共同的学科基础，又要进行必要的专业训练。解决基础与专业的矛盾，是学习教育理论和高等教育教学理论的客观要求。

（2）大学教育与现代科学技术和工程实践有很直接的联系，带有很强的实践性和探索性。大学阶段，学生所学的知识不完全是已知的知识，越到高年级越具有探索性。因此，学院的教学、生产和科研的结合显得很重要。

（3）从学生年龄和心理特点出发，注意对大学生个性发展和自学能力的培养。精炼的授课只是指导学生的知识方向，不能代替学生的自学，所以一年级到四年级的教师作用应逐步变化，一、二年级教师讲课时间多一点，到后期指导应当多一些。

（4）工科院校的技术教育与现代科学技术有密切联系，近几年科技迅速发展，信息量急剧增加，四年学习时间是有限的，需要解决整体优化的问题。考虑增加经济管理类专业，以求工程、经济、管理知识的融合，同时也注重实践环节，实验、设计、毕业实习争取达到教学时数的25%左右。

（二）要把学院办成建设社会主义精神文明的坚强阵地

这一重要的教育思想是根据国家教育的社会主义性质以及大学生的状况提出来的，特别是在对外开放的新形势下，各种社会思潮很多，如果不了解中国实际，不接触生产第一线、不接触群众，就不可能树立起正确的世界观。

（三）要确立教育为社会主义现代化建设服务的思想

学院在改革中要调整教育结构，实行分层次办学，以本科为主，增设专科，发展硕士研究生教育，增加成人教育班（次）。按照承担的任务，发挥优势，办出特色。

二、坚持把德育放在首位

学校坚决贯彻党的教育方针，把德育放在首位，建立健全了各级党、团组织，特别重视建立学生思想教育体系，按省委要求基本配齐了辅导员，积极组织学生开展社会实践活动，举办丰富多彩的社会服务活动，寓思想教育于课外活动之中。关心教师特别是青年教师思想政治素质的提高，关心教学管理人员的思想政治和业务素质的提高。积极开展全方位的思想政治教育，为提高管理教育水平提供了良好的思想基础和外部条件。1990年以后，学院旗帜鲜明地提出：要把德育放在学院工作的首位，并在干部、教师中广泛展开学习和讨论，德育首位的认识达到统一。

一是围绕德育放在首位、学院如何开创思想教育新局面问题以及两类理论课教学在培养什么人的问题上，学院根据国家教委、山西省教委有关文件要求，出台了一系列制度文件。通过文件政策进一步突出德育教育在学院教学中的主导地位。1991年6月19日，学院制定下发了《关于加强思想教育课程建设的意见》《关于加强政治理论课程建设的意见》《太原重型机械学院辅导员（年级主任）工作条例》《太原重型机械学院教书育人、管理育人、服务育人工作暂行条例》《太原重型机械学院研究生思想政治工作暂行工作条例》。

二是组建社会科学教学部，积极修订教学计划。社科部是1986年3月由马列主义教研室和思想教育教研室合并组成的，并增加了中国文学、中国历史等选修课程。马列主义教研室原先开设马克思主义哲学、马克思主义政治经济学、中共党史3门课，自然辩证法是选修课程。1987年，山西省教委下发《关于改进和加强高等学校思想政治工作的意见》指出，本年新学期，有条件的院校要使用省编教材，开设中国革命史、中国社会主义建设、马克思主义原理3门课，1988年下学期全面总结试点经验，进一步修订教材。学院教学计划严格贯彻执行国家教委［1987］15号《关于高等学校开设思想教育课程的意见》和《关于加强和改进高等学校马克思主义理论教育的若干意见》文件，开设“中国革命史”“中国社会主义建设”“政治经济学”和“马列主义原理”共计280学时。思想教育课开设“形势与政策”“法律基础”“大学生思想修养”和“科技道德”共计170学时。

自1982年成立思想品德教研室以来，开设了“大学生品德修养”“法律基础”“形势与政策”3门课。从初始用政治学习时间上大课，逐步列入教学课表。1987年，成立思想教育教研室，隶属党委宣传部。教研室有专职教师2人，宣传部、学生处、各系党团专职干部和辅导员兼任思想教育课教师，分5个教研组实施5门课授课任务。学院经常组织教师进行专题研讨和给学生举办专题讲座，并承接完成了机电部教育司和机电部思想政治研究会课题《高等学校德育实施纲要》。

三是重视政治理论课、思想教育课教师队伍建设。“七五”期间调进教师11名，选送青年教师去上海、北京、河北等外地院校读第二学士学位7人。“八五”期间计划投入50万元，送10名以上教师去外校攻读研究生课程；引进硕士研究生，继续选送德育课教师进行第二学位培养。

四是充分发挥教职工在思想政治工作中的作用。学院重视各种力量在思想政治教育中的综合效应，把“育人”工作作为教师评职晋升、表彰的主要依据，大力倡导广大教职工“三育人”（教书育人、管理育人、服务育人），充分调动了大家“三育人”的积极性，涌现出了诸多先进集体和个人。1987年以来，有7个集体、72名个人得到国家、省部级和院级的表彰及奖励。同时，学院组织了10次“三育人”方面的工作研讨会、经验交流会、座谈会、表彰会等，提高了育人的水平，增强了育人的积极性，收到良好的效果。

五是积极开展社会实践活动。每年暑假前夕，院党委均召开专门会议，成立以主管副书记和副院长牵头的领导组，制定暑期大学生实践活动计划，落实人、财、物的配备及有关部门配合的安排情况。实践活动方向对路、准备充分、参与面广，锻炼了学生，服务了社会，获得了丰硕的成果。全院在校生中79.6%的同学参加了活动，其中40.3%的同学写出了心得体会、实践日记和调查报告，一位学生的调研报告受到时任副省长吴俊洲的重视。1991年，有20名同学荣获团省委表彰的“社会实践先进个人”称号，3名教师分别获得优秀组织者和优秀指导教师的称号，学院受到省委、省委宣传部、省教委、省高校工委联合表彰，被评为“社会实践先进单位”。

三、教学工作

在经费紧缺的情况下，学校努力改善办学条件，抓机、电、管配套，办出了特色。教学管理中，紧抓严格学籍管理、严肃考风考纪、严格学位授予三个环节，保证了人才培养质量。

（一）重视教学工作的组织、领导与决策

学校安排一名副院长主管教学工作，对教学工作、教学管理工作方面的重大决策非常慎重，涉及重要决策（如分系、按系招生、拓宽专业面、增加专业方向、师资培训、工作量酬金发放办法等）要经过院长办公会、党政联席会甚至党委会议通过。教学计划

或第教学活动中的一些管理规定、制度等，要经过系、部主任或系、部教学主任会议研究决定，并由主管院长批准。在做出重大决策之前，都要经过反复研究和论证。同时，为了确保决策的正确性、可行性和及时性，设立了专门的教学智囊机构——专家咨询组，使领导可以及时了解详细情况，把握决策时机。任何重大决策，在拍板定案之后，都制定了详细的实施细则和保证措施，并严格执行，以达到预期效果。

（二）积极推进教学体制改革

学院以机械二系为试点，进行了教学体制的改革。将原有2个专业3个教研室改革为系办专业、系管实验室、以学科设立教研室的体制，全系10个学科设立了10个教研室。之后在机械一系改革的基础上，逐渐深入全院教学改革。通过老专业的改造和新学科的建设（把3个系扩展为6个系，增设了“热加工工艺与设备专业”和“工业经济专业”，实行按系招生）、调整修订教学计划、加强了基础课与专业基础课的教学、强化教学实践环节、制订和修订教学管理文件等措施推动教学体制改革，学院的教学质量得到稳步提高。

（三）重视教学管理与建设

随着教改的深化，学校不断修订和完善各种管理规章制度，对各个教学环节作了明确的规定，并在日常运行中认真检查执行情况。由于抓住严格学籍管理、严肃考风考纪和严格学位授予3个关键环节，大大促进了学风建设和教学质量的提高。“七五”期间，学风明显好转，在1987年和1988年全省工科院校高等数学统考和1989年全省工科院校物理课程建设评估统考中，学院成绩都名列前茅。

（1）教学经费。学院经费的分配原则是：保证人员经费，压缩公务费，努力提高教学费用。教学费用的分配及管理办法是：统一领导、分级管理、费用包干、结余留用、超支不补、自求平衡。由于事业经费严重不足，市场价格上涨，人员经费不断提高。1989年至1991年3年间，部拨经费分别为544.05万元、599.8万元、658.1万元。3年人员经费开支所占比重分别为57.67%、63.15%、58.96%。相应地用于其他经费的开支比重分别剩余42.33%、36.85%、41.4%。其中用于教学的经费所占总经费的比重分别为14.98%、13.13%、13.92%。具体使用情况是：用于实验实习等费用总计开支70万元。用于教材、资料等的补贴费用逐年增长。对教学仪器设备的购置和维修3年累计投资65万元，主要对实验室的设备进行了配套和补充，解决大部分基础课实验室和部分专业实验室的困难，增加了实验开出率，同时对各教学部门的教学设备也进行了不同程度的投资，如购置了计算机、安装了电气设施和大型设备等。

（2）课程建设与教研室建设。为了提高教学质量，学院制定了课程建设“七五”“八五”规划和评估验收制度。“七五”期间，从加强师资建设、改善教学实验条件、重视教学效果和提高学术水平4个方面，对学院9门课程进行了重点建设；投资34万余元为很多课程购买了教具、挂图、题库及资料，为外语、数学教研室配备了微机；为零件原理教研室购置设备教具361台件；为贯彻国家教委《关于认真做好评估试点实测工作的通知》精神，学院于1987年制定了教学质量评估指标体系，1988年至1990年，工程机械系对系全部课程及毕业设计的教学质量进行了连续3年的系级评估；基础部对高等数学、理论力学、机械制图、普通物理、物理实验等5门课程进行了试评估；普通物理、物理实验、体育参加了山西省教委组织的评估，都取得了良好的成绩。同时，学院制订了《教研室工作条例》，规定了教研室的工作范围及职责。学院和各系部十分重视教研室的建设工作，随着教学改革的深入和科研工作的发展及各专业面的拓宽，1986年、1990年两次调整了教研室的设置，全院由1986年的37个教研室发展到1990年的42个教研室。

（3）教学计划内容修订。教学计划基本体现了学院的培养目标，是各门课程组织教学的依据。各学期教学计划的下达、执行有一定的程序。计划一般3～5年修订一次，修改后一般不能变更，但根据分配信息和人才市场的需要，年度计划可作适当调整，既有相对稳定性又有一定的灵活性。根据机电行业对高级技术和管理人才素质及知识结构的要求，1983年至1992年，学院两次较大幅度地修订了各专业的教学计划，其中包括增加了思想品德课和马克思主义理论课教学时数，加强了基础课教学和实践教学环节，拓宽了专业面。学院9个专业教学计划总学时在2746～2867学时。公共课、基础课和技术基础课占总学时的78.5%；专业课专业基础课占15%左右；选修课学时在521～786学时，其中必选课占总学时的8.47%～13.45%；实践环节在38～40周，含有军训、金工实习、课程设计、实验、生产实习、毕业实习、公益劳动等。以上教学安排基本符合国家教委制订的教学大纲要求。

（4）大力推进教材建设。专业教师参与和承担了国家教委、机械工业部山西省教委组织的编写任务，有6个专业教材编审委员会都有学院的老师担任委员，先后有40多位老师担任了全国通用教材的主编、协编或主审，加上省里统编、学院内自编教材，这段时期共有40余种教材已由国家正式出版社出版或在院内印刷厂印制使用。徐克晋教授主编的《金属结构》、黄松元教授主编的《连续运输机》获得了国家级优秀教材奖。

（5）实施“双增双节”（增产节约、增收节支）。学院每年将“双增双节”作为工作要点，实行经费分解、经费包干。1985年，学院贯彻国家教委关于“持续、稳定、协调”的办学方针，1987年执行国家教委、山西省教委关于“消化、落实、完善、配套”的指示精神。尽管如此，学校教学工作的某些方面依然受到一定制约、遇到一定困难。具体情况是：①生产实习和毕业实习无法按大纲规定内容进行；②课程建设专项经费得不到落实，挫伤了教研室开展课程建设的积极性，使课程建设进展缓慢；③实验仪器设备陈旧老化，专业基础课和专业课实验组数大大低于合理要求数，影响了对学生动手能力的培养；④电教设备陈旧，难以适应机电部对开展业务工作的要求。

（四）通过实验室、实验教学等建设积极推行实践性教学

在实验性教学方面，经历了“恢复、充实、改革、提高”四个阶段。

（1）改善实验室设备。1982年设备仪器原值为562万元，到1991年底达到了1052万元，增长了近1倍；为计算站添置了微型计算机50多台；为电化数学购置了彩色录像设备；为外语教研室购置了语音教学设备；为基础课和专业课实验室购置了7T08S型信号处理机、W2D-3型光测弹性仪、DSZ-1型电机系统实验装置、TSM-2型合式扫描电镜、0Q-250型制动器惯性实验台、7V07-型数据采集系统、65型程序控制结构疲劳实验台（室）等仪器设备。设备的购置为实践教学和科研工作创造了基础，推动了教学科研能力提升。

（2）增加实验室面积。实验室的使用面积也由原来的7056m^2增加到8427m^2，提高了1.2倍，平均达到了3.7m^2/人。

（3）实验教学达到了基本要求。这段时期，学院继续发扬优良传统，加强了制图课、设计课、毕业设计等环节的工程师的基础训练，比如，加强了学生绘图能力的培养，各专业都增设了课程设计门数，加强了综合训练。特别是毕业设计，不少专业注意结合生产、结合科研任务，真刀实枪地开设选题，取得了好的效果。到1991年年底，全院共开出66门课程的266个实验项目，平均开出率是75%，其中基础课开出率达到90%（物理实验课开出率达到100%），技术基础课为69%，专业课为66%。基本上满足了培养硕士研究生的需要，1988年以来为两个硕士点和其他专业的近40名研究生开出了一些高水平的实验课。物理实验室于1985年、1987年先后被机械工业部和山西省教委评为先进实验室。

（4）教学实习方面。学院机器厂根据教学大纲要求，配齐了各工种的实习环节与指导师傅，配齐了实习大纲和教材，完善了考核制度。去外地实习，各系、部都派出了有经验的教师指导实习。在实习基地建设方面，学院采取校内和校外相结合的方式推进。“七五”期间，投资60余万元进行校内实习基地基本建设，使车、铣、刨、磨、钳都有单独的教学车间。同时在新教学车间办公楼内设立了陈列室、数控机床室、电化教学室。机器厂设有教育科和教学工段，教学工段有指导师傅11名。但是，由于事业经费不足，机器厂自身无力提供足够的经济能力，所以设备比较陈旧，更新慢，短缺现象也较为严重，亟待改善。在校外实习基地建设方面，学院在冶金部和机电部所属工矿企业都设立了一些实习基地，较稳定关系的基地有35个左右，长期协议的4个，有书面合同的1个。

（五）体育教学与卫生保健

学院积极推进体育设施建设与改造，通过修缮扩建有效保障了体育教学秩序。到1991年，学院有：400m标准田径场1个、篮球场8个、排球场4个、网球场1个、足球场1个、乒乓球室2个、健身室1个、羽毛场2个、门球场1个。体育训练器材及体操器械基本齐全。学院平时积极组织各种体育竞赛，并严格执行早操制度，增强了学生的身体素质。1991年6月，山西省教委对全省29所高校进行了全面的体育课程评估，学院名列第6。同时，预防保健工作也有序进行。这段时期，各类传染病发病率有所下降，高峰季节控制在0.8%～1%。

（六）成人教育

学院的成人高等教育起步于1975年，当时，学院为一机部重型机械局首次举办了“液压砖机设计与制造”“冷轧冷拔设备设计”及“叉车”培训班，为山西省机械厅举办了“材料热处理”培训班。1982年，学院在教务处设立了夜校部，当年招收首届本科5年制机制专业的夜大学生。1983年，受山西省委组织部委托，举办“企业管理干部专修科”。同年，又受山西省冶金厅及长治钢铁公司委托，招收“轧钢机械与设备”专科班。自此，成人高等教育作为学院的一项基本任务，纳入了学院教育事业计划，开始与省内许多厂矿企业建立起横向联系，培养了各类型、各层次的技术骨干。成人高等教育初具规模，为振兴山西的工业经济做出了一定的贡献。

1991年10月，根据国务院培训领导组关于大中型企业领导干部持证上岗和上岗前进行任职资格培训的精神，学院承担了省委组织部、省经委、省机电厅联合委托的第一期大中型企业中青年干部任职资格培训试点任务，42名学员经过8个月的紧张学习，领到了结业证书和国务院统一印制的大中型企业领导《岗位职务培训证书》。首期培训任务的圆满完成，得到了委托单位的高度认可和同行专家的好评。

“七五”期间，学院成人教育不断发展壮大，办学形式已由起初单一专业的夜大本科，发展为夜大学本科、夜大学专科、干部专修科、函授专科等6个专业的学历教育及专业证书班、高层次非学历教育培训班等。实现了多形式、多层次、多规格、多渠道培养人才。1988年，管理机构也由原来隶属教务处的一个科室，发展为学院的处级单位——培训部，内设两科一办。截至1991年年底，成人教育已开出8个专业，为机械工业部、山西省、太原市培养各类毕业生1182人。

（七）教育教学成绩斐然

几年来，学院明确以提高本科生教学质量为主的教育指导思想，狠抓“严”字治校，强化教学管理，注重课程建设，学风、教学秩序均有明显好转，教学质量亦在持续稳步提高。1984年12月，81级学生参加了机械工业部举行的部属院校英语水平考试。这次考试的结果与80级相比有了显著进步，平均成绩提高了15.6分。高档分数明显增加，80分以上的比例增加了8%，低档分数的人数大幅度降低，不及格的人数减少了48.4%。为了鼓励学生敢于在学习上冒尖，学院对这次参加统考成绩突出的17名学生进行了张榜表扬并给予物质奖励。一等奖3人，奖给《高级英汉双解词典》等；二等奖4人，奖给《袖珍新英语词典》等；三等奖10人，奖给《英语水平考试》等。这样的奖励，在学院还是第一次，对学生震动很大。

1986年10月26日，山西省高校英语EPT考试。全省14所高校6946名本科学生参加了这次统考，学校84级468名学生参加。考试成绩揭晓：学校平均成绩56.7分，及格率为36%，名列第三；成绩列在前4名的个人，学校学生占3名，其中第1名为91分。

1987年1月13日，山西省5所高等工科院校的2810名86级本科生进行了《高等数学》统一考试，学校有500名学生参加，获得了较好成绩，取得三个第一名：均分第一（81.37分）、班级均分第一（84.27分）、个人成绩第一（100分）。

1987年9月20日，学院85级127名学生参加了全国大学英语四级考试，取得了好成绩。具体情况是：

（1）参加考试的学生中，通过四级考试的有79人，占全年级人数414人的19.1%，在山西省高校中名列第一，比全国一般高校的通过率高9%。

（2）学院的平均成绩为61.68分，比全国一般高校高6.26分，比全部高校高1.68分，比重点高校低1.66分。

（3）有两项单项成绩高于重点高校：作文的平均成绩为7.78分（满分15），比重点高校高0.62分，比普通高校高1.57分；词汇语法的平均成绩为10.09分（满分15分），比重点高校高0.29分，比一般高校高1.25分。阅读理解和完形填空，高于普通高校而接近于重点高校，听力部分低于重点高校1.56分，低于普通高校0.06分。

1988年1月23日，山西省工科院校87级本科学生举行高等数学统考，重院在5所参加考试院校中成绩最好。该次统考经省教委审批，委托山西省工科数学与应用数学研究会具体组织实施，统一命题（委托西安交通大学命题）、统一印卷、统一组织考试，并组织人员交叉巡回检查考场纪律，最后统一进行评卷。负责这次统考组织工作的负责同志在汇总各校成绩后说：“重院考试成绩最好。”

（1）山西省5所工科院校2834名87级学生参加了统考，平均成绩为63.9分。重院87级全部学生542名参加了考试，平均成绩为69.88分。重院工管871班和机制871班，班级平均成绩为77.94分和77.90分，分别名列山西省工科院校班级人均分第一和第二；

自动化 871 班学生平均成绩为 76.28 分，该班个人成绩全部在及格以上。

（2）本次统考，成绩在 90 分以上，全省共有 25 人，其中有重院 15 人，占 60%。自动化 871 班学生石振，成绩为 98 分，名列山西省统考榜首。全省工科院校平均及格率为 65.84%，重院为 82.1%，比全省及格率高 16.26%。

此次高等数学统考是学院连续在山西省高等数学、外语、国家教委组织的英语四级水平考试中，取得好成绩后的又次优异成绩。

1990 年 1 月 13 日，88 级机械类专业学生参加全省工科院校普通物理科统考，取得了第二名的好成绩。这是学院坚持提高本科生教学质量，广大教师努力工作和学生刻苦学习的结果，是近年来在山西省、机电部基础课统考中又一项好成绩，充分说明学院的教学质量在稳步提高。

此外，这段时期学院体育教学和体育卫生工作成绩也很突出。1983 年 11 月获得山西省教育厅颁发的“高校体育卫生工作验收合格证书”，是机械部所属院校第一个通过验收合格的学校。在机械部举行的体育协作会议上，学院的代表作了汇报，受到高度赞扬。体育教研室主任张润生于 1989 年荣获“山西省普通高校优秀教学成果一等奖”。1988 年 10 月，学院女子排球队参加山西省高校排联组织的“永翔兴华杯”排球比赛，以五战五胜的成绩获得冠军。1989 年 7 月，学院女子排球队代表山西省高校赴兰州参加全国大学生第六届“兴华杯”排球赛，又获得了全国第五名的好成绩。这个成绩，是山西省参加全国比赛的最好成绩，结束了山西高校参加全国比赛取不上名次的历史，山西省人大、省政府和省教委、省体委、太原市体委向学院发来了贺信。与此同时，院男子排球队迅速成长，1990 年获得山西高校比赛亚军，同年女排再一次夺冠。1988 年 5 月，在山西省大学生运动会上，学院运动员宋卫栋破山西高校十项全能纪录，并以 1.78m 破山西高校跳高纪录，女运动员赵海霞在 500m 长跑中以 23 分 5 秒的成绩破山西高校纪录。

第三节　重视师资队伍建设　加强科研工作

科学研究是高等教育不可缺少的有机组成部分，是高校培养高级专门人才的重要手段。师资水平的提高、教学内容的更新交叉、新学科的形成都依赖于科学研究与科技工作的开展。学院在大力提高本科教学质量的同时，也加强了科研工作。

一、注重师资培训，强化学科梯队建设

“六五”期间，学院投入 55 万元用于师资培训，先后选送 9 名教师赴美国、英国、德国、日本等进修，委托代培硕士研究生 20 名，选送 327 名教师到国外其他院校进修。“七五”期间，学院支出 100 余万元用于师资进修培养，选派出国留学 23 人；委培、定向或在职攻读硕士学位 123 人，博士学位 15 人，助教进修班 16 人，研究生主要课程班 68 人，硕士学位班 11 人。通过进修培训，青年教师中获得博士、硕士学位或相当于硕士研究生水平的人数已达 161 人，占青年教师的 56%。学院教师力量增强，由 1981 年的 292 人，到 1990 年发展壮大为 459 人，使教师队伍短缺的矛盾基本解决，其中青年教师 289 人，占教师总数的 63%。教师知识结构的变化，为青年教师接好班、为学院教学科研质量的提高奠定了良好基础。

同时，学院采取有效措施在培养青年学术骨干和新老学科带头人方面下大力气，不断推进学科梯队建设。“六五”期间，特别是“七五”后期以来，学院制定了学科梯队建设规划，并采取有效措施予以落实，以弥补教师队伍出现的年龄断层和“八五”后期将出现的退休高峰。1990 年年底，共有学科梯队 14 个，其中 9 个已真正形成了实体，取得了较好的成绩。对青年学科带头人的培养，采取压担子、优先安排进修学习、优先提供良好的工作生活条件、尽快进入教学和科研领导岗位等办法，加速了青年学科带头人的成长，效果较好。

二、加强科研工作

学院的科学研究工作一直比较薄弱，学术气氛不浓，科研活动缺乏广泛的基础，成为学院长期以来学术水平上不去的原因之一。为打开科研工作的局面，1984 年以来，学院重点抓了学术交流和争取课题的工作。仅在 1986 年就组织了 30 次学术报告会，邀请国内外专家学者来校讲学，介绍了各学科国际国内最新的研究成果和动态，帮助师生了解国内外高校的教学、科研情况，活跃了多年来较为沉闷的学术气氛，先后有 2000 人次听讲。

学院广大教师和科技工作者响应党中央关于科学技术必须面向社会主义经济建设的方针和关于科技体制改革决定的精神，把教学和科研紧密地结合起来，纷纷走向社会，到生产实践中寻找课题，为中小企业开发新产品、为老企业的技术改造设计方案、为濒临倒闭的工厂扭亏为盈、为填补我国一些产品的空白、为制订我国机械行业的专业标准做出了应有的贡献。“六五”期间共完成 62 项科研项目，占总项目 117 项的 36%，其中 13 项分别获得国家、部、省、市级的奖励。1985 年参加科研的教师占教师总数的 17%。“七五”期间，承担了国家和省部级科研课题 100 多项，已取得理论成果和应用成果 38 项，其中经鉴定有 30 项具有国内先进水平，有 8 项达到国家水平。彩电荫罩带钢质量攻关、30 万～ 60 万千瓦汽轮发电机转子锻造工艺、气垫带式输送机理论及实验研究、球罐断裂概率的统计断裂力学分析、相似模拟在金属塑性加工中的应用研究以及三辊联合穿轧机的研制和应用等项目均达到国际先进水平，有些专业教材还获得了国家优秀教材奖。

1985 年，是我国实行评选科学技术进步奖的第一年，学院科研工作成绩显著。具体如下：

（1）截止到 1985 年 12 月，学院共完成国家部委、地方科委下达的科研课题和横向合同、自选项目计 20 项，是历年来最多的一年。其中列入国家部委和省科委的重大项目和国家标准 13 项。有 6 项成果为国家填补了空白，达到了国内先进水平。

（2）由郭会光教授与太原重机厂、东北重机学院共同承担的护环液压胀形新工艺获国家级科技进步奖。由孙捷先完成的“用简化三维有限元法分析金属锻造塑性成型的研究”等 7 个项目经机械部和山西省初评，分别定为省部级科学技术进步奖。

（3）由黄松元、王鹰、曾晨等与原平机械厂共同完成的气垫式输送机、园管胶带式输送机通过部和省级鉴定。这两项成果为我国输送机械填补了空白，达到了国内先进水平。

（4）由彭勋元、周则恭和理论力学教研室、锻压教研室、热处理教研室有关教师与原平拖拉机厂共同完成的山西省科委重点项目——热锻模具寿命研究，于 1985 年 7 月通过省级鉴定。由于其经济效益显著，已由省经委列入重点推广项目。

（5）为老企业技术改造贡献才智。太原钢铁公司五轧厂炉卷轧机技术改造项目，投资200多万元，任务艰巨、技术复杂。轧机教研室郭希学、自动化教研室吴聚华等承担了这项大型技改项目的设计，与太钢设计院合作，经过一年的组织和设计，于1985年8月在太钢通过论证。经来自全国13个单位的68名专家审查，认为"此方案设计较全面，工艺可行，在技术上比较先进，参数、结构选择比较可靠，经济合理，满足了设计任务的要求，具备了开展施工图设计的条件"。

（6）起机教研室黄松元、翟甲昌、郑荣等9位教师参加的天津港盐码头输送系统技术改造项目，是一项技术难度大、任务重的大型改造项目。他们设计的装船机、卸船机和堆取料机输送系统已由大连起重机厂制造完成，经天津港正式使用一年多，证明设计是成功的，效益是显著的。这项任务的完成，说明起重运输机械专业具备了承担大型输送系统的技术改造和设计能力。

（7）在德国进修并已通过博士论文答辩的冯培恩，完成了具有独创性的计算机辅助设计软件，达到了国际先进水平。曾在美国进修的孙捷先所完成的简化三维有限元计算程序的论文，先后参加了两个国际性的学术会议，具有很高的学术水平和实用价值。

（8）铸造教研室胡秉亚、于淑田承担的"微机用于冲天炉铁水质量管理与优化配料"课题被列入山西省1985年微机应用科研计划重点项目，并正式在工厂投入使用，该研究成果的软件程序容量有140kB，而且引用了回归分析、休哈特理论等先进技术，使其软件更接近实际、更为直观，一经使用就取得显著的经济效益。这项微机应用成果已被机械部作为重点项目推荐参加1986年举办的全国微机应用展览会。

（9）强度室刘谓祈、起机教研室徐克晋、唐风等研究起草的有关国家行业技术标准先后通过部级审查，为我国相关行业标准的制订做出了贡献。

（10）1985年，周则恭、李守信、阎建平、陆希等人的科学研究论文先后受到国际性学术会议邀请。尤其是青年教师阎建平在模糊数学的研究领域中成绩显著，受到了国内外专家的好评，为学院争了光。

（11）在科技体制改革浪潮中诞生的重机学院新技术与人才开发服务公司，成立仅一年就先后承接了10多项科技服务人才培训业务，为学院创收5万余元。

1986年，学院争取到纵向课题13项，其中部级项目7项，局级项目3项，山西省项目1项，星火计划2项；另有科研生产联合体项目1项，自选项目11项。项目和经费比往年有了较大增加，共承担项目25项，落实经费51万元。

1987年，学院紧紧把握"教学上质量、科研上水平"这个中心，正确处理教学与科研的关系，在抓本科生教学质量的同时，大力开展科研工作，科研经费大幅度增长，科研水平稳步上升。同时，为了调动科研人员的积极性，鼓励教师参加科研工作，学院制定了规章制度。在规定横向科研提成的基础上对纵向课题也制定了相应的奖励办法，引导广大教师从事纵向科研活动。如设立课题奖，鼓励科研管理人员和教师开发新课题，争取科研经费；设立设备购置奖，鼓励用科研经费购置设备仪器，装备实验室；设立节余奖，鼓励大家勤俭搞科研。制定了《代培研究生经费管理暂行规定》，鼓励教师多带研究生，提高研究生的培养质量。

1987年，学院参加科研工作的人数达234人次。共有科研项目106项，其中自选项目27项。各项科研活动经费达150余万元，比1985年增加约2.5倍。在"确保纵向课题，大力发展横向课题”思想指导下，横向课题有了较快的发展，合同经费由1986年的11.67万元增加到1987年的40.32万元，项目从12项增加到30项，使学院科研工作有了较大发展。学院拨款4万元推动院科研基金制的实施，作为自选课题经费，鼓励中青年教师从事科研活动。

1987年，学院有3项科研成果通过省级鉴定，分别是：董仕琛副教授主持的“相似模拟在金属塑性加工中的应用研究”；陆植教授与宝鸡叉车厂研究所合作的“叉车CAD软件系统研究”；王静副教授从事的“液压机冲裁减震研充”。

学院科研经费在1991年增加到150余万元，有10余项成果获得国家及省部级奖，有1项项获国务院重大技术装备成果一等奖。

1991年8月，北京“克高技术公司”进入了太原市高科技产业开发区。学院的多项成果先后在太原、广州、洛阳、天津等地转化推广，取得重大经济效益。6篇论文参加国际学术会议交流，郭会光、张琰等的科研事迹在省城媒体予以详尽报道。

“七五”末期到“八五”初期，科研工作已成为学院整体工作的重要组成部分，科研教学紧密配合，学术水平不断提高，取得了一批科研成果，建立了合理的科研梯队，也锻炼和培养了一批年轻的科研骨干力量。

太原重型机械学院1986—1991年科技成果获奖情况见表6-3。

表6-3　太原重型机械学院1986—1991年科技成果奖获奖情况

序号	获奖年份/年	项目名称	获奖等级	参加人员
1	1986	Q11-8X2000剪板机的研制	省科技进步三等奖	阎德琦，梁应彪
2	1986	铸铁（QT42-10）-120拖拉机差速器壳的生产	省科技进步三等奖	李国祯，竺一苇
3	1986	圆管带式输送机	部科技进步三等奖	王鹰，黄松元，曾晨
4	1986	微机用于冲天炉铁水质量管理与优化配料（FC软件）	省优秀成果二等奖	胡秉亚，于淑田
5	1987	“起重机设计规范”中的风载荷	国家科技进步二等奖	徐克晋
6	1987	用简化三维有限元法分析金属锻造塑性成型的研究	省科技进步二等奖	孙捷先
7	1988	装载机连杆优化设计	部科技进步三等奖	杨晋生，庞怡，朱西产，王继飞，申增元，茅承钧
8	1988	大型气垫胶带输送机	部科技进步三等奖	黄松元，王鹰，张亮友，季新培
9	1988	移动式大倾角圆管胶带输送机	部科技进步三等奖	王鹰，黄河清，黄松元
10	1988	30万千瓦汽轮发电机护环液压胀形工艺试验	上海市科技进步三等奖	郭会光
11	1989	球罐断裂概率的统计断裂力学分析概率有限元在相对称中的应用	省科技进步二等奖	周则恭，陆希
12	1990	相似模拟在金属塑性加工中的应用	省科技进步二等奖	董仕琛，李林章，徐碧辉，王连生

（续）

序号	获奖年份 / 年	项 目 名 称	获 奖 等 级	参 加 人 员
13	1990	液压机冲载时的减振研究	省科技进步二等奖	王静，王卫卫，王全聪
14	1990	锌基合金模样石膏型铸造	省科技进步三等奖	姚淑梅
15	1990	新型电力液压推杆瓦块式盘式制动器及系列的研究（基金项目）	部科技进步三等奖	唐风，张元培，吴景刚，华小洋
16	1990	断裂力学在滚子轴承失效分析中的应用	部科技进步二等奖	胡海平，郁思魁，胡林祥，冯宝莲
17	1990	电子液压推动器引进、消化及制动器试验系统的研制	部科技进步二等奖	唐风，张元培，吴景刚，华小洋
18	1990	露天矿设备选型配套计算	部科技进步二等奖	王荣祥，任效乾
19	1991	30 万～ 60 万千瓦发电机护环大锻件	国务院重大技术装备成果一等奖	郭会光
20	1991	桥式起重机计算机辅助设计	部科技进步二等奖	徐克晋
21	1991	新型电动单梁起重机系列产品	部科技进步三等奖	徐克晋
22	1991	铸造锌铝金合研究及其应用	省科技进步三等奖	张琰

三、学报影响不断扩大

《太原重型机械学院学报》是在原《重院科技通讯》的基础上发展起来的，于 1980 年 10 月创刊，1986 年前为半年刊，1986 年后改为季刊。在全国期刊整顿后的 1988 年 3 月，获得国内统一刊号，为中文核心期刊，并由自行发行改为邮局发行。

《太原重机械学院学报》是中国学术期刊（光盘版）全文收录期刊，《中国期刊网全文收录期刊》、中国引文数据库、中国学术期刊综合评价数据来源期刊，《中国科技论文统计与分析》统计源期刊，中国科技论文统计核心期刊，中国多种权威数据库和检索期刑固定引用期刊，全国高校自然科学优秀学报。

《太原重型机械学院学报》面向国内外公开发行，主要征集刊载的各类文章是：机械制造与设计、工业自动化、金属压力加工、机械工艺、材料科学、固体及断裂力学工程应用、管理工程以及起重运输机械、工程机械、矿山机械、冶金机械和基础学科等方面的论文、研究报告、专题评述及综合性评述等。

此外，学院还与太原工业大学、山西矿业学院、太原机械学院等 4 所非文科院校于 1989 年联合主办了《山西高等学校社会科学学报》。

第四节　更新观念　推进校内改革

“七五”以来，学院在改革开放方针指导下，解放思想，更新观念，在管理、教学、科研等方面进行一系列改革，取得一定成效。

（1）实行党政分开，进一步理顺党政关系，调整了党政机构，撤销了党委的武装部、老干办、经打办，合并了党委的宣传部和统战部，精减了党委的职能部门，新增了监察处、培训部，加强了行政系统的职能。在机构改革的同时，把原由党委管理的一些行政事务工作划归行政部门管理，理顺了党政关系。

（2）改革了干部任用制度，对行政系统的干部实行聘任制，并公开招聘了总务处处级干部。增加了使用干部的透明度，为广大教师、干部和工人提供了平等竞争机会，打破了“终身制”“铁饭碗”。对教师及其他系列的专业技术人员实行聘任制，稳定了师资队伍和专业技术队伍。

（3）实施教学体制改革。按学科设立教研室，系管公共实验室，各学科设立专业性较强的学科实验室，进一步适应了教学、科研工作的需要。

（4）推行科研管理体制改革。学院积极制定一系列规章制度，推动科研管理向多样化、项目化、科学化方向发展，鼓励教师从事纵向、横向和自选课题研究，科研工作有了长足发展。1987年科研项目106项，科研经费150万元（仅纵向课题经费就近100万元），是1983年的10倍。1988年，横向科研经费达112万元，是1986年的10多倍。通过改革体制，科研工作取得显著成绩。

（5）学生管理改革。主要从改革助学金制度入手，引入竞争机制，实行优胜劣汰，打破平均主义“大锅饭”。分别对85级、86级、87级和88级学生实行了奖学金、助学金结合和奖学金、贷学金结合的办法。这种改革不仅提高了学生管理效率，而且调动了学生学习科研的积极性，一定程度助力了学院发展。同时，在毕业生分配工作方面，加强了同用人单位的联系，初步进行了学校与用人单位的双向选择，为此后实行人才市场调节积累了经验。

（6）总务管理体制改革。这段时期，对伙食科实行的经济承包责任制进行了重新核定，改革了公费医疗制度，还公开招标承包了劳动服务公司，大胆引入竞争机制，促进了总务后勤工作的顺利开展。

（7）积极推进学院机器厂的改革与发展。学院机器厂积极推进改革发展。1986年，学院机器厂在内部管理上，取消了“大锅饭”，实行计件工资，工效提高了57%。当年，产品由400多台猛增到1000多台，利润由往年的30万元增长到55万元。同时，大力推进技术改造，以品种求发展。学院机器厂适应经济改革发展的需要，研制生产了钢筋切断机系列产品。在1984年全国同类产品行业检查中，整机性能获全国第一和省优质产品奖，成为国家建设委员会重点推荐产品，是基本建设工程中最受欢迎的高效设备。1985年，该系列产品已畅销全国29个省、市、自治区，远销巴基斯坦、坦桑尼亚、伊拉克等19个国家和地区。1987年至1989年，第一批援外任务中承担了30台援外任务，支援尼泊尔、孟加拉国、埃及、玻利维亚等十几个发展中国家的经济建设。1989年3月6日，在经贸部、机电部等联合召开的全国援外机电产品供应工作会议上，学院机器厂获援外机电产品供应先进集体称号，这是学院机器厂多年坚持改革、追求产品创新、保证质量、优质服务的结果。1989年3月21日，在山西省校办工厂会议上，学院机器厂被评为“开展勤工俭学，培养四有新人先进集体”，受到省教委的表彰。

第五节　多层次、多形式办学体系形成

1981年至1985年，学院为国家输送了2072名本科生，56名专科生，5名研究生。

1985年，在校学生人数达2279人（含专科生、夜大生），在校研究生47人，初步形成了研究生、本科生、专科三个办学层次。同时，学院适时对专业进行了调整和设置。1983年和1985年，先后增设了机械制造工艺及设备、热加工工艺及设备专业，1986年，成立了管理工程系，合并起重运输专业和工程机械专业，组建起重运输与工程机械专业。矿山机械专业拓宽为矿业机械专业，轧钢机械专业改造为冶金机械专业。“六五”期间，8个专业获得了学士学位授予权，工程机械学科于1983年获得硕士学位授予权，锻压工艺与设备于1985年获得硕士学位授予权。

1990年，经过“七五”期间的持续奋斗，学院已有6个系2个部，即机械制造系、工程机械系、压力加工系、机械工艺系、电气工程系、管理工程系；基础课教学部、社会科学教学部。下设13个专业，其中本科专业9个，即冶金机械制造工艺与设备、起重运输与工程机械、矿业机械、锻压工艺及设备、铸造、热加工工艺及设备、工业电气自动化、工业经济。专科4个专业，即机械设计与制造、工业企业管理、模具、工业电气自动化。

“七五”末期，全院教职工1205人，其中专业技术人员733人，占职工总数的60.8%。专业技术人员中，具有高级技术职务的165人，占专业人员的22.51%；具有中级技术职务的299人，占专业人员的40.79%。学院专任教师488名，其中教授24名，副教授128名，占教师总数的31.15%；讲师237名，占教师总数的48.57%；助教99名，占教师总数的20.28%。教师队伍中，达到硕士研究生水平的有177名，占教师总数的36.27%。学院各类在校学生2632人，其中硕士研究生32人，本科生2151人，夜大学生286人，函授生79人，干部专修科学生84人。

至此，学院形成了以本科生教育为主（本科生占在校生数的96.8%），研究生、本科生、专科生相结合的多层次、多形式的办学层次。在办学方向上，提出坚持面向全国、面向重型机械，办出本校特色。根据重型机械行业对人才的素质要求，实现数学、计算机教学、外语四年“不断线”，加强了实践环节特别是工程师基本训练，机械类实现机电管一体化，拓宽了专业面。基本实现了按系招生和组织教学，毕业生质量不断提高，得到用人单位的欢迎和好评。“政治素质好、基础扎实、适应性强、吃苦耐劳”已经成为用人单位对学院毕业生一致评价。

第六节　基本条件建设和国际交流合作

在抓好教学、科研工作的同时，学院着力推进条件保障建设，不断改进办学环境和教职工的生活条件。“六五”前期，学院的建筑面积是56806m^2，“六五”期间机械工业部投资162万元、学院自筹40万元用于基建，新增建筑面积19432m^2。其中，增加教职工住宅10000m^2，学生宿舍4832m^2，图书馆4600m^2，设备固定资产投资135.41万元。图书资料投资52万元，到1985年馆藏图书达32万册，初步形成了以图书馆为中心的图书资料网络。截至1990年，学院占地310亩，建筑面积112928m^2，其中，教学、行政用房44836m^2，生活及其他用房48092m^2。有40个教研室、15个实验室、4个研究室、1个研究所。图书馆藏书38万册，中外期刊1122种。

在当时财务比较困难的情况下，千方百计广开财源，节约开支，继续兴建了教学大楼、教学实习车间，翻修了旧教学楼、行政办公楼，整修了运动场，增添了体育设施；相继兴建了教工住宅和商业网点，扩大了煤气使用面积，新建的学生食堂也使用上了煤气；为职工家属宿舍安装了公用天线和闭路电视；加强了治安防范，整顿校园秩序，绿化美化校园，改善了师生的工作条件和生活条件，进一步改善了育人环境。

除了硬件条件的改善，学院积极开创对外交流渠道，为师生学术交流和科研工作上水平、上质量提供软条件保障。邀请美、英等国的科技专家短期来院讲学，与学院的同行们进行了学术交流。院长曾平率团一行5人访问日本，先后访问了日本长冈技术科学大学、日本丰桥技术科学大学、九州大学，并与日本长冈技术科学大学商谈建立了校际合作关系。通过来访专家的接触，学院于1987年9月同英国曼彻斯特大学建立了校际合作关系。

第七节　制订“八五”计划和十年发展规划

1986年10月，在学院“七五”计划中，学院在第一届教职工代表大会上提出了建设学院的初步规划：“迈三步上三个台价”。第一步，在改革思想指导下，扎扎实实地加强基础工作，进一步改善师生工作、学习、生活条件；第二步，大力提高本科生质量，积极开展科学研究，上质量、上水平；第三步，发挥部门办学优势，办出学院特色，争取跨入部属先进高校之列。

1991年12月28日，学院在第五次党代会的工作报告中指出：我们的办学路数是“迈三步，上三个台阶”。第一步，坚持改革，扎扎实实地做好各项基础工作，特别要抓好校风校纪建设，上好第一个台阶，即：建立良好的教学、科研、工作和生活秩序，形成安定团结、文明奋进的育人环境。第二步，深化改革，强化管理，从严治校，发挥优势，上好第二个台阶，即：全面提高教育质量和科研水平，要在上质量、上水平方面，跻身于全省同类院校的先进行列。第三步，全面改善办学条件，突出重点，办出特色，上好第三个台阶，即：把学院建设成为在重型机械行业和山西省能源重化工基地有影响、有贡献的先进集体。

按照第五次党代会精神，学院讨论制订了“八五”计划和十年教育发展规划，为未来发展擘画蓝图。

一、指导思想

全面贯彻党的教育方针，坚持社会主义办学方向，把德育放在首位；深化教育改革，以本科教学为重点，使学生德、智、体全面发展；大力开展科学研究，搞好科技开发；大力改善办学条件，优化育人环境；发扬教职工的主人翁精神、全心全意依靠广大教职工办好学校，为提高机电工业和能源重化工基地的职工素质，为使学院上质量、上水平、办出特色而努力奋斗。

二、“八五”计划和十年学院发展的基本任务

（1）加强思想政治工作，调动一切积极因素，为实现学院的奋斗目标而努力。院党委对学校的思想政治工作实行全面领导，建立和健全对思想政治工作的领导体制和工作

机构，进一步理顺各方面的关系，在党委统一领导下、党、政、工、团按照自己的特点，主动地开展思想政治工作，充分发挥各自的优势。采取有效措施，切实把德育放在学校一切工作的首位，从思想上、组织上、计划上和人力、物力上予以保证。要全面贯彻落实《高等学校德育实施纲要》，大力倡导教书育人、管理有人、服务育人，允外发挥各种力量在思想政治工作中的综合效应。

（2）以本科教学为中心，努力提高教育质量。今后十年学院要坚持以本科教育为中心、打好基础、充实实验、加强实践、提高质量、基本稳定、适度发展的原则。

① 首先要使学生打好基础，发挥现有按系招生体制的优势，把大学前两年作为基础教学阶段，按专业类型不同设置不同的基础课程，并接受初步的专业知识教育，使学生有雄厚的基础课理论知识，为向同一专业类型的不同专业发展创造条件。为此，学院要加强基础课建设，使不同专业类型的基础课程设置规范化。在“八五”期间，使数学、普通物理、材料力学、理论力学、中国革命史、机械制图、机械零件、外语、电工基础、机械原理、体育等达到一、二类课程水平，为提高基础课程质量打好基础。

②“八五”期间要充实实验教学内容，加强实践教学环节，在财力上进行倾斜，使实验开出率达到实验教学大纲要求。认真组织认识实习、生产实习、毕业实习，努力提高实习质量，使学生获得基本的社会实践知识。“八五”末期，实验课时数开出率达到70% 以上，实验课时数开出率达到 90% 以上。

③ 在抓好教学环节的基础上，提高教育质量，使高等数学、普通物理等统考课程在山西省高校中保持前两名，英语在全国统考中通过率超过平均线、在山西省位列前三名，使教育质量持续稳步提高。

④ 基本稳定。在校硕士研究生规模“八五”期间稳定在 70 人左右。

⑤ 适当发展。在保证质量的前提下，在校本科生规模“八五”末期达到 2500 人左右；成人教育学生占在校生总数的 1/3 左右。2001 年完成过渡，达到设计规模 3000 人（本科生和研究生之和）。

（3）深化专业改革，加强学位建设。以现有专业为基础，根据机电工业和山西省能源重化工基地对人才、技术的需求，拓宽专业面，增加专业方向，拓展新的专业。在“八五”期间申报冶金机械、铸造工艺、力学、工业电气自动化、矿业机械、工业经济等 6 个学科的硕士点，争取在“八五”末期达到 7 个硕士点。力争申报成功 1 ～ 2 个博士点。

（4）进一步搞好科研和外事工作。“八五”期间科研工作以应用研究为主，积极开展如下领域的研究工作。

① 机电产品新材料的研究与开发（金属工程材料、复合材料、防腐材料等）；

② 机电产品新工艺的研究（大型锻件、模具制造、焊接新工艺）；

③ 机电产品可靠性研究（断裂力学应用、大型结构件动态分析等）；

④ 机电一体化产品研究开发（新型输送设备开发推广、冶金机械开发、锻压节能设备开发、建材设备开发、高压成型设备研究、路面工程机械开发等）；

⑤ 机电产品元器件的研制（轴承、联轴器等）；

⑥ 大中型企业的技术改造及引进技术的消化吸收；

⑦ 各类计算机应用软件的研究开发（机电产品 CAD 开发及推广、工业生产过程自

动控制及微机应用）；

⑧ 应用基础理论研究。

“八五”期间，学院的科研目标是：纵、横科研经费达到1000万元；科研项目、获奖项目、学术论著、论文都要有大的发展。

“八五”期间，学院对外事工作的要求是：外事工作要同现有聘请的外教专家、学者建立实质性的联系，并同外国专家联合搞科研。与国外2～3个有实力的企业、公司、基金会之间建立合作关系，以学院的优势，借助国外的先进仪器和设备，提高学院的科研水平和国际声誉。

（5）改善办学条件，提高服务质量。“八五”期间，总务、基本建设工作要进一步深化改革，注重基础建设，改善办学条件，明确服务思想，提高服务质量。

①“八五”期间拟完成2221万元的基建任务，以改善教职工住宅条件，尤其是青年教职工住宅条件为主。修建学生宿舍楼，完成正在施工的金工教学实习车间等工程。充实现有的实验设备，使教学设备费用达到1500万元。“九五”期间拟完成3720万元的基本建设任务，建成综合办公大楼、风雨操场、科技馆、东湖改造、校外住宅等。10年预计要完成5941万元的基本建设任务，实现设计规模达到一所高等工科院校的基本办学条件。

② 总务后勤工作要进一步深化改革。

③ 继续开展“双增双节”活动。

④ 完成图书馆由4600m^{2}加层维修到6100m^{2}的工程。“八五”末期馆藏图书达到45万册。

⑤ 机器厂要继续明确为教学科研服务的思想。增加产品系列和品种，争取在东南亚市场扎根。年产值以不变价格计算争取达到250万元，年利润40万元。

⑥ 进行定员、定编和定岗工作，制定好编后政策，鼓励平等竞争，促进人员合理流动。

第八节　师生共建文明奋进的学校

学院党委始终把培养学生成为有理想、有道德、有文化、有纪律的人才，作为根本任务，采取多种形式加强党的建设，加强思想政治工作，推进校风校纪治理，为学生的健康成长创造良好的环境。

一、教职员工率先垂范

（一）党员带头起到模范作用

自1980年，党内恢复了“一课三会”（上好党课，定期召开支部党员大会、支委会、党小组会）制度，建立了院系两级党员干部每半年一次民主生活会制度，并坚持开展了“两先两优”活动。1987年第四次党代会之前，共表彰过先进党支部21个、先进党小组7个、优秀党员69人、优秀党员干部22人，其中有6个先进集体和19名优秀个人出席了省直机关党委召开的表彰大会。1987年至1990年，学院评选和表彰的优秀教师和先进工作者共112人，其中党员93人，占83%。1989年，全院获优秀教学成果奖的有23人，其中党员17人，占74%。1990年，学院在“三育人”方面表彰的教职工共42人，其中党员 34 人，占 81%。

1985 年 9 月，锻压教研室朱元乾副教授被机械工业部和山西省政府分别授予“优秀教师”称号。并于 1986 年 4 月，作为省劳模参加了山西省劳动模范表彰大会。1989 年 9 月，电气工程系自动化教研室吴聚华副教授获“全国教育系统劳动模范”，1990 年 4 月 30 日，荣获“全国五一劳动奖章”。

这段时期，广大党员干部率先垂范，积极发挥党员模范带头作用，在思想政治教育方面发挥了重要作用。机械制造系机制教师党支部把培养社会主义接班人作为高校教师肩负的历史责任，支部全体党员于 1989 年 10 月下旬深入课堂、宿舍，与学生谈理想、谈学习、谈生活、谈工作、谈世界观、谈人生观，为学生树立正确的世界观、人生观和价值观起到了作用。

（二）教师、干部下班联系学生

1990 年 5 月，为学习贯彻《中共中央关于加强党同人民群众密切联系的决定》精神，学院选派 84 名教授、副教授和中层以上领导干部下班联系学生。其主要工作任务是：

（1）关心学生健康成长，了解学生思想，有针对性地做学生思想政治工作。

（2）帮助班主任、辅导员解决学生在学习、生活、工作方面存在的具体困难。

（3）了解学生对教学、后勤和思想教育等方面的意见、要求和建议，及时向领导和有关部门反映，对学生提出的意见和要求，督促尽快解决或答复。

（4）调查了解学生管理、学生思想教育方面的工作情况，并提出自己对该类工作的改进意见和建议。

（5）班级发生问题时，要亲临现场，在第一线作好疏导和教育工作，把问题解决在萌芽时段。

（三）积极开展社会主义教育

1990 年，根据省教委统一部署，学院在师生员工中深入地进行了社会主义教育，教师和学生人手一册《关于社会主义若干问题学习纲要》，教师和学生通读，系处以上干部精读。面向学生，把书中 19 个问题归为 9 个专题，列入思想教育教学计划，选聘了 13 位政治强、讲课水平高的教师分小组上课，2500 多名学生每周三下午在 6 个阶梯教室和大礼堂开课，共讲了 36 场。在干部、教师中，分了 8 个专题，由系处领导干部辅导宣读了 51 场。

在进行社会主义教育期间，先后请全国劳动模范太原重机厂高级工程师周国彰、全国著名劳动模范申纪兰来学院做报告。1990 年 5 月 8 日，邀请省政协和团省委联合组织的“三亲三爱报告团”（三亲三爱：以自己亲身经历、亲眼所见、亲耳所闻，讲共产党好、讲社会主义好、讲共产党领导的多党合作制度好，教育青年学生热爱祖国、热爱社会主义、热爱中国共产党）来院，为 1500 名大学生和部分教师做报告。省政协委员、山西大学校长彭堃墀，省政协委员、工程师韩桂五，市政协委员、研究员李晋文分别以“我的选择”“个人成长的体会”“赴台探亲体会”为题作了生动的报告，产生了良好效果。同时，1990 年 4 月 17 日，学院还积极组织部分学生和教工去太钢参观太钢渣山，学习李双良先进事迹。

二、推进校风校纪治理

学院从实际出发，适时地进行校风校纪治理，为改革创造了良好环境。

（1）1985年年底，为纠正工作拖沓、纪律松弛现象，进行了“三个秩序”的整顿，即整顿教学秩序、工作秩序、生活秩序。经过一段治理整顿工作，全校师生员工的精神面貌发生了可喜的变化，教学秩序、工作秩序和生活秩序都有了明显进步。学生到课率大幅度提高，教师不到点提前下课的情况基本没有了，行政干部上下班情况一天比一天好。生活秩序的变化也很大，水、电、暖供应正常，锅炉送暖出现故障时，总务处工人、干部连夜奋战抢修，还通过努力使家属宿舍尽快用上了管道煤气。

（2）1986年6月22日至7月5日，在全院期末考试阶段（考试课程28门，其中包括参加山西省工科院校85级高等数学统考和全国机制专业评估高等数学统考，参加考试的学生三届共146人），学院教务处、学生处和各系高度重视，监考人员认真负责，严肃考风考纪，保证了考试正常进行。大部分学生自觉遵守考场纪律，整个考试阶段只有1名学生有作弊行为。

（3）1987年，学院进入了“严”字治校、教学上质量、科研上水平的阶段。5月份，开始了政治纪律、组织纪律、劳动纪律的整顿，要求共产党员积极带头遵守纪律，起表率作用，同时把“严”字治校贯彻于校风、学风建设之中，严肃处理赌博、盗窃、打架斗殴、考试作弊等违法违纪行为，使学校的校风有了较大改观。

（4）1989年，在政治思想和法治集中教育的基础上，及时进行了校风、学风整顿。一是建立和健全了各项规章制度；二是狠刹各种歪风，严肃处理违纪者，实行严格的学籍管理，对学生起到了很好的教育作用，使一些混日子拿文凭的学生感到了不努力学习就会被淘汰的压力。

（5）1990年初，为贯彻党中央关于“稳定压倒一切”的方针，在4月—6月，学院采取了一系列措施，维护和发展了校园内安定团结的政治局面。4月份，开展了为期两个多月的理想纪律教育和整顿校风、学风活动，制定和严格执行了《关于严格课堂教学秩序和考试的通知》《教职工考勤的有关规定》《学生宿舍卫生管理规定》《关于恢复早操、课间操的决定》。6月1日至6日，后勤管理部门组织学生座谈，征求对生活方面的建议和意见，针对意见迅速采取了改进措施。

三、莘莘学子争创精神文明

从1984年，学院就组织了“社会实践活动考察团”，先后赴山西省兴县蔡家崖、高家村等革命旧址以及革命圣地延安和古城西安等地进行实践考察活动。之后每年暑期都有组织、有领导地赴五台县、晋城市等地进行社会实践活动，规模一年比一年大，成效一年比一年好。通过社会实践，学生接触工农、接触社会，了解实际生活，受到国情、基本路线教育和为人民服务的教育，效果显著。多次受到省委宣传部、省高校工委、省团委的表彰。学院学生先后成立了“学雷锋小组”“义务家教小组”“二为小组”“国情与实践考察小组”“校园建设者协会”“哲学读书会”“毛泽东思想学习会”等社团组织。

1989年11月10日，机械工艺系热881班赵广利、赵宇、黄爱彦等同学发起成立了“哲学读书会”，聘请党委宣传部部长张锦秀和社科部副教授谷平章为顾问。中央电视台一套新闻联播节目、山西电视台山西新闻联播、太原日报等媒体都做了介绍，影响面广泛。

1991年11月15日，由学生自觉组织的，以学习、研究、宣传和实践毛泽东思想为宗旨的社团——太原重型机械学院毛泽东思想学习会（以下简称学习会）正式成立。学习会成立前，筹委会的同学们用书信向省委常委、宣传部长张维庆做了汇报，很快收到张部长 11 月 13 日长达 12 页，共 2000 余字的回信，给予诚恳的肯定、热情的鼓励和殷切的希望。11 月 15 日，太原重型机械学院毛泽东思想学习会成立仪式上，省委常委、宣传部长张维庆、省高校工委副书记邢存栓以及省委宣传部宣传二处处长袁升德、团省委学工部副部长李文慧等领导到会祝贺并分别讲了话。省委宣传部、省高校工委、团省委赠送给学习会《毛泽东选集》《毛泽东思想辞典》等书籍 200 册。

第七章　推进改革　提高教育质量和办学效益（1992—1998年）

1992年至1998年，学院转变办学思路，不断推进改革，逐步扩大规模，在教学、科研方面上质量、上水平、上效益，大力加强党和各级领导班子建设、思想政治教育工作和精神文明建设。

1992年，邓小平发表了重要的“南方谈话”，中国共产党召开了第十四次全国代表大会。1995年，党的十四届三中全会通过了《中共中央关于建立社会主市场经济体制若干问题的决定》。1997年，党的第十五次全国代表大会胜利召开。在这六年期间，全国的改革形势迅猛发展，经济建设蒸蒸日上，政治稳定，社会进步，人民的物质文化生活得到改善。与此同时，学院在邓小平建设有中国特色的社会主义理论和党的基本路线、方针、政策的指引下，在学习、贯彻中共中央、国务院印发的《中国教育改革和发展纲要》（以下简称《纲要》）和《国务院关于〈中国教育改革和发展纲要〉的实施意见》，以及国家教委《关于加快改革和积极发展普通高等教育的意见》（以下简称《意见》）的情况下，各项改革不断推进，办学规模不断扩大，教学质量和科研水平不断提高，学科学位建设和其他各项工作都取得了新进展，出现了抓改革、促发展、求质量、上水平的良好势头。

第一节　引深社会主义教育　加强党和各级领导班子建设

为确保学校坚持社会主义办学方向，确保改革发展的顺利进行，学院党委根据中共山西省委的部署，以引深社会主义思想教育工作为载体，全面加强了学院的党建与思想政治教育工作。

一、引深社会主义思想教育，坚持社会主义办学方向

1992年1月，中共山西省委召开全省企业、高校社会主义思想教育工作会议。根据会议统一部署，学院党委召开专门会议，决定成立社会主义思想教育领导机构，并把引深社会主义思想教育工作列为院党委1992年工作中的首要大事。

为了使这次教育活动不断深入进行，学院抽调135人参加了省高校工委组织的骨干培训会；下发了《关于引深社会主义思想教育的实施方案》；党委结合学院工作对全体骨干作了总动员。之后，全院17个总支和直属支部全部成立了社会主义教育工作领导组，并结合各单位的情况进行了多层次动员，制定出各单位的学习计划和重点需要解决的问题。学生工作部召开了辅导员会议，提出在学生中引深社会主义教育工作要达到标准和12项考核指标。各系都配备了跟班教师，和辅导员一起深入学生中间，同学习、同讨论。社会主义教育工作办公室针对性地编印了三个学习资料小册子共十多万字，供全院师生员工学习；有重点地组织了全院性的三个专题讲座和四个讨论专题。

三个专题讲座是：① 具有中国特色的社会主义理论的产生、发展和内容；② 科学技术是第一生产力；③ 高校教育改革的形势和任务。四个讨论专题是：① 从理论和实践上弄清楚什么是中国特色的社会主义；② 深刻理解党的基本路线的涵义、辩证关系及其必然性；③ 扭住经济建设这个中心不放，把改革的步子迈得再大一点，各项工作都要服从和服务于这个中心；④ 努力树立正确的人生观和价值观。

1992 年 7 月，在山西省高等院校引深社会主义思想教育总结表彰大会上，学院管理工程系被评为引深社会主义教育工作先进基层单位，受到了表彰。广大师生员工通过引深社会主义教育活动，对“邓小平南方谈话”的理解更深刻，改革意识明显提高；对建设中国特色社会主义的信心更坚定，勤奋工作、刻苦学习，促进了校风、学风的进一步好转。

二、重视和加强院级领导班子的自身建设

党的十四届四中全会指出：要把各级领导班子建设成为坚决贯彻党的基本路线、全心全意为人民服务、具有领导现代化建设能力的坚强领导集体。学院党委在不断加强党的建设的过程中，特别重视院级领导班子的自身建设，主要表现在以下五个方面：

（1）强化政治理论学习，把思想建设放在首位，不断提高领导干部的政治思想素质。院级领导干部长期坚持每周一次的中心组学习制度。

（2）严格执行民主集中制原则，坚持集体领导与个人分工负责相结合的制度。学院还制定了各种议事规则，明确了决策程序，规范了党委会、党政联席会、院长办公会、碰头会和院务会的议事范围，并对各种会议所要研究的问题提出了明确的要求。

（3）改进工作作风，密切联系群众，坚持深入基层，进行调查研究。院级领导班子在坚持接待群众制度、下基层办公制度和值班制度的同时，还坚持了每人联系一个系部的制度，长期不懈地听取广大师生员工的意见和建议，及时处理有关情况和问题。通过工会、共青团、学生会、民主党派、专家教授和离退休老同志等渠道通报学院工作，聆听各方意见。

（4）在廉政建设方面，学院制定了《关于领导干部廉洁自律的有关规定》《关于招待客餐的有关规定》。在住房、转干、招工、农转非和职称评定、子女就业、入学等群众敏感的问题上做到公开、透明、不搞特殊，自觉接受群众监督。

（5）1994 年 12 月 27 日，经过机械工业部考察研究，部教育司沙彦世副司长到学院宣布了新一届院领导班子的任命名单：党委书记王明智（兼），副书记刘世昌、师谦，纪委书记李永善，院长王明智，副院长郭希学、王鹰、李荣华。新班子的平均年龄为 54.1 岁，比上一届院领导班子降低了 3.5 岁。1997 年 9 月，张进战同志任党委书记。

三、抓紧中层干部的教育管理和培养提高

学院党委采取了以下措施对系处级干部加强教育管理和培养提高。

（1）举办学习班或培训班。1993 年 6 月，集中两天时间，举办了中层以上干部学习班，听取了国家体改委秘书长王士元的报告；1994 年 6 月，举办处级干部理论培训班，进行为期 3 周的政治理论培训，分别邀请省委宣传部副部长申存良、省委党校副校长许国生、省科委研究员孙孝仁、省委党校领导科学教研室教授刘士义做了报告。1995 年 3

月13日至7月1日的每个单周周四下午举办中层干部培训班，系统地组织学习邓小平建设有中国特色的社会主义理论和现代化教育与领导科学理论，并邀请学院管理工程系王丁凤教授做了3次专题讲座。1996年从3月28日开始，利用每周四下午，举办为期一个半月的中层干部培训班，邀请省委党校科学社会主义教研室主任高建生副教授作了两次专题讲座。1996年5月22日和1997年3月12日分别举办了“跨世纪人才”政治理论培训班。参加培训的为40岁以下的教师和干部，培训的主要内容是学习邓小平建设有中国特色的社会主理论，共设三次讲座，由省委党校高建生副教授讲授。1997年11月11日，学习贯彻党的十五大精神理论骨干培训班开学，院党委副书记师谦分7个专题做了党的十五大报告学习辅导。

（2）送出干部培养锻炼。主要有三种形式：一是选派一批中层干部到省委党校、华北培训中心和机械工业部在上海机械学院举办的中青年干部培训班学习；二是选送一些中层干部担任科技副县长或挂职锻炼；三是下派一些年轻处级干部参加农村工作队，到贫困县、乡，进行支教、助教、帮贫致富。

（3）进行年度工作考核。为了加强系处级领导班子建设，强化中层干部管理，提高其自身素质，调动他们在工作中的主动性、积极性和创造性，发挥其建设学院的中坚作用，促进学院的改革和发展，确保学院工作目标的实现。几年来，学院党委连续印发了《关于处级干部年度工作考核的实施意见》（以下简称《实施意见》）。《实施意见》规定，考核的内容和等级是：从德（主要包括政治立场、清正廉洁等）、能（主要包括政策水平、业务素质、把握和驾驭本部门全局工作的能力）、勤（主要包括工作态度、工作作风、责任心和业心，深入实际、调查研究，及时处理和解决问题，勇于负责、顾全大局，善于主动协调部门间的工作）、绩（主要指履行岗位职责与完成本年度目标责任制的工作业绩，有无改革开放的举措，以及实施的社会效果与效益）四个方面考核干部在年度工作期间的表现。考核的程序为：个人准备、民主评议、综合汇总、领导审核、存档。

（4）1995年1月13日和7月11日，学院对系处级干部进行了调整，重新任命和聘任了一批中层干部。调整后的中层干部具有高级职称的32人，比调整前增加了10人；具有本科以下文化程度的9人，比调整前减少了2人；平均年龄为40.3岁，比调整前降低了4.13岁。

（5）1995年1月，经党政联席会议研究决定，对系处级机构进行调整。同年7月系处级干部调整以后，学院的系处级机构如表7-1和表7-2所列。

表7-1 职能部门（机构25个、干部39人）

序号	机构名称	处级职数	序号	机构名称	处级职数
1	纪检委	1	8	机关总支	1
2	监察处		9	院长办公室	1
3	组织部	1	10	党委办公室	
4	宣传部	2	11	教务处	4
5	统战部		12	科技外事处	4
6	工会	1	13	人事处	2
7	团委	2	14	财务处	2

（续）

序号	机构名称	处级职数	序号	机构名称	处级职数
15	审计办公室	1	21	总务处	3
16	学生工作部	2	22	校园管理处	3
17	学生处		23	物资设备处	1
18	保卫部	1	24	产业处	4
19	保卫处		25	普教处	1
20	离退休工作处	2			

表 7-2　业务部门（机构 13 个、干部 38 人）

序号	机构名称	处级职数	序号	机构名称	处级职数
1	机械工程一系	3	8	成人教育学院	2
2	机械工程二系	3	9	基础部	5
3	压力加工系	3	10	社会科学部	3
4	机械工艺系	3	11	计算中心	2
5	电气工程系	3	12	图书馆	1
6	管理工程系	3	13	机器厂	4
7	机电工程系	3			

四、加强基层党组织建设，认真做好党员发展工作

首先，严格按照《中国共产党党章》规定和党组织工作的有关条例，按时进行基层党组织的改选工作。结合机构调整，适时地组建新的基层党组织。1997 年全院共有党总支 18 个、直属党支部 2 个、党支部 48 个。

其次，严格党的组织生活，坚持“一课三会”制度，加强党组织的自身建设。先后组建了系部级业余党校 8 所，办班近 50 期，结业学员达 2500 多人，为学院党的建设做出了较大贡献。

最后，认真开展“争先创优”活动，大力表彰在学院改革发展的各项工作中涌现出的先进基层党组织、优秀党员和优秀党员干部。学院党委坚持每两年进行一次“两先两优”的评选活动。1995 年 8 月，物理化学党支部和冶金机械党支部，徐格宁、李月梅、赵培青、冯耀庭和安德智，分别被省高校工委通报表彰为先进基层党组织、优秀党员和优秀党务工作者。

学院党委以“坚持标准、保证质量、改善结构、慎重发展”为指针，重点充实中青年教师和第一线教职工、大学生中的党员队伍，努力改变教职工中党员老化现象，稳妥发展在校学生党员比例，为学院上质量、上水平提供组织保证。每年“七一”，在纪念党的生日大会上，都有一批新党员面对党旗进行宣誓。截至 1997 年，全院共有党员 838 人（含离退休党员 158 人），其中 1992 年以后入党的 423 人，占全院党员总数的 50.5%；在岗党员 392 人，占在岗总人数 1103 人的 35.5%；专任教师党员 148 人，占教师总数 397

人的 37.3%；研究生党员 15 人，占研究生总数 56 人的 26.8%；本专科学生党员 273 人，占本专科学生总数 4092 人的 6.67%。

第二节　解放思想　更新观念　转变办学思路

为了适应社会主义市场经济发展的需要，学院确定了解放思想，转变观念，突出改革，强化管理，加快发展，开创学院工作新局面的新的办学思路。

一、新的办学思路内涵

（1）解放思想，就是要使全体教职工都能明确：凡是有利于全面贯彻党的基本路线，促进学院有效地为经济建设服务的；凡是有利于培养德、智、体全面发展的建设者和接班人，提高教学质量和科研水平的；凡是有利于调动广大教职工积极性，改善办学条件，提高学院综合能力的办法和措施，都应敢想敢闯，大胆实践，勇于探索。

（2）转变观念，就是要通过学习有关文件和资料，使全体教职工都能从一些旧的观念向新的观念进行转变，主要有以下五个方面：

① 从计划经济向市场经济的转变；

② 从依靠国家办学向自主办学的转变；

③ 从脱离经济发展的单纯教育向适应经济发展需要的转变；

④ 从稳定规模向加快发展速度的转变；

⑤ 管理体制上从计划经济模式向市场经济模式的转变。

（3）突出改革，就是要从办学体制、管理体制、教学、科研和产业各方面进行一系列的改革，要使全体教职工充分认识到：改革本身就是利益的再调整和重新分配，必然会涉及一些人的切身利益。但是，从学院发展前进的目的出发，不改革就没有出路。

（4）强化管理，就是要制定一系列规章制度，从岗位责任制到目标责任制、从聘任到考核、从引入竞争机制到强化激励手段、从奖励到惩处等方面，建立一套严格的管理体系和约束监督机制，来维护学院各项工作的正常运转。

（5）加快发展，就是要扩大办学规模，提高办学层次，增加办学形式，加快学科学位建设和科研发展步伐，增设市场需要的新专业，改造和拓宽旧专业，调整专业结构、加强基础设施建设，大力改善办学条件，争取提高学院在全国高校中的排名位次和知名度。

二、深化改革，加速发展

按照改革和发展的办学思路，学院的办学方针和办学目标不断地明确和完善，办学规模和层次不断扩大和提高。

1992 年 11 月，学院在全院党员大会上提出：面对社会主义市场经济，改革必须以学科建设为重点，以教学、科研为中心，以科技服务社会和进行产业开发为两翼，发挥校系两级管理的优势，根据市场需求调整专业设置，使学院的综合实力得到提高，办学条件和教职工的工作、生活条件有明显改善。

1993 年 2 月，学院在部署新学年工作的中层干部会议上，提出了要贯彻落实国家教委《意见》和1992年全国教育工作会议精神，树立以学科建设为龙头，教学、科研为中心，开展对社会的科技人才服务和产业服务；以改革为动力，以管理为突破口，探索加快改革和积极发展的新路子。探索适应市场经济的办学模式和培养模式，推动学院各项工作上水平、上台阶。

1993年12月，院长王明智教授在第二届教职工代表大会上所做的工作报告中提出："今后几年，是我国实现现代化建设第二步战略目标的关键阶段，也是我院改革和发展的关键时期……我们要按照《纲要》的要求，结合学院实际，紧紧抓住市场经济为高等教育带来的动力、活力和机遇，使我院规模能有较大的发展、结构更加合理、质量上一个台阶、效益明显提高，逐步向以工为主、以理为基础的理、工、管相结合的高等工科院校迈进。"

1994年6月，学院在正副教授和科级以上干部会议上提出，在社会主义计划经济向市场经济过渡时期，要抓住机遇，加快办学体制改革，增强生存竞争能力；要改革内部管理体制，形成一支高效、精干的管理队伍；要把办学规模进一步扩大，结构更加合理，质量上一个层次，扩大学院的影响力，提高知名度。

1995年7月，在纪念建党74周年大会上，党委书记兼院长王明智教授总结了学院按照《纲要》和《意见》的要求，以学科建设为龙头，以教学、科研为中心，以改革为动力，以管理为突破口所进行的各项工作。

1996年1月，学院制定了《"九五"改革与发展规划》（讨论稿）。提出"九五"期间总的奋斗目标是：到20世纪末，把学院建成规模适中，优势突出，富有新意，特色明显，在行业和地方具有重要影响的以工为主，理、工、文、管综合发展的多科性理工大学。

1993年是学院扩大规模、加快发展的关键一年。这一年招生人数突破了1000人，结束了以往每届招生500多人的徘徊局面，在办学规模上迈出了可喜的一步。当年，学院确定了4000人的办学规模，突破了建院时规定的3000人的办学规模，是学院发展的关键年份。此后，招生人数逐年增加，到1995年各类在校生人数达到4400多人（其中研究生42人、本科生2486人、专科生873人、成教生1051人），又一次突破了4000人的办学规模。"八五"期间，学院强化市场意识，实行按系招生，自费生、委培生逐年增加，还开办了预科班，办学规模不断扩大。1997年，当年招生1900多人（含成人教育招生），各类在校生人数由1992年的2600多人增加到5500多人，办学规模有了更大的发展（图7-1和图7-2）。

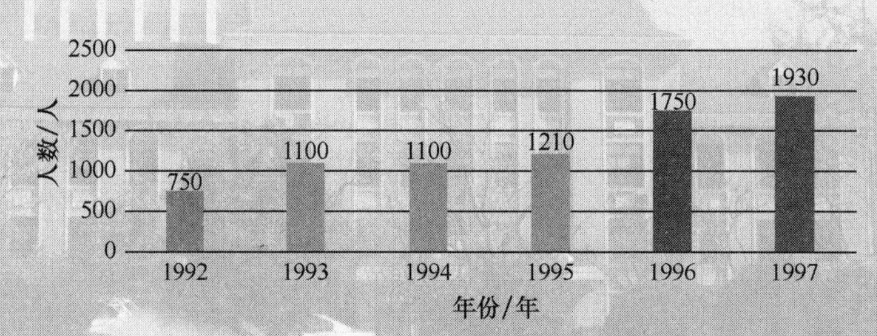

图7-1 1992—1997年招生人数示意图

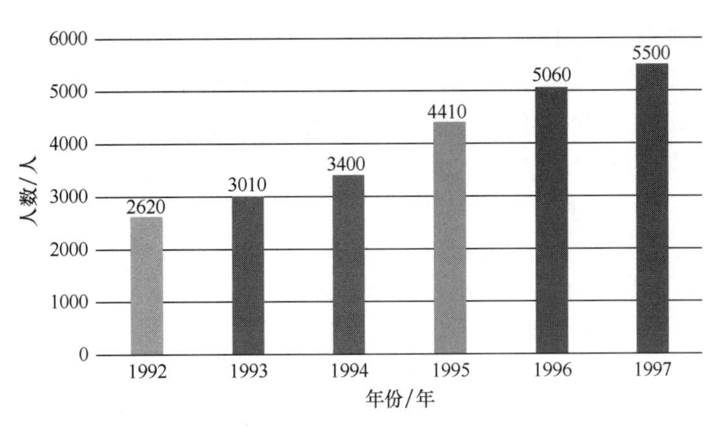

图 7-2 1992—1997 年在校生人数示意图

三、突出优势，强化特色，全面发展

1993 年 12 月召开的第二届学院教职工代表大会提出：经过几年的努力，办学规模稳定在 5000 人左右，师资队伍增加到 510 人，90% 以上的青年教师达到硕士研究生水平。在校博士生数量有较大增长，学术带头人达到 40 人，硕士点扩大到 7 ～ 8 个，形成 6 个具有优势和特色的科研方向，逐步向以工为主、以理为基础的理、工、管相结合的高等工科院校迈进。为此，需要做好下面六项工作：

（1）加快人事、分配制度改革，提高教职工办学的积极性、主动性和创造性。

（2）坚持以学科建设为龙头，以教学、科研为中心，按照“三个面向”的要求，逐步建立与社会主义市场经济相适应、具有竞争活力的教学、科研、管理体制和运行机制。

（3）大力发展校办产业。充分发挥学院的人才和技术优势，积极投身生产第一线进行科研开发，开展多渠道、多形式的科技转化，发展以高新技术为主的校办产业。

（4）加强基础设施建设，努力改善办学条件。加大后勤管理体制的改革力度，转换运行机制，逐步向后勤管理企业化、后勤服务社会化过渡。

（5）进一步扩大对外开放，积极开展国际交流与合作。

（6）继续加强思想政治工作。要在学院党委的领导下，坚定不移地贯彻执行党的基本路线和教育方针，用邓小平建设有中国特色的社会主义理论教育师生员工，坚持社会主义办学方向，维护学院安定团结；要提高新形势下思想政治工作的针对性和有效性，充分发挥思想政治工作在学院改革和发展中的政治保障理论先导、思想动员、舆论环境、观念更新等方面的综合效应；要用社会主义、集体主义的价值导向探索市场经济条件下对学生教育和管理的特点、规律和方法；要强化全员德育意识，大力倡导教书育人、管理育人、服务育人，把德育贯彻和渗透到教育的全过程；要认真总结思想政治工作队伍建设的经验，建设一支专职人员为骨干、专兼职结合的思想政治工作队伍；要推进马克思主义理论课和思想品德课的教学改革；要深入开展争先创优活动，抓好校风、学风建设，优化育人环境。

四、确立面向 21 世纪的办学思路

学院“九五”改革与发展规划提出：到 20 世纪末，在籍学生数达到 7000 人，其中

全日制学生（包括研究生和本、专科生）5000人，成人教育学生2000人；建成10个院重点学科，其中4～5个进入省、部重点学科，同时建成2～3个省、部重点实验室；重点学科要达到具有特色、互相支撑的3～4个稳定的学科研究方向。调整专业结构，新增适用专业，使本科专业达到22个，专科专业达到18个，专业分布发展到理、工、文、管四大类；硕士学位授予权点达到10个，在此基础上，实现博士学位授予权点“零的突破”；增加教学投入，深化教学改革，全面提高教学质量，使教学综合水平达到同类院校的先进水平；积极提供并创造条件，提高科研实力和水平，使科研经费到款数达到1000万元，有10～15项科研成果获得省、部级二等以上奖励，师均科研成果获奖数及进入世界四大检索系统的论文数达到部属高校前列，科研能力和总体水平达到部属院校中等水平；选拔和培养100名跨世纪学科带头人和学术骨干，培养和引进博士40人，抓好学术梯队建设；加强师资队伍建设，青年教师应有90%以上具有硕士学位，教师职称比例达到1∶3.5∶4∶1.5;要以发展高新技术产业为主，扩大产业规模，提高经济效益;多渠道筹措资金，加快基本建设，完成综合教学实验楼、教工住宅楼、子弟学校教学楼等重点项目；逐年提高教职工福利待遇，使人均收入达到1万元/年；加强精神文明建设和综合管理，提高师生员工素质，把学院建设成一个文明、奋进的以工为主理、工、文、管综合发展的多科性高等学府。

为了实现上述的奋斗目标，《规划》还提出了全院师生员工和各个部门应该明确并努力完成的主要任务。

（1）加强党的领导，高度重视党的建设和领导班子建设。

（2）高度重视和切实加强思想政治工作。建立和完善德育管理体制，切实把德育放在学校一切工作的首位，保证德育工作的实施和落实。

（3）深化教育教学改革，努力提高教育质量。适度扩大招生规模，积极稳妥地推进招生制度改革。坚持以本科教学为中心，深化教学内容和教学方法的改革，促进教学手段和教学设施的现代化，加强教学管理，不断提高教育质量，全面达到国家教委公布的教学工作合格标准。

（4）发展研究生教育，提高研究生培养质量。扩大研究生招生规模；深化研究生教育教学改革，增设高新技术和边缘学科的课程；优化培养目标，完善增养方案，规范课程教学和论文工作。

（5）加强学科建设，优化学科结构，提高学科建设的层次和水平。要积极而有步骤地进行专业调整和设置工作，使文理学科得到适度发展，机械、材料、电子、管理等四大类专业均衡发展。

（6）改革科研体制、提高科研水平。选定10个左右院级重点科研方向，每个方向上要形成有实力的科研队伍，取得一批有较大实用价值的成果并加以推广。

（7）进一步加强对外交流与合作。拓宽对外交流与合作的范围和渠道，开展学术交流、合作研究、联合培养。继续做好国外进修及访问学者的选派工作和吸引更多出国人员回国工作。

（8）适应社会和经济发展需求，进一步巩固和扩大成人教育。按20%的速度逐年扩大办学规模，按25%的速度逐年提高办学效益；认真抓好教育质量的提高，尽快实现管理规范化和科学化。

（9）创造条件，增大投入，进一步搞好实验室、计算中心和图书馆建设。

（10）以发展高新技术产业为主，促进校办产业扩大规模，提高效益。

（11）加大改革力度，深化管理体制改革。

（12）加强队伍建设，促进学校整体上水平。逐步建立一支思想政治素质好、学术水平较高、专业配套、结构合理的师资队伍；加强党政管理干部队伍建设。建立一支精干、高效的管理干部队伍；进一步充实实验技术、图书档案资料和其他专业技术干部队伍，调整结构，提高素质和水平。

（13）深化后勤改革，进一步改善办学条件和生活条件，加快实现后勤社会化。努力提高管理水平和服务质量。

（14）加强财务管理，多渠道筹集办学资金，增强办学实力。

第三节　以本科教育为主　努力提高教学质量

在改革发展中，针对实际，学院提出了以本科教育为主，努力提高教学质量的办学思路。

一、采取措施，努力提高本科教学质量

加强本科教学、提高本科教学质量始终是学校的主要任务。学院过去在加强基础理论各门课程和各个数学环节上、在注重学生能力培养上都有严格的要求和良好的传统。几年来，随着办学规模的逐年扩大，抓好本科教学、努力提高教质量，更是成为学院各项工作中的重点和关键。为此，学院采取了如下措施，并取得了一定成效。

（1）加强师资队伍建设，特别是中青年教师的培养提高。学院逐年投入大量资金，有计划地选送一批中青年教师到国内重点大学或国外攻读该硕士学位或博士学位，到“八五”末期，80%以上的青年教师已具有硕士学位或博士学位。1993年，学院晋升教授15名，省评审通过率为100%，晋升副教授13名，省评审通过率为80%。“八五”期间前3年学院共新增教授28名，占在职教授的87.5%，其中35岁以下的7名。到“八五”末期，全院具有高级职称的教师116名，占全体教师总数405人的28.6%。1997年，教师职称比例达到1∶4.4∶5.7∶4.9，具有高级职称的教师占教师总数的百分比（34%）比1992年（28%）提高了60%。为了提高教师的外语水平，特别是听、说能力，学院不间断地聘请美、英、日等外籍语言教师来校任教，通过举办各种初、中级班和口语班等形式，对师生进行培训。学院还组织40岁以下的青年教师参加“跨世纪人才”政治理论培训班，以提高他们的思想政治素质。1994年，学院决定在青年教师中分期分批开展教学竞赛活动，选定外语、机械零件、中国革命史、数学、物理等五门课程，分两期进行了竞赛，采用专家评审和学生调查相结合的竞赛办法，评选出9名竞赛优胜者。1995年，学院在以往教学检查和教学竞赛的基础上，进行了一次检查和评比相结合的青年教师教学检查评比工作。通过这些竞赛和评比活动，在教师中形成了一种“比、学、赶、帮”的良好风气，对促进教师热心教学、研究教学、提高教学质量起到了积极作用。

（2）制订（修订）好专业教学计划，确保实现培养目标。1995年，学院下发了《关

于制订（修订）本科、专科教学计划的若干原则规定》（以下简称《规定》），要求各系（部）对现行专业计划和1994年新增专业计划未执行部分按此规定进行调整，对1995年新增专业的报批计划按此规定调整为执行计划。《规定》对教学时间做出了明确要求：本（专）科的公共课要继续统一课时和规格，对若干必修课要尽可能按专业门类进行统一安排划分；课内总学时，本科专业不超过2700学时，专科专业不超过1300学时，周学时一般不超过24学时。其中专业课课时应严格控制，每门一般不超过50学时，本科专业课占总学时之比例不超过15%，专科专业课所占比重可适当提高，但不得超过总学时的30%。对各实践教学环节也规定了一定的基本周数。《规定》要求实行教学内容和课程改革，以符合科技现代化的要求，建议机械设计类专业（起、工、矿、冶）开设“优化设计”“可靠性设计”类课程（各为32学时），其他专业可结合生产实际要求，开设反映现代科学技术新知识方面的选修课（学时不得超过32学时）；过渡类型专业（模具本科、机电三年专科）由系里把关，注意课程衔接，确保运行畅通。

（3）重视教学研究和教材建设，发挥图书资料为教学服务的作用。学院在教务处设置了教学研究科，负责对教学工作的各个方面进行调查研究，成立了教学研究方面刊物《高等教育研究》编辑部，1992年至1997年共编辑出版了16期，刊登了广大教师撰写的有关教学方法和教学内容方面研究和探讨性的论文100余篇；在教材建设上，学院要求广大教师开拓思路，勇于实践，大胆吸收社会经济发展和科技进步的新知识、新成果，更新教材内容，摒弃那些陈旧落后的东西。鼓励教师积极承担各种教材的编写工作。几年来，主编和参与编写的教材35部；1992年至1997年，学院在经费十分紧张的情况下，对图书资料逐年投入累计近百万元，馆藏文献达40余万册。1996年，学院专项投资5万元推动图书采编实现自动化，图书分类改用《中国图书分类法》，改善了图书馆的管理服务工作。

（4）加强实践性教学环节，注重实验室和实习基地建设。每届新生一入学，就把实施军事训练作为全面培养“四有”人才的必修课，安排两周时间，通过严格的军训生活强化学生的国防意识和自我管理能力；在四年学习期间，通过实验实习、课程设计、生产实习和毕业设计等环节，培养学生分析问题和解决问题的能力；利用课余时间组织学生参加各种科技文化活动和便民服务活动，利用假期组织学生参加各种社会实践活动，培养了学生的创新思维和了解社会、接触工农生产实践的锻炼。1992年至1997年，学院投资近250万元对实验室进行建设。增添实验设备器材达1300件，新建、扩建、改建实验室5个，工业车辆制控试验中心和全国一流的大型金属结构疲劳综合实验台投入使用，使基础课实验开出率达到教学大纲要求，专业课实验开出率提高了75%；新建院内实习基地1000m²，新建院外实习基地15个。特别是1995年，院长亲自主持召开了多次有关人员会议，组织了专家论证小组，经过一个多月的调查研究，确定了9个投资方向，本着学院投资一半、各系部投资一半的原则，联合投资近百万元，物资设备处与各系签订了资金到位时间与安装进度协议书，要求年底完成实验装置的90%。这次投资可新增实验近百个，可进行科研项目研究50～60个，对于学生的培养与教师的提高有很大帮助，为学院的进一步发展奠定了良好基础。

（5）加强教学管理，进行教学检查，严格考试纪律，促进教风、学风建设。早在1993年，学院就出台了《学生学籍管理规定》等24个教学管理方面的文件。“八五”后期，对考试不及格的学生，取消补考规定，实行重修制度；对按考核规定达到留级退学处理的学生，实行跟班试读和退学留校试读。“九五”初期，为了培养社会急需的复合型人才，对少数学有余力的优秀学生试行主、辅修制。为了鼓励学生刻苦学习、奋发向上，德、智、体全面发展，同时也为了不让贫困学生因贫而影响学业，“八五”期间，学院就制定了《学生综合制评办法》《学生奖学金暂行办法》和《关于给经济困难学生减免学杂费的暂行办法》《学生贷款暂行办法》。随着招生并轨的实行，这些《办法》在1997年都通重新进行了修订。学院坚持教学检查和双轨制考勤，狠抓基础课教学，促进教学质量稳步提高，1993年组织进行了每月一次的教学汇报检查，对包括教师的教学纪律、上课准备、听课辅导、指导设计、学生的上课情况、专业实习、毕业设计战绩考核、四级英语统考、期末考试准备等项内容，采取总结汇报和抽查相结合的办法，由教务处牵头统一部署、各系（部）具体组织实施，汇报检查结果向全院进行通报。1994年，学院就关于加强考试管理、严格考试纪律发出通知，要求各系、部在期末考试前，通过各种形式的教育，树立良好的考风，动员广大师生共同抵制考试作弊的不良倾向。1996年成立了教学督导组，其职责是：

① 对课堂教学、实习实验、课程设计、毕业设计等教学环节进行检查，了解情况。

② 参与学院统一组织的对各系、部教学工作的全面检查。

③ 参与学院统一组织的教学评估、课程评估以及对教师和学生的评估。

④ 根据需要列席院、系两级有关的教学工作会议，受委托对某一教学专题进行论证和调查研究。

⑤ 根据教学改革督查情况，向学院或有关部门提出改进教学工作的建议。

二、在提高教学质量上取得了良好效果

通过狠抓教学管理、强化师资队伍建设等举措，学院在教学质量方面取得了良好效果。

（1）1992年10月下旬，省教委教学管理评估专家组来学院进行教学管理评估，专家组对学院的教学质量和教学管理给予了高度评价。在这次评估中有14项达到A级，总分在80分以上，总评为B级（全省无A级），名次为全省前列，受到省教委的表彰。此外，图书馆评估和物理教学评估，双双名列全省第二。

（2）在1992年全国大学生英语四级统考中，参加统考的91级学生通过率为58.24%，不仅超过了全国非重点大学的平均通过率，而且也超过了包括重点大学在内的全国所有高校的平均通过率。和1991年参加统考的90级学生相比，通过率翻了近一番。1993年，参加统考的92级学生的统考通过率再次超过全国普通高校平均通过率。

（3）1992年获得国家优秀教材二等奖2个；1993年获山西省优秀教学成果奖一等奖1个，二等奖3个，是山西省获奖项目最多的院校之一；1996年获山西省优秀教学成果奖二等奖2个。

（4）1994年，4人荣获机械工业部优秀青年教师光荣称号，2人荣获机械工业部教学管理育人模范的光荣称号，2人获得山西省教育工会颁发的“育人杯”。

（5）1993年，在共青团山西省委举办的“兴晋杯”大学生、青年教师课外科技作品展览竞赛中，获得集体第二名，其中有6件作品分别获一、二、三等奖。时任省委常委、

副省长张维庆高度评价："发挥重机学院的技术优势，面向大中型企业和乡镇企业，为山西经济上新台阶做贡献"。在参加山西省第二届校园文化艺术节活动中，获计算机技能操作大赛一等奖、书法绘画比赛二等奖和三等奖、英语演讲大赛三等奖。

（6）1995 年，学院派出 15 人参加了全国第三届数学模型竞赛山西赛区的比赛，学院 2 队获全国二等奖、山西省一等奖，学院 4 队获山西省二等奖，团体总分为山西赛区第一名；1997 年，学院又派出 15 人参加全国大学生数学建模竞赛山西赛区的比赛，获省级一等奖，并荣获全国优秀论文二等奖。1996 年，学院派出由 5 人组成的代表队，参加共青团山西省委举办的首届全省高校"跨世纪工程师技能大赛"，经过奋力拼搏，取得了团体第三名的好成绩，并获奖杯。

（7）1992 年，在学院第 19 届田径运动会上，有两位同学分别打破女子 3000m 和男子 5km 竞走的院纪录；1994 年，在学院第 21 届田径运动会上，有 6 项 9 人次打破了院纪录，其中有一项纪录已经持续了 18 年之久；1995 年，在第 22 届田径运动会上，管理工程系学生一人打破女子 100m 和跳远两项院纪录；1996 年，在第 23 届田径运动会上，机械工艺系学生以 13.42m 的优异成绩打破了男子三级跳远的学院纪录。1993 年，在山西省首届"大学生杯"足球比赛中夺得第二名。1995 年，参加首届中国大学生女子足球锦标赛名列第三。1996 年，在"富和杯"山西省高校足球甲级联赛中获得第一名。1997 年，参加山西省大学生篮球赛取得男子甲组第二名。以学院女子足球队为主力阵容的山西代表队在全国第八届运动会女子足球预赛太原赛区的比赛中，经过激烈的角逐，获得了进军上海参加全国第八届运动会大赛资格。

（8）机械工艺系 1997 年暑期文化、科技、卫生"三下乡"社会实践队到山西芮城县曲轴厂进行实践，通过调查研究，认为该厂长期使用的曲轴材料配比不科学，产品技术含量低，加工工艺不合理，材料浪费较大。他们充分发挥系里老师的科研优势，采用"铸造缺陷专家系统"和"耐磨合金技术成果"，为曲轴厂解决了两大技术难题。经曲轴厂总会计师核算，通过采用科学技术成果，年增效益在 60 万元左右。

（9）自动化 941 班学生周渊，在校学习期间不仅刻苦钻研，勤学好问，成绩优秀，连续通过国家大学英语四、六级考试，连续 6 个学期综合测评年级第一，连续三年被评为院三好学生，而且具有探索性和创新精神，在学习高等数学时，为了解决幂指函数求导过程较繁、公式难记的问题。她查阅有关资料，仔细研究，终于找到了一个简便记忆公式的方法，经老师指导写成一篇《巧记幂指函数的求导公式》的论文，刊登在学院《高等教育研究》1996 年第 3 期上。1996 年暑假，她凭借扎实的基础知识和较强的外语能力参加了学院强度研究室的部分研究工作，在老师的指导下，很好地完成了强度研究室承担的山西省自然科学基金资助课题的部分内容，并写出一篇科技论文《关于 Monte Carlo（蒙特卡罗）模拟抽样方法的研究》，投寄到国内二级科技刊物《强度与环境》，经修改被录用，于 1997 年第 3 期刊出。她是学院建院以来未涉足专业课学习的唯一一个参与科技研究并取得成果的大学生。她在 1996 年 5 月被评为山西省首届"十佳大学生"，1996 年 9 月被评为山西省 96 年度"三好学生"，1997 年 12 月被国家教委、共青团中央授予"全国三好学生"称号，并获得"胡楚南奖学金"，全国政协副主席王光英、雷洁琼亲自给她颁发了证书。大学毕业参加了研究生考试，被中国科学院自动化研究所模式识别国家重点实验室录取为硕士研究生，后前往美国伊利诺伊大学攻读博士。

第四节　重视学科学位建设　开展科学研究工作

1993年底，学院提出了以学科建设为龙头，以教学科研为两翼，以党建和思想政治工作为保证的发展思路。从此，学科建设逐步印在了师生员工的脑海里。

一、学科学位建设取得新进展

1993年，学院成立了学科建设办公室，对学科、学位建设等进行统筹规划、协调管理。围绕学科学位建设，学院以“高、精、尖”为内涵，拓宽专业方向，以“少、宽、柔”为指导，调整专业结构，改老扶新、扬优支重，以二级学科为基础进行系级建制的改造。“八五”末，新增本科专业7个，专科专业10个，使本、专科专业由原来的9个增加到26个；随着新增专业和专业结构的调整，系的建制也由原来的6个增加到7个。到1997年，本科专业增加到19个，专科专业增加到13个，系的建制增加至10个。1995年，学院学科建设委员会审议通过金属压力加工、工程机械、冶金机械、矿业机械、铸造、流体传动与控制、工业自动化和系统工程等8个学科立项为院重点学科。其中，金属压力加工经机械工业部审定成为第一批部级重点学科。1997年，材料加工工程被评为省基础科学重点学科。经“八五”努力，一批新的学科生长点正在形成，如控制理论、办公自动化、连铸连轧、计算数学、工程力学及计算机软件等，这些对促进学科的交叉渗透、新兴边缘学科的形成和发展起到了推动作用。

1992—1997年系的建制沿革如图7-3所示。

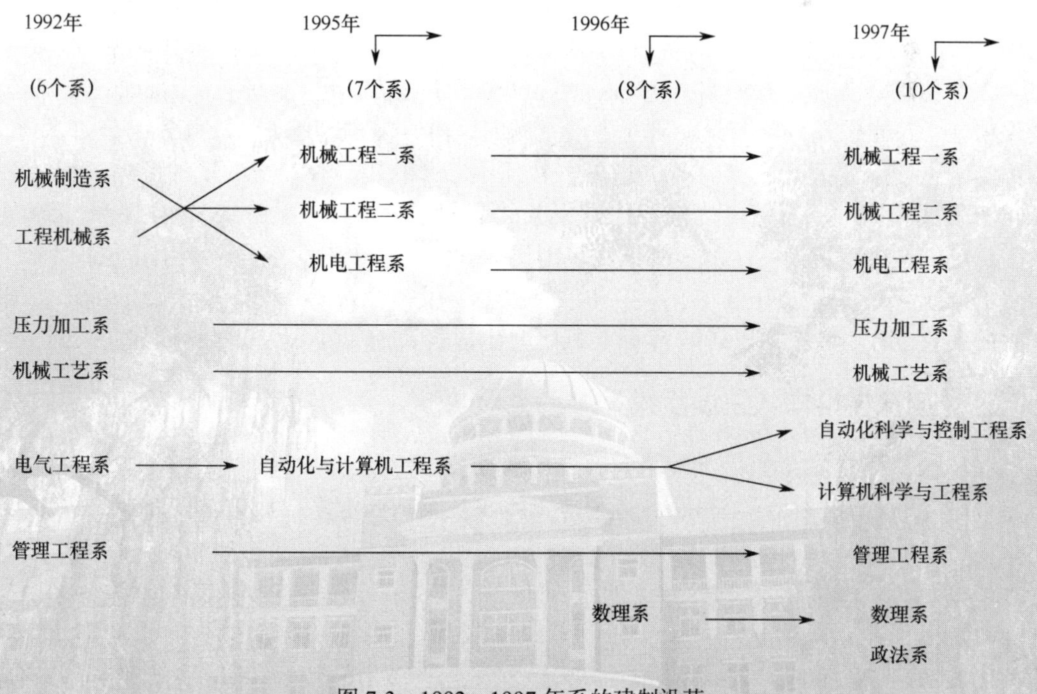

图7-3　1992—1997年系的建制沿革

1997年学院各系（部）所设专业见表7-3。

表 7-3　1997 年学院各系（部）所设专业

系　别	所设专业	
	本　科	专　科
机械工程一系（一系）	机械设计及制造（冶机方向）；机械设计及制造（矿机方向）；工业设计	
机械工程二系（二系）	机械设计及制造（起机方向）；机械设计及制造（工机方向）	工程机械制造与维修；汽车检测与维修
压力加工系（三系）	塑性成型工艺及设备（锻压方向）；塑性成型工艺及设备（模具方向）	模具设计与制造
机械工艺系（四系）	热加工工艺及设备（铸造方向）；热加工工艺及设备（焊接方向）；粉末冶金（材料工程方向）	热加工工艺及设备；焊接工艺及设备
自动化科学与控制工程系（五系）	工业自动化；电气技术	应用电子技术
管理工程系（六系）	工业经济；会计学	工业会计；工业外贸；市场营销
机电工程系（七系）	机械电子工程（机制方向）；机械电子工程；流体传动及控制	液压技术应用
数理系（八系）	计算数学及应用软件	
计算机科学与工程系（九系）	计算机及其应用	计算机应用及维修
政法系（十系）		法学
基础部		计算与测试

学院所设专业分布到理、工、文、管四大类，适应了经济建设和社会发展的需要，兼顾到行业和地方的需求。

在学位建设方面，1992 年 10 月，学院召开了学位工作会议，传达了部研究生工作会议精神，对学位建设的前景、研究生培养方向、培养模式进行了深入细致的分析探讨，认为：学位建设要理清思路，采取措施，常抓不懈，利用多种渠道、多种形式，积极培养国家发展急需的、直接能为经济建设服务的应用工程学科人才。1993 年 12 月，经国务院学位委员会审定批准，冶金机械、矿山机械和铸造 3 个专业获得了硕士学位授予权，学院的硕士点由 2 个上升为 5 个，在办学层次上上了一个台阶。随着硕士点的增加，研究生的人数也在不断增加，1997 年的在校研究生数达到 56 人，比 1992 年增加 35 人。

二、加快学科梯队建设步伐

在学科梯队建设方面：学院一方面发挥老教授的传、帮、带作用；另一方面下大力气培养青年教师，一批年轻的硕士生和博士生正逐渐成长起来，成为学院学科建设和教学、科研的骨干力量。

根据机械工业部、省教委有关青年学科带头人和学术骨干选拔培养的指示精神，1996 年 6 月 6 日，院长办公会议讨论通过了《太原重型机械学院青年学科带头人和学术骨干选拔培养实施意见及管理办法》，就选拔对象、评选条件、入选者的权利和义务、培养措施及管理办法做出了明确规定。

1996 年 8 月，学院公布了首批列入“机械工业部部属院校跨世纪学科带头人和学术骨干培养计划”“1995 年度中国机械工业科技专家及中国机械工业青年科技专家”“太原重型机械学院青年学术骨干”人员名单。

经学院推荐，机械工业部组织专家评审组评审，“机械工业部部属院校跨世纪学科带头人和学术骨干培养工程”领导小组审定，张金旺、李永堂、曾建潮 3 人被首批列入“机械工业部部属院校跨世纪学科带头人培养计划”。徐格宁、高建民、董良、王卫卫、陈志新、卫淑芝、魏计林 7 人被首批列入“机械工业部部属院校跨世纪学术骨干培养计划”。

经学院推荐，机械工业部专家评审委员会评审，部专家工作领导小组审定，批准王海儒、徐格宁、李天佑、李志谭 4 人为 1995 年度中国机械工业科技专家；批准李永堂、曾建潮、张金旺、黄庆学 4 人为 1995 年度中国机械工业青年科技专家。

经各系、部推荐，院学科带头人和学术骨干推荐委员会评审，院党委扩大会议研究确定了 24 人为学院青年学术骨干，名单如下：

郭亚兵　孙斌煜　杨晓明　陶元芳　刘建生　刘　岩
常志梁　柴跃生　王宥宏　孙志毅　韩如成　刘　云
董成业　李月梅　贾育秦　郭正光　杨根科　王幼斌
蔡俊亮　刘　中　崔小朝　赖云中　姚宪弟　周玉萍

1996 年 11 月，经山西省外向型科技人才队伍认定委员会研究决定：曾晨、张小平为山西省首批外向型科技人才。

1997 年 9 月，经各系、部推荐，专家评审组评审，院党委扩大会议研究，批准 11 名同志为学院首批学科带头人（表 7-4）。

表 7-4　学院首批学科带头人

姓　名	主要研究方向
张少琴	复合材料断裂理论研究
曾建潮	复杂工业系统的建模、控制与仿真
李永堂	锻压设备理论与控制
黄庆学	计算力学与冶金机械
迟永滨	机械设计 CAD
王海儒	特种轧制
张金旺	耐磨耐蚀新材料及表面处理
张井岗	智能控制和鲁棒控制理论及其应用研究、工业过程仿真训练系统的研究与开发
李志谭	机械系统动态特征分析
刘建生	金属塑性加工的数值模拟与质量控制
杨根科	泛函微分方程解的适定性

至此，学院按照“坚持标准、重点培养，严格考核、动态管理，倾斜政策、激励进取”的精神，建立了学科带头人制度，加快了学术梯队建设的步伐。

三、科研工作呈现上升势头

“八五”期间，学院适时地提出“以学科建设为龙头，以教学、科研为中心”的办学方针，进一步确定了科研工作在学校工作中的主导地位，调整和制定了科研政策，充实了科研队伍，拓宽了科研领域，充分发挥了广大教师进行科学研究的积极性。学院依托工程机械、冶金机械、压力加工和材料工程等学科的传统优势，大力开展新的研究领域，在冶金自动化、机电一体化、计算机仿真、金属表面喷涂、锻造节能模具设计和特种轧制等方面形成了新的科研特色。1995 年 9 月，学院要求各系部积极组织本部门的教师和科研人员对现有的科研方向和梯队进行认真的自检和评估，调整或选择新的方向，加强或组建学术梯队，以适应经济建设的要求。1992 年至 1997 年，学院科研工作在整体上呈上升势头，从规模、质量、水平、效益等方面都向前推进了一大步，为学科建设、人才培养及学院整体水平的提高奠定了基础。主要表现在以下几个方面。

（一）科研工作的整体实力和水平有了明显提高

“八五”期间，继周则恭教授完成了第一项国家自然科学基金项目“概率断裂力学基本问题的研究”之后，1994 年徐永华教授又承担了另一项国家自然科学基金项目“关于提高城市交通网络整体运行效益的拓扑最优化研究”。郭会光教授负责了国家“八五”期间重点攻关项目“关于叶轮模锻工艺及质量完善化研究”和“关于 18-18 高氮钢护环热锻工艺优化研究”。负责省部级重点攻关项目的有：李天佑教授的“冲模设计参数优化研究”、董仕琛教授的“齿坯温锻精锻试验研究”、王鹰教授的“大倾角涤槽气垫式输送机研制”、王明智教授的“新型电液比例负载敏感径向柱塞变量泵的研制”和王静教授的“多通管液压胀形技术的研究与应用”。这些标志着学院科研水平在层次上有了较大的突破和提高。

此外，由张琰教授承担的“核电站用防腐海水阀研制”和由李天佑、王静教授负责的“变截面后桥壳成型工艺研究”分别被评为 1992 年和 1993 年山西省十大科技成果。“核电站用防腐海水阀”和“ϕ50 三辊联合穿轧机”两个项目分别被评为 1992 年和 1993 年山西省科技进步一等奖，充分显示了学院的科技水平与实力。由吴聚华、郭希学教授等承担的“太原钢铁公司七轧厂新横切机组的电气与机械设备设计”是中日合作设计项目，全线一次试车成功，该项目由于起点高、工艺先进，获得山西省优秀工程设计一等奖，这说明学院具备了承担大型成套生产线的设计能力；由胡秉亚教授、于淑田副教授与上海重机厂合作完成的“电炉炼钢软件包”，由于具有较大的应用价值和经济效益，被列入国家“八五”重点推广项目，并在省经委组织下进行推广，这也是学院第一个列入国家重点推广的科技成果；由李天佑教授课题组承担的柳州工程机械厂“XL60 装载机驾驶室关键薄板件模具设计制造”的技术服务项目，工程承包经费 84 万元，是学院几年来单项课题经费较高的项目；由王海儒副教授课题组承担的“冷轧带肋钢筋”和“小型轧钢机”项目，一个课题组年经费收入 151 万元，也是学院几年来不多见的。

“八五”期间，学院科研经费总额达 1109.2 万元，年均递增 14%；共承接国家和省部级科研课题 92 项，横向课题 159 项，经鉴定具有国际和国内先进水平的 28 项，其中，获省、部级二等奖以上奖励 12 项；出版专著 44 部，发表论文 749 篇，其中国际论文 84 篇，23 篇被收入“四大索引”。1997 年，承担省、部及市“启明星”计划共 20 项，总经费 100 万元，当年进款 63 万元；承担横向课题共 27 项，合同总经费 361 万元，当年进款 170 万元，经鉴定具有国际和国内先进水平的有 5 项，获得部教育司一等奖 1 项，获得部三等奖2项。“八五”期间，新建了“机、电、液一体化”“锻压新技术”等5个研究所和14个研究室，确立了几个具有一定影响的稳定的研究方向。学院编辑出版的《太原重型机械学院学报》1993年被山西省委宣传部、山西省新闻出版局评为山西省一级期刊，被国家科委科技司选为CSTA（中国科学技术期刊文摘数据库（英语版））首批收录刊物，1995年获山西省高校学报三优评比“优秀学报”一等奖，同年获全国高校自然科学学报系统“优秀学报”二等奖。

（二）科技梯队逐渐形成，一批年轻的科技工作者脱颖而出，成为学院的科技骨干力量

由原洪加、秦建平、申增元等人完成的“单体液压支柱修复技术”受到煤炭部和煤炭科学研究总院的肯定；由张金旺、王录才等完成的“轧辊表面处理与复合技术”及“泡沫金属”都具有一定的水平和市场前景；由夏兰廷副教授研究的“金属堵漏黏结剂”以物美价廉颇受用户欢迎；由青年博士曾建潮开发的“仿真系统”、杨晋副教授与庞怡等研究的“煤矿调度软件系统”也都取得了成果；由博士华小洋和硕士黄庆学完成的国家重大技术装备“八五”科技攻关项目“大秦线重载列车与煤炭卸运系统装备”的子课题“钳盘式制动器研制”经鉴定处于国际先进水平；由硕士崔小朝承担的山西省科委青年基金资助项目“连铸过程凝固传热有限元动态仿真系统”通过省级鉴定，达到国内领先水平；由硕士柴跃生和硕士王录才等在张琰教授指导下完成的山西省科委资助的重点攻关课题“熔铸法铝基复合材料及其在发动机中的应用研究”于1996年10月12日通过省级鉴定，达到国家先进水平；由青年教师张玉萍主持研制的“新型高强度耐磨黄铜”于1996年10月12日通过省级鉴定，达到国内领先水平；由青年教师王宥宏、李秋书等完成的山西省青年科学基金资助项目“砂型铸铁件铸造缺陷的计算机分析研究”，经过省级鉴定，达到国内先进水平；由学院科技外事处刘中、王二才主持研制的“部教育司科技基金及部、司科技进步奖评审计算机管理系统”于1996年6月通过部级技术成果鉴定，达到国内领先水平；由学院党委组织部、计算机中心和省高校工委组织部共同研究开发的“高校基层党组织工作管理系统”于1997年3月20日通过省级鉴定，达到国内先进水平。

此外，1997年完成的科研成果还有：葫芦单梁门式起重机的刚度研究与结构优化设计（部三等奖）、多通管液压胀形技术的研究与应用（国际先进）、激光焊接锆-4合金的工艺研究（国内领先）、铝板铸轧过程的理论试验研究（国内领先）、7#JI型钢的开发（国内领先）等。

（三）建立科研基地，拓宽科研合作领域，促进成果转化

“八五”期间，推广和转化科研成果166项，合同金额达1646万元。学院的一批科研成果，经过技术市场转化为现实生产力，为经济建设做出了贡献。

以侯马平阳机械厂为基地，完成了达到国际先进水平的“新型高压径向柱塞泵”的中试、生产和推广，产生效益40余万元，转让给该厂后已将其作为定型产品。

“无缝管三辊联合穿轧机”“冷轧螺纹钢筋轧机”“小型型钢轧机”等三项技术，转让了近10家，科研进款达200多万元；“工程机械模具”“节能锤”等两项技术转让了5家，科研经费达80多万元；“皮带输送机”技术转让了9家；“钢厂自动化改造”为学院创收130万元以上；以太原钢铁公司为基地，使机械、材料和自动化学科的28项技术成果得以转化，并为学院累计创收280余万元。

“气垫式皮带机”已在山西省左云县机械厂实施；“低镍铬铸铁海水阀”已用于秦山核电站；“护环液压胀形新技术”也在几个大的重机厂开花结果；“液压盘钳式制动器”已在长治钢铁公司、平阳机械厂、太钢、太重等一些大中型企业广泛得到应用。

本着“背靠行业、服务地方、面向市场”的原则，学院多次组织参加了全国和地方的各种技术洽谈会，同太原市南郊区经委、大同市经委、太原钢铁公司、柳州工程机械厂、晋城市政府等签订了长期的经济技术合作协议；与榆次经纬纺织机械厂、太原锅炉厂、大同煤机厂等企业建立了厂校联系。还与省科委、省经委、省计委加强了联系，并与阳泉市、晋城市、大同市以及侯马市建立了长期稳定的联系和互利互惠的合作关系，为科研稳定发展和成果转化工作奠定了基础。

1996 年，学院与山东鲁研经济开发总公司签订合同，联合组建青岛天益无缝管有限责任公司，这是学院开始参与实施的第一项产学研工程。这项工程的热轧无缝管生产线，其主机是学院研究开发的三辊联合穿轧机，并以该项技术入股，股资为 144 万元，还选派 3 人参加公司董事会。这项工程的实施，对学院机械、电气、液压、自动化等专业的科技开发与协调配合都会起到促进作用。

（四）加强对外交流，开展学术活动，探索联合办学

继英国曼彻斯特理工学院、日本长冈技术科学大学之后，学院又先后与英国斯特拉克拉德大学、莫斯科建筑工程学院建立了校际联系，互派访问学者，交流科技图书资料，进行科学研究的合作。几年来，邀请了十多名外国专家、学者来院任教、讲学。同时，学院也派出了十多名访问学者，到国外进行考察访问。此外，学院和各系还邀请国内和院内的一些知名教授、专家和学科带头人举办各种学术报告会或学术讲座。据粗略估计，平均每年举办的各类活动 20 多次。这些活动，使广大师生开阔了眼界，提高了科技意识，活跃了学院的学术气氛，促进了学术活动的蓬勃发展。

（五）建章立制，使科研管理工作逐步步入科学化、规范化和法制化轨道

1993 年，科技处调整修订了有关科技管理文件，制定了《科技经费管理办法》《科技经费目标管理试行办法》《院科研基金管理条例》3 个文件；在 1994 年学院召开的“科技产业工作会议”上，又讨论通过了《专职科研机构管理条例》《科技工作量条例》《专利管理办法》《保护知识产权的规定》4 个文件，使科技管理工作步入正常轨道，基本上适应了市场经济和自身发展的要求。1997 年，根据学院开展科研工作的实际情况，又重新制订和修改了 4 份科技管理文件，即《科技工作量条例》《科技奖励条例》《科技经费管理条例》《院学术活动管理条例》。这些文件的贯彻执行，对于落实党的科技政策，保证多出人才、多出成果起到了很大作用。

为了进一步推动学院的科技工作，在 1994 年和 1997 年分别召开的两次科技工作会议上，对一些积极开展科学研究、组织社会科技服务、承担重大科技服务项目并超额完成科研经费的集体和一批获得省部级科技进步奖、积极争取科技项目开展学术研究、在科研进款和发表学术论著方面取得优异成绩的个人，授予先进科技集体和先进科技个人的称号，予以表彰和奖励。特别是对学院科技发展做出突出贡献者做出了低职高聘的决定。在 1994 年会议上王海儒副教授和高建民讲师分别被聘为教授和副教授；在 1997 年会议上同育全被聘为高级工程师。

第五节　适应经济建设需要　发展成人高等教育

学院是全省高等学校中举办成人高等教育较早的高校之一。经过十几年的不断发展，到1992年，由最初举办培训班、夜大学到开办函授教育、专业证书班和承担中青年干部任职资格培训的任务，其教学管理机构也由最初设在教务处的夜校部、干部培训科，发展为处级建制的培训部。

1992年，学院被省委组织部、省经委、省机电厅确定为定点的后备管理干部培训基地，成为全国七家大中型企业中青年干部培训基地之一，也是山西省唯一一家中青年干部培训基地。1992年至1997年，连续举办了6期培训班，共培养毕业生332人。1994年，培训部又主动适应社会需要，开办了成人脱产教育，同年7月，学院根据全国教育工作会议精神和社会经济发展对成人教育的需求，决定筹备成立成人教育学院。

规划设计中的成人教育学院，相对独立，自主办学，办学规模近期为在校生500名，远期为在校生1000名。可举办学院各专业的成人教学班，也可根据社会需求和学院各方面人员的知识结构开设新专业，开办多种层次、多种形式的教学班，为社会培养急需的应用型人才。办学经费单独核算，由成人教育学院批准支取。学院要求有关部门在成教院初建阶段给予积极支持，逐步过渡到有偿服务。成人教育学院要切实加强教学管理，努力提高教学质量，充分体现成人教育的特点，并按办学收益的一定比例上交学院。1995年，经机械工业部教育司批准（见机械工业部［1995］38号文），学校成人教育学院正式成立，并确定了成人教育学院的办学规模为2000人。

成人教育学院的成立标志着学校成人教育事业迈上了一个新的台阶，促进了学院成人教育办学层次和规模的不断扩大，逐步形成了完备的成人教育办学体系。成人教育所实施的高等教育，分为有学历教育和非学历教育两大类，以具有高中以上文化程度或同等学力的在职人员和待业青年为教育对象。学历教育从形式上讲有函授、夜大和脱产班，从层次上讲有大专、本科（专升本）。非学历教育有专业证书班、短期培训班等。在教学方式上采用了“教师走出去，学生请进来”等各种灵活的办法，除了办好校内的教学班外，还在校外生源集中的各地、市县或企事业单位设立了办学点和函授站。截至1996年年底，已在太原、阳泉、运域、晋城、汾阳、长治、闻喜、榆次、中条山、大同616厂、大同煤炭职校等地建立了16个函授站。在专业设置上既考虑充分发挥学院师资和设备的综合优势，更专虑经济建设和社会进步对各种人才的需求，并随着社会主义市场经济的深入发展和对人才需求的多样化适时地进行调整。

成人教育学院成立当年至1995年，即开办了12个专科专业。其中夜大开设的专业有：机械制造与设计（冶金机械）、工业自动化（实用电气技术）、工业自动化（机电一体化）、机械电子工程。函授开设的专业有：财会与电算化、经济管理、企业经营管理、文秘与办公自动化、计算机及应用、工业自动化（机电一体化）。脱产班开设的专业有：财会与电算化、工业自动化（机电一体化）、经济管理、企业经营管理、计算机及应用、文秘与办公自动化、工业自动化（实用电气技术）、模具设计与制造、铸造、焊接工艺及设备。还为燕山大学代招代办了装潢设计专业。除脱产班的铸造和经济管理专业外，其他夜大、函授和脱产班的所有专业均开设第二专业（已经取得大专毕业证书的考生，无须考试只带毕业证书和其复印件办理报名手续即可取得所报专业的学习资格、毕业取得证书后拥有两个专科毕业证书）。1996年，开设12个大专专业，其中新开设了6个专业，即脱产班的工业外贸、装潢艺术设计和函授的税务、工商行政管理、法学（法律）、腐蚀与防护（安全环保工程）。同时，还开办了专升本的工业电气自动化（计算机及应用）专业（已取得大专毕业证书的学员，经成人高考被录取后，再学习2～3年完成学业即可取得成人本科毕业证书）。1997年，开设12个大专专业和1个专升本专业，其中新开设了函授3个专业即市场营销、房地产经营管理、电力系统及自动化。1997年9月，学院根据办学条件和社会需求，向机械工业部教育司、国家教委呈报“关于申办函授本科教育的论证报告”，申办函授本科教育专业：计算机及应用、会计学、企业管理、机械电子工程和电气技术，同年国家教委下发了教成字8号文件，审核批准1998年度学院举办函授本科教育的办学资格。成人教育学院从1995年到1997年三年中先后开设了21个专业，而且每年都根据社会需求适时地调整和更新所开设的专业，这就为扩大生源创造了条件，使办学规模不断扩大，办学层次得到提高，成人教育学院学生在校人数1994年以前一直徘徊在200人左右，1995年达到1051人，1996年达到1675人，1997年达到2000人，三年上了三个台阶，不仅大大突破了学院在筹备成立成人教育学院时规定的1000人的远期目标，而且提前三年实现了学院“九五”计划所规定的2000人的办学规模。

为了提高函授和夜大学的教育质量，促进函授和夜大学的健康发展，做好函授和夜大学的教育评估工作，1996年2月，学院成立了函授和夜大学教育评估工作领导小组和专家组。1996年6月，为使成人教育教学计划、教学大纲更加规范化、系统化，学院成立了函授和夜大学教育教学计划、教学大纲评审组。同年10月，学院对函授和夜大学教育的自评工作基本完成，向机械工业部教育司提出对学校函授、夜大学教育进行评估的申请。1996年12月，机械工业部部属院校函授、夜大学教育评估专家组莅临学院就成人教育情况进行评估。通过评估，专家组一致认为：学院党政领导对成人教育工作是非常重视的，体现在：一是把成人教育工作纳入了学校总体发展规划和年度工作计划；二是对成人教育中的重大问题能及时地进行处理。肯定了学院在成人教育方面的办学指导思想是端正的，认真执行了国家有关成人教育的政策和法规，在招生、办班、收费、发证等重要环节上严格按规定办事，没有发生“三乱”现象。对成人教育学院几年来在招生规模、办学效益、教学质量和教学管理等方面取得的成就给予了高度评价，赞扬了成人教育的师资队伍和管理人员水平高、素质好。认为成人教育工作的自评报告实事求是，条理清楚，是一个合格的成人教育办学单位。

1997年2月，根据晋城市科学技术协会《关于成立太原重型机械学院成人教育学院晋城分院的报告》，经学院研究并请示上级有关部门后决定：建立太原重型机械学院成人教育学院晋城分院。晋城分院隶属于晋城科学技术协会，业务上受成人教育学院领导，其发展规模为500人，办学形式有函授、夜大、脱产和各类短期培训。

1997年5月下旬，学院组成教学检查领导小组和教学质量检查小组，对成人教育学院的教学工作进行了期中检查。1997年11月，学院决定成立成人教育研究与督导组，其职责是：

（1）对成人教育改革与发展中的重大问题进行调查、研究与论证；

（2）参与制订和修订成人教育教学计划、教学大纲、教材建设等工作；

（3）对成人教育的教学基础建设、教学管理等工作进行监督与指导；

（4）对成人教育的教学条件、教学状况和教学质量进行调研、检查与评估；

（5）对成人教育的课堂教学、实验实习、课程设计、毕业设计等教学环节进行检查和指导；

（6）参与成人教育工作的全面检查；

（7）参与成人教育的教学评估工作。

学院的成人教育工作，经过坚持不懈的努力，逐步地走向完善和成熟。到1997年，已经为社会培养和输送了3000余名各类实用型人才，为山西的经济腾飞和社会进步做出了可贵的贡献。

第六节 开拓创新 不断推进校内管理体制改革

“八五”期间，学院主动适应社会主义市场经济体制，始终坚持了解放思想、转变观念的思想政治教育，进行了一系列改革尝试。尤其是邓小平南方谈话和党的十四大以后，增强了改革的紧迫感，把改革列入了学院工作的重要议事日程，成立了改革办公室，积极推进各项改革工作。

一、1992年至1993年的初步改革

1992年4月，提出了学院内部管理体制改革分两步走的实施方案。第一步是从分配制度入手、体现“四个不一样”，即：除国家规定的工资不动外，院内分配部分要体现“干与不干不一样、干多干少不一样、干得好与干得不好不一样、贡献大与贡献小不一样”。在分配政策上，按照后勤系统、教学系统、管理系统三大块，采取不同的分配办法。这一步改革，促使学院的各项工作出现了许多新的局面。其中有6个系不等不靠，变被动为主动，积极挖潜搞开发，拓宽创收门路，增加了经济收入。年终奖金，这6个系中，最高的系是全院人均奖金的2倍，最低的系也高于全院人均奖，教学质量也有了明显提高。第二步是实行聘任制，在严格定员、定编、定职、定责的基础上，依照“公开条件、公平竞争、优化结构、择优上岗”的原则，对教师和干部进行聘任，形成能上能下、在什么岗位拿什么津贴的竞争机制。

1992年5月，学院决定总务处实行单项经济任务承包，要求总务处要本着不断提高服务质量和工作效率、不断改进服务态度的指导思想，坚持“包死基数，确保上交；多收多留，少收自补；节支提奖，欠标受罚”的原则，建立健全单项经济任务承包机制。为此，学院与总务处签订了承包协议。总务处在完成学院规定的各项工作任务之后，1992年要完成创收8万元、节支7万元的创收节支指标。协议还规定，对没有履行协议的一方，要依照协议给予处罚。协议要求各职能部门本着支持改革的原则，团结一致，通力协作，共同搞好总务处的各项经济任务承包，以产生良好的社会效益和经济效益。

1993年3月，学院制定了《校内管理体制改革方案》《考核工作实施意见》《校内分配制度改革方案》等10多个文件，从而加快了改革的步伐。坚持对各类人员进行年度和任期考核，并在此基础上实行任命和聘任结合；逐步下放管理权，实行奖金包干，推进院系两级管理，扩大系一级办学自主权；后勤实行了分项管理，切块承包，初步形成了

后勤改革方案。同年四、五月间，根据机械工业部《关于部属院校机构设置与人员编制的通知》精神，本着精干、高效的原则，调整了学院党政职能部门；按照学院各单位、各部门的工作性质、任务和特点，进行了人事分配制度改革的一项重要基础工作——定编工作。按照“八五”期间全院教职工人数控制在1142人以内的定编目标，全院共超编61人，为此学院又制定了《编余人员安置和管理暂行规定》和《人员流动的暂行规定》。

二、《校内管理体制改革方案》正式出台

1993年12月，在学院召开的第二届教职工代表大会上讨论通过了《太原重型机械学院校内管理体制改革方案》。该方案对改革的指导思想、基本思路、改革内容和所要达到的目标，做出了明确的规定。从而促使学院的管理体制改革更加全面系统、科学规范、稳妥有序地向前推进。

改革的主要内容和目标是：

（1）理顺管理体制，增强基层活力。目标是进一步完善党委领导下的院长负责制、简政放权，实行两级管理和目标责任制，增强基层办学活力。

（2）人事制度改革。目标是精简机构，紧缩编制，按需设岗，择优聘任，扬长分流，优化结构，严格考核，提高效率和效益。

（3）分配制度改革。目标是实行国家工资和校内津贴相结合的结构工资制，奖勤罚懒，奖优罚劣，打破平均主义，实行多劳多得，合理拉开差距。

（4）校办产业管理体制改革。目标是理顺关系，转换机制，增强活力，提高效益，逐步形成自我积累、自我约束、自我发展的运行机制，力争更多地为学院提供稳定的财源。

（5）后勤管理体制改革。目标是改革管理体制，转变运行机制，从管理服务型向服务经营型转变，从部分服务型承包向社会化服务型转变，逐步实现企业化管理，院内服务社会化，不断提高服务质量，增强服务实力，为学院全面发展提供坚实的后勤保障。

（6）财务管理体制改革。目标是进一步完善一级核算、两级管理为主的财务管理体制，为逐步过渡到两级核算、两级管理创造条件。要加强宏观调控，最大限度地发挥财务理财、聚财、生财之功能，增强办学实力，改善教职工生活，支持和保证学院各项事业的稳定发展。

（7）住房制度改革。目标是改变现行的依靠国家包下来、低租金、无偿分配住房的制度，逐步建立国家、集体、个人三者结合解决住房问题的新机制，积极改善教职工居住条件，注重解决中青年教职工住房。

（8）公费医疗制度改革。目标是根据国家有关公费医疗的政策规定，建立单位和个人共同合理负担的机制。采取措施，加强管理，改善教职工院内医疗条件。

（9）离退休养老保险制度改革。目标是按照国家关于城镇职工养老保险制度改革的政策，建立养老保险金由单位和个人共同负担的新机制。

三、关于人事、分配制度改革

1995年4月，为了充分体现按劳分配原则，调动广大教职工的工作积极性，在分配政策上体现奖勤罚懒，奖优罚劣，根据《国家机关事业单位工资制度改革文件》精神，学院决定实行津贴发放与考核挂钩。这项改革的实施，对于强化管理、促进工作、提高

效率起到了激励作用。

1996年4月，为促进校内管理体制改革的顺利发展，在完善定编、定岗、考核和聘任的基础上，院长办公会议讨论通过了《太原重型机械学院分配制度改革方案》，从而使教职工工资收入与实际履行岗位职责情况、完成工作任务的数量和质量以及对学院贡献的大小直接联系起来，以利于奖勤罚懒，更好地贯彻按劳分配原则，充分地调动全院教职工的工作积极性。

同时，院长办公会议还讨论通过了各类人员考核办法，并下发执行。这些考核办法是《太原重型机械学院部门考核暂行办法》《教师考核内容及考核标准》《科级以下党政干部、工人考核办法》《实验工程技术人员考核办法》等。

1996年6月，经院长办公会议研究决定，从1996年开始，在全院各系处级单位实行目标责任管理制度，以提高学院的整体管理水平，发挥中层领导班子在学院建设中的积极性与创造性，为全面完成“九五”改革与发展规划奠定基础。实施目标责任管理以年度为一个目标周期，即每年年初由学院领导与各系处领导签订目标责任书，年底考核目标责任的落实，考核办法原则上与部门考核相结合，并作为处级干部年度工作实绩考核的主要依据。

几年来，学院人事制度改革同各项管理改革紧密结合，制定和完善了一系列配套的人事管理改革方案，有力地推动了学院整体改革和各项工作的全面开展，使学院的办学效益和办学水平得到了明显提高。1997年3月，重新进行了人事制度改革中的管理体制和分配制度的调整和改革，通过强化编制管理，严格考核、择优聘任和实行工资切块发放，迈出了核编工作和工资切块发放的改革新步伐。

1992年至1997年，通过人事制度改革的不断深化，改善了队伍结构，严格了考核制度，明确了各基层单位的责、权、利，稳步地提高了教职工的收入水平，为学院开创新的局面、进一步提高办学效益和办学水平打下了良好的基础。

四、关于公费医疗制度改革

为了加强公费医疗管理，学院党政联席会议研究决定从1997年4月1日起开始执行新的《公费医疗管理暂行办法》。新办法是根据国务院推广《镇江、九江职工医疗制度改革方案》的有关精神，结合学院的具体情况而制定的。新办法坚持了国家、集体、个人共同分担的原则，改变了以往由国家全部包下来的福利型医疗制度，是学院进行医疗改革的一个重大举措。

改革第一年就有效地控制了医疗经费，既保证了就医，又减少了浪费，节省了开支，完成了全年医疗费控制在90万元以内的指标，与上年相比节约医疗经费16万元。同时，还推出了24小时的门诊服务，增添了10张观察床和隔离床，利用服务收入购置了一些小型检测仪器，改善了就医条件。

五、关于后勤管理体制改革

1997年4月9日，学院下发了《太原重型机械学院后勤改革方案》，迈开了后勤改革的新步伐。

后勤改革的目标是：

（1）从1997年3月起，原总务处改为后勤服务总公司，由行政管理体制转轨为企业管理模式。

（2）总公司在学院“九五”整体规划的基础上明确目标，突出重点，划分阶段，分步实施，步步升级，逐步实现后勤服务与社会市场接轨。

（3）总公司实行全额经费包干目标责任制，也就是“目标管理、经费包干、任务落实、创收补欠、节余留用、提成奖励”。

（4）在改革的实践中，逐步完善后勤服务总公司的人事、劳动分配制度。实行量化管理和岗位目标管理。

（5）积极开展有偿服务和对外服务，增加创收，在学院政策保证的前提下做出如下承诺。

1997年：①承担全部职工全年资金及部分人员工资合计20万元；②创收5万元来弥补经费投入不足；③自我发展积累10～15万元；④自筹20万元奖金用于基础设施改造、更新有关设备及后勤产业启动等。

1998年：①承担总公司全体人员奖金及15%在编人员工资；②创收15万元补偿经费不足，其余创收部分用于自我发展。

1999年：①承担总公司全体人员奖金及30%在编人员工资；②创收20万元补偿经费不足，其余创收部分用于自我发展。

到2000年进入全方位委托经营服务模式向社会化过渡。

《后勤改革方案》从1997年1月25日学院党政联席会议研究通过，到年底运行不到一年的时间，就取得了明显的成效。总公司除支付了工资差额和全部人员的效益工资外，还积累发展基金近30万元，并用其投资完成了三个大食堂改造。操作间加层、医疗卫生中心环境改造、汽车库改造等工程。还购置了大卡车一部和污水浇草坪设备一套。另外还计划拿出5万元弥补院拨经费的不足。后勤职工的服务意识和经营意识明显增强，收入水平也有了很大提高。总之，总公司初步具备了自我发展的能力，为后勤向社会化过渡打下了坚实的基础。后勤改革得到学院领导和部教育司领导的肯定以及全院师生员工的认可与支持。1997年后半年、省内外8所院校来学院进行了学习和交流，扩大了学院的影响。

六、关于住房制度改革

1992年以来，学院建立住房公积金制度，实行租赁保证金，提高住房租金进行集资建房，开始了住房制度改革，从由国家包下来的福利型住房分配的旧体制向建立国家、集体和个人三结合解决住房问题的新体制转换。在经过充分的调查、研究和做好准备工作后，学院于1996年进行了按国家规定的标准价首次出售公房的工作，共出售公房561套，占全院应售公房的81%。收回售房资金421.155万元，为以后住房的建设和维修增添了财力。

第七节　努力改善办学条件和育人环境

1992年以来，随着办学规模的不断扩大，学院多方面筹措资金，截至1997年年底先后新建了学生公寓楼两栋、教学实验楼两栋、教职工住宅楼两栋和幼儿园。

1997年，完成了成人教育综合楼的前期准备工作，完成了5号学生公寓楼的加固维修的勘探设计工作等。以上这些基本建设工程的实施与竣工并投入使用，在一定程度上改善了学院教学、科研和工作、生活环境，缓解了学院教学实验和办公用房及学生和教职工住宿的紧张状况，为以后扩大招生规模奠定了基础。

几年来，学院领导坚持深入实际，调查研究，及时了解群众最关心的切身利益问题，每年坚持为师生员工办几件实事、好事。1993 年，学院在财政十分困难的情况下，投资 28.9 万元进行了旧井改造和打新井工程，缓解了师生吃水难的问题；投资 50 万元，完成了学院双电源工程，从而保证了教学、科研和工作、生活的正常进行；投资 37 万元进行了锅炉维修和暖气改造工程、保证了师生员工的冬季取暖和教学、科研的进行。还改造了行政楼、旧教楼、图书馆、体育场等，总面积达 39027m²。学生宿舍楼进行了公寓化改造，91 ～ 93 级新生全部实行了公寓化管理。清理、拓新了污水沟、围墙、马路等。开展了对治安小区的综合治理。清理了学院门口的台球案子和学生宿舍区内的各种摊点和违章建筑，优化了育人环境。1994 年，为了保证给学生提供优质服务，学院先后投资 7000 余元解决了学生公寓用水“东水西调”的问题；投资 18 万元购置安装了新型蒸汽锅炉，满足了学生食堂的用气需要和学生饮用开水的需要；投资 1 万元添置了食堂的餐桌和食品加工设备，使学生就餐条件得到改善。在学生住宿条件方面，学院对学生宿舍 1 号楼和 5 号楼进行了公寓改造和电器改造，更新了上下水设备；对 1 号、4 号、5 号、6 号楼的门窗，以及 1 号楼和 5 号楼室内的旧床、桌椅进行了油漆粉刷；为 7 号楼（女生公寓）配置了麦克风、石英钟和穿衣镜等设备。

为创造良好的育人环境，还投资 5 万元购置了草籽、树种、花卉，绿化了校园近 4000m² 的土地，种植了 120 棵江南槐和国槐，盆栽了 1000 株月季花，新修了道路，使校园呈现出了新的景色。1995 年，修整了 800m² 的学生公寓活动场地，修建了 300m² 的自行车棚；在学生公寓区安装了直拨电话，开办了学生洗涤服务部；对教室、公寓的照明线路及灯具进行了维修。此外，在改进食堂工作的过程中，实现饭票制向磁卡制的转变，大大方便了学生就餐。从 1996 年开始，学院制定了实施净化、绿化、硬化、改善育人环境的三年规划，当年就投资 130 万元，在家属区、教学区共硬化地面 3500m²。同年，还投资 70 万元，打了一孔每小时出水 35 吨的 400m 深井，进一步改善了师生员工的用水问题。1997 年，学院拿出 350 万元资金用于基础设施建设，改善校园环境，对代表学院发展历史的建筑物“主楼”进行了内外装修；对代表学院面貌的“大门”“二门”、收发室及门前道路进行了改建和美化；修建了操场厕所；完成了 13 号教职工住宅楼的煤气工程及其周围路面的硬化工程；共修复漏雨屋顶 5510m²，粉刷修整房屋 12000m²，配置了大量的木器家具；拆除旧平房 25 间 / 套，总面积 700m²。

经过几年的努力，学院共新增建筑面积两万多平方米，进行了水、电、气、暖等各种设施的配套工程建设和大量的维修工作，保证了教学、科研和其他各项工作的顺利开展，改善了师生员工的生活和工作环境。全院所有的教学区和生活区基本实现了硬化，种草、种花、种树，提高了绿化覆盖率，向建设花园式校园迈出了可喜的步伐。

第八节　加强思想政治教育　推进精神文明建设

“八五”期间，学院认真贯彻党的教育方针，坚持“两手抓，两手都要硬”，研究和探索市场经济条件下大学生教育和管理的特点、规律和方法；强化全员德育意识，大力倡导教书育人、管理育人、服务育人，把德育工作贯彻和渗透到教育的全过程；重视校风、学风建设，优化育人环境，积极进行社会主义精神文明建设。

一、充分发挥马克思主义理论课和思想品德课的“主渠道”“主阵地”作用

学院系级建制的社会科学部承担着“两课”的教学任务，有一支年龄、学历、职称结构比较合理、基本能适应教学需要的专兼职教师队伍。其中的兼职教师，既是学生思想政治工作的主力，又是教师队伍的重要组成部分。学院党政联席会议每年有两次以上专题研究讨论“两课”的教学工作，分管领导也经常听取汇报，深入课堂，参加活动，提出指导意见。

学院在“九五”改革与发展规划中明确地把“两课”作为重点课程来建设，重视“两课”师资的培养提高。几年来，平均每年选送两名青年教师到国家重点大学进行深造，已有11名教师取得了硕士研究生主要课程班和第二学位证书。自1993年省教委评估后，社科部狠抓了“两课”的基本建设，四年制本科开设了《中国革命史》《马克思主义原理》《中国社会主义建设》《思想道德修养》《法律基础》《形势与政策》《大学语文》和《大学生择业指南》等8门必修课，并形成了一套规范的教学制度。在教学管理上，能严格执行教学计划，认真按照教学大纲备课，教案和教学提纲齐全，并定有相应的岗位责任制和活动要求。社科部要求教师利用周边环境了解社会，做一些社会调查；深入到学生中间了解学生思想状况，做到敢于面对现实，追求理论的真实性；真诚地面对学生，针对性地上好课，以增强理论课教学的吸引力，最大限度地发挥“两课”教育的实效性。此外，还要求教师积极参加学生的课外学习辅导、业余党校讲课、辩论、演讲、咨询等活动以及日常的思想教育工作，做到既教书又育人。社科部在狠抓“两课”基本建设的同时，学术研究也有了长足的发展，特别是青年教师的科研意识大有提高，仅1994年和1995年两年，就在校以上刊物上发表论文36篇，有9人次参加了著作和教材的编写工作。

二、坚持用邓小平建设有中国特色的社会主义理论武装全院师生员工

学院每年都把学习邓小平建设有中国特色的社会主义理论作为全年思想政治教育的主线和进行社会主义精神文明建设的根本，采用“整体布置、分类指导、抓住重点、联系实际”的方针组织实施。

（1）整体布置：由党委宣传部对全院师生员工的学习做出周密的安排，要求紧紧围绕“什么是社会主义？怎样建设社会主义？”这个基本问题，抓住“解放思想、实事求是”这个精髓，准确理解邓小平同志的一系列理论观点的科学内涵和内在联系，把握精神实质和科学体系，引导师生员工树立建设有中国特色社会主义的共同理想和正确的世界观、人生观和价值观，为精神文明建设提供科学的思想保证。

（2）分类指导：根据不同人员的实际情况采用不同的学习形式。学生采用以“两课”教育为主，通过实践活动，使建设有中国特色的社会主义理论深入浅出地进入课堂，进入教材，进入学生的头脑。教职工利用理论学习时间以自学有关材料为主，加强专题辅导。专题辅导工作由各总支、直属支部根据学院安排的内容，结合本单位的实际情况组

织实施。中层干部要求以研读《邓小平文选》原著为主，进行理论研究，以提高运用理论分析、指导和解决实际问题的能力。

（3）抓住重点：重点抓好领导干部和中青年教职工的理论学习。院系领导干部要坚持中心组理论学习制度，同时举办中层领导干部政治理论培训班和40岁以下中青年干部和教师参加的跨世纪人才理论学习班。

（4）联系实际：要做到两个结合。一是学习理论与解决思想实际问题相结合；二是学习理论与学院实际工作相结合。

三、坚持对全院师生员工开展爱国主义、集体主义和社会主义教育

早在1993年，学院就专门成立了关心下一代委员会，采取“走出去，请进来”的办法，利用举办报告会、座谈会、参观革命圣地、开展纪念毛泽东一百周年诞辰系列活动等进行集中教育和自我教育；《爱国主义教育实施纲要》公布后，学院党委积极组织全院师生员工进行学习讨论；党、政、工、团各部门充分利用各种时机，采取多种方式将爱国主义教育渗透到全院师生员工的学习、工作和生活中去。1995年，为了加强爱国主义教育，学院成立了爱国主义教育领导组，制定了《贯彻中共中央爱国主义教育纲要实施意见》，组织了爱国主义教育报告团。在爱国主义教育活动中，采取了以下一些做法。

（1）充分发挥“两课”、业余党校、业余团校的“主渠道”“主阵地”作用，使爱国主义教育成为正面教育的主旋律。

（2）结合实际，突出主题。如开展“学先进人物看自己”“爱国主义知识竞赛”“纪念抗日战争胜利50周年”“12·9爱国主义歌曲合唱节”“校纪校规教育月”“节水、节电、节粮食，发扬艰苦创业精神”等主题活动。

（3）建文明规范，抓养成教育，使爱国主义付诸学生的实际行动。如：开展以“树优良校风，创先进班级，做文明学生”为主要内容的“三抓、三创”活动；采取“抓好一项制度，建设两大基地，做到三个结合，实施四项教育”。

四、学生社团茁壮成长，社会实践活动丰富多彩，校园文化建设不断迈上新台阶

“八五”期间，一个个学生社团如雨后春笋般成长，活跃在校园的各个角落。有学习研究政治理论的哲学读书会、毛泽东思想学习会，有送温暖、献爱心、做好事的学雷锋小组、为社会主义服务和为人民服务的“二为”服务小组和青年志愿者活动队，有酷爱文艺活动的青年文学社、书画摄影协会，还有关心学院育人环境的校园建设者协会和自管会等。在学院各级党团组织的关心、扶持和引导下，学生社团的建立和活动逐渐向知识能力培养和科技实践活动方面转变，先后成立了英语协会、科技小组、计算机协会、大学生科学技术协会和大学生记者团等。到1996年年底，学生社团已发展到27个，参与活动的学生达1500多人。

在众多的学生社闭中，坚持活动时间最长、社会效果最好的要数“学雷锋小组”。他们由廖红军、鲍红等9名工机842班的同学经过思考、讨论和酝酿，在1987年3月16日成立，活动的宗旨是：“学雷锋精神，树社会新风，做四有新人”。学雷锋小组的“前辈”毕业前，总要为自己挑选接班的新成员来继续小组的活动，就这样一年又一年地传

下去，队伍不断地壮大，学雷锋活动开展得更加丰满，并逐渐走向成熟。这期间，他们经受了“厌学风”“经商热”“下海热”等考验，动人事迹被《光明日报》《山西日报》《太原日报》、山西电视台、山西人民广播电台等诸家媒体报道。学院党委对他们的活动给予充分肯定，并发出了嘉奖令。共青团山西省委授予他们“新长征突击队标兵”称号。

几年来，学院团委根据上级指示精神，每年都发动和组织学生进行暑期社会实践活动，以“在实践中成长，在奉献中创造”为行动口号，按照集中活动和分散活动相结合的方式进行。参加社会实践活动由最初的只是引导青年学生接触社会、走访工农、了解国情、接受教育、服务社会、献出爱心、增强“振兴中华”的责任感和使命感，发展到后期的以科技文化扶贫为重点，开展扫文盲、扫科盲、扫法盲，帮助贫困地区进行扶贫立项、技术攻关、进行调研、讲求实效以及与面向农村、面向乡镇企业的“科技下乡、文化下乡、卫生下乡”的“三下乡”扶贫工作相结合，为“扶贫攻坚”做出了应有的贡献，取得了丰硕的成果。比如：自动化与计算机工程系社会实践队在山西省方山县方山乡建立了“乡村援助站”和“青年科技图书站”，并援助了当地2000余元的教学用品，捐赠了4000余册图书和1000元的资助失学儿童资金。管理工程系社会实践队在山西革命老区平顺县石匣村开展了教育扶贫活动，队员们赠送了一些农业科技知识的书籍和农村常见病的药品，开办了科技知识和卫生知识讲座，受到平顺县人民的热烈欢迎。《山西科技报》和《永济日报》等新闻媒体对学院的社会实践活动予以宣传报道，院团委荣获社会实践活动的“优秀组织单位”称号，连续三年被团省委授予“先进团组织”“新长征突击队”称号，还被中宣部、国家教委、团中央授予1995年度社会实践先进单位。

“八五”期间，校园文化活动在“引深思想教育，培养科技才能，接受文化熏陶，欣赏高雅艺术，展示青春风采，创造良好育人环境”的指导思想引领下蓬勃开展，除完成院团委和院学生会主办、各系分团委、系学生会和学生社团承办的大型活动外，由各系和各班级组织举办的一些中小型活动和分散活动穿插在大型活动之中进行。

此外，“关心他人，把爱心献给社会”的活动也不时地在校园内出现。例如：机械工艺系组织的红色爱心队到太原市福利院进行义务服务，为孤寡老人进行文艺演出，坚持到校外进行义务家教；机电工程系开展的“结对子，帮后进，育新人”活动，有9名教师和9名学生结成对子，开展“一帮一”活动；管理工程系组织的大学生青年志愿者服务队赴太原第三干休所为离休干部服务，请离休干部来校做报告，进行艰苦奋斗教育和革命传统教育，为军学共建文明校园活动的展开奠定了良好的基础。

五、通过典型事例，树立榜样，宣传先进，体现重院人的高尚情操

1993年11月23日，《山西日报》头版刊登了一篇《文瀛湖水最知情》的文章，报道了学校机械制造系903班学生吉慧元、计乃亮、刘文成抢救落水儿童的事情。1992年9月30日，吉慧元奋不顾身从太原市文瀛湖中把一个8岁的落水儿童郭俊浃救了出来，并和随行的计乃亮、刘文成一起把郭俊浃送到其外祖父王保军的菜摊上，不等王保军说声道谢的话就走了。这件事体现了学校大学生的风貌，在社会上引起很大反响，学院党委授予吉慧元同学“精神文明标兵”称号，院团委也发出号召，向吉慧元等3位同学学习。

1995年2月16日，学校收到了山东省文登市界石镇阎家泊子村农民刘守序给学院党委寄来的一封感谢信，感谢学校管理工程系国际贸易专业941班学生曹建桥在1月31日

晚不顾个人安危，见义勇为，扑灭了他家门前的大火，表现出高尚的风格。

1995年6月，王荣祥、任效乾夫妇在教学过程中看到一些品学兼优的学生由于经济条件的限制无法继续深造后，经过商量，决定从多年来的著书收入、科研收入和工资积累中拿出10000元作为矿山机械专业研究生的奖励基金，以资助那些立志成才而无经济实力的学生继续深造。这一举措，表现了人民教师对党的教育事业做出的一片奉献之情，也反映了作为教育工作者对培养人才的责任感和使命感。

1996年夏，自动化与计算机工程系计专951班的高秀梅同学因患有严重的肾病需要住院治疗，短短几天时间，仅系里老师们就捐款1700元，学生捐款6242.60元。之后，学院其他各系的老师和同学也纷纷响应，就连学院附中的初二班同学也加入到这一热潮之中，全院累计捐款12424.50元。课余时间，同学们还抢着背起募捐箱走出校园为高秀梅同学治病募捐。

六、贯彻落实党的十四届六中全会精神，努力实现创建文明大学的目标

1997年，学院在精神文明建设方面上了一个新台阶、进入了一个新阶段。这一年，院党委制定了《贯彻〈中共中央关于加强社会主义精神文明建设若干重要问题的决议〉的实施意见》（以下简称《实施意见》），提出了学院精神文明建设的基本思路和今后5年学院精神文明建设的主要任务与目标。基本思路是：坚持“一个根本”（培养“四有”新人），围绕“两个中心”（教学、科研），建设“三项工程”（精神支柱、形象塑造、育人氛围），创建“文明大学”。主要任务与目标是：学好建设有中国特色社会主义理论，掌握精神实质，弘扬主旋律，高唱正气歌，建设精神支柱工程；全面加强道德建设，搞好形象塑造工程；重视校园文化建设，创造良好的育人环境，落实育人氛围工程。实现以思想道德修养、科学文化水平、民主法制观念为主要内容的公民素质的明显提高和以教风、学风、工作作风、教学秩序、育人环境为主要标志的校园文明程度的明显提高；开创教学科研工作与思想道德建设协调发展的良好局面，争取在三年内达到省级文明大学的标准，为国家培养更多更好的有理想、有道德、有文化、有纪律的社会主义事业建设者和接班人。当年，学院就根据《实施意见》要求，调整和充实精神文明建设领导机构，建立了党委领导，各级党政领导齐抓，全院党、政、工、团、学共管的精神文明建设领导机制。依托党委宣传部成立学院精神文明办公室，各单位成立了精神文明领导小组，做到机构健全，人员到位。

在组织全院师生员工认真学习《中共中央关于加强社会主义精神文明建设若干重要问题的决议》的基础上，重点抓了三项工程的建设。

（1）在建设“精神支柱工程”方面，在全院师生员工继续坚持，不断引深邓小平理论学习的同时，及时地布置了学习党的十五大报告的安排。并且还举办了由院（系）领导、社科部教师、党政机关干部和各系分团委书记80余人参加的贯彻党的十五大精神理论骨干培训班。

（2）在建设“形象塑造工程”方面，进一步加强社会主义道德建设。教职工以职业道德建设为重点，塑造良好的师长形象。分别制定或修订了教师、干部和职工的职业道德规范；学生以社会公德建设为重点，塑造良好的大学生形象。建立健全大学生社会公德行为规范。特别是与师生员工日常生活有着密切联系的单位，如卫生所、图书馆、食

堂、维修部门和幼儿园等，要积极推行“热情服务承诺制度”，形成方便群众、礼貌待人、热情服务的良好风气。

（3）在建设“育人氛围工程”方面，把校园文化建设摆到重要议事日程上，以校风建设为重点，推进校园文化建设。

几年来，学院思想政治工作领导组和思想政治工作研究会发挥了很大作用，研究、探讨和总结出课堂系统教育和课外活动教育相结合、集中教育和个别教育相结合、组织教育和自我教育相结合等一系列思想政治工作的新路子、新经验，形成了具有重院特色的思想政治工作体系，收到良好的效果，受到了省教委思想政治工作检查评估组的充分肯定。在精神文明建设方面，在学院党委的领导下，经过全院师生员工的共同努力，1992 年至 1997 年，年年都通过了河西区（后改为万柏林区）和太原市的检查验收，年年都被评为区和市的“文明单位”。

第八章　改革创新　加快发展（1998—2004年）

1998—2004年，学院深入贯彻邓小平同志“教育要面向现代化、面向世界、面向未来”的指示精神和教育部有关会议精神，围绕教育教学、学科建设、科技研发、人才培养、条件保障等方面继续深化改革，以学科建设为龙头，以教学改革为核心，以提高教学质量为目标，以条件改善为办学方针，加快发展步伐，推进学院在改革创新中快速发展。

第一节　科学规划　明确发展蓝图

一、召开教学工作会议

1998年5月19日，太原重型机械学院召开了教学工作会议。这次会议是贯彻邓小平同志“教育要面向现代化、面向世界、面向未来”的指示和教育部于1998年3月召开的第一次全国普通高等学校教学工作会议的精神而召开的。会议紧紧围绕学院的中心工作——教学改革——展开，旨在使全院教职工进一步认清形势、统一思想、转变观念、抓住机遇，提高学院的自我发展能力，从更深层次、更高角度探讨人才培养模式，从而以知识、能力、素质并重的培养方式来适应市场经济的需要。学校围绕坚持教学改革、提高教学质量提出了八项任务和措施。

一是坚持正确的办学方向，转变教学思想和办学观念。强调学院要坚持以学科建设为龙头、以教学改革为核心、以提高教学质量为目标、以改善教学条件为保证的办学方针，使学院的教育思想和办学模式主动适应社会主义现代化建设的需要。

二是进一步加强学科建设，调整专业结构。要在“九五”期间，结合学院的机构调整，下大力气进一步加强学科建设，完善专业学科调整等项艰巨任务。

三是稳步扩大招生规模，提高办学效益。学院1998年全日制本、专科招生计划为1220人，其中95%为本科生，照这样速度发展，到2000年，在校全日制本、专科学生人数有望突破5000人。同时，进一步扩大硕点数和研究生招生规模，扩大成人教育招生规模。

四是加大教学改革力度，提高教学质量。加强和完善教学质量保证体系，开展教学内容和课程体系的改革，加强基础，拓宽专业方向，转变狭窄的专业教育观念，树立素质教育、能力教育和终身教育的观念；要进行教学方法和教学手段的改革，将传统深入式教学向启发式、讨论式和研究式教学转变；要深化教学管理体制改革，逐步推行和完善学分制，施行主辅修制，加强和完善院、系两级教学管理，加强和完善学生考核与学籍管理。

五是改革人才培养模式。我们要下大力气对传统意义上的人才培养模式进行改革。首先要逐步实行按系、部招生，按专业大类培养，加强基础，拓宽专业方向；其次是要鼓励学科交叉、文理渗透，通过采用主辅修制和提倡跨系、部选课等形式，提高学生的综合素质与实际工作能力，培养出适应跨世纪科技与社会经济发展的各类复合型人才。要以本科教育为主，坚持多层次办学模式和人才培养，加强学位点建设和高学历教育，加强继续教育，扩大成人教育规模，为社会主义经济建设培养各类合格人才。

六是加强课程建设和教材建设。要加强校内重点课程和一类课程建设，制定和完善一类课程评估体系，对于重点课程和一类课程，在教师工作量酬金方面给予倾斜。在教材建设方面，在鼓教师选用国家统编的高质量教材的同时，支持教师编写富有创新内容的好教材，要鼓励编写学科交叉、渗透和边缘学科方面的教材。

七是加强师资队伍建设。要培养和造就一批勇于探索、乐于奉献的在国内某些学科领域具有一定影响的人才。一方面要采取吸引人才的措施，吸引较高学历的人才来学院工作；另一方面要对青年教师进行相应的岗前培训，采用老教师传、帮、带等方法提高青年教师的教学水平和业务素质，教育青年教师爱岗敬业和教书育人。

八是加大教学投入改善育人环境。要不断加大对教育投资的力度，改善育人环境和办学条件，随着新办专业的增加和招生规模的不断扩大，在学科建设上加大投入，并向重点专业和新办专业倾斜。

二、“十五”计划和 2010 年远景规划制定

为迎接 21 世纪的到来，学院于 2000 年 6 月 20 日召开了第三次教职工代表大会，王明智院长在会上作了“解放思想，改革创新，以新的姿态跨入 21 世纪”的工作报告。会议还讨论审议了《太原重型机械学院“十五”计划和 2010 年远景规划》。

学院的“十五”计划和 2010 年的远景规划中提到：“‘十五’期间，国家教育形势将发生巨大变化，对人才培养的目标、内容、方法及教育思想都提出了新的要求，学院面临新的机遇的同时，也面临着新的挑战。学院应抓住机遇，在依靠社会、争取政策支持的同时，加大自我发展的能力，提高整体办学水平和经效益，以全新的面貌立足于高校之林。”

“计划”和“规划”中提出的总体目标是：

（1）“十五”末期，在校本科学生规模达 10000 人；成人教育在校生达 4000 人；研究生达 400 人。力争到 2010 年本科生达 15000 人；成人教育在校生达 5000 人，研究生达 600 人。

（2）加强学科学位建设。要保证每年投入 500 万元，优化学科、调整专业，拓宽专业覆盖面，从实质上在办出特色、办出优势上下功夫。“十五”末期，使本科专业达到 30 个，硕士学位授予权点达到 15 ～ 20 个，博士学位授予权点实现零的突破，力争达到 2 ～ 3 个；省级重点学科、工程中心与重点实验室之和达到 6 个。到 2010 年，本科专业达到 40 个，博士点达到 4 个，硕士点达到 25 个左右，争取一级学科博士点零的突破；建立 4 个工程中心、2 个中试基地、5 个省级重点学科 5 个省级重点实验室，力争国家级重点学科、实验室、工程技术研究中心零的突破。

（3）人才培养是学院的中心工作，教学工作是学院各项工作的主旋律。要以教学内容和课程体系为重点，深化教学改革；加强教学管理，建立和完善教学质量考核评估体系，改善教风和学风；加大教学投入，改善教学和实验条件；改革和建立新的人才培养模式，推进和强化素质教育；形成具有时代特征的现代教育思想，构建 21 世纪教育模式及充满生机和活力的教育机制，从而使教学质量和人才培养质量有明显提高。

（4）积极创造条件，提高我院科技水平和产业实力。成立“产学研”三结合董事会，“十五”末期，科研项目进款额超过 1200 万元 / 年；师均科研成果获奖数、成果转化率

及进入SCI、EI、ISTP等索引论文数力争居省内高校先进行列。完成校办产业转制工作，使校办产业成为我院科技人员和师生科技攻关的基础、科研成果孵化器和推广基地，成为学院办学的依托。兴办5个科技型实体，校办产业年总产值达5000万元，年创利润500万元。到2010年，重点学科学术水平应达到国内先进或领先地位，科研项目进款额达3000万元/年;校办产业年总产值上亿元，年利润达1000万元。创建产权制度股分化、资金筹集多元化、开发生产一体化的新型校办产业体系。

（5）合理调整教职工队伍的结构。“十五”末期，教学科研人员应达到基本教育规模的60%左右；启动创新人才工程，建立一支思想政治素质好、学术水平高、结构合理的师资队伍。管理干部队伍和教辅人员队伍优化结构，提高素质。教师硕士化达60%以上，其中博士生达到15%。2010年硕士化力争达到90%，其中博士生达到25%。

（6）加速基本建设，改善办学条件。按万人规模完成基建扩充计划，实现空间拓展的实质性突破。“十五”期间扩展土地300亩，多渠道筹集资金，新建教职工宿舍50000m^2，新建15000m^{2}的图书大楼；新建改建学生公寓共50000m^2；新建教学实验用房20000m^2；新建学生食堂4000m^2；完成其他配套设施的基建任务。到2010年，进一步扩大学院占地面积，建筑面积达400000m^2。

第二节　深化教育教学改革　提升教育质量

1998年学院教学工作会议以来，特别是2001年后，学院教学工作紧跟国家教育发展方向，遵循现代教育规律和教学理念，在扩大办学规模、优化专业学科结构、强化教学管理、深化教学改革、坚持和培育优势和特色、提高教育教学质量等方面都取得了喜人的成绩。

在学院的高度重视和有力推动下，教学管理部门与各教学单位、各教学辅助部门、学生管理和服务部门加强沟通与配合，形成了从学生招生、入学、教学、管理到生活及就业等协调联动的“大教学”工作格局，最大限度地调动和整合了学校各方面力量、各种资源投入到教学工作中来，为提高教学质量、提升学校办学水平创造了良好的工作机制和工作环境。

一、制订学院第一部学分制培养计划

根据1998年教育部颁布的《普通高等学校本科专业目录和专业介绍》中的规定，学院调整了原有的专业，形成了在经济学、法学、文学、理学、工学、管理学六个大类下的18个专业。为了贯彻执行中宣部、教育部1998年6号文件和山西省委、省教委1998年16号文件精神，落实“拓宽专业”，减少课内时数，增加人文类选修课，坚持“素质教育”，培养“创新精神”和保持学院特色，规范学时、学期与实行学分制接轨的精神，在学院1995年教学计划的基础上，编制了99级培养计划，这是学院第一部学分制培养计划。99级培养计划的制订，坚持了以下原则。

（1）适当减少课内时数，为学生的自主学习和独立思考留出时间，并安排一些选修课和实验课，引导学生多学一点。计划安排总学时减少到2500学时左右。

（2）本着拓宽专业面，增强人才的适应性，改变本科教学内容偏窄、偏专的倾向。

（3）本着贯彻因材施教的原则，适当扩大选修课的种类与数量，适当加大教学计划

中的灵活性和可选性，改变学生知识、能力“千人一面”的状况。计划中安排每周4学时左右的选修课。

（4）努力体现学院的办学特色，找准人才培养的定位，改变教学计划“千校一面”的状况。

（5）本着加强基础的原则，对于外语、高等数学等公共基础课以及前几个学期的公共课、基础课、专业基础课，采取不减或少减学时的办法，使学生学好，也为学生考研打好基础。

（6）对专业课和专业基础课，则要少学时、多模块，开阔学生的眼界。

（7）课程设计、毕业设计及某些专业的专业课是体现学院办学特色的，不能削弱。设计类专业应以为企业培养工程师为主。

（8）根据国家教委《加强工科非计算机专业计算机基础教学工作的几点意见》和《工科非计算机专业计算机基础教学指南》中把计算机课程分为计算机文化基础、计算机技术基础、计算机应用基础，以及保持计算机教学不断线的原则，安排了第一学期的计算机文化，第三学期的算法语言C，第六学期的微机原理、软件设计，第七学期的CAD技术五门课程。

（9）本着课程间紧密配合、避免重复的原则，调整了有些课程的学时，如高等数学由176学时减为160学时，工程力学由164学时减为144学时，原理和零件由170学时减为144学时，物理由112学时减为96学时，工程图学由132学时减为128学时，电工学由120学时减为96学时。

（10）把各系的计算机培训纳入计算机课程体系中，形成计算机教学不断线，如汉字信息处理、数据库技术等安排成系管选修课。

（11）建议第七学期开设专题讲座，讲授专业前沿的新情况、新技术，开阔学生的眼界和思路。以机械系99级机械设计制造及其自动化专业培养计划中的课程设置为例（表8-1），可以反映出以上的精神和原则。

表8-1　机械系99级机械设计制造及其自动化专业课程设置

类　别	性质	课 程 名 称	学分	学时数/学时				
				学时	讲课	实验	习题	上机
公共基础课	必修	邓小平理论概论	3	48	48			
	必修	思想道德修养	2	32	32			
	必修	法律基础	2	32	32			
	必修	哲学原理	3	48	48			
	必修	政治经济学	2	40	40			
	必修	毛泽东思想概论	2	32	32			
	必修	外语	16	272	240	32		
	必修	体育	4	120	120			
	必修	高等数学	10	160	160			
	必修	物理	6	96	96			
	必修	线性代数与概率统计	4	64	64			
公共基础课合计：944学时，54学分（其中两课232学时，14学分）								

（续）

类　别	性质	课 程 名 称	学分	学时数 / 学时				
				学时	讲课	实验	习题	上机
专业基础课	必修	工程图学	7	112	112			
	必修	计算机文化	2	32	22			
	必修	算法语言 C	2	32	24			
	必修	工程力学	8	128	128			
	必修	电工与电子技术	6	96	96			
	必修	机械原理	4	64	64			
	必修	机械零件	4	64	64			
	必修	金属工艺学	2	32	32			
	必修	公差测量	2	32	32			
	必修	热处理	3	48	48			
	必修	弹性力学	2	32	32			
	必修	机械工艺学	3	48	48			
	必修	微机原理	3	48	36			12
	必修	软件设计	3	48	36			12
	必修	液压技术	4	64	56	8		
	必修	塑性力学与轧制原理	4	64	64			
	必修	有限元方法	2	32	24			8
专业基础课合计：976 学时，61 学分								
专业课	必修	冶金生产系统工程	6	96	96			
	必修	电力拖动	3	48	48			
	必修	测试技术	2	32	24	8		
	必修	控制工程基础	2	32	32			
专业课合计：208 学时，13 学分（200 学时以内）								
必修课合计：2128 学时，128 学分								
必选课	必选	物理实习	2	48		48		
	必选	电工实验	1	28		28		
	必选	形势政策	0	14	14			
	必选	就业指导	0	14	14			
	必选	体育测试	1	8				
必选课合计：112 学时，4 学分（2128+112=2240）								
任选课	任选	大学语文	1	32	32			
	任选	工程化学	1	32	24	8		
	任选	科技写作	1	32	32			
	任选	汉字信息处理（系管）	1	32	24			8
	任选	数据库技术（系管）	1	32	24			8

（续）

类　别	性质	课 程 名 称	学分	学时数 / 学时				
				学时	讲课	实验	习题	上机
任选课	任选	声乐艺术	1	32	32			
	任选	数字建模	1	32	24			8
	任选	摄影技术	1	32	32			
	任选	创造学	1	32	32			
	任选	系统工程	1	32	24			
	任选	艺术鉴赏	1	32	32			
	任选	网上文献检索	1	32	24			8
	任选	机械振动	1	32	32			
	任选	非金属材料	1	32	32			
	任选	世界经济与政治	1	32	32			
	任选	公共关系学	1	32	32			
	任选	科技外语	1	32	32			
	任选	企业管理	1	32	32			
任选课合计：任选其中 6 门课 192 学时，6 学分（2240+192=2432）								
专业选修课	专选	优化设计方法	1	32	24			8
	专选	机械系统设计	1	32	32			
	专选	专题讲座	1	32	32			
	专选	可靠性设计	1	32	32			
	专选	CAD 技术	1	32	24			8
	专选	机电一体化	1	32	32			
	专选	专业外语	1	32	32			
专业选修课合计：任选其中 3 门课，96 学时，3 学分（2432+96=2528）								

注：执行以上计划，学生到毕业时，课程总学时数达到 2528 学时，学分总计（141+32=172）（32 为实践性教学环节的学分）。

二、强化教学工作中心地位，确保人才培养质量

1998 年以来，学院坚持以人才培养质量为本，深化教育教学改革；增加教学经费投入，努力改善办学条件；加强师资队伍建设，提高教育教学水平；调动各方面积极性，推动管理体制创新的基本思路和措施。

（一）完善机制，强化管理，确保教学质量

1．1998 年至 2001 年的教学管理机制建设

学院根据《中华人民共和国教育法》《中华人民共和国高等教育法》《中华人民共和国教师法》以及国家教委颁布的《普通高等学校学生管理规定》等文件的精神，制定和修订了学院有关教学管理方面的《太原重型机械学院学生思想政治教育实施细则》《太原重型机械学院学分制学籍管理实施细则》《太原重型机械学院学分制教学管理办法》《太

原重型机械学院学生成绩考核工作条例》《太原重型机械学院课堂教学管理规定》《太原重型机械学院毕业生就业工作实施意见》《关于授予本科毕业生学士学位暂行工作细则》《太原重型机械学院关于优秀专科生选拔培养的暂行规定》《太原重型机械学院关于开办辅修专业的暂行规定》《太原重型机械学院双学位班管理规定》《太原重型机械学院教师教学工作量条例》《太原重型机械学院教师教学工作规范》等24个文件，这些管理制度的逐步完善，为学院依法治校、提高办学水平和教学质量提供了保障。例如，《学分制学籍管理实施细则》和《学分制教学管理办法》，就是紧密配合在99级实行第一部学分制培养计划的学院制定的，保证了以后培养计划的顺利实施；《关于授予本科毕业生学士学位的暂行工作细则》《关于优秀专科生选拔培养的暂行规定》《关于双学位班的管理规定》《关于开办辅修专业的暂行规定》等文件的制定，对激励学生好学上进、全面发展，以及培养学生的综合能力、为学有余力的学生创造条件、改变学校培养模式的单一状况、为社会培养急需的复合型人才等都起到了积极的引导和保证作用。

关于学院试办双学士学位班与举办辅修专业班的情况是：根据山西省学位委员会、山西省教育委员会《关于试办双学士学位班的管理规定》（晋学位字［1998］13号）和山西省学位委员会《关于下达1998年试办双学士学位班名单》（晋学位办［1998］14号）的通知，学院于1998年起试办双学士学位班。第一个双学士学位班的专业是“计算机科学与技术”，当年在97级学生中计划招生50人。为试办双学士学位班，学院还制定了《双学位班管理规定》《双学位班经费管理办法》。1999年，为适应人才市场的需要，培养社会急需的复合型人才，为一些成绩突出、学有余力的优秀学生创造条件，经学院学位委员会讨论、省学位办同意，决定在98级学生中继续开设“计算机科学与技术”双学位班，并增加“英语”“经济学”两个双学位班。2000年，在99级学生中继续试办“计算机科学与技术”“英语”“经济学”双学位班的基础上又增加了“法学”双学位班。2001年，学院继续试办“英语”“法学”“经济学”“计算机科学与技术”4个双学士学位班，批准在2000年级学生中招生210人。进修双学位的学生，将在5个学期800个学时内学完所有双学位的课程。

1999年4月，学院决定在97级学生中开办“计算机科学与技术”“英语”“经济学”3个辅修专业班。开办辅修专业班的目的是让学生多学一点相关知识，培养综合能力，帮助学生解决就业问题。辅修专业的性质是指在校本科大学生在四年学习期间，少数优秀学生除主修一个专业外，再学习另一个专业的9～10门主干课程，成绩合格者发给学院出具的辅修专业结业证书，供用人单位参考。

2．2001年后的教学规范化管理

2001年后，学院从教学管理的严格化、规范化、信息化等几个方面入手，不断强化对教学工作各个环节的管理，有力地保障了教学秩序的稳定和教学活动的顺利进行。

（1）建立和完善教学管理规范。为实现教学管理规范化，学校对教学管理的规章制度进行了全面的修订和完善，围绕本科教学评估工作，建立了各主要教学环节的质量标准和管理规定，修订了《本科专业培养计划》《教务管理文件汇编》《学生手册》，并启动了新《课程教学大纲》的修订工作，使教学管理工作进一步规范。尤其是围绕教育部新颁布的《普通高等学校学生管理规定》又出台了一系列新的管理规章制度。为加强本科教学过程管理，建立健全了学生考试、考核管理办法，毕业设计、毕业论文的要求，优秀毕业设计、毕业论文评选办法等规章制度。这些规章制度涉及学籍管理、考试管理、学位管理、课堂管理、质量监控等各个方面，规范了从学生到教师、教学单位、教学管理部门及校领导各个层次的教学教育行为，初步形成一个结构合理、层次分明、内容全面的教学管理规范体系，为教学质量的稳步提升奠定了坚实的制度保障。

通过《教师教学工作规范》等制度，对教师的教学工作严格要求。采取相应的政策和措施，要求所有的教授、副教授承担本科生的教学工作。

为进一步提高教育教学质量，学校还采取了如下措施。

① 进一步完善教学管理制度，加快学分制实施进度。改革教育教学模式，因材施教，鼓励学生按照个性发展。进一步完善辅修制、双学位制、免修免考制，全面调动学生学习的积极性，努力营造崇尚科学的良好育人环境和学术氛围。

② 建立学校宏观控制、管理重心下移到学院（系）的新型教学管理体制。在保证教学秩序稳定的前提下，扩大学院（系）在培养方案和教学计划制订、岗位评聘以及岗位津贴发放、教学经费支配、人事安排等方面的自主权，理顺学校职能部门和学院（系）的关系。

③ 建立各级领导教学质量责任制。各级党政一把手是教学质量的第一责任人，实施学院（系）工作教学一票否决权制。各级领导要保证一定的时间深入本科教学第一线调查研究，落实领导听课制度，及时了解新情况，解决新问题。

④ 改革教学经费划拨管理办法，建立学院（系）教学工作业绩水平评估制度，评估结果直接和学校下拨到院系（所）的日常经费和岗位津贴挂钩。

⑤ 改革实验教学管理体制，优化教学资源配置。根据学院（系）专业调整情况，科学合理地优化配置全校各类教学用房、教学设备，打破原有教学资源的割据状态，避免重复建设，努力实现全校教学资源的高效共享。发挥专项经费、重点投入经费的导向作用。优先考虑公共基础课、专业基础课的实际建设需要，采取措施鼓励学院（系）投入配套建设资金，提高学院（系）进行学科专业建设、实验室建设的积极性。

⑥ 加强教学管理队伍的培训，不断提高教学管理队伍的整体素质。由于教学管理工作任务重，大多数教学管理人员缺乏必要的培训，影响了管理能力的提高。学校有计划、多批次地提高教学管理队伍的学历层次，主要是在政策法规、教育理论、现代管理知识、管理手段与方法等方面的培训。

（2）建立和完善教学质量监督保障体系。学院于2001年开始实施了教考分离、教学督导和教学例行检查制度，严格了《教师教学工作规范》等制度，逐步完善了教学质量监督保障和评价体系。

① 教考分离制度。重在加强考试管理，严把考试的命题、考试和阅卷“三关”，在公共基础课和部分技术基础课中实行命题、阅卷的考教分离，强化了考试命题的严肃性和保密性、阅卷评分的客观性和公正性；强化考试纪律，制定了《监考人员职责》《考场纪律》和《处理考试作弊的规定》等制度，以严格的考试管理制度规范学生和教师的行为，加大了对考试违纪的处罚力度，在一定程度上扭转了个别教师责任心不强、部分学生有厌学情绪、考试作弊屡禁不止的现象，促进了学风和教风的建设。

② 教学督导制度。制定了《教学督导工作细则》《教学事故处罚办法》等制度，教学督导组的老师们认真负责，工作有计划、有总结，在指导课堂教学、评价教学质量、教学检查、教学信息反馈等方面发挥了重要作用，为稳定教学秩序、提高课堂教学水平做

出了贡献。

③ 教学例行检查制度。每学期统一组织三次全校性的教学检查，即开学第一周的课堂检查、期中教学检查、期末考场巡视，及时了解教学动态、学生的学习效果和学习风气，并配套实施了《教师教学质量考评办法》《课堂教学管理规定》等制度。另外，还实施了教学考核“一票否决制”、院（系）领导干部的两级听课制、教研室教师交叉听课制、学生评教制等制度，不断严格教学过程管理，严格教学质量监控，确保了教学质量的稳步提高。

对教学质量的评估，逐步由定性分析为主过渡到定量分析和定性分析相结合，实现教学质量管理工作的科学化、公开化、规范化。建立并不断完善学校职能部门、院（系）、教师、学生之间教学信息采集、反馈、交流、沟通的渠道，对教学各要素、各环节进行全程监控和目标评估。制定教学事故处理办法，责任落实到人。逐步形成教学工作自我发展和自我约束的良性循环机制。

（3）提高教学管理信息化水平。利用信息技术和校园网络，学校于2003年建立了信息化教学管理体制，通过“教务管理平台”，全校教师、学生和教学管理人员通过不同用户终端登录不同的模块，进行不同的操作处理与实时信息查询，基本上实现了教务管理的电子化、网络化，提高了工作效率和管理水平，同时，提高了教学管理人员的素质。

（二）突出优势，调整优化专业布局

1998年以前，院（系）、部专业结构的状况是十系、一院、两部。分别为机械工程一系、机械工程二系、压力加工系、机械工艺系、自动化与控制工程系、计算机科学与工程系、管理工程系、机电工程系、数理系、政法系，成人教育学院，基础部、社科部。

1998年以后，根据教育部《普通高等学校本科专业目录和专业介绍（1998年颁布）》中的规定，学院调整了系部专业结构，将机械工程一系与压力加工系合并成立了机械工程系，机械工程二系与机电工程系合并成立机电工程系，机械工艺系拓宽成立材料工程系，数理系拓宽成立应用科学系，连同原有的自动化与控制工程系、计算机科学与工程系、管理工程系、政法系和1999年增加的外语系，共有九个系。加上成人教育学院，基础部、社科部、研究生部、文体部，现代科技教育中心，构成九系、一院、四部、一中心。

2001年后，随着国家教育体制改革的深入和高校招生规模的扩大，学校扩大了办学规模，调整了专业学科结构，实现了规模、结构、质量和办学效益协调发展。基本思路是：适应社会发展，体现办学定位，突出学校特色，建设品牌专业，力求现有专业形成相互依托和支撑，逐步形成理、工、经、管、文、法和教育学七大学科门类文理渗透、理工交融的本科专业格局。在这个思路下，按照二级管理的模式，实行分院和直属系并存制，建立了四个分院和六个直属系。即机电工程分院、材料科学与工程分院、电子信息工程分院、应用科学分院；经济管理系、法学系、外语系、艺术系、人文社科系、体育系。

学院从国家经济建设的需要和用人单位对人才的要求出发，在坚持面向机械行业和重大装备制造业培养人才的同时，积极面向地方经济建设和社会发展的需要，培养应用型专业技术人才。通过制定合理的专业建设规划，加快专业建设的进程。一是加强和巩固机电类、材料类等传统优势学科；二是发展和培植新兴的交叉学科；三是壮大和强化基础学科；四是大力扶持人文和社会科学学科。在加强和巩固机械类、材料类、电气类和管理类等传统优势、特色专业学科的同时，加强了法学、艺术、人文、理学、交通、环境、经济、信息等类新办学科专业的建设。学院逐渐成为一所以工为主，理、工、文、管、经、法、教育等学科协调发展，以本科教育为主，本科、硕士、博士研究生教育多层次有序递进，以普通高等教育为主，普通高等教育专业学位教育、职业技术教育和成人教育融为一体的多科型大学。至2004年，在校本科生人数已近1万人，实现了规模、结构、水平、效益统一协调发展。

专业学科结构的调整，学科门类的增加，促进了学科间的交叉和融合，活跃了校园文化氛围，促进了学生综合素质的提高。

1．加强专业建设，突出办学特色

学院学科虽然有理、工、经、管、文、法和教育等七大类，但仍然以工科为主。为推进专业建设，学校通过制定相关政策、加大资金投入等办法，在加强传统优势专业建设的同时，对新办专业在师资队伍、实验室建设和教学建设方面加大建设力度。为促进专业建设、适应人才培养要求和学校可持续发展的需要，学校根据省教育厅的部署，加大了品牌专业建设步伐。制定和实施了《品牌专业建设工作实施办法》，设立专项资金和政策，扶持和发展品牌专业，以点带面，推动本科专业建设和教学改革。

针对国家机械行业、大型工矿企业和用人单位的需要，学校在教育教学改革中一直注意保持和发挥自身的学科专业特色。例如，在合并后的机械设计制造及自动化专业中，仍然保留了起重运输、工程机械、轧钢机械等传统的优势特色方向；在合并后的材料成型与控制工程专业中保留了锻压工艺与设备、铸造工艺与设备等传统的优势特色方向。在教学课程体系中，保留了一定比重的专业课程，强化实践教学环节，使学生获得了较系统的专业知识的培养，提高了工程技术能力。因此这些专业的毕业生非常适合于企业和用人单位的要求，很受用人单位欢迎，毕业生供不应求。

2．拓展专业方向，调整院系设置

2001年年初，学院制定《校内管理体制改革方案》时，考虑到各项工作的深入发展，又将系、部专业结构作了重大调整，在原系的基础上，成立了四个分院：将机械工程系与机电工程系合并成立了机电工程分院；在原材料工程系的基础上成立了材料科学与工程分院；将自动化与控制工程系与计算机科学与工程系合并成立了电子信息工程分院；在原应用科学系的基础上成立了应用科学分院；同时成立了艺术系、人文社会科学系、体育系，连同原有的经济管理系、法学系、外语系，再加上成人教育学院（职业技术学院），构成了学校新的教学单位。

截止到2001年，学校有34个本科专业（包括专业方向、双学位、辅修在内），具体分布情况是：

（1）机电工程分院：机械设计制造及其自动化专业；材料成型及控制工程专业（塑性成型方向、模具方向）；工业设计专业（理工类、艺术类）；机械设计制造及其自动化专业（起机方向、工机方向、起工CAD方向、机制方向、机电方向、液压方向）；交通运输专业（载运工具运用工程方向）；环境工程专业（环保机械设计方向）等。

（2）材料科学与工程分院：材料科学与工程专业（金属材料方向、无机非金属方向）；材料成型及控制工程专业（塑性成型方向、模具方向、铸造方向、焊接方向）；环境工程专业（环保机械设计方向）。

（3）电子信息工程分院：自动化专业；电子信息工程专业；电气工程及其自动化专业；计算机科学与技术专业（双学位、辅修）等。

（4）应用科学分院：信息与计算科学专业（计算数学及其应用软件方向）；工程力学专业（计算力学及其应用软件方向）等。

（5）经济管理系：国际经济与贸易专业；会计学专业；经济学专业（双学位、辅修）等。

（6）法学系：法学专业。

（7）外语系：英语专业。

（8）艺术系：工业设计专业（理工类、艺术类）。

2001—2004年，学校共增加了14个本科专业，详细情况是：

（1）2001年：社会工作；艺术设计；光信息科学与技术。

（2）2002年：安全工程；市场营销；电子商务。

（3）2003年：社会体育；应用物理学；材料物理；冶金工程，过程装备与控制；化学工程与工艺。

（4）2004年：绘画；物流工程。

此后，2006年又增加了应用心理学和网络工程两个专业。

（三）深化教育教学改革，提高人才培养质量

学院坚持面向全国机械行业和重大装备制造业、面向山西地方经济建设和社会发展培养应用型人才的培养目标，坚持行业特色和优势，不断深化教育教学改革，人才培养质量稳步提高。2004年的教学工作会议中提出：以改革为手段，以提高人才培养质量为目的，全方位、多层次、高标准地不断缩短现实情况与建设目标之间的距离，打造学校人才培养高质量的品牌优势。

1．创新人才培养模式

积极改革人才培养模式、课程体系和教学内容，提高学生的素质和能力，是高等教育发展的必然要求。根据经济建设和社会发展的需要，学校确定的培养目标是培养面向社会主义建设事业的工程技术人员和应用型人才为主，使培养的学生基础扎实、知识面宽、素质高，具有较强的实践动手能力和思维创新能力，具有良好的团结协作能力和吃苦耐劳的精神。为适应人才培养模式的改革，学校在培养计划、课程体系、教学内容和知识结构等方面进行了一系列的改革。

一是针对建成省内一流、国内知名大学的定位，根据现代教育思想的理念，按照“宽口径、厚基础、高素质、强能力、多模式”和“基本要求+特色”的原则，充分发挥学院教学资源优势，抓人才培养模式的改革，倡导文理渗透、理工结合，跨学科培养拔尖人才。认真落实《本科专业培养计划》，积极修订《课程教学大纲》，突出对学生创新意识和创新能力的培养。

二是加强思想政治理论课教学（国家教育部于2006年将“两课”更名为“思想政治理论课”，“两课”是自1985年以来对马克思主义理论课和思想品德课的简称），增加课外教学和社会实践环节，使学生树立正确的世界观、人生观、价值观。

三是建立了全校性的公共课、基础课教学平台、各学科大类的技术基础课二级教学平台和各专业、专业方向特色模块，使学生在打好基础、掌握相关学科知识、扩大专业适应性的同时，掌握较系统的专业知识，更好地适应毕业后的工作岗位。

四是在课时分配上，坚持课内、课外教学相结合，既弥补了课内教学时数的不足，又给学生提供了接触社会、提高社会实践能力的机会。

五是增加公共选修课程和专业选修课程，扩大学生知识面，提高学生综合素质。先后在全校范围内增加了数学与自然科学类、技术科学类、计算机与信息科学类、人文与社会科学类和体育与健康类等公共选修课模块，增加了数十门任选课程，满足了学生不同的知识需求。开设了以交叉学科和新技术为主的专业选修课，不断改善学生知识结构。

六是推进学分制培养模式，使学生在本专业大的培养框架内自主选课，自主延长修业年限。积极推行考核考试方法改革和实践，探索全面考核学生知识、能力、素质的新型考核体系。提倡建立试题库，提高命题科学化、客观化水平；实施教考分离，加强考试成绩的规范管理；考试形式多样化、科学化。

七是结合人才市场需求和个性化培养要求，不断完善“双学位”培养体制，拓宽学生知识面和就业范围。

八是在实践教学环节，增加综合性、设计性实验比例，建立开放性实验室，努力提高学生的动手能力和创新能力。

素质教育和教学改革实施以来，学生的综合能力和素质有了明显的提高。自主举办和参加各种活动的积极性日益高涨，学生们参加大学生辩论大赛、英语演讲比赛、文艺演出、书法绘画展览和创新设计大赛等文化活动的积极性有很大的提高。在山西省和全国组织的数学建模竞赛、电子设计大赛、“兴晋杯”和“挑战杯”科技竞赛中都取得了可喜的成绩。

2．推进课程建设，开展教学研究

一是坚持“抓精品、上水平”的工作思路，不断健全“品牌专业”“精品课程”“名师工程”管理办法，修正教学大纲和教学计划，积极推进课程建设和教学内容改革，提出了以基础课程建设为先导、以优化课群结构和内容为目的，增加实践教学内容，拓宽专业口径的工作思路。围绕人才培养目标，结合学科和专业特色，重点建设基础和专业基础课程及具有优势的系列课程群，制定实施了《精品课程建设工作实施办法》，以精品建设带动其他课程建设，通过精品课程建设提高整体教学水平。在校内重点立项建设了16门以基础课为主的精品课程，其中，2004年，“机械原理”“电路”两门课程被评为省级精品课程。

二是制定了相关政策，鼓励教师承担和参加各级各类教学研究项目。学院设立专项教学改革基金并不断加大经费投入力度，组织广大教师、教学管理人员和学生广泛参与教学改革，研究和提炼学校的人才培养理念和模式。每年拨出专项经费，在校内立项支持一批教学研究课题。对推荐申报省级或国家级教学成果奖的项目，要求在校内获得过教学成果奖并经过教学实践，获得了较好的应用。2001年以来，学院教师承担的省级教学研究课题明显增加，教师从事教学研究的积极性日益高涨，发表的教学研究论文数量和质量大幅度提升。

三是改革教学手段和教学方法。学院提倡互动式、研讨式、案例式教学方法，部分课程实行分级教学和选课制度，实行导师制，明确教授、副教授给本科生授课制度。以“名师工程”“品牌专业”“精品课程”和“示范性实验室”建设为突破口，强化“教风、学风、师德师风”建设，定期举办青年教师教学基本功大赛，引导广大教师专注教学工作、重视教学研究、不断提高教学质量，取得了一批标志性的成果。

三是加强教材建设。学院进一步完善了教材建设与管理办法，大力提倡编写、引进和使用能反映学科发展水平的新教材，推荐使用“面向21世纪课程教材”“十五”期间国家重点教材和教学指导委员会推荐的教材。同时对教师编写和出版的专著给予资助，鼓励教师编写特色教材和参与编写国家统编教材。先后有一批教师承担或参加了国家统编教材、双语教材和特色教材的编写工作。其中，李永堂、曾建潮、陈立潮三位教师被聘为教育部专业教学指导委员会委员。

四是强化现代教育信息技术的应用。学院进一步加强校园网、电子图书馆、多媒体教室等数字化教学环境的建设，鼓励广大教师进行多媒体课件的开发、研制。出台了《多媒体教学管理办法》等文件，倡导教师采用先进的电化教学、CAI、多媒体技术等教学方法和手段，努力创造直观、生动、活泼的教学环境，以增强学生的学习兴趣，提高学习效率和效果。教务处与校工会等部门合作，举办了“多媒体课件大赛”等活动，取得了良好的效果。至2007年，多媒体教学授课比例达到45.7%。

3．开展创新教育，组织和引导学生参加学科竞赛

为提高学生创新能力和实践能力，一方面，学院积极推进实践教学改革，采取有效措施，减少验证性实验，增加综合性、设计性、创新性实验，加大实验室改革和实验室向学生开放的力度，大力培养学生的动手能力和创新意识。鼓励产学研相结合，继续探索、完善校企合作指导实践教学模式，建立了一批“教科产”示范教学基地，提高实习教学质量。加大本科生毕业设计（论文）改革力度，强调规范管理和质量控制。另一方面，积极探索改变传统的以“教师、课堂、教材”为中心的教学模式，推行第一课堂、第二课堂紧密结合，开展创新教育，创造条件让学生较早参加科研，鼓励学生积极参加各类学科竞赛，提高学生创新能力。

2001年9月，教育部和信息产业部共同主办“2001年全国大学生电子设计大赛”，全国有346所高校、2071个队参赛。学院组织了5个队15名同学参加竞赛，电子信息分院的庞波、孟果、智丙辉3名同学组成的第一队，共同完成的“自动往返电动小汽车”选题在评为省级一等奖的基础上，又被选送到北京，一举获得“电子设计竞赛”全国一等奖。其余4个队也分别获得省级二、三等奖。

同年9月，由教育部和中国工业与应用数学学会共同主办的“2001年全国大学生数学建模竞赛”，我院组织了10个队30名同学参加，由成型9913李珠恒、信息9981王欣浩、计算机9974张浩3名同学组成的参赛6队，共同完成了“血管三维重建”选题，被评为省级一等奖。其余3个队获省级三等奖，6个队获成功参赛奖。

同年4月至5月，由国家高校大学外语教学指导委员会和高校大学外语研究会共同主办的“2001年全国大学生英语竞赛”初赛与决赛分别于4月15日、5月20日举行，学校有695名同学参加了比赛。按照参赛人数比例，学校机自9924张凤同学获全国特等奖，自动化9852姚蕾、机制0028刘强、电子9952康琳3名同学获全国一等奖，宋俊峰等31名同学分别获全国二、三等奖，郝娟玲等39名同学分别获省级一、二、三等奖。

2002年，在全国大学生英语竞赛中，学院4名同学获全国特等奖。英语专业四级考试通过率达82.2%，名列山西省第一名；2003年至2006年，学校在全国和山西省举办的

各类教学竞赛中，都取得了好名次。

（四）加大教学投入，改善教学条件

随着学校招生规模的不断扩大，教学条件相对滞后的情况也日渐突出。2001年以来，学校多渠道筹措资金3亿元，用于校园基本建设、改善教学基础条件，加大了基础实验室建设力度，保障了教学秩序的正常运转，实行了岗位工资制并大幅度提高教学酬金，保证了教师队伍的稳定。新建了图书馆、科技楼、实验教学楼、工程培训中心、国际交流中心、体育馆、运动场、教职工住宅小区等；多媒体教室、实验室、教学科研仪器设备、计算机、图书馆藏书均有大幅增长；充实了8个校级基础实验中心，其中，机械设计基础实验中心和电工电子实验中心被评为省级示范性实验中心；加强了重点实验室建设，机电综合实验室、重大技术装备CAD/CAE实验室、工程力学实验室、大型钢结构疲劳实验室、薄膜材料实验室等均为省级重点实验室。办学条件和发展空间都得到了明显改善。

（1）从总体上保证学生人均教学经费逐年增加。一方面，保障教学业务、教学仪器修理、教学差旅、体育等基本教学经费；另一方面，根据教学的实际需要设立教学专项经费，如教改研究、专业建设、课程建设、教材建设、创新教育、基地建设、学科竞赛、成果奖励等。

（2）不断提高教学设施现代化水平。根据实际教学需要，每年新增一定数量的多媒体教室、语音室，普通大教室统一配备扩音设备，更新、购置一批电教设施，定期维护现有教室。

（3）增加实验室建设经费，添加实验设备台（件）数，大力支持改革挖潜，提高现有实验设备的利用率，并进行必要的现代化改造，满足实践教学对实验设备在数量和质量上的要求。优先保证公共课实验室和创新基地建设，实行按项目论证建设，重点建设一批基础课教学实验中心和专业类平台实验中心。2004年投入了850万元，扩大了实验室面积，强化了教学仪器设备建设。实验室开放工作不断推进，实验室结构不断趋向合理，设计型、综合型实验已经占到全部实验的20%以上。电工电子、机械设计基础两个实验室被评为省级示范实验室，其中，机械设计基础两个实验室于2008年被评为国家示范实验室。

（4）强化实践教学基地建设，提高人均实习教学经费，改善现有实习基地的教学条件，建设一批各具特色的新型教学实习基地，开展多种形式、多种模式的合作，促进教科产结合水平的提高。

（5）加大图书资料的经费投入力度，保证全校的图书资料购置费逐年增加，其中购置经费要重视新办专业和文科类专业需要的图书资料，使图书资料每年保持一定比例的更新。学院新建的图书馆2004年上半年完成了信息网络系统的集成建设，下半年全面实现了电子阅览室一卡通管理、电子资源全文整合检索、办公自动化等应用系统的开发和利用。信息网络系统平台支撑的电子文献资源在校园网上开通利用，有力地缓解了教学、科研及学生学习对文献信息需求的矛盾。学校投入文献购置费200万元，新增图书15000余册，中文报刊和外文期刊数量都有较大的增长。图书馆实行全天（包括周六、周日）连续开放，为学生提供了良好的学习环境。

（6）加强体育场馆和设施建设，定期补充体育设施和器材，提高学生人均体育场馆

面积和学生人均体育器材数量，满足广大师生开展体育活动的需要。

（7）继续加强校园网络建设，扩大校园网络覆盖面，大力推动多媒体教学和现代远程教育。校园网和校园信息化建设不断推进，其中，2004 年完成投资近 400 万元，扩容了校园网中心机房设备，保证了校园网 24 小时开通。新建多媒体教室 21 个，并对学校计算机教学实验室进行了全面更新。基本完成校园网二期工程。

（五）注重实验室和实践基地建设，加强实践教学

学校坚持校内实习、实验、实训，校外产学研，大学生科技文化活动三位一体的实践教育体系，重视课程设计、毕业设计等实践性教学环节，各类实践性教学专用时间占总教学周数的四分之一以上，要求所有教学内容坚持理论教学和实践教学相结合，开设实验课程达 174 门；在课程设计和毕业设计方面，特别强调毕业设计与教师的科研项目或工程项目相结合、与工矿企业需要解决的实际问题相结合。

（1）学院秉承学生工程实践能力培养的传统，围绕教学需要，不断增加投入，先后建成了电工电子和机械设计基础两个省级示范实验室，实验室面积和实验仪器设备资产总值均得到了较大幅度的增长，缓解了办学实验设施紧张的局面。同时，注重将教师科研成果应用于现代化实验室建设和实践教学，由教师自行设计和制作的十多个具有国内领先水平的特色实验设备。例如，大型滚切剪实验台、圆管带式输送机实验台、移动式气垫输送机实验台、大型电液锤实验台等，对学生科研意识的培养和工程实践能力的培养起到了积极的作用。

（2）深化实验教学改革，组织修订了新的实验教学大纲，不断更新实验教学内容、改革实验教学方法和手段，颁布实施了《实验室开放管理办法》等多个文件，优化了实验室运行机制，使实验教学服务于高素质创新人才的培养。

（3）通过优化实验室结构和管理体制，推动实验中心建设，试行校、院（系）两级实验中心（室）管理模式。

（4）依托企业生产实践提升学生工程实践能力。学校依托产学研董事会，根据“优势互补、共同受益”的原则，与董事单位合作建立和巩固了 41 个相对稳定、形式多样、效益显著的实践教学基地。特别是充分利用太重集团设备先进、功能齐全、距离近的优势，丰富内容，规范过程，提高校外实习质量；在实习经费紧张的情况下，仍坚持实施教师亲自带队到工厂实习的制度。学校积极引导学生的毕业设计与教师的科研项目与企业需要解决的实际问题相结合。2003 年以来，70% 的工科学生毕业设计（论文）实现了与科研、生产实际相结合。

此外，2004 年以后，学校将学生动手能力培养深化为系统实践能力培养，在校办工厂的基础上建设了工程训练中心，累计投入资金已达 3000 万元，为推进学院工科学生的工程实践能力提供了一个崭新的平台。

第三节　以学科建设为龙头　整体推进各项工作

学科建设是教学建设的基础，也是研究生教育和科学研究的基础，只有以学科建设为龙头，把学科队伍建设作为师资队伍建设的重点，把学科建设作为专业建设、实验室建设的基础，把学科建设作为研究生教育和科学研究的平台，学校人才质量和科技水平才能得到保证，研究生教育才能得到发展。

一、1998 年至 2000 年学科学位建设与科研工作

（一）学科学位建设

按照 1998 年教育部颁发的《高等学校本科专业目录》，围绕学科建设，学院对系部和专业进行了调整，加大发展新学科的力度，使学院由原来的工科、管理等学科发展为工科、理科、经济、管理、文科、法学等 6 个学科，同时突出了以工科为主的重型机电行业特色。同时，由于国务院学位委员会于 1998 年调整了学科专业目录，学校硕士学位授权点在 1998 年由 8 个调整为 4 个。调整后的 4 个硕士学位授权学科是：机械电子工程、机械设计及理论、车辆工程、材料加工工程。2000 年，经国务院学位委员会批准，学校新增 5 个硕士学位授予权学科：工程力学、材料学、机械制造及其自动化、系统工程、计算机应用技术。学院总的硕士学位授予权学科达到 9 个。

学院以大学科为基础组建了研究所和实验中心，在连续 6 年投入 600 万元的基础上，1999 年又投入 500 万元加强了材料加工工程和机电工程重点实验室建设。除材料加工工程外，1999 年车辆工程也进入了省级重点学科。

为进一步推动学院学科建设、全面落实《面向 21 世纪教育振兴行动计划》，1999 年 3 月，学院召开了重点学科及其实验室建设可行性论证报告会。参加会议的院学术委员会委员和学科建设委员会委员听取了机械工程系主任王卫卫教授，机电工程系教师、博士孙大刚副教授，自动化科学与控制工程系教师张井岗教授、韩如成副教授，计算机科学与工程系主任、博士曾建潮教授，应用科学系主任、博士后张少琴教授分别就学院材料加工、机械制造及自动化控制科学与工程、电气传动技术、应用数学、断裂力学等学科及其实验室建设做了规划报告。诸位专家从本学科的国内外研究现状、研究方向、梯队建设和校内覆盖面以及市场效益等几方面进行了深入细致的分析和充分的论证。

在材料工程学科被确定为山西省重点建设学科后，1999 年 7 月 29 日，在省教委组织的学科建设评审会上，学院的车辆工程学科也被确定为山西省重点建设学科。车辆工程学科是跨部门、跨省份、跨行业的全国性大机械类学科，涉及交通运输等国民经济的重要部门和行业。该学科是学院所设置的专业中覆盖专业面较宽的特色专业。学院车辆工程学科的主要研究方向有：工业车辆系统工程研究方向、工业车辆振动和噪声控制研究方向、工业车辆现代设计方法研究方向、车辆机电液压系统的控制与监测研究方向和车辆性能及检测系统的研究方向。该学科在发挥过去所取得的行业优势和学科优势的基础上，积极投身于山西省车辆工程的地方经济建设，并成为山西省“车辆工程”专业方向科研、产业、工程配套等方面与外省开展合作的一个“窗口”。

另外，根据省教委学位办《关于试办双学士学位班的管理规定》（省教字［1998］13 号）文件要求，学院于 1998 年秋季开办了第一个双学士学位班。

（二）师资队伍及学科梯队建设

近年来，学院下大力气调整了教师职工结构，提高了教师的比例，充实了师资队伍。1998 年，全院共有教职工 1072 人（不包括院机器厂、印刷厂应为 885 人），其中教师 423 人，占基本教育规模（院本部）的 48%。教师中的教授、副教授 153 人，讲师 143 人，助教 127 人。教师中的学历结构也有了明显提高，具有博士学位的 8 人，具有硕士

学位的146人。教师中的年龄结构也有了明显的变化，20世纪60年代以前毕业的一大批老教师相继退休，一批中青年教师成为教学骨干，1998年又有40名青年教师被山西省教委经过专家评审确定为山西省高校优秀中青年骨干教师。可以说，学院师资队伍青黄不接的困难时期已基本渡过。

1998年学院40名教师优秀中青年骨干教师名单如下：

马玉兰　聂润兔　杨根科　蔡俊亮　赖云忠　王幼斌　郭正光　崔小朝　李亨英
薛跃文　王红光　周玉萍　武　杰　曾建潮　李永堂　华小洋　孙大刚　郝南海
王海儒　徐格宁　王卫卫　张井岗　王录才　李月梅　刘建生　王春燕　孙志毅
张　洪　韩如成　柴跃生　史　荣　刘　岩　秦建平　董　良　陶元芳　贾育秦
郭亚兵　常志良　黄庆学　刘　中

另外，根据机械教［1998］211号文件通知，经部组织专家及《机械部部属院校跨世纪学科带头人和学术骨干培养工程》领导小组复审和增补审定。

（1）复审通过的太原重型机械学院学科带头人3名：

李永堂　张金旺　曾建潮

新增补学科带头人1名：张少琴

（2）复审通过的太原重型机械学院学术骨干5名：

魏计林　卫淑芝　徐格宁　王卫卫　董　良

（3）新增补学术骨干7名：

华小洋　陶元芳　黄庆学　刘建生　崔小朝　杨根科　张井岗

2000年，学院教职工为1066人，教师426人，占基本教育规模（院本部）757人的56%，师生比为1∶12。教授、副教授有171人，讲师120人，助教以下135人，50岁以上的只有43人。从年龄构结构上看，50岁以下的有383人，占教师总数的90%；从学历情况看，各类研究生143人，本科毕业的280人，专科程度的只有3人。

2001年年末，学院的教职工人数为1084人，其中教学科研人员为458人，占基本教育规模（院本部）798人的57.4%，师生比为1∶18。

同时，从1998年以来，陆续外聘了名誉教授5名、兼职教授26名、客座教授1名、双聘教授1名。

（三）科研工作

学院坚持以应用研究为主的科研政策导向，修改科研管理条例，建立了多层次的科研信息通道。“九五”期间（不含2000年）学院共承担国家和省部级课题85项，重点学科项目32项，经鉴定，具有国际和国内先进水平的41项，总经费达937.7万元；推广和转化科研成果163项，出版专著41部，发表论文1200余篇，其中一级论文110余篇，“三大索引”收录论文76篇。仅就1998年至2000年期间统计，学院的科研进款额达1515.5万元，承担了省部市级的科技项目118项，获奖项目30项。发表论文1545篇，出版专著40部，出版教材31部，进入三大索引的论文59篇。这期间，承担国家、省部级纵向科研课题进款额以20%速度增长，横向课题经费以30%速度增长。仅在1999年就签订产学研合同1000余万元，总进款额达361.8万元，科研成果转化率已达成果的25%左右。2000年，学院为实验室建设投资经费841.5万元，完成了重点实验室、重点学科建设、校园网建设和基础实验室建设项目，购置进口软硬件设备9台（套）。实验室加大经费的投入，加强了重点学科建设和校园网建设，改善了实验室环境，实现了计算机教学的现代化，在促进学院学科学位建设的同时，也为学院教学、科研和为市场服务创造了一定的经济效益和社会效益。

1998 年 3 月，由学院与山西平阳机械厂共同开发的“JBP-40 新型恒压变量径向柱塞泵”（以下简称“新型径向柱塞泵”）研制成功。该柱塞泵在学院液压实验台上进行了型式实验，实验过程和实验项目按 JB2147-85 液压油泵实验标准进行逐项实验，结果表明，该泵各项指标均达到设计要求。专家们对该泵的评价是效率高、使用寿命长、噪声低。该泵还具有工作压力高、耐冲击、动态响应快、调节简单等优点。因该泵有以上诸多优点，更适用于工程机械、矿山机械、冶金机械、锻压机械、注塑机械、机床等设备。新型径向柱塞泵于 2000 年 7 月 14 日通过了山西省科学技术厅组织的省级科技成果和产品鉴定。专家们一致认为，新型径向柱塞泵的设计达到国际领先水平，其产品填补了国内空白。担任新型径向柱塞泵研制的学院科研人员有王明智、李月梅、贾跃虎、刘志奇、安高成、宋福荣、梁天才、魏聪梅、段锁林等 9 位同志。

1999 年 1 月 6 日至 8 月，由国家机械工业局汪建业高级工程师（原机械工业部生产司司长、中国重矿协会理事长）为组长的专家组分别对我院史荣教授、崔小朝副教授主持的“连铸过程液固温耦合三维有限元分析系统”，郭希学教授、梁爱生教授主持的“异型坯连铸机二次冷区动态控制数学模型研究”，李国祯教授、孙斌煜副教授主持的“张力减径机计算机仿真系统的研究”，杨晓明副教授主持的“热连轧板机辊型仪研究”，曾建潮教授主持的“热连轧生产过程的计算机仿真系统”，黄庆学副教授主持的“延长大型重载工作辊轴承寿命方法的研究”和“数字阀高速带钢纠偏装置研究”等 7 个项目逐一进行了全面验收。专家们一致认为，这 7 个项目全部完成了攻关合同所规定的内容，达到了预期的目的，同意通过验收。同时指出，这批科研成果的取得对推进我院连铸连轧技术进步以及加速实现大型冶金设备国产化具有重要意义。

1999 年 3 月 18 日，由孙志毅副教授主持研制的“800mm 可逆冷轧机计算机监控系统”通过了由省科委组织的专家组进行的省级科研成果鉴定。专家们一致认为，该监控系统与国外同类系统相比较，具有结构简单、功能强、投资少等特点，计算机系统的软/硬件配置合理、工艺可靠、易于维护，计算机监控系统的研制达到了国内领先水平。

1999 年，学院完成了国庆 50 周年山西省彩车的机电结构设计，并通过验收。为实现山西省“煤路车”的发展战略与国内相关企业联合开发研制适合“煤路车”产业联动发展的全封闭“滚翻自卸式运煤（焦）专用汽车”已完成前期调研和方案设计。

2000 年 6 月 2 日，由学院与省教育厅共同承担的“绿色工程”教育课题“山西省高等工程教育的人才培养模式研究”通过了省城教育界学术专家组成的评审委员会的鉴定。专家们一致认为：课题选题具有很强的现实意义，资料翔实、广泛，论证研究比较充分，咨询建议重点突出，成果比较系统，观点新颖，所建模型对山西省工程教育规模发展所做的预测与实际飞速发展吻合，是一项具有独创性的研究论证结果，具有很强的理论性和实践性意义，达到了国内领先水平。这个项目的研究共分 6 个部分，它对山西省高等工程教育从分化渊源、发展史和未来改革发展的趋势三个方面做了比较系统的研究。认为，应结合山西工业经济结构调整来对山西的高等工程教育进行改革和构造人才培养新型模式，并针对山西黑色工业严重污染生存环境的严峻形势提出了“绿色工程”教育的全新观念以及实行多渠道、多层次、多形式的办学模式是未来教育发展大趋势的独到见解。太原重型机械学院管理工程系青年教师李钢任该课题的负责人，应用科学系教授徐永华担任该课题的研究指导。

2000 年 11 月 20 日，第一届国际机械工程学术会议于在上海国际会议中心隆重举行。这个会议是由 52 个国家和地区的 57 个机械工程学术团体组成的国际机械工程学会联合会作为主办单位，首次举办的重要学术交流活动，会议级别之高、规模之大，堪称世界之最。这次会议收到 2000 多篇论文摘要，会议论文集全书收录了论文 1455 篇，几乎涵盖了机械工程学科所有领域。其水平之高、参与者之多，是最近 20 年国际机械工程学术仅有之举。在这次会议上，太原重型机械学院有 38 篇论文被收录论文集，占论文集总篇数的 2.61%；在 50 多个专业会场中，来自 30 多个国家和地区的 800 余篇论文由作者进行了宣读。太原重型机械学院郭会光教授等 10 名教授、副教授分别在专题会场宣读了自己的论文，占宣读论文人数的 1.25%。机电工程系主任徐格宁教授作为结构、零件专题会场主席，主持了 22AM-3E-CI-2 会议，并作为评委对宣读的论文进行了评审，为入选《机械工程学报》《中国机械工程》提供参考依据。

（四）成立产学研董事会

2000 年 10 月 28 日，太原重型机械学院产学研董事会宣告成立。产学研董事会由 40 个企业、研究院所和社会机构组成。学院成立产学研董事会的目的是使学院更好地适应社会主义市场经济发展的需要，积极探索政府宏观管理、社会各界广泛参与、学校面向社会自主办学的新体制，并建立与之相适应的新的运行机制。其指导思想与工作目标是：贯彻党的教育方针和《中国教育改革和发展纲要》，加强董事会单位与学校的紧密联系，在国家和地方政府的领导下，推动企业集团参与办学，实行产学研结合，更有效地为地方、企业和研究院（所）服务，推进学院的发展，不断提高教学质量，提高办学水平和效益，把太原重型机械学院建成具有自己特色的省内一流并在国内同行业具有一定影响的社会主义大学。

根据章程规定，产学研董事会是对学校办学、教育、科技等重要事务进行咨询、评议、审议的机构；是董事单位与学校建立和发展长期、稳定、全面、紧密的合作关系的桥梁、纽带和协调机构；是支持学院改革与发展，促进董事单位技术创新进步的重要组织形式。在董事会的第一次会议上，张少琴院长当选为第一届董事会董事长。董事会由下列单位组成：

太原重型机械学院
河北宣化工程机械集团有限公司
山西闻喜银光镁业集团有限公司
西安重型机械研究所
徐工集团筑路机械分公司（以下简称徐工）
山西平阳机械厂
洛阳轴承集团有限公司（以下简称洛阳轴承）
大同市经济委员会
沈阳重型机械集团有限责任公司
天津工程机械研究所
中国二重集团公司（以下简称二重）
陕西压延设备厂
山西关铝股份有限公司
工程机械军用改装车试验场
济南铸造锻压机械研究所
山西柴油机厂
北京起重运输机械研究所
太原重型机械集团有限公司（以下简称太重集团）

运城行政公署经济委员会　　临汾地区经委科技科
大同齿轮集团有限责任公司　　湖北宣都机电工程股份有限公司（以下简称宣工）
信阳港口运输机械厂　　阳泉市经济委员会
大连重工集团有限公司　　太原东方物流设备有限公司
忻州地区经济委员会　　大连起重集团有限责任公司
昆明重工集团股份有限公司　　信息产业部电子第三十三研究所
太原刚玉股份有限公司　　广西柳工集团有限公司（以下简称柳工）
天津锻压机床总厂　　山推工程机械股份有限公司（以下简称山推）
太原市科学技术委员会　　中信重型机械公司
太原钢铁集团有限公司设计院　　太原市经济贸易委员会
长治锻压机床有限公司

在董事会组织召开的科技合作洽谈会上，学院与山西平阳机械厂、天津工程机械研究所、太原重型机械有限公司、宣化工程机械集团、山东推土机械股份公司、天津锻压机床总厂、长治锻压机床厂研究所、洛阳轴承集团有限公司等8个企业分别达成了“泡沫铝在鱼雷消音器上的应用研究”“锌铝合金的开发应用”“冶金起重机CAD及工程数据系统开发”“立体停车系统CAD/CAE软件开发”“推土机中的热平衡分析软件开发”“推土机减振降噪研究”“推土机平衡梁行为仿真分析”“‘西气东输’大型吊管机关键技术的研究”“锻压设备CAD/CAE方面研究”“工艺模拟研究”“预应力钢球滚栓冷镦模开发研究”等11项科技合作意向。

在成立太原重型机械学院产学研董事会的同时，“国家工程机械质检中心培训实验基地”“北京起重运输机械研究所起重运输机械联合技术中心”“山推工程机械股份有限公司工程机械联合工程技术中心”“宣化工程机械集团股份公司工程机械联合工程技术中心”“太原重型机械集团有限公司技术中心起重机械技术中心”“山西关铝股份有限公司”“太原重型机械学院高新技术开发中心”等6个技术中心在学院正式挂牌成立。

（五）学报影响力扩大

《太原重型机械学院学报》创刊于1980年10月，1986年前为半年刊，1986年改为季刊，1987年获全国统一刊号，并由自办发行改为邮局发行。经过了多年的努力，《太原重型机械学院学报》办出了成绩和水平，已成为在国内外发行的自然科学领域中的一份重要学术期刊（光盘版）全文收录期刊，《中国期刊网》全文收录期刊，中国科学引文数据库、中国学术期刊综合评价数据库来源期刊，中国多种权威数据库和检索期刊固定引用期刊，是全国高校优秀学报。1995年，获山西省高校学报三优比“优秀学报”一等奖，同年获全国高校自然科学学报系统“优秀学报”二等奖。现为山西省“一级期刊”。

二、2000—2004年学科学位建设情况

（一）突出学科建设的龙头地位

面对学校只有省重点建设学科3个（材料加工工程、车辆工程、系统工程），省重点扶持学科1个（应用数学）和9个硕士学位授予点（以下简称硕士点），在校研究生仅100余人，且无博士学位授予权、推荐硕士生免试权、同等学力硕士学位授予权、工程硕士学位授予权、单独命题招收研究生权等的现实，2001年3月9日，在学院召开的2001

年工作会议上，党委书记朱明在“突出重点，整体推进，全面落实新世纪开局之年的各项任务”的工作报告中明确强调，要“特事特办，全面加强学科学位的建设工作”，并指出，“学科建设是当前和今后一个时期内学院工作的重中之重，必须放在突出的位置抓紧抓好。”院长张少琴在“抓龙头，上水平，全面启动重院辉煌工程”的讲话中明确指出：要“以学科建设为龙头，把博士点的申报工作作为学院工作的重中之重；以科技创新为动力，全面掀起我院的学科学位建设新高潮”。

2001 年 3 月 13 日，学院召开了新世纪初年的第一次学科建设大会。院长张少琴作了“解放思想、全力以赴，开创我院学科建设新局面”的报告，报告全面分析了学院学科建设的形势与任务，指出了学科建设的优势与差距，提出了在学科建设方面的对策与措施。

报告指出：“学科学位建设是高等学校的一项十分重要的基础建设，直接关系到学校的发展和水平的提高，不仅关系到高层次人才的培养，而且对凝聚人心、激励活力、带动学术各方面的改革和发展具有重要的意义。因而，必须放在突出的地位抓紧、抓好。重机学院是一所老牌高校，在国内高校中也具有一定的影响，是国家正式实行学位制以来首批获得硕士学位授予权的高校。但由于种种原因，学科建设速度缓慢，目前仅有 9 个硕士点，且无博士学位授予权、推荐硕士生免试权、同等学力硕士学位授予权和工程硕士学位授予权以及单独命题招收研究生权。今后学科学位建设的任务十分艰巨。”

报告要求全校师生员工要以这次会议为契机，总结经验，再鼓干劲，切实解决好前进中遇到的各种困难和问题。要解放思想，振奋精神，开拓创新，扎实工作，抓住目前我国高等教育快速发展的大好时机，把学科学位建设工作提高到一个新的水平。

会上，学院宣布了关于确定首批重点建设学科、重点扶持学科和一般建设学科的决定，颁布了《首席学科带头人、学术带头人、学校骨干岗位设置与管理办法》及相关政策；做出了关于确定首席学科带头人的决定，同时颁发了聘书；学院还与各首席学科带头人签订了目标责任书。会议通过了《学科学位建设“十五”规划与 2010 年远景目标纲要》，拉开了学院“十五”期间学科学位建设规划的序幕，明确了 2001—2002 年学科建设的任务。在 2002 年的学位点申报工作中，学院的总体任务和目标是：

获得博士学位授予权，力争博士点零的突破；增加 3 ～ 6 个硕士点；增加 1 ～ 2 个省级重点建设学科；增加 2 ～ 3 个省级重点实验室和工程技术研究中心。初拟争取的学位点和省级重点建设学科、省级重点实验室和工程技术研究中心为：

（1）博士点：材料加工工程，机械设计及理论，工程力学；

（2）硕士点：控制理论与控制工程，管理科学与工程，应用数学，钢铁冶金，计算机软件与理论，马克思主义理论与思想政治教育，材料物理与化学；

（3）省级重点建设学科：机械设计及理论；

（4）省级重点实验室和工程技术研究中心：现代压延加工技术工程研究中心，机电综合重点实验室，现代材料加工中心。

会议还提出了学校中长期学科学位建设发展的目标：为了实现“以理工为主，理、工、经、管、文、法等协调发展的多科性大学，培养以本科教育为主，博士、硕士、学士等多层次同时发展，重点学科要办出特色，达到国内先进水平”的发展目标，在必须保证特色和优势学科的前提下，积极发展前景好并具有一定基础的其他学科。如：诉讼法学、产业经济学、外国语言文学、环境工程、艺术设计学、光学、材料物理与化学、信号与信息处理、电力电气与电气传动等，积极发展学科群。

具体的对策与措施共九项。

（1）进一步修订和完善学位建设“十五”规划与2010年远景目标纲要。

（2）建立健全重点建设学科及首席学科带头人遴选和考核制度，加大奖励和惩罚力度。

（3）组成2002年博士点申报领导组。学校博士点申报领导组组长由张少琴担任，李志勤、李永堂、曾建潮、董峰为副组长。刘建生、徐格宁、崔小朝分别担任材料加工工程、机械设计及理论、工程力学报工作组组长。

（4）启动并实施六大工程：专著出版工程、申报国家奖工程、申报国家级课题工程、引进博导工程、实验室整修工程、重点实验室申报工程。

（5）通过双聘、引进、破格提升等多渠道，增加学校教授数量，尤其是知名教授数量。争取在2001年年底前教授数量达到80名。

（6）扩大研究生招生规模，提高培养质量，不断改善研究生学习和生活条件，力争实现2001年在校研究生达到160人，2002年达到200人。

（7）争取同等学力申请硕士学位授予权和工程硕士学位授予权，为企业培养人才，争取企业支持并扩大学校的社会知名度。

（8）搞好学科建设和研究生教育宣传资料制作。

（9）与国内著名科研院所联合进行学科建设，实现优势互补，资源共享。

会议对在2000年国务院学位委员会组织的第八次学位授权审核中，学院新增的5个硕士点（工程力学、机械制造及其自动化、材料学、系统工程、计算机应用技术）以及申报硕士点中的先进集体、个人进行了表彰和奖励。

2001年，学院确定的重点建设学科12个：材料加工工程（轧制工艺与设备、材料加工设备及先进集成制造系统、材料加工工艺与技术、新材料及液态成型技术）、机械设计及理论、车辆工程、机械电子工程、机械制造及其自动化、计算机应用技术、系统工程、工程力学、材料学。院重点扶持学科7个：钢铁冶金、控制理论与控制工程、电力电子与电力传动、应用数学、管理科学与工程、产业经济学、马克思主义理论与思想政治教育。院一般建设学科7个：环境工程、光学、诉讼法学、外国语言学及应用语言学、信号与信息处理、载运工具运用工程、运动人体科学。

3月12日，学校组建并公布了重点建设学科、重点扶持学科、一般建设学科、首席学科带头人及学科梯队人员名单见表8-2。

表8-2　学科与首席学科带头人名单

院重点建设学科		院重点扶持学科		院一般建设学科	
学科名称	首席学科带头人	学科名称	首席学科带头人	学科名称	首席学科带头人
材料加工工程（轧制工艺与设备）	黄庆学教授（博导）	钢铁冶金	孙斌煜教授	环境工程	郭亚兵副教授
材料加工工程（材料加工设备及先进集成制造系统）	李永堂教授（博士）	控制理论与控制工程	孙志毅教授	光学	魏计林副教授

（续）

院重点建设学科		院重点扶持学科		院一般建设学科	
学 科 名 称	首席学科带头人	学 科 名 称	首席学科带头人	学 科 名 称	首席学科带头人
材料加工工程（材料加工工艺与技术）	刘建生教授（博士）	电工电子与电力传动	韩如成教授	诉讼法学	姚宪弟副教授
材料加工工程（新材料及液态成型技术）	王录才副教授	应用数学	马玉兰副教授博士	外国语言学及应用语言学	刘晓虹副教授
机械设计及理论	徐格宁教授（博士）	管理科学与工程	贾创雄副教授	信号与信息处理	王皖贞教授
车辆工程	孙大刚教授（博士）	产业经济学	薛耀文副教授	载运工具运用工程	连晋毅副教授
机械电子工程	贾育秦教授	马克思主义理论与思想政治教育	朱明教授	运动人体科学	王满福教授
机械制造及其自动化	阎献国副教授（博士）				
计算机应用技术	曾建潮教授（博导）				
系统工程	张井岗教授				
工程力学	张少琴教授（博导）				
材料学	张敏刚副教授（博士）				

学院出台的《太原重型机械学院学科学位建设“十五”规划与2010年远景目标纲要》明确提出：“2003—2005年学科学位建设目标：① 博士点力争达到2～3个，硕士点达到20个左右；② 研究生年招生人数达到140人左右、研究生教育规模突破400人；③ 省级及以上重点建设学科、重点实验室和工程技术研究中心之和达到10个。”

2001年11月9日，学校召开了第六次党员代表大会，校党委在报告中明确指出：“今后四年，学科建设要达到新水平，以充分发挥学科学位建设的龙头作用，力争硕士学位授权点达15～20个，博士学位授权点实现零的突破；省级以上重点建设学科、重点实验室和工程技术研究中心之和达到6个，突出办学特色和优势。”

报告强调，学科学位建设处于高等学校的“龙头”地位，具有特色的学科建设直接关系到学校的发展和办学水平的提高。要突出特色，实施重点学科建设工程，带动整体办学水平的提高；要坚持“重在建设，贵在特色”的原则，大力加强学科学位建设的组织领导和政策配套，全力推进学科学位建设；要整合传统学科，进一步巩固和强化机械类、材料类等学科在重大技术装备方面的优势，加大重点学科和特色专业建设的力度，力争实现博士点零的突破；要按照科学发展的规律，调整学科间的比例关系，形成相互促进、协调发展的格局，扶持和发展具有发展前景的环境类、交通类、电子信息类、经济管理类、人文社科类、艺术类和理学类等学科，培育新的优势和特色，从而逐步构建起既相互支撑又各具优势的特色学科体系。

一是要加强学科带头人的培养和学科梯队的建设，夯实学科学位建设的基础。要创新高级人才管理办法，不断完善首席学科带头人制度和教学科研关键岗位制度，建立起科学公正的学科带头人和学术骨干的选拔、评比、考核和奖惩的竞争机制；拓宽跨地区、跨行业、跨院所、跨学科的合作研究，与国内著名科研院所联合进行学科建设，实现优势互补、资源共享；实行动态管理、优胜劣汰，激励广大教师和科研人员积极承担科研项目，多发表高质量的论文，多出版高质量的专著，多争取省部级以上科研项目，以科研工作促进学科学位建设。

二是要集中财力加强重点学科和实验室建设，保证每年投入资金不少于500万元；对新增博士点，除省学位委员会奖励外，学院一次性奖励100万元，对新增硕士点一次性奖励30万元，新增本科专业，按专业类别不同，三年内分别投入10～50万元，用于实验室或资料室建设。

三是要加强基础研究和社会科学研究，鼓励交叉学科、边缘学科和新兴学科大发展，重视社会科学、软科学学科的建设。

经过努力，2001—2002年，学校共有28名教师走上了教授岗位。具体名单如下：

2001年：贾义侠　高玲玲　王京云　陶国清　张小平　卓东风　师　谦　张继福
李淑娟　阎献国　王春燕　双远华　柴跃生　崔小朝　王录才

2002年：王红光　姚宪弟　王伯平　乔中国　周玉萍　张亮有　雷建民　杨晓明
张平宽　李秋书　薛耀文　李志勤　魏计林

教授人数增加的同时，学院科研水平以及各方面条件均有所改善，第一轮的学科建设初见成效。2002年4月28日，山西省教育厅下发了《关于公布新增的山西省高等学校重点建设学科的通知》（晋教科［2002］16号）《关于公布山西省高等学校重点扶持学科的通知》（晋教科［2002］17号）两个文件，学院的“系统工程”被列为重点建设学科，“应用数学”被列为重点扶持学科。

2002年，学院投资1000万元用于学科学位建设及硕士点、博士点申报工作，决定申报材料加工工程学科与机械设计及理论学科两个博士点和14个硕士点。

2003年9月17日，山西省学位委员会下发了《关于下达第九批学位授权我省审批增列硕士点名单的通知》（晋学位［2003］8号）文件，学院有10个学科增列为硕士授予权学科，即诉讼法学、控制理论与控制工程、计算机软件与理论、农业机械化工程、管理科学与工程、应用数学、流体力学、材料物理与化学、钢铁冶金、电力电子与电力传动。这标志着学院2001—2002年第一期学科学位建设工作圆满完成。

（二）加大人才引进力度，铺平学科发展道路

在明确了学科建设的龙头地位的同时，学院围绕制约发展的人才流失、资源建设问题，安排部署了一系列重点工作并予以实施。一是进行了内部分配体制改革，避免“孔雀东南飞”现象的继续，确保现有人才队伍的稳定性，同时加大了高级人才的引进力度，以带动学院科技水平的提高；二是着力构筑高层次人才施展才华的舞台，避免“英雄无用武之地”的现象；三是把解决教职工和引进人才的住房问题作为大事抓紧抓好；四是把教职工的后顾之忧问题——涉及孩子的教育和培养问题的附属中学、小学如何办好放在议事日程解决好；五是取得山西省委、省政府，太原市委、市政府的支持，把影响学校发展的窊流路道路交通问题解决好。

1．通过加大内部分配体制改革力度，增强稳定和吸引人才的力度

为整体提高教职工的收入水平，使高层次人才的收入达到省内领先水平，显著提高学校的知名度和影响力，酝酿已久的校人事分配制度改革方案在广泛征求意见的基础上，

在2003年11月25日以院党字［2003］29号文件——关于实施《太原重型机械学院人事分配制度改革方案（试行）》（以下简称“方案”）的通知正式出台。

“方案”明确了各类人员改革后的工资结构、岗位工资标准、二级管理程序、分配考核办法等。全院人均岗位津贴达2.5万元以上。

“方案”的出台，为学院全面实施人才建设工程奠定了良好基础，一批在省内、行业内有影响的教授、博士相继调入学院。同时，校内教师队伍、管理队伍开始稳定，一举扭转了多年来的“孔雀东南飞”现象。

2．全面实施人才建设工程，夯实学科建设基础

2004年，学院针对在岗教授只有80名，具有博士学位的教师只有20余人的实际情况，决定实施人才建设工程，并根据办学规模和教师编制情况，提出了力争在两年时间内使学校在岗教授数量达到100人以上，教师中具有博士学位的人数突破80人，博士生导师达到30人的目标。

经过努力，2004年，顾江禾等16名同志被晋升为教授，教授数量达到96人。具体名单如下：

顾江禾　王　梅　谭　瑛　李建权　常志梁　卫良保　王晓慧　李亨英　张学良

樊进科　张荣国　刘淑平　韩　刚　刘翠荣　陈慧琴　毛建儒

同时，为发挥高水平老师作用，学院采取了“借船出海”的办法，积极争取学院教师成为其他高校的博士生导师，2004年，7名教授被西安理工大学、兰州理工大学聘为博士生导师。与此同时，学校与部分著名高校联合培养博士生的工作也取得了新的进展。

3．建设高层次人才施展才华的舞台，构筑学科建设的平台

围绕学科梯队建设和学科工作任务，学院在努力培养一支学历层次高、综合素质好、年龄结构合理的科研工作队伍的同时，还为学术骨干和学科带头人营造了一个良好的工作条件。

2005年，学校投资4000多万元，进一步加强了重点实验室、工程技术中心的建设。2005年3月，学校与山西启真镁业有限公司合作建立的镁及镁合金研发基地——太原科技大学镁及镁合金工程技术研究中心正式挂牌成立，同时还成立了现代轧制工程技术中心。同年，机械设计基础实验教学示范中心实验室仪器设备总值达240万元，被评为山西省省级实验教学示范中心。

4．加大学术交流力度，活跃校园学术氛围，提高学术水平

2001以来，学院不断加大学术交流力度，旨在活跃校园学术氛围，提高教师的学术水平，促进教师的科研水平上层次、上台阶。一批国际、国内知名的专家、学者应邀来校讲学。

在2002年举办50周年校庆期间，中国科学院、东北大学闻邦椿院士，中国科学院、北京航空材料研究院曹春晓，中国工程院院士、西安起重机械研究所关杰院士应邀出席校庆大会并作学术报告。

在2004年举办更名为“太原科技大学”揭牌庆典期间，美国材料科学家代表团访问学校。期间，代表团团长、美国奥本大学校长、俄罗斯工程院院士布莱尔•陈，代表团成员、中国工程院外籍院士C.T.刘，美国工程院院士张博增、奥斯汀•常等分别做了学术报告。另外，国内王越院士、周世宁院士、曹春晓院士、苏君红院士也分别做了学术报

告。先后来学校进行讲学的国内外知名专家还有：殷国茂院士、张高勇院士、王一德院士、朵英贤院士、关杰院士、石来德教授、蔡鹤皋教授、史维祥教授等。

统计数据显示，2001—2005 年，学校先后聘请国内外知名学者、专家来校讲学、交流超过 160 次。

（三）壮大科研规模，提高科研水平

进入新世纪，学校有 11 项科研成果填补了国内空白，特别是具有全部知识产权的“大型滚切剪机”的研究与开发，使我国成为世界上第三个具有大型滚切剪机全部自主知识产权的国家。围绕着科研规模的壮大和科研水平的提高，2000 年，学校率先成立了山西省首家产学研董事会，加强了产学研合作，促进了工程中心建设。之后，山西省镁及镁合金工程技术研究中心等 5 个省级工程中心和国家工程机械质检中心培训试验基地等 10 个基地、中心在学校落户。学校还与一重、二重、太重、柳工、徐工、山推及西安重型机械研究所等国家重大技术装备国产化生产研究基地合作，完成了 30 余项国家重大技术装备的研制和国家重点工程技术的开发。

1．明确科研在学科建设中的地位

2004 年 4 月 14 日，学院召开新世纪以来第二次科技工作会议。围绕建设特色鲜明的多科性高水平大学这一奋斗目标，会议提出了“努力夯实科研基础，壮大科研规模，提高科研水平，推动我院科研工作再上一个新台阶”的工作思路。会议强调：人才培养、学科建设、科学研究是我们“创办特色鲜明的多科性高水平大学”的重要基石和主要任务。学科、教学、科研是我们学校发展的“三驾马车”，学科是龙头，教学是基础，科研为先导，互为支持，缺一不可。郭勇义院长在会议讲话中指出：“搞好学科学位工作必须大力开展科研工作，这是不言而喻的事实。近几年来，学科建设所取得的成就是与科研工作的踏实有效分不开的。从反面来说，一些学科之所以未拿硕士学科授予权，主要也是科研没有搞上去。目前，为实现学校的跨越式发展，我们采取的是以学科学位建设为龙头的发展优势战略，因此，科研工作的定位之一就不能是为科研而科研，科研工作是任务、是指标，也基本上是围绕学科梯队和学科任务进行的，这是最近几年内我们的基本校情，必须坚决地予以执行。”

2．学术研究、科研能力进一步提高

2001—2004 年，全校教师共发表各类论文 1700 余篇，出版专著 61 部，承担和完成纵横向课题 250 项，完成省部级鉴定成果 39 项。其中，一级论文（指按照山西省高校教师职称评审委员会所定的学术刊物级别）260 余篇，被“三大索引”收录 160 余篇，年平均增长 15%，特别是 2003 年“三大索引”收录突破 90 篇，名列山西高校第三。科技成果获省部级奖励 22 项，其中，2001 年 6 月，由黄庆学教授主持研究的《延长大型轧机轴承寿命研究》项目，通过了省级鉴定，专家们认为，这项成果达到了国内领先水平。此项目于 2002 年获得山西省科技进步一等奖，2003 年获国家科技进步二等奖。2003 年 2 月 20 日，中共中央国务院在北京人民大会堂隆重召开了 2003 年度国家科技奖励大会，黄庆学教授参加了会议。

学院的课题申报质量也进一步提高，由崔小潮教授主持的“方坯连铸结晶内钢水涡流流动形成原理与实验研究”项目获国家自然科学基金资助，标志着学院在承担国家重大项目和课题方面的能力显著增强。

3．产学研工作成效明显，科技转化能力进一步提高

学院立足科研工作的传统特色和优势，不断强化在国家重大产业和地方特色行业方面的联合科技攻关、开发和合作能力。2001 年 10 月 7 日召开的第一届“产学研”董事会二次会议，签订合作协议和项目 10 项，会上，又有广西柳州机械有限公司等 10 家单位与学院达成科技合作项目，合同金额共计 647 万元，新增广西柳州汽车公司等 5 家企业为董事单位，合作经费达 800 余万元。与太重、宣工、洛轴等几十家国家机械制造国产化基地和大型企业集团的合作交流也不断深化，与十多家地方政府经济管理部门的合作关系也不断拓展。学院还积极寻求区域科研工作的突破口和新领域，主动服务于山西省产业结构调整和社会经济发展。与山西平阳机械厂合作攻关的“径向柱塞泵”项目被列入山西省经济结构调整“1311”工程；与沈阳机车厂合作开发的“智能单车试验器”项目，得到铁道部组织的验收，并下文在全国铁路系统推广应用；2002 年，与太原重型机械集团有限公司合作的制造业信息化项目得到山西省经贸委的高度重视和大力支持，被列为“山西省机械制造业信息化示范工程”。延长大型轧机轴承寿命研究的核心技术为国际首创，其成果已应用于宝钢集团有限公司、首钢集团有限公司等企业，每年产生直接经济效益上亿元。为此，学院被山西省人民政府授予“产学研合作先进单位”称号。

4．进一步规范科研管理，搭建好平台学科建设

2001—2004 年，学校结合科研工作的新特点、新要求，不断规范科研管理工作制度，建立健全科研工作评估制度，优化考核分配机制，先后制定了《科技奖励条例》《科技经费管理规定》《科技工作量计算办法》等十几个规范性文件，为科研发展提供了一个扎实的制度平台。建立了科研信息网上发布制度，简化办公流程，努力构建公平、公正、公开的科研管理理念和工作氛围。

5．通过国际交流与合作，进一步提升教师学术水平

学院十分重视与国内外高校进行人才和科学技术交流，先后与英国曼彻斯特理工学院、美国奥本大学、日本长冈技术科学大学、日本丰桥创造大学、莫斯科建筑工程学院以及众多的国内高等学府建立了校际联系，并经常互派访问学者进行学术交流。

为提升教师学术水平，学校于 2001—2006 年加大了国际合作与交流的力度，和一些国际知名的学校陆续建立了校际合作关系，除派遣学校教师赴合作学校进修学习外，还邀请这些学校的知名学者、专家、教授来学校讲学。学院与美国奥本大学的合作最为突出。

2002 年 10 月 6 日，美国奥本大学副校长、材料学院院长布莱尔·陈出席学院 50 周年校庆大会并发言，布莱尔·陈指出：“为进一步加强美中之间两校的友好合作，作为贵院 50 年校庆的礼物，奥本大学决定资助由贵院选拔的两位优秀博士生在学校攻读材料学博士学位。该笔资助每年为 5.2 万美元，约合人民币 43 万元，包括学习期间的全部学费和生活费。在美国完成博士学位后将返回贵院，为贵院的建设与发展做出更大贡献。”“我期待太原重型机械学院与奥本大学在教育和科研方面的进一步合作与发展，我祝福中美两国人民之间的友谊万古长青。”

从此，学院与美国奥本大学的合作迈入了实质阶段。每年学院都要派遣教授级学者赴奥本大学进行访学，两校之间也互派学生进行交流。

2004 年 5 月 26 日，美国奥本大学工程学院院长、教授、世界著名的地下污水处理专家本尼菲尔德先生来学校作“奥本大学工程学院学科建设与发展研讨”学术报告。

2004年10月16日，美国奥本大学校长布莱尔·陈作为访问山西的第一个美国材料科学家代表团团长，代表美国奥本大学和美国材料科学家代表团出席学校揭牌庆典活动。布莱尔·陈还代表美国威斯康星大学、田纳西大学、北达科他大学、美国国家实验室和奥本大学做了发言。同时出席太原科技大学揭牌庆典大会的还有：美国工程院院士 Austin Chang、俄罗斯工程院院士 Bryan Chin、中国工程院外籍院士 C.T.Liu。

2004年10月，在学院更名庆典活动期间，郭勇义校长与美国奥本大学校长布莱尔·陈签订了《太原科技大学与奥本大学学术交流协议》，从而奠定了双方深入合作的基础。

此外，2004年8月23～25日，日本丰桥创造大学校长佐藤胜尚先生访问我学校，并在图书馆会议室举行了双方合作交流签字仪式。校长郭勇义和佐藤胜尚先生分别代表学校和日本丰桥创造大学在合作意向书上签字，标志着两校间学术国际交流正式启动。

第四节　加强领导班子建设，深化管理体制改革

一、领导班子建设与机构调整

2000年1月22日，学院举行了院级领导班子的换届大会，会上由省委组织部副部长杨静波宣读了省委组织部晋组字［1999］325、349号文件和山西省人民政府晋政任字［1999］41号文件。省委、省政府决定任命：朱明为学院党委书记，师谦继续任党委副书记，安德智为学院纪检委书记、党委委员，王明智继续任院长，张少琴为学院常务副院长，李永堂、曾建潮、董峰为学院副院长。山西省副省长王昕、省教委主任曹福成参加了大会，他们勉励新的领导班子要加强学习，增强团结，抓住两个好的机遇：一是学院由原机械工业部管理转为中央与地方共建共管，以省管为主的管理体制后，在地方政府的关心支持下，搞好学院的发展规划；二是借全国教育工作会议和全省教育科技创新大会的东风，抓住机遇，深化改革，为学院事业的不断发展注入新的生机和活力。

2000年10月20日，学院召开院、处级干部和具有高级职称在岗人员会议，由省委组织部企事业处处长牛杜威同志宣读了山西省人民政府省政任［2000］60号文件：免去王明智太原重型机械学院院长职务。任命张少琴为太原重型机械学院院长，李志勤为太原重型机械学院党委委员、副院长。至此，新的领导班子的过渡期圆满结束。

10月24日，经党委研究，院领导班子成员分工如下：党委书记朱明，院长张少琴，党委副书记师谦，党委委员、纪检委书记安德智，党委委员、副院长李志勤，副院长李永堂、曾建潮、董峰。

2003年2月，院长张少琴当选为山西省人民政府副省长，省委、省政府决定充实和加强学院领导班子。2月21日，中共山西省委、山西省人民政府来校宣布：郭勇义任太原重型机械学院党委副书记、院长，鲍善冰任太原重型机械学院党委副书记，徐格宁任太原重型机械学院副院长。山西省副省长张少琴、中共山西省委组织部副部长王树林、中共山西省高校工委书记兼山西省教育厅厅长李东福、中共山西省高校工委副书记贾坚毅等领导出席了会议。至此，学校校级领导班子成员由9人增加到10人。2003年3月8日，黄庆学任校长助理。

2004年2月19日，山西省人民代表大会发布了第二号公告，校党委书记朱明当选为

山西省第十届人民代表大会常务委员会秘书长。

2004 年 9 月 17 日，山西省副省长张少琴，中共山西省高校工委书记兼山西省教育厅厅长李东福，山西省委组织部企事业处处长张学俊代表中共山西省委、山西省人民政府宣布了太原科技大学领导班子任命。任命杨波任太原科技大学党委书记，郭勇义、鲍善冰任党委副书记，安德智任纪检委书记；郭勇义任校长，李志勤、李永堂、曾建潮、董峰、徐格宁、黄庆学任副校长。免去师谦党委副书记职务（师谦同时被任命为中北大学党委书记）。2005 年 1 月，省委组织部来校宣布省委决定：李志勤任太原科技大学党委副书记。

在不断充实加强学院领导班子建设的同时，为建立办事高效、运转协调、行为规范的党政管理体系，建立高素质的党政管理队伍，学院从 2001 年初开始，用了两个月的时间，按照《山西省高等学校内部管理体制改革意见》精神和要求，结合学院实际，完成了学院机构改革暨干部的调整工作。改革调整后，学院设立党群职能机构 6 个，行政职能机构 14 个，学院直属机构 4 个。党政职能机构和直属机构确定了处级职数 42 人；业务教学机构确定了处级职数 46 人。2001 年 3 月 1 日，学院召开了科处级干部和正副教授参加的大会，宣布了机构和处、系干部任免名单。

二、人事体制改革

1998 年以来，学院以人事分配制度改革为核心，不断推进校内管理体制改革。在人事制度改革方面，调整了各部门各类人员的结构比例，精简了职能处室和机关人员，实行事业编制和企业编制双轨运行，减少了后勤、产业部门的固定编制，制定了编余人员分流办法。通过人事制度改革，教职工总数由 1993 年的 1221 人（当时学生数为 2757 人）减少到 1999 年在岗人员 1066 人（学生人数为 7112 人），教职工与学生比例达到 1 ∶ 5.8，师生比达到 1 ∶ 12。

学院的分配制度改革分为两个阶段：一是从 1996 年开始实行工资总额动态包干，对教学单位和机关实行定员定编全额拨款，对后勤公务公司实行核定编制差额拨款，对产业公司全部“断奶”；二是 1998 年上半年，学院实施了第二轮分配制度改革，进一步扩大二级管理权限，将第一阶段工资的固定部分纳入按业绩分配的部分，由系（部）依据考核结果自定分配政策。学院还对各部门实行目标责任管理，加强部门和个人的考核，在考核的基础上，对高级专业技术人员和高学历的教师实行了津补贴制度，并设立了学科带头人和学术骨干的专项津贴。通过工资分配制度改革，到 2000 年教职工人均年收入达 10000 元，教师人均年收入达 1.2 万元，进一步激发了教职工工作的积极性、主动性和创造性。

2001 年，学院积极推进以人事劳动分配制度改革为重点的校内管理体制改革。在落实“三定”（定职能、定机构、定编制）方案的基础上，制定了《太原重型机械学院机构改革方案》和《院内分配制度改革方案》，完成了学院内部编制改革，完善并实施了教职工聘任（用）暂行办法、待聘人员管理办法、分配制度改革办法，基本上形成了规范的人事管理制度。根据“三定”方案，积极向省教育厅和省编办申请扩招后的编制，2001 年末教职工人数达 1084 人，其中教学科研人员 458 人，占基本教育规模（院本部）798 人的 60% 以上，教职工与学生比达 1 ∶ 6，师生比达 1 ∶ 18。

学院机构改革在“总量控制、微观放松、规范合理、精减高效”的思想指导下，进一步加大分院（系）二级管理力度，简政放权，加大部门自主权。学院继续实行工资总额包干，加大了二级分配力度，充分发挥工资分配的激励作用，使教职工的收入有了较大幅度的提高，教职工年均收入（不含教师的教学酬金、科研奖励金、学科带头人和学术骨干的补贴）比上一个年度增长了 32.5%，其中教师的人均年收入增长了 39%。

三、后勤管理体制改革

1998 年，学院按照国家教育部和山西省教委“事企分开，两权分离，改革体制，转换机制，实现高校后勤服务工作社会化”的改革精神，大胆地提出了“抓住机遇，因校制宜，总体规划，分段实施，稳步推进”的改革思想，制定了后勤服务社会化的总体规划，即：按管理服务型 - 服务经营型 - 经营服务型 - 产业经营型的模式，逐步过渡升级。管理体制按照“全额经费包干目标责任制 - 核算制经营服务 - 全方位委托经营”的步骤，分段实施，逐步推进。在人事制度上，干部实行了任期目标聘任制，工人实行岗位责任聘用制；在分配制度上，强化激励机制，逐步加大浮动工资部分的比重，使职工的收入确实与本人所在岗位的责任大小、技术要求高低、劳动强度和劳动环境挂钩。通过初步的改革，促进了服务质量的提高，使管理水平上了一个台阶，增加了自我发展的实力。

1999 年，学院的后勤社会化改革效果明显，受到省教委的高度重视和好评。根据“管理服务型 - 服务经营型 - 经营服务型 - 产业经营型”逐步过渡升级的后勤改革方案，建立了“小机关 - 大实体 - 多服务”的管理体制，后勤职工按校内企业编制进行考核。1997 年来，后勤自身承担了 30% 的人员工资和全部人的效益津贴共计 160 万元，并逐步积累了 150 万元的发展基金。通过改革，已逐步形成了经营服务型的模拟市场体系，自我发展能力明显增强，为进一步推进后勤会化改革奠定了良好基础。

1999 年 5 月，在国家教育部召开的“全国高校内部管理体制改革座谈会”上，山西省教委副主任李开基做了题为“整体推进高校内部管理体制改革，促进山西省高等教育事业全面发展”的书面发言，文中多次提到太原重型机械学院的后勤改革经验，称太原重型机械学院“在后勤管理体制改革方面迈出了较大的步伐”“太原重型机械学院把后勤职工改为产业编制，内部实行工时、工票、工资制，财务相对独立，后勤与学校的关系逐步脱钩”，按照“全额经费包干目标责任制 - 核算经营服务 - 全方位委托经营的步骤，逐步走向社会化”，等。他的发言引起了与会者对学院后勤改革经验的高度重视。

2001 年是学院后勤改革工作取得新进展的一年。一年来，学院积极落实国家关于高校后勤服务社会化改革的要求，全面实施《太原重型机械学院后勤社会化改革方案》，制定了《太原重型机械学院后勤改革发展规划》，对后勤管理体制进行了新的整合，成立了后勤管理处，组建了三个后勤服务公司，将行政职能与服务功能基本规范分离。进一步理顺了后勤甲、乙方关系，并且制定了完善的岗位责任制及其他工作制度，为剥离出来的后勤实体按经济规律和市场机制运行，用企业方式进行管理和服务创造了条件。基本上做到了工作职责明确、工作流程详细、监控考核严格、财务管理科学、保证措施到位，逐步形成了经营服务型的模拟市场体系，自主经营、自负盈亏的后勤集团健康成长。

四、财务管理体制改革

1998 年后，学院在财务管理改革方面也做了不少工作。根据《高等学校财务制度》和《高等学校会计制度》的规定，结合学院实际情况，对科级机构进行了必要的调整，并根据调整情况，进一步完善了《财务处工作职责权限》，明确了各级、各岗的工作职责权限和考核办法，对理顺工作关系、调动全处人员的积极性起到了促进作用。

学院财务管理部分协同资产管理部门，进一步完善了学院的固定资产管理制度，制定了学院《固定资产管理暂行办法》，这对保证学院固定资产的安全和完整起到了较好的作用。同时，学院加强了财务监督检查，严格执行“收支两条线”的管理办法，加强了项经费的管理，把好立项、招标、审计各个关口，使专项经费的开支取得较好效果。

2000 年，在学院《深化学校内部管理体制改革的总体方案》的指导下，学院出台了一系列财务方面的改革措施和办法，先后制定了《关于财务管理的实施意见》《关加强学院下属机构财务管理的意见》《关于推进财务公开的实施细则》等，这对加强财务管理、理顺财务关系、规范校内经济秩序都起到了较好的作用。

五、教代会制度建设

学院重视发挥教代会作用，提高教职工民主办学的积极性。2003 年 12 月 30 日—31 日，召开了第四届教职工代表大会和第六次工会会员代表大会，通过了《太原重型机械学院进一步深化人事制度改革意见》，选举产生了第六届工会工作委员会。以后陆续召开了四届二次、三次、四次会议。每次会议教职员工都围绕着学院的建设与发展，积极出主意、提建议，充分发挥了教职工民主办学的积极性。

2005 年，全校上下齐心协力，在推进民主治校进程、完善二级教代会制度、开展职工“建家”活动、不断丰富具有科大特色校园文化建设等方面迈出了可喜的步伐。2005 年 4 月，学校校园文化五年发展规划草案完成，成为山西乃至全国高校很少涉足这一内容的高校之一，使师生员工热爱学校、建设学校、发展学校的积极性和文明礼貌程度进一步提高，和谐校园建设得到进一步推进。

第五节　拓展办学空间　条件建设取得新进展

随着学校办学规模的不断扩大，办学空间和办学条件建设成为学校办学效益提升的重要基础和保障。根据统计，1990 年，全院在校生人数：本科 2151 人，专科 61 人，硕士研究生 30 人，成人教育学生 357 人，合计共有在校学生 2599 人。1998 年，学院全日制招生人数达 1220 人，其中本科生人数 1150 人，当年在校本科生达 3403 人，专科生 628 人，加上硕士研究生和成教院学生，在校学生总数已达 6376 人。与 1990 年相比，全院在校生总数翻了一番还要多。

1999 年，学院入学新生达 1720 余名，全院各类在校生（包括研究生、本科生、专科生、成人教育学生）已达 7321 人。

2000 年，学院仅本科招生人数即达 2250 人，包括研究生、本科生、成教学生，在校生人数为 9283 人，办学规模得到了进一步扩大。成人教育也有新的发展，2000 年招生达

1424 人，净增学生 610 人。

2001 年，经国家教育部批准，学院在全国的 25 个省市招收计划内大学生 2600 人，其中本科生 2400 人，高职生 200 人。截止到 2001 年，在校学生已达 11617 人（包括研究生、成人、高职）。与“八五”末期相比，本、专科生增长了 156.6%，研究生增加了 2 倍。学院分别于 1995 年和 2000 年成立成人教育学院和高等职业技术学院后，成人教育的在校人数 1998 年为 2375 人，1999 年为 2466 人，2000 年为 3070 人，到 2001 年达到了 3732 人。成人教育在办学的 7 年中，总计收入 1600 多万元，除支付教师酬金和 20% 上交学院外，其余的经费用于改造学生宿舍和配置设备、成教大楼的建设和招待所的改造等。

由于历史的原因，学院办学规模扩大和办学效益提高受到了空间的限制，为解决这一瓶颈问题，从 1998 年以后，学院顺应我国高等教育的发展形势，为夯实可持续发展基础，支撑逐年增扩的办学规模，把空间拓展问题提到了工作的突出位置来抓；在加紧土地购置和租赁步伐的同时，积极筹措资金，建设现代化的教学楼、学生公寓楼和职工住宅楼以及学生活动的体育用地和现代化风雨操场等。截至 2007 年，学校占地面积由 2000 年的 318.39 亩拓展到 684.59 亩，增加了 1.15 倍；基本设施由 2000 年的 167400m^2 增加到 455100m^2（另外还租用了 51300m^2 社会房屋用作公寓和食堂），增加了 1.72 倍。办学空间的极大拓展和基本设施建设的长足发展，切实改善了学校的办学条件，为学校突飞猛进的发展提供了有力保障。

一、土地购置和租赁

鉴于学校北有晋机、东邻太原重机厂这种产学研优势以及地处城乡结合部并邻近废弃的工业用地这种地理区位优势，学院提出了“就地发展”拓展办学空间的战略。在 2000 年 11 月购置太原市汽车运输二公司 54.08 亩土地，兴建“科大世纪花园”教职工住宅小区后，2001 年 7 月 6 日，又与太原市第一建筑工程公司正式签订了土地购置、房屋拆迁、人员安置补偿合同，以划拨价购置市建一公司的 59.32 亩土地用于运动场建设，2002 年 7 月购置工作圆满完成，并于 50 周年校庆之际投入使用。2003 年，化学与生物工程学院并入学校，使学校占地总面积随之扩大了 115.33 亩。2003 年 11 月 7 日，同南社村签订了 210 亩土地转让补偿项购置合同。

学校在拓展自有产权土地空间过程中，还提出了“所有权与使用权相分离”的原则，不求所有，但求所用，通过租用社会房屋或场地等形式拓展办学空间。1999 年，与窟流村签订“东湖”租用合同，租用土地 22 亩，填平改造，建成了东湖学生篮球场，扩大了学生的活动空间。2003 年，与市建一公司签订房屋租赁合同，租用学生公寓 2 栋，学生食堂 1 栋，3 栋建筑占地 16.99 亩。2004 年，经太原市建委同意，覆盖了流经学校占地 13.99 亩的拱沟，用于绿化。

二、加快基本建设步伐，保证教学需要的基本建筑

随着办学规模的扩大，学院基本建设的投资和速度也在不断地加大和加快。到 1998 年，学院已经翻修了教学 11 号楼、办公主楼，整修了所有的学生公寓楼，A、B 两栋教学实验楼前后交付使用。1999 年，成人教育学院教学大楼建成交付使用，学院的教学实

验条件得到了进一步改善。

2000年，学院投资1000余万元新建了9068m²的16号教学大楼和10546m²的8号学生公寓楼，缓解了扩大招生后的教学和生活的需要。同年，学院的基建重点项目——新图书馆和新科技大楼的立项，得到了山西省计划委员会批复，进行了可行性论证后便进入了设计建设阶段。新的图书馆和新的科技大楼是以在校本科生10000人、研究生6000人的规模设计建设的。图书馆楼总建筑面积15000m²，项目总投资3497万元，按现代化标准进行设计，充分体现建筑的开放式、服务自动化、信息网络化、使用多功能化，以适应发展规模和提高水平的“双赢”要求。

2001年11月，学院的科技大楼、图书馆大楼和教职工住宅小区建设项目正式立项。科技大楼、图书馆大楼开始破土动工。当年建成教16楼9200m²，汽车库517.44m²，茶炉房313.76m²，8号学生公寓10546m²等均投入使用。

2002年4月27日，新建的教职工住宅小区正式破土动工，开发建设11栋教工宿舍楼。教职工住宅小区参照整体开发、一次完成的大型建设工程项目标准，建筑面积为53000m²，共计380套住房。此举大大改善了教职工的住房状况，也对学校整体布局、改善教学条件和稳定人才起到了积极作用。当年，建成的9号学生公寓5470m²，图书馆15935m²，体育场主席台等也相继投入使用。

2003年，新建的教职工住宅小区、科技大楼、图书馆大楼、田径运动场等正式投入使用。实验大楼、教学18楼、学术交流中心破土动工。实验大楼11820m²，教学18楼8672m²于2005年建成投入使用。

在基本设施建设的过程当中，学院严格按照国家招投标法及其他相关规定，组建了由学校纪检、审计、财务、工会构成的“纪检、行政、工会”三位一体的监督体系，做到了项目、材料、设备等工程招投标项目全面覆盖，工程招投标环节规范管理，工程招投标文件严格存档，工程招投标过程阳光进行，受到省纪检和教育厅等有关部门的充分认可。

三、实验室与图书馆建设

1998年以来，学院以大学科为基础组建研究所和实验中心，在连续6年投入600万元的基础上，1998年又投入了500万元加强了材料加工工程和机电工程重点实验室的建设。1999年6月，学院投资200万元建设了校园网，于当年正式开通，开始全面运行，网络总接入能力为2000台。1999年，购置了大型扫描电子显微镜、X射线能谱仪。这些重点设备的投入使用，为学院教学科研提供了有力的分析检测手段，也为学院上质量、上水平做出了应有贡献。2000年，学院投入841.5万元，完成了重点实验室、重点学科建设、校园网建设和基础实验室等建设项目，购置了进口软硬件设备9（台）套，基本建成了现代材料显微分析中心、现代压力加工技术工程研究中心、弧焊机器人实验室、多功能测试实验室、机电实验室等。2001年5月，液压伺服控制实验室投入使用。电液伺服系统在航空航天、冶金机械、数控机床、火炮床位、雷达天线跟踪、工业机器人、材料试验机等工业系统中，正在发挥着越来越重要的作用。2004年，学院投入850万元扩大了实验室面积，强化了教学仪器设备建设。同年，完成投资近400万元，扩容了校园网中心机房设备，保证了校园网24小时开通。新建多媒体教室21个，并对学校计算机教学实验室进行了全面更新。基本完成校园网二期工程。

高等学校的图书馆是学校的文献信息中心，是为教学和科学研究服务的学术性机构，是学校教学和科学研究工作的重要组成部分。学院图书馆在1984—2004年的20年中，大致经历了两个发展阶段：1984年至1994年是不断改革探索、开拓前进的10年，是改变观念发挥两个职能（教育职能和信息职能）的10年，是图书馆不断发展的10年；1995年以后，图书馆开始了以计算机应用为主要特征的自动化建设时期，进入了一个有计划地从手工到机器、从传统图书馆向现代化图书馆逐步过渡的时期。

截止到2000年年底，馆藏文献总量为433066册。其中中文图书331401册，占藏书总数的77%；外文图书53171册，占藏书总数的12%；中刊合订本15379册，占总藏书的3.5%；外文合订本33115册，占总藏书的7.5%。在1989年，院图书馆层做过一次全面的馆藏文献调查分析工作，调查分析显示：图书馆的藏书有一定的质量，而且特色明显，基本上能满足教学、科研及学科建设的需要（表8-3）。

表8-3　1989年馆藏文献调查分析表

学 科 名 称	图书种类/种	期刊种类/种	相关学科期刊种类/种	书目查核结果/%	引文平均收藏率/%
起重运输及工程机械	1112	221	54	61.3	43.7
矿山机械	252	38	10	63.5	42.7
金属加工（铸、锻、轧）	1709	170	50	63.1	32
自动化技术	1516	139	44	77.1	35.9
数学	3615	99	31	41.1	20.3
固体力学	639	38	29	74.6	16.7

学院图书馆在发挥教育和信息两个职能中发挥了重要作用，做出了显著成绩。图书馆不断加大对馆藏文献资源的宣传推荐力度，经常编制“书目索引”“新书通报”“新刊目录”等，并对图书期刊、情报资料编有书本式的馆藏目录或专题资料索引。其中，“课程介绍与参考书目”“薄板坯和带钢连铸专题文献目录”分别获1991年、1992年省高校图书馆优秀工作成果一等奖。

为了帮助学生更好地利用图书馆，编印了《大学生求知必读》，深受学生欢迎，也受到了省内同行的好评。每年5月的最后一周，举办图书馆优秀服务宣传周，解答读者咨询，举办有关讲座，介绍图书馆服务项目，此项活动多次受到省文化厅、省教委、省科协等部门的表扬，被评为先进集体。对各库的图书、期刊逐步开展了在一定范围内的开架借阅，阅览室大幅度增加开馆时间，夏季最长曾达到101.5小时，冬季也曾达到98小时，曾是山西高校开馆时间最长的馆。20世纪90年代初，年均进馆读者达到35.6万人次，日均1420余次，图书年流通量7.9万册次，流通率为24.29%，在当时全省9所本科院校中排名第三。在外文书刊使用效益反馈信息中，学院有许多教师利用馆藏文献取得了优异成就，如王海文教授等人参考了美、日、俄、法等的有关资料，研制成功了“ϕ50mm无缝管联合穿轧机”；李国祯教授参考外刊，进行技术攻关，救活了生产五台山-120型拖拉机差速器壳的球铸厂，使其改变面貌，扭亏为盈；彭勋元副教授、周则恭教授等利用外刊，用断裂力学参量KK/bs作为筛选合理工艺方案，改进了锻压模具热处理工序，运用于运城拖拉机厂，大量节约了模具费，该成果获省科技进步二等奖；郭会光教授的“汽轮发电机护环强化新技术”的研究项目，参阅了馆藏外文资料，攻克了护环生产的技术关键，为我国护环生产闯出了一条新路，其研究成果曾获省级一等奖、国家科技进步三等奖；刘谓祈教授受原机械部重矿局的委托，制订重型机械行业标准“断裂韧度 Jic 测定方法”，为我国大型铸锻件产品打入国际市场提供质量检测手段。他参考了美国 ASTM 中的有关资料，经过多次实验验证，反复修改标准，终于完成了任务，填补了我国重型行业大型铸锻件质量检验标准的空白；李国祯教授从图书馆藏书中吸取了苏联等国家的经验，联系我国实际，编写了本科四年制铸造专业教材《铸造车间设计原理》，由机械工业出版社出版，深受铸造专业学生和工厂、科研单位技术人员的欢迎。

在学院的“十五”计划中，做出“建设现代化图书馆”的部署，在学院的第六次党代会报告中，提出了“建设和发展现代化图书馆文献管理和信息服务系统，保证教学科研和学科学位建设发展需要”的目标。1996 年和 1999 年，学院两次为图书馆自动化建设投资，到 2000 年 10 月底，图书馆自动化管理系统（局域网）建成并投入使用，实现了图书采编、检索、借还、阅览和中外期刊的自动化管理与服务。学院的图书馆现代化建设迈出了坚实的一步，为图书馆的管理与服务提供了现代化的手段，是传统图书馆向现代化图书馆转变的重要标志。

2000 年，学院立项筹建 16000m^2 的新图书馆大楼，使图书馆建设进入了新的发展时期，也为图书馆的建设与发展提供了十分难得的发展机遇。2004 年上半年完成了信息网络系统的集成建设，下半年全面实现了电子阅览室一卡通管理、电子资源全文整合检索、办公自动化等应用系统的开发和利用。信息网络系统平台支撑的电子文献资源在校园网上开通利用，有力地缓解了教学、科研及学生学习对文献信息需求的矛盾。学校投入文献购置费 200 万元，新增图书 15000 余册，中文报刊和外文期刊数量都有较大的增长。图书馆实行全天（包括周六、周日）连续开放，为学生提供了良好的学习环境。

第六节　加强党建和思政政治教育　精神文明建设迈上新台阶

一、召开党建和思想政治工作会议

2000 年 9 月 27 日，学院召开了党建和思想政治工作会议。会议认真总结了学院党建和思想政治工作的基本经验。认为近年来学院党建和思想政治工作，坚持以马列主义、毛泽东思想和邓小平理论为指导，坚持党的基本路线和教育方针，以培养高素质“四有”新人为根本任务，紧紧围绕教学和科研这一中心工作，努力建设精神支柱、形象塑造、育人氛围“三大工程”，收到了一定的教育效果。在思想政治工作方面，突出爱国主义、集体主义和社会主义三项教育，在校园唱响了主旋律。在道德建设方面，坚持以党政干部优良工作作风、教师优良教风和学生优良学风的建设为主要内容，塑造良好形象，使道德建设工作不断向前推进。学院还把校园文化建设摆到学校工作的重要议事日程，坚持以爱国主义、集体主义、社会主义教育为主题，以校风建设为重点，精心组织实施了科技文化艺术节、读书演讲会、大型文艺会演、人文知识讲座，美化、硬化校园等校园文化建设活动，进一步优化了育人环境。学院认真贯彻落实《中共普通高等学校基层组织工作条例》，以“建设廉洁勤政的领导班子”和“党员目标理与民主评议党员”为重点内容，建立健全党内各项规章制度，强化监督约束机制，不断加强了党组织的思想建设和组织建设。

同时，为贯彻落实中央和山西省思想政治工作会议精神，学院在2000年制定了《太原重型机械学院关于加强和改进思想政治工作的实施细则（试行）》（以下简称《实施细则》），要求全校师生员工必须充分认识到加强和改进思想政治工作的重要性，清醒地认识到新形势下思想政治工作面临的新情况、新任务、新要求，从实施科教兴国战略，贯彻党的教育方针，全面推进素质教育，培养德、智、体等方面全面发展的社会主义事业的建设者和接班人的战略高度，增强做好思想政治工作的紧迫感和责任感。《实施细则》明确了学院思想政治工作的主要任务、目标和责任，提出了完善思想政治工作的保障体系，即：在加强党对思想政治工作领导的前提下，建立一支专兼结合，结构合理，政治强、业务精、纪律严、作风正的思想政治工作队伍；切实加大对思想政治工作的经费投入；建立思想政治工作考核奖惩制度。

二、召开第六次党员代表大会，部署新时期党建和思想政治工作

2001年11月9日，学院召开了第六次党员代表大会。会上，院党委书记朱明做了题为“实践‘三个代表’，坚持改革创新，为创建特色鲜明的多科性大学而努力奋斗”的工作报告。报告在回顾了第五次学校党代会以来学校党委的工作后，明确了今后几年学校党委面临的主要任务和指导思想，并强调，今后几年学校党的建设和思想政治工作的主要任务是：

（一）加强领导班子建设，建设一支开拓进取、勤政廉洁、团结高效的党政干部队伍

（1）把加强领导干部的理论学习当作根本大计来抓，提高驾驭和领导学校改革与发展的能力，创造性地开展工作。

（2）加大培养选拔年轻干部的工作力度，进一步加强后备干部队伍的建设。坚持党管干部的原则，深化干部制度改革。建设一支高素质的干部队伍，增强领导班子的整体功能和工作活力。

（3）认真贯彻民主集中制，进一步坚持和完善党委领导下的院长负责制。

（4）牢记全心全意为人民服务这一根本宗旨，以进一步密切党群关系、干群关系为核心，坚持密切联系群众，反对形式主义、官僚主义，坚持清正廉洁，反对以权谋私，坚持艰苦奋斗，反对享乐主义，以保持党的先进性、纯洁性，增强党的创造力、凝聚力、战斗力。以优良的党风带动学院工作作风、教风、学风的进一步好转，使师生员工看到实效，增强信心。

（二）夯实基础，强化建设，增强党组织的凝聚力、战斗力和号召力，充分发挥党员的先锋模范作用

报告指出，新时期，我们要继续贯彻落实《中国共产党普通高校基层组织工作条例》，进一步建立健全基层党组织建设的目标管理、督促检查、奖惩激励“三个机制”，抓好理论武装、舆论引导、精神塑造“三项工程”，做好制度规范、政策激励、有效监督“三项工作”，在基层组织建设中实现“三高标准”。

各基层党组织要围绕工作职责，开展“树新时期党员新形象，创工作新业绩，建设

高标准党组织”的“树、创、建”竞赛活动，建设高标准的基层党组织。要用邓小平理论和“三个代表”重要思想武装党员头脑，坚持理论学习制度，发扬理论联系实际的学风，改进学习方式，强化学习效果，引导广大党员和群众统一思想，振奋精神，进而增强党组织的凝聚力和战斗力。要加强对入党积极分子的培养、教育和考察工作，发展党员要严把选拔关、培养关、入口关，保证质量，建设高素质的党员队伍。各基层党组织要实行党员廉政建设责任制，坚持以防为主、标本兼治的原则，继续加强党风廉政建设，抓好反腐倡廉工作。要进一步构建新形势下纪检、监察、审计工作新机制，党内监督、行政监督、教代会监督、民主党派监督和群众监督形成相互结合、有机统一、有序有效的监督体系。

（三）围绕中心，服务大局，进一步加强和改进思想政治工作，形成具有学校特色的思想政治教育和德育工作新机制

报告明确指出：我们要创造性地开展思想政治工作。在继承和发扬优良传统的基础上，着重在内容、方法、载体、形式、体制、机制等方面进行创新和改进，在渗透和结合上做文章。

要进一步重视和切实加强教职工队伍的思想政治工作，采取有效措施加强师德建设，加强职业道德和爱岗敬业教育，引导教师以德修身，以德育人，增强广大教职工教书育人、管理育人、服务育人的意识，努力建设一支政治坚定、思想过硬、知识渊博、品格高尚、精于教书、勤于育人的教职工队伍，更好地担负起培养高素质人才的重任。要认真研究当代大学生的思想特点和规律，突出抓好学生的理想信念教育，增强思想教育的实效性；充分发挥“两课”在学生思想政治工作中的主渠道作用，认真做好“三个代表”重要思想的“三进”工作。

要进一步完善“党委统一领导，行政切实实施，党政一把手亲自抓，党、政、工、团齐抓共管，各单位和各部门具体落实”的思想政治教育管理体制和工作机制。把思想政治工作真正落到实处，收到实效。

要在建设一支专兼结合、结构合理、政治强、业务精、纪律严、作风正的思想政治工作队伍上下功夫。切实保证对思想政治工作的经费投入，进一步加大“两课”教师队伍建设和思想政治工作人员培训的力度。进一步完善思想政治工作考核奖惩制度，形成思想政治工作的激励机制，完善思想政治工作的保障体系。

（四）进一步做好统战工作，加强对工会、共青团等群众组织的领导，高度重视和切实加强离退休工作

在学院第六次党代表大会上，安德智代表校纪律检查委员做了题为“标本兼治，狠抓落实，努力把我院党风廉政建设提高到一个新水平”的工作报告。

大会通过了党委工作报告和纪委工作报告，选举产生了第六届校党委委员会和校纪律检查委员会组织机构。

中共太原重型机械学院第六届校党委委员会组织机构名单：

书　记：朱　明

副书记：师　谦

委　员：朱　明　师　谦　安德智　李志勤　李永堂　杜江峰　李新生

中共太原重型机械学院纪律检查委员会组织机构名单：

书　记：安德智
副书记：金焕斋
委　员：安德智　金焕斋　赵卫平　张恩来　王台惠

通过会议和活动，学院进一步加强了思想政治工作，成效显著。在编制紧张的情况下，学院优先配齐、配强了从事学生思想政治教育工作辅导员，在增加思想政治工作经费的同时，加强了对辅导员的培训工作，增加了党委办公室、组织部、宣传部、学生处、校团委等部门的工作人员。先后有30多人分别被山西省高校工委、共青团山西省委授予思想政治教育先进工作者、“五四”青年奖等称号，并涌现出了许多优秀的学生社团和先进集体。

在校党委的高度重视下，学院思想政治工作走在了山西省高校前列。2001年12月，山西省思想政治教育研究会会长会议决定：研究会秘书处挂靠太原重型机械学院，并主持出版研究会会刊《思想教育》。2004年，学院教师撰写的专著获山西省第四届社会科学二等奖三项，实现了学校社会科学奖“零”的突破。1998—2004年，学校先后有10多名教师撰写的论文分别获得了山西省社会科学联合会百部篇工程二、三等奖，并入选了中共山西省委宣传部等部门的先进性教育征文活动优秀奖。学校思想政治理论研究成果在山西省教育系统中受人瞩目。

总的来讲，学院通过加强和改进党建和思想政治工作，使得全院师生员工的思想政治觉悟、道德品质修养、民主法制观念发生了积极变化，以教风、学风及工作作风、教学科研秩序和育人环境为主要标志的校园文明程度不断提高，逐步形成了教学、科研工作和思想道德建设协调发展的良好局面。

三、以“三讲”集中教育活动为载体，不断加强党建与思想政治工作

为了全面贯彻落实中央“三讲”（讲政治、讲学习、讲正气）教育会议精神，以整风精神切实解决好党性党风方面存在的问题，学院党委按照中共山西省委关于在全省高校范围内开展“三讲”集中教育活动的安排部署，以江泽民总书记“三个代表”的重要思想为指导，从2000年10月25日开始，开展了“三讲”集中教育工作。11月1日，学院举行了“三讲”集中教育动员大会。会上传达了山西省高校“三讲”教育动员大会精神，院党委书记朱明作“三讲”教育动员报告。他指出，党中央决定在全国县级以上党政领导班子和领导干部中开展的以“讲学习、讲政治、讲正气”为主要内容的党性、党风教育，是进一步贯彻落实党的十五大精神、推动全党深入学习邓小平理论、加强领导班子的思想政治建设、提高领导干部素质的重大举措、是当前党的建设的头等大事。“三讲”教育要严格遵循和正确把握“四个基本原则”：一是始终立足于学习提高，把学习落实“三个代表”的重要思想贯穿于“三讲”教育的全过程；二是充分发扬党内民主，坚持走群众路线；三是以整风精神开展积极健康的思想斗争；四是抓住要害和重点问题边整边改，推动学院的改革和发展。“三讲”教育要着重查找和解决理想信念问题、办学方向问题、坚持和完善党委领导下的院长负责制问题和全心全意为人民服务的宗旨问题。会上，省委派驻学院的“三讲”教育巡视组组长冯步政就如何搞好学院的“三讲”教育提出了四点指导性的意见：一要做到思想认识到位；二要坚持贯彻整风精神；三要找准抓住和解决院级领导班子、领导干部在党性党风方面存在的突出问题；四要把“三讲”教育与

推动当前工作紧密结合起来。

“三讲”教育从10月下旬开始，到年底前基本结束，集中安排了10周左右的时间（事实上是从9月12日开始，学院就已经为“三讲”教育做了大量的准备工作），包括思想发动、学习提高；自我解剖，听取意见；交流思想、开展批评；认真整改，巩固成果四个阶段。在动员报告大会上，院党委向参加大会的100余人发放了“对院领导班子和班子成员的征求意见表”，有98%的意见表及时地反馈回来，大家都以主人翁的态度和对党、对高等教育、对学院发展负责的精神认真填写了意见表。从领导的诚心诚意和群众认真负责的态度来看学院的“三讲”教育开了一个好头。

在“三讲”教育的第二阶段，党委领导先后两次动员与会者对学院领导班子和班子成员进行了民主评议和民主测评工作。在民主评议过程中，群众参与“三讲”的热情高涨，对班子的意见和建议就提出了207条。领导班子的剖析材料中称：“通过揭摆，班子存在的问题主要是党政不分，以政代党或以党代政；民主集中制执行得不好，一言堂，民主渠道不畅；宗旨意识和群众观念较差；党建和思想政治工作薄弱；以法治校的意识不强，在用人、用权和管理上有主观随意；抓中心工作（如学科学位、教学科研、队伍建设）不够一贯，力度不大，甚至丧失机遇；打击歪风邪气不力，正气不扬，凝聚力不强；监督制约机制不力等。我们要从讲政治的高度，分清是非界限，引以为戒，在今后工作中认真纠正。”大家对领导班子和班子成员剖析材料的满意度进行了民主测评，发出两种测评票各113份，回收测评票也是各113份，回收率达100%，对领导班子剖析材料的满意度达到了84.07%，对5位班子成员剖析材料的满意度达到了83%以上（其中两人还达到91%）。

2004年11月30日，省委“三讲”办领导白建业等3人来学院检查指导“三讲”教育工作，听取了学院“三讲”教育领导组的工作汇报，召开了由原院级领导、中层干部、教师、学生代表参加的座谈会，并与省委派驻我院“三讲”巡视组交流了情况，对学院的“三讲”教育工作进行了指导。

“三讲”教育转入第三阶段后，领导班子成员开展了广泛深入的谈心活动。在此基础上，领导班子和领导干部认真地过了一次“三讲”教育中的民主生活会。党委及时召开会议，向与会群众通报了民主生活会的情况，党委认为这次民主生活会具有如下特点：一是班子成员谈心活动广泛深入；二是自我批评的材料较之前又有了新的升华和提高；三是主要领导能够带头开展批评与自我批评；四是批评与建议相结合，整改思路更加清晰。通报会后，与会群众在座谈中认为学院领导班子和领导干部的这次民主生活会开得较好，质量较高，收到了预期的效果。

“三讲”教育进入第四阶段后，学院召开了各阶层人员参加的座谈会，就“三讲”教育整改方案广泛深入地征求大家的意见。“三讲”教育的整改方案（草案）共分三个部分。一是肯定了学院边整边改、把“三讲”教育的成果转化到学院经常性的工作中去的工作做法和思路。二是围绕影响学院发展的关键问题，指出了解决问题的思路和办法，即：加大工作力度，解决制约学院发展的瓶颈问题（内部管理体制、人才工程建设、财力问题等）；抓住重点，解决突出问题（党建思想政治工作、学科建设、教育教学改革、科技产业及产学研工作等）；关心群众生活，扎扎实实地为群众办实事。三是立足学院长远发展，提出思想上、政治上、作风上进行整改的具体方案，为实现学院的发展目标奠定坚实基础。在征求意见会上，与会者从不同角度肯定了学院领导班子及其成员的整改态度，肯定了整改方案的合理性和可行性，针对草案的不足之处提出了具体的解决办法和措施，表达了师生员工热切关注学院建设与发展的心情和对新一届领导班子的信赖与厚望。

2004 年 12 月 27 日，学院召开了“三讲”教育总结大会，由朱明书记作了“三讲”教育的总结报告。他指出，通过“三讲”教育，学院领导班子在以下六个方面取得了显著成效。

（1）提高了对开展“三讲”教育重要性、必要性和紧迫性的认识，讲学习、讲政治、讲正气的自觉性明显增强。

（2）受到了深刻的马克思主义思想教育，坚定了理想信念，政治意识、大局意识、责任意识明显增强。

（3）找准和剖析了党性、党风方面存在的突出问题，全面、正确地贯彻党的路线、方针、政策和中央决策的自觉性明显增强。

（4）受到生动的群众路线和群众观点的再教育，为群众服务，接受群众监督的意识明显增强。

（5）经受了严格的党内生活锻炼，维护班子团结，增强凝聚力的意识明显。

（6）激发了开拓进取精神，改革创新意识明显增强。

省委派驻学院“三讲”教育巡视组组长冯步政对学院的“三讲”教育工作予以肯定。他说，从总体上看，太原重型机械学院的“三讲”教育在院党委的高度重视和有力领导下，在广大党员干部和教职工的积极参与下，进展顺利，发展健康，取得了阶段性成果。广大党员和教职工比较满意，基本上达到中央提出的“四个明显”的要求。他还对领导班子提出了在巩固“三讲”取得成绩的基础上，要切实加强理论学习，大力弘扬马克思主义学风，珍视班子团结，全心全意实践为人民服务宗旨的要求。

四、以校园文化建设为核心，学院精神文明迈上新台阶

1998—2004 年，学院的校园文化建设非常活跃，归纳起来有如下特点：一是开展了学生社团为主体的各类校园文化活动；二是开展了以“三讲”教育活动为载体，以思想建设为主题的校园文化活动；三是开展了以每年一次的“科技、文化、卫生三下乡”大学生社会实践活动为载体、凸显科技扶贫为主题的校园文化活动；四是抗洪救灾、抗击“非典”，开展了以文明、互爱、互助为主题的校园文化活动。

（一）学生社团活动蓬勃发展

1998 年以来，学生组织的各种社团如雨后春笋般蓬勃发展，显现出它们的生机和活力。截至 2000 年年底，学院内约有大学生社团 31 个，如青年志愿者协会、大学生自我管理委员会、法律服务中心、科技实践协会、青年服务社、大学生文学艺术联合会、绿色环保协会、青年文明建设协会、心理协会等，它们都根据各自的特点，围绕学院精神文明建设，开展了各项有益身心健康的活动，丰富了校园文化生活。

1998 年 3 月，管理工程系的青年志愿者服务队 40 余人到太原社会福利院开展“献爱心，送温暖”的活动，同学们给福利院的老人和孩子带来了各种慰问品，帮助他们清理卫生，与他们谈心、联欢，把一片温馨留在这块郊外的庭院里。每逢“九九重阳节”，他

们还要到省军区第三干休所慰问部队的离休干部，与他们座谈联欢、进行慰问演出，这已经形成了传统。

学院大学生记者团经常根据工作需要深入到学生宿舍、课堂、办公室、会议室等各个场合进行采访报道，在实际工作中提高了素质、培养了能力，是《太原重型机械学院报》的一支生力军。

学雷锋小组是学院成立最早的学生社团组织，太原市的不少新闻媒体都报道过他们的事迹。近年来，他们争做新时代的雷锋，为响应绿化母亲河（汾河）行动，利用休息时间到汾河太原城区段绿化、美化工程第九标段工地参加义务劳动；还组织同学到中铁十二局集团有限公司（以下简称中铁十二局）中心医院参加义务劳动，帮助医院搞清洁卫生，受到医护人员、病人及病人家属的称赞。他们以实际行动为学雷锋活动赋予了新的时代内涵。

机械工程系的“爱心社”以“奉献爱心、完善自我”为宗旨，成立日时间不长，但却做了不少奉献爱心的好事，他们为学生运动会提供义务后勤服务，在迎接新生报到时为新同学和家长做服务工作，宣传环境保护并亲自动手为学院一些设施“整容”。2000 年 4 月，他们还组织同学到太原市第二十中学以“帮你圆一个大学梦”为题，为毕业生班学生现身说法、介绍高考经验，受到该校师生的欢迎。机电工程系成立的“勤工俭学社”创办于 1996 年，他们组织同学参加家教服务，与山西省家教中心建立了长期业务联系，定期对从事家教人员进行培训，他们中有不少同学为太钢线材厂（以下简称线材厂）、中铁十二局子弟从事家教服务，使孩子们的学习成绩有了明显提高，受到了家长们的称赞。勤工俭学社服务部组织的洗衣等服务项目，在为广大师生服务的同时，不但提高了实际工作能力，也解决了一些同学生活中的困难，减轻家庭负担，帮助他们顺利完成学业。勤工俭学社成立的文艺部可以独立组织文艺演出，定期深入到社会福利单位进行义演活动。

2002 年 12 月 15 日，学院青年志愿者协会在太原日报社新闻大厦举行了“关爱弱势群体义务捐赠”活动。

此外，学院的各级党团组织和各系部行政也都在提高学生素质、培养学生能力、活跃校园文化氛围、加强精神文明建设方面，组织开展了各种活动。1999 年 3 月，院党委提出《关于加强学生艺术教育工作的安排意见》；1999 年 12 月，院团委、院学生处与总务处和学生会联合开展了《争做文明重院人》的活动；2000 年 4 月，由院团委组织实施的《校园文明号》工程开始启动；2000 年 4 月，由党委宣传部、院团委以及学生社团共同举办了“大学生即兴演讲大赛”；2000 年 5 月 27 日—28 日，太原重型机械学院师生参加了“无偿献血、奉献爱心”的活动。这已经是学院组织的第五次献血活动，共有千余名师生参加了这项活动（实际被采血的人数是 820 余人），是几年来参加献血人数最多的一次。随着学院精神文明建设活动的不断深入开展，无偿献血已成为学院精神文明建设的一项重要内容，得到了全院师生的广泛响应。同年，学院获太原市无偿献血标兵单位。2000 年 12 月，院团委主办了“新世纪与大学生”演讲大赛；社科部毛泽东思想概论教研室组织举办了“缅怀 12 • 9，坚定爱国心”的演讲比赛等活动，这些活动的开展，既丰富了校园文化生活，又锻炼了学生在社会活动中的思维表达能力。

2001 年年初，学院根据中央和山西省的部署，在全院范围内广泛开展了“校园拒绝邪教”的系列活动。学院利用宣传橱窗开展“校园拒绝邪教”的图片展览；运用校报、广播、板报等阵地揭批“法轮功”邪教本质；结合实际，通过学术报告等活动，宣传崇尚科学精神，反对唯心主义的歪理邪说，教育广大师生崇尚科学、抵制邪教。为期一个月的活动开展，使广大师生进一步了解“法轮功”的邪教本质，认识到与其斗争的长期性、尖锐性、复杂性，增强了与“法轮功”斗争的主动性、自觉性。从另一个侧面反映出学院加强精神文明建设的重要性。

（二）“三下乡”实践活动如火如荼

1998 年的暑假期间，学院团委根据团省委、省学联的部署，就青年大学生社会实践活动做出了详细安排。社会实践的主题是“科技、文化、卫生三下乡”，主战场是农村和乡镇企业，活动采取的方式是集中与分散相结合。院团委精心组织选派了 11 支青年志愿者服务队分赴长治、朔州、吕梁、晋城、忻州等地区，参加学生达 200 人，社会实践活动取得了可喜的成绩。

这次“三下乡”实践活动，充分发挥了学生的专业特长，开展了计算机培训、文化课讲授、科技咨询、电器维修、法制宣传、文艺表演等多种服务项目。赴阳泉实践队在当地进行计算机软件的开发活动，大胆接受了大量办公自动化管理软件开发任务，提高了当地的管理水平，受到阳泉市政府的好评。赴忻州地区神池县的实践队在当地维修电视机、录音机 20 余台。同时，在当地中学开展的帮学助教和文化宣传活动也取得了良好效果，受到当地师生和群众的欢迎。赴平顺县、应县、沁源县等地的志愿者服务队都在当地开展了支教扫盲、法制宣传和文艺表演等活动。实践队下乡期间共培训小学教师 100 余人次，开办扫盲班 20 期，培训 500 多人次；开办中、小学学生辅导班 11 期，受训人数 200 余人，培训计算机专业技术人员 30 人；开办普法教育班 18 期。通过社会实践活动，丰富了学生的暑期生活，提高了他们的社会适应能力，培养了他们的综合素质，同时为广大乡村做出了贡献。

1999 年的学生暑期“三下乡”活动仍然采取了以集中性活动为主、分散性活动为辅的方式，以“弘扬五四爱国精神，勇挑强国、兴晋、富民重任”为主题，按照“完善机制、巩固成果、扩大规模、讲求实效、突出重点”的思路进行了精心的设计和组织。整个活动面向农村和贫困地区，面向乡镇企业，以支教扫盲和科技服务、宣传 ISO 9000 标准论证为重点，以社会考察、普法教育和文艺演出为补充，使广大青年学生“在实践中成长，在奉献中创造”，取得了显著成效。

同年，组织了由 200 余名同学组成的 11 支“三下乡”社会实践队，他们在稷山、潞城、闻喜、芮城、陵川、原平、万荣、方山、阳泉、太原及内蒙古鄂托克旗实践基地开展了集中性的“三下乡”活动。赴万荣的实践队员自愿捐款在当地小学设立了“腾威奖学金”，定期奖励学习优秀、家庭贫困的学生。赴阳泉的实践队跟随阳泉科技信息网项目负责人参与办公自动化管理系统的后勤开发与数据处理工作。赴内蒙古鄂托克旗的两支实践队重点宣传了草原法、民族区域自治法律，引导牧民提高法制认识水平，做一个懂法守法的公民。继 1997 年学院在方山乡建立“乡村援助站”和“青年科技图书站”之后，当年学院又大力开展了“文化扶贫工程”，对方山乡的“青年科技服务站”进行了充实和修缮。这些活动均收到了良好的效果，学生通过实践活动开阔了视野，锻炼了自身的能力，提高了自身的素质。

2000年的学生暑期“三下乡”实践活动的主题是“世纪之交迎挑战，深入实际长才干，服务调产做贡献”。在近年来社会实践的基础上，又以方荣、夏县、阳城、山阴、浑源、祁县、太谷、太原小店等农村及厂矿作为学生社会实践活动的基地。采取了公开招募的办法，经过严格选拔，最后确定了200余名学生组成了12支“三下乡”社会实践队分赴上述地点开展以科技服务、支教扫盲为重点，以社会考察、普法教育等为内容的集中性实践活动，受到实践基地群众的好评，浑源县团委向实践队献上了“文化扶贫，情系老区”的锦旗。在交口县金利来物资局及县里十几家企事业单位，实践队为他们组织开展了“计算机基础讲座”等一系列活动，着重培养骨干力量，使企事业提高了管理水平。通过暑期实践活动使青年学生锻炼了自我，扩充了知识，增长了才干，对实践基地两个文明建设做出了贡献。

2001年10月，中宣部、教育部、共青团中央、全国学联联合授予学校2001年度全国大中专学生志愿者暑期“三下乡”社会实践活动先进单位。

（三）捐款赈灾，抗击“非典”

1998年，我国的长江、嫩江、松花江流域遭受了严重的洪涝灾害，灾情牵动党中央、牵动着全国亿万人民的心，也牵动着学院每一位师生员工的心。8月7日（正值学院放很期间），学院党委向全院教职员工发出向灾区捐款的紧急号召。三天内，在校的829名教职员工积极行动，采取各种方式表达了对灾区人民的真情厚爱，并踊跃捐款。尤其是离退休的217名老同志，心系灾区，慷慨解囊，亲自去捐款站献上自己的一份爱心。许多校外的教职工陆续赶回学校捐款，个别在外地出差的也打电话告诉家人或一起工作的同事代为捐款，表示了学院教职员工的一片爱心。

1998年9月开学后，许多教师、职工、离退休干部再一次来到学院赈灾室捐款捐物。在院团委的倡议下，以“为了灾区的孩子”为主题的捐款活动再一次把学院的赈灾活动推上了高潮，短短一周时间，全院师生再一次捐款49000余元。学院还做出决定，对当年来自灾区的新生和二、三、四年级中的灾区学生根据本人所在地区的受灾情况有针对性地减免学杂费，并责成有关系部组织灾区来的学生开展勤工助学活动。学院师生员工的热情、爱心引起了省城新闻媒体的极大重视，山西电视台“大众调查”摄制组为此拍了专题新闻，连续作了3次报道，“山西卫视新闻”、太原有线电视台也都作了新闻报道。

2003年，始发于广东的“非典”病魔很快蔓延到全国，也波及学院。面对这场突如其来的灾难，学校为控制人员交叉流动，减少“非典”传播渠道，于5月14日—28日实施了校园全封闭管理。在封闭期间，坚持做到“教师不停课，学生不停学，师生不离校”；为满足教职工的基本生活需求，学校每周一次进行水果、蔬菜集中供给。

抗击“非典”期间，学校开展了以文明、互爱、互助为主题的校园文化活动。文明倡议、爱心互助活动不仅在校园蔚然成风，而且影响了校内外。离休教师吴林倡导禁止随地吐痰得到了山西电视台等新闻媒体的关注，向困难师生捐款活动在校园持续升温，甚至影响到海外留学生。教师帮助困难学生的“一帮一”对子在校园层出不穷。特别是电子信息工程分院开展的“用爱心温暖贫困生的心灵”活动中，教师们积极捐款资助经济困难学生的热情非常高涨，在校园影响最大。

“非典”结束后，11月17日，由学生自编自导的话剧“38℃”火爆校园。“38℃”以抗击“非典”为主题，讲述了人与人之间在灾难来临时相互关爱、相互帮助的故事。

2004年3月18日，山西省高校第一个爱心互助基金会在学校诞生，全校师生员工帮助困难学生的捐款活动定期化，受到了人民日报、新华社、山西日报、山西电视台等新闻媒体的关注并进行了大量宣传报道。

（四）由市文明单位到省文明学校

1998年4月15日，学院就创建省级文明学校召开了动员大会，对重院的精神文明建设的基本思路作了总的部署，同时就大学生的文明行为准则进行了强调和论述并提出了明确的要求。学院紧紧围绕培养有理想、有道德、有文化、有纪律的社会主义建设者和接班人这一总目标，继续在深度和广度上下功夫、做文章，使学院的面貌发生了巨大变化，促进了办学水平的提高，连续七年获得“太原市文明单位”称号。

1999年10月15日，太原市万柏林区精神文明建设指导委员会检查验收工作组对学院1999年的精神文明建设进行了检查验收。在听取了学院领导的全面汇报后，检查组同志一致认为，学院党委团结协作，对精神文明建设工作常抓不懈，并形成了号召力和战斗力，指导思想明确，措施得力，在新的一年里取得了显著成绩，确实把重型机械学院建成了社会主义精神文明建设的辐射源。

1999年12月15日，由学院团委、学生处、后勤服务总公司、院学生会联合开展的“争做文明重院人”活动在学院拉开了帷幕。把学院精神文明建设推上一个新的高度，把一个文明、整洁、充满朝气的新重院带入21世纪。

“文明重院人”的十条标准是：

热爱祖国，热爱重院；

遵纪守法，关心集体；

勤奋好学，力争上游；

勤俭节约，艰苦朴素；

超越自我，勇于创新；

理想远大，自强不息；

心理健康，举止得体；

礼貌待人，不卑不亢；

保护环境，美化校园；

扶贫助困，爱心永驻。

自1997年以来，学院党委就把创建省级文明学校工作提上了议事日程，开展了一系列的创建活动，做了大量的工作。2000年，在新一届院党委的领导下，精神文明建设纳入到了学院工作的总目标当中，与学院改革发展一起部署、一起检查、一起落实，并对“文明学校”创建工程制订了详细规划，做到了月月有重点、件件有落实、半年一总结，使学院的精神文明建设在原有的基础上又向前迈进了一步。2001年1月10日，山西省文明学校检查验收领导组进驻学院，对学院2000年创建山西省文明学校的工作进行了检查验收。通过听取院领导汇报、与教职工代表座谈、实地考察和视察等沿动，一致认为，学院已达到了山西省文明学校的标准。检查验收组的领导在谈到通过检查太原重型机械学院精神文明建设工作后总的印象是，太原重型机械学院的精神文明建设具有以下三个方面的显著特点：一是工作扎实，给人的印象有“四新”，即新班子、新思路、新起点、新变化；二是工作深入，创建思路清晰，从抓教风、学风、工作作风入手，并不断深化爱国主义教育，使“争做文明重院人”的口号深入人心，使精神文明建设不断转化为人们内在的动力机制；三是文明创建工作抓得实、有力度，特别是任务分解、责任到人使精神文明建设工作落到了实处。检查组的同志还指出了学院在精神文明建设方面今后应努力的方向。

第七节　校友及毕业生就业工作

到1998年4月底，国家计划内的毕业生已落实的单位占毕业生总数的94.3%。从择业情况看，当年用人单位对机制、起工、塑性、铸造、电器技术等专业的毕业生需求量较大。

1999年11月，学院毕业生就业指导中心组织了5个调研组分赴华东、西南、华北、东北等地走访用人单位，与用人单位协商沟通，搜集人才需求信息，邀请用人单位来学院招聘人才，广泛听取用人单位对学院毕业生质量的评价，征求用人单位对学院人才培养的要求和建设。5个调查组足迹遍及全国15个省市的29个城市，走访了150多家用人单位（其中，研究院所15家，国有大中型企业110多家，合资企业12家，民营、私营企业8家，部队3家），共搜集需求信息2000余条。调查组所到之处，均受到单位领导和校友们的热烈欢迎和接待。用人单位对学院毕业生的总体评价是满意或较满意的，普遍反映太原重型机械学院毕业生思想稳定，踏实肯干，有较强的动手能力。用人单位建议学院应加强学生实践能力和创新能力的培养，加强英语应用能力和计算机绘图能力的培养，要求学院拓宽专业面，突出自己的特色。

供需洽谈会是毕业生集中择业的一种好形式。2000年1月，学院举行了“太原重型机械学院2000年毕业生供需洽谈会”，来自首都钢铁集团有限公司、徐州重工集团有限公司、济南轻骑摩托车有限公司、上海通用重工集团有限公司、洛阳拖拉机厂、大连冷冻设备制造有限公司、武汉钢铁集团有限公司等近60家用人单位到会挑选人才，有210名毕业生当场与用人单位正式签订了协议，签约率为当年毕业生数的30%。在毕业生市场普遍疲软的情况下，学院的大学毕业生就业前景仍然比较乐观。这除了与学院前期组织人分赴全国各地进行市场调研广泛宣传学院的专业优势有关外，还与学院长期注重教学质量的提高、已毕业的学生普遍受到用人单位的好评是密不可分的。

截止到2000年6月底，学院2000届本科毕业生一次性就业率达87%，名列山西高校第一名，荣获“全省大中专学校毕业生就业工作先进集体”称号。其中，具有学院优势和特色的专业如机械设计与制造专业的起重与工程机械方向、冶金机械方向、矿山机械方向以及流体传动与控制专业、塑性成型工艺及设备专业的毕业生一次就业率达95%以上。学院一直坚持“创新办学观念，深化内部改革，优化外部环境，再创特色优势”的办学指导思想，坚持推进“结构合理、质量过硬、特色明显、效益更好”的办学目标的加速实现，使培养的毕业生基础扎实、专业口径宽、动手能力强，深受用人单位的好评。

2000年12月，学院召开“2001届毕业生供需洽谈会”，会上收到供求信息976条，有273名毕业生和用人单位正式签订了协议，还有350人与用人单位达成了意向协议，展现了毕业生良好的就业前景。用人单位普遍反映我院毕业生基础扎实、专业口径宽。

2001年以来，本科生平均就业率达到92.5%。参加学校“双选”会的企业单位每年都达200多家。2004年，徐工集团的招聘负责人深有感触地说：“我们公司有很多骨干都是太原科技大学（2004年5月更名）的毕业生。他们所学专业适应企业需要，吃苦耐劳、踏实肯干、动手能力强的特点尤其突出。”太原重型机械集团的领导说：“我公司获得国家级科技成果奖励者，大多数是太原科技大学的毕业生。”

在近年来的毕业生中，有的用自己的科研成果救活了企业，有的获得了国家和省、部级奖励，有的刚参加工作几个月就被提拔为企业的中层干部。2001年10月16日，在北京农业展览馆举办的“第六届北京国际工程机械展览与信息交流会”上，备受世人瞩目的是太原重型机械学院，展出的国内机械产品中有三分之一以上“是太原重型机械学院及其毕业生们参与研究设计开发出来的。其产品的性能或达国际领先水平，或具国际先进水平、国内领先水平”。行业人士评价学校：中国有多大，重机学院和他的学子们的产品就有多广。

国外的《每月快报》记者以朴实的笔墨写道：“一代学子，一代骄子……展览会上有多少外形美观、线条流畅、性能优越的产品出自他们的手。今天，由太原重型机械学院机电工程分院徐格宁教授介绍了在本届展会中由该校学子参与设计的部分展品。观展后才真正感到‘太重学子，产品荟萃’。”

在展览会上，有一位不留姓名的与会者写下一首小诗：

重院学子多英骄，机械战线逞英豪。

展览会上受瞩目，红杏出墙领风骚。

2003年，国家科技进步二等奖，机械类有8项，其中3项是学校教师和校友主持的。2006年全国重型机械行业协会表彰了10名“优秀科技工作者”，其中有3名是学校教师和校友。他们是：王永安、黄庆学、顾翠云。

2005年，西安起重机械研究所举行了成立50周年庆祝大会，在该所所史的记载中，所创造的共和国科技发展史150项第一中，有37项是学校的毕业生主持创造的，还有33项第一有学校的毕业生参与。2006年，学校校友走访了解到：青藏铁路建设中作用显著的特种轮式装载机设计者、“高原工程机械第一人”谢萍是学校1986届毕业生；近年来，学校的毕业生还参与了“神舟”五号、“神舟”六号和“神舟”七号宇宙飞船及飞船发射架的研制。

2006年1月，中共中央政治局常委、全国政协主席贾庆林接见校党委书记杨波、校长郭勇义时说：“你们学校为重型机械行业的发展做出了很大的贡献。我在太原重型机器厂担任厂长的时候，厂里的许多管理岗位和技术岗位基本上都是你们学校的学生。”贾庆林主席还说，吴邦国委员长从三峡视察回来，说那个1200吨的起重机为中国人争了气。起重机的主设计师就是学校起机专业86届毕业生顾翠云。2007年2月，校友张卯、宋学斌接受中央电视台记者采访，并在《新闻联播》节目中播出。同年5月，“大漠铸英魂——记中核四〇四集团有限公司董事长宋学斌同志二三事”刊登于《光明日报》。

附：部分校友事迹

1. 在玻璃碴中一显身手

谭梦，是学院模具专业毕业的硕士研究生，毕业后被分配到深圳中康玻璃有限公司工作。这位湖南青年去深圳前，心里充满了对这座城市的向往：步入白领阶层，踏上成功之路。但他到深圳中康玻璃有限公司后却被分配到车间与工人师傅一样倒班劳动，在高温高粉尘的熔解炉旁，每天必须把自己裹得严严实实，像一个太空人。当时他差一点动摇了，甚至怀疑自己是不是一位工科硕士。他所在的这家公司，由于技术不过硬，管理不力，公司投资了20多亿人民币，换来的却是“中康碎玻璃无限公司”的戏称，部分员工带着破灭的梦想伤心地离开了公司。然而有志之士却踩在玻璃碴上站了起来，用智慧的汗水压制出一个个品质优良的屏和锥。谭梦到公司后不久，公司发奋图强，决定上马“2514”工程，号召职工大干120天，开发出25英寸的彩色玻壳和14英寸的显示器玻壳两个新品种。刚踏入公司不到一年的他作为该工程的骨干力量投入模具开发战役中，在没有任何开发新品种的经验和参考资料的情况下，小谭从领导和同事的关怀和支持中汲取了力量，每日晨曦微露他就趴在设计台上，一干就是十几个小时，有时竟达20小时，运用他所学到的坚实的专业知识，对不能肯定的模具参数一遍遍地推论，不清楚的加工工艺一次次地比较，直到满意为止。90天夜以继日的奋斗，终于换来了25英寸彩色玻壳一次试制成功、14英寸显示器玻壳设计圆满结束的喜讯。小谭和中康人一起为公司在市场竞争中打赢了关键的一仗而自豪。邹家华副总理来深圳视察中康时，特意参观了他的模具开发室，小谭现场为中央领导演示了模具设计的全过程，受到了称赞。

2．骆公权和他的“公权制动盘安装顺利器”

骆公权是学院98届自动化专业的毕业生，毕业后被分配到海尔集团工作。当年，海尔集团接受的大学毕业生就有1631人，仅重点大学的毕业生就有533名。在人才济济、竞争激烈的海尔集团，真是“平即为错，无功即是过”。年轻气盛、心中充满豪情壮志的骆公权没有在竞争面前后退，他心中只有一个信念：要用实际行动来证明自己的能力。骆公权进厂后被安排在安装自动索的工位。师傅告诉他：“这个工位需要操作者相当熟练，你的任务就是看”。看别人操作是个很单调、很乏味的事，很多年轻人都不爱干。骆公权每天认真观察师傅的每一个操作程序，并且不折不扣地记在心里。他这个“不安分”的人不久就发现了一个问题：师傅尽管操作很熟练，但在用手拉弹簧定位时，常常拉空，影响了工作效率。骆公权看在眼里，急在心上。班后他问师傅：“能不能用工具代替手拉簧、那样既可省力又可提高效率”，师傅看看他笑着说：“别异想天开了，几年来都是这样干”。但他决心要用学到的知识发明出一种工具来。下班了，他仍蹲在工位上，手拿自动盘仔细端详、思索。终于一个改变多年操作方式的构思产生了。骆公权根据自己的思路很快拟定了草图，并在同事的帮助下制成了“公权制动盘安装顺利器”。不久，这项发明便被工厂采用，很大程度上提高了经济效益，使工作效率提高了三倍。在海尔集团“98大学生能力综评”时，骆公权名列第一。

3．重院学子周良17年写就的辉煌

周良是1983年毕业于学院机械二系起重运输专业的一位品学兼优的学生，毕业后分配到太原重型机器厂（以下简称太原重机厂）工作，由一名大型国有企业的技术人员逐步成长为重型机械设计研究院的技术负责人、一位全国起重机行业的专家。他所取得的成就，是用聪明才智加勤奋、钻研写成的，是用满腔热血铺就的。2000年3月，正是他施展才华的大好时机，癌魔却夺去了他年轻的生命。他在太原重机厂的17年中，成就是辉煌的，为国家建设立下了不可磨灭的功劳。这17年当中，他主持编写了《起重机零部件标准手册》，这部手册使太原重机厂的起重机设计水平在同行业中处于领先地位，为太原重机厂许多重大项目的授标成功立下了汗马功劳。这17年中，他取得了5项技术专利，全部广泛应用在太原重机厂的生产上，为企业带来了可观的经济效益，其中自式夹轨器还曾获得省发明银奖。

17年中，他负责组织的国家重点工程项目有：三峡水利枢纽工程，黄河小浪底水电工程，湖北清江高坝洲水电工程，核试验用400吨吊装调试塔，20基地卫星发射塔改造工程，航天发射塔等百余种起重设备和非标设备的方案设计、技术报价、技术设计和施工设计的审查工作。他负责开发了9项新产品及系列，其中一项获机械工业部科技进步一等奖、国家科技进步三等奖。17年，他的足迹踏遍了宝钢、武钢、本钢等众多用户单位，从产品设计、安装、调试到售后服务，无一不倾注着他的心血。

三峡水利纽工程是迄今为止世界上最大的水电工程，其发动机心脏部位的一个转子就达2200吨，技术要求26个转子从吊起到一次性安装就绪，每个误差不能超越5mm，太原重机厂为了拿到这个项目已做了长时间的准备。但是，怎么才能让国内一流的专家信服太原重机厂的技术、把准备让外国人干的活交给太原重机厂？从1995年3月，周良主持设计研究院工作开始，他就承担起这项技术组织的重任。其实，在以前国家下达的攻关计划中，周良带领的攻关小组有7个子课题达到国际先进和领先水平，3个子课题达到国内领先水平，已为太原重机厂三峡工程中标起了关键作用。在1999年三峡工程招标前几个月，整个设计研究院就投入到紧张工作中。周良与大家一起加班加点，一张图纸、一份报表他都要仔细反复过目，七八万字的标书，他不知看了多少次。投标时期，他曾十几次往返于三峡和太原重机厂之间，每次都坐20多个小时的硬板火车，连在火车上打盹说梦话都是招标的事。当年7月8日，太重设计的世界上最大的1200吨起重机终于中标，紧接着，三峡二期工程起重设备招标，太原重机厂又中标了。两期工程1.5亿元的合同写就了太原重机厂历史上最大的订单，也使太重起重机在国内乃至亚洲占有了举足轻重的地位。

4．年轻的女理事

在晋城市召开的“山西省第十届铸造专业学会”上，一位年轻的女工程技术人员温银梅被聘为省机械工程学会铸造专业委员会第五届理事会理事，成为该学会的第37名理事。

20世纪90年代初，临汾铸造机械厂第一次复生振兴，在向高铬磨球新产品开发“宣战”攻关的年月里，温银梅作为厂科技队伍中的一员，参与了最初的砂型铸造工艺及磨球技术攻关和“战斗”，在金属铸球工艺设计的完善方面，取得了令人满意的结果。当磨球新产品开发最终获省科技成果鉴定时，在临铸历史的“功劳簿”上也记下了她应有的一份荣耀。她结合自己所学的专业知识，苦心钻研新型的漂珠保温冒口材料的实验，在同事们的配合支持下，通过了耐磨分厂的技术鉴定，仅此一项可为厂年节约资金10万余元。在此基础上，她孜孜不倦，在实践中积累、在理论上深化，成功地撰写了《漂珠在铸造生产中的拓宽使用》的科技论文，引起了省内外专家们的关注和好评，在山西省第九届铸造学年会上被指定为第一个宣读论文者，还被邀请在河北省第八届铸造学术年会上宣读了该论文。一石激起千层浪，她的这篇论文被国内多种刊物推广选录，如《山西机械》1992年第4期铸造专辑、《河北机械》1993年第3～4期铸造专辑等。她的论文《一种新颖的冒口型芯材料》，被山西省科协评为1991—1992年度的科技一级优秀论文，她的另一篇论文《非金属材料在磨球金属型铸造生产中的作用》被《中国机械工程文摘》1993年第10期收录。

当有人问到她工作中有无烦恼时，她只是苦笑了一下，而后说："虽然工作中有曲曲折折的问题，但我坚信，只要付出，必定会有收获。坚信学习、思考、参与的结果必然会使自己成熟得更快，生活得更充实、更有意义。"

5．励精图治的高校企业家

迟福兴是学院锻冲专业的毕业生，原是燕山大学锻压实验室负责人。他知难而进，克服了重重困难创办了燕山大学汽车附件厂，为北京吉普汽车有限公司生产汽车配件，他的产品代替了美国进口的汽车配件，成了"国家级新产品"。迟福兴也因创办燕山大学汽车附件厂、生产先进的汽车配件而挤进了河北省科学研究的先进行列，工厂成了秦皇岛的"小巨人"企业，他的名字被载进了《企业家名人辞典》，引起了汽车行业的轰动。

他白手起家，在短短半年内建造了厂房，为美方生产了720份样件，22项指标全部达到了美国克莱斯勒汽车公司的标准，也引起了美国人的震惊。因此，北京吉普汽车有限公司删除了美方的供货合同，给迟福兴下发了"配件认可书"。由于迟福兴对工厂坚持了严格管理，三年为国家节省外汇520万美元，他们生产的产品被确认为"1996年度国家级新产品"。国家拨给他们重点新产品补贴经费30万元，河北等8省拨给他们贴息贷款20万元。

第三篇

太原科技大学时期（2004—2022年）

2004年5月，学校正式更名为“太原科技大学”，省委、省政府任命了学校新一届领导班子，自此，在新一届校领导班子的带领下，学校踏上了向现代大学迈进的新征程。在校党委的坚强领导下，学校紧紧围绕立德树人根本任务，紧跟国家战略方针，紧跟高等教育发展趋势和行业（产业）、区域经济社会发展需要，进一步精准办学定位，优化学科专业布局，着力拓展办学空间，努力推动高质量发展，逐步探索并明确了建设特色鲜明的高水平研究应用型大学的新路径。

第九章　深化内涵建设　实现转型发展（2004—2010 年）

第一节　更名科技大学　开启新征程

2004 年 5 月 13 日，教育部下发《教育部关于同意太原重型机械学院更名为太原科技大学的通知》（教发函［2004］90 号），批准学校更名为太原科技大学。通知明确了学校的办学定位、办学规模、近期经费投入等事宜。

教育部关于同意太原重型机械学院更名为太原科技大学的通知

山西省人民政府：

你省《关于商请将太原重型机械学院更名为太原科技大学的函》（晋政函［2003］178 号）收悉。

根据《中华人民共和国高等教育法》和《普通高等学校设置暂行条例》有关规定以及全国高等学校设置评议委员会的评议结果，经研究，同意太原重型机械学院更名为太原科技大学。现将有关事项通知如下：

一、太原科技大学系多科性本科高校，以本科教育为主，同时承担研究生培养任务。

二、太原科技大学由你省领导和管理，其发展所需经费由你省统筹解决。

三、该校全日制在校生规模暂定为 16000 人。

四、该校现有专业结构调整和增设本科专业，应按我部有关规定办理。

五、你省承诺的在 2003—2007 年期间共投入 5 亿元（省政府投资 500 万元，太原市政府支持 3000 万元，省政府安排贴息贷款 2 亿元，学校自筹 1 ～ 2 亿元，贷款 1 亿元）学校建设经费，须确保落实到位。

六、我部将在适当时候对学校办学情况进行复查并提出相应的评估意见。

望你省加强对该校的领导，按照学校的总体建设规划，落实有关投入，加快建设步伐，同时加强学科建设，积极开展科学研究，不断提高教育质量、科研水平和办学效益，办出特色、办出水平，为山西经济建设和社会发展做出更大贡献。

中华人民共和国教育部

二零零四年五月十三日

2004 年 9 月 17 日，中共山西省委、山西省人民政府来校宣布任命学校新一届领导班子。杨波任党委书记，郭勇义任党委副书记、校长，鲍善冰任党委副书记，安德智任纪委书记，李志勤、李永堂、曾建朝、董峰、徐格宁、黄庆学任副校长。宣布大会由校长郭勇义主持。山西省人民政府副省长张少琴、教育厅厅长李东福出席会议并分别做了重要讲话。中共山西省委组织部企事业处处长张学俊宣读了中共山西省委、山西省人民政府关于太原科技大学领导班子的任免文件。

10月16日上午，学校在体育场隆重举行了庆祝学校更名大会。大会由党委书记杨波主持，校长郭勇义致辞。山西省人大常委会副主任张铭、山西省人民政府副省长张少琴、山西省政协副主席吴博威出席揭牌庆典大会。出席揭牌庆典大会的还有中国科学院、工程院院士王越、周世宁、曹晓春、苏君红、关杰、朵英贤、殷国茂、张高勇，以及来自美国的美国工程院院士、中国科学院院士、美国威斯康星大学奥斯汀•常，美国工程院院士、美国橡树岭国家实验室C.T.刘，俄罗斯工程院院士、美国奥本大学布莱恩•金三位院士和两位教授。山西省各地市、各厅（局）和来自中国一重、二重、徐工、柳工、太钢、太重等兄弟单位的350余位领导和来宾出席了大会。山西省人大、省政府、省政协和国内部分高校、企业等246家单位发来贺信贺电。

山西省人民政府副省长张少琴，山西省高校工委副书记、山西省教育厅副厅长贾坚毅，中国人民大学副校长牛维麟，美国奥本大学校长布莱尔•陈等领导和嘉宾在庆典大会上发表了讲话。

在揭牌庆典活动中，巨型载人热气球、动力伞、“运五”飞机表演将大会气氛推向高潮，庆典大会在大型团体操“为明天祝福”中圆满落下帷幕。庆典期间，学校还召开了第二届产学研董事会会议和多场中外院士学术报告会。

第二节 内涵建设、转型发展与教学研究型大学的提出与部署

学校关于内涵建设、转型发展的提出始于2005年年末，并于2006年的评估手册中做了详细解释。2006年，本科教育教学水平评估反馈意见会上，学校明确做出了“强化内涵建设，实现转型发展，尽快迈入教学研究型大学行列”的决定。在2007年年初召开的学校工作会议上，校党委书记杨波进一步强调：要以科学发展观为统领，以加强内涵建设为主线，紧密围绕评估整改工作，进一步完善管理体制和运行机制，全面实施“质量工程”，大力推进学科建设、教育教学、科研工作、基础建设、学生工作、党建思想政治工作等方面的工作，努力构建和谐校园，把学校建设成为教学研究型大学。校长郭勇义指出：2007年，是学校实施“十一五”发展规划的关键年，是学校从内涵发展与外延发展并重向以内涵式发展为主的重要战略转折年。从此，建设特色鲜明、在行业具有重要影响力的教学研究型大学成为学校新的奋斗目标。

一、明确内涵式发展思路，正确处理好“五种关系”

校党委、校行政班子明确指出：坚持内涵式发展，就是要求我们必须正确处理好以下五种关系。

一是正确处理规模与质量的关系。认真落实教学过程，规范教学管理，深化教学改革，促进教学质量的整体提高，坚定不移地实施以质量为核心的内涵发展战略。

二是正确处理全面提高和重点突破的关系。不追求“大而全”“全面开花”，不过分强调综合性。在相对有限的资源条件下，紧紧抓住改善办学条件、汇聚人才队伍、加速科技创新、提升学科水平等关键问题，集中人力、财力、物力提高学校的办学水平，以

重点突破带动全面提高。

三是正确处理人才培养和科学研究的关系。实现人才培养和科学研究协调发展，共同推动学校上层次。要高度重视科学研究和知识创新，把加强科学研究作为提高人才培养质量，增强学校办学实力和提升社会服务能力的重要内容。

四是正确处理学校事业发展与人的全面发展的关系。要努力为学生提供良好的学习条件，引导学生学会学习，学会做事，学会做人，提高人才培养质量。要把学校的发展同与教师为主体的教职工队伍的发展紧密结合起来，为教师群体和个人的事业发展提供良好的平台，从精神到物质都始终提供强大的支撑。

五是正确处理“硬”实力与“软”实力的关系。“硬”实力主要是指学校的办学条件、办学成果和办学水平等，“软”实力是指学校内在的精神品质、制度文化和外部形象、社会声誉等。努力增强学校的“硬”实力与“软”实力的提升，促进学校全面发展。

二、加强内涵建设，致力转型发展

（一）加强学科学位建设，努力提升办学层次

按照“全面规划、重点建设、分类指导、突出特色、务求突破”的原则，学校于2007年调整了学科结构布局，构建起适应新世纪学科发展趋势和社会经济发展需要、优势突出、特色鲜明、协调发展、具有竞争力和可持续发展能力的教学研究型大学学科体系。

一是加强重点学科建设和管理，使现有省级重点学科和校级重点学科在高层次人才培养、科学研究和学科建设中更好地发挥示范和带头作用，为实现国家级重点学科“零”的突破奠定坚实的基础；积极整合和有效利用优势资源，培育和发展潜在优势、特色学科，使更多教育质量和学术水平较高的学科进入省级重点学科建设行列。

二是努力构建高水平的学科梯队。进一步完善机制，加强管理，真正建设起一支优势突出、结构合理、充满活力与竞争力的学科梯队，培养一批在国内外同行中有一定影响力的学科带头人，重点构筑好机械类、材料类、电子类等优势学科群人才团队，为新一轮博士、硕士点申报，实现学位点建设新突破做好准备。

三是不断加强学位建设。统筹规划，积极准备，认真做好新一轮博士、硕士点申报准备工作，努力实现学位点的建设取得新突破。

（二）深入开展整改工作，实施“质量工程”，全面提高教育教学质量

认真开展评估整改工作。按照“以评促建、以评促改、以评促管、评建结合、重在建设”的方针，学校决定：深入开展评估整改工作，在巩固评建成果的同时，对照评估体系要求，认真查找不足，抓好整改，进一步明确办学思路和发展思路，厘清办学定位，统一思想认识，形成推动学校向高水平教学研究型大学迈进的强大合力。

以不断提升本科教育教学质量作为永恒的主题。通过迎评促建，校党委、校行政班子达成共识并决定：进一步贯彻落实教育部、财政部《关于实施高等学校本科教学质量与教学改革工程的意见》和教育部《关于进一步深化教学改革，全面提高教学质量的若干意见》，找准突破口，采取有效措施，使教学手段、教学内容、教学基地建设、人才培养模式等产生质的飞跃，真正实现对教学过程管理和教学目标管理的有机统一。

全面加强创新人才体系建设。按照“优势突出、特色鲜明、新兴交叉、社会需要”的原则，进一步加强本科专业规划与建设工作，认真搞好特色专业和专业点的建设；大力加强实验教学改革，培养造就一支高水平的实验教学队伍；加强示范性实验室、工程训练中心、实践教学基地建设，拓展学生校外实践渠道，构建起大学生创新人才培养框架，激发大学生的兴趣和潜能，全面提升学生的创新意识和创新能力。

进一步加强教学团队和高水平教师队伍建设工作，以品牌专业、精品课程、示范实验室建设为载体，培育一批教学质量高、结构合理的教学团队；加强对青年教师的培养，发挥高水平教师的积极作用，推动“名师工程”不断取得新成效。

进一步加强研究生导师队伍建设工作，以导师队伍多元化、年轻化、高学历化为目标，实行导师能上能下的动态管理制度；以质量为核心，建立研究生教育质量保障督导与评价体系、研究生管理制度、“优秀硕士论文奖励制度等；加强与科研院所、企业联合培养研究生的工作。

（三）增强科技创新能力，推进科技产业体制改革

科研工作“要紧紧围绕有利于增强学校原始创新能力、有利于特色学科建设、有利于行业和地方经济的发展、有利于创新人才的培养”的工作思路，进一步加强创新平台建设、科研创新团队建设和中青年拔尖创新人才的培养工作，全面提升学校的科研层次和水平。

进一步完善科研管理与服务机制。一方面通过科研管理制度的改革与创新，建立更加有效的科研管理与激励机制，调动起现有人才队伍参与科研与包新的积极性；另一方面，采取更加灵活的机制，积极引进或柔性引进一批高水平的科研人才到学校参与科研工作，同时加强与科研院所、企业的广泛联系，建立更为广泛和实质性的科研合作伙伴关系。加强哲学社会科学研究工作；通过军工科研单位保密资格认证，进一步拓宽学校科研渠道。进一步完善科研激励机制，修订完善《太原科技大学奖励条例》《太原科技大学科技工作量计算办法》《太原科技大学科技经费管理办法》等规章制度，推动学校科研工作不断取得突破性进展。

积极探索产学研合作的新机制。要通过成果转化、项目合作、人员互聘、联合培养、资源共享、共建实验室等途径，寻求与企业和科研机构更加广泛的合作，要充分发挥学校的智力与科技优势，着力提高应用研究能力，加速科研成果向现实生产力转化。

充分发挥特色学科在行业内的优势，牢牢把握国家加强重大技术装备研发和山西省产业结构调整的机遇，大力开展科技创新。要把创新平台建设与学科建设、重点实验室建设、工程技术中心建设有机地衔接起来，不断提高科技创新能力和水平，特别是原始创新和解决重大理论与实际问题的能力。

积极推进科技产业体制改革。按照产权清晰、职责分明、校企分开、管理科学的原则，以实现教学、科研与校办产业发展的良性互动为目标，积极稳妥地开展好科技产业的改革工作。

（四）大力实施“人才强校”战略，不断加强人才队伍建设

积极推进“重点人才建设工程”。重点抓好高层次人才的引进和培养工作。在人才引进方面，要把工作重心全面放在博士毕业生、博导、教授级学科带头人和学术骨干等高层次人才的引进工作上来。采取“不求所有、但求所用”的“柔性引进”办法，聘请校外院士和校外著名专家担任兼职教授，开展合作培养人才和科技攻关，形成包括两院院士、特聘教授、博士生导师、优秀学术群体、学术骨干、教学名师在内的“宝塔形、全方位、多层次、厚基础”的人才格局。

加大人才培养力度。重点培养选拔一批处于学术前沿的高水平学科带头人，发挥他们在学科建设中的战略指导作用，带动一批学科赶超国际先进水平或保持国内领先水平；要进一步加大青年教师培养选拔力度，建立健全机制，鼓励冒尖，进一步完善职称评聘、名师选拔、科研项目等方面的政策措施，努力营造良好的人才成长环境和有利于青年教师成长和人才脱颖而出的条件。

努力改善教师的生活和工作环境。要着力解决教职工的实际问题，积极营造“事业留人、感情留人、环境留人、待遇留人”的良好氛围，使各类人才引得进、用得好、留得住、有作为、成长快。

修订完善人事分配制度改革方案，严格按照国家事业单位工资改革文件精神，以稳定人才、激励人才为基本思路，以体现“实绩”和“贡献”为导向，以促进学校学科建设、教学、科研发展，全面提升学校综合办学实力为根本目标，逐步建立比较科学合理的“绩效工资”体系。

（五）推进内部管理体制改革，不断提升管理服务水平

进一步完善与创新管理制度。继续深化内部管理体制改革，逐步建立重大投资、人才引进等重大事项科学的决策机制，规范工作程序，完善岗位责任制，加强岗位人员管理，积极推行二级管理体制改革工作，探索建立适合学校实际的高效管理制度与机制；不断完善和优化网络、图书馆的服务工作；进一步加强华科学院的规范化管理。

加强财务管理体制和运行模式的改革。积极稳妥地推行“统一领导、分级管理”的管理体制，建立适合学校的计划调控、预算执行及财务运行等管理制度，加强重大财经工作的管理决策机制，规避财务风险，理好财、当好家；认真策划项目，积极争取支持，广开财源，为学校发展寻求更多的财力支撑。

加快后勤服务改革步伐，努力提高服务质量。进一步规范后勤服务管理制度，按照公开、公平、公正竞争上岗的原则，以企业化管理为目标，促使后勤职工牢固树立育人意识、服务意识；强化目标管理，进行规范服务，将学校水电暖、物业管理、运输、维修及相关工程的成本降到较低水平；认真搞好校园建设发展规划，大力推进校园拓展工作，为师生员工的工作、学习和生活营造更加良好的环境。

（六）加强党建和思想政治工作，着力开展大学文化建设，为构建和谐校园提供强有力保障

认真落实第十五次全国高校党建工作会议精神，加强各级领导班子自身建设。进一步规范校院两级中心组学习和民主生活会制度，着力提高领导水平和执政能力，建设团结和谐的领导班子；坚持和落实好民主集中制原则，不断完善党委领导下的校长负责制和党委议事决策制度，促进决策科学化、民主化和规范化；各级领导班子成员要立足学校实际，深入研究建设现代大学教育新理念、新规律，牢固树立和谐的科学发展理念，着力提高自身的认识能力、管理能力、推动发展的能力和班子自身建设的能力，努力做善于学习、勤于思考、敢于运用的教育管理工作者和抓大事、谋大局、图发展的实干家。重点加强中层干部队伍建设，切实提高中层班子抓管理和抓落实的能力。加大对中层干部工作实绩的考核力度，把工作实绩作为任用干部的重要依据；进一步完善干部选拔任用管理制度，完善竞争机制，提高中层干部队伍的整体素质；加强后备干部队伍建设；加强干部教育培养和交流，大力开展忧患意识、公仆意识、节俭意识教育，着力增强干部的服务意识；中层领导干部特别是党政一把手要进一步处理好局部和全局的关系，教学、科研和管理的关系，在落实好民主集中制上下功夫，着力提高中层班子谋发展、抓落实、干事业的能力。

积极探索基层党组织建设的新机制、新途径，增强党建工作新活力。继续巩固和发展先进性教育的成果，把保持先进性建设的长效机制落到实处；坚持用党的先进性建设推动和谐校园建设，积极探索和完善党建工作新机制，着力实施“先进性载体工程”，充分调动基层党组织和广大党员的积极性，以具体工作职责、岗位责任为抓手，以推动学校内涵发展、转型发展的实施为根本目标，发挥好基层党组织的政治核心作用、战斗堡垒作用和党员的先锋模范作用；以高知识群体和学生为重点，继续加大党员发展工作力度，确保党员质量和数量同步提高。

进一步加强大学文化建设，弘扬“负重奋进，笃行求实”的办学精神，努力建设体现社会主义办学方向、具有浓郁科大特色的校园文化。要充分发挥“两课”教学的主渠道作用，有效利用人文素质报告、校园网、校园环境建设等手段，突出“八荣八耻”教育，积极引导学生会、学生社团组织，结合青年学生的特点，经常开展演讲辩论、艺术表演、体育娱乐等丰富多彩的校园文化活动，陶冶学生的情操，培养学生的人文精神，营造良好的学习氛围；积极组织学生开展课外科技创新活动、创业计划竞赛活动以及各种形式的学科学习竞赛活动，加强学生创新意识、实践能力和创业精神的培养，努力提高学生的创新能力，促进学生的全面发展。

进一步加强师德师风、教风、学风建设，营造和谐的办学环境。进步分解任务，明确责任，落实好师德、学风建设的相关措施。要确立师生员工的主体地位，充分调动师生员工构建和谐校园的积极性、主动性和创造性，使教风、学风有明显好转，师生员工的创新愿望得到尊重、活动得到支持、才能得到发挥、成果得到肯定。

加大思想政治工作宣传力度，积极开展精神文明创建活动。要在全校师生员工中认真组织开展好理论学习活动；要把握正确舆论导向，围绕学校发展历史，围绕学校的中心工作，围绕学校改革所取得的成就，围绕党风、教风、学风、工作作风建设，广泛开展对内、对外的宣传工作，尤其要加大宣传在爱岗敬业、为人师表、刻苦学习、立志成才、敢于创新等方面涌现出来的先进事迹和先进典型，营造争创先进和学习先进的良好氛围，使宣传思想工作真正起到统一思想、凝聚人心、树立形象、共促发展的作用。

大力加强党风廉政建设，进一步推进依法治校、民主管理工作，创建和谐平安校园。认真落实党风廉政建设责任制，积极推进廉政文化建设，进一步规范领导干部的从政行为、决策行为、干部人事管理，营造廉洁治校、廉洁治教、廉洁治学的和谐氛围；大力推进“民主管理”工作，充分发挥全校师生员工参与学校管理、共谋学校发展大计的积极性；继续加强审计监督，严肃财经纪律，强化对招生、考试、收费、基建、采购、修缮等方面的管理和监督、确保经费使用遵规、守法、有效；以维护校园安全稳定为重点，强化责任落实，搞好综合治理，建立学校安全稳定长效机制，积极化解各种矛盾纠纷，确保一方平安。

（七）创新方法和途径，强化服务与管理，促进学生工作再上新台阶

进一步构建和完善具有学校特色的人才培养体系、服务学生体系。继续贯彻落实中央16号文件精神，坚持以社会主义核心价值体系为根本，以树立正确的世界观、人生观、价值观、荣辱观为统领，以形成长效机制为着眼点，切实加强和改进大学生思想政治工作。在进一步完善素质培养体系的同时，着力构建和完善人格培养体系；坚持以学生成长成才为中心，把解决思想问题与解决实际问题结合起来，进一步完善帮助学生成才、解决学生困难、方便学生办事、维护学生权益的服务体系；积极组织开展好学生的国防教育。

进一步加强学生工作队伍建设。要以增强队伍凝聚力、战斗力、创造力和可持续发展能力为根本，以学习型组织建设为途径，用环境凝聚人才，用事业造就人才，用机制激励人才，用制度保障人才，建设一支政治强、业务精、纪律严、作风正，专兼结合、相对稳定的高素质学生工作队伍。

高度关注弱势群体，着力解决学生的实际困难。要采取切实措施，加强对“三困”（经济困难、学习困难、心理困难）学生的帮教工作，做好特困学生解困、后进生转化、心理问题学生的解惑工作；拓宽学生资助渠道，努力寻求更多社会资助，做好经济困难学生国家助学贷款工作；积极拓宽就业市场，提高学生的就业能力，在努力保持学校传统优势专业就业市场稳中有升的基础上，认真探索，积极开拓新专业的就业渠道，不断提高弱势专业的就业率。

（八）加强离退休、统战和群团工作，充分调动各方面积极性

重视离退休老同志的工作。充分发挥离退休老同志的积极作用，在努力落实好他们的政治待遇、生活待遇，多为他们办实事的同时，积极主动为老同志开展健康有益的活动创造条件，充分发挥他们的优势和作用，使他们老有所学、老有所为、老有所乐。

充分发挥教代会、工会、共青团、各民主党派的作用，进一步推进校务公开，在学校的一些重大决策出台之前，听取他们的意见和建议，充分调动广大师生参与民主办学、民主管理和民主监督的积极性。

第三节　狠抓学科建设　实现申博突破

经过第一期学科建设，学校各项工作取得了长足的发展。2004年学校更名为太原科技大学后，与同类兄弟院校相比，面临的最大差距仍是高水平学位点总量不足，不仅没有博士学位授予点（以下简称博士点），二级学科硕士学位授予点（以下简称硕士点）仅有19个，难以适应由教学型大学向教学研究型大学转变的实际需要。为此，学校将学位授予点申报特别是申报博士学位授予点（以下简称申博）作为抓手，狠抓学科建设，提高学科水平。

一、明确申博目标，启动第二期学科建设工作

2004年，学校召开了第二次学科学位建设大会，这次会议全面总结了第一轮学科建设的经验与存在的问题，进一步明确了学科建设的发展思路和目标为：依托全国机电行业和山西省经济社会发展，逐步建成特色突出、结构合理、整体水平较高的学科体系。

全力争取实现博士授予点“零”的突破，争取实现省级重点实验室、经济学、哲学等门类硕士点零的突破。

会上，郭勇义院长做了题为“以学科建设为龙头，为实现我院跨越式发展而奋斗”的工作报告，报告共分两部分：一是要求各部门务必认真总结过去三年学科学位建设取得的初步发展成果，努力提升学校的学科学位建设整体水平；二是要求大家坚定不移地将学科学位建设继续作为学校建设的重心，推动学校快速发展。报告指出：要统一思想，紧抓机遇，继续树立和深化学科学位建设在学校各项工作中的龙头地位。“学科学位建设工作处于牵一发而动全身的关键地位，是学院工作中的纲，关系学院的发展、声誉、吸引力等许多方面，如果抓不住大好机遇推进学科学位建设工作，就难以从根本上实现学校整体实力的跨越式发展，就无法跻身于全国高水平大学的行列。”

本次会议在总结了第一轮学科建设成就的同时，指出了学校学科建设存在的问题和差距，共六个方面，即：学科综合实力不强，省部重点学科仍然偏少，学科发展分布不平衡，学科结构体系尚不理想，学科发展后劲不足，学科内涵亟待提升。为确保学校学科学位建设目标的实现，学校调整了学科建设委员会和学科建设领导组。调整后的学科建设领导组组长由校长郭勇义担任，副组长由黄庆学副校长担任。在第二期学科建设中，进一步优化学科结构，将校重点学科缩减为 8 个，校重点建设学科增为 10 个，校重点扶持学科增为 10 个（表 9-1、表 9-2、表 9-3），形成阶梯状的特色明显的学科布局。

表 9-1　学校重点学科首席学科带头人及学科梯队人员名单

学科名称	首席带头人	研究方向	学术带头人及学科梯队
现代轧制技术与装备	黄庆学教授	板带钢精密轧制技术	黄庆学，杜晓钟，赵春江
		轧制设备研究	张小平，郭希学，杜艳平
		新型钢管成套设备的开发	双远华，申宝成
		特种型材轧制技术与设备研究	杨晓明，王建梅
起重运输与工程机械（含测试计算技术及仪器）	徐格宁教授	物流系统设备研究	王鹰，文豪，秦义校
		机械 CAD 软件设计与开发	陶元芳，卫良保，高崇仁
		起重机械设备研究与开发	韩刚，张亮有，高有山
		工程机械现代设计分析理论	孟文俊，张福生，史青录
材料加工设备及先进制造技术	李永堂教授	锻压设备理论与控制	雷步芳，梁应彪，王全聪，张文杰
		先进集成制造技术	付建华，刘岩，宋建丽，白墅洁
		焊接自动控制	吴志生，刘翠荣，王凤英
		铸造车间设备及自动化	甘玉生，雷建民，刘素清
材料成型工艺与技术	刘建生教授	大型锻造理论与新技术	郭会光，李天佑，吴建斌，田继红
		塑性成形集成模拟技术	陈慧琴，游晓红，关明，安红萍
		先进连接成型技术	刘洁，权旺林，赵丽
工程力学（含流体力学）	崔小朝教授	光弹性力学	常红，李光明
		复合材料断裂力学	王灵卉，马崇山
		计算流体力学	崔小朝，牛学仁，林金宝

（续）

学 科 名 称	首席带头人	研 究 方 向	学术带头人及学科梯队
系统工程（含计算机应用技术）	曾建潮教授	系统建模、调度与仿真	王宏刚，乔钢柱
		生产优化与调度	高慧敏，赵静
		信息管理与决策支持	谭英，周晓波
		网络计算与协同计算	郭银章，张国有，王艳
		计算机监控与仿真技术	徐玉斌，李建伟，时振涛
		计算机网络与系统集成	王猛，白发祥
		最优化与智能计算	曾建潮，介婧，崔志华，白涛
机械制造及自动化	阎献国教授	计算机辅助设计与制造	阎献国，刘志齐，王慧霖
		先进制造技术的切削技术研究	李淑娟，张志鸿，张学良
		机械加工精度与质量控制	王晓慧，张平宽，郝玉峰
材料学（含材料物理与化学）	张敏刚教授	轻合金材料	蔡跃生，孙钢
		金属材料设计与优化	党淑娥，张代东，郑建军
		低维半导体材料（材料物理与化学）	张敏刚，周军琪，梁丽萍，阎晓燕

表 9-2　学校重点建设学科首席学科带头人及学科梯队人员名单

学 科 名 称	首席带头人	研 究 方 向	学术带头人及学科梯队
车辆工程（含农业机械化工程）	孙大刚教授	工程及农业车辆振动与噪声的阻尼控制	孙小刚，桂枝
		工程车辆动态特性研究	张洪，王伯平
		工程及农业车辆制动控制系统研究	林慕义，贾志绚
机械电子工程	段锁林教授	机电系统控制及自动化	段锁林，毕有明
		机电系统高性能元件研制与开发	王明智，安高成
		液压新技术开发与研究	宋福荣，贾育秦
钢铁冶金	孙斌煜教授	近终形连铸	杨建伟，同育全
		炉外精炼	秦建平，张恒昌
		快速凝固轧制技术	李玉贵，周存龙
控制理论与控制工程	孙志毅教授	智能控制理论及应用	孙志毅，赵志城
		预测控制及应用	李虹，王安红
		计算机控制	阎学文，孙前来
电力电子与电力传动	韩如成教授	谐波抑制与无功补偿	韩如成，智泽英，刘红兵
		现代控制理论在电气传动中的应用	吴聚华，于少娟
		智能控制系统及其应用	齐向东，藩峰
计算软件与理论（含模式识别与智能系统）	陈立潮教授	智能化软件	陈立潮，赵继泽，刘静
		数据库与软件工程技术	白尚旺，党伟超，王俊
		图形图像技术	张荣国，常浩
		数据仓库与数据挖掘	张继福，孙超利，张索兰

（续）

学科名称	首席带头人	研究方向	学术带头人及学科梯队
应用数学	李俊林教授	偏微分方程理论与应用	李俊林，杨维阳，张雪霞
		最优化理论及其应用	王希云，何小娟，董安强
		分布式计算	李邦庆，李忠卫
管理科学与工程（含产业经济学）	薛耀文教授	决策科学与应用	朱明，崔慧芳，乔彬，张国英
		企业生产流程管理	李亨英，王迎，关海龄
		现代企业生产和管理与质量管理	王耀文，徐晓敏，盖兵，田新翠
		技术创新与产业结构升级	吕月英，金波，弓宝红，张竭
诉讼法学	姚宪弟教授	诉讼法理与行政诉讼法	姚宪弟，郭相宏，杜江峰，任中秀，安明贤，王亚丽
		刑事诉讼法	郝爱军，段丽，呈宏散，安德智
		民事诉讼法	吴春香，马鸽昌，任俊琳，张丽
液态金属成型	王录才教授	多孔材料及技术	王录才，任建富，王芳
		耐磨合金及技术	李秋书，刘卯生
		铸造合金材料腐蚀预防护及技术	夏兰廷，王荣峰

表 9-3　学校重点扶持学科首席学科带头人及学科梯队人员名单

学科名称	首席带头人	研究方向	学术带头人及学科梯队
光学	魏计林教授	信息光学	赖云忠，杨型健，汤洪明，张慧民
		光学测量	魏计林，王青狮，孟济轲
		光电器件	刘淑平，王培霞，陈峰华，杨俊峰
固体力学	姚河省副教授	实验力学	常莉莉，马永忠，李建宝
		计算力学	姚河省，梁清香，代保东
流体机械及工程	贾跃虎副教授	流体机械的监测与诊断	贾跃虎，孔继刚
		流体机械内流流体动力学	魏聪梅，乔中华
环境科学与环境工程	郭勇义教授	矿山环境处理与环境修复	郭勇义，王守信
		放射性废物处理与环境修复	钱天伟，马秀英，杨国义
		空气与水污染控制	郭亚兵，王荣祥，李自贵
检测技术与自动化装置	张井岗教授	先进控制理论及其在自动化装置中的应用	张井岗，陈志梅，王卫虹
		计算机测控系统与装置	杨铁梅，乔建华，文新宇
信号与信息处理	卓东风教授	数字信号处理	李临生，宋卫平，董增寿，张雄
		图像与多维信号处理及传输	卓东风，高文华，任青莲，贾志刚
企业管理（含会计学）	任利成副教授	电子商务与营销管理创亲	任利成，王学军，周迎，刘晋霞
		企业危机管理与企业竞和	韩树荣，王筱萍，田丽娜，柴春峰
		企业财务管理、危机管理与资本营研究	樊进科，白宪生，柴永红
		企业质量管理与名牌战略	王玫，徐林祥，贾美丽，郭艳丽

（续）

学 科 名 称	首席带头人	研 究 方 向	学术带头人及学科梯队
马克思主义理论与思想政治教育	乔中国教授	“三个代表”重要思想研究	鲍善冰，李建权，邓学成，董喜乐，李志权
		全面建设小康社会的奋斗目标研究	乔中国，王梅，王红光
		科学的发展研究	师谦，赵丽华，赵民胜，樊跃发，李晓林，廖启云
科学技术哲学	武杰教授	自然辩证法理论研究	武杰，李润珍
		科学技术与社会研究	毛建儒，周玉萍
		人工智能与网络研究	冯鹏志，李文管，康永征
教育经济与管理学	李志勤教授	教育管理决策研究	于珍彦，吴素萍
		教育发展战略与规划研究	李志勤，李钢
		教育财政和管理研究	徐永华，何云景

在组建学科团队的同时，对提出的第二期学科学位建设的目标进行了分解，提出了分四个层次分步实施的方案。

（1）加强对材料加工工程、车辆工程、机械设计及理论、系统工程、应用数学等省重点学科的建设，加强对重点学科实验室的建设，使之更快地发展，形成在全国有一定影响的特色研究方向，带动学校整体学科实力的发展和水平的提高。争取新增加省级重点实验室或省级重点工程中心 2 ～ 3 个，作为学校发展和申报博士点的重要支撑。

（2）将现代轧制技术与装备、起重运输与工程机械、材料加工设备及先进制造技术、材料成型工艺与技术、工程力学、系统工程、机械制造及自动化、材料学等 8 个学科列为学校重点学科，按照国家级学科标准进行高水平建设，力争实现博士点零的突破。

（3）将车辆工程、机械电子工程、计算机应用技术、钢铁冶金、材料物理化学、农业机械化工程、电力电子与电力传动、计算机软件与理论、应用数学、流体力学、管理科学与工程、诉讼法学、液态金属成型 14 个学科列为校重点建设学科加强支持和建设，争取其中 2 ～ 3 个学科成为新的省级重点建设学科。

（4）将光学、固体力学、流体机械及工程、环境工程、测试计量技术及仪器、检测技术与自动化、信号与信息处理、产业经济学、企业管理、会计学、马克思理论与思想政治教育、科学技术哲学、教育经济与管理学等 14 个学科列为校重点扶持学科加强扶持和建设，争取其中 6 ～ 8 个学科成为新的硕士点，2 ～ 3 个学科成为新的省级重点扶持学科。

为确保目标的实现，学校提出了加大投入、强化管理、保证目标实现的七个措施。

（1）确保两年内 2000 万元经费投入到位。

（2）强化人才工程建设。在加强对首席学科带头人培养的同时，争取新引进高水平教授、博士 30 名左右，新增 20 名左右的外聘导师。

（3）强化首席学科带头人制度。加大对学科和首席的目标管理和过程管理，确保学科学位建设任务的完成。

（4）强化考核和奖惩机制。根据学科业绩兑现年度和任期内各类人员的业绩津贴。

（5）加强重点学科建设，继续推进博士点申报工程。

（6）强化对重点建设学科的建设。

（7）强化对重点扶持学科的建设。

经过努力，2004年，山西省教育厅拨款42万元用于学校省重点学科建设，2005年拨款68万元用于学校省重点学科建设；同时，学校还争取到山西省高校重点学科建设项目省财政专项资金490万元。

2004—2005年，学校组织全校教师参与编写专著39部，为2005年博士学位的申报提供了高水平的论文、专著、科研成果等。学校还就机械类、材料类、电子类三大优势学科重新进行了资源优化整合，制订并实施了三个学科群的可持续发展规划。确定了学校第十批博士学位和硕士学位授权点申报计划，安排部署了第十批学位点申报应采取的措施及申报进度安排。最终确定申报博士点的3个学科，包括机械设计及理论、材料加工工程、系统工程，2个支撑学科，包括机械电子工程、材料学；确定申报一级学科硕士点5个，包括材料科学与工程、机械工程、力学、控制科学与工程、计算机应用技术；申报二级学科硕士点18个。

二、学校获得博士学位授权单位的重大突破

2004年1月5日—6日，以同济大学石来德教授为组长，电子科技大学凌宝京教授、长春理工大学黄希琛教授、昆明理工大学研究生处高禄绮副处长为组员的“教育部申请2004年新增培养工程硕士单位”考察评估专家组一行四人莅临学校，就学校申请培养工程硕士单位的综合实力进行考察评估。宣化工程机械股份集团有限公司副总裁、党委书记王励，山东推土机械股份集团有限公司副总经理颜开荣，太原重型机械集团有限公司总经理岳普煜，太原钢铁股份集团有限公司总工程师王一德，中国二重机械集团有限公司总经理史苏存，中信重型机械集团有限公司副总裁瞿铁，山西平阳机械厂总工程师崔扣彪等7名同志应学校邀请参加了汇报会，并对学校争取工程硕士学位授予权给予了大力支持。

2004年，经过国家教育部批准，学校的材料工程、机械工程两个工程领域获工程硕士学位授予权并招生。后又新增车辆工程学科，使学校工程硕士授权领域达到3个。2010年，学校被批准为新增工商管理硕士（MBA）专业学位研究生培养单位。

2005年，在学校工作会议上，党委书记杨波就学校的学科学位建设做了安排和部署。一是围绕博士授权单位的申请和博士点的申报，加强校、院（系）两级的领导，明确分工、强化责任、全校协调、积极行动，务求博士点实现零的突破，牢牢抓住提升学校办学层次的新机遇。二是围绕硕士点的申报，在全校范围内统筹整合资源、充实材料、全校协同，力求硕士点总数达到30个以上。积极组织，按照一级学科开展硕士点申报工作，从而不断提升学校的研究生培养能力。三是按照学科发展建设的规律和打造特色名校的要求，认真制定好学校“十一五”学科建设发展规划。要把特色学科的建设作为重点，在凝练特色学科方向、构筑学科发展平台、打造优秀学科团队、培育优势学科品牌等方面创新政策、优化机制、聚集人才、营造环境，为学校办学水平的提高奠定扎实基础。四是紧紧抓住“强校工程”机遇，扎实推进“人才强校”工作。要在“双高”人才和学科带头人、科研领军人物的引进、培养、使用上加大工作力度，在适应高水平人才脱颖而出的竞争机制上加大建设。注重培育新的学科、学位和科研方向的增长点，特别

要注意学科学位建设对本科教育和科学研究的支撑和拉动作用。积极推进重点学科、重点实验室、重点工程中心、品牌专业、精品课程、示范性实验室、教学名师、学术梯队和师资队伍建设。积极探索服务于学科建设、科学研究、人才培养、工程训练“四位一体”的创新实践平台，不断提升设备投入的效益和效率。五是要积极争取扩大研究生招生规模，特别是工程硕士这一新的增长点。加大宣传力度，努力扩展生源，做好工程硕士的教育网络布点工作，同时加强对研究生的教育管理和导师的遴选和管理，不断提高研究生的培养质量。

2005 年，按照中央和山西省委的部署，学校开展了保持共产党员先进性教育活动。在 7 月 6 日学校召开的保持共产党员先进性教育活动动员大会上，党委书记杨波和校长郭勇义要求全体共产党员，尤其是党员领导干部全力以赴，抓好申报博士点工作，并明确指出，要把学校申报博士点工作作为最突出的大事抓紧抓好，以学科建设取得突破性进展作为考核党员领导干部工作的具体内容。

2005 年，国家启动了第十次学位申报工作。经反复论证，学校确定了机械设计及理论、材料加工工程、系统工程等 3 个学科为学校 2005 年申报博士点的学科，机械电子工程和材料学 2 个学科为申报博士点的支撑学科；学校还确定了材料科学与工程、机械工程、力学、控制科学与工程、计算机应用技术等 5 个学科为一级硕士点申报学科及 18 个二级硕士点申报学科。

同年，国务院学位委员会限定，博士学位授予权单位的申请，每个省只允许上报两所高校，在全国申报博士学位授予权单位的 52 所高校中确定 15 所博士学位授予权的高校。在 2005 年 9 月 20 日国务院学位委员会组织的评审答辩中，校长郭勇义和副校长黄庆学进行了申博答辩，最终，学校顺利通过会评。10 月 18 日，国务院学位委员会进行评审，学校博士授予权单位和申报的 2 个博士学位“机械设计及理论”“材料加工工程”全部通过。

在申报硕士点方面，学校申报的 5 个一级学科硕士点通过 4 个，18 个二级学科硕士点通过 13 个，其中二级学科科技哲学得票率为 94%，固体力学和光学得票率为 80%，均以绝对优势顺利通过。

2006 年 1 月 25 日，国务院学位委员会下发了学位［2006］3 号文件，即《关于下达第十批博士和硕士学位授予权学科、专业名单的通知》，学校获批力学、控制科学与工程、机械工程、材料科学与工程、管理科学与工程 5 个一级学科硕士学位授权点，获批科学技术哲学、产业经济学、马克思主义基本原理、思想政治教育、光学、电路与系统、检测技术与自动化装置、交通信息工程及控制、企业管理、模式识别与智能系统、一般力学与力学基础、固体力学、导航、制导与控制等 13 个二级学科硕士学位授权点。

2006 年 1 月 25 日，国务院学位委员会下发了学位［2006］4 号文件，即《关于批准新增博士、硕士学位授予单位的通知》，学校“机械设计及理论、材料科学与工程”获博士学位授予权；学校被列入新增“博士学位授予权单位”。

本次学科申报工作，是继 2003 年学校一批次新增 10 个硕士点以来取得的又一次佳绩，不仅实现了博士学位单位和博士点“零”的突破和一级学科硕士点“零”的突破，二级学科硕士点总数也由 19 个增加到 32 个。自此，学校本、硕、博三级人才培养体系进一步完善，硕士学位授权学科门类涵盖了工学、理学、法学、经济学、管理学、哲学六大学科门类。

申博成功，是全校上下不畏艰难、不言放弃、奋力拼搏的结果，是对学校多年来学科建设成效一次全面检阅，使学校跨入了具有博士学位授予单位的高水平大学行列，是学校建设发展中具有里程碑意义的重大事件。

2006年3月1日下午，学校在校大礼堂隆重召开了申博成功庆祝大会。山西省人民政府副省长张少琴出席大会并做重要讲话。山西省教育厅厅长李东福，学校产学研董事单位、太原重型机械集团公司董事长高志俊，山西师范大学校长武海顺，省教育厅、省科技厅有关部门的领导也出席了大会。山西大学、太原理工大学等省内高校研究生院、学位办公室等部门的领导到会表示祝贺。庆祝大会由校党委书记杨波主持。

会上，山西省教育厅厅长李东福宣读了山西省学位委员会、山西省教育厅关于转发国家学位委员会增列学校为博士学位授权单位的文件和《关于表彰奖励“学科学位建设工作成绩突出单位”的决定》，奖励学校100万元；张少琴副省长、李东福厅长为学校颁发了奖金和奖牌。

校长郭勇义代表学校师生员工向各级领导、各位来宾及兄弟院校朋友们的到来表示热烈的欢迎和衷心的感谢。郭勇义校长在讲话中强调：学校成为新增博士学位授权单位是我国重大技术装备国产化的迫切要求，是山西省经济可持续发展的迫切要求，也是学校可持续发展的迫切要求；学校申博成功，是学校50多年来“团结奋进”优良办学传统进一步凝聚和升华的真实写照，是几代人努力的结果，是学校提高办学实力、办学水平和办学层次的历史性突破；我们要以获取博士学位授予权为契机，凝聚全校师生员工的智慧和力量，紧紧抓住发展机遇，坚定不移地实施以学科建设为龙头的办学方针，进一步加大学校学科建设工作力度，不断实现教育创新，不断提升教育教学质量和办学水平，为山西新型工业化战略的实施和我国重大技术装备国产化的发展做出积极的贡献。郭校长在讲话中还对学校在学科建设和申博工作中付出辛劳的所有人员表示诚挚的慰问和衷心的感谢。

太原重型机械集团有限公司（以下简称太重集团）董事长高志俊代表产学研董事单位向学校申博成功表示祝贺。在大会致辞中，高志俊董事长说，太原科技大学多年来和太重集团有着十分密切的合作关系，既是太重集团的人才输送基地，又是太重的技术合作伙伴。太原科技大学与太重集团的产学研合作结出了丰硕成果，合作开发的“三峡1200吨起重机设计制造”“油膜轴承锥套”等重点项目保证了太重集团主导产品的技术领先地位。希望进一步加强校企合作，实现强强联手，互利双赢。

山西师范大学校长武海顺代表兄弟院校向学校被批准增列为博士学位授权单位表示热烈祝贺。

会上，学校还对成功申报博士点的机械设计及理论、材料加工工程学科和成功申报硕士点的学科进行了奖励。

在2007年山西省教育工作会议上，鉴于学校在学科学位建设工作中成效突出，省教育厅授予学校“学科学位建设工作成绩突出单位”。

三、强化学科内涵，启动第三期学科建设

“十一五”时期，学校的学科学位建设发展规划确立了“突出学科特色，优化学科结

构，提升学科内涵”的奋斗目标。根据新的学科目标，2007年，学校出台了《太原科技大学第三期学科梯队组建方案》。这一阶段，学校的学科面貌已经发生了巨大变化，前期重点投入的一些学科已经成为博士学位授予权学科，成为学校的特色龙头学科，一些学科已新增为硕士点一级学科、二级硕士点授权学科，门类不断增加。根据学校学科现状，学校制定了学科管理实行校院二级管理体制：一方面使学校能集中精力发展学校的特色重点学科；另一方面使二级学院在学科发展上拥有了更大的自主权。为此，重新调整完善了学校学科梯队，并根据学校学科现状，试行了新的校院二级管理体制，组建了5个校级学科、21个院管学科，培养了104名学科（方向）带头人（表9-4），先后将学科首席经费和奖励经费500余万元用于支持学科发展，锻炼了一批优秀的学科（方向）带头人，同时圆满完成了首批博士生招生工作。

表9-4　学校重点建设学科首席学科带头人及学科梯队人员名单

（一）校管学科			
1．校重点学科			
学 科 名 称	首席带头人	研 究 方 向	方向带头人
材料科学与工程	李永堂教授	材料加工设备及先进制造技术	李永堂
		塑性成形理论与新技术	刘建生
		轻合金新材料及应用	柴跃生
		先进材料基础理论与应用研究	张敏刚
		材料连接成形技术与控制	吴志生
		金属液态成型及凝固控制技术	王录才
		先进轧制技术的研究	张小平
机械工程	徐格宁教授 黄庆学教授	现代轧制设备设计理论与关键技术	周存龙
		现代钢管设备设计及自动化	双远华
		机械CAD软件设计与开发	陶元芳
		物流系统设备研究	韩　刚
		工程车辆振动的控制与利用	孙大刚
		专用车辆设计理论及开发研究	张　洪
		机电液系统优化设计与控制	张学良
		流体传动与控制	贾跃虎
		现代测试理论及应用	孟文俊
		先进制造技术理论及应用	闫献国
		现代切削技术与理论	李淑娟
2．校重点建设学科			
系统工程（含系统分析与集成）	曾建潮教授	智能计算及应用	曾建潮
		信息管理与决策支持	谭　瑛
		系统仿真优化与调度	高慧敏

（续）

学科名称	首席带头人	研究方向	方向带头人
工程力学	崔小朝教授	复合材料断裂理论	常　红
		液态金属多场耦合数值模拟	崔小朝
		冲击与振动	赵子龙
管理科学与工程	薛耀文教授	金融工程	薛耀文
		科技创新	朱　明
		电子商务	任利成
（二）院管学科			
机电工程学院（1个）			
载运工具运用工程	杨建伟副教授	载运工具新材料、新工艺及传动系统研究	殷玉枫
		载运工具运行安全与检测技术	晋民杰
		路面结构特性研究及应用	栗振峰
材料科学与工程学院（2个）			
环境科学与工程	郭勇义教授	环境工程与安全	郭亚兵
		核废物处置与水土资源环境	钱天伟
		有机物污染及控制	何秋生
钢铁冶金（含有色金属冶金）	孙斌煜教授	铸轧理论、工艺及装备的研究	孙斌煜
		连铸过程的数值模拟与仿真	杜艳萍
		钢铁生产过程检测技术	李玉贵
计算机科学与技术学院（1个）			
计算机科学与技术（计算机软件与理论）	徐玉斌教授	嵌入式系统与计算机监控技术	徐玉斌
		智能软件	陈立潮
		人工智能与知识发现	张继福
		数据库与软件工程	白尚旺
		企业计算与企业信息化	郭银章
		图形与图像处理	张荣国
		数据仓库与数据分析	张素兰
电子信息工程学院（5个）			
信号与信息处理	李临生教授	自适应信号处理	张　雄
		信号编码与数据压缩	王安红
电路与系统	田启川副教授	信号处理技术应用	董增寿
		嵌入式系统	高文华
		移动通信	卓东风
		智能信息处理与控制	田启川
电力电子与电力传动	韩如成教授	电气传动	智泽英
		测量技术与装置	宋卫平
		现代控制理论在电气传动的应用	于少娟
		智能控制系统及其应用	齐向东

（续）

学 科 名 称	首席带头人	研 究 方 向	方向带头人
控制科学与工程	孙志毅教授	先进控制理论及应用	张井岗
		非线性控制	李　虹
		智能检测与故障诊断	杨铁梅
		鲁棒控制	陈志梅
		计算机测控系统与装置	赵志诚
		智能控制	孙志毅
交通信息工程与控制	王宏刚教授	轨道交通自动化及控制	王宏刚
		智能交通系统关键技术研究	潘峰彩
		交通安全评估方法研究	闫学文
应科学院（3个）			
力学（含固体力学、流体力学）	赵子龙教授	冲击与振动	赵子龙
		计算固体力学	代保东
		固体损伤理论	姚河省
		复合材料断裂理论	常　红
		液态金属多场耦合数值模拟	崔小朝
光学工程（光学）	魏计林教授	光信息传感变送技术	魏计林
		量子信息光学	赖云忠
		光开关与光波导器件	刘淑平
应用数学（含计算数学）	李俊林教授	微分方程理论及应用	李俊林
		最优化理论及应用	王希云
		计算数学	董安强
化学与生物工程学院（1个）			
化学工程	王远洋教授	材料化工	王远洋
		资源化工	马建蓉
经济与管理学院（2个）			
工商管理学（企业管理学、会计学）	任利成教授	企业组织	李亨英
		电子商务	任利成
		网络组织	韩树荣
		会计监管	王筱萍
		会计制度	周　迎
		风险投资	何云景
产业经济学（含金融学）	杨波教授	金融监管	崔慧芳
		区域经济	乔　彬
		产业经济	吕月英
法学系（1个）			

（续）

学科名称	首席带头人	研究方向	方向带头人
诉讼法学（含环境与资源保护法学）	姚宪弟教授	诉讼法理	姚宪弟
		刑事诉讼	郝爱军
		民事诉讼	任俊琳
		行政诉讼	郭相宏
		环境与资源保护法	姚宪弟
人文社科系（2个）			
马克思主义基本理论	乔中国教授	马克思主义法律思想研究	乔中国
		马克思主义经济思想研究	王　梅
		大学生思想政治教育与管理研究	鲍善冰
		大学生心理学	李晓林
		十六大以来马克思主义新发展	赵丽华
		马克思主义与中国近现代社会	李建权
科技哲学（含马克思主义哲学和伦理学）	武杰教授	科学认识论	武　杰
		科学技术与社会	毛建儒
		科技伦理	安德智
外语系（1个）			
外国语言学及应用语言学	刘晓虹教授	英语教育与教学	顾江禾
		英汉语言对比研究	张红丽
艺术系（1个）			
美术学	王晋平副教授	绘画方向	王晋平
		艺术设计管理方向	杨敬国
体育系（1个）			
体育人文社会学	王满福教授	学校体育学	居向阳
		体育社会学	张凤霞

2007—2011年，学校一级硕士点学科总数达到13个，二级学科硕士点达到59个；共有9个学士学位授权专业，使学校本科专业达到54个。2011年新增机械工程、材料科学与工程2个学科荣获博士一级授权；通过自主设置二级学科，努力推进学科交叉渗透和相互支撑，使二级学科博士点达到9个，经济与管理学院、计算机学院、环境与安全学院、应用科学学院均跨入具有博士学位授予权学院行列，化工与生物工程学院跨入具有硕士学科授予权学院行列。2011年，学校自主设置工业工程博士点、硕士点及环境修复材料科学与技术博士点通过专家组论证。学校在3个工程硕士学位领域获得工程硕士学位授予权的同时，还获得了推荐优秀应届本科毕业生免试攻读硕士研究生资格，为学校优秀本科毕业生攻读研究生提供了“直通车”。

学校坚持以提高研究生培养质量为核心，不断严格导师遴选制度，使导师队伍的整体素质得到显著提高。2007年，经过严格的评审程序，新增及认定了15名博士生导师（以下简称博导），为博士研究生培养工作奠定了基础。2010年，根据研究生培养工作的需要，学校又遴选新博导9名，实现了博导从兼职外校博导9人到本校博导24人的重大转变。2006年至2011年，经过3次硕士生导师（以下简称硕导）遴选共新增本校硕导153人、兼职硕导24名，使学校硕导数量达到270人。导师队伍结构进一步优化，导师学历层次进一步提高，硕导中拥有博士学位的比例由20.8%上升到42.3%。

学校坚持“以特色学科为依托，大力发展交叉学科和人文学科，扶持基础学科建设”的学科建设思路，机械设计及理论、材料加工工程两个学科实现了省级重点学科“零”的突破，机械制造及其自动化、管理科学与工程新增为省重点建设学科，使学校省重点建设（扶持）学科的总数达到6个。

第四节　迎评促改　创优提质

在学校的高度重视和有力推动下，教学管理部门与各教学单位、各教学辅助部门、学生管理和服务部门加强沟通与配合，以迎评促建工作为契机，形成了从学生招生、入学、教学、管理到生活及就业等协调联动的“大教学”工作格局，最大限度地调动和整合了学校各方面力量、各种资源投入到教学工作中来，为提高教学质量、提升学校办学水平创造了良好的工作机制和工作环境。

一、认真开展迎评促建工作

为了推进学校的改革和发展，迎接教育部对学校进行的评估，完成学校提出的要利用3～4年时间，将学校建成以本科教育为主，研究生教育具有一定规模，具有博士、硕士、学士三级学位授予权，学科门类齐全，工科特色显著，部分学科在国内具有明显优势和影响的省属重点大学；成为主要服务于山西省和全国机械制造及重大技术装备行业高级专门人才培养和科学技术研发基地的目标，学校扎扎实实开展了迎评促建工作。

（一）迎评促建工作有序推进

迎评促建工作启动于2002年，共分四个阶段。

（1）启动及建设阶段。国家教育部于2002年决定，2003年对学校本科教学工作进行水平评估。2002年5月21日，学校成立“本科教育随机性水平评估工作机构”，并下发了院字［2002］4号文件。同年10月下旬，学校召开会议，就迎接国家教育部对学校本科教学工作进行水平评估做了安排部署，成立了以书记、校长为组长的迎评工作领导小组，并成立了迎评工作办公室，成立了各学院（直属系）工作组，先后召开了校、院各级迎评动员和建设会议，形成全校性的迎评工作网络。根据实际情况，学校请示了国家教育部和山西省教育厅，同意学校的评估工作日期顺延2～3年。

（2）整顿及提高阶段。2004年，教育部成立了高等学校评估中心，加强了评估工作，调整了评估类型，学校被列为教学工作评估类学校。2004年9月7日，学校召开了系处级干部、学科带头人、学科组成员、教学督导组成员等参加的本科专业及教学评估工作动员会，全面启动本科专业及教学评估工作。2004年11月15日—16日，学校在图书馆六层会议室举行了部分专业自评活动。12月16日，山西省普通高等学校科技工作评估专家组来校检查评估工作。

（3）预评及完善阶段。2005年，学校博士学位授予权单位申报获得成功，在开展保持共产党员先进性教育活动期间，校党委按照“领导受教育、群众得实惠、学校有发展”的思路，强调要把工作重心迅速转移到迎接教育部对学校进行教育教学工作水平评估阶段，成立了以校党委书记杨波、校长郭勇义为组长的迎评促建工作领导组。并扎扎实实开展了一系列工作。

迎评促建工作领导组组织机构名单：

组　　长：杨　波　郭勇义

成　　员：鲍善冰　李志勤　安德智　李永堂　曾建潮　董　峰　徐格宁　黄庆学

迎评促建工作领导组下设指挥部和办公室。

总 指 挥：李永堂

副总指挥：卓东风　韩如成　刘　洪　靳秀荣

成　　员：陶元芳　徐永华　赵民胜　雷建民　刘卯生　刘建生　孙大刚　孙志毅

陈立潮　薛耀文　杜艳平　高慧敏

办公室下设专家组、秘书资料组、教学工作组、教学条件组、教学环境组、学生工作组、宣传组、接待联络组、督察督办组9个工作组。

同年11月20日—23日，山西省教育厅对学校部分本科专业教学水平进行评估。以太原理工大学原副校长杨世春为组长的山西省教育厅专家组一行7人对学校的材料成型与控制、材料科学与工程、工程力学3个本科专业进行了评估，对学校本科教学工作水平在客观上起到了促进作用。

（4）冲刺及评估阶段。为了推进学校的评建工作，提高评建工作的效率力争在评估中取得好成绩，根据评估工作需要，校党委、行政班子于2006年1月决定：对评建办公室成员进行调整充实，并成立相关工作组及各院（系）评估领导组；对本科教学工作水平评建办公室主任、副主任进行公开招聘。最后经校党政会议研究决定，成立以李永堂副校长任主任，卓东风任常务副主任，杜艳平、高慧敏任副主任的评建办公室，并抽调了一批工作能力强的人员充实到工作队伍中。同时成立秘书资料组、评估工作专家组、教学工作组、教学条件组、学生工作组、宣传工作组、接待联络组、校园环境组、督察督办组。各工作组及院（系）评估领导组既分工负责，又密切协作，以确保评建工作的顺利进行。

为搞好评建工作，学校采取了一系列措施，并做了如下工作。

（1）提高全校师生员工对评估工作重要性的认识。2006年1月17日召开了校评估专家组成员会议，决定对照太原科技大学本科教学工作自评与建设任务分解表对校内各部门评建工作的执行情况摸底调查。同年2月22日、24日，分别在行政楼A座四层会议室召开“迎评促建”行政处室动员大会和“迎评促建”院（系）动员大会。

（2）组织人员外出考察学习，借鉴他人经验。2006年3月4日—10日，学校组织各院（系）和有关职能部门负责人以及校评估专家组成员分成三路，分别赴北京化工大学、北京林业大学、山东大学、中国矿业大学、西北农林科技大学、西北大学、西安科技大学国内7所高等院校进行考察调研。3月22日下午，学校在图书馆六层会议厅召开了评建工作考察团调研汇报大会暨评建工作目标责任状签字仪式。

（3）扎扎实实开展自评工作，对照评估条例，查找不足。2006年3月29日，学校召开本科教学评建工作例会。会上，各学院（直属系）、各处（室）第一责任人详细汇报了本单位评建资料收集、整理的具体情况。

4月17日—27日，按照《太原科技大学迎接本科教学工作水平评估工作进程表》的安排，学校进行了“本科教学工作水平评估校内自评”，对学校的评建工作进行全面检查，针对发现的问题提出整改方案。17日、18日，学校举行了本科教学工作水平评估校内自评汇报会。19日—25日，本科教学工作水平评估专家组分为三组，分别对各职能处（室）、各学院（直属系）进行了检查和评估，重点检查了以下内容：各职能处（室）落实教学中心地位或为教学服务所做的主要工作、工作亮点以及承担“主要观测点”的建设现状及相关状态数据等；各学院（直属系）在加强师资队伍建设、学科建设、教学条件建设、科学研究以及深化教育教学改革等方面的主要举措和取得的成绩、学院（直属系）办学特色、亮点以及未来发展思路等。27日，校评建领导组召开扩大会议，对校内自评工作进行总结。

（4）邀请专家来校指导。4月28日，学校邀请教育部普通高等学校本科教学工作水平评估专家委员会秘书处副秘书长钱仁根教授来校作专题报告，重点介绍本科教学工作水平评估指标体系中关键指标的内涵和对当年高校评估的要求。8月15日，学校邀请教育部本科教学工作水平评估专家许茂祖教授在学校图书馆六层学术报告厅作指导评建工作的报告。

（5）召开倒计时动员大会，对照问题进行扎实整改。5月3日上午，学校在校礼堂隆重举行了200天倒计时动员大会。全体校领导及全校教职工参加了此次大会。校党委书记杨波在讲话中指出，本次评估不仅是国家对学校整体办学水平的一次全面检阅，也是对全校师生凝聚力的全面检阅，是直接关系到学校发展前景的头等大事，也是最直接、最综合、最有利的一次综合竞争力的评估。校长郭勇义强调：在接下来的工作中，希望全校师生员工紧紧围绕一个中心、牢牢树立两个意识、切实做到三个到位。“一个中心”，即紧紧围绕“迎评促建”这个中心；“两个意识”，即牢牢树立责任和时间两个意识；“三个到位”，即切实做到认识、领导和措施三个到位。会上，校党委和行政班子向全校师生员工发出号召：积极行动起来，以饱满的工作热情和高昂的临战斗志，全身心地投入到迎评工作中去，举全校之力，毕其功于一役，誓夺迎评攻坚战的全面胜利。会上，学校就本科教学水平评估的工作、任务和步骤做了具体的安排。会后，全体人员在倒计时牌前举行了揭牌仪式。

5月9日—11日，学校各院（系）对自评整改后的情况进行互查。此次互查重点包括：五大材料，教学管理文件，品牌专业和新专业的运行情况及相关材料，实验室开放的相关制度、措施及运行状况，实习基地建设，教师资格及教授、副教授为本科生授课的情况，学生工作相关材料等。

7月3日下午，学校召开评建工作暑期整改动员大会，就暑期整改的具体工作进行了安排和部署。7月12日，学校暑期校园校舍装修改建工程全面展开。

11月1日—2日，学校领导和专家组全体成员对全校相关单位的评估准备工作进行了集中检查。检查内容主要包含各单位（部门）自评报告、各行政负责人汇报本单位评估准备工作及支撑材料等。

（6）为了加强对评估工作的领导，在冲刺关键阶段，学校党委决定，调整机构设置和干部人选，使机构更加适应“以本科教育为中心，以提供质量为根本的要求”，使干部队伍成为促进本科教学、提高教育质量的骨干力量。5月8日，召开了太原科技大学处级干部整体调整动员大会。6月6日，调整工作圆满结束。

11月中旬，在教育部评估专家组到来之前，教育部评估中心副主任李志宏对学校进行了调研。他听取了学校领导的汇报，视察了教学场所，对学校评估准备工作给予了充分肯定。

（7）召开誓师大会，迎接专家组来校检查评估。2006年11月12日上午9时，校领导及全体师生在学校体育场隆重集会，举行迎接教育部本科教学水平评估工作誓师大会。会议由校党委书记杨波主持。郭勇义校长作重要讲话。最后，校领导与全体与会师生庄严宣誓：决不辜负学校光荣的历史和美好的未来，要为学校的发展贡献自己的力量。

学校的评估工作，受到了省教育厅的高度重视。6月21日上午，省教育厅厅长李东福、副厅长王李金、高教处处长李换珍等莅临学校，对学校的本科教学评估工作进展情况进行检查。校党委书记杨波主持了汇报会并致词。校长郭勇义就学校“迎评促建”工作进展情况进行了汇报。

李东福厅长在讲话中对学校近年来改革发展所取得的成绩和“迎评促建”工作进展情况给予了充分肯定。李东福厅长强调指出，“迎评促建”工作已进入攻坚阶段，要进一步做好再动员和工作安排，要量化指标，明确责任；要对照评估指标体系要求，逐项逐条狠抓落实，缺什么补什么，把各项工作做好做实，真正达到“以评促建”的目的；要进一步理清办学指导思想，办学定位要科学准确、符合学校实际；充分挖掘，做好办学特色的整理总结工作；要进一步加大规范管理和制度建设工作力度，通过不断规范办学行为，提高整体管理水平。

王李金副厅长在听取汇报后指出，太原科技大学“迎评促建”工作已进入关键时期，要围绕如何更加有效推进工作、突破薄弱环节，进行更加细致的再动员；要把“迎评促建”工作作为干部培训的重要内容，更好地推动各项工作的开展；要突出重点，充分挖掘现有基础条件的潜能，要在重点观测指标上有所突破；要进一步规范教学管理工作，加强制度建设，加强教学基础工作建设，打造新的亮点，多创标志性成果；要重视办学特色和特色项目的总结提炼工作，争创优异的评估结果。

（二）迎评促建工作成果评估

2006年11月18日和19日，以浙江理工大学校长裘松良教授为组长，华北水利电力学院副院长刘汉东教授为副组长，西安科技大学副校长韩江水教授、华北电力大学教务处处长安江英教授、北京理工大学校长助理庞思勤教授、东北大学原教务处处长曹云凤教授、内蒙古科技大学信息工程学院院长吕晓琪教授为成员，南京信息工程大学发展规划处处长李北群为秘书长，北京科技大学本科教学评建办公室副主任梁志国博士为秘书的9人组成的教育部评估专家组陆续抵达太原并进驻学校，对学校本科教育教学工作进行了为期一周的水平评估。

11月19日，山西省副省长张少琴看望并宴请了评估专家组一行。20日，张少琴副省长代表山西省人民政府出席了学校评估汇报大会并在讲话中肯定了学校的办学特色和优势，希望学校进一步加强人才培养和科技创新，为国家重型机械行业和重大技术装备制造业以及山西地方经济的发展做出新的贡献。山西省教育厅副厅长王李金及太原重型机械集团有限公司总经理岳普煜出席了学校评估汇报大会。会上，郭勇义校长做了题为

"负重奋进，笃行求实，以本科教学为中心，培养应用型高级专门人才"的报告。报告分七个部分：学校概况与历史回顾；办学指导思想；本科教学工作及成绩；校友及毕业生就业工作；文化个性及办学特色；对评建工作的总结；存在的问题及下一步发展设想。

评估期间，教育部评估专家组除深入学校各基层单位考察调研外，还深入学校校外实习基地——太重集团考察调研。11月23日，教育部评估专家组就考察调研情况交换意见。24日，评估考察意见反馈会议在校学术交流中心四层会议室召开，教育部评估专家组副组长刘汉东主持了反馈会。评估专家组组长裘松良宣读了"教育部本科教学工作水平评估专家组对太原科技大学本科教学工作的评估意见"。"意见"指出：

1．总体印象

太原科技大学是我国较早从事重型机械行业、重大技术装备制造业人才培养和科技研究的大学之一，也是山西省成立较早的8所本科院校之一。在半个多世纪的办学历程中，学校在艰苦环境中努力拼搏，实现了从单科性学院到多科性大学的转变，在人才培养、科学研究和社会服务等方面取得了显著成就。近几年，在学科建设特别是学位建设中取得了突破性进展，已发展成为一所以工为主、具有博士学位授予权的多科性大学。五十多年来，太原科技大学为我国重型机械行业、装备制造业的建设与发展做出了重要贡献。学校坚持"特色立校、质量建校、从严治校"的办学理念，以学科建设为龙头，以培养德、智、体、美全面发展的应用型高级专门人才为目标，突出本科教学中心地位，坚持走特色发展和内涵发展并重的道路，发扬"负重奋进、笃行求实"的优良传统，不断提升综合办学实力。学校领导高度重视评建工作，贯彻落实"以评促建、以评促改、以评促管、评建结合、重在建设"的方针，加大教学投入，改善办学条件，规范教学管理，评建工作扎实，认识到位，措施得力，成效显著，本科教育教学质量和整体办学水平迈上了新台阶。

2．主要成绩

（1）办学指导思想正确、定位准确、思路清晰，教学中心地位突出。学校坚持社会主义办学方向，全面贯彻党的教育方针，遵循高等教育规律，以人才培养为根本，以教学工作为中心，确立了"特色立校、质量建校、从严治校"的办学理念。主动适应我国重型机械行业和区域经济发展需求，坚持学科特色和服务面向的历史传承，科学制定各项规划，深化内部管理体制改革，全面推进素质教育和创新教育，不断提高教育教学质量和办学水平。

（2）坚持产学研结合，优化培养模式，人才培养质量高。学校适时调整学科专业结构布局和人才培养方案，依托传统优势学科，一贯重视学生实践能力的培养，在全国范围内设立了数十个稳定的校外实习和产学研结合教学基地，在培养学生的实践和创新能力上起到了重要作用。学校制定了加强基础教育、拓宽专业口径、突出专业方向、强化实践教学，注重德、智、体、美全面发展的人才培养方案，不断深化教育教学改革，优化人才培养模式，人才培养质量不断提高，学生就业率居同类高校前列。

（3）保证教学经费投入，教学条件明显改善。学校在资金紧张的情况下，千方百计，多渠道筹措办学资金，优先保障本科教学投入，并做到按时到位和持续增长，通过合理规划，优化资源配置，使实验室、工程培训中心、图书馆、体育设施、实践基地等多方面的条件不断得到完善，从硬件上为提高人才培养质量提供了必要条件。

（4）规范教学管理，教学质量监控运行有效。学校高度重视教学管理规范化制度化建设，形成了一系列教学管理规章制度，在保证人才培养质量的教育教学工作中发挥了重要作用。围绕本科教学工作中的各个主要环节，制定了完善合理的质量标准，并加以认真落实，积极探索并建立健全教学质量保障体系，实施了全过程性、全年性的全面教学质量管理，保证了人才培养质量。在教育教学建设、改革和发展中，学校教学管理干部队伍和教学督导系统尽心尽责，发挥了重要作用。

（5）重视培养和引进，师资队伍状况不断改善。在师资队伍建设中，学校始终重视质量、数量的协调发展和整体优化。根据学校发展定位和人才培养需要，抓住引进、培养、稳定和发挥作用等环节，加大人才引进力度，积极推行向教学和拔尖人才倾斜的岗位聘任与信息制度，实施创新人才工程和人才强校战略，师资队伍状况呈现出良好的发展态势。

（6）塑造了良好的校风，校园文化氛围浓厚。学校高度重视校风建设，在全校教师中树立了爱国爱校、敬业爱岗、求真务实的师德理念。遵循“负重奋进、笃行求实”的学校精神，广大教师始终忠诚教育事业，忘我工作，矢志不渝，形成了优良传统。学校百折不挠的发展之路也使学生们形成了艰苦朴素、勤奋好学、积极进取、学以致用、勇于创新的优良学风。在育人工作中，以学生为本，强化学生科学与人文素养的综合培养，开展一系列形式创新、内容丰富的学生课外科技文化活动，营造了良好的育人环境。

3．办学特色

在五十多年的办学过程中，太原科技大学在为重型机械行业和重大技术装备领域提供人才和技术服务，并以此为基础培育大学精神，提高学生素质方面形成了鲜明的办学特色：“秉承重工精神，以校园文化建设为载体，铸就负重奋进的太原科大精神，根植重机行业，以产学研结合为途径，培养留得住、用得上、能吃苦、肯实干、笃行求实的应用型高尖端人才。”

4．几点希望

（1）进一步加强新办专业的建设工作，改善其办学条件，提高新办专业办学水平。

（2）进一步做好青年教师的培养工作，更加注重高层次人才队伍和部分专业的实验教学队伍建设，促进师资队伍整体实力的不断增强。

同时指出，太原科技大学是一所朝气蓬勃、特色鲜明、具有良好发展潜力和前途的高等学校。目前，适逢国家实施西部大开发战略、促进中部崛起、支持装备制造业发展、山西省调整产业结构的重要战略机遇集于一体。希望山西省进一步加大对太原科技大学的政策支持和投入力度，改善学校周边环境和交通状况，推进学校的可持续发展。

评估结束后，国家教育部对全国参加评估的高校情况进行了综合评析，2007年1月，学校被评为“优秀单位”。

二、实施“质量工程”，推进教育教学工作

学校始终把教育教学质量视为生命线，从组织领导、政策、经费投入等各个方面保障教学，确保了本科教育教学的中心地位，促进了人才培养质量和办学水平的持续提高。为调动教师投入教学工作的积极性，学校通过分配制度改革、奖励政策的兑现和住房、工作条件等方面的政策倾斜，努力提高教师的待遇和地位。大幅度提高教学酬金，保证了教授、副教授为本科学生上课的积极性；实行岗位聘任与岗位津贴制度，规定教师岗

位津贴高于同档次机关管理人员，并在山西省高校中率先设立了专业建设岗、课程建设岗和实验室建设岗；通过各种激励机制引导教师全力投入教学，设立了奖教金、教学优秀奖、校级教学名师、优秀教材等十几个奖项；大力支持教师进行教学研究，遴选了大批教学研究项目，成效明显。2008 年，获省级教学成果一等奖 2 项，二等奖 4 项，三等奖 2 项。2010 年，共获省级教学成果奖等奖 1 项，二等奖 3 项，三等奖 3 项。2006 年，成功申报教学研究课题 47 项。2011 年，7 个教学研究项目获得省级立项。积极申报大学生创新性实验项目，共获得省级资助 30 项，创历年新高。建立并逐步加强了教学质量评估与监督体系，实行了“领导干部听课制度”“教学事故处理办法”等 10 余项评监制度，实施了职称评聘与同时期教学考核相挂钩的一票否决制，年终考核中教学工作单独考核并一票否决。

（一）继续实施品牌专业与精品课程建设

2005 年 3 月，机械设计实验室被评为省级示范实验室。“机械设计制造及其自动化”专业被山西省教育厅评为首批山西省高校本科品牌专业。2007 年后，材料成型及控制工程、机械设计制造与自动化、计算机、力学和起重机械等 5 个专业评为国家特色专业；电气工程及其自动化、信息管理与信息系统、环境科学 3 个本科专业获省级品牌专业称号；液压技术、材料力学、金属结构、微观经济学、华科学院的电子技术、互换性与技术测量、数值分析 7 门课程获省级精品课程称号；崔小潮、鲍善冰、王希云、徐格宁、李秋书、李淑娟、牛学仁、韩如成、李虹等 9 人获省级教学名师称号；起重机械教学团队被评为省级教学团队。至此，学校已有省级精品课程 9 门，省级教学名师 15 人，省级教学团队 2 个，国家级特色专业 5 个，山西省品牌专业 11 个。

（二）积极开展教育教学研究，不断深化教学改革

各学院（部）结合学校人才培养模式改革的具体情况，积极探索新的教育教学模式。计算机基础课程教学模式改革是“免修不免考”，即新生开学后进行“大学计算机基础”课程水平测试，对于测试成绩为“通过”的，免修“大学计算机基础”课程并可自主选修其他计算机类课程。2011 年 10 月 15 日，大学计算机基础教研室对学校 2011 级新生 2200 余人，以班级为单位，分批、有序地进行了《大学计算机基础》课程水平测试，此次考试的成功举办标志着计算机基础教学改革成功迈出第一步。

按照教育部《全国普通高校体育课程教学指导纲要》的要求，学校公共体育课程在教务处的大力支持和体育学院的精心策划下，从 2011—2012 年第一学期，开始实行了“三自主”教学模式改革，即由学生“自主选择体育老师、自主选择体育项目、自主选择上课时间”。公共体育教学模式的改革完全打破了以往自然班的上课形式，突破了“老三样”的教学内容，满足了不同年级、不同性别、不同体质学生的需求，充分体现了“以人为本”的教学理念。同时，“三自主”教学模式有利于教师特长的发挥，一改以往单一的教学内容对教师专长发挥的限制，按照教师专长进行项目划分，真正做到了人尽其才，使学生也能学到更专业的知识。

2011 年 3 月，学校出台了新一轮本科人才培养方案修订的指导性意见，新方案立足学校学科专业特色，紧抓国内外高等教育改革与发展趋势，围绕学生实践能力和创新能力培养，进一步优化了通识类、专业类和实践类课程结构，为稳定和提高人才培养质量提供了保障。积极推进公共课程改革，制定了《通识选修课管理办法》，实施了部分课程免修不免考等制度。

（三）完善研究生培养体系，扩大研究生教育规模

学校不断加强内涵建设，在立足服务地方经济建设的同时，大力发展专业学位研究生教育。研究生培养体系不断完善，研究生教育规模稳步扩大；学校非常注重与国外大学及国内企业和科研院所联合培养研究生，2007年，学校与太原重型机械集团有限公司、大同电力机车有限责任公司、太原风华信息装备股份有限公司三家企业共建了“山西省装备制造业校企联合研究生教育创新中心”。2009年，学校与美国奥本大学签署协议，联合培养博士和硕士研究生，首批博士和硕士研究生已于2011年派往奥本大学。2011年，学校与山西大学、中国电子科技集团第三十三所共建“山西省信息安全及综合电磁防护技术研究生培养基地”；与太原理工大学、中国煤炭科工集团太原研究院共建“山西省煤机装备研究生培养基地”；与太原理工大学、中北大学、山西省自动化研究所共建了“山西省电子信息研究生培养基地”；与山西省环境规划院、罗克佳华工业有限公司等科研院所和高新技术企业签署协议，共建研究生培养基地。同时加大了对研究生论文的审查力度，首次将学校57篇硕士学位论文分别选送CNK1中国优秀硕博士学位论文数据库和全国科技论文索引论文库。

2008年，围绕研究生培养规模迅速扩大的新形势，学校积极探索提高研究生教育质量的有效途径，进一步健全研究生导师工作制，完善学位授予制度，支持和鼓励学生参与各种形式的科技创新活动，取得了良好的效果。材料加工工程学科被评为山西省优秀研究生导师团队；刘建生、徐格宁和曾建潮教授被评为山西省研究生教育优秀导师。2009年学校首次进行了硕士学位论文盲审工作，盲审比例达到20%，一次性通过率达到95%，有效地推动了研究生培养质量的提高。

同时，研究生综合素质也得到很大提高。在2009年全国第六届研究生数学建模竞赛中，学校12名学生获得全国三等奖，多人获得全国优秀奖。在2010年全国研究生数学建模竞赛中，学校获得全国一等奖、二等奖、三等奖各1项，是山西省获奖最多的学校，也是唯一同时获得一、二等奖的学校。

（四）注重科研与教学相结合，加强对教师和学生创新精神和实践能力的培养

学校坚持走内涵发展道路，坚持以特色求发展，注重科研与教学相结合，除进步加强对教师和学生创新精神和实践能力的培养外，同时还实现了科大师生的社会价值。在2008年9月17日晚的北京残奥会闭幕式上，由学校电子信息工程学院齐向东副教授主持研发、有200名学生参加的“智能草坪”演出舞台，以一封《给未来的信》的信笺形式，受到了奥组委和观众的一致认可，被认为是“让世界眼前一亮的智能化舞台”。2009年10月1日，齐向东副教授带领他的9名研究生团队主持设计并参与制造集中展示山西省成就的彩车——“魅力山西”，通过北京天安门广场接受党和国家领导人及全国人民的检阅。

第五节　实施“人才强校战略”　加强师资队伍建设

“十一五”期间，学校将“人才强校”作为学校发展的重要战略，按照党管人才原则，明确了新时期新阶段师资队伍建设工作的根本任务和基本思路，紧紧抓住引进、培

养和使用三个重要环节，不断加大对师资队伍建设的投入力度，人事制度改革取得新进展，使人才的引进与培养工作更加制度化、科学化。

一、继续强化人才工程建设

学校坚持“引进与培养并举”的原则，加强师资队伍、管理队伍建设，修订完善了人才引进和培养的一系列政策，积极推动师资队伍的规模适度壮大，质量明显提升、结构更加优化。

（1）师资总量显著增加，队伍结构进一步优化。“十一五”期间，学校出台并实施人才引进和培养的政策、措施，调整人才引进模式，建立了更加科学的选人、用人机制。2006—2010年，学校自筹近2000万元专项资金，用于师资队伍建设。通过优越的政策条件引进了博士生39人，在职培养博士生47人，博士化率从4.2%提高到11.0%，学历异缘结构从67.1%上升到77.7%，教师中具有高级职称的人数从238人增加到360人。学生与教师比由20∶1降为18∶1。学校专任教师数量严重不足的问题得到基本解决，师资队伍结构明显改善（表9-5）。

表9-5 “十一五”期间学校师资队伍结构总表

人员范围		全　部	
教师总数/人		1050	
各结构人数比例		人数/人	比例/%
学历结构	博士	115	10.95
	硕士	717	68.29
	本科	210	20
职称结构	正高级	127	12.10
	副高级	233	22.19
	中级	557	53.05
	助教及其他	133	12.66
年龄结构	35周岁及以下	544	51.81
	36～45周岁	298	28.38
	46～55周岁	185	17.62
	56周岁以上	23	2.19
学缘结构	本科毕业	234	22.3
	外校毕业	816	77.7

（2）师资队伍国际化水平进一步提高，整体素质显著提升。学校围绕建设高水平研究型大学的总体目标，采取国外进修与国内培养相结合的方式，推进办学国际化进程，对具有较高学术水平、突出创新能力和发展潜力的骨干教师给予重点培养。“十一五”期间，选派近30名教师赴国外研修，举办国际学术会议10余次，累计派出教师参加国际学术会议400多人次。经过几轮建设，建成了2个省级教学团队，5个校管学科团队及20余个院管学科团队；1人入选新世纪百千万人才工程，3人入选山西省333人才工程，

2人入选省青年学术骨干支持技术，12人获得省级教学名师称号，6人入选山西省青年学术带头人，高水平论文和自然科学基金项目等研究成果快速增长。

二、加强青年人才培养力度，努力营造良好的人才成长环境

学校修订了《关于青年教师进修培养暂行规定》，划拨专项师资培训费并逐年增加师资培训投入用于青年教师进修。“十一五”期间，以一线教学科研岗位上的中青年教师为主要培训对象，经各学科推荐、学院批准列入学校师资进修计划。共有348人参加各类培训进修，其中19人已获得博士学位，123人获得硕士学位，51人结束短期相关专业进修。2010年，有5名教师进入博士后流动站在职学习，3名教师接受国家“青年骨干教师国内访问学者”学习，20人接受国家级精品课程的学习培训，完成了奥本大学访问学者和卧龙岗大学访问学者的推荐选拔工作。学校积极推进教师通过国家公派留学和省筹公派留学以及单位资助国外访学等渠道，赴国外留学或进行学术交流访问。

此外，学校严格青年教师岗前培训制度，要求所有新进青年教师必须参加岗前培训并取得山西省合格证书后方可上岗。实行青年教师导师制，让富有教学经验、具有讲师以上职称的教师对新教师进行一对一培养，从备课、听课、讲课艺术等方面给予指导，在指导期满后学校组织考核，促进了青年教师教学水平的提高。

三、体制机制改革不断深化，人才工作机制得到进一步完善

学校积极稳妥地进一步实施人事分配制度改革，按需设岗、择优聘用、合同管理的用人机制初步形成。实行人事代理制度，促进人才资源的合理流动和有效配置。试行院系绩效考核，量化院系目标责任，形成自我激励、自我约束机制，并以此为切入点，积极探索科学、有效、可行的教职工考核办法和指标体系。在《人事分配制度改革方案》中，上岗条件打破了专业技术职务的身份界限，只论近三年的工作业绩，不搞论资排辈，鼓励青年教师脱颖而出。这些政策和措施对稳定人才和用好人才起到了积极的作用。

第六节　实施科技创新工程，全面提升科研水平

围绕“服务行业、服务山西经济转型发展、跨越发展”的主线，学校以重大技术装备设计和制造关键技术的创新研发为切入点，坚持“立足优势，结合需求，注重应用，强化转化”的科技工作思路，积极开展了科学研究和技术开发，在科技创新和产学研成果转化方面取得了显著成绩，为推动行业科技进步和山西转型跨越发展做出了重大贡献。

一、科研项目申报数量稳步增长

2007年全年共成功申报科研项目134项，其中，纵向项目68项，被“三大索引”和CSSCI收录论文164篇，获国家专利14项。

2008年全年教师在核心期刊上发表学术论文951篇，被“三大索引”和人大复印资料收录学术论文151篇，均达到历史最好水平。闫志杰、杜鹃申请的国家青年科学基金项目，钱天伟申请的国际合作项目获得国家基金委的资助，实现了学校在这两个项目上

“零”的突破。2008 年，学校获得中国专利优秀奖 1 项，7 项发明专利和 3 项实用型专利，为学科建设和博士点申报打下坚实基础。

2009 年，国家自然科学基金项目取得较大幅度增加，获得各类国家自然科学基金项目共 6 项；人文社科项目有了重大突破，立项数达到了 7 项，获教育部人文社科项目 1 项；科研总进款达到 1081.29 万元，其中，纵向进款 564.5 万元。被“三大索引”收录论文 87 篇；出版专著、教材共计 56 部。

2010 年，哲学所毛建儒教授获国家社会科学基金项目 1 项，这是学校人文社科项目申报高层次领域项目的重大突破；获得各类国家自然科学基金项目共 8 项，创历史最高水平，承担的国家自然科学基金项目数和经费总额同比翻一番。

二、科研水平明显提高

学校不断强化科研团队建设，努力提升科技创新能力，取得多项标志性成果。2005 年年初，由学校黄庆学教授研制、具有全部知识产权的空间六杆机构大型滚切机在河北文丰钢铁公司落户，该设备填补了国内大型复杂重型机械装备设计理论及方法的空白，使学校跨入了能够独立研制大型设备的国内极少数高校行列之中。同年，学校有四项科研课题经过国务院国家自然科学基金委员会专家组审查通过并正式立项，这四项课题分别是：由黄庆学教授主持的“多物体接触边界元法研究低速重载轧机油膜轴承润滑机理与延寿技术”，由崔小朝教授主持的“X 形浸入式水口钢水旋流动和铸坯组织的改善机理”，由张继福教授主持的“基于背景知识的数据挖掘方法及其在 LAMOST 中的应用”，由钱天伟博士主持的“核废物处置库顶盖毛细屏障作用机制及数值模拟”，标志着学校科研水平上了一个新台阶。在科技成果开发方面，签订了冷滚轧制等数百万元的合同；全年共有 7 项科研成果获得省级奖励。

在 2007 年 8 月召开的山西省科技大会上，省委、省政府对 2006 年度山西省科学技术奖获奖者进行表彰，学校教师主持的科研项目“空间七杆机构大型滚切剪机研制”获科技进步一等奖第一名；“高效、精密液气驱动棒料剪切机”获技术发明类二等奖；“塑性成形有限元数值模拟技术研究及应用”获自然科学三等奖；“410 马力履带式推土机弹性悬挂机构”和“组合夹具虚拟装配及管理系统”获技术开发类三等奖；“非晶体合金的微观结构及其晶化动力学研究”获自然科学三等奖。以副校长黄庆学为负责人的团队申请的“重型机械教育部工程中心”顺利通过教育部专家的审查。全年学校获省部级以上奖励 15 项，其中，轧制工程中心获山西省“科技奉献”一等奖。

2008 年，由黄庆学教授主持研发的“一种空间机械钢板滚切剪技术与装备”获 2008 年度国家科技发明二等奖，实现了学校在国家发明奖项目上“零”的突破。

2009 年，学校获科研成果奖 13 项，其中：省高校科技进步一等奖 2 项、二等奖 2 项，省高校科学研究优秀成果一等奖 1 项、二等奖 2 项，省科技进步一等奖 1 项、二等奖 2 项、三等奖 1 项，省“百部篇工程”三等奖 2 项；共获得 10 项专利，其中发明专利 7 项、实用新型专利 3 项。

2010 年，由黄庆学教授主持研发的“大型宽厚板矫直成套技术装备开发与应用”项目荣获 2010 年度国家科技进步二等奖，该项目已经获得发明专利 4 项，获得实用新型专利 4 项，总体技术水平及技术经济指标达到国际领先水平。

三、产学研规模进一步扩大

学校充分发挥在机械类、材料类、电子类等特色学科的优势，结合区域经济发展需求，整合科技资源，积极探索产学研合作道路，努力围绕行业科技进步和区域经济社会发展进行科技研发，着力打造产学研合作平台，创办了“太原科技大学产学研董事会”和“太原科技大学科技园区”。科技工作开放式发展的格局逐步形成，科研工作不断取得新突破，许多科研成果获得国家、部、省级奖励，多项科研成果突破了重大技术装备制造领域国外技术的封锁。

成立于2002年的山西省现代轧制工程技术研究中心，其研究和产业化整体上达到国际先进技术水平，在若干重要研究方向上已形成特色，拥有多项自主知识产权，具有完善的科技成果转化体制，已将多项科技成果成功应用于鞍钢、太钢、唐钢、邯钢、攀钢、济钢、酒钢等三十余家大型钢铁企业，解决了冶金生产过程中的关键技术问题，促进了我国钢铁行业科技成果的转化，2007年该中心荣获山西省“科技奉献奖"选进集体一等奖。

以科研合作为龙头，以人才培养为纽带的校企合作发展框架初步形成，以提升企业竞争力为核心的高新技术成果转化逐步展开，为产学研合作的可持续发展打下了良好基础。学校先后与太钢集团、太重集团、中信重工、河北钢铁集团宣工公司、建龙钢铁控股有限公司、酒泉钢铁有限公司、洛阳LYC轴承有限公司、江苏江海机床集团、山西国际电力集团、三一汽车起重机械有限公司、深圳华育昌国际科教开发有限公司、厦门银华机械有限公司、山推工程机械股份有限公司、北京约基集团以及河北省遵化市地方政府等签订战略合作协议。2010年4月，学校与江苏江海集团产学研合作基地在海安县李堡锻压产业园区开工建设。旨在全力打造中国新一代重型锻压机械制造企业，成为引领江苏省锻压行业发展和全国重大装备制造业的骨干企业。

学校积极承担军工科研项目，为我国的国防事业做出了积极贡献。2007年6月，学校申请获得军工二级保密资格单位认证，军工保密资格的获得，是学校吹响进军国防科研领域的新号角，为学校拓宽军工科研领域创造了条件。

2007年以来，学校与晋西工业集团有限责任公司多次联合向中国兵器工业集团申报并承担中国兵器工业焊接工程技术人员培训项目，扩大了学校焊接专业在全国兵工行业的影响，促进了焊接专业与兵工行业的联系，为中国兵工行业焊接技术水平的提高做出了贡献，同时也提高了教师的工程素质。2010年12月，焊接教研室与晋西工业集团有限责任公司联合举办了中国兵器工业高级焊接工程技术人员培训班。

学校科研工作的突出进步和取得的累累硕果，先后受到了中共山西省委书记袁纯清、省长王君和前省长于幼军的关注。

2007年5月28日上午，时任山西省委副书记、省长于幼军，副省长张少琴带领科技创新调研组到学校进行调研，实地察看了学校产学研合作成果展示，并与部分高校负责人、科研管理工作者和专家学者座谈。于幼军省长强调，要发挥高校作为地区知识、技术和理论创新源地和基地的重要作用，创新产学研有机结合的体制机制、加速高校科研成果研发和产业化规模化生产，促进地区科技创新体系的建立完善和全省经济社会又好又快发展。于幼军省长在讲话中多次以学校“以项目为纽带，建产学研董事会、工程训练中心，合作培养研究生，产学研成功结合”为范例，要求各高校学习借鉴。

2010年5月26日，山西省委副书记、省长王君率省政府有关厅局领导来学校视察指导工作。王君省长一行先后参观了学校工程训练中心现代数控加工区、焊接训练区、自动化训练区、钳工训练区、复合材料实验室、重型机械教育部工程中心等。王省长表示，太原科技大学是国家重型机械行业和装备制造领域人才培养、科技研发的重要基地。学校牢牢把握社会经济发展方向，在人才培养、科技研发和为地方经济发展服务等方面都做出了卓有成效和特色鲜明的贡献。5月27日，山西省委副书记、省长王君主持召开了全省高等教育改革发展座谈会。会上，王君省长指出：太原科技大学与太原钢铁集团有限公司要积极推进合作开发利用太原钢铁集团有限公司线材厂（以下简称太钢线）工业闲置土地和周边土地共同建设“太原科技大学装备制造业高级应用型人才培养基地”项目，使学校成为优秀的人才培养基地、科研创新基地和社会服务辐射基地，培养出更多更好适应经济社会发展、体现时代特征、具有行业特色的优秀人才，一定要把这个项目做好。

2010年11月，中共山西省委书记袁纯清等在太原市高新开发区进行观察考察时，对学校黄庆学教授主持研发的“空间七杆机构大型滚切剪机”和“大型宽厚板矫直机”给予了高度评价。袁纯清书记详细询问了项目的进展情况后指出：要进步加快高新技术产业发展，以高新技术推动传统产业不断优化升级，推动新兴产业的迅速崛起。

四、拓宽研究生培养渠道，提高研究生培养质量

学校的研究生培养是随着综合实力的提高而不断拓展领域、拓展渠道、扩大规模的。学校坚持以提高研究生培养质量为核心，不断严格导师遴选制度，使导师队伍的整体素质得到显著提高。2007年，经过严格的评审程序，新增及认定了15名博士生导师，为博士研究生培养工作奠定了基础。2010年根据研究生培养工作的需要，学校又遴选新博士生导师9名，实现了博士生导师从兼职外校博士生导师9人到本校博士生导师24人的重大转变。2006—2011年，经过3次硕士生导师遴选共新增本校硕士生导师153人、兼职硕士生导师24名，使学校硕士生导师数量达到270人。导师队伍结构进一步优化，导师学历层次进一步提高，硕士生导师中拥有博士学位的比例由20.8%上升到42.3%。在培养学术型研究生的同时，还获得了培养工程硕士研究生的资格，并不断扩大规模，提高了学校的社会声誉。

（1）工程硕士生的培养。为拓宽硕士研究生的培养渠道，提高研究生的培养水平和质量，为企业培养高层次的工程技术和工程管理人才，学校于2005开始招收工程硕士研究生。培养的工程硕士主要从事于机械工程、材料工程、车辆工程、控制工程、计算机技术等工程领域，具有创新意识和独立担负工程或工程管理工作的能力，对于解决工程问题的先进技术方法和现代技术手段有深入的了解和掌握。由于办学质量高、声誉好，在社会特别是行业的认可度高。

2008年6月5日，首届工程硕士毕业，并成功拿到学位。此后，学校先后与泰安特种设备检验研究院、洛阳LYC轴承有限公司、贵州詹阳动力重工有限公司、煤炭科学研究总院太原研究院、中国电子科技集团公司第三十三所、太原重型机械集团公司、洛阳矿山机械工程设计研究院、山西海鑫钢铁公司、中国有色（沈阳）冶金机械有限公司、唐山冶金矿山机械厂、中冶陕西压延重工设备有限公司、山西省长治清华机械厂等多家企业合作成功举办了工程硕士班。

（2）开辟校企联合培养研究生新路子。校企联合培养研究生，是学校积极探索产学

研结合道路的重要举措。通过校企联合培养研究生，企业可以加快发展，增强创新能力；学校可以推进研究生培养模式和管理制度的改革，由企业的高级研发人员充实到学校导师队伍中来，企业技术人员与教师优势互补，可以使研究生得到实际锻炼，增强创新意识，提高科研创新能力。

2007年，经山西省教育厅、山西省经济和信息化委员会批准，由学校与太原重型机械集团、大同电力机车有限责任公司、太原风华信息装备股份有限公司等单位联合成立的“山西省装备制造业校企联合研究生教育创新中心”正式挂牌。

（3）学校在全国率先推进专业学位与设备监理职业资格认证的结合，并实现了国内职业资格认证和专业学位的首次对接，为其他职业资格与工程硕士人才培养的结合提供了有益借鉴。2009年8月14日，全国首次工程硕士与设备监理职业资格认证对接研讨会在太原科技大学召开，国务院学位办工农处雍翠菊处长、山西省学位办郑湘晋主任出席了会议。同年，学校获批全国首批获工程硕士（设备监理）培养单位，2010年，学校机械工程、材料工程、控制工程3个专业获得工程硕士（设备监理）的培养单位资质，使学校成为全国首批获工程硕士（设备监理）培养单位资质认可的十所高校之一。黄庆学教授成为全国工程硕士专业学位教育指导委员会职业资格认证研究组成员。学校在推进工程硕士与设备监理职业资格认证对接探索与实践中走在全国高校前列，相关研究成果入选全国工程硕士优秀研究成果丛书并获得2018年山西省教学成果特等奖。

五、科研实验平台建设成绩显著

为把内涵建设中的实验室建设这个投资大的工作落到实处，学校自2008年开始，连续三年争取到上级政府部门实验室建设专项资金过千万元，有效地充实了实验室资源，改善了实验教学条件。实验室规范管理和建设工作得到进一步推进，新增机械设计实验室、力学实验教学中心、工程训练中心、物理基础实验教学中心、材料基础实验示范实验室、外语示范实验室等省级示范性实验室，使学校省级以上示范性实验室达到8个。2008年，“机械设计基础实验教学中心”成功申报国家级机械实验教学示范中心，标志着其实验教学水平已进入“国家队”行列。2010年成功申报一个国家重点实验室培养基地——冶金设备设计理论与技术重点实验室，这也是学校首个准国家级的科研平台。

第七节　探索多种模式办学

2000年后，特别是2004年以来，学校积极探索多种办学模式，先后开展了职业技术教育、成人教育、合并山西综合职业技术学院化工分院（并入后更名为“太原科技大学化学与生物工程学院”）等，学校影响力和知名度得到提升。

一、太原重型机械学院职业技术学院的发展历程

成立于2000年的太原重型机械学院职业技术学院，是伴随着国家急剧扩大大学招生规模的形势而诞生的，并于同年开始招生。2006年，基于普通职业技术学院招生出现困难的情况，山西省人民政府决定，“老八所高校”（山西大学、太原理工大学、山西医科大学、山西农业大学、山西师范大学、山西财经大学、华北工学院、太原科技大学）中

的职业技术学院停止招生。

2000—2006 年，共开设了 22 个专业，招收全日制高职学生 3019 人，具体情况是：

2000 年，开设了 6 个专业：商贸英语、计算机及应用、装潢工艺设计、计算机广告设计、机动车检测与维修、电气维修技术，招生 208 人。2001 年，开设 6 个专业：电器维修工程、商务英语、汽车检测与维修、计算机及应用、电脑广告制作、装潢艺术设计，招生 241 人。2002 年，开设 6 个专业：装潢艺术设计、广告电脑制作、计算机及应用、商务英语、电器维修工程、汽车检测与维修，招生 134 人。2003 年，开设 8 个专业：专业计算机及应用、数控技术及应用、电气维修工程、汽车检测与维修、法律、商务英语、广告电脑制作、装潢艺术，招生 637 人。其中法律专业 78 人在山西省乡镇企业学校上课。2004 年招生 931 人，分别在城市职业技术学院和山西省乡镇企业学校设有教学点，其中在城市职业技术学院设有 7 个专业 9 个班，在山西省乡镇企业学校设有 8 个专业 13 个班，新增了焊接工程自动化、模具设计与制造、工程机械与维修等专业。2005 年，又新增了冶金机械等专业，学校在原太原市第十四中学和南校区设有教学点，招生 868 人，其中在原太原市第十四中学设有 12 个专业 14 个班，在南校区设有 5 个专业 9 个班。

职业技术学院专业设置及招生情况详见表 9-6 和表 9-7。

表 9-6　太原科技大学职业技术学院专业设置情况一览表

序号	专业名称	首次招生时间 / 年	序号	专业名称	首次招生时间 / 年
1	商贸英语	2000	12	装潢艺术	2003
2	装潢工艺设计	2000	13	法律	2003
3	计算机及应用	2000	14	数控技术及应用	2004
4	计算机广告设计	2000	15	会计电算化	2004
5	机动车检测与维修	2000	16	建筑装饰艺术	2004
6	电气维修技术	2000	17	冶金机械	2004
7	电气维修工程	2001	18	焊接工程自动化	2004
8	商务英语	2001	19	模具设计与制造	2004
9	汽车检测与维修	2001	20	工程机械与维修	2004
10	装潢艺术设计	2001	21	电气自动化技术	2005
11	电脑广告制作	2001	22	工程机械控制技术	2005

表 9-7　太原科技大学职业技术学院招生情况一览表

年份 / 年	招生人数 / 人	备注（教学点）
2000	208	校本部
2001	241	校本部
2002	134	校本部
2003	637	校本部与山西乡镇企业学校
2004	931	太原市城市职业技术学院和山西乡镇企业学校
2005	868	原太原市第十四中学和南校区
合计	3019	

二、化学与生物工程学院的并入

2004 年，山西省人民政府决定，将“山西综合职业技术学院化工分院”并入学校。并入后的山西综合职业技术学院化工分院更名为“太原科技大学化学与生物工程学院”，为学校的二级教学单位。在招生、财务与管理相对独立的情况下，为促进化学与生物工程学院的快速发展，使之尽快与学校融为一体，根据山西省教育厅的精神，学校采取了逐步过渡的政策：一是对招生、财务与管理保留独立运作的模式；二是通过外出培训、人才引进等方式提高教师的业务素质和学校的综合办学水平；三是依托学校材料科学与工程学院招收本科生后逐步过渡至独立招收本科生，使之在继续保留职业技术人才培养的基础上逐步过渡到进入本科生的培养阶段，最终完成走入大学本科教育、研究生教育的目标。

经过三年的努力，2007 年，化学与生物工程学院依托材料科学与工程学院成立的生物工程本科专业开始招生，同时，材料科学与工程学院的过程装备与控制、化学工程与工艺专业划归化学与生物工程学院，标志着化学与生物工程学院向本科教育过渡迈入了实质性的阶段。到 2012 年，化学与生物工程学院已发展成为设有化学工程系、生物工程系、机电工程系、信息工程系、基础部，开设化学工程与工艺、能源化学工程、过程装备与控制工程、生物工程、制药工程、油气储运工程 6 个本科专业，应用化工技术等 14 个专科专业，且拥有绿色化学工程二级硕士学位授予权的学院。在校生达 3700 多人，形成了以本、专科并重，化学工程和机电工程为特色的专业学科群培养体系。2004—2012 年，化学与生物工程学院为国家培养 1046 名本科、9150 名专科技术人才。

三、成人教育办学规模继续扩大

学校的成人教育自 2001 年开始迈入规模的扩大阶段：一是至 2006 年，在校生人数比 2000 年增加了 2.5 倍，年纯学费收入增加了 4.3 倍；二是加强了校外办学点和函授站的建设，到 2006 年 12 月，校外办学点和函授站达 29 个，具体情况是：

2004 年，学校办学点有山西焦化厂、太原第三高级职业中学、大同煤炭职业技术学院等函授站 19 处，招生 2199 人，其中脱产 698 人（高中起点本科 8 人，专升本 111 人，专科 579 人），函授 1452 人（高中起点本科 17 人，专升本 413 人，专科 1022 人），夜大学专科 49 人。设有机械设计及其自动化、法学、艺术设计等 9 个本科专业，建筑工程管理、机电一体化、机动车检测与维修、装潢艺术设计等 20 个专科专业。

2005 年，学校办学点有临汾第二轻工业局、太原科技大学运城工学院、榆次液压件厂、榆次经纬厂等函授站 22 处，招生人数 1782 人，其中脱产 545 人（专升本 100 人，专科 445 人），函授 1222 人（高中起点本科 21 人，专升本 520 人，专科 681 人），夜大学专科 15 人。设有计算机科学与技术、经济学、法学等 10 个本科专业，计算机信息管理、科技传播与科学普及、劳动安全管理、工商管理等 22 个专科专业。在校人数 4399 人。

2006 年，学校办学点有阳泉分院、长治分院、晋城分院等函授站 19 处，招生 1815 人，其中脱产 494 人（专升本 103 人，专科 391 人），函授 1298 人（高中起点本科 18 人，专升本 615 人，专科 665 人），业余专科 23 人。设有计算机科学与技术、电力工程及其自动化、会计学、法学等 15 个本科专业，机电一体化、机械制造、会计电算化、计算机信息管理等18个专科专业。在校人数达5009人。

四、太原科技大学运城工学院成立

2004年5月22日，在运城市农业机电工程学校的努力下，经山西省教育厅和学校的同意，山西省人民政府下发了晋政函（2004）70号《关于同意太原科技大学与运城市农业机电工程学校联合办学的批复》文件，成立太原科技大学运城工学院。

6月3日，太原科技大学运城工学院揭牌庆典仪式在运城工学院正式举行。校党委副书记师谦、副校长曾建潮及中共运城市委书记黄有泉、运城市市长胡苏平以及市人大、市政府、市政协的领导王安龙、刘冠生、安德天、王琦等出席了揭牌庆典仪式。

同年，运城工学院正式招收专科生。

第八节　稳步推进空间拓展和基础建设

学校积极推进校园基本建设，制定了中长期校园建设规划，确定了“立足南北两个校区，重点抓好新校区建设，放眼装备制造业高级应用型人才培养基地建设”的空间拓展和校园建设总体思路，办学空间的极大拓展和基本设施建设的长足发展，切实改善了学校的办学条件，为学校突飞猛进的发展提供了有力保障。

一、土地购置和租赁

2006年8月，取得了研究生公寓土地47.01亩，共拓展用地275.94亩。2008年，完成了南社村280亩土地征用的省内审批工作，2009年通过国务院审批程序，划归学校。2010年，完成了征用南社村土地补充协议和与南社村合作的学生公寓租赁协议，与南社村正式签约。学校利用太钢线材厂土地与太原钢铁厂合作办学项目——太原科技大学装备制造业高级人才培养基地项目，在省市领导好有关部门大力支持下，2011年被列入省重点工程预备工程兵完成了新校区用地控制性详细规划。

2004年后，学校继续通过租用社会房屋或场地等形式拓展办学空间。2006年，与市建总公司签订房屋租赁合同，租用学生公寓1栋（可住房间306个，占地7.99亩）。2006年，与兆丰房地产开发有限公司签订房屋租赁合同，租用学生公寓楼4栋，可住房间520间，占地15亩。另外，南校区分别于2004年和2006年租用学生公寓楼共4栋，占地约13亩，共拓展用地90.46亩。

二、重点建设工程顺利推进

2005年，建成南校区新教学楼10690.2m^2，南校1号学生餐厅5863m^2，南校锅炉房460.08m^2，南校区澡堂649.2m^2，南校茶炉房、洗衣房360m^2，南校区4号学生公寓8746.92m^2，南校5号学生公寓8353m^2。

2006年，建成科技楼12074m^2，体育馆6401m^2，工程训练中心11700m^2，学术交流中心10250m^2，东锅炉房1200m^2，10号学生公寓13111m^2。

2008年，教学实验综合楼和研究生公寓项目分别通过34000m^{2}和38800m^{2}的审批工作。2009年建成南校学生服务楼513.2m^2，南校学生活动中心398.03m^2，2011年主体施工工作完成。同年，研究生公寓1号、2号楼完成主体施工，研究生公寓4号楼框架主体封顶，体育馆、附属学校、幼儿园维修改造工程顺利完工。2012年，建成研究生公寓3栋及地下车库（人防）一座，总建筑面积41894m^2，实验教学综合楼37442m^2。

三、信息化建设得到升级

通过多渠道筹资融资，开源节流，使教学实验仪器设备总值达到1.2亿元，是2001年的10倍。学校固定资产总额由1.23亿元增加到7.2亿元，图书资料增加到121万册，启动了数字图书馆共享平台建设项目，初步构建起多功能、全方位、一体化的信息资源服务体系。2009年，旧图书馆危楼改造争取到了省重点工程项目。在学校的积极努力下，相关部门对窊流路铁道口进行了平整和修护，初步解决了师生出行难的问题。

2010年，围绕学校具有特色鲜明和行业重要影响力的发展目标，搭建完成由实物层、数据库层、网络层构架的涵盖全省的装备制造业科技文献信息服务平台，这必将为学校特色学科建设工作提供支持和文献保障。完成了服务器虚拟化平台、用户上网行为管理系统以及IPv6网络设备升级系统的安装调试工作，并对学校主页进行了改版，校园网络更加安全、稳定、快捷。

四、加强机制体制建设，后勤社会化改革不断深入

2008年，学校努力提高服务标准和服务质量，积极落实后勤服务承诺制，不断加快后勤标准化服务进程，提高后勤保障能力。制定了《防控自然灾害、突发公共事件预案》《学生食堂食品重大安全事故应急预案》等规章制度，强化监督落实，为创建和谐校园做出了积极的贡献。学校还紧密围绕2008年国家大事多、喜事多、难事多的形势，强化安全工作责任制，高度重视，周密安排，严格要求，大力开展安全隐患大排查，清除各级各类不稳定因素，积极开展“平安校园”建设工作，做到了制度健全、措施到位、排查认真、整改及时，努力营造了一个管理有序、防控有力、安全稳定的平安校园。2011年，学校后勤保障水平进一步提高，标准化服务建设进程明显加快，被教育部评为“全国高校后勤十年社会化改革先进院校”。

2010年，学校总结在工程项目管理、手续报建和招标工作的多年经验，先后出台了《工程安全文明施工管理制度》《工程进度控制管理制度》《工程例会管理制度》《工程质量控制管理制度》等31项管理制度，建立和优化了《工程进度控制流程》《检验分批、分项、分部工程签认流程》《安全监理工作程序流程》等18项管理工作流程，2011年颁布了《太原科技大学建设工程等招标投标管理办法》。这些管理制度和工作流程，在实际工作中收到了很好的效果，保证了工程项目成为没有安全事故、质量优良、管理规范和严格、进度符合合同要求、廉洁透明的工程，确保“工程优质、干部优秀”，得到了省纪检和教育厅等有关部门的充分认可。

五、拓展融资渠道，获得各类资金支持

截至2011年年末，学校已相继从中国工商银行山西省分行、中国农业银行山两省分行、中国建设银行山西省分行、民生银行太原分行、浦发银行太原分行等金融机构以及

太原重型机械集团有限公司、上海远东国际租赁有限公司等获得资金支持，取得各类银行贷款10.38亿元，其中基本建设项目贷款2.81亿元，教学、实验等方面流资贷款7.57亿元。同时，在2007年得到了香港邵逸夫先生“邵氏基金”的捐赠支持400万港元，用于“逸夫教学实验楼”（工程训练中心）的建设。作为一所中央与地方共建的高校，取得中央与地方共建高校专项资金的支持，是改善学校学科建设、实验室建设以及基础设施建设改造不可缺少的资金支持。截至2011年，学校共申请得到“中央与地方共建高校专项资金”和“中央财政支持地方高校发展专项资金”9700万元，扶持了学校基础设施建设改造、基础实验室建设、重点实验室建设以及教学实验平台建设等55个项目，加上学校的配套资金，极大地改善了学校基础设施及各类实验室的实验条件。

第九节　党的建设和思政教育

学校重视党建与思想政治工作和校园文化建设工作。进入新世纪以来，坚持把德育教育放在首位，把党的先进性建设、思想政治教育融入课堂教育和学校的各项工作之中，融入到校园文化建设和社会实践教育之中。通过校园文化艺术节、科技节、体育周等活动的开展，形成了健康、高雅的校园文化氛围。王越、胡正寰、关杰、王一德、殷国茂、周士宁、布莱尔·陈、奥斯丁·常、马丁等中外院士的报告及国内外著名学者的学术讲座，在全校掀起了崇尚科学、热爱学习的热潮。爱心社、青年志愿者协会、学雷锋小组等社团经常开展丰富多彩的社会实践活动，受到了新闻媒体的关注。学校被评为全国大中专学生“三下乡”社会实践先进单位，山西省文明学校。在全国大学生电子设计大赛、数学建模竞赛和科技创新活动、英语竞赛、体育大赛中，获国家级和山西省一等奖、二等奖共计50多项。

一、以保持共产党员先进性教育活动为载体，加强党建与思想政治工作

从2005年7月份开始，根据党中央、山西省委的安排和部署，学校全面开展了以实践“三个代表”重要思想为主要内容的保持共产党员先进性教育活动。

7月4日，校党委下发了《中共太原科技大学委员会关于开展保持共产党员先进性教育活动的工作方案》（校党字［2005］18号），明确了校保持共产党员先进性教育活动领导组及工作机构，并进行了职责划分、各阶段主要工作及时间安排、有关要求等。活动共分为学习教育准备、学习动员、分析评议、整改提高、教育总结五个阶段。7月6日，学校召开了保持共产党员先进性教育活动动员大会，标志着对全校1700多名党员进行先进性集中教育活动正式拉开了序幕。

活动的主要目的是：着力解决党员和各级党组织在思想、组织、作风及工作方面存在的突出问题。

2005年11月，学校保持共产党员先进性教育活动进入整改提高阶段，学校党委提出要求：认真解决好影响学校改革和发展的突出问题，确保先进性教育活动真正成为群众满意工程的工作思路。11月3日，校党委书记杨波做了题为“乘胜前进，狠抓落实，确保先进性教育活动取得扎实效果”的工作报告。

以保持共产党员先进性教育活动为契机，校党委在干部选拔、任用、管理、制度建设

及管理机制方面进行了调查研究，先后出台了《太原科技大学处级干部选拔任用管理办法（试行）》《太原科技大学公开选拔干部实施办法（试行）》《太原科技大学处级领导班子和处级领导干部年度考核工作实施意见（试行）》等一系列文件，使学校在选人、用人机制上，在推进学校干部队伍的年轻化、知识化、专业化方面得到了进一步完善和加强。

在党员队伍尤其是学生党员队伍建设和管理方面，学校出台了《关于进一步加强和改进在大学生中发展党员工作和大学生党支部建设工作的实施办法》等相关文件，成立了由校党委书记任组长的“大学生党建工作领导小组”，定期召开专门会议，研究大学生党建工作，进一步完善学生党建工作格局，最大限度地把在校大学生中的先进分子吸收到党的队伍中来。

为贯彻落实党的十六届四中全会精神，切实加强党的执政能力建设，学校党委严格规范了校、系两级中心组理论学习制度，围绕两级班子建设，校党委强化了校、系两级班子的思想建设和廉政建设，对校、系两级干部进行了集中培训，取得了明显效果。学校荣获山西省第三届社会科学宣传普及活动先进单位，是山西省高校获此奖励的两所高校之一。对外宣传达165篇，再创历史新高，收到了良好的效果，走在了全省高校的前列，全面圆满完成了保持共产党员先进性教育活动集中教育阶段的各项工作任务。2007年，在全省组织工作会上，学校党委组织部被省委组织部授予全省高校唯一的“先进组织部”荣誉称号；在全省教育工作会上，学校分别荣获了本科教学工作“优秀单位”、学生资助工作“先进单位”、心理健康教育与咨询“达标单位”、思想政治教育主题网站“达标单位”、毕业生就业工作“先进单位”、高校精神文明建设“文明单位标兵”、民主评议政风行风工作“先进单位”、平安校园“先进单位”等多项荣誉称号，是全省受到表彰最多的高校。

二、召开党的第七次代表大会，为学校发展提供坚强的政治保障

2010年6月20日—22日，学校召开了第七次党员代表大会。会上，校党委书记杨波代表第六届党委会做了题为《求真务实，蓄势期远，为创建具有鲜明特色和行业重要影响力的教学研究型大学而努力奋斗》的工作报告，报告明确了大会的主题：高举中国特色社会主义伟大旗帜，以党的十七大精神为指导，深入贯彻落实科学发展观，坚持“特色发展、内涵发展、协调发展”，进一步解放思想、开拓创新，凝聚全校共产党员和师生员工的力量，求真务实、蓄势期远，为创建具有鲜明特色和行业重要影响力的教学研究型大学而努力奋斗。报告在回顾与总结了第六次党代会以来的工作后，围绕着建设具有鲜明特色和行业重要影响力的高水平教学研究型大学的奋斗目标，提出了“四大发展战略”，即：大力实施“人才强校”战略，强化党管人才工作，谋实策、出实招、求实效；大力推进“学科提升”战略，建设高水平的特色学科体系；全面推进“人才品牌”战略，培养高水平的人才；重点推进“科研兴校”战略，通过“高端引领、集成优势”发展高水平的科学研究，从而为学校的未来发展奠定一个更好的基础。

围绕着学校的党建和思想政治工作，报告指出：要大力实施“先进性载体工程”建设，加强和改进党建和思想政治工作，为新的跨越发展提供坚强的思想基础和组织保障。

（1）抓大事，抓重点，充分发挥各级党组织的作用。即：围绕科学发展这个目标，充分发挥校党委领导核心和基层党组织的政治核心、战斗堡垒作用，充分凝聚党员干部

和广大师生员工的智慧，推动学校各项事业的科学发展。

（2）以提高施政能力为目标，加强领导班子和干部队伍建设。即：要以强化校、院（系）两级中心组学习为主要途径，努力把学校与院（系）两级领导班子建设成为结合工作实际，自觉学习、勤于学习、善于学习的学习型领导班子。

（3）积极创建学习型党组织，提高党员和干部的思想政治素质。即：积极推进“以学习为组织建设的重要特征，以学习为组织活动的重要内容，以学习为提高组织战斗力的重要途径”的学习型党组织建设。要坚持围绕中心工作，服务发展大局，拓宽工作领域，改进工作方式，创新活动内容，扩大党建工作覆盖面，使基层党组织充满生机与活力，不断提高党组织的凝聚力和战斗力。充分发挥基层党组织的政治核心和战斗堡垒作用，要在组织建设的内容、形式、方法、手段和机制上不断创新，使各级党组织真正成为学校科学发展的组织者、推动者、实践者。积极推进“先进性载体工程”的实施，切实以岗位工作和创建教学研究型大学的具体实践为“载体”，大力加强党员队伍建设，通过优化知识结构，提高综合素质，增强创新能力，充分发挥先锋模范作用。加大对青年教师和学生中人党积极分子的教育培养力度，积极稳妥地做好发展党员工作。

（4）以保持同师生员工的紧密联系为核心，加强党风和廉政建设。

（5）以提高针对性和实效性为目标，加强思想政治工作，强化大学文化建设。按照中央16号文件精神，积极探索新时期思想政治工作的新思路、新方法，不断提高思想政治工作的针对性和实效性，切实做好学生思想政治教育。要充分发挥思想政治教育工作队伍、学生党支部和学生党员的作用，充分发挥课堂教学主渠道、主阵地作用，稳步做好心理健康教育、国防教育、学生资助和就业工作，加强学生社团建设，积极开展社会实践活动。要以大学生全面发展为目标，贴近实际、贴近生活、贴近学生，努力提高思想政治教育的针对性、实效性和吸引力、感染力。要充分利用校园网络等各种媒介的阵地作用，唱响主旋律，为学校的改革和发展营造良好的舆论氛围。要通过基础设施、校园绿化、人文环境建设，提高校园景观的人文含量，以精神理念、形象标志、制度规范和有组织、成体系的精神文明创建活动为载体，进一步弘扬“负重奋进、笃行求实”精神，提升学校文化品位，以积极健康的学校文化，扩大学校的社会影响力。加强校内治安和环境综合治理，建设整洁、有序、文明、高雅的校园环境，积极构建和谐校园。

（6）充分调动切积极因素，为实现新的历史性跨越而团结奋斗。

大会选举产生了中国共产党太原科技大学第七届委员会委员和中国共产党太原科技大学第七届纪律检查委员会委员。

中国共产党太原科技大学第七届委员会委员：杨波、郭勇义、李志勤、黄庆学、安德智、李永堂、杜江峰、邓学成、李志权。

中国共产党太原科技大学第七届纪律检查委员会委员：安德智、吴素萍、贾月顺、双远华、张文杰。

太原理工大学，江苏海安县委、县政府等单位对学校党代会的召开表示了热烈祝贺。

三、推进“先进性载体工程”建设，为学校发展提供强有力的组织保证

（1）深入开展学习实践科学发展观活动，不断推动学校又好又快发展。根据中共山西省委和省高校工委的统部署，学校于2009年3月—8月分3个阶段开展为期6个月的

学习实践科学发展观活动。活动中，学校各级党组织认真贯彻落实各个阶段的工作部署和要求，认真履行规定程序，做好活动中的各项工作，实现了推进当前各项工作与学习实践活动“两不识、双促进”。

在学习实践活动中，学校坚持突出“领导带头学、群众得实惠、学校大发展”这个主题，在抓好自身学习的同时，校级领导班子成员分工抓指导、抓推进、包进度、保质量，确保了活动的有序推进。在学习调研阶段，确定了9大专题45个子课题开展调研，共征集到各类意见和建议269条，涉及事关学校发展的方方面面。在分析检查阶段，各级领导班子广泛征求意见，深刻查摆反思，制定严密的整改措施，敞开思想开展批评与自我批评，召开了专题民主生活会，确定了需要解决的具体问题，形成了高质量的分析检查报告。在整改提高阶段，针对突出问题，本着目标化、具体化、责任化的原则，认真分析、归纳梳理、细化落实整改项目，形成了《太原科技大学学习实践科学发展观整改落实方案》，提出了3个方面12项工作64项具体措施，并明确了整改责任人、整改时间等。在组织的两次群众测评中，满意率分别达到91.23%和99.12%。

通过学习实践科学发展观活动的开展，学校领导班子成员和处级干部均加深了对科学发展观的理解，进一步增强了贯彻落实科学发展观的自觉性和坚定性；广大党员受到了一次较为深刻的思想教育，提高了认识，统了思想，凝聚了合力；初步解决了制约学校科学发展、群众反映强烈的突出问题，促进了学校科学发展的长效机制建设。2009年10月，校党委被山西省高校工委评为深入学习实践科学发展观“先进基层党组织”。

（2）2010年7月，学校按照中央和山西省委的部署，召开了建设学习型党组织暨“创先争优”活动动员大会。

为进一步增强学校党员干部的学习力、创新力、执行力、公信力，提高学校党员干部队伍整体素质，学校全面推进学校学习型党组织建设。推进学习型党组织建设的工作目标是：进一步建立健全学习保障机制和制；进一步树立终身学习的理念，进一步提升党员综合素质；进一步增强党员干部实际工作能力；进步增强党组织战斗力和提升领导班子的执行力。推进学习型党组织建设学习的主要内容是：①学习政治理论知识；②学习社会主义核心价值体系；③学习法律法规知识；④学习业务知识；⑤学习公共知识；⑥学习总结实践中的成功经验；⑦深入开展世情、国情、党情、校情的学习教育；⑧加强师德师风教育，切实将师德要求内化为教师的自觉行动。

创先争优活动以“为科学发展创先进、为和谐兴校争先锋”为主题，自觉地解决学校发展中的热点、难点问题，着力在推动学校科学发展、培养有用人才、促进校园和谐、服务师生员工、加强基层组织的实践中建功立业，在服务于山西的“转型发展、安全发展、和谐发展”中当先锋、做表率。开展创先争优活动，以创建“五个好”先进基层党组织、争当“五带头”优秀共产党员为主要内容。创先争优活动分为四个阶段：①动员部署阶段；②全面推进阶段：③深化提升阶段；④总结完善阶段。

为进一步推动学校学习型党组织建设和创先争优活动的深入开展，2010年11月16日、17日，校党委组织50余名处级干部赴山西省朔州市右玉县开展学习考察活动。

四、抓好领导班子和干部队伍建设，提升学校改革和发展的活力

山西省委、省政府高度重视学校校级领导班子建设。2010年年初，省委、省政府对

学校校级领导班子进行了调整，任命柴跃生任学校副校长（任职时间是2010年1月）；黄庆学为校党委副书记、副校长；王宝儒任校纪委书记（黄庆学和王宝儒任职时间是2010年2月）；李忱任太原科技大学副校长（任职时间是2010年4月）。免去鲍善冰太原科技大学党委副书记职务（鲍善冰任太原电力专科学校校长）；免去安德智太原科技大学纪委书记职务（安德智任山西广播电视大学党委副书记）。至此，学校校级领导班子成员由10人增加到11人。

同时，为落实"四个长效机制"，学校进行了中层干部调整。学校党委以学习贯彻落实"四个长效机制"文件和党的十七大精神为契机，进一步规范了校、院两级中心组学习和民主生活会制度，各级领导班子建设和干部队伍建设得到加强。2010年在校党员3439人，其中学生和专任教师中的党员比例分别达到9.89%和52.52%。大力实施"先进性载体工程"，突出"贴近岗位工作实际、符合党建科学化要求、适应时代发展特征、体现模范带头作用"，坚持用党的先进性建设推动和谐校园建设和学校各项事业的发展，基层党组织的政治核心作用、战斗堡垒作用和党员的先锋模范作用得到很好的发挥。2010年，按照转型发展、跨越发展对干部队伍提出的新要求，学校党委加大了对干部选拔、管理、培养、使用、考核、监督等环节的制度建设力度，修订完善了干部任期、轮岗交流、定期培训、年度考核等系列制度，通过大胆尝试公开选拔、多元提名、民主推荐等形式，完成了处级、科级干部调整工作，为学校事业发展奠定了坚实的基础。

五、坚持民主办学，发挥教代会作用，召开教职工代表大会和工会会员代表大会

学校注重发挥教代会、工会、各民主党派以及离退休人员的作用，进一步推进了依法治校、民主管理工作，学校的政治稳定，校园的和谐程度不断提升。2010年12月，学校召开了第五届教职工代表大会暨第七次工会会员代表大会。

学校十分重视和关心离退休工作，旨在使老同志"老有所养、老有所医、老有所教、老有所学、老有所为、老有所乐"，安度幸福晚年。学校逐年加大对离退休工作的经费投入，使离退处的办公条件、老同志的活动场所及各项设施不断改善。2010年利用暑假时间对老年人活动场所及处办公环境进行全方位的改善，将老年人活动设施及处办公设施进行更新和补充，较好地保证了离退休工作的局利开展。学校注重发挥老同志在政治、威望、经验等方面的优势，积极引导他们在教有下一代、教学科研、社会治安、精神文明建设和社区建设等方面有所作为，为学校的改革和发展出谋献策。2001年以来，组织老同志参与了本科教学工作的调研与评估、校园文明建设情况的检查、对青年学生进行爱国主义和革命传统教育、"三个代表"重要思想的宣讲等工作，收到了良好的效果。到2012年3月，校教学督导组有15人、关工委有12人都由老同志担任。

六、加强思想政治教育，文明之花校园盛开

2006年，为深入贯彻《中共中央、国务院关于进一步加强和改进大学生思想政治教育的意见》（中字［2004］16号）精神，学校出台了《中共太原科技大学委员会关于进一步加强和改进大学生思想政治教育的实施意见（试行）》（校党字［2006］13号）。明确提出了切实提高思想认识，明确职责任务，认真贯彻落实以人为本的科学发展观，牢固树

立“育人为本，德育为先”的理念，增强责任感、使命感，真正把德育放在学校工作的首位，扎实有效推进大学生思想政治教育工作。文件指出：加强党对大学生思想政治工作领导；切实加强主干课程建设，充分发挥“两课”主渠道作用；积极发挥社会科学和人文艺术课程育人功能；加强思想政治教育载体建设；加强思想政治教育工作队伍建设；认真解决学生的实际问题和困难；营造大学生思想政治教育的良好环境。在思想政治教育贯彻执行下，校园文明呈欣欣向荣景象。

（一）奉献爱心，服务社会

关爱他人、团结互助一直是学校的优良传统。2008年1月，我国南部省份遭受了罕见的冰雪灾害。学校教职员工开展了捐助活动，用于资助受灾地区的学生，确保受灾学生正常的学习和生活。2008年5月12日，四川省汶川县发生了8级地震，给当地及周边地区人民群众的生命和财产造成重大损失。在学校的统一部署下，全校上下掀起了“向四川地震灾区献爱心”活动高潮。5月14日，全校师生员工向汶川地震灾区捐款35万余元。5月22日，全校党员以交纳特殊党费的形式，向汶川地震灾区捐款52万余元，用实际行动支援灾区重建家园。为帮助受灾地区学生安心在校学习、生活，学校研究决定，对家中受灾学生每人发放慰问金1000元，共计16万元；并根据情况继续对他们进行了资助，帮助他们安心学习，顺利完成学业。据中国心理学会等单位调查，灾区群众存在大量严重的心理问题，救援人员也普遍存在间接心理创伤。5月20日，青年教师卫小将、李喆赶赴成都，应邀参加了由香港理工大学组织的为期一周“灾后服务需要评估及哀伤辅导”等相关社会救助工作。5月25日，以心理学副教授李晓林为队长的山西省第二批心理咨询专家援助服务队赴四川灾区，他们不辱使命，把山西人民对灾区人民的关怀和爱心带过去，出色地完成了任务。校党委宣传部部长赵民胜参加了山西省书法家协会、美术家协会组织的省城书画名家赈灾义卖活动。将七条屏“毛泽东主席词《沁园春·雪》”以3.5万元的价格售出，并与拍卖的另外三幅作品所得2万元，共计5.5万元全部捐给了汶川灾区。学校贾晓鸿老师等人以李晓林赴川进行心理援助的事迹为题材创作的《废墟中的红烛》参加了山西省教科文卫体工会联合会与山西省教育厅联合举办的“阳光下的誓言”山西省高等学校诗歌朗诵比赛，获得三等奖。

多年来，学校师生用实际行动帮助着困难学生，设立多年的“爱心互助基金会”“爱心屋”“爱心社”等，充分体现了师生员工帮助他人、奉献爱心的良好道德风尚。机电学院机自051207班张磊同学身患尿毒症，学生处、校团委和校学生会立即发出了“病魔无情人有情，爱心抒写生命华彩”的倡议书，号召全校师生为张磊同学爱心捐款，广大师生员工也纷纷伸出友爱之手，慷慨募捐。2010年，我国西南地区遭遇的特大旱情牵动着全校师生的心，学校师生在校世纪广场自发组织了“一人一瓶水、爱心送旱区”的捐款活动。这些爱心活动营造了学校温暖、和谐、团结、友爱的校园氛围，让全体师生感受到了学校大家庭的温暖，增强了全体师生的凝聚力和战斗力，推进了学校和谐校园的建设。

学校师生员工秉承“团结、友爱、互助、进步”的志愿者精神，投身社会志愿服务工作，展现了良好的精神风貌。2011年，机械工程学院机自071201班学生孙万之、闫位杰、张帆三位同学在柳州市勇救落水中学生，受到社会广泛赞扬。《南国今报》等媒体对他们的英勇事迹进行了详细报道。9月26日，第六届中国中部投资贸易博览会在山西太原煤炭交易中心举行，学校学生积极加入到了“为山西争光，为中博添彩”的志愿服务行列中。94名志愿者圆满完成了安检引导、嘉宾候场和引导方阵排列的重要工作任务，获得了第六届中博会组委会的一致好评。人文社科学院社会工作实习基地于2011年在太原市救助站挂牌成立。大学生和受助儿童结成帮扶对子，长期为孩子们进行学习辅导、心理疏导。活动得到了社会各界高度关注，《山西晚报》等多家新闻媒体进行了报道。

（二）爱党、爱国、爱校教育深入人心

2011年，在庆祝建党90周年之际，学校组织和引导广大师生紧密结合学校的实际，开展了形式多样、内容丰富，既体现时代性，又注重群众性和广泛性的庆祝活动。通过大力宣传和颂扬中国共产党成立90年来的光辉历史和丰功伟绩，唱响了共产党好、社会主义好、改革开放好、伟大祖国好的时代主旋律，激发了广大师生爱党、爱国、爱校热情，调动了广大师生工作学习的积极性和创造性，促进了学校学科发展。

2011年6月，在学校世纪广场举行了庆祝建党90周年“歌唱祖国，红歌飞扬”红歌会。此次活动的成功举办，充分展现了当代大学生的青春风采，丰富了广大学生的课余文化生活，活跃了校园文化氛围，有助于激发学生热爱祖国、热爱党的高尚情操，培养学生乐观开朗、积极向上的精神风貌，增强了学生们实现中华民族伟大复兴的远大抱负和爱国爱党的高尚情怀。7月，学校庆祝中国共产党建党九十周年主题教育系列活动之一的《书画摄影展》圆满落下帷幕。本次展览共展出书法、绘画、摄影作品100余件，大家以饱满的激情，充分表达了学校师生对中国共产党的无限热爱，热情讴歌了我党90年来的辉煌成就和光辉业绩。9月，“党旗飘飘”主题征文活动得到全校师生的积极响应，共收到作品304篇，作品主题鲜明，感情真挚，有较强的感染力和说服力，表现出师生对党、对祖国诚挚的热爱之情。

第十节　国际合作交流得到实质性拓展

自20世纪80年代学校与英国曼彻斯特大学建立校际合作关系以来，国际合作与交流不断深入。特别是21世纪以来，学校在参与国际学术交流、开拓国际视野、联合培养人才方面奠定了扎实的校际合作基础，为学校走向国际迈出了坚实的一步。

学校与日本丰桥创造大学签订学术交流协议始于2004年，双方分别于2005年、2007年、2008年和2012年进行了互访。

继2004年学校与美国奥本大学签订学术交流协议，奠定了双方深入合作的基础后，2007年7月，郭勇义校长、黄庆学副校长等3人访问了美国奥本大学。这次访问受到对方的热情接待。访问中郭校长明确提出学校希望派遣骨干教师来奥本大学进修访问，得到了对方的肯定，因此这次访问意义非凡。在双方的共同努力下，学校于2008—2012年连续4年共派出了23名骨干教师到奥本大学工学院进修，访问教师的专业涉及机械、材料、电子、环境等研究领域。访问期间，双方教师共同进行科学研究，共同发表了多篇高水平的学术论文。访问教师回国后，继续与奥本大学相关专业的教授进行科研合作，申报了多项国家和省级国际合作交流项目，为学校的学科发展做出了重要贡献。在教师交流的基础上，双方进一步开展了研究生教育领域的合作。2009年10月，学校与奥本大学共同签订了合作培养博士、硕士研究生项目。2010年首批派出5名研究生到奥本大学攻读学位，第二批交流生也在积极准备中。对方于2011—2012年，共向学校派来两批共

14名学生进行了为期3周的专业与文化课程的学习。此项目的开展在学校师生中引起了强烈反响，收到了显著成效。在双方合作的基础上，学校通过山西省“百人计划”引进了美国奥本大学材料工程、环境工程和计算机专业的3名教授为学校的特聘教授。

2007年，以黄庆学副校长为首席学科带头人的轧钢机械工程专业与澳大利亚卧龙岗大学相关专业开展了学术和科研合作。在此基础上，两校基于共同的学术研究方向以及进一步加深和拓展学术交流合作领域的愿望，经双方学校领导以及相关专业教师的多次交流和探讨，最终达成了合作意向。学校郭勇义校长率团于2010年5月10日～17日，出访了澳大利亚卧龙岗大学。出访期间，与对方负责人（卧龙岗大学负责外事工作的副校长乔·F. 奇卡罗教授，国际项目部主任比尔·达马奇斯，机械、材料和机电一体化学院院长保罗·库珀教授和该学院姜正义教授）进行洽谈，签订了《太原科技大学与澳大利亚卧龙岗大学合作协议备忘录》。根据合作协议，学校于2011年派出材料学院张敏刚教授赴澳大利亚卧龙岗大学进行了为期一年的访学。在双方合作的基础上，学校已将澳大利亚卧龙岗大学的姜正义教授作为山西省“百人计划”海外专家引进为学校的特聘教授，为双方院校的进一步合作奠定了良好的基础。

2008年12月，郭勇义校长与美国旧金山州立大学罗伯特·A. 科里根校长签署了《太原科技大学与美国旧金山州立大学合作备忘录》。2010年10月17日—22日，副校长徐格宁教授与学校国际教育交流与合作办公室副主任殷玉枫教授出访美国旧金山州立大学与美国北卡罗来纳大学夏洛特分校，分别签署了《旧金山州立大学与太原科技大学互换学生协议》和《美国北卡罗来纳大学夏洛特分校与中国太原科技大学交换学生合作协议》。根据协议，学校在全校大一、大二学生中进行了严格的筛选和集中英语培训，先后于2011年7月、2012年1月和2012年8月分别派三批学生赴美国旧金山州立大学进行为期一年的交流学习。

2010年5月，学校邀请班尼迪克大学文学院院长玛利亚·卡梅莱博士访问学校，增进了双方的了解。访问期间，经过学校郭勇义校长、徐格宁副校长与对方的多次会谈，签订了《太原科技大学与班尼迪克大学学生交流项目协议》。2011年5月，班尼迪克大学历史系主任文森特·甘迪斯博士来学校访问，进一步讨论两校的学生交流事宜，此间徐格宁副校长再次详谈了双方交流的细节。在各方共同努力下，2011年8月，学校外语学院英语专业王博文同学被对方选定，进行了为期一年的访问学习，并圆满完成学业返回学校。

第十章　内涵特色并重　教育事业稳步推进（2010—2016年）

2011—2015年，学校进入“十二五”时期，新的发展背景下，国家支持重大技术装备领域发展带来的行业需求，是学校向更高层次提升的重要牵引力量；振兴老基地、建设新山西的宏伟蓝图，为学校更加深入广泛地融入区域发展、带动学科整体升级提供了重要动力。《国家中长期教育改革和发展规划纲要》提出的实施中西部高等教育振兴计划，是学校这一时期实现新的历史性跨越的重要战略机遇。

第一节　明确办学思路　规划发展蓝图

一、学校面临的形势和挑战

“十二五”时期，是我国深化改革开放、加快转变经济发展方式的攻坚时期，是山西省实施赶超战略、加快推进转型发展和跨越发展的重要时期，又是高等教育发展的重要战略机遇期，更是学校全面加快内涵发展、特色发展、协调发展的关键时期。

（一）外部形势

面向“十二五”，党中央提出要以科学发展为主题，以加快转变经济发展方式为主线，提高发展的全面性、协调性、可持续性，为全面建设小康社会打下具有决定性意义的基础。《国家中长期教育改革和发展规划纲要（2010—2020年）》提出到2020年，要基本实现教育现代化，基本形成学习型社会，进入人力资源强国行列的战略目标。其中，高等教育要实现结构更加合理，特色更加鲜明，人才培养、科学研究和社会服务整体水平全面提升的目标。

为建设全国重要的现代制造业基地、中西部现代物流中心和生产性服务业大省，山西省委、省政府把教育摆在优先发展的战略地位。《山西省教育中长期改革和发展纲要》提出，到2020年教育发展主要指标达到或超过全国平均水平，高等教育毛入学率要达到45%，在中西部地区率先实现教育现代化。省政府在大学新校区建设、经费配套等方面已出台一系列重大支持政策，预示着我省高等教育将迎来一个重要的发展时期。

另外，随着工业化、信息化、城镇化、市场化的深入发展和以新能源革命、低碳经济为主题的绿色浪潮席卷全球，经济和社会转型发展日益依靠科技创新，特别要依靠装备制造技术创新能力的提高。未来一二十年内，国家装备制造业信息化、集成化、智能化、高端化、规模化速度将明显加快，对相关科技创新和人才培养提出了更高的要求。

国民社会经济持续发展，行业科技进步快速推进，教育事业发展步伐明显加快，为我们创办特色鲜明的教学研究型大学提供了强大动力，为我们实现新的历史性跨越提供了良好机遇。

（二）内部形势

21世纪以来，历经十年改革和发展，学校整体办学实力和教育水平实现了跨越式的发展，成为学校历史上发展速度最快、实力提升最明显的时期之一，为下一步的改革和发展奠定了坚实的基础。但是，学校在空间、规模、结构、质量、特色、效益等方面还存在诸多不尽合理、不相协调的地方，一些制约学校发展的根本性问题尚未得到有效解决，与创办高水平教学研究型大学的目标相比还有不小差距。具体表现在：教育观念相对落后，人才培养模式创新推进乏力，人才评价制度亟须改革。学科创新能力较弱，具有重要影响力的学科较少，学科交叉和学科方向凝练生成能力不足，学科平台和梯队建设有待加强。科研总体规模较小，科研方向和力量分散，重大科研项目和原创性成果不多，自主创新能力有待加强。拔尖人才特别是学术领军人物稀缺，团队建设滞后，师资规模有待继续扩充，整体质量亟待提升。管理体制和激励机制改革需要进一步深化，适应现代大学制度要求的内部治理结构尚未形成。办学空间狭小、条件落后、资源紧张、环境较差仍是制约学校发展的瓶颈性问题，基础设施建设的压力仍然很大。

为此，2010年6月20日—22日，学校召开了第七次党员代表大会。会上，提出了“两步走战略”，不断提升办学目标层次，力争到2020年左右，把学校建设成为具有特色鲜明和行业重要影响力的教学研究型大学，到21世纪中叶，使学校成为中国装备制造领域高水平的多层次人才培养基地，成为行业相关学科科技水平的标志，为重要科技成果转化的源头奠定基础。

第一步：到2015年，进一步强化特色，打造一批能够支撑学校办学优势，彰显学校在行业重要影响力的标志性项目和成果，完成向教学研究型大学的根本转变。

主要指标是：

（1）在师资队伍建设上，建成2～3个高水平创新团队，引进和培养10名左右在国内有影响的学术骨干，吸引和培养200名左右的博士，确立1～2位国际知名的学术带头人。

（2）在学科建设上，争取实现国家重点实验室培育基地、国家重点学科、省级一级学科零的突破，力争省级重点学科总数达到3～5个、省级重点建设学科总数达到8～10个，省级重点实验室达到2～4个国家重点实验室，省优秀导师团队达到5～6个，一级学科博士点达到2～3个，二级学科博士点达到10～12个，一级学科硕士点达到10～15个。

（3）在人才培养上，进一步完善教学体系和制度建设。全日制在校生规模控制在22000人左右，研究生规模控制在3000人左右；积极拓展对外合作交流；大力支持独立学院发展。学生就业率继续保持在全省高校前列。积极推进合作办学。

（4）在科学研究与产业发展上，力争在国家“973计划”，“863计划”、国家基金重点项目、国家科技支撑计划项目、国家工程技术研究中心等项目上实现零的突破，取得一批标志学校在重大技术装备领域和制造业领先地位的科研成果；科研进款、省级以上科研奖励、论文收录、发明专利与软件著作权数翻一番。以建设装备制造业教育科技园为龙头，大力促进科技成果的转化，推动产学研合作迈上新台阶。

（5）在基本建设方面，“十二五”期间投资总规模争取比“十一五”期间增长30%，统筹老校区改造与新校区建设，启动“太原科技大学装备制造业高级应用型人才培养基地”建设，新建教学、科研、服务等基础设施100000m^2，优化院系空间布局，努力建设省内一流的大学校园，进一步改善师生员工的工作学习生活条件，特别是教师的教学、科研条件。

第二步：到2020年，全面实施“太原科技大学装备制造业高级应用型人才培养基地”建设，不断提升办学水平和层次，工、理、经、管、文、法、教等学科协调发展。使学校的科技创新能力和社会服务水平显著提高，产生一批在装备制造业领域处于引领地位的若干重大标志性成果，着力建设国家级装备制造领域科研创新平台和科技成果孵化中心，不断提高学校优势特色学科的行业引领地位和国际化程度，朝着建设具有特色鲜明和行业重要影响力的教学研究型大学目标迈进。

从前一阶段的发展成果来看，学校紧抓“建设特色鲜明的多科性大学”的办学基本线索，使学校发生了巨大的变化，在实现更改校名、申报博士授权单位重大突破的基础上，办学层次取得了新的提高。在接下来的一个发展阶段，学校继续紧紧抓住创建具有特色鲜明和行业重要影响力的教学研究型大学这一办学基本线索，大力实施“四大发展”战略：

（1）强化党管人才工作，谋实策、出实招、求实效，加速推进“人才强校”战略。要进一步统筹协调现有人才、培养人才和引进人才之间的关系；统筹协调事业留人、感情留人和待遇留人之间的关系；统筹协调人才的培养、使用和评价之间的关系；统筹协调主体学科、相关通用学科和基础学科人才队伍之间的关系；要大力加强学科学术带头人的培养、引进、提高等工作，同时统筹协调人才队伍职称结构、学历结构、学缘结构和年龄结构之间的关系，切实发挥各类人才的最大效能。

（2）大力推进“主体升级、整体提高”战略，建设高水平的特色学科体系。以国家战略性需求为牵引，使学校主体学科实现新的突破，若干特色方向上达到国内领先水平，使之成为学校国家级科技创新平台的重要依托。同时，以主体学科的跨越发展辐射带动学科体系整体建设，实现主体与整体之间的良性互动，使相关学科、基础学科实现整体提高。要系统研究国家需要与社会需求的新特点及其变化的新趋势，凝练重大学科方向，汇聚一流学科队伍，构筑高水平学科基地。大力推进各学科间的集成与整合，巩固和形成一批具有重大创新能力和服务能力的学科群，使特色更特、整体更优，增强学科体系整体的可持续发展能力。

（3）全面推进“创新推动、打造品牌”战略，培养高水平的人才。坚持“以人为本”，进一步牢固树立以学生成长成才为核心的教育理念，强化一切工作为人才培养服务的意识。坚持“以学生为主体、以教师为主导”的思路，以“激发兴趣、宽厚基础、强化实践”为基本要求，优化育人条件、挖掘优质资源，为学生成长成才提供最优质的教育。要树立强烈的品牌意识，努力培养具有科技大学特色与优势的高水平人才，着力打造“科技大学”作为我国装备制造业人才培养的摇篮和山西高层次科技应用型人才的重要培养基地这个品牌。要推进人才培养思想观念的创新，推进人才培养工作的创新，形成有利于品牌建设的制度、政策环境；要推进课程体系和内容、教学方式方法的创新，形成品牌的特色；要从战略高度对人才培养进行顶层设计，改革人才培养模式，强化应用性、实践性教育，真正形成全方位、全过程、综合化的人才培养体系，使我们培养的学生在日趋严峻的就业竞争中具有广泛的社会认可度。

（4）重点推进“高端引领、集成优势”战略，发展高水平的科学研究。高端引领，就是以行业科技前沿和装备制造业发展战略需求为导向，围绕行业高技术研究和重大科技计划，凝练出若干个国内高端的科学研究方向；汇聚和培养多位具有高端引领能力的战略型科技创新人才；围绕国家装备制造业振兴计划、山西老工业基地改造规划和国家发展中西部规划，使更多的研究项目跻身国家核心前瞻性技术与国家重大尖端项目的行列。集成优势，就是要集成校内外资源和各学科间资源，形成竞争的新体制、新团队和新优势。突破以学科界线为基础的传统科研管理和学科组织模式，建立有利于创新、开放、交叉、共享的机制，分层次重点建设一批高水平的科技创新平台和基地；突破学校与科研院所、企业的界限，与大所、大厂、大院紧密合作，建立产学研战略合作伙伴关系，把科学研究、人才培养、社会服务和产业开发有机结合起来，实现强强联合。实施"高端引领、集成优势"战略，关键是凝练出重大科技问题，明确工作目标，做好整体规划，这就要求我们必须充分预见行业科技的发展趋势及其实践问题，体现前瞻性；必须通过大力推进学科交叉与融合，培养新的增长点，体现创新性。

二、"十二五"时期学校的事业发展规划

2011年，学校依据《国家中长期教育改革和发展规划纲要（2010—2020年）》《山西省中长期教育改革和发展纲要（2010—2020年）》和中国共产党太原科技大学第七次代表大会精神，制定了学校改革与发展第十二个五年规划（2011—2015年）。

（一）"十二五"时期学校办学指导思想和发展思路

1．指导思想

以邓小平理论和"三个代表"重要思想为指导，以科学发展观为统领，全面贯彻落实党的教育方针，树立以人为本、尊重学术、开放办学的理念，坚持内涵发展、特色发展和协调发展，实施人才强校、学科提升、人才品牌和科技兴校战略，推进体制创新和空间拓展工程，统筹兼顾，重点突破，带动学校各项事业健康、快速和可持续发展，为建设具有鲜明特色和行业重要影响力的教学研究型大学而奋斗。

2．发展定位

以建设具有鲜明特色和行业重要影响力的教学研究型大学为基本目标，以巩固和发展服务于重大装备制造业特色优势学科为核心，以高素质工程型和应用型人才培养为主体，立足山西，根植重工，面向全国，为区域社会经济发展和行业科技进步服务。

3．发展目标

力争在"十二五"末期，规模有所扩大，结构更趋合理，质量显著提高，效益明显提升，特色日益彰显，形成一批能够支撑学校办学优势、提升行业影响力的标志性教学科研成果，带动学校整体实力和办学水平的全面提升，完成向教学研究型大学的根本转变。

4．发展思路

坚持内涵发展，即坚持以人为本，以质量和效益为核心，不断更新教育理念，推进体制机制创新，健全现代大学制度，强化人才队伍建设，优化学科专业结构，不断提升学校核心竞争力。

坚持特色发展，即依托行业特定背景，弘扬学校办学传统，凝练科大先进文化，构建特色鲜明和优势互补的学科专业体系，打造具有特色优势的人才、科研和社会服务品牌。

坚持协调发展，即着力处理近期目标与长远目标、规模扩大与效益提升、教育教学与科研工作等之间关系，合理调配学校资源，建设和谐文明校园，努力确保改革、发展

和稳定大局。

（二）“十二五”时期具体任务和目标

1．学科专业建设

实施“学科提升”战略，构建“以工为主，理工结合、文理渗透，特色鲜明”的学科专业体系。

第一，强化学科专业管理。制定学科专业中长期发展规划，建立学科专业建设预先论证和动态调节机制。进一步完善学科专业建设评估体系，加大学科专业建设监管力度和效益评估。积极推进学科建设第四期工程。

第二，优化学科专业结构。以品牌和特色学科专业建设为牵引，推动学科专业整体升级。适应资源型经济转型发展需求，增设战略性新型学科专业。强化机械、材料、电子、计算机、管理等学科建设，积极扶持数学、物理、力学等基础学科建设，进一步繁荣哲学与社会科学，形成特色优势学科、基础学科、人文学科和新兴学科协调发展的学科专业体系。

第三，构筑学科平台。加大现有重点学科、重点实验室、博士学位授予点和一级学科硕士学位授予点的建设力度。以机械和材料类学科等学科为主体，瞄准国家重大战略需求和装备制造学科前沿，创新学科组织形式，鼓励组建跨学科、跨学院、跨单位学科创新平台，推进多学科交叉与创新，不断丰富和充实学科内涵。

第四，汇聚学术队伍。完善学科梯队建设机制、学科带头人负责制和目标任务考核机制。依托学科方向，加大高水平学科带头人、学术骨干的引进和培养力度，强化人才引进的针对性和实效性。

到“十二五”末期，力争实现国家级重点学科、国家重点实验室、国家级工程中心和博士后科研流动站零的突破，新增3～4个省级重点学科，3～4个省级重点建设学科，2～3个省级重点实验室，2～3个一级学科博士点和5～8个一级学科硕士点。

2．人才培养和教学工作

实施“人才品牌”战略，培养“综合素质较高、实践能力突出、创新意识较强、能主动适应服务面向定位”的人才。

第一，优化人才培养结构。以工程型和应用型人才培养为主体，在办学条件逐步改善的基础上，适应山西省高等教育发展需要，适度扩大办学规模，大力发展研究生教育，努力提高人才培养质量。

第二，实施“卓越工程师”计划，推进人才培养模式改革，结合国际标准、通用标准和行业标准，优化通识课程、专业课程、实践教学课程结构，强学生实践能力和创新能力培养。积极推进工程专业认证，促进教育质量评价和人才评价制度改革。

第三，推进质量工程建设。强化专业建设、课程建设和教材建设，打造优质教学平台。推进教学团队建设目标化，特色教学资源具体化，力争在品牌（特色）专业、精品课程、教学名师、优秀教学团队、实验教学和教学研究等方面实现新的提升。

第四，以教育部“研究生教育创新计划”为契机，探索与科研院所、行业企业联合培养研究生的新机制，推行产学研联合培养研究生的“双导师制”，不断创新培养计划、培养手段、授课方式，完善研究生教育质量保障和监督机制。

第五，统筹设施条件、师资配置、招生培养、学生管理和就业等各方面关系，保障教学经费投入逐年增长。推进教学组织与运行模式改革，构建人才培养动态调节机制。

第六，完善校、院两级教学质量监控体系和各教学环节工作规范，健全质量保障体系，形成本科教学工作水平评估长效机制。

3．师资队伍建设

实施“人才强校”战略，建设“师德高尚、业务精湛、结构合理、充满活力”的高素质教师队伍。

第一，启动“高层次领军人才培养支持计划”，重点引进和培养两院“院士”“长江学者”“国家杰出青年基金”入选者和教育部“创新2020”“千人计划”“三晋学者”“百人计划”等高级人才。

第二，加大博士毕业生引进力度，根据学科建设需要，逐步提高引进标准和质量，重点引进高水平大学的博士毕业生。

第三，以学科平台建设为依托，强化教学和科研创新团队建设，促进教师和科研人员跨学科、跨单位合作。创新团队建设和管理办法，优化团队运行机制，完善竞争、激励和退出机制。

第四，加大中青年教师培养力度，从教师个人师德师风、科学素养、创新素质和国际学术交流能力等方面入手，加强中青年教师职业发展指导，建立有针对性的培养方案，引导教师潜心教学科研。推进青年教师培养“导师制”工作的具体化、责任制和实效性。

第五，大力提升教师“三种经历”，扩大教师赴国外学术访问的范围和规模，支持教师在国内高水平大学进行学术研修，实施教师赴企业挂职锻炼计划。

在“十二五”期间，力争每年引进和培养5名左右在国内外有较大影响的学术带头人，打造5～6个体现学校特色及优势的学科团队，建成2～3个省级科技创新团队，争取教育部“创新团队发展计划”的突破。力争到“十二五”末期，教师学历博士化率达到40%。

4．科技创新与成果转化

坚持“高端引领、自主创新、技术集成、整机成套”的科技工作理念，实施“科技兴校”战略。

第一，加强科技指导、组织管理和对外协调工作，积极组织申报国家自然科学基金、“863计划”、“973计划”、支撑计划、国防军工等高层次计划项目，争取在承担高层次和大型科研项目方面有新的突破。

第二，以现有重点学科、重点实验室和工程中心为平台，以科研项目或课题为依托，以资深教授或学者为负责人，进一步凝练科研方向，遴选和组建一批科研创新团队。

第三，结合国家重大项目、重点工程和山西省产业结构转型战略，围绕高端装备制造技术和现代煤化工、新能源、新材料、节能环保等领域所需关键设备技术以及与改造传统产业和发展新兴产业相关的共性技术，优选课题，组建团队，推进技术集成，打造整机成套优势。

第四，大力推进与区域、行业、企业产学研合作，积极参与山西省新能源基地和新工业基地建设战略，加大与大型企业、国内外高水平大学和科研机构的合作力度，建立更紧密、更务实的产学研合作联盟，促进教育科技资源共享，推进科技成果产业化。

第五，进一步优化和严格科研政策管理，修订和完善科研经费和奖励政策，强化专职科研机构和科研人员管理，建立科学合理的科研工作评估考核体系，保护和调动教师投身科研的主动性和创造性。

到“十二五”末期，取得一批能标志学校在重大技术装备领域领先地位的科研项目和成果。年均承担国家级课题10项以上，部省级课题50项以上。新增国家级科技奖1～2项，省级部科技一等奖10项以上。年均被SCI、EI收录论文150篇以上。建成5～7个在全国具有一定影响力的科技研发与成果转化中心。建设10支左右具有稳定研究方向和较强竞争力的科技创新团队。

5．内部管理体制改革

以构建“决策科学、执行有力、民主参与、激励有效”的现代大学制度为目标，进一步完善内部管理体制改革。

第一，推进大学章程建设，提升依法治校水平，建立健全适应教学研究型大学的管理体制和运行机制。

第二，启动二级管理体制改革，探索适应教学研究型大学的内部治理结构。

第三，创新学科与科研组织模式，优化工程中心、实验室等平台与设施管理，强化对大型仪器设备的使用和管理，探索适应现代知识与科技生产方式的学术创新体制。

第四，积极推进教授治学，完善教授民主参与、决策和监督机制，创新校院两级学术委员会、学位委员会和教学指导委员会组织模式和工作制度，发挥其在学科建设、学术评价、教育教学等方面的决策和咨询作用。

第五，进一步理顺院系结构，挖掘办学潜力。进一步规范华科学院管理和办学行为，努力提升华科学院的教学质量和办学水平。

第六，深化人事管理和分配制度改革，继续推进按需设岗、公开招聘、择优聘任、合同管理的全员聘任制，实行各类人员流动机制，形成开放、竞争的人事管理制度。完善分配、激励与保障制度，建立与工作业绩紧密联系、充分体现人才价值、有利于激发人才活力的竞争机制。

6．大学文化建设

要进一步凝练和弘扬“负重奋进，笃行求实”的科大精神，用体现时代特征、符合教育规律、具有科大特色的教育理念来凝聚人心，指导工作。注重育人品牌和实效相结合，不断推进文化创新，不断完善以大学使命、科大精神、人才培养目标等为主要内容的大学文化体系。以营造崇尚创新、探求真知的学术环境为目标，促进不同学科的学术观点交叉融合和知识创新。以营造热爱知识、刻苦钻研的学习氛围为目标，不断创新学风教育理念和模式。开展丰富多彩的学生课外科技、文化活动，加强对各类大学生竞赛的管理和指导，努力提高学生的科学素养和人文素质。

7．空间拓展工程

以建设“布局合理、功能齐全、环境优美、能满足教学科研生活需要”的现代化校园为目标，努力拓展办学空间，推进校园基本建设。根据高等教育和学校发展需要，立足现有南、北两个校区，重点抓好新校区建设。放眼装备制造业高级应用型人才培养基地建设项目，制定学校中长期校园建设规划。启动新建西校区建设工程，争取在“十二五”期间完成首期100000m^{2}教学、科研、服务等基础设施建设，启动和实施二期300000m^{2}建设工程。

8．校园公共服务体系建设

按照“统一领导、分级管理、管用结合、开放使用”的原则，强化公共服务体系建设。推进数字化校园建设，力争形成以万兆为主干、千兆到二级楼宇、百兆到桌面的校园计算机网络，完善各类信息服务平台和数据系统。加大实验室建设工作力度，强化实验室资源管理和设备维护，合理配置实验室布局和功能，构建仪器设备共享体系。加强图书、档案工作，推进新型后勤服务体系建设，增强适应能力，提升服务水平，为学校的教学科研和师生员工工作、生活提供有力保障。

第二节　以60周年校庆为契机　总结成就再出发

2012年10月6日，学校迎来了60华诞。在60周年校庆之际，时任全国人大常委会副秘书长张少琴、山西省人大常委会副主任安焕晓、省政协副主席周然、副省长张平领导人及省级老领导王昕、赵劲夫出席庆典，充分体现了党和政府对太原科技大学的亲切关怀，海内外莘莘学子荣归母校，产学研合作单位齐聚科大，共同庆祝这一盛大节日。

建校60年以来，太原科技大学以鲜明的专业特色和学科优势，在国家重大技术装备行业和重型机械行业享有盛誉。进入21世纪，学校创造了全国40多项第一，特别是“空间七杆机构大型滚动式钢板剪切机”的研究与开发，使我国成为世界上具备研制此类大型设备能力的三个国家之一。学校也先后参与了国家“八五”“九五”“十五”时期大型冶金成套设备发展规划中的“大型轧机成套设备研制”等12个项目和重型机械设计标准、起重机设计规范等10余项国家标准的编写工作，研发出世界上第一支AP1000核电主管道等，以优异的成绩迎接学校六十华诞。

一、“负重、奋进、笃行、求实”的办学特色

在对过往成绩总结的基础上，学校提出了“负重、奋进、笃行、求实”的办学特色。“负重”二字强调学校在新时期发展中要主动肩负起为国家重型机械行业发展而努力的历史使命，也是我们在艰苦条件下办好大学的真实写照；“奋进”即学校没有因为困难而退缩不前，也没有因为取得的一点成绩而固步自封，是科大人努力适应时代发展潮流，与时俱进精神状态的最好描述；“笃行”作为激励全校师生共同的人生准则，强调不事张扬、讲究实干的工作作风，用实际行动实践我们对民族工业脊梁所许下的承诺；“求实”则是我们的一贯作风，要求科大学子踏踏实实做事，实实在在做人，以服务求生存，以贡献求发展，努力成为品行忠实、作风踏实、功底扎实的人才。这既是对太原科技大学过去辉煌成绩的概括总结，也是对未来发展的方向指引。

二、薪火相传，走向辉煌

为庆祝太原科技大学建校60周年，10月6日，“薪火相传，走向辉煌”太原科技大学60华诞庆典文艺演出在校体育场隆重举行。全国人大常委会副秘书长张少琴，省人大常委会副主任安焕晓，省政协副主席周然，省级老领导王昕、赵劲夫出席，副省长张平讲话。校党委书记杨波、校长郭勇义等校领导和各地校友及社会各界人士同师生们一起观看晚会（10-1）。

图 10-1　校领导与全体演员合影留念

晚会在舞蹈《眸》中拉开序幕。优美的舞姿，生动的表演，彰显出无限的生机与活力。一个“眸”字诠释了科大人“负重奋进，笃行求实”的精神理念，在不断探索中寻求新的发展与方向。由国家一级演员张巍大师等表演的桃李京韵《我是科大人》将传统的京剧与现代说词结合在一起，以一种特殊了方式讲述了一个科大人的心路历程。弦乐四重奏《G 大调弦乐小夜曲第一乐章》由太原理工大学四位老教师演奏（图 10-2）。由学校 16 个学院历经二个月排出来的《青春使命》更是诠释了未来科大人的奋进梦想（图 10-3）。将晚会推向小高潮的是名为《传 • 承》的访谈节目（图 10-4），由赵伟校长、齐向东老师、张翀老师组成的三代老中青教师代表从不同角度分析了科大的过去，讲述了科大的现在，展望了科大的未来。他们的辛勤付出不仅赢得了鲜花，同时也赢得学生们的尊敬与掌声。由学校师生组成的合唱团演唱的《祖国，慈祥的母亲》《思念》为我们奉献了一道美妙绝伦的音乐大餐，跌宕起伏的乐曲使人激情澎湃，迎来阵阵掌声，同时也将晚会推向高潮（图 10-5）。晚会在歌曲《建设和谐大家园》中圆满落下帷幕。

图 10-2　弦乐四重奏《G 大调弦乐小夜曲第一乐章》

图 10-3　舞蹈《青春使命》

图 10-4　访谈类节目《传•承》

图 10-5　大合唱

山西大学、太原理工大学、中北大学、太原师范学院、山西省戏曲学校等兄弟院校，山西省歌舞剧院、山西省京剧院等省级演出团体也为学校 60 华诞带来了精彩节目，送上了浓浓的祝福。社会媒体的积极参与，给学校的 60 年校庆锦上添花到这一伟大盛举中来，与全体科大人共同见证了这一辉煌的历史时刻。

60 年来，学校在学科建设、科技创新、教学质量等方面取得了突出成就，具体做到了以下几点。

第一，学校以学科建设为龙头，坚持“重在建设、贵在特色”的原则，围绕机械和材料两个学科群，不断优化资源配置，努力强化本科专业、重点学科和硕士、博士学位点学科建设，逐步形成了主流学科与新兴学科相互配套、骨干学科与一般学科相互交叉、特色学科与优势学科相互支撑、工程学科与基础学科和人文社会学科协调发展的学科体系。

第二，学校历来重视本科教学和人才培养工作，坚持“出精品，上水平”的原则，不断更新教育理念，深化教学改革，完善质量监控体系，切实保障人才培养质量持续提高。学校培养的学生以“留得下，用得住，上手快，能力强”的鲜明特色深受广大用人单位好评，多年来毕业生就业率一直名列全省高校及全国同类院校前茅，他们大多从事和服务于国家重型机械行业和装备制造领域，在国家机械制造各大企业，许多校友已成为优秀的工程师和杰出的企业家。

第三. 科学研究和技术创新是当代大学的重要功能。太原科技大学具有良好的科研工作传统和氛围，“十五”期间先后参与了三峡水利、西气东输、载人航天等国家重大工程和科技攻关项目，先后与太重集团、中信集团、海安集团等诸多企业建立了紧密的产学研战略联盟，与海安集团在江苏海安县共同创建的“太原科技大学产学研基地”成为校企合作的典范。随着学校改革与发展的不断深入，学科建设迫切需要更多高质量的科研项目和创新性成果，人才培养模式改革迫切需要大批具有科研视野和科研实践的高素质教师队伍，社会服务能力和办学影响力的提升迫切需要大量能解决实际问题、转化为生产力的高水平科技成果。可以说，科研工作已成为承载学校办学特色、提升学校核心竞争力最重要的环节，是学校实现办学目标、彰显办学特色的重要突破口。

面向“十二五”，学校继续将文化继承与文化创新结合起来，把现代大学文化植入学校文化建设体系中，进一步凝练和弘扬“负重奋进，笃行求实”的科大精神，用符合教育规律、体现时代特征、具有科大特色的教育理念来凝聚人心、指导工作，将育人品牌和实效结合，不断推进文化创新，不断完善以大学使命、科大精神、人才培养目标等为主要内容的大学文化体系。为此，学校在总结学科建设、教育教学、科研创新等方面已有成绩的基础上，提出进一步的发展要求。

学科上，面向“十二五”，学校提出以巩固和发展服务于重大装备制造业特色优势学科为核心，以构建“以工为主，理工结合、文理渗透，特色鲜明”的学科专业体系为目标，进一步实施了“学科提升”战略，具体概括为以下几点：① 强化学科专业管理。制定学科专业中长期发展规划，建立学科专业建设预先论证和动态调节机制，进一步完善学科专业建设评估体系，加大学科专业建设监管力度和效益评估。② 优化学科专业结构。以品牌和特色学科专业建设为牵引，推动学科专业整体升级，适应资源型经济转型发展需求，增设战略性新型学科专业，强化机械、材料、电子、计算机、管理等学科建设，积极扶持数学、物理、力学等基础学科建设，进一步繁荣哲学与社会科学，形成特色优势学科、基础学科、人文学科和新兴学科协调发展的学科专业体系。③ 构筑学科平台。加大现有重点学科、重点实验室、博士学位点和一级学科硕士学位点的建设力度，以机械和材料类学科等学科为主体，瞄准国家重大战略需求和装备制造学科前沿，创新学科组织形式，鼓励组建跨学科、跨学院、跨单位学科创新平台，推进多学科交叉与创新，不断丰富和充实学科内涵。④ 汇聚学术队伍。完善学科梯队建设机制、学科带头人负责制和目标任务考核机制，依托学科方向，加大高水平学科带头人、学术骨干的引进和培养力度，强化人才引进的针对性和实效性。

教育教学上，面对社会经济发展新形势对人才提出的新需求以及我国工程产业和工程教育国际化的新趋势，学校提出进一步实施“人才品牌”战略，培养“综合素质较高、实践能力突出、创新意识较强、能主动适应服务面向定位”的工程型和应用型人才，并做到以下几点：① 实施“卓越工程师”计划，结合国际标准、通用标准和行业标准，优化通识课程、专业课程、实践教学课程结构，强学生实践能力和创新能力培养，推进人才培养模式改革。② 积极进行工程专业认证，推进工程教育与国际接轨。③ 推进质量工程建设。强化专业建设、课程建设和教材建设，打造优质教学平台，推进教学团队建设目标化，特色教学资源具体化，力争在品牌（特色）专业、精品课程、教学名师、优秀教学团队、实验教学和教学研究等方面实现新的提升。④ 以教育部“研究生教育创新计划”为契机，探索与科研院所、行业企业联合培养研究生的新机制，推行产学研联合培养研究生的“双导师制”，不断创新培养计划、培养手段、授课方式，完善研究生教育质量保障和监督机制。⑤ 努力提高师资水平，启动和实施教师出国研发、国内进修、企业挂职“三种经历”计划，努力扩大教师赴国外学术访问的范围和规模，支持教师在国内高水平大学进行学术研修，鼓励一线教师赴企业科研和技术岗位挂职锻炼。

学校对科研创新的工作也提出了具体的安排。2010年，学校召开科技工作会议，会上总结了近年来科研工作的基本经验，根据“十二五”期间及未来一段时期内学校总体发展构想，提出要围绕国家装备制造业科技发展和山西省社会经济转型发展的需要，坚持“高端引领、自主创新、技术集成、整机成套”的理念，继续推进“科技兴校”战略，特别是要主动适应山西省转型发展的需要，发挥装备制造领域学科和科研特色，围绕山西省新能源与新工业基地建设战略，瞄准高端装备制造和现代煤化工、新型能源、新型材料、节能环保等领域所需关键设备技术，选取科研课题，进行科技攻关。在具体措施上，学校从制约科研发展的深层次症结入手，从基础工作做起，从内涵建设抓起：一是凝练方向，依托省部级、校级重点学科，紧密结合科技进步前沿和社会发展趋势，进一步拓展学科内涵，充实研究领域，稳定科研方向；二是搭建平台，依托省部级重点实验室、工程研究中心，鼓励跨学科、跨院系以及跨单位科研合作，促进资源共享和优势互补；三是培育团队，以重大科研项目为依托，组建了一批老中青结合、跨学科融合、自由性组合的科研创新团队。在具体实施中，学校根据自身办学特色和实际，坚持把学科交叉和技术集成作为科技创新的重要突破口，努力推进各科研单位结合现有学科资源，努力促进机、电、液、材料与控制等学科的相互融合，促进基础理科与工程学科的相互交叉，推进理工学科与人文社科类学科的相互交流合作。同时，学校始终坚持产学研合作的模式，通过建立更加稳定、更具实效的产学研合作联盟来打造科技研发品牌，增强自主创新能力，提升学校在装备制造行业中的重要影响力；坚持教学与科研相结合，以科研项目研究和成果为基础，在本科教学中及时更新教学内容，转变教学方式，吸收学生参加科技活动和学术活动，培养学生创新能力、实践能力和创业精神，促进本科人才培养质量的提高。

学校60年来办学的诸多成就，是下一阶段发展的重要基石。

第三节 “两地三区”办学布局稳步推进

在各项工作取得重大进展的基础上，学校着力推进“两地三区”（太原、晋城，主校区、新校区、南校区）建设，校园内部环境极大改善，办学布局稳步推进。

一、晋城校区的创建

2012 年以来，学校按照“统一规划，分期实施”的原则，积极努力争取资金，克服重重困难，于 2013 年与晋城市人民政府达成晋城校区合作办学协议，晋城市人民政府、太原科技大学共建太原科技大学晋城校区合作办学协议见图 10-6。

晋城市人民政府　太原科技大学
共建太原科技大学晋城校区
合作办学协议

甲　方：太原科技大学
地　址：山西省太原市窊流路 66 号
乙　方：晋城市人民政府
地　址：山西省晋城市凤台西街 289 号
监督方：山西省教育厅
地　址：山西省太原市长风街 30 号

为进一步贯彻落实省委、省政府转型跨越发展战略，落实省政府办公厅〔2007〕47 次会议精神，经甲乙双方友好协商，就晋城市人民政府和太原科技大学共同建设太原科技大学晋城校区，达成如下协议：

一、合作宗旨和目标

为促进晋城地方经济、社会、科技、文化的发展，发挥高校在人才培养、科学研究、服务社会和引领文化方面的优势，甲方作为办学主体，乙方保证资金投入，同山西省教育厅负责监督管理，根据教育部本科院校的办学条件及标准，建设太原科技大学晋城校区（以下简称校区）。

二、校区运行模式

1. 甲方作为办学主体，全面负责校区的日常管理与资产管护。

2. 乙方负责校区基础设施建设和办学条件保障。

3. 成立合作办学领导组，由山西省教育厅主要领导牵头，甲乙双方负责人参加。

三、各方的权责

（一）甲方的权责

1. 负责校区干部任免及管理、师资招聘与培养、教学组织与管理、学生教育与管理、后勤服务等全部学校日常运行。

2. 负责以“太原科技大学晋城校区”名义招生，并负责在其名下所招学生的学籍管理和学历、学位证书的颁发。

3. 负责校区工作人员的聘任、管理、考核、职称评审与薪酬发放。

4. 负责学生学杂费、住宿费、省拨经费和其它经费的收支管理。

5. 负责依据高等教育办学规律，结合晋城地方经济社会发展需要，在已有专业基础上创造条件，开设能源、化工、环保、机械、材料、电力、电子、物流、信息、经济、管理、人文等学科的本科专业，使学全日制在校生规模逐步达到 5000 人以上，并保证教学质量。

6. 负责制定校区的发展规划、学科与专业建设规划、图书馆及实验室建设规划，师资队伍建设规划，并组织落实。

7. 负责制定校区的科研能力发展与平台建设规划，积极开展与乙方经济社会发展需要密切相关的科学技术研究。

（二）乙方的权责

1. 负责基础设施建设，2016 年完成校区第一期工程的建设，并启动二期建设。

2. 负责提供办学运行补充经费，补充运行经费由两部分组成：一是每年提供 2000 万元基本运行补充经费；二是按在校生数生均 1000 元提供运行补充经费。

3. 按照教育部教育厅有关标准，负责图书资料（含电子资源）、数字化校园、人才队伍、仪器设备和实验室建设所需的经费并列入财政预算，晋城市履行审计责任。

4. 负责根据实际情况，为聘用的教师和甲方派驻校区人员提供周转房、单身宿舍及相关设施。

5. 负责校区师生员工的医疗、医保、户籍管理、周边环境治理等需要地方政府支持和协调的事宜。

（三）监督方的权责

1. 负责定期组织召开合作办学领导组会议，研究解决校区发展运行中的重大问题。

2. 负责监督协调甲乙双方落实协议各项条款。

3. 负责与省政府有关部门协调落实太原科技大学晋城校区年度招生计划。

4. 负责对以“太原科技大学晋城校区”名义招生，并在省报[illegible]

[illegible]

四、协议的变更、补充、中止

[illegible]

本协议有效期从签约之日起至 2023 年 7 月止。

五、违约责任

[illegible]

六、违约争议解决办法

[illegible]

七、其它

1. 在履行本协议的过程中，甲、乙双方就告知对方的重要事项，以书面确认函的内容为准。

2. 本协议经甲、乙双方及山西省教育厅法定代表人签字盖章生效。

3. 本协议一式九份，甲、乙双方及山西省教育厅各执三份，具有同等法律效力。

甲方：太原科技大学　　乙方：晋城市人民政府
代表：郭勇义　　代表：刘[illegible]
2013 年　月　日　　2013 年　月　日

监督方：山西省教育厅
代表：张文栋
2013 年　月　日

图 10-6　晋城市人民政府、太原科技大学共建太原科技大学晋城校区合作办学协议

晋城校区自与晋城市政府合作启动以来，基本建设得到快速推进，在2013年顺利完成97400m^{2}建设任务的基础上，2014年年底完成了97000m^{2}的建设任务，并顺利推进了工程训练中心、学生活动中心、校医院、学生公寓等4个建设项目的开展，并于2013年开始招生。

二、新校区的开发与建设

按照政府规划部门的要求，学校以新校区工程实施的实际情况为准，对新老校区进行了统一整体的规划与部署。2012年9月25日，新老校区规划设计评标大会在学校学术交流中心举行。天津大学建筑设计规划研究总院、上海华东发展城建设计（集团）有限公司、中信建筑设计研究总院有限公司、华南理工大学建筑设计研究院、同济大学建筑设计研究院集团有限公司等五家公司参与投标，包括政府领导、教育厅领导、学校领导、校友以及学校各方教职工代表等233人参与开标大会，并最终以民主投票、专家评审等方式确定同济大学建筑设计研究院集团有限公司为中标单位。当时，学校规划总用地面积629500m^2（944.28亩，不包括学校实际占用的市政道路用地），其中新校区规划用地377151m^2（565.7亩），建筑面积435557m^2，老校区用地252371.65m^2（378.6亩），新建72022m^2，保留165145m^2。学校规划坚持“局部功能独立完善，整体功能有机统一”的原则，以构建新老共生校园、交流共享校园、特色人本校园、绿色生态校园、可持续发展校园为目标，兼具整体化、特色化、现代化、共享化、多样化、人性化、园林化、生态化，突出历史科大、特色科大、现代科大三大主题模块，既达成功能互补，又体现整体效应，展现学校多元融合、兼容并蓄的气质。

为完成新校区的顺利开发与建设，学校经过与政府部门沟通协调，采取“一次性选址，分期供地”的原则，先后完成了新校区一期（南社村）、二期（太钢线材厂）约300亩（净地约223亩）的征地工作，通过购置南社村学生公寓增加校园占地约45亩。新校区一期（南社村）征地工作，在2012年之前完成了用地指标申请、土地征用补偿的基础上，自2012年7月到2015年3月完成土地征用划拨工作，涉及的主要环节包括：《建设项目地震安全评价报告》《项目建议书》《水环境影响评估报告》《建设项目环评报告表》《建设项目节能报告》《可行性研究报告》的服务采购、报告编制、审批；市政供水、供电、供气、供暖、排污许可；银行贷款意向达成；“压覆重要矿产资源”“地质灾害危险性”、建设项目用地预审、《建设项目选址意见书》、免征耕地占用税、《国有土地划拨决定书》《建设用地批准书》《国有土地使用证》审批。在新校区二期（太钢线材厂）征地过程中，最为核心和关键的环节是《拆迁安置补偿协议书》的达成。

三、主校区办学环境的有效改善

对于原有主校区环境的改善，也是这一时期规划的一个重要内容。学校经过多年的不懈努力坚持，在2013年西中环修建之际，于6月18日与万柏林区政府达成《拆迁安置补偿协议书》，协议约定由区政府负责太钢线材厂拆迁安置补偿工作，学校向政府支付拆迁安置补偿费。这种“线材厂征地模式”，保证了拆迁工作的迅速完成，同时也确保了拆迁工作的彻底进行，成为一种行之有效的征地模式。签订协议之后，学校推进完成用地预审、用地规划许可、划拨供地以及《项目建议书》《地质灾害安全评价报告》《水环境影响评价报告》《环境影响评估报告》《可行性研究报告》《节能评估报告》的招标、编制、评审、审批等工作，最终于2016年7月5日顺利完成征地手续。

在原学校北门与体育场之间的建材巷北侧有一长排市建材公司的仓库，占地约2.55亩，建材公司将仓库出租给小商小贩，在此经营餐饮和日杂用品，长期以来，脏乱差的环境给师生生活带来极大的不便。在取得市政府支持和市建材总公司同意的前提下，2013年7月，学校与和平街道办事处签订《建材巷综合整治委托协议》，由街道办事处负责清理拆除，为广大师生提供一个优美的生活环境。同时，学校积极与银行等单位协调，先后于2013年5月获市国资委批复同意，将2.55亩土地及地上资产交由学校处置；2013年6月完成办理《选址意见书》；2013年9月完成项目备案和《用地规划证》办理；2013年12月完成办理《划拨决定书》；2014年2月完成办理《土地证》，学校顺利完成了此项征地工作。通过对建材巷的整治清理，学校将建材巷置于校园管理之下，增加占地面积约8.64亩。同时，学校综合实验教学楼项目在严格规范工程管理、严格工程造价控制的前提下高标准建设竣工，大礼堂改造工程、研究生公寓楼等项目也先后竣工。

学校还先后利用财政专项、社会投资等经费，完成了区域供热煤改气工程、世纪花园住宅小区外墙保温节能改造工程、数字化校园“一卡通”一期工程；启动了南社村学生公寓变电项目，排洪沟改造二期工程，图书馆、教学实验楼等的消防系统改造等工程；在充分调研论证的基础上，学校教职工餐厅按期投入使用，解决了多年来教职工就餐困难的问题；积极推进了教职工安居工程，后勤服务平台正式上线运行，后勤管理水平进一步提升，服务意识和能力得到明显增强。

2014年，学校按预定计划继续推进新校区土地手续及前其筹备工作，其中新校区南社村部分于上半年完成了《环境影响评估报告》《节能报告》论证和审批工作，9月下旬完成了《可研报告》审批工作，近520余亩的两块土地均在10月份完成划拨。学校也进一步加大了主校区基础服务设计改造力度，完成了双线路增容供电改造、学生公寓电控改造、住宅小区自来水改造、校内供水系统改造、锅炉房及周边环境的改造，并积极尝试和引进后勤物业服务管理模式，努力降低后勤服务成本，提升服务水平质量。

学校坚持为全校师生服务，大力推进节能校园建设，自主开发和投入使用了一系列节电、节水设备，代表山西高校系统完成了全国节约型公共机构示范单位创建工作的申报工作，并积极推进数字化校园建设，投资1600多万元实施“一卡通”，方便师生生活。

“两地三区”办学环境的大力改善，极大地拓宽了学校的办学规模，提升了学校的办学质量。

第四节　各项工作跨越式发展

“十二五”期间，学校强化内涵建设，以学科建设为龙头，加强师资队伍建设，强化办学特色，着力提高人才培养质量，不断提升科研工作水平，积极推进产学研工作向纵深发展，各项工作跨越式发展，办学特色与办学层次不断提升。

一、人才培养质量显著提高

“十二五”期间，学校不断强化本科教学地位，全力推进人才培养模式改革，先后两轮修订本科人才培养方案；实施教学质量精品工程，实现国家级实验教学示范中心、国家级精品视频公开课、国家级大学生校外实践基地、国家级本科专业综合改革专业点等的突破；机械设计制造及其自动化专业通过了工程教育专业认证，学校由此成为首个通过认证的非“985”大学和“211”大学，材料成型及控制工程专业认证工作进展顺利；以“大创”项目、学科竞赛为抓手，提高学生的科研兴趣，培养学生的创新能力。学生先后在数学建模、电子设计、挑战杯、机械设计、铸造工艺、化工工艺等全国性学科竞赛中获奖300余项；加快信息技术与教育教学的深度融合，在全省率先用慕课进行课程教学；完善校企合作育人机制，企业在学校设立的奖教（学）金近20项。改革研究生培养模式，完善研究生培养体系，实施“研究生教育创新工程”，加强研究生导师队伍和校内外创新实践基地建设，研究生培养质量和科学研究能力稳步提高。

2012年，学校在教育教学上，围绕新教务系统试运行及质量工程项目两大中心任务开展工作，在学校领导的大力支持下，购买了北京尔雅卓越教育科技有限公司的26门“尔雅通识课”，在通识选修课中全面实现了网络教学。尔雅通识课作为尔雅通识教育重点打造的国内一流通识课程，课程邀请国内外著名学者专家、各学科领域名师亲自授业解惑，经过精良的后期加工制作，为学生呈现出最优质的通识课程。尔雅网络课程的引入，使学生在选修课上能自主地选择老师、选择课程、选择时间进行学习，实现了“三自主”学习。学生利用课余时间，通过网上的在线学习、答题、考试，完成该门课程的学习，取得相应的学分。同时，完成了2012年校教研项目和省教学质量工程项目的申报，获批8项省级教研课题、30项UIT项目、2个省级特色专业、1个国家精品视频公开课建设项目（机械学院徐格宁、文豪、张亮有、陶元芳、孟文俊5位教授主讲的《人类力量与智慧的延伸—物料搬运装备》被列为国家精品视频公开建设课程）；立校教研项目54项；基本完成了新教务系统的试运行；完成了省教育厅对日语、数学与应用数学2个新专业的评审，获省级特色专业建设项目（工业工程与电气工程及其自动化）2项；积极申报全国大学生校外实践教育基地2个：太原科技大学－太原重型机械集团公司工程实践教育中心，太原科技大学－太原国家高新技术产业开发区管理学实践教育（企业群）基地。

2012年3月，学校在全国第三届大学生艺术展演中共获得国家级奖项1个、省级奖项10个，被省教育厅授予“山西省第三届大学生艺术展演活动优秀组织奖”荣誉称号；6月，“永冠杯”第三届中国大学生铸造工艺设计大赛颁奖典礼暨“永冠杯”第四届中国大学生铸造工艺设计大赛启动仪式在学校图书馆六层报告厅圆满结束，学校材料学院学生在此次大赛中荣获大学本科组一等奖一项、三等奖四项、优秀奖一项，研究生组三等奖一项，同时荣获大赛组委会颁发的优秀组织奖；8月，第五届“高教杯”全国大学生先进成图技术与产品信息建模创新大赛在上海东华大学隆重举行，学校首次派出机械工程学院7名同学参加了机械类组的比赛，并在比赛中获两项个人一等奖、五项个人二等奖的优异成绩；11月，学校计算机学院学生在“天翼华为杯”2012年全国计算机应用设计大赛中获金奖，充分展示了计算机学院近年来积极推进实践教学改革的成果，进一步提升了学校在全国的影响力。

2013年，学校教育教学改革稳步推进，人才培养结构进一步优化。2013年学校本科生招生4519人，硕士生招生531人，博士生招生19人，三类学生招生规模均达历史最高，专科生和二本C类招生规模继续缩减，全校各类在校学生人数23814人，在校生规模达到建校以来最高值。本科生源质量进一步提高，在6个省份新生录取均分超出当地录取线40分以上，在12个省份超出20分以上。“本科教学工程”取得新的突破，2013年申报获批《信息管理与信息系统》1门省级特色专业，申报无机非金属材料、物联网工程、知识产权、工艺美术等4个本科专业；通过了机电工程和车辆工程2个新专业学士学位授权的审核。机械实验教学中心获批国家级实验教学示范中心，《人类力量与智慧的延伸——物料搬运装备》获批教育部精品视频公开课。太原科技大学－太原重型机械集团有限公司工程实践教育中心获批教育部大学生校外实践教育基地，另获批教育部大学计算机课程改革项目1项，山西省高等学校实验教学示范中心1个，山西省大学生创新创业基地1个，山西省高等学校虚拟仿真实验教学中心2个，山西省精品资源共享课程17门，学生“第二课程”建设成效明显。全年组织和参加全国大学生竞赛项目近20次。

同时，“化学与生物工程实验教学中心”申报获批为山西省高等学校实验教学示范中心；“起重运输与工程矿山机械虚拟仿真实验教学中心”“材料力学性能虚拟仿真实验教学中心”申报获批为山西省高等学校虚拟仿真实验教学中心；“基于计算思维的地方高校大学计算机基础课程教学改革与实践”申报获批教育部大学计算机课程改革项目；“电子与控制综合创新实践平台”申报获批山西省高校大学生创新平台建设项目；孟文俊、王伯平和高文华教授评为山西省教学名师，陈立潮和崔小潮教授分别被聘为教育部大学计算机课程教学指导委员会委员、力学类专业教学指导委员会委员。

学校努力促进第二课堂教学，注重提高学生创新实践能力。2013年5月，学校机械工程学院学生的参赛作品《母婴自行车》在“第三届全国大学生机械产品数字化设计大赛决赛”中荣获一等奖，车辆工程专业和机械电子工程专业被授予学士学位；10月，学校博士后科研工作站首届博士后进站仪式隆重举行，正式开启了学校首届博士后流动站；11月，学校学子凭借参赛项目——“车轮滚滚”校园自行车租赁，获得第六届全国大学生网络商务创新应用大赛二等奖，学校也被大赛组委会授予“优秀组织院校奖”。2014年5月，学校学子在“第四届全国大学生机械产品数字化设计大赛”决赛中荣获一等奖一项、三等奖三项，创历史最好成绩；8月，学校5名学子组成的chemitech代表队在第八届全国大学生化工设计竞赛全国总决赛中，荣获全国一等奖；9月，学校学生在2014年“科研类全国航空航天模型锦标赛暨中国国际飞行器设计挑战赛”中获得一等奖、二等奖各一项，该成绩位列我省参赛高校之首；11月，学校首批招收的工程硕士（设备监理）研究生18人全部完成了校内课程学习，通过了学位论文答辩，标志着学校全国首批设备监理工程硕士培养工作取得了阶段性成果。

2014年，学校在质量工程项目建设上取得重大进展，并继续深化专业内涵建设，拓展人才培养途径。“计算机实验教学中心”被评为山西省实验教学示范中心；学校遴选推荐“理论力学”等15门课程申报2014年山西省精品资源共享课；陶元芳、张雪霞和赵志城教授评为山西省教学名师；2014年获批省教研立项7项，其中重点2项；特色专业信息与计算科学1个；大学生创新项目35项，其中国家级9项。2014年，以结合信息化教学平台、利用现有网络资源，改进教学模式与教学方法为立项指南，通过初评、答辩的程序共设立校教研项目42项，其中重点6项，在此基础上推荐11项申报2015年山西省教研项目。

同时，学校于2014年申报获批信息与计算科学1门省级特色专业；获批无机非金属材料、物联网工程2个新专业；申报知识产权、工艺美术2个新专业；配合计算机学院、法学院通过了计算机科学与技术和法学2个新专业学士学位授权的审核；配合机械学院完成了机自专业工程认证；组织自动化、材料成型与控制工程两个专业负责人和相关教师进行了三次工程认证培训。

2015年，在原有基础上，学校质量工程项目建设取得更大成绩。学校申报获批了机械电子工程1门省级特色专业；获批工艺美术1个新专业；申报采矿工程1个新专业；获批国家级大学生创新创业训练项目9项，省级大学生创新创业训练项目28项，校级大创项目立项88项；获批省教研立项6项，其中重点1项。学校围绕课程考核方式的改革、MOOC课程建设为立项指南，通过初评、答辩校教研项目立项44项，其中重点8项。2015年学校软件工程、焊接技术与工程、生物工程专业顺利通过新增专业学士学位授权审核，列为学校学士学位授予专业。

学校也继续加大学科竞赛宣传力度，学科竞赛再创佳绩。2015年7月，学校学子组成的NewMaker队参加了第十四届全国大学生机器人大赛，成功入围全国16强，并荣获国家二等奖，学校成俊秀老师荣获优秀指导老师称号；在第八届“高教杯”全国大学生先进成图技术与产品信息建模创新大赛上，学校学生首次荣获机械类团体二等奖的优异成绩，四位指导老师获得优秀辅导老师二等奖；8月，学校学子组成的至净制醇团队荣获第九届全国大学生化工设计竞赛全国总决赛一等奖；9月，学校的创新作品《多节臂多向铲挖掘机》荣获BICES中国——第三届国际工程机械及专用车辆创意设计大赛二等奖，学校New Maker创新实验室航模队在2015中国国际飞行器设计挑战赛暨科研类全国航空航天模型竞标赛的“对地侦查”比赛项目中，获得了一等奖。这一阶段，学校学生获国家级奖励共33项，省级奖励120余项，另获批国家级大学生创新性实验项目（UIT）9项，省级30项，均创历史最高水平。

2016年全年，学校共申报获批机械设计制造及其自动化和自动化专业2个省级优势专业；获批采矿工程1个新专业；申报酒店管理、旅游管理、德语、数字媒体技术、数据科学与大数据技术等5个新专业。学校获批国家级大学生创新创业训练项目9项；省级大学生创新创业训练项目26项；校级大创项目立项124项，其中73项为有资助的项目，53项为仅立项但无资助的项目。2016年获批省教研立项6项，其中重点1项；校级教研项目立项34项，其中重点项目5项，校级一般项目25项，自筹经费项目4项。2016年学校能源化学工程专业顺利通过新增专业学士学位授权审核，列为学校学士学位授予专业。

2016年，学校积极推动教育教学改革。学校以混合式教学为立项主题，设立校教研项目34项；学校组织完成了学校首届微课程设计大赛，评选出一等奖4名、二等奖12名、三等奖16名、优秀奖16名。学校一等奖获得者机械学院马丽楠老师参加了山西省青年教师基本功大赛并获得山西省一等奖，代表山西省参加了全国青年教师基本功大赛获得优秀奖；应用科学学院王欣洁、张新鸿参加了全国数学微课程设计大赛，获华北赛区特等奖，王欣洁还获得了全国一等奖，成为山西省高校在第二届全国数学微课竞赛上唯一获一等奖的项目。学校还积极组织教师申报第九届全国大学生创新创业年会参展作品，其中岳一领老师指导的机械工程学院2013级本科生李国卿、郝俊杰和杨琪共同主持参与的国家级“大创”项目“基于慧鱼模型的智能快递车”成功入围第九届全国大学生创新创业年会，并获得了首届全国大学生创新方法应用大赛“创新方法应用优秀学生团队奖”，成为山西省高校在本届年会上唯一获奖的项目。8月，学校申报的“企业社会责任研究中心”和“装备制造业创新发展研究中心”两个省级人文社会科学重点研究基地接受省教育厅专家立项评审，顺利通过；学校学子组成的Pathbreakers团队荣获第十届全国大学生化工设计竞赛全国总决赛一等奖。同时，学校大力落实国家四部委关于深化研究生教育改革的意见，出台了《太原科技大学研究生教育改革方案》，努力提升研究生培养质量，研究生教育和管理工作进一步规范，全年共有7项研究生教研课题、9项研究生创新项目通过省教育厅批准立项。学校教育国际化进程明显加快，全年共有9名本科生和研究生赴国外大学交流学习，与美国北佛罗里达大学、加拿大阿尔伯塔大学、德国德累斯顿经济技术大学、英国伯明翰大学等国外大学拟定了师生交流具体方案。

学校高度重视学生实践能力的培养，为了满足我国企业的国际化需求，提高人才培养中工程师专业学生的素质，对即将毕业的焊接专业学生专门进行了焊接工程师培训。国际焊接工程师（IWE）是ISO14731所规定的最高层次的焊接技术人员和质量监督人员，是重大装备焊接结构制造企业取得国际产品质量认证的重要条件之一，是焊接结构设计、工艺制定、生产管理、质量保证等各项技术和任务的主要承担者，在企业中有着举足轻重的决定性作用。2012年4月15日，第83期在校生国际焊接工程师培训班结业典礼在太原举行（图10-7），学校焊接专业的26名本科生和研究生获得国际焊接工程师IWE证书。这项工作不但促进了焊接专业教学改革，也加强了学生工程能力和创新能力的培养和提高。

图10-7　第83期在校生国际焊接工程师培训班结业

学校始终坚持以教学工作为主线，先后制定和完善了《学分制教学及学籍管理办法》《学科竞赛组织管理办法》《全日制本科国际交流生教学管理办法》《就业指导课程全程化实施方案》等9个教学管理和创新制度，启动了2015年本科培养模式修订工作。2015年全年2部教材成功申报国家“十二五”规划教材（全省仅2部），1门课程被评为国家精品视频公开课（全省仅2门），省级教研项目立项7项（含重点项目2项），UIT项目立项30项（其中国家级9项），3人被评为教学名师，信息与计算科学被评为省级特色专业，计算机实验教学中心被评为省级实验教学示范中心；机自专业正式通过工程教育专业认证，成为全省第一个正式通过认证的高校和工程专业；自动化、材料成型与工程专业完成工程教育专业认证前期准备工作；制定了MOOC课程管理规定，在全省高校中率先承认了MOOC学分；本科生实际招生5339人，招生数和在校生规模均达到建校以来最高值。

经过近几年持续不懈的努力，学校人才培养模式创新和教学质量改革工程逐步落实和体现到学生素质能力提高的轨道上来。学校资助的近20个有影响力的大学生学科竞赛，共获得国家级奖项20余项，其中，在全国大学生先进成图技术与产品信息建模创新大赛、第八届全国大学生化工设计竞赛、第四届全国大学生物联网创新应用设计大赛、全国大学生机械产品数字化设计大赛均获得国家一等奖多项，第八届中国节能竞技大赛团体排名与西安交通大学并列全国第三，2014年全国大学生“小平科技创新团队”1个（全省唯一一个），第八届全国计算机博弈锦标赛中，获国家二等和三等奖共5项，均创历史最好水平，教师和学生组织参与科技竞赛活动蔚然成风。

学校也不断推进大学生思想政治、理想信念、安全意识、职业规划等方面的教育制度化，推进辅导员队伍专职化，努力开展《春——生机科大》《夏——热情科大》《秋——印象科大》《冬——情暖科大》等为代表的系列校园文化活动，大力活跃校园氛围；继续全方位推进大学生就业工作，打造“七校联盟”大型毕业生招聘双选会品牌，截至8月底本科毕业生一次性就业率达到72%，实际就业率稳居全省高校前列。

学校也积极开展了国际教育交流和合作工作。“十二五”期间，学校新增海外合作院校9所，初步形成以美国、加拿大、澳大利亚和英国等英语语系为主，日本和德国等其他语系为辅的校际交流与合作格局。合作项目涵盖教师学术交流与互访、硕士生、博士生联合培养和攻读学位、本科合作办学和短期交流学习等。59名教师获批国家和省筹资助公派留学项目；累计派出教师赴外留学、访学和短期交流近150人次，来校访学访问60人次；环境工程专业合作办学项目累计招生60人；累计派出46名本科生和硕博士生出国访学或攻读学位；累计接收52名本科生来校短期访学。

二、学科建设取得重大进展

“十二五”期间，学科实力得到大的提升。组织实施了第四期学科梯队建设工程，大力推进协同创新中心建设。太原重型机械装备协同创新中心成为山西省2个A类重点协同创新中心之一和4个重点创新基地之一，油气压裂支撑剂协同创新中心成为山西省扶持创新基地。冶金设备设计理论与技术实验室成为省部共建重点实验室。机械工程和材料科学与工程2个一级学科成为山西省特色重点学科。新增2个博士学位一级学科授权点、8个硕士学位一级学科授权点，新增法学、社会工作2个专业硕士学位点。

2011年，学校制定了学科和专业建设规划，积极筹备学科建设会议，启动了第四期学科梯队建设工程。新学科梯队建设方案继续坚持“重载建设，贵在特色”和“有所为有所不为”的原则，组建了校特色优势学科、重点建设学科、重点扶持学科三大类共33

个学科梯队，配套制定了更为科学和有效的学科管理激励机制。

2011 年，学校特色优势学科、重点建设学科、重点扶持学科梯队情况表见表 10-1。

表 10-1　太原科技大学特色优势学科、重点建设学科、重点扶持学科梯队一览表

梯队类型	梯队名称	首席	学科方向名称	学科方向带头人	学 术 骨 干
校特色优势学科	轧制设备设计及理论	黄庆学	高精度漏制设备设计及理论	黄庆学	马立峰，帅美荣，楚志兵，李断涛，朱琳
			高精度轧制精整设备设计及理论	周存龙	王效岗，李自贵，马立东，杨霞
			轧制摩擦学理论与设计	王建梅	姜正义，田雅琴，桂海蓬，申宝成，李宏杰
	起重运输机械设计及理论	徐格宁	起重机械金属结构 CAD/CAE、可常性与安全评估方法	徐格宁	陶元芳，卫良保，杨项刚，张福生，杨恒，李宏娟
			起重运输机械现代设计方法和动态控制	秦义校	高有山，杨明亮，范小宁，王全伟，渠晓刚，张志鸿，岳一领，常争艳
	连续装卸输送机械设计及理论	孟文俊	连续搬运机械及其系统设计和智能化研究	孟文俊	周利东，牛雪梅，孙晓霞，宁少慧，王文浩，王鹏锦
			物流系统与现代物流装备	韩刚	张亮有，姚艳萍，薛天路，高英，武学峰，薛受文
			装卸机械安全评估理论及方法	文豪	王全伟，姚峰林，张华君，纪玉祥，董科，田晓明，陆凤仪
	工业工程	曾建潮	制造系统智能优化与调度	曾建潮	王丽芳，杨晓梅，郭银章
			企业数据挖掘与知识工程	张继福	张素兰，蔡江辉，杨海峰
			运筹工程与管理决策	崔志华	谢丽萍，孙超利，胡静
	车辆工程	孙大刚	工程车辆振动的控制与利用	孙大刚	燕碧娟，孙宝，王军
			工程车辆结构及关键技术应用研究	张洪	王伯平，智晋宁，董洪全
			工程车辆动力学	史青录	边晋毅，工爱红，要志斌，张喜清
	机械电子工程	张学良	机电系统结构动态特性与智能优化	张学良	温淑花，兰国生，刘丽琴，贾育秦，沈晋君
			液压传动及系统集成与控制技术	孔屹刚	贾跃虎，安高成，宋福荣，魏聪梅，席景翠，武永红
			并联机器人动力学与测控技术	李海虹	赵坚，陈永会，刘畅，胡嵘，张帅
	机械制造及其自动化	闫献国	先进加工技术	闫献国	李淑娟，郭宏，王敏，张芳
			特种加工技术	张平宽	王晓慧，王慧霖，韩建华
			数字化设计与制造	杜娟	刘中，宋建军，王春燕

（续）

梯队类型	梯队名称	首席	学科方向名称	学科方向带头人	学术骨干
校特色优势学科	金属材料先进成型技术与设备	李永堂	连续成型与精密成型	李永堂	齐会萍，胡勇，闫红红
			锻压设备理论与控制	雷步芳	付建华，刘志奇，巨丽
			材料加工先进制造技术	宋建丽	杜诗文，杨雯，曹建新
	轻质高强金属结构材料与功能材料研究	柴跃生	轻质高强金属结构材料成型技术研究	柴跃生	张代东，田玉明，林金保，罗小萍，闫晓燕，刘文峰
			轻质高强金属结构材料基础研究	李秋书	金亚旭，孙钢，房大庆，康丽，孙述利，王健
			功能材料的制备与性能研究	张敏刚	梁丽萍，周俊琪，郑建军，宫长伟，闫时建，张雯，郝建英
	大型锻件圆造科学与技术	刘建生	塑性成形理论及模拟技术	安红萍	游晓红，关明，白墅洁，应兴旺，秦敏
			难变形合金锻造理论与技术	陈慧琴	刘岩，何文武，赵晓东，田香菊
			关键大锻件制造理论与技术	刘建生	竟素娥，田继红，郑晓华，张秀芝
	材料成型技术研究	吴志生	轻合金焊接工艺及设备研究	吴志生	雷建民，高珊，阴旭，孔海旺
			MEMS 器件微连接技术研究	刘翠荣	刘卯生，王宏，李科，葛亚琼
			大型装备部件表面堆焊技术研究	刘洁	权旺林，王荣峰，赵丽，王学峰
			金属液态成形及凝固控制技术	王录才	王芳，武建国，张树玲，王艳丽，游晓红
			凝固技术及新材料	闫志杰	王宥宏，郝维新，赵达文，刘素清
	先进轧制技术及过程控制	双远华	钢管轧制与自动化	双远华	杨晓明，郝润元，赵春江，胡建华
			高精度轧制工艺技术与装备	李玉贵	李炳集，同育全，胡鹰，马际青
			先进轧制技术及理论	张小平	秦建平，陈建勋，杜晓钟，刘光明
校重点建设学科	控制科学与工程	孙毅	重型装备控制理论与控制系统研究	孙志毅	李虹，柏艳红，孙前来，李晔，毕友明，金坤善
			先进控制理论及应用	张井岗	陈志梅，王海稳，文新宇，王建安，王贞艳
			计算机测控系统与装置	赵志诚	闫学文，何秋生，邵学卷，陈高华，刘鑫
			复杂系统建模、调度与仿真	王宏刚	张锐，李斌，张瑞平，黄庆彩，张春美，郭红戈

（续）

梯队类型	梯队名称	首席	学科方向名称	学科方向带头人	学术骨干
校重点建设学科	环境科学与工程	钱天伟	核废物处置及水土资源环境	钱天伟	李一菲，霍丽娟，刘晓娜，高淑琴，马骏
			纳米环境修复技术	赵东叶	刘宏芳，丁庆伟，王婷，杨改强
			水处理技术及工艺	郭亚兵	王守信，胡钰贤，李秉正，张婵
			大气污染物排放及控制	何秋生	郭少青，田晋平，郭栋鹏，张丽平，杨国义
	软件工程	陈立潮	软件系统与服务	陈立潮	潘理虎，谢斌红，赵淑芳，荀亚玲
			软件分析与建模技术	白尚旺	党伟超，刘春霞，武研，刘爱琴
			基于 Agent 的软件技术	高慧敏	刘静，闫临霞，李晓波，王俊艳
			软件体系结构	张英俊	介婧，赵旭俊，胡立华，仇建平
	哲学	毛建儒	马克思主义哲学	毛建儒	李健，牛颐媛，张海燕，张荣
			科学技术哲学	武杰	李志勤，黄勇，杨常伟，卫郭敏
			伦理学	王常柱	李润珍，李丽华，王天佑，刘秀珍
			外国哲学	王颖斌	赵海燕，杨秀菊，杨立荣，霍刚
	管理科学与工程	任利成	信息化与供应链管理	任利成	陈兆波，郭艳丽，王文利，卫涛，覃宇强，刘晋霞，柴春峰
			技术创新与管理	李亨英	苏星海，李斌，赵军，张永云，魏娜莎
			项目管理	金波	李忠卫，王玫，韩树荣，杜静
			资源环境管理	关海玲	卢文光，杨赛明，侯彦龙，王耀文，王颖，徐卫滨
	力学	崔小朝	材料成型过程模拟与控制	崔小朝	梁清香，李兴莉，马永忠，牛学仁，张俊婷，晋艳娟
			复合材料断裂理论与结构设计	林金保	常红，姚河省，马崇山，张柱，李光明
			材料和结构的动力学分析	赵子龙	戴保东，田锦邦，张旭红，张伟伟，李建宝
			高温材料力学行为	李忧	王灵卉，常莉莉，刘浩，杜秀丽，陈艳霞

（续）

梯队类型	梯队名称	首席	学科方向名称	学科方向带头人	学术骨干
校重点建设学科	数学	李俊林	复合材料断裂复变方法研究	李俊林	张雪霞，王姝，董安强，王芳，谢秀峰，彭英
			最优化理论及其应用	何小娟	王希云，张红燕，李晓峰，陈培军
			科学计算与信息处理	李毅伟	任红萍，刘晨华，庞宁，申理精
			图论与泛函的应用	原军	黄丽，李晶，王银珠，张新鸿，马瑞芬，刘爱霞
			工程问题数值模拟与统计学研究	杨斌鑫	黄志强，段西发，齐培艳，马海强，杨栋辉
	计算机科学与技术	徐玉斌	无线传感器网络与物联网技术	徐玉斌	乔钢柱，赵静，王猛，康葆荣
			智能计算	谭瑛	莫思敏，蔡星娟，时振涛，周小波
			图形与图像处理	张荣国	李晓明，赵俊忠，李富萍，赵建
			群机器人协调控制	薛颂东	王艳，张国有，李建伟，甘婕
	马克思主义理论	赵民胜	马克思主义发展史	杨波	樊跃发，成跃，贾捷，张晓琴
			思想政治教育	赵民胜	李敏，靳秀荣，王继新，李艳馨，段晓丽
			中国近现代史基本问题研究	李建权	廖启云，刘荣臻，武艳红，赵颖，姚文艳
			马克思主义中国化研究	王梅	张永光，李梅丽，张檀琴，王新燕
			马克思主义基本原理	赵丽华	王宝儒，李文管，李海平，谭桂娟，骆婷，常春雨
	光学工程	魏计林	光纤传感与应用	魏计林	王青狮，李传亮，李晋红，邱选兵
			光电器件与光检测技术	刘淑平	陈琳英，杨旭东，陈峰华，毕精会
			信息光子学	赖云忠	孟慧艳，冯志芳，李旭峰，孟继轲
	工商管理	何云景	市场营销与创业管理	何云景	刘瑛，冯霞，常洁，徐林详
			技术创新与风险管理	柴永红	吉萍，王学军，续飞，史竹琴
			人力资源与企业文化	马旭军	郭玉冰，李敏，张竭，张丽
			资本市场与财务管理	田丽娜	白宪生，周迎，郭凌云，刘文华

（续）

梯队类型	梯队名称	首席	学科方向名称	学科方向带头人	学 术 骨 干
校重点扶持学科	电气工程	韩如成	电能质量控制	韩如成	智泽英，左龙，宋卫平，闫晓梅
			复杂机电系统的控制与应用	齐向东	刘兵红，曹金亮，杨晋岭，康琳
			电力系统稳定性研究	于少娟	郭艳飞，丁伟，高云广，李小松
			电力电子与新能源发电技术	潘峰	刘立群，王清华，黄莉，杨铁梅，曹俊琴
	信息与技术工程	王安红	数字媒体编码加密与传输技术	王安红	李志宏，石慧，武晓嘉，刘丽
			模式识别与图像分析处理	田启川	张雄，郭一娜，郑秀萍，贾志刚，宁爱萍
			无线传感器网络技术	卓东风	宋仁旺，李美玲，杨勇，李丽君
			嵌入式技术及应用	李临生	高文华，乔建华，郭锐，王刚飞
			图像通信技术	董增寿	常春波，郭晓东，王海东，赵贤凌
	外国语言文学	刘晓虹	跨文化对比研究	刘晓虹	邱德伟，刘妍华，郝玉峰，梁高燕，张妙霞，王婷，温玉仙
			英语语言理论与应用	董艳	郭霞，文慧，张红丽，雷海燕，赵海萍，樊水仙，王海娇，崔艳英
			英美文学	胡艳	董艳，杨晓丽，亢淑平，潘洁，任伟利，郭智勇，石冠辉，齐明皓
	冶金工程	孙斌煜	连铸理论研究及系统仿真	孙斌煜	杜晓钟，孟进礼
			转炉炼钢数值模拟	张芳萍	李海斌，王慧
			金属凝固理论与技术	杨小容	秦妍梅，任志峰
	法学	郭相宏	诉讼法学	姚宪弟	吴宏毅，李慧，郭宇燕，周山，王晓琴，高美艳，周洁，朱小庆，姚雅洁
			法学理论	郭相宏	王亚利，陈凯，安明贤，刘娟，李红燕，段丽，范晓东，扈晓芹
			民商法学	任俊琳	陈俊琳，陈华丽，马永哲，任中秀，王富超，张文江，任瑞芝
			经济法学	张继宏	郝继宏，赵锐，樊杏华，靳蓉蓉，李英兰，宋晓燕

（续）

梯队类型	梯队名称	首席	学科方向名称	学科方向带头人	学 术 骨 干
校重点扶持学科	美术学	王晋平	东方绘画语言研究	史宏蕾	赵建中，曹治远，曹永林
			西方绘画语言研究	王晋平	董世明，刘国芳，段堪煌
			传统艺术设计研究	伊宝	董毅芳，闫琰，王玉轩
			现代艺术设计研究	杨刚俊	孙长春，赵国珍，杜立鹏
	体育学	王满福	体育人文社会学	王满福	杨海庆，王兴一，张凯飞，丹豫晋，王燕
			运动人体科学	张凤霞	刘乃红，岳冠华，朱晋元，申建喜，张晋峰
			体育教育训练学	居向阳	王平，朱舰，张登峰，王峰，闫健
	应用经济学	乔彬	产业集群与技术创新	乔彬	杜晓英，盖兵，梁佳，程艳
			区域产业结构优化与可持续发展研究	吕月英	田新翠，李静，李涛，张晓燕，杨荧娜
			城市化与城市经济问题	刘传俊	张翀，吴世泽，刘捷，王旭青
	交通运输工程	晋民杰	运载工具现代设计理论及运用技术	般玉枫	李捷，李自贵，范英，岳一领
			物流系统规划、仿真及评估技术	高崇仁	杨志军，袁媛，张文军，王晓军
			交通设施与安全技术	晋民杰	杨春霞，刘世忠，刘秀英，杨秋林
			道路与铁道工程	栗振锋	彭英，秦园，田燕娟，张俊婷
	社会学	乔中国	社会工作理论与实务	乔中国	卫小将，武俊萍，何芸，赵素燕，郝嘉利
			社会管理创新和社会发展建设	周玉萍	任俊琳，田先梅，刘茜，郭治谦
			社会问题与社会政策	李喆	蔡萍，梁海峡，郭变红，刘馨，康永征
	化学工程与技术	王远洋	有机化工	高竹青	马建荣，赵晓霞，逯宝娣，高晓荣，智翠梅
			工业催化	史宝萍	池永庆，赵玉英，卢海强，王艳
			材料化工	刘雯	张铁明，张静，毛树红，潘瑞丽
			能源化工	王远洋	薛永兵，苏深，王迎春，石国亮

（续）

梯队类型	梯队名称	首席	学科方向名称	学科方向带头人	学术骨干
校重点扶持学科	心理学	李晓林	认知发展与教育	白洁	王荣，李琛，韩维革，高永勇
			心理咨询与治疗	马骊	张佳，朱琨，张晋萍，李娜
			工程与管理心理	李晓林	董朝辉，周保平，张姝娴，杨丽霞

2011，学校博士学位、硕士学位和授予权学科情况表见表10-2和表10-3。

表10-2　太原科技大学博士学位授予权学科

学科门类	一级学科	二级学科
工学	* 机械工程	机械设计及理论 机械制造及其自动化 机械电子工程 车辆工程 重型装备控制理论与工程 工业工程
	* 材料科学与工程	材料物理与化学 材料学 材料加工工程

注：* 表示一级学位点学科。

表10-3　太原科技大学硕士学位授予权学科

学科门类	一级学科	二级学科
工学	* 机械工程	机械设计及理论 机械制造及其自动化 机械电子工程 车辆工程 重型装备控制理论与工程 工业工程
	* 材料科学与工程	材料物理与化学 材料学 材料加工工程 材料力学行为与结构设计 环境修复材料科学与技术
	* 控制科学与工程	控制理论与控制工程 检测技术与自动化特置 系统工程 模式识别与智能系统 导航、制导与控制

（续）

学科门类	一级学科	二级学科
工学	* 力学	一般力学与力学基础 固体力学 流体力学 工程力学
	* 计算机科学与技术	计算机软件与理论 计算机系统结构 计算机应用技术
	* 环境科学与工程	环境科学 环境工程 绿色化学工程
	* 光学工程	光学工程
	* 软件工程	软件工程
	冶金工程	钢铁冶金
	电气工程	电力电子与电力传动
	电子科学与技术	电路与系统
	农业工程	农业机械化工程
	交通运输工程	交通信息工程及控制
理学	* 数学	基础数学 计算数学 概率论与数理统计 应用数学 运筹学与控制论
	物理学	光学
管理学	* 管理科学与工程	管理科学与工程
	* 工商管理学	会计学 企业管理学 旅游管理学 技术经济及管理学
经济学	应用经济学	产业经济学
哲学	* 哲学	马克思主义哲学 中国哲学 外国哲学 逻辑学 伦理学 美学 宗教学 科学技术哲学
法学	* 马克思主义理论	马克思主义基本原理 思想政治教育 马克思主义中国化研究 马克思主义发展史 国外马克思主义研究
	法学	法学

注：* 表示一级学位点学科。

2012 年 4 月，学校和江苏江海集团共建“锻压装备产业研究院”揭牌仪式在江苏省海安县锻压机械工业园区隆重举行（图 10-8），此次共建“锻压装备产业研究院”，将更有效地整合双方在科研和生产上的资源，在共同推进锻压装备新技术、新产品的开发的同时，提高学校的科研能力和办学水平。

（a）

（b）

图 10-8　太原科技大学与江苏江海集团共建“锻压装备产业研究院”揭牌仪式

2012 年 6 月，学校与太原国家高新技术产业开发区签署产学研战略合作协议，此举是深入贯彻国家“2011 计划”的一项重要举措，有利于学校提高教学质量和科研水平，加速推进学校科技创新和技术成果的转化；也有利于进一步推动太原高新区科技创新体系建设，增强高新区企业技术创新能力，提升企业核心竞争力；同时，中国系统科学研究会与学校合作建设“太原科技大学中国系统哲学研究中心”的签字仪式在学校学术交流中心隆重举行，原国家经济体制改革委员会副主任、原山西省副省长、中国系统科学研究会会长乌杰教授、山西省人民政府张平副省长、原山西省人大常委会副主任、中国系统科学研究会赵劲夫副会长、山西省教育厅李东福厅长、太原市人民政府廉毅敏市长，以及学校杨波书记、郭勇义校长、李志勤副书记、李忱副校长、柴跃生副校长出席了签字仪式。中心的成立和建设必将对学校的办学水平和实力的提高起到重要的促进作用，对进一步繁荣山西省哲学等社会科学发展水平具有重要意义。

（a）

（b）

图 10-9 “太原科技大学中国系统哲学研究中心”签字仪式

2013 年，由学校牵头、与太重、太钢、中国重型机械研究院、华中数控、中南大学等合作建设的太原重型机械装备协同创新中心，在申报国家“2011 计划”答辩评审中成绩名列前茅，成为我省重点冲击国家“2011 计划”的两个中心之一；社会工作专业成为国家首批社会工作专业人才培训基地，太原重型机械装备创新基地获批山西省重点创新基地，油气压裂支撑剂装备创新基地获批山西省创新培育基地。学校学科专业规模进一步扩增，新增无机非金属材料、物联网工程、知识产权、工艺美术四个本科专业，信息管理与信息系统成为省级特色专业，与美国奥本大学合作建设的“2+2”环境工程专业国际班成功招生首届学生；积极组织和推进化学工程、安全工程、法律专业学位和社会工作硕士授权点的申报工作；继续落实学校“十二五”学科建设规划，组织完成了第四期学科梯队、学科建设经费的发放及任期考核工作。2013年，学校科技和产学研工作持续推进，全年新承担国家“面上”项目6项，青年科学基金6项，国际（地区）合作与交流项目2项，青年基金1项，资助总经费达到650万元；承担山西省科技攻关计划、基础研究计划、科技厅和发改委重大专项十余项；全年完成科研进款3100余万元，其中纵向科研进款1900余万元，横向科研进款1200余万元。人文社会科学研究有了大的进步，全年纵向科研进款近180万元，比上一年增加了1倍。其中，承担国家社会科学基金、教育部人文社会科学规划基金、教育部人文社科基金等国家级项目5项，资助总经费达到52万，均创历史最好水平。学校全年SCI收录论文100余篇，EI收录论文150余篇，CSSCI收录论文27篇。申请国家专利70项，授权国家专利46项，其中发明专利占到50%以上，出版著作30余部，授权软件著作权9项。鉴定成果3项，其中，国际领先1项，国际先进2项。全年科研成果获山西省技术发明类一等奖1项，获山西省科技进步类二等奖1项，获中国机械工业科学技术一等奖2项，获中国专利优秀奖1项，新获批山西省高校优秀创新团队1个，新增山西省高校重点实验室1个。

同时，学校在这一阶段还取得了如下的具体成绩：2013年1月，中国机械工业联合会三届五次会议暨中国2012年中国机械工业科学技术奖颁奖大会在湖北襄阳隆重召开，学校黄庆学教授主持完成的“一种新型宽厚板滚动剪切方法与装备技术”荣获2012年中国机械工业科学技术一等奖，该项目所涉及核心及整机技术拥有7项国家发明专利，涉及的计算方法和仿真软件拥有7项国家计算机软件著作权，学校均为第一发明人，此技术与装备填补了世界在液压滚切方面的空白，并已经成功应用于国内多家大型钢铁生产厂家，有效解决了板带精整剪切质量问题，创造了较大的经济和社会效益；5月，根据《民政部关于确定首批民政部社会工作专业人才培训基地的通知》，学校获批建立山西省内唯一的首批民政部社会工作专业人才培训基地；8月，山西省副省长张复明一行来学校考察调研，深入了解了学校教育教学资源配置、教育教学质量管理、科技创新和产学研合作、高质量人才引进和培养以及晋城校区建设使用等方面的情况，勉励学校要继续努力推进学校的特色发展、内涵发展、协调发展、协同发展、实践发展，办特色鲜明的高水平大学，为加快我省转型跨越发展做出新的贡献。他还特别强调，学校要在“卓越工程师”培养和协同创新计划上狠下功夫，争取在一两年内取得新突破；要高度重视晋城校区的建设和发展；11月，学校徐格宁教授凭借其参与承担的“工程机械超强钢臂架设计及制造基础共性关键技术研究与应用”项目获得了“中国机械工业科学技术奖”工程机械类的唯一的一等奖；12月，徐格宁教授凭借其参与制定的GB/T3811—2008《起重机设计规范》在众多参评人中脱颖而出，获得了“中国特种设备检验协会科学技术奖”机电类唯一的一等奖。

2014年，学校继续强化学科特色建设。由学校牵头，与太重、太钢、中国重型机械研究院、湖北华中数控股份有限公司、中南大学等合作建设的太原重型机械装备协同创新中心，列为我省重点冲击国家“2011计划”的两个中心之一。在此基础上，学校坚持“重在建设，贵在特色”的原则，加大机械、材料两个学科群在人才梯队、学科内涵、平台条件、学术影响力等方面的建设，推进机械工程、材料科学与工程2个省级特色重点学科的评估和验收工作，规范博士后流动站学科管理机制，进一步强化其在行业和区域装备制造业重要原始创新基地的地位。拓展学科建设思路，强化环境类、交通类、管理类、电子类、化工类等新兴学科的建设力度，不断丰富学科内涵，促进学科交叉，强化协同创新，力争在“十二五”末期新增一批有影响力的、能引领山西省区域产业升级和科技进步的优势学科。全年新申报了知识产权、工艺美术学2个本科专业，新申报成功法律、社会工作2个硕士专业学位点，新申报成功安全工程、电子与通信工程、化学工程3个工程硕士领域学位点，使全校工程硕士领域学位点达到全省最多的18个，进一步稳固了学校重型机械和装备制造特色学科的优势地位。

三、科研水平极大提升

“十二五”时期，学校科研工作迈出新的步伐。共发表各类论文6148篇，其中SCI、SSCI、EI、CSSCI收录论文1592篇，出版学术专著222部；获授权国家专利244项；获省部级以上奖励58项，其中国家科技进步奖3项，省部级科技一等奖4项；牵头制定国家行业标准30余项。与企业合作建立了海安县轨道交通战略合作研究院、遵化装备制造研发中心、唐山矿山粉磨设备工程技术研发中心等多个研发中心。学校先后承办国内外学术会议近10次，上百名专家学者来校讲学讲座。

2014年1月，在中央和国务院举行的国家科学技术奖励大会上，学校徐格宁教授“大吨位系列履带起重机关键技术与应用”研究项目获得2013年度国家科学技术进步奖二等奖；5月，学校举行中国系统哲学研究中心揭牌暨山西省高校人文社会科学重点研究基地申报工作启动仪式，这标志着学校系统哲学研究已经走到了全国的前沿，意味着学校在社会科学研究领域开拓出了更加广阔的天地；9月，学校黄庆学教授在北京人民大会堂出席了第五届全国杰出专业技术人才表彰大会，并受到中央领导同志接见。会上，学校重型机械教育部工程研究中心荣获“第五届全国杰出专业技术人才先进集体”称号；12月，经省科技厅办公会研究，由学校与山西东杰智能物流装备股份有限公司联合申报的“智能仓储与搬运装备实验室”获批2014年度立项建设省重点实验室。

2015年1月，学校冶金设备设计理论与技术实验室受到了全国科技活动周组委办公室和科技部政策法规司对“科研机构和大学向社会开放”活动的专项表彰，山西省经济和信息化委员会和山西省教育厅联合发文，认定学校材料科学与工程学院与阳泉市长青石油压裂支撑剂有限公司合作建立的“油气压裂研究生教育创新中心”为“山西省油气压裂研究生创新中心”；3月，中国工程教育专业认证协会筹备委员会公布了通过2014年工程教育专业认证的105所高校及专业名单，学校“机械设计制造及其自动化”专业顺利通过认证；7月，江苏海安领导和企业家组团来学校，与学校签订了《海安太原科技大学重型装备及轨道交通产业研究院执行协议》，标志着学校与海安县的产学研进入了由点到面的深度合作时期；10月，在2014年度国家自然科学青年基金结题项目成果展示和汇报会上，学校马立峰教授负责的国家自然科学青年基金项目“金属板材滚动剪切复合连杆机构设计理论及控制系统研究”获得了2014年度“优秀结题”项目；12月，“第九届中国产学研合作创新大会”召开，学校孟文俊教授荣获“中国产学研合作创新奖”。

2016年1月，学校与中冶陕压重工设备有限公司签订产学研合作协议；4月，计算机学院获首批“面向工程教育本科计算机类专业课程改革项目”立项，学校与徐工集团签订《产学研战略合作协议》《联合培养博士后框架协议》和《共建工程实践教育中心协议》，并议定在太原科技大学设立徐工奖学金；9月，学校20多项科技成果在第六届国际能源产业博览会上大展风采，学校“山西省关键基础材料协同创新中心”建设规划通过论证；10月20日，学校与江苏省海安高新技术产业开发区签署战略合作协议，联合建立太原科技大学海安高端装备及轨道交通研究院，学校Ner Maker实验室航模队在2016年中国国际飞行器设计挑战赛总决赛暨科研类全国航空航天模型竞标赛中，分别获得“对地侦查”项目国家一等奖和二等奖；11月，学校“重型与轨道交通装备学科群”与“清洁能源与现代交通装备关键材料及基础件学科群”这两个“山西省服务产业创新学科群”建设方案通过专家开题论证；12月，由学校徐格宁教授主持的“十二五”国家科技支撑计划项目“基于疲劳寿命的通用桥式起重机可靠性分析方法研究”荣获2015年度山西省科技进步二等奖。

为进一步落实“科研强校”的办学方针，全面提升科研创新水平，壮大科研总体规模，学校于2014年上半年拟定了《创新团队及科研平台建设实施方案》《重点实验室建设与运行管理办法》及《人文社会科学重点研究基地管理办法》等重要制度。截至2014年9月底，全校承担国家自然科学基金和社科基金项目21项，创历史最好水平，承担教育部基金、山西省自然科学基金、科技攻关计划、高校科技创新等项目30余项。学校还积极参与山西省装备产业创新链相关各专项的起草和制定工作，承担山西省重大决策咨询课题2项，山西省发展改革委员会“十三五”规划前期重大课题研究1项，新申请专利60余项，授权专利近40项，被SCI、EI、CSSCI收录高水平论文约400余篇，提前完成了全年任务。

全校科研成果也在这一阶段取得重要突破，先后获得国家科技进步二等奖1项、山西省科学技术奖励二等奖1项、三等奖1项；获得山西省社会科学奖二等奖1项，三等奖6项，优秀奖2项，山西省高校科学技术奖励一等奖1项、二等奖2项；获得机械工业科学技术奖励特等奖和二等奖各1项，继续保持了高水平科研成果不断线。在进一步推进科研成果转化上，学校与阳泉市长青石油压裂支撑有限公司联合开发的经济型陶粒油气压裂支撑剂，中试样品已经过壳牌公司检测，结果表明其性能指标远优于同类别产品，从2014年12月开始按照2000吨/月供货（每吨价格2000元，生产成本870元），若经过3个月的使用后效果良好，续签40万吨/年的订单，并在全球推广。2015年，学校继续提升学科综合实力。由学校牵头组建的太原重型机械装备协同创新中心成为山西省2个A类重点协同创新中心之一；紧抓山西省启动实施“服务产业创新学科群计划”的契机，机械、材料学科群入选山西省首批十大学科群；结合区域经济社会发展需求，在晋城校区创建采矿工程、智慧旅游等特色专业；学校着眼学科集群建设，科学规划了校区建设与功能布局；制定《太原科技大学服务山西省经济社会发展行动计划》，推进学校服务区域发展。

2015年，学校还积极鼓励教师申报和承担山西省煤机产业链重大科技攻关项目，获得8项重点项目支持。针对青年教师申报国家科研项目能力薄弱的问题，邀请国家科技部有关部门的领导、东北大学等高校的专家学者来校针对性指导，分析研究制约学校科研发展的政策性瓶颈，筹划出台新的科研激励政策，激发学校科技创新活力。

四、师资力量不断强化

“十二五”期间，学校坚持引培并举，建立聚才与用才相结合的人才机制，初步形成了人才支撑政策的全覆盖。改革人事分配制度，加大对高层次优秀人才的奖励和向教学、科研一线倾斜的力度。修订高端人才引进实施办法，提高人才引进与学科发展的契合度。以柔性引进形式聘用了一批海内外知名专家和高水平学者。完成博士后流动站的突破，为高端人才队伍建设奠定了基础。国内外进修访学、企业挂职教师人数不断增长，高职称和高学历教师比例不断提高。拥有副高以上职称和拥有博士学位的专任教师比例分别达到42.9%和33.1%。

2012年11月，学校被确立为博士后科研流动站设站单位，并设立机械工程学科博士后科研流动站，随后，学校将开始该学科博士后科研人员的招录工作。这是对学校办学水平和科研实力更加广泛的认可，也是学校人才强校工程的又一突破性成果，标志着学校朝着教学高水平教学科研型大学的目标又迈出了坚实的步伐。

2013年，学校继续加大优秀人才引进力度，全年共有3名高水平海外人才入选山西省“百人计划”，5人入选山西省“131”人才工程第一层次，13人入选第二层次，29人入选第三层次，2人入选“山西省学术技术带头人”。全年共引进博士22人，另有十多人达成引进意向，公开招聘硕士9人，提前招聘重点院校硕士12人。全年有22名教师获得博士学位，29名教师成功考取了博士研究生，具有博士学历的专任教师比例达到21%。7名教师晋升教授职称，30名教师晋升副教授职称，具有副高以上职称的专任教师比例达到38.8%。全年共有4名教师接受了国家“青年骨干教师国内访问学者”学习，19名教师被选赴国外访学，其中在国家留学基金资助出国项目上实现大的突破，全年共有4人获批赴外访学，6人获批省筹资助出国访学。2名教授入选教育部相关专业教学指导委员会委员，3名教师被评为山西省教学名师。博士后工作流动站正式开始运行，首批6名博士后进站工作。

2014年，学校继续强化人才引进、培养、使用和稳定工作，不断优化队伍结构，强化师德建设，提升师资水平，进一步完善了人才引进办法，出台了“引进高端人才及团队”方案，共引进高素质博士生23人，“985”高校硕士27名，1名具有教授职称的北京大学博士后达成了引进意向，申报了山西省“百人计划”海外专家3人，教师年龄、职称和学缘结构更趋合理。同时，学校继续推进教师国内研修、国外访学、企业挂职即“三项计划”实施，全年教师国内研修、培训75人次，国外访学和参加学术会议23人次，出台了《教师企业挂职工作实施办法》，与10余家企业签订了教师技术、科研岗位挂职协议，挂职教师选派工作正在进行之中。拟订了《教师工作手册》，从教师职业理想、态度、责任、规范、作风、情操等各方面进一步加强师德师风修养。大力推进教工餐厅、教师公寓、疗养基地等一系列民生工程建设，保障教师投入教学科研工作的积极性。

“十二五”期间，学校共引进博士学历教师105人，108名教师取得了博士学位；派出境外访问学者108人，其中学校资助50人，国内访问学者16人；派出第一批33名教师赴企业挂职锻炼。学校也成为山西省首批“院士工作站”和“海外高层次人才创新创业基地”，成功申报博士后流动站。1人获国务院政府特殊津贴，9人入选省级学术技术带头人，1人入围山西省院士后备人选，2人入选山西省新兴产业领军人才，引进“百人计划”特聘专家18人，56人入选“131领军人才”，1人获“何梁何利”科技进步奖。

第五节 党的建设和思政教育

“十二五”期间，学校党委坚持“围绕中心抓党建，抓好党建促发展”，以“党的群众路线教育实践”“学习讨论落实”等活动以及“三严三实”（严以修身、严以用权、严以律己、谋事要实、创业要实、做人要实）、“两学一做”（学党章党规、学系列讲话，做合格党员）学习教育等为契机，全面推进党的建设，不断提高党建科学化水平，引领保障学校事业科学发展。

一、加强领导班子建设和思想政治建设

“十二五”期间，学校认真贯彻落实党委领导下的校长负责制，坚持民主集中制，完善了党委会议事规则、校长办公会议事规则、“三重一大”决策、党政联席会议等制度，有效提升了各级领导班子科学决策水平。结合“十二五”规划实施和“十三五”规划编制工作，各级领导班子围绕学校改革发展中的热点难点问题开展专题调研，注重将研究成果转化为支撑学校发展的超前谋略和政策举措，办学治校能力得到有效提升。坚持党管干部原则，不断健全干部培养选拔、教育管理和考核评价机制。积极稳妥地推进竞争性干部选拔，对处科级干部进行了适时补充调整，干部选任工作公信度进一步提高。完善系列学习制度，用好自主选学基地、在线网络教育培训等平台，加强对各级干部的教育培训，干部队伍整体素质明显提高。

按照“党委领导、校长负责、教授治学、民主管理”的原则，制定了《太原科技大学章程》，为学校发展奠定了根本性的制度基础。以大学章程为统领，有步骤、有重点地推进了制度的“废、改、立”，建立健全了干部选拔任用、党员教育管理、作风建设、权力运行制约和监督等一系列制度，党建工作的科学化、规范化水平得到进一步提高。制定实施了党务校务信息公开制度，修订完善了《校长办公会议事规则》，出台了《信息公开管理办法》，充分保障师生的知情权、参与权和监督权。积极为党外人士和民主党派参政议政创造条件，教代会、工代会提案落实工作不断加强。加大了校领导信箱等网络平台建设力度，畅通了面向师生和社会的服务、监督渠道。2013年，获得“全国厂务公开民主管理先进单位”称号。

学校党委坚持推进学习型党组织建设，不断完善理论学习长效机制。正确把握宣传思想工作导向，广泛开展社会主义核心价值观、“中国梦”、党的十八大精神、习近平总书记系列重要讲话精神等主题宣传教育活动，为广大师生提供了精神支撑和价值引领。深化思想政治理论课改革，积极推进马克思主义中国化最新成果进教材、进课堂、进头脑，用中国特色社会主义理论体系武装师生。不断加强宣传阵地建设，加大新媒体建设力度，舆论引导能力不断提升。

2012年，学校深入学习贯彻党的十八大精神，努力推动学校的改革发展。校党委把

学习贯彻党的十八大精神作为当前和今后一个时期的首要政治任务，作为学校进一步凝心聚力、推动发展的强大动力。校领导班子多次召开专题会议，研究讨论相关事宜，并下发了《关于学习宣传贯彻落实好十八大精神的安排意见》，对相关工作进行了全面部署，在全校范围内掀起了迎接党的十八大胜利召开和学习贯彻党的十八大精神的热潮。11月下旬，学校党委中心组举行了党的十八大精神学习交流，中心组成员通过学习和讨论，深入理解党的十八大精神的实质，结合我省高等教育发展现状和学校转型科学发展实际畅谈心得、厘清思路，努力把思想和行动统一到党的十八大精神上来，把智慧和力量凝聚到完成教育厅、高校工委的目标任务和实现学校第七次党代会和“十二五”发展规划制定的各项具体指标上来。各基层党组织也纷纷以讲党课团课、演讲会、报告会、知识竞赛、征文等方式开展了形式多样的学习活动，如机械工程学院举办了“学十八大精，神展大学生风采”主题演讲比赛；华科学院举办了以“创新寝室文化，献礼十八大”为主题的文明寝室评选；艺术学院举办了以“学习十八大，青春献给党”为主题诗歌朗诵比赛……通过这些活动，广大师生对党的十八大的内容有了进一步的了解，提高了思想政治素质，增强了为学校发展努力工作的决心，明确了推动学校工作科学发展的思路举措。

在省委的统一部署和领导下，学校于2013年8月份正式启动了群众路线教育实践活动。近5个月的时间里，全校上下以整治“四风”为核心，以推进科学发展为目标，认真查摆问题，深入剖析原因，强化措施整改，推进制度建设，力求真效实效。先后对公车管理、公款吃喝、节庆送礼、用房超标、文山会海等问题进行了严肃整治，对师生员工提出的涉及管理机制、教育教学、学科建设、师资建设、空间拓展、机关作风等方面存在的问题也进行了深入的研究，目前已拿出针对性的解决和整治方案，并已着手整改落实。

2014年，校党委充分认识到党的群众路线教育实践活动为学校的发展又提供了一次重大机遇。活动开展以来，校党委紧密联系学校实际，认真贯彻习近平总书记一系列重要讲话精神，围绕“为民、务实、清廉”主题，按照“照镜子、正衣冠、洗洗澡、治治病”的总要求，积极推进教育实践活动。为摸清和掌握影响学校发展的关键问题，学校校、院（处）两级党员领导干部采取“分级分类”，即：校级调研组、院级调研组，分别对处级干部、党员干部、教师代表、学生代表、一般职工代表等不同群体；重点针对教学、科研、学生工作、后勤管理等不同类别的问题，深入基层进行扎实调研，广泛征求意见和建议，为学校深入开展好教育实践活动奠定了坚实基础。全校师生员工聚焦“四风”问题和制约学校科学发展的突出问题，广泛参与，积极建言献策，累计提出了3615条意见和建议。通过认真梳理、反复研究，学校和各二级单位分别制定了总体整改落实方案和针对性较强的专项整治方案（学校层面立行立改87项，近期整改57项，中长期整改124项），并明确了整改任务。为加强对二级单位教育实践活动的指导，学校成立了活动督导组，明确了督导组工作职责、工作规程、主要任务和工作要求；4个督导组分头联系21个二级单位，全程、全面督导各二级单位党组织教育实践活动。在广泛调研、征求意见建议的基础上，学校各级领导班子成员深入开展了谈心谈话活动。学校领导班子成员共开展谈心谈话活动570余次。在扎实做好各项准备工作的基础上，学校召开了专题民主生活会。省委第八督导组对学校领导班子专题民主生活会给予了肯定，指出太原科技大学领导班子专题民主生活会，开得成功，可以说是质量较高的一个民主生活会。为有力确保整改工作的落实，学校党委专门成立督查督办工作领导组，全面实施对各级领导班子和班子成员整改内容、目标、时限、进展情况的跟踪督查，建立起主体明确、层级清晰、具体量化的整改责任制，使每项整改工作职责、每个环节的责任都落实到岗位、落实到人。

同时，为推进各项整改任务，校党委召开专门会议对整改落实工作“回头看”进行总结，将整改落实的进展情况、整改过程中存在的问题进行了详细的剖析和研讨。学校以学习贯彻新颁布实施的《干部任用条例》为契机，修订完善了学校的干部选拔任用、考核相关制度，进一步加强了干部队伍建设。以贯彻落实新颁布的《发展党员工作条例》为契机，修订完善了入党积极分子、发展对象的确定、培养、培训、考察等各环节的制度，进一步提高发展党员工作质量。积极推进了学校《基层组织提升年活动实施方案》，力争实现学校各级党组织在功能作用、能动性、工作水平上实现“三个方面”的提升，进一步服务发展，服务人才培养，服务学校的教学、科研、学科等中心工作。

2015 年，学校继续强化思想政治理论学习，不断提高执政能力与水平。认真学习贯彻党的十八大精神，党的十八届三中、四中、五中全会精神，习近平总书记系列重要讲话精神，不断提升领导班子成员政治理论素养和教育管理水平；坚持抓好各级领导班子的理论学习，校级中心组与基层班子中心组面对面交流研讨，增强了学习的针对性和实效性，提高了校院两级班子的思想素养和施政能力；坚持抓好各级党组织的理论学习，结合对“十二五”期间各项任务指标完成情况的梳理，着力推进学校开展多年的“先进性载体工程”建设，有力激发了广大共产党员的积极性。

为扎实开展“三严三实”专题教育活动，校领导班子成员、各基层党组织书记紧密联系我省政治生态问题的原因分析，联系学校和本单位实际，纷纷站上讲台讲党课，发挥了领导干部领学带学促学作用；深入开展调研工作，重点围绕领导班子建设情况、学习讨论落实活动情况、践行“三严三实”专题教育情况、“两个责任”落实情况，组成由校领导带队的调研工作组，于 2015 年 7 月 8 日—17 日，在九个基层党组织进行“三严三实”专题调研；制定《中共太原科技大学委员会关于做好甄别处理一批、调整退出一批和掌握使用一批干部工作实施方案》，进一步加大自查案件与专项整治相结合、落实“两个责任”与实施年度目标责任考核相结合、落实教育实践活动整改任务与干部考核相结合、组织评定与师生评价相结合的力度，深入推进“三个一批”工作。

学校坚持从严管党治党，以落实党委主体责任和纪委监督责任、履行“一岗双责”为抓手，切实把党风廉政建设与作风建设和学校中心工作结合起来、共同推进，支持纪委工作“三转”和监督执纪问责，做到了党风廉政建设与学校的中心工作同部署、同检查、同考核、同落实。认真贯彻落实了党风廉政建设责任制，抓住责任分解、责任考核、责任追究三个关键环节，建立了风廉政建设责任追究制度，严格履行好了“一岗双责”要求；通过与全校中层干部签订廉政建设责任承诺书、观看警示教育片等形式，明确了各级领导干部责任分工、责任考核和责任追究办法，全面贯彻了党风廉政建设责任制，不断提高各级领导干部责任意识，自上而下形成了一级抓一级、层层抓落实的工作局面。以党的群众路线教育实践活动和学习讨论落实活动整改工作及巡视反馈整改任务为基点，加大了党风廉政制度建设力度，制定了公务接待标准及管理规定、楼堂馆所建设管理办法、节庆假日落实八项规定、劳动纪律、公务用车管理、办公用房管理等 20 多项规章制度，集中清理了文山会海、节庆聚餐、办公用房超标以及乱发津补贴等问题，作风建设得到进一步加强；根据中央《建立健全惩治和预防腐败体系 2013—2017 年工作规划》以及山西省的相关实施办法，结合学校实际，起草了以完善惩防体系为重点的制度体系；积极推进“六权治本”工作，制定了“两个清单一张图”，建立健全了权力运行制约和廉政风险防控监督机制以及重点领域监督体系。积极组织干部开展党风廉政建设责任制、廉洁从政若干准则等有关规章制度的学习，加强了对重要岗位、部门工作人员的法律法规、财经制度和职业道德教育，提高了各级干部反腐倡廉的意识。

二、全面推进基层组织建设，加强思想政治教育

2012 年以来，为进一步贯彻和学习党的十八大精神，根据省委和高校工委的部署，学校深入开展基层组织建设年活动，全面推进党的建设，带动学校各项工作再上新台阶。

在活动中，学校把固本强基作为抓基层、打基础的根本抓手，以基层党委（党总支）书记为核心，以党支部书记为关键，以党员为重点，明确要求，提出任务，不断夯实工作基础，切实加强基层党组织科学化、规范化建设。校党委以机械学院、材料学院党委为重点，通过开展党建工作要点汇报点评，进一步明确了各基层党组织党建工作的思路、任务和举措；通过引导基层组织工作重心下移，推进支部建设布局与工作岗位、工作任务的紧密结合，进一步实现了党建和中心工作的有机结合；通过选优配强支部书记，一大批教研室主任、学科带头人、管理干部走上支部书记岗位，支部书记的引领作用和支部的战斗堡垒作用进一步发挥。在学校的各项工作中，各级基层党组织和广大党员充分发挥了战斗堡垒和先锋模范带头作用，全民动员、全员上阵，攻坚克难、奋勇争先，切实把创先争优活动中体现出来的工作热情继续融入学校科学发展的实践中，变成推动发展的动力，涌现出了一大批先进典型，感染和吸引党员向先进看齐，带动和激发群众积极投身发展，实现了学科建设、教育教育、科研、基础建设等方面工作的重大突破。六年来，共发展新党员 5381 人，学生党员占学生总数的 6.1%，专任教师党员占专任教师总数的 60.2%。在学校各项重大工作中，基层党组织和广大党员始终站在最前沿，战斗堡垒和模范带头作用得到了充分发挥。

同时，学校不断完善“三自、三全”（自我教育、自我管理、自我服务和全员育人、全程育人、全方位育人）育人长效机制，健全了学生思想政治教育工作网络。积极推进了学生心理健康、奖助贷、困难学生帮扶、创新创业、就业等服务体系建设，努力促进学生健康成长成才。大力开展形式多样、健康向上的校园文化活动，形成了“金话筒”主持人大赛、“五四青年杯”足球赛、“挑战杯”学生科技作品竞赛等一批校园文化品牌，涌现出学雷锋小组、爱心社、国旗班等多个优秀学生社团。牢牢掌握网络话语权、主动权、领导权，“笃行网”在加强和改进大学生思想政治工作中发挥了积极作用。完善了学生社会实践管理等制度，2015 年，获得全国大中专学生志愿者暑期“三下乡”社会实践活动山西省先进单位称号。

2012 年，学校继续拓展途径开拓创新，营造先进的大学文化氛围，牢牢把握对学校意识形态的主导权。校党委高度重视学校大学文化的建设，不断拓展途径，从实际入手，加强师生思想政治教育和职业道德观教育，牢牢把握对学校意识形态的主导权。

2014年3月，由山西省教育厅组织的全省高校大学生思想政治教育工作专项检查中，学校取得优秀的成绩，进一步加大了学生工作队伍建设力度；组织举办了26场人文素质报告，内容涉及安全教育、职业生涯教育、爱国主义教育、理想信念教育等，学生的思想政治素质进一步提高；进一步加强了学生日常安全教育，对存在的安全隐患做到了及时排查、深入研判、科学处置，尤其做好了少数民族学生的思想政治教育和管理，确保了学校安全稳定大局。

2015年，学校全面加强党建工作，积极推进依法治校。认真贯彻落实中央、省委关于高校党建工作部署和全国、全省高校党建工作会议精神，努力统筹抓好校院两级党建工作；坚持党委领导下的校长负责制，积极探索和完善这一制度的实现路径、运行机制和保障措施；深入学习贯彻落实中央新的发展党员工作细则，不断加强发展党员工作；牢牢把握意识形态主动权，积极培育和践行社会主义核心价值观，制定学校文化建设方案，认真做好青年教师的思想政治工作；坚持育人为本、德育为先的原则，实施“青年马克思主义者培养工程”；深入推进习近平总书记系列重要讲话精神进教材、进课堂、进头脑，促进大学生身心和谐、全面发展。

第十一章　新时代学校事业高质量发展（2016—2022年）

2016—2020年是学校"十三五"建设期，2021年至今迈入了"十四五"高质量发展新阶段。从这一时期学校大的发展脉络上看，体现了鲜明的"转型"主线。这一历程主要跨越了2016年10月15日召开的中国共产党太原科技大学第八次代表大会到2021年9月29日召开的中国共产党太原科技大学第九次代表大会，从"破题"到"破局"，学校转型发展的思路进一步清晰、目标进一步明确，学校第九次党代会首次明确了学校的办学定位和发展方向为："建设特色鲜明的高水平研究应用型大学"。校党委书记王志连在第九次党代会报告中指出，这是校党委立足于学校办学历史与发展实际，着眼于国家和区域发展对高等学校的战略需求，深入思考我们"应当建设什么样的教学研究型大学，如何建设这样的教学研究型大学"这一重大问题，进一步明晰了学校的办学定位和发展方向，即：建设特色鲜明的高水平研究应用型大学，不仅体现了对学校七十年办学历史的充分尊重，更体现了对新时代发展要求的积极回应，是着眼学校未来发展的必然选择。

第一节　把握新历史机遇　谋划学校科学发展

一、对学校面临形势的分析

这一时期是我国打赢脱贫攻坚战役、全面建成小康社会的关键期，从国内发展形势看，改革开放以来，我国经济建设取得了伟大成就，为避免陷入"中等收入陷阱"，必须主动改变原有的粗放型经济发展模式，推动产业转型升级；作为能源大省的山西，被赋予国家资源型经济转型综合配套改革试验区的历史使命，也亟须摆脱"一煤独大"的困境，"转型"成为必然。从高校教育的发展来看，我国建设成世界上最大规模的高等教育体系，整体发展水平迈入世界中上行列，但总体来看高等教育的人才培养质量、对经济社会发展的支撑度和贡献度与世界一流大学都存在较大差距，而且区域教育发展不平衡不充分问题日益凸显。为此，适应信息化时代发展需要，更新教育理念、变革教育模式、重构教育体制、培养创新创业人才，已成为新时代我国高等教育的必然要求和现实选择。2017年，国家启动第一批"双一流"建设，2022年实施第二轮"双一流"建设。2017年，山西省对接国家"双一流"建设，启动了"1331工程"，旨在推动山西高等教育高质量内涵式发展。从学校的发展形势上看，学校传统特色优势学科（专业）多是围绕服务装备制造业设置的。随着我国装备制造智能化、数字化转型，学科（专业）也亟须提档升级，涉及学科结构的优化、人才队伍的升级、专业课程的重构、产教融合的深化等诸多方面，抢抓重要时代机遇，通过深化改革、创新发展推动学校全方位高质量发展渐成这一时期全校上下的共识。

在 2016 年 3 月 31 日召开的学校年度工作部署会议上，校长左良做了题为《坚定发展自信，精心谋篇布局，乘势突围跃升》的报告。

报告指出：20 世纪末以来，我国高等教育在较短时间内实现了从精英化向大众化的历史性跨越。与此同时，高等教育的发展环境、发展定位、发展方式、发展动力发生了变化，呈现出新的特征。一是国家产业转型升级进程不断加快，高等教育的大众化水平持续提升，人才市场的供需关系正由高校为主导的供给驱动转为用人单位主导的需求驱动；二是国家大力实施创新驱动发展战略，高等教育正在走向社会的中心，高校的角色定位从过去的人才服务逐步转向人才服务与创新引领同步；三是高等教育正在从以规模扩张为特征的外延式发展转向以质量提升为核心的内涵式发展，着力提高优质教育资源的供给能力，寻求实现由“以量谋大”到“以质图强”的战略转变；四是高等教育正在从依靠要素驱动转为改革驱动，深化教育综合改革，通过体制机制创新来激发和释放发展活力。

报告指出，当前，山西高等教育改革和发展与世界科技革命、国家发展战略、区域转型升级三大进程历史性交汇。世界范围内，信息技术、生物技术、新材料技术、智能制造技术、新能源技术等前沿技术交叉融合正在引发新一轮科技革命和产业变革；国家层面上，四个全面布局、创新驱动发展、两化深度融合、中国制造 2025、“互联网 +”、大众创业万众创新、“一带一路”、精准扶贫等重大战略出台实施；区域层面上，四化同步、综改实验、低碳经济、保增长调结构、转型发展等布局逐步推进。纵观世界高等教育发展进程，大学每一次里程碑式的跨越，都与特定时代的科技变革、产业变革和国家变革相伴同行。

报告指出，随着我国高等教育进入大众化中后期，高等教育分类分层发展格局已日渐形成，国际国内高等教育竞争态势日趋激烈，各高校围绕吸引生源、招揽人才、经费投入、学科建设、就业市场等方面的竞争进入新的阶段，弱势学校的生存与发展环境更加恶化。另外，作为产煤大省的山西遭遇经济“寒冬”，体制改革、产业升级、经济增长、技术创新、劳动力就业等方面压力巨大，资金投入不足、高端人才匮乏、发展水平滞后等普遍性问题以及教育改革中面临的新的不确定因素，给省内高校新一轮发展带来不小困难。

报告全面客观分析了学校发展中存在的困难和问题，特别指出，在过去十几年中，学校在高等教育发展内外部环境发生深刻变化的背景下，特别是从部属行业院校向省属地方高校转变、从办学规模扩张向内涵发展转变、从计划资源配置向市场资源竞争转变的过程中，抓住了“更名”“申博”“评建”等重大机遇，实现了办学层次、规模和水平的提升。与此同时，制约自身发展的矛盾、困难和问题也日益显露出来：一是办学空间狭窄、条件落后、经费短缺、编制不足等问题严重制约着学校的发展；二是内部治理结构改革、制度体系建设、队伍建设、人才培养、科技创新、学科发展等方面任务仍然艰巨；三是全校上下改革发展的定力、观念和能力亟待进一步提高。

在 2021 年 9 月 29 日召开的学校第九次党代会上，校党委书记王志连作了《坚定发展自信，强化责任担当，全面开启建设特色鲜明的高水平研究应用型大学新征程》的报告。

报告在分析学校面临的形势时指出，当今世界正经历百年未有之大变局，新一轮科技革命和产业变革纵深发展，国际环境日趋复杂，力量对比深刻调整，国与国之间以科技创新为核心的竞争日趋激烈。“为党育人、为国育才”是中国高等教育的历史使命，是中国特色社会主义高校的历史使命，当然也是新时代太原科技大学的历史使命。

报告强调，我国已经进入高质量发展阶段。随着经济结构深刻调整、产业升级步伐加快，人才供给与需求关系发生了深刻变化，高素质应用型、复合型、创新型人才严重紧缺，经济社会发展对高等教育的需求更加强烈。要跟上时代发展步伐，在服务国家战略需要和区域经济社会发展需求中拥有一席之地，我们就必须更加精准确定办学定位，更加明晰发展目标，全面提升学科、教学、科研以及人才队伍与国家经济社会发展的匹配度和适应度，增强对国家战略、区域经济和行业产业发展的贡献力和支撑力。

报告强调，未来 5 ～ 15 年，学校事业发展将处在一个滚石上山、爬坡过坎的关键时期，困难与希望同在，机遇与挑战并存。抓住机遇，学校发展将赢得美好未来；错失机遇，后续发展将步履维艰。我们必须调整发展思路，转变发展策略，坚持转型发展、创新发展、内涵发展和特色发展，更加突出需求导向，更加彰显优势特色，更加强调协同创新，更加注重发展质量，持续推动学科优化升级，持续推动人才培养模式更新，持续推动科技创新能力提升，走一条“有特色”“高水平”的“研究应用型”发展之路。

二、深化供给侧结构性改革

面对学校管理运行中存在职能交叉、缺位、错位，以及职责不清、制度不严、流程缺失、协调不畅、效率不高的现实，实施综合改革已势在必行。“十三五”期间以来，学校新一届领导班子坚持问题、需求、目标导向，坚持改革与创新“双轮”驱动，向改革要活力，将深化供给侧结构性改革作为破解制约学校发展的结构性问题、制度性问题和瓶颈性问题的重要突破口，坚定不移地推进学校治理体系和治理能力现代化建设，在校区体制、机构设置、定编定岗、绩效激励、预算控制、资源配置和学科、教学、科研、后勤等方面取得了一系列改革成效。

（一）推进内部治理结构改革

围绕构建“统一领导、重心下移、多元治理”和“宏观有序、微观搞活、内外协调”的现代大学治理体系，以大学章程为基石，以依法治校为目标，以制度创新为核心，深入推进“六权治本”“权力清单”“责任清单”建设，完善学校内部治理结构。学校重点开展的工作有：建立健全决策、执行、监督制度保障体系；优化学校内部机构和职能设置；构建以学术为基石的大学术治理结构，健全校院二级学术委员会；理顺晋城校区、南校区以及华科学院的管理运行机制，完成了南校区实质性合并。

（二）推进人事管理综合改革

按照“科学定编、按需设岗、以岗定薪、择优聘任”和“以绩取酬、优劳优酬”的原则，进一步加大人事管理改革力度，推进人事管理从身份管理向岗位管理转变，构建人尽其才、才尽其用和能上能下、能进能出的用人机制和氛围。学校重点开展的工作有：以定编定岗制度改革为切入点，优化人力资源配置；以发挥二级学院办学主动性和积极性为主旨，健全完善校院二级管理体制、运行机制和目标管理制度；以质量水平和实际贡献为导向，深化教学、科研、管理、服务绩效考核与分配制度改革；按照研究生导师身份与招生资格分离的原则，启动博士生导师、硕士生导师遴选和审核工作。

（三）推进科研管理综合改革

遵循新形势下科研发展规律，坚持以激发科技创新活力、提升教师学术水准、增强服务社会能力为导向，推动学校科研管理工作模式重构、流程再造、制度创新，破解制约学校科技发展的突出问题。学校重点开展的工作有：以提升服务质量为中心，优化科技管理组织体系架构；发挥学术委员会在学校学术组织体系中的核心地位作用，构建按学科门类分类指导的科研评价机制和方法；综合运用目标管理、绩效考核、职称评聘、岗位聘用等杠杆，激励教师置身知识创新、技术创新与科技成果转移转化；多措并举，加强青年教师的基本科研能力培养。

（四）推进财务管理改革

坚持“统一领导，集中管理”原则，建立“大财务”管理运行机制，推进财务管理制度改革，规范校内经济运行，提高资金使用效益。学校重点开展的工作有：主校区、南校区、晋城校区的全部收入和各项支出均统一纳入校级综合预算，完善办学成本分担机制；突出预算编制的计划性、预见性，建立健全预算评审机制；按照统筹兼顾和突出重点的原则，优化预算支出结构；强调预算执行的刚性、严肃性，落实预算执行主体责任；强调预算支出的透明性、绩效性，建立运行成本控制与监管机制；规范各类资产收益，提高学校创收能力。

（五）推进资产管理改革

按照“权属清晰、配置科学、使用合理、处置规范、运行高效、监督严格”的原则，建立“大资产”管理运行机制，推进资产管理制度改革，构建以成本效益为中心、以价值体现为导向的资源配置体系。学校重点开展的工作有：清产核资、摸清家底，启动资产所有权、管理权、使用权分离改革；规范工程、货物和服务采购行为以及项目招标、合同管理制度等，实行提议权、决策权、执行权、监督权的分离；建设资产信息化管理平台，推进仪器设备等资源开放共享机制建设；深化资源配置方式改革，避免重复投入、分散投入和资产使用低效等现象。学校财务状况得到明显好转，2016 年争取到“中西部地区高校基础能力建设工程”中央财政资金和省配套资金合计 1.67 亿元。

（六）推进后勤管理改革

树立为教学、科研提供全面服务的“大后勤”观念，以师生员工满意为目标，完善后勤管理体制与运行机制，建设“法制化、服务型、节约型”后勤保障体系，营造和谐共赢的后勤管理文化，推进后勤管理专业化、无缝化和精细化。学校重点开展的工作有：理顺后勤管理运行体系，构建后勤服务分区核算、延伸管理和竞争管理模式；完善后勤安全风险防控制度、服务监管制度、常规工作制度和技修工作制度，推进节约型平安校园建设；建立健全后勤用工制度和奖惩制度，激发员工的内在活力与开源节流动力。

三、以内涵建设构筑竞争优势

高等教育的内涵式发展是今后一段时间中国高等教育的重要任务，与“双一流”建设相得益彰，互相促进。学校提出，内涵建设必须坚持以人为本，以质量为核心，以学科建设、人才培养、科技创新和社会服务为抓手，准确把握办学定位、服务面向，找准结合点、发力点，努力构筑特色品牌优势和核心竞争优势，实现特色发展、协调发展、开放发展和可持续发展。

（一）优化学科专业结构

主动对接行业和区域发展需求，统筹优化学科结构布局，按照“做大强势学科，助力装备制造产业重振河山；做强优势学科，助力能源资源产业浴火重生；做足特色学科，助力信息技术产业异军突起；做优急需学科，助力校地协同发展落地生根；做实交叉学科，助力山西特色智库繁荣发展”的总体思路，压缩学科“平原”，构筑学科“高峰”。

（二）加强人才队伍建设

深入实施人才强校战略，以教师队伍建设为核心，以高水平领军人才和中青年骨干教师队伍建设为重点，坚持引进与培养并重、使用和稳定相结合，营造良好环境，打造一流平台，提升队伍素质，建立一支与学校办学定位和发展目标相适应的高水平人才队伍。

（三）创新人才培养模式

以培养复合型、应用型、创新型人才为目标，以教育理念革新为先导，以质量工程和精品建设为抓手，推进通识教育、专业教育与创业教育相结合，知识传授、素质拓展与人格养成相结合，课堂教学、实践训练与课外提升相结合，教学育人、管理育人、服务育人和文化育人相结合，深化人才培养模式改革创新。

（四）提升科技研发实力

以服务区域发展战略和创新引领行业发展为主要目标，以应用基础研究、应用研究和实验发展为主体，以学科交叉融合为重要抓手，优化科研组织模式，激发科技创新活力，重塑学术价值追求，加速科技成果转移转化，打造面向行业产业和区域发展的协同创新高地。

（五）构筑开放发展格局

大力实施“走出去”和“引进来”战略，加强国内外交流与合作，主动寻求外部资源支持，积极参与高等教育竞争，努力拓展行业资源、区域资源、教育资源和校友资源，做好“借船出海”“借力发力”这篇文章，为学校发展赢取更多空间、资源和机遇。

四、科学谋划学校发展战略

（一）“十三五”期间学校事业发展规划

“十三五”期间是学校的发展的重要机遇期，面对办学理念有待提升、内涵发展有待强化、管理改革有待深化、办学条件亟须改善等学校发展中亟须解决的困难和问题，学校提出了“十三五”期间的工作思路和目标是：紧紧围绕提高高等教育质量这一战略主题，以立德树人为根本任务，以服务行业产业和区域发展为导向，以改善办学基本条件为前提，以加强内涵建设为主攻方向，以深化改革为根本动力，以依法治校为可靠保障，以党的领导为坚强保证，实现办学水平效益、人才培养质量、科技创新能力、社会服务能力、基础保障能力、全国综合排名大幅提升，核心竞争指标进入全省高校第一方阵，总体上建成具有鲜明特色和区域行业重要影响力的教学研究型大学。

为完成“十三五”规划目标，学校提出了“三步走”发展战略。

第一阶段：2016—2017年，以“调整”为基调，谋篇布局，重点在优化结构、治理改革、制度创新、补齐短板上下功夫，启动新校区建设工程，凝聚全校发展共识，激发改革内生动力，为“十三五”发展奠定基础。

第二阶段：2018—2019年，以“提升”为基调，提质增效，重点在学科建设、队伍建设、人才培养、科技创新上下功夫，夯实学校核心竞争力，提升内涵建设水平，为实现突围发展奠定基础。

第三阶段：集中“十三五”后期一年的时间，以“突围”为基调，攻关冲刺，重点在做强特色、做大优势、打造品牌、争创一流上下功夫，形成人才培养、科技研发、社会服务集群优势和品牌优势，实现突围发展。

“十三五”期间，学校重点推进“十大战略主题”：一是深化治理结构改革，推进治理能力现代化；二是优化学科专业布局，提升学科核心竞争力；三是坚持引培并举原则，打造高水平人才队伍；四是创新教育教学理念，培养高素质创新人才；五是激发科技创新活力，推进产学研协同创新；六是统筹推进新校区建设，极大改善基本办学条件；七是坚持开放发展原则，活跃国内外合作交流；八是健全服务保障体系，推进公共服务现代化；九是推进智慧校园建设，提升校园信息化水平；十是全面加强党的领导，提高党建科学化水平。

（二）“十四五”期间学校事业发展规划

学校认为，“十四五”期间是贯彻落实全国、全省教育大会精神的关键时期，是深化教育改革的关键阶段，也是推动学校快速发展的重大机遇期。“十四五”期间学校提出了转型发展、创新发展、特色发展和内涵发展四大发展理念，在求变中找出路，在转型中谋发展，推动学校走上高质量发展之路。

“十四五”期间学校发展目标为：到2025年，办学结构更加合理，办学特色更加鲜明，人才培养、科技研发和服务行业产业与地方经济社会整体水平大幅提升，开创特色鲜明的高水平研究应用型大学建设新局面。

（1）形成特色鲜明的学科专业布局。以服务行业产业和我省转型发展为导向，围绕山西14个战略性新兴产业集群建设任务，加快学科转型发展，形成高水平、有特色的学科布局。实现优势工科专业提档升级，形成以一流学科为引领，多层级重点学科有序竞争、相互促进、协调发展的学科群，集中打造新装备、新材料、新一代信息技术、环境保护、新能源5个学科群，优势学科竞争力进一步强化；以应用基础研究和自主创新为导向，围绕重要科学问题和关键核心技术突破需求，推动数学、物理、化学等理科学科与工科学科协同融合，促进新兴交叉学科发展，形成学科新的增长点；以“高水平、有特色、重应用、强服务”为导向，围绕经济社会发展重大问题，强化人文社科类学科与主流学科的紧密结合，形成若干高层次新型智库，提升人文学科影响力和服务力。

（2）构建研究应用型人才培养体系。以全面提高应用型复合型创新型人才培养质量为核心，面向经济社会发展和创新创业需求，对接产业链和创新链，强化供给侧改革意识，把行业因素、企业因素纳入人才培养的过程之中，形成产教融合人才培养新体系；优化人才培养方案，完善“高校＋企业‘双导师’”创新创业教育机制，形成与行业和地方经济发展高度契合的人才培养模式；以“双万计划”和工程专业认证为契机，打造一批国家、省级一流专业和一流课程，推进工程专业认证，新增一批国家级优质教育资源和平台；以实际应用为导向，改革教学环节，革新教学方法，深化“课堂革命”；以“稳就业”“保民生”为目标，形成就业创业全链条支持体系。

（3）提升服务行业和区域发展的科技创新能力。以推进装备制造业高质量发展为目标，聚焦机器人工程、人工智能技术、智能煤机、轨道交通、通用航空、增材制造以及重型机械等领域，在“新装备”研发方面产生新效益；以助力新材料产业发展为目标，对接重大工程重大装备关键基础材料需求，聚焦半导体材料、永磁材料、光电材料、高端碳材料、特种金属新材料等领域，在“新材料”研发方面产出新成果；以突破“卡脖子”技术为目标，聚焦量子信息、集成电路、人工智能等领域，在“新技术”研发方面取得新突破；以助力“新基建”“新产品”“新业态”为目标，建成一批高水平创新团队，打造一批高层次创新平台，形成一批高质量创新成果。

（4）完善高层次人才汇聚机制。创新高端人才引进模式，提高人才引进工作效能，打造高层次人才汇集高地，引进一批高水平领军人才和高层次创新团队；加强学术团队和学科梯队建设，完善高层次创新团队和优秀教学团队建设管理制度，以中青年学术带头人、青年骨干教师为基础，培养一支科研能力强、教学水平高、实践能力强的高层次“双师型”人才队伍；建立人才服务平台，设立人才服务专员，对高层次人才提供“一对一”服务，强化人才服务管理；优化人才资源配置，建立人才分类管理制度，完善人才考核评价激励机制，对高层次人才的吸引力和凝聚力进一步增强。

（5）提升现代化治理能力和水平。坚持和完善党委领导下的校长负责制，健全学院党政联席会议制度，全面推进依法治校，决策和议事程序不断规范；探索教授治学的有效途径，强化学术权力，学术委员会的作用充分发挥；稳步推进“院办校”改革，理顺校院关系，学院办学自主权不断增强；探索构建以董事会（理事会）为核心的社会参与办学体系，建立健全社会参与办学咨询、协商、审议机制；完善校友会等校友组织建设及运行机制，激发校友参与学校办学的积极性与主动性，社会资源筹措渠道进一步拓展。

第二节　精准凝练办学“三大特色”

作为全省办学历史较为悠久的本科高校和国家具有特定行业背景的特色型大学，多年来，学校一直坚持以特色求生存，以服务求发展，励精图治，奋发图强，为国家重型机械行业和山西省社会经济的发展做出了重要贡献。在2006年教育部本科教育评估时，评估组专家就给出了这样的评价：

在五十多年的办学过程中，太原科技大学在为重型机械行业和重大技术装备领域提供人才和技术服务，并以此为基础培育大学精神，提高学生素质方面形成了鲜明的办学特色：“秉承重工精神，以校园文化建设为载体，铸就负重奋进的太原科大精神，根植重机行业，以产学研结合为途径，培养留得住、用得上、能吃苦、肯实干、笃行求实的应用型高尖端人才。”

2016年，面对经济社会发展新形势和高等教育发展新要求，新一任领导班子在总结学校建校史、发展史的基础上，进一步凝练了学校办学“三大特色”，即：面向行业产业和区域发展的学科专业特色，注重工程教育与实践能力养成的人才培养特色，坚持需求牵引与应用导向的产学研合作特色。并多次在不同场合强调，始终保持“特色鲜明”的办学特色是保障学校事业健康发展的重要支撑，也是贯穿学校“十三五”和“十四五”期间发展乃至今后很长一段时期、永葆发展活力的主旋律。

一、面向行业产业和区域发展的学科专业特色

学校是新中国第一所重型机械本科院校，也是我国重型机械行业和重大技术装备领域人才培养、科技研发、产业服务的重要基地。1952年建校以来，学校承载为国家装备制造工业特别是重型机械行业以及相关产业发展提供高等教育支撑的使命，积极服务国家重大战略需求，注重服务区域经济社会发展，为国家、行业产业和社会发展做出了重大贡献。学校是国内重大技术装备领域高级专门人才培养专业覆盖面较大的高校之一，学校学科结构和专业设置凸显出了为重型机械行业和重大技术装备领域服务的明显特色。长久以来，学校按照“立足山西、面向全国、服务行业、引领发展”办学原则，构建了装备制造主流学科特色鲜明、理工文法等学科相互支撑的多科性学科（专业）体系，产教融合注重工程实践的人才培养体系，产学研用协同发展的科技创新服务体系；积淀了以装备制造业“脊梁精神”“工匠精神”为底色的“负重奋进，笃行求实”校训文化；形成了契合行业、产业、高校、地方共同发展的治理共同体体系。近70年来，累计培养了12万余名学生，大多数分布在徐工、柳工、三一重工、太重等国家大型重型机械企业，在不同时期为国家建设做出了积极贡献。

二、注重工程教育与实践能力养成的人才培养特色

在人才培养模式上，学校始终秉持“厚基础、强实践、重创新、突特色、显个性”理念，坚持以学生为中心，始终保持与行业产业主动对接，对标技术发展前沿和人才培养需求，凸显人才培养的应用性和实践性，注重基础理论与实践能力养成，致力于培养具有解决复杂工程和社会问题能力的卓越工程师和各类应用型人才。多年来，注重协同融合、产教融合和科教融合，初步构建了校企协同育人的培养模式。现在全国近200家企业建有实习实训基地，“校－政－企”合作共建标准化学院等3个现代产业学院；推行“专业＋”联合培养模式，富士康、建龙、徐工、中国设备监理协会等企业和社会组织在学校设立了奖学（教）金；现有大学生创新中心14个、创新团队26个，聘任校内外双创导师160多名，山西省优秀大创导师88名，7人入选国家首批万名优秀创新创业导师库。学校被评为“国家深化创新创业改革示范高校”。

在人才培养体系上，学校从学科专业、课程体系、教材建设、教学过程、质量保障、思政教育、就业服务等方面进行周期性、系统性改革，初步构建了课内课外衔接、德智体美劳全面发展的贯通式大育人培养体系。现有省级“1331工程”优势特色学科1个，服务产业创新学科群2个，省级重点学科3个，省级重点建设学科15个，工程学学科位列ESI全球前1%；现有本科招生生专业52个，其中工程类专业37个，占专业总数73.1%，工程认证专业6个，拥有10个专业硕士学位授权点，在校生近1900人，占硕士研究生总数63.1%，特色优势专业的集中度初步显现;实践教学学时与学分比例持续加大，现行人才培养方案中，人文社科类专业实践类学分平均比例为20%，理工类专业实践类学分平均比例为25%；现有国家级、省级一流专业22个，与行业企业共同开发教材18部；每4年聘请企业专家修订一次培养方案和课程教学大纲，13个专业试点研究应用型人才培养；现有国家级、省级实验教学示范中心12个、省级虚拟仿真实验教学中心2个、校外实践基地124个、省级优秀传统文化教育基地2个、众创空间2个、实验室70个；

设置了全程化《大学生职业发展与就业指导》课程体系，在校生职业技能持证率近 20%，毕业生就业率连续十多年居山西高校前列。

三、坚持需求牵引与应用导向的产学研合作特色

早在 2000 年，学校就联合太重集团、太钢集团、柳工集团、徐工集团、山推集团等全国 40 多家机械制造骨干企业成立了山西省首家产学研董事会，并先后与三一重工、中信重工、中联重工、徐工、柳工、洛阳轴承等全国 200 多家企业建立了产学研战略合作（联盟）关系，与江苏省海安县合作建设海安锻压装备产业研究院，与山西省晋城市合作建设晋城产业技术创新研究院，校企（校地）在关键技术、人才培养领域开展全方位合作，推动了“校 - 企 - 地”协同创新深度融合和迭代升级。现有国家级协同创新中心、省部共建国家重点实验室培育基地、教育部工程研究中心、国家地方联合工程研究中心等重点研发基地和中试平台 4 个。近三年，依托产学研平台，学校与企业地方合作研发经费累计 9000 余万元，横向课题经费数占比 50% 以上，每年申报发明专利近百件，年转化 41 件；主持和参与修（制）定国家标准 6 项，获得省部级科研奖励 30 余项，发表高水平学术论文 600 余篇；主持国家重大重点研发项目或课题 8 项，省重大专项或重点项目 17 项，其中，自主研制的世界上最大口径的五机架钢管定径机试车成功，机器视觉太阳能硅片碎检系统成功应用于国内多条生产线，服务经济社会发展的能力彰显。

第三节　全面深化综合改革　提升治理能力

进入“十三五”期间，以习近平同志为核心的党中央高举改革旗帜，统揽改革全局，推动改革攻坚，引领全面深化改革全面发力、蹄疾步稳，向更深层次挺进、向更高境界迈进。在高等教育领域，高等教育发展呈现新特征，发展环境由高校主导的人才供给驱动向市场需求驱动转变，发展方式由规模扩张为主的外延式发展向以质量提升为核心的内涵式发展转变。同时，山西省政府启动实施“1331 工程”“三个调整优化”战略，供给改革、创新驱动、内涵建设、质量提升、开放发展已成为主题，为山西高等教育大发展创造了良好机遇和环境。在这种环境下，学校全面贯彻党的教育方针和国家中长期教育改革发展规划，紧紧抓住国家实施“双一流”建设、山西省“1331 工程”建设的难得机遇，在山西省高校率先出台《太原科技大学供给侧结构性改革方案（2017—2019 年）》，深化综合改革，以加强和改善党的领导为核心，初步构建以“党委领导、校长负责、教授治学、民主管理”为目标的现代大学治理体系，深入推进综合改革，内部治理结构进一步优化，治理能力明显提升。

一、全面加强现代大学制度体系建设

根据国家教育改革形势的发展变化，学校于 2016 年和 2022 年，两次及时修订《太原科技大学章程》，进一步明确了学校办学思路、目标定位，完善了领导体制、学术体系、管理体制改革、民主管理。以章程为基础规范，结合高等教育改革发展形势和学校建设发展需要，确保制度体系符合实际、与时俱进，按照全面从严治党要求，以民主集中制为核心，制定了《规章制度建设管理规定》，全面规范学校各项规章制度的制定、修

改、废止、解释、备案和监督管理等活动全过程，并于2016年开展制度的“废、改、立”工作，拟定了涵盖四大层级、四大类别，共580多个具体办法的“制度树”，有条不紊推进制度建设，做到用制度管权管事管人，把权利关进制度的笼子，把工作纳入制度的规范。为进一步完善发展规划体系，规范发展规划编制活动，保障发展规划实施，学校于2020年制定了《太原科技大学发展规划管理办法》，对发展规划的实施步骤、子规划的类型、实施部门等进行了规范。在《太原科技大学发展规划管理办法》的指导下，学校于2020年启动“十四五”事业发展规划编制工作，并制定《“十四五”事业发展规划编制工作方案》，有序推进了规划的编制。为促进规划中各项指标的落实，进一步激励教职工干事创业的积极性，学校在多次调研的基础上，制定完成《太原科技大学二级单位目标管理办法》，建立起各二级单位分类考核体系，形成起融合教育教学、科学研究和行政管理为一体，多维多元、连续联动的绩效评价和激励考核机制，并于2019年试运行，2020年正式运行，目标管理办法的出台，健全完善了各二级单位分类考核体系，避免了政出多门、相互重复的弊端，充分调动了各部门和广大教职工的工作积极性与主动性。

二、坚持和完善党委领导下的校长负责制

2016年，根据中央和省委有关文件精神，经上级组织批准，学校首次设立常委会。在这种条件下，学校对“三重一大”决策、党委全委会议事规则、党委常委会议事规则、校长办公会议议事规则等方面的制度进行全面修订完善，进一步规范党委领导和校长负责的关系，明确议事决策范围、程序和监督机制，全面加强学校党委“把方向、管大局、做决策、保落实”方面的领导核心作用，提升了学校决策科学化水平和运转效率。在完善决策议事制度的基础上，总结提炼了“全面工作统筹抓、重大工作直接抓、具体工作分工抓”的党委领导下的校长负责制实践运行机制，探索建立了党政联席会议畅沟通、务虚会议达共识、民主生活会议促提高、中心组学习强武装的“三会一学”制度体系，使民主集中制的要求有了较为完整的制度保障。通过这些制度体系的建立，处理好党委领导全局的核心地位与校长主持行政工作的法人地位之间的关系，努力把党委班子建设成一个有追求、有担当、有纪律、有智慧的坚强领导集体。

三、稳步推进内设机构改革调整

（一）校区改革

2016年上半年，按照“大人事、大财务、大资产、大后勤”原则，将各校区预算、“三重一大”事项等统一纳入校级管理。按照二级学院的管理模式，完成化学与生物工程学院（原太原化工学校，2004年划归学校）的实质性并入。按照“条块结合、以条为主”的原则，完善了晋城校区管理架构，秉持“市校共建、条块结合、以条为主”的管理模式。经调研论证，2016年学校对晋城校区的运行管理体制进行了调整，设立校区管委会和党工委作为学校派驻校区的管理机构，履行校区管理职责，校区管委会、党工委包括书记、主任1人，副书记1人，副主任3人，校区内设综合办公室、人事财务部、教学科研部、学生工作部、后勤保卫部5个办事机构。另外，设有基础教学部、专业教学部、图书信息中心等教学教辅部门。经过学校积极努力，在各级政府支持下，实质性解决了晋城校区办学条件、人员编制、资产划转等难题，广大教职员工克服异地办学困难，共

同推动校区办学规模逐步扩大、质量不断提升、运行日趋规范，社会效应日益凸显，校区建设与发展成效得到省厅领导和晋城市认可，2017年被列入全省高教综改5所试点单位之一。通过多年的不断探索和改革，学校逐步完善了晋城校区、南校区管理体制与运行机制，形成了“两地三校”的办学格局。2021年，按照山西省“三个优化调整”统一部署，华科学院整合晋城校区现有办学资源转设后新设立一所省属公办理工类普通本科高校，并迁址山西省晋城市，转设为山西科技学院。

（二）机构改革

按照“职能完善、运转高效、专业服务”的原则推进机构改革，新建整并一批职能机构，建立、充实了一批服务性机构，进一步理顺了管理体制、厘清了工作职责，管理体制机制更加顺畅。2017年初，按照“分工明确、协作密切、精简高效”的原则，结合学校实际，调整了非教学机构及其职能，撤并了招生就业处、工程训练中心（机器厂）、新闻中心等处（副）级建制，增设了发展研究中心、分析测试中心、综合保障中心等部门，通过优化机构设置、整合工作职能、完善制度建设，构建有利于跨部门协同的集约式组织设计和服务型管理模式。为打破行政边界，充分将资源优化整合起来、高效融合起来，本着理顺体制机制、提升管理效能的原则。2020年，学校对职能机构进行了改革，成立人力资源部、教务部、科学技术部、研究生工作部、计划财经部、审计部、资产管理部、基本建设管理部、后勤管理部、国际合作与交流部，构建起既同向发力、又各司其职的指导协调和管理服务工作机制。同时，为理顺期刊管理体制，打造布局合理、态势良好的“太原科技大学学术期刊群”，推动期刊的集约化发展，学校成立期刊管理中心，期刊管理中心挂靠发展研究中心（副处级），负责《太原科技大学学报》《高等教育研究》《铸造设备与工艺》三本期刊的编辑、出版、发行工作。2022年，学校从工作全局出发，着眼人才工作高质量发展，增设人才工作办公室，为进一步服务好各类人才发挥了积极作用。

（三）教学科研组织改革

2016年，学校优化提出了新的科研工作思路，即以体制机制创新为核心，以服务区域发展战略和创新引领行业发展为主要目标，以应用基础研究、应用研究和试验发展为主体，以学科交叉融合为重要抓手，打造面向行业产业和区域发展的协同创新高地。按照新思路，学校对科研组织进行了改革，积极构建以需求为牵引的科技项目组织模式，以项目为纽带的科研团队生成模式，形成扁平化科研管理体系，并于2017年建立科技处与各学院协调联动机制，开展学院科研副院长兼职科技处副处长试点工作。本着主动对接区域经济发展、突出学科交叉融合的原则，学校积极探索学科新增长点和突破点，推进学院优化调整。2020年，为顺应中国制造2025国家战略和新旧动能转换大潮流，贯彻新发展理念，进一步强化学校特色和优势。2020年，学校着眼国家战略和我省转型发展大局，推动校内学科深度交叉融合，成立智能制造学院和标准化学院。同年，为贯彻落实国家应急与安全事业战略部署、进一步推动校内学科深度交叉融合，成立安全与应急管理工程学院，包括安全工程和应急技术与管理两个学科。2019年，为提高运行效率，不断迸发出新的生机活力，推动重型机械教育部工程研究中心独立科研机构实体化运行。

四、规范和加强学术权力

学校积极推进教授治学，建立行政权力与学术权力相对分离的保障机制，支持学术组织发挥学术事务主导权，发挥学术组织在和教授在学科建设、学术评价、学术发展和学风建设等事项上的重要作用，建立了学术决策与行政执行之间良性沟通协调机制。按照大学章程，本着“优化重组、分工配合、规范运行”的原则，学校整合各类学术组织机构，重构了校院两级学术委员会和各专门委员会，同时完成了校学术委员会换届工作，健全了以学术委员会为核心的学术管理体系与组织架构，统筹行使学术事务的决策、审议、评定和咨询等职权，在教学科研中，充分发挥了学术委员会在学科建设、学术评价、学术发展和学风建设等事项上的重要作用。同时，学校积极探索教授治学的有效途径，通过完善学术管理的体制、制度和规范，制定各级各类学术组织产生办法，明确工作职责与议事范围，进一步规范了学术组织的工作程序与决策机制，为学术委员会正常开展工作提供必要的条件保障。

五、持续推进民主管理

学校以制度体系建立为根本，逐步畅通师生参与学校管理的各种渠道。制定教职工代表大会章程、实施办法和教职工代表大会提案工作实施办法，组织召开一年一度的职工代表大会和工代会会员代表大会，完成新一届工会委员会、经审委员会、女工委员会换届工作，进一步完善了民主管理体制，有效保障了师生员工的知情权、参与权、表达权和监督权。制定党员领导干部联系党外代表人士、校院两级级党员领导干部同党外人士联谊交友工作制度，并建立联系名单，努力为他们参政议政创造良好的环境和条件。进一步完善党务公开、校务公开和信息公开制度，构建起包括校园网、信息公告栏、校内文件、定期召开座谈会、情况通报会、官方微信等在内的互联互动的全方位、立体化的信息公开格局。制定加强校友工作实施意见、校友接待制度，并完善各地校友分会机构，努力提升校友服务水平，不断畅通校友参与、评价和支持学校发展的渠道。

六、深化资源配置体系改革

深化资源配置体系改革，不断拓展办学资源，优化资源配置机制，创新资源配置方式，提高资源利用效率，是大学内涵式发展的必然要求。针对资源配置方式陈旧落后、资金投入分散重复、开放共享程度不高、成果产出量少质低等突出问题，学校于2016年启动资源配置改革工作。

（一）在资金管理方面

学校推行全面预决算制度和全成本核算，严格“收支两条线”，统筹推进基于“成本核算、绩效评价、风险防控”的内部控制体系。2016年初，学校首次推行校级综合预算编制，按照“依据科学、编制合理、执行严格、运行有效”原则，推动预算管理精细化、规范化和科学化，当年实现收支顺差1.4898亿元，年末负债总额较上年减少4824万元，财务整体状况明显好转。2017年起学校实行校级综合预算编制，将主校区、晋城校区、华科学院的全部收入和各项支出均统一纳入校级预算，促进了预算管理工作的科学化、精细化和严肃性。

（二）在资产管理方面

2016年上半年，学校制定国有资产管理办法、招标采购管理办法等系列制度，并设立招标与采购办公室，全面推行工程、货物和服务“阳光采购”，按照“提议权、决策权、执行权、监督权”相分离的原则，规范了招标采购审批程序和工作流程。2016年下半年，对全校各类资产进行了全面摸底清查，核实了历史形成的一大批不良不实资产，通过产权登记等工作进一步厘清了资产所有权、管理权和使用权。基于学校大多数工科和理科实验需求，2017年学校结构机构改革，筹建成立公共分析测试中心，购入国内外顶级仪器，整合现有设备，配置专业实验人员，配套科学工作制度和流程，积极推进大型仪器设备和数据资源校内外开放共享，为高层次人才引进和高水平成果产出提供了保障。

（三）在信息管理方面

首先是推进了支撑平台建设，遵循“整体规划、分步实施、突出应用、逐步完善”的原则，建设了比较完善的校园网络基础设施，形成了覆盖多校区的有线与无线相结合的高速网络。按照《太原科技大学数据信息标准》的要求，实现了统一信息标准、统一身份认证、统一信息门户、统一数据交换与共享的信息化支撑平台，对接了目前校内的所有应用系统，教学、科研、管理、服务信息化基础设施基本完善。其次是推进了应用平台建设。树立“让办公移动起来”“让数据多跑路，让师生少跑腿”“让信息更畅通，让办公办事更便捷”“建设师生用得起、用得上、用得好的应用系统”等理念，开展网络安全和信息化工作，在OA系统开通办公业务流程30项，在企业微信开通“员工服务”44项，初步实现了师生的线上/线下服务。对办公、财务、电子邮件、VPN等应用系统进行了升级，构建了电子校园卡实验平台，对接了食堂、直饮水、门禁等系统，实现了新校区大门的人脸门禁系统的自助人脸认证。

（四）在绩效管理改革方面

2016年以来，学校坚持教学决定生存、科研决定水平、服务决定地位、质量决定兴衰、制度决定成败的理念，按照知识价值导向原则，积极推进绩效分配制度改革，出台实施绩效管理首批9个办法。有如下主要特点：一是按照“同工同酬、多劳多得、优劳优酬”的原则，优化课时酬金分配机制；二是以创新质量和实际贡献为导向，完善教学、科研管理制度，克服低效无效供给；三是规范加班费、劳务费、津补贴、奖励补助发放；四是强化二级学院绩效发放的自主管理，增加综合绩效核拨数额。知识价值导向改革在2017年5月份科技部、教育部来校联合督查工作中得到认可。

第四节　深化“以本为本”　提高培养质量

党的十八大以来，我国高等教育快速发展，成绩斐然，全国普通高等学校2756所，其中本科学校1270所，各类高等教育在学总规模4430万人，规模居世界第一。2016年12月，全国高校思想政治工作会议召开，要求要坚持把立德树人作为中心环节，把思想政治工作贯穿教育教学全过程，实现全程育人、全方位育人，努力开创我国高等教育事业发展新局面；2018年6月21日，教育部召开改革开放40年来首次全国高等学校本科教育工作会议，提出坚持“以本为本”，推进“四个回归”，着力培养一流人才，建设一流本科教育，我国高等教育逐步由教育大国向教育强国迈进。

根据习近平总书记关于高等教育的系列论述精神及教育部推动高等教育内涵发展的系列举措，2018年，校党委书记王志连在学校第八次党代会提出：“牢固树立以学生为本的理念，稳固本科教学中心地位。以创新教育教学理念为先导，以质量工程和精品建设为抓手，深化人才培养模式改革，重构专业培养方案，深入推进工程教育改革，切实完善实践教学、质量监控体系，不断提升研究生培养质量，努力培养适应社会发展需求的创新型人才”。2021 年，王志连书记在学校第九次党代会又提出："要围绕行业产业和我省转型发展对创新人才的迫切需求，全面落实立德树人根本任务，以高素质应用型、复合型、创新型人才培养为目标，以革新人才培养理念为先导，以改革人才培养模式为基础，以创新教育教学方法为抓手，以优化专业课程为保障，全面发展学生能力，提高人才培养质量，增强人才与经济社会发展需求之间的适配度”。学校教学工作紧紧围绕党代会提出的目标任务有序推进，2017 年学校顺利通过教育部本科教学审核评估。

一、思想政治教育

（一）开展教育思想大讨论活动

为深入贯彻落实全国教育大会和教育部新时代全国高等学校本科教育工作会议精神，进一步更新教育观念、理清办学思路、凝聚发展共识，努力提高人才培养质量，推动学校高质量发展。2018 年 9 月底至 12 月底，在全校范围内开展了本科教育思想大讨论活动，校长卫英慧以“坚持以本为本，落实四个回归，建设特色鲜明的高水平教学研究型大学”为题作动员报告，活动为期三个月。

本科教育思想大讨论活动期间，各单位围绕党和国家的教育政策，习近平总书记关于高等教育的重要论述，教育部高校建设和发展的重大决策开展了多范围的专题学习；围绕学校人才培养、专业建设、课堂教学、教学管理、学生发展、资源保障等方面开展了形式多样的交流研讨，共组织校院两级专题学习 205 场、专题研讨 188 场、座谈会 15 场、讲座 18 场、调研 25 次，参与人数共计 2 万余人次；撰写心得体会 156 篇；新闻报道 14 篇、出版简报 8 期 41 篇。

本科教育思想大讨论共收到学校改革发展建议 500 余条，宏观方面有学校的政策制度、资源条件、教学管理、教学改革等；微观方面有教师能力提升、教学效果提高、学习态度转变、诚信考试教育等。建议涵盖了本科教育的方方面面，为学校制订改革发展规划，实施本科教育质量提升计划提供了理论基础和重要依据。

（二）加强思政课程和课程思政建设

学校推进思政课程建设和课程思政教学改革，构建思想政治理论课、综合素养课和专业课“三位一体”的思想政治教学体系。严格集体备课制，通过集体研讨，及时更新思政教学内容，充分发挥思想政治理论课程在高校人才培养中的积极作用。

2018 年，学校开设了“习近平新时代中国特色社会主义思想”公共选修课，后又增设党史、新中国史、改革开放史、社会主义发展史作为学校公共选修课的必修内容。

2019 年，马克思主义学院赵丽华老师被评为全国模范教师；2020 年刘荣臻教授获批山西省高校思想政治理论课名师工作室；2021 年，马克思主义学院武艳红老师和骆婷老师获全国高校思想政治理论课教学展示暨优秀课程观摩活动一等奖。

2018 年，学校下发《太原科技大学课程思政教学改革方案》，建立了课程思政教学改革的长效机制和有效举措，当年 57 门课程列入课程思政教学改革试点；2019 年全面推行课程思政教学改革，重点提升教师课程思政教学能力和水平；2020 年加强课程思政教学交流研讨，选树典型、辐射全校；2021 年优化课程教学评价，突出育人成效。通过长期不懈的努力，学校《商业伦理与企业社会责任》被评为全国课程思政示范课程，课程教学团队成员均获全国教学名师称号；获山西省课程思政教学设计大赛一等奖 3 人次、二等奖 3 人次、三等奖 3 人次，学校获课程思政优秀组织奖；学校《机械工程测试技术》《金属塑性成形原理》被认定为山西省课程思政示范课程，3 门为建设课程；在此阶段，全校 54 名教师被评为校级课程思政优秀教师，学校课程思政育人理念进一步强化，课堂育人效果进一步提高，学生思想道德水平进一步提升。

二、教学制度建设

为进一步推进教学改革和教学管理工作科学化、规范化，提升教学管理和服务水平，时任校长左良大力推动制度建设，构建了教学制度清单，分年度逐步推进。经过长期的建设，学校教学管理制度日趋完善，管理水平显著提升（表 11-1）。

表 11-1　太原科技大学教学制度建设统计表

年份 / 年	制 度 名 称	制度类别
2016	太原科技大学危险化学品安全管理规定（修订）	实践教学
	太原科技大学中外合作办学项目本科教学管理办法（试行）	合作办学
2017	太原科技大学本（专）科教学工作量计算办法（修订）	质量管理
	太原科技大学教育教学奖励办法	教学成果
2018	太原科技大学全日制普通本科生学籍管理细则（修订）	学籍管理
	太原科技大学本科毕业生学士学位授予实施细则（修订）	学位管理
	太原科技大学在校大学生转专业管理细则（修订）	学籍管理
	太原科技大学本科教学指导委员会章程	质量管理
	太原科技大学双学位学费管理及使用细则	学费管理
	太原科技大学双学位专业管理细则	专业建设
2019	太原科技大学本科教育质量提升行动计划（2018—2025 年）	教学改革
	太原科技大学本科教学事故认定与处理细则（修订）	质量管理
	太原科技大学本科教学督导工作细则（修订）	质量管理
	太原科技大学本科生课堂教学管理细则（修订）	质量管理
	太原科技大学在校大学生转专业管理细则（修订）	学籍管理
	太原科技大学推荐优秀应届本科毕业生免试攻读研究生工作实施细则（修订）	评先选优
	太原科技大学本科教学突出贡献奖评选办法（试行）	教学奖励
2020	太原科技大学关于深化本科教育教学改革，全面提高人才培养质量的实施办法	教学改革
	太原科技大学基层教学组织建设与管理办法	专业建设
	太原科技大学一流课程建设实施办法	专业建设
	太原科技大学普通本科专业设置管理细则	专业建设
2021	太原科技大学本科专业建设评价方案（试行）	质量建设
	太原科技大学一流本科专业建设实施办法（试行）	专业建设

三、专业建设

（一）优化调整专业结构。

根据山西省人民政府《关于高等教育本科专业优化调整的指导意见》文件要求，学校不断优化本科专业结构，提升专业核心竞争力，服务山西省地方经济转型发展。

2018年，学校制定《太原科技大学本科专业优化调整实施方案》，对未来3年（2018—2020年）专业调整进行了具体规划，对标学校办学定位和特色方向，精简专业数量；整合教学资源升级特色优势专业，优化专业结构；跟踪战略性新兴产业发展、社会建设和公共服务领域对新型人才的需求增设新兴急需专业，调整专业布局，并按照“先做减法”“再做加法”“有破有立”“破立结合”的原则，新增与学校发展定位相契合的新工科专业，形成了“规模适中、结构合理、特色鲜明、配套协同、服务有效”的本科专业发展体系。专业优化调整当年，学校62个本科专业中，撤停15个专业，3个专业实行间隔招生，本科专业数量缩减近25%。

2021年，在近3年工作的基础上，学校深化专业优化调整，以高水平研究应用型大学为建设目标，以现代产业学院为抓手，推动新工科专业建设，持续提升专业竞争力和人才培养质量，自2018年以来，新增设专业8个。截至2022年，学校本科实际招生专业共55个（含3个方向），表11-2所列为2022年学校本科专业设置情况。

表11-2　2022年学校本科专业设置情况

序号	专业名称	专业代码	授予学位门类	备注
1	经济学	020101	经济学	
2	法学	030101K	法学	
3	社会工作	030302	法学	
4	社会体育指导与管理	040203	教育学	
5	英语	050201	文学	
6	日语	050207	文学	
7	数据计算及应用	070104T	理学	2020年增设
8	应用统计学	071202	理学	2019年增设
9	工程力学	080102	工学	
10	机械设计制造及其自动化	080202	工学	
11	材料成型及控制工程	080203	工学	
12	机械电子工程	080204	工学	
13	工业设计	080205	工学	
14	过程装备与控制工程	080206	工学	
15	车辆工程	080207	工学	
16	车辆工程（新能源汽车）	080207	工学	
17	材料科学与工程	080401	工学	
18	冶金工程	080404	工学	
19	焊接技术与工程	080411T	工学	

（续）

序号	专业名称	专业代码	授予学位门类	备　注
20	功能材料	080412T	工学	2020年增设
21	电气工程及其自动化	080601	工学	
22	电子信息工程	080701	工学	
23	通信工程	080703	工学	
24	光电信息科学与工程	080705	工学	
25	自动化	080801	工学	
26	机器人工程	080803T	工学	2019年增设
27	智能装备与系统	080806T	工学	2021年增设
28	计算机科学与技术	080901	工学	
29	软件工程	080902	工学	
30	物联网工程	080905	工学	
31	智能科学与技术	080907T	工学	2019年增设
32	化学工程与工艺	081301	工学	
33	制药工程	081302	工学	
34	能源化学工程	081304T	工学	
35	能源化学工程（煤层气）	081304T	工学	
36	油气储运工程	081504	工学	
37	交通运输	081801	工学	
38	交通工程	081802	工学	
39	环境工程	082502	工学	
40	环境科学	082503	工学	
41	环境生态工程	082504	工学	2020年增设
42	环保设备工程	082505T	工学	
43	安全工程	082901	工学	
44	应急技术与管理	082902T	工学	2021年增设
45	生物工程	083001	工学	
46	信息管理与信息系统	120102	工学	
47	市场营销	120202	管理学	
48	会计学	120203K	管理学	
49	物流工程	120602	工学	
50	工业工程	120701	管理学	
51	工业工程（标准化）	120701	管理学	
52	绘画	130402	艺术学	
53	视觉传达设计	130502	艺术学	
54	环境设计	130503	艺术学	
55	产品设计	130504	艺术学	

（二）持续推进工程教育专业认证

2016 年 6 月，我国正式加入国际上最具影响力的工程教育学位互认协议之一《华盛顿协议》，通过认证协会认证的工科专业，毕业生学位可以得到《华盛顿协议》其他成员组织的认可。专业申请和通过工程教育认证，一方面体现了专业人才的培养质量，另一方面也能有效促进学生的就业质量。

2012 年，学校在机械设计制造及其自动化专业开始推行工程教育专业认证，成为山西省通过工程教育专业认证的唯一专业，为学校全面推开积累了宝贵的经验。2016 年，学校大力推动工程教育专业认证工作，全面压紧压实责任链条，将工程教育认证所倡导的“以学生为中心、以产出导向、持续改进”的基本理念落实落细到育人全过程。通过“请进来、走出去”等方式开展各类认证培训、调研，提升专业教师理论水平，遴选培育工程教育认证专业，对标认证要求与人才培养目标，持续完善专业人才培养方案和课程教学大纲，以 OBE 理念进行教学设计，以学生为中心围绕学生毕业要求展开教学。2018 年 12 月 13 日，学校承办教育部工程教育认证骨干专家培训会，会议邀请了教育部全国高等院校、学术协会、行业企业近 70 名工程教育认证专家，是工程教育认证领域最具权威的学术性会议。学校以本次会议为契机，深入学习工程教育认证核心理念，准确把握工程教育认证指标内涵，推动各学院、各专业、各课程在实际教育教学活动中切实贯彻工程教育认证要求，提升人才培养质量。

2018 年，机械设计制造及其自动化专业通过复审（第 3 次）；2019 年，机械电子工程和、自动化专业通过工程认证审核；2020 年，材料成型及控制工程通过复审（第 2 次）；2021 年，车辆工程、材料科学与工程通过工程认证审核。

（三）扎实推进一流专业和一流课程建设

2018 年 6 月，全国高等学校本科教育工作会议结束后，教育部推动实行“双万计划”，2019 年 4 月正式发布《关于实施一流本科专业建设“双万计划”的通知》，计划在 2019—2021 年，建设 10000 个左右国家级一流本科专业点和 10000 个左右省级一流本科专业点；同年 11 月，教育部实施一流本科课程“双万计划”，认定 10000 门左右国家级一流本科课程和 10000 门左右省级一流本科课程。

学校扎实推动一流专业和一流课程建设，先后制定了《太原科技大学一流本科专业建设实施办法（试行）》《太原科技大学一流课程建设实施办法》。在一流专业建设方面，学校按照“巩固优势专业、打造特色专业、发展新兴专业”的建设思路，在人才引进、教学条件、教学改革等方面给予政策和经费支持；在一流课程建设方面，积极推进现代信息技术与教育教学深度融合，建立了课程建设成果导向分级管理机制，加大校级一流课程的培育，带动课程建设水平整体提高。

截至 2022 年，学校获批国家一流本科专业 7 个、省一流本科专业 25 个；“数据计算及应用”专业首次入选 2021 年中国软科大学专业排名 A+ 专业；《商业伦理与企业社会责任》获批国家一流课程，省级一流课程认定 22 门、建设 18 门，培育 26 门；虚拟仿真实验项目 7 项。王希云教授主讲的《数值分析》课程获全国高校教师教学创新大赛二等奖。

四、人才培养方案修订

人才培养方案是高校组织本科教学和规范教学环节的基本依据，是人才培养质量的重要保障。为进一步加强学校内涵式发展，提高人才培养质量，这一时期，学校两次对人才培养方案进行了修订，通过修订人才培养方案，创新了人才培养模式，优化了课程体系结构，更新了课程教学内容，提升了人才培养和社会需求的匹配度。

2017 版人才培养方案坚持立德树人和学生为本的原则，在巨大压力面前，实施刀刃向内的改革，对标国内一流大学，大幅度缩减学分、学时，削减无效课堂教学时长，改革课堂教学方法和课程考核方式，提高课堂教学效率，将节省的教学时间用于学生实践能力提升教育，实现“三三结合”，即专业教育、通识教育、素质教育相结合，知识传授、能力拓展与人格养成相结合，课堂教学、实践训练与课外提升相结合，形成全过程育人、全方位育人、全员育人的人才培养模式。本版人才培养方案各专业缩减超过 20 学分，其中理、工、艺类专业最高学分不超 170 学分，其他类（经、管、法、文、教育）专业最高学分不超过 160 学分。

2021 年，学校按照山西省教育厅高水平研究应用型本科高校的建设要求，主动适应国家战略、山西省转型发展蹚新路对高素质人才的需要，对接行业产业，积极开展“新工科”“新文科”专业建设，启动 2021 版人才培养方案修订工作。本版人才培养方案依据教学质量国家标准和工程教育专业认证标准，以落实应用型人才培养基本要求为主线、以整合课程内容优化课程体系为核心，优化和创建一流本科人才培养体系。全面落实五育要求，增加心理健康教育、暑期社会实践和劳动教育类课程，完善体育和美育教育课程体系。

2021 版人才培养方案在 2017 版基础上，进一步强化学生综合素养和实践能力。第一，明确通识选修课程设置要求，增加“四史”课程和“习近平新时代中国特色社会主义思想概论”课程，加强体育、美育教育和职业素养教育，构建艺术鉴赏类、人文社科类、经济管理类、创新创业类、科学技术类、责任素质类 6 个文化素质类选修课程模块。要求所有专业学生必须选修 9 学分文化素质类课程，其中“四史”（党史、新中国史、改革开放史、社会主义发展史）和习近平新时代中国特色社会主义理论课程 1 学分、《职业发展与就业指导》课程 1 学分、《心理健康教育》课程 1 学分、《职业素养提升》课程 1 学分；限定选修创新创业类课程至少 1 学分、艺术鉴赏类课程至少 2 学分；其余学分为任选学分。第二，明确创新创业类学分要求。要求所有专业学生应完成创新创业类学分不少于 5 学分，其中必修 2 学分、选修 1 学分、实践 2 学分。第三，明确实践教学要求，理、工、艺专业类实践教学比例不低于总学分的 30%，其余专业实践教学比例不低于总学分的 20%。

五、教学研究与教学改革

学校重视教学研究与教学改革，制定了《太原科技大学本科教育教学研究课题管理办法（修订）》，鼓励教师以提升学生创新能力和提高课堂教学效果为目标，围绕课程体系建设、教学方法创新、课程思政途径等开展教育教学研究，每年组织教学改革项目的立项和结题验收，并对教学改革项目研究取得的成果进行推广应用和给予相应奖励，应用效果较好的校级教改项目，优先推荐省级教学改革项目立项，以此带动学校整体教学改革水平。

2016—2021 年，学校教学研究项目校级立项 421 项，省级立项 109 项；获省级教学成果特等奖 6 项，一等奖 18 项，二等奖 19 项；学校刘翠荣教授、马立峰教授、王希云教授、赵继泽副教授主持参与教育部“新工科”建设研究项目5项；赵丽华教授主持国家社科基金高校思想政治理论课研究专项1项，刘传俊教授组建的商业伦理与企业社会责任课程群虚拟教研室获批国家虚拟教研室建设试点。

六、创新创业教育

学校重视创新创业教育，在“十三五”规划中明确提出：“创新创业教育要面向全体学生、全体教师参与，融入人才培养全过程”。秉承“负重奋进、笃行求实”的校训和“厚知、重行、务实、创新”的本科人才培养思路，确定了培养创新精神、实践能力和社会责任感的专业人才成长目标。建立了“五位一体”的实践教学体系、“135”分级学科竞赛机制和创新创业成果奖励机制，构建了创新创业实践训练云平台和创新创业教育分级管理机制，鼓励和支持教师参加创新创业指导教师队伍，不遗余力为创新创业而教育提供支持和保障。

2016年，为提高学生的创新意识，学校引入北京慧科教育集团的18门创新创业教育课程；为做好大学生创新创业训练项目成果宣传展示，学校创立了大学生创新创业内部刊物《大创年刊》。2017年，获批国家级“深化创新创业教育改革示范高校”，组建了大学生创新创业联盟，太原科技大学创新创业教育教学与实践工作委员会，建设了众创咖啡、创新创业路演厅等大学生创新创业活动空间。2018年，学校制定创新实践学分认定工作方案，建立了创新创业学分转换制度，对学生参与课题研究、培训、创业实践活动、开展创新实验、发表论文、获得专利和自主创业等情况进行创新创业学分折算，创新创业实践活动成为学生教学活动的重要内容。2019年，学校举办首届大学生创新创业年会，表彰了大学生创新创业教育实践中取得突出成绩的优秀大创导师，新聘大学生创新创业导师60人，开展大学生创新创业成果展、双创学术论文交流会和经验分享、创业项目路演、双创训练营和“企业家进校园”等活动，极大地激发了学生们创新创业活动热情。2020年，学校加强创新创业课程建设，跨专业组建了创新创业课程教学团队，按照金课标准建设《创新创业基础》课程，面向在校学生开课，获得学生一致好评。2021年，学校持续深化创新创业教育，构建创新创业教育与实践学分体系，提高实践教学学分比例，建立实践教学标准；分层分类建设学科竞赛并根据学科竞赛排行榜内竞赛项目进行调整实施135学科竞赛机制和一院一赛制，校级竞赛专业全覆盖，重点推进工程创新大赛和“互联网+”竞赛，学校学科竞赛排名再次提升，本年度“互联网+”大赛报名参赛团队584个，同比增长46%，参赛人次4027，同比增长81%，推荐33个校金奖项目参加省赛，2个项目推荐国赛，全国高校学科竞赛排行榜学校由208位提升至189位，位列山西省第5。

第五节　以“1331工程”为契机　推进一流学科建设

“世界一流大学和一流学科建设”是继“985工程”“211工程”后，中国高等教育领域的又一项国家重点建设工程。2015年10月24日，国务院印发《统筹推进世界一流大学和一流学科建设总体方案》，国家“双一流”建设全面启动，山西紧抓高等教育难得的发展机遇，上接国家“双一流”建设，下承山西转型综改服务，启动实施了旨在促进山西高等教育振兴崛起的“1331 工程”。

“1331 工程”第一个“1”指立德树人是“根本”；第一个“3”指重点学科、重点实验室、重点创新团队是“基础”，是“双一流”建设的核心内容、推动高校内涵式发展的重要支撑；第二个“3”指协同创新中心、工程（技术）研究中心、产业技术创新研究院（战略联盟）是“平台”，为全省创新驱动、转型升级提供智力支持和强大动力；最后一个“1”指产出一批重大成果是“目标”，既包括科研成果，也包括人才成果，这是检验“双一流”建设的标尺。

2017 年 3 月 1 日，时任山西省省长楼阳生亲自主持召开实施“1331 工程”统筹推进“双一流”建设动员部署会议，山西省人民政府随之发布《关于实施“1331 工程”统筹推进“双一流”建设的意见》（晋政发［2017］4 号）。在山西省委省政府的强力推动下，“1331 工程”成为山西省高等教育事业振兴发展的总抓手和切入点。省财政每年拿出 3 亿元的专款来支持“1331 工程”建设，启动了“1331 工程”八大建设计划项目。

经过为期一个周期的建设后，在对“1331 工程”实施成效进行绩效评估的基础上，2021 年 2 月 4 日，山西省人民政府发布《山西省人民政府关于推动高等教育“1331 工程”提质增效的实施意见》（晋政发〔2021〕3 号），“1331 工程”提质增效建设计划也正式启动，标志着“1331 工程”实施迈入了新阶段。

这一时期，抢抓我省“1331 工程”实施契机，争取更多项目经费支持，成为学校一流学科建设的重要抓手。

学校领导对“1331 工程”高度关注，成立了“1331 工程”领导组和“1331 工程”办公室，校党委书记和校长任“1331 工程”领导组组长，“1331 工程”办公室设在科学技术处。

在 2017 年 3 月 24 日召开的学校工作会议上，左良校长在讲话中指出，“1331 工程”是省委、省政府推进山西高等教育发展的重大战略部署，核心点是推进高等教育供给侧结构性改革，有计划地、有选择地支持一批高校和重点项目，通过协同创新、质量提升和特色发展，实现高等教育供给有效满足社会经济和产业发展需求。我们必须按照这个要求，系统推进学科、队伍、教学和科研领域的改革创新，提升内涵发展水平。

一、推动学科（专业）结构优化调整

山西省“1331 工程”实施后，学校确定的学科建设工作的总体思路是：按照“做大强势、做强优势、做足特色、做优急需、做实交叉”的原则，压缩学科“平原”，构筑学科“高峰”。更准确讲，就是做大强势学科，助力装备制造产业；做强优势学科，助力能源资源产业；做足特色学科，助力信息技术产业；做优急需学科，助力校地协同发展；做实交叉学科，助力山西特色智库。同时，按照“科学规划、合理布局，聚类建设、差异发展”的原则，统筹推进各校区学科专业结构调整。

按照这个总体思路，学校学科发展策略是：按照“资源集约、构筑优势、开放发展、层级递进”的原则，分层实施、分类推进学科基础平台与协同创新平台的建设，有效整合汇聚创新要素和优势资源。按照“学术影响力、组织协调力、资源获取力、道德公信力”四要素选培优秀学科带头人，建立结构合理、充满活力、勇于创新的学科梯队。按照“目标明晰、分级管理、多元评价、自我约束”的原则，构建学科发展内外利益协同机制，激发学科建设内生动力，走应用型、创新型学科发展道路。

2017 年 12 月 28 日，由教育部学位与研究生教育发展研究中心组织的全国第四轮一级学科整体水平评估结果公布，学校机械工程、材料科学与工程、控制科学与工程等 3 个一级学科入围，机械工程学科首次跃入相对位次全国前 20% ～ 30%，入围 B 类区间，材料科学与工程为 C+ 类区间（相对位次处于全国内类学科前 40% ～ 50%）；控制科学与工程为 C-（相对位次处于全国内类学科前 60% ～ 70%）。从评估结果来看：一是学科高原不广，表现在入围学科数量不多；二是学科高峰不高，表现在代表学校最高水平的机械工程学科距离全国前 10% 的 A 类学科仍存在较大差距；三是学科整体水平亟待提升，表现在共参评 11 个学科，未入围全国前 70% 的学科有计算机科学与技术、软件工程、数学、力学、环境科学与工程、光学工程、马克思主义理论、哲学。

从 2017 年开始，学校提出实施“特色优势学科攀升计划”，全力推进传统优势学科提档升级，力争在全国第五轮学科评估中各学科争先进位，确保学校优势学科在全国范围内的话语权。一是进一步优化学科布局，主动对接国家行业产业和山西 14 个标志性引领性产业集群发展需求，立足学校学科优势与特色，打造“新装备”“新基建”“新材料”“环保绿色”和“新能源”五大学科集群，形成学科建设立体结构格局，提升学校学科建设的社会服务能力与水平。二是进一步加强学科内涵建设。按照“统筹布局、突出绩效、注重共享、精细管理、结果导向”的原则，以学科学位内涵建设为主攻方向，进一步优化学科学位建设资源配置决策、共享机制，推进资源向学科内涵建设、质量提升、效益提高和短板补齐方向聚集。三是持续加强学科团队和平台建设，引进和打造高水平学科团队，特别是进一步完善学科带头人的引进、培养、激励政策，发挥学科评价、领导班子考核、学科带头人岗位聘任等杠杆作用，促进学科建设稳中求进。

二、五大学科群建设情况

学校深入学习贯彻习近平总书记视察山西重要讲话重要指示和关于高等教育的重要论述，按照省委“四为四高两同步”总体思路和要求，落实山西省人民政府《关于实施“1331 工程”统筹推进“双一流”建设的意见》和《关于推动高等教育“1331 工程”提质增效的实施意见》，主动对接国家行业产业和我省 14 个战略性新兴产业集群发展需求，着力打造“新装备”“新材料”“新基建”“环保绿色”和“新能源”学科集群，进一步加强学科内涵建设，全面提升学科建设服务和支撑国家创新驱动发展战略与山西转型发展能力。

（一）新装备学科群

学科群以机械工程为主干学科，机械电子工程、工业工程、控制理论与控制工程为核心学科，吸收工程力学、计算机应用技术、应用数学等学科组建而成，目的是进一步推动国家及山西省高端装备制造、轨道交通、煤机与重型新装备产业的技术创新与进步，成为国家高端装备制造、轨道交通、煤机与重型新装备领域高层次创新人才培养及产学研基地，使山西高校的高端装备制造、轨道交通、煤机与重型新装备研究稳居国内前沿，极大地促进山西省高端装备制造、高端装备制造、轨道交通、煤机与重型装备制造业的快速发展，对山西经济、社会发展起到重要的支撑作用。紧紧围绕新装备产业链重大需求，积极承担国家重大项目，在轨道交通、智能煤机、关键基础件、高端轧制、大型起重机、大型矿用挖掘机等方面取得高水平成果，建设多学科交叉融合的若干学科群平台，设立相关的研究和招生方向，为形成和取得本学科群为基础的交叉学科学位点，培养具有完善知识结构和创新能力的优秀人才。

（二）新材料学科群

本学科群以“材料科学与工程”一级博士点学科为主干学科，核心学科为冶金工程、光学工程，参与学科为力学和控制工程学科，围绕服务于山西省新材料研发制备成形制造，整合、凝练了“磁性材料与新能源材料”“特殊钢与耐磨材料”“铝镁轻合金及其复合材料”“光电功能材料”“新型无机非金属材料”5个学科群建设方向。本学科群的建设旨在破解传统学科建设方式存在的诸多弊端，重点解决资源优化配置缺失、多学科交叉阻隔、学科团队知识结构同质化、联合科研攻关能力差、人才培养和科学研究偏离实际需求等关键问题。通过顶层设计和创新实践，以重大需求为导向，搭建基于学科群的资源开放共享平台，建立以重大任务驱动的多学科协同创新机制，实施“寓教于研”的创新人才培养模式，探索建立学科建设绩效评价及激励机制，打造一支勇于并善于创新的高水平人才队伍，为山西新材料行业产业发展提供智力支持和技术支撑。

（三）新基建学科群

本学科以控制科学与工程为主干学科，核心学科为信息与通信工程、计算机科学与技术，参与学科为电气工程、机械工程、材料科学与工程，围绕山西省“十四五”新基建规划，面向智能制造、轨道交通、特种金属材料加工、通用航空、大数据、工业互联网、智慧能源等产业需求，具有鲜明的“智能+”产业服务的优势和特色，学科群通过开放共享科研资源，组建科研攻关团队，重构人才培养模式，为山西省赋能融合基础设施，培育转型升级新动能提供人才和技术支撑。

（四）环保绿色学科群

本学科以环境科学与工程为主干学科，核心学科为材料科学与工程，参与学科为机械工程，围绕山西“一煤独大”——采煤、煤焦化工和煤矸石等系列生态环境问题，在国家科技重大专项、国家自然科学基金重点项目、国家智能制造发展专项和山西省科技重大专项等经费资助下，从事山西煤焦化污染防控及环境地球化学效应、煤炭的绿色开采和远距离环保输送、绿色高端煤焦装备和煤矸石资源化等技术及装备研发，形成区域煤焦污染与防治、煤污染生态修复技术、煤焦环保装备开发、煤矸石功能材料技术等学科方向。“年产千万吨大采高智能采煤机”“大型现代化焦炉和装备制造技术研发与工程示范”等得到应用和推广。本学科群主要面向“煤焦绿色生产”需求，形成煤焦产业过程污染防控和“采煤－运输－焦化－矸石”等技术与装备升级“降污控污”的人才培养体系，为山西省绿色、清洁能源化工基地建设和国家能源安全提供高层次人才保障，对山西生态文明建设具有重要意义。

（五）新能源学科群

本学科以化学工程与技术为主干学科，核心学科为材料科学与工程、材料与化工，参与学科为环境科学与工程、光学工程，本学科聚焦山西省14大产业集群中的“新能源”和“新能源汽车”产业，瞄准产业链布局需求，搭建创新平台，推动关键共性技术开发、创新成果产业化。主要研究方向：离子液体型燃料电池及其用于新能源汽车发动机、固体氧化物燃料电池及其用于中型发电装置、纳米碳功能材料制备和新能源汽车电机用硅钢材料研发、光伏电池材料研发和器件封装技术、基于热转化机理和热力学分析的生物质转化技术、金属有机骨架（MOFs）材料的合成及其能源催化应用、激光催化的研究甲烷等小分子合成高附加值产物、烟气脱硫脱硝和沥青改性应用于公路铺筑技术。

学科群建设以需求为牵引，以项目为王和纽带，组团聚力；以结果和目标为导向，全力攻克核心关键技术；以项目实施为依托，学科交叉融合，协同创新，培养高层次人才，实现学科集群发展，为我省转型提供强有力的人才和智力支撑。

三、学校实施“1331工程”成效

从2017年“1331工程”启动至2022年年初，学校共承担各类“1331工程”32个项目的建设任务（表11-3和表11-4），累计获得建设资金逾亿元，极大地增强了学科内涵，促进了学科整体实力显著提升。

表11-3　太原科技大学获批省“1331工程”项目情况表（2017—2020年）

序号	类　别	项 目 名 称	负责人	立项时间 / 年
1	重点学科	机械工程优势特色学科	马立峰	2017
2	立德树人建设计划	重点马克思主义学院	李建权	2017
3		高校思想政治工作管理协同育人中心	王志连	2018
4		立德树人好老师建设计划	文豪	2018
5		立德树人好老师建设计划	高文华	2018
6	重点创新团队建设计划	数字媒体处理与通信创新团队	王安红	2017
7		光电技术与应用创新团队（青年培育创新团队）	李晋红	2019
8		磁电子材料与器件创新团队	姜勇	2019
9	协同创新中心建设计划	太原重型机械装备协同创新中心（2018年被教育部认定“重型机械装备省部共建协同创新中心”）	王建梅	2017
10		山西省关键基础材料协同创新中心	柴跃生	2017
11		山西省互联网+3D打印协同创新中心	王安红	2017
12	重点实验室建设计划	金属材料成形理论与技术山西省重点实验室	雷步芳	2018
13		抛、喷浆组合去除金属板带表面氧化皮工艺研究与装备开发重点实验室	周存龙	2019
14	工程技术研究中心	金属轧制精整装备国家地方联合工程研究中心	王效岗	2018
15		山西省物料仓储与装卸输送装备工程技术研究中心	韩刚	2018
16		山西省大型铸锻件工程技术研究中心	陈慧琴	2018
17		山西省现代焊接工程技术研究中心	吴志生	2018
18		平板显示智能制造装备关键技术工程研究中心	谢刚	2019
19	标志性成果奖补	控制科学与工程新增博士学位授权一级学科授权点奖励	赵志诚	2019
20		获批重型机械装备省部共建国家协同创新中心奖励	王建梅	2019
21		制定连续搬运设备散状物分类、符号、性能及测试方法（GB/T35017—2018）国家标准奖励	孟文俊	2019

表 11-4 学校获批“1331 工程”提质增效建设计划项目（2021—2023 年）

序号	项目类别	项目名称	负责人	立项时间
1	立德树人	太原科技大学重点马克思主义学院建设项目	李建权	2021
2		材料成型及控制工程国家级一流专业建设项目	陈慧琴	2021
3		计算机科学与技术国家级一流专业建设项目	蔡江辉	2021
4	重点学科	机械工程一流学科建设项目	马立峰	2021
5	服务产业创新学科集群	服务先进轨道交通产业创新学科集群建设项目	马立峰	2021
6	重点创新团队	胡季帆骨干创新团队建设项目	胡季帆	2021
7		马立峰青年创新团队建设项目	马立峰	2021
8	协同创新中心	重型机械装备省部共建协同创新中心建设项目	王建梅	2021
9		高端装备制造与生产全流程智能化协同创新中心建设项目	赵志诚	2021
10	工程技术研究中心	重型机械工程（技术）研究中心建设项目	王建梅	2021
11	产业技术创新研究院	先进特种金属材料产业技术创新研究院（产业学院）建设项目	胡季帆	2021

“1331 工程”实施以来，学校各学科对标一流、奋勇争先，取得的代表性成果有：

（1）新增控制科学与工程一级学科博士点 1 个，一级学科硕士点 5 个，使学校的一级学科博士点数量达到 3 个，一级学科硕士点达到 18 个（不含因教育部抽评不合格被取消的哲学和工商管理 2 个一级学科硕士点）。

（2）学校太原重型机械装备协同创新中心在“1331 工程”的大力支持下，获教育部认定为省部共建重型机械装备协同创新中心，是学校获得的首个国家级协同创新中心，也是距学校获批重型机械教育部工程研究中心后，增加的又一个国家级层面的高水平科技创新平台。

（3）2020 年，学校工程学学科首次跻身 ESI 全球学科排名前 1%，并继此之后，工程学学科一直保持稳步提升，计算机科学、材料学学科距全球 ESI 排名前 1% 的接近度也持续提升，有望获得新突破。

（4）学校还获批新增省级协同创新中心 2 个、服务产业创新学科群 2 个、省人文社科重点研究基地 3 个、省重点实验室等省级科技创新平台 11 个。冶金装备中试基地被认定为 2018 年度首批山西省中试基地之一；获批材料科学与工程学科博士后流动站；新增新工科专业 8 个，机械和自动化 2 个专业入选省级优势专业，能源化学工程专业顺利通过新增硕士专业学位授权审核；以服务区域转型发展和培育战略新兴产业为导向，晋城校区新增采矿工程专业（煤层气方向）并正式招生。

（5）各学科以“1331 工程”为引领，积极对标经济社会发展中存在的实际问题，努力提升服务经济社会发展的能力。学校研发的大型成套冶金装备打破国外技术垄断，成功应用于国内多个重要钢铁企业的轧钢生产线，正推动装备制造向智能化发展；研发的机器视觉太阳能硅片碎检系统成功应用于国内多条太阳能电池生产线上，承担了多项煤矿装备智能化改造任务。

第六节 强化“产学研”特色 推进科研创新应用

一、科研项目重大突破，科研经费持续增长

为充分发挥科研在支撑学校学科建设和高水平建设中的重要作用，结合国家科技体制改革重大举措，加快调整发展理念和工作思路，重视科研领军人才（团队）的引进和培养，强化青年教师科研能力的提升，组织、鼓励科研团队和骨干走出去，主动寻求与其他高校、科研院所和企业开展科研合作，最大限度地争取参加（主持）国家五类科技计划等各类项目，获批了一系列重大项目，确保科研经费持续增长。

2016 年，在自然科学研究项目方面：获批国家基金项目立项 17 项，省部级科技项目立项数 82 项，其他科技项目立项数 13 项。在人文社科研究项目方面：获批国家社科基金项目立项 1 项，教育人文社科项目立项 2 项，省部级项目立项数 26 项，其他项目立项数 3 项，全校科研进款共计 3589 万元。

2017 年，获批国家自然科学基金项目、省科技重大专项、省部科技计划及人文社科项目等 136 项，承担横向科研课题 86 项，科研项目申报力度加大，纵向科研项目实现新的突破，横向项目大幅增加，本年度科研进款超过 3000 万元。

2018 年，获批国家自然科学基金项目、省科技重大专项、省部科技计划及人文社科项目等 136 项，承担横向科研课题 86 项，本年度科研进款超过 5850 万元（其中 1331 建设经费 2361 万元，科研项目经费 3489 余万元）。

2019 年，获批省部级项目 133 项，进款 1726 余万元；获得国家级项目 33 项，进款 1711 万元；校企合作项目 181 项，涉及款项 3632 万元，本年度科研进款总数为 7069 万元。

2020 年，获批国家自然基金 14 项、合作项目 3 项、国家社科基金思政课研究专项 1 项、教育部人文社会科学研究青年项目 1 项；获批国家重点研发计划子项目 2 项、山西省科技计划揭榜招标项目 1 项、山西省关键核心技术和共性技术研发攻关专项 1 项。本年度获批纵向项目 173 项、签订横向科研项目 190 项，项目数合计 363 项，本年度到款金额 7678 余万元。

2021 年，获批国家自然科学基金 10 项，转入 1 项，合作立项 1 项，获批国家重点研发计划课题 1 项，任务 2 项。山西省教育厅高等学校科技创新项目立项 50 项，山西省基础研究计划项目（省基金）立项 47 项，山西省科技厅中央引导地方科技发展资金项目立项 4 项，山西省重点实验室立项 2 项，山西省发改委工程研究中心立项 1 项，共计到款 11199 余万元，本年度科研进款首次实现破亿元。

国家重点研发计划、国家自然科学基金、省重大项目见表 11-5 ～表 11-7。

表 11-5 国家重点研发计划项目

序号	课题名称	负责人	学校部门	项目类别	开始时间 / 年 . 月	应完时间 / 年 . 月	金额 / 万元
1	基于机器人集群的特钢棒材智能精整生产线规划与工艺优化	赵春江	机械工程学院	国家重点研发计划课题	2019.6	2022.5	231

（续）

序号	课 题 名 称	负责人	学校部门	项 目 类 别	开始时间 / 年 . 月	应完时间 / 年 . 月	金额 / 万元
2	基于数据驱动的智能化大型轴类楔横轧装备	楚志兵	材料科学与工程学院	国家重点研发计划课题	2019.6	2022.5	175
3	金属层状复合板波纹辊轧制成套装备研发	刘翠荣	材料科学与工程学院	国家重点研发计划课题	2020.5	2025.4	338
4	矫直、倒棱、修磨智能化工艺控制示范	王荣军	机械工程学院	国家重点研发计划课题任务	2019.6	2022.5	32
5	上料、下料智能桁架机器人的设计、研发与调试	马立东	机械工程学院	国家重点研发计划课题任务	2019.6	2022.5	45
6	制定产品质量规则库及基于工艺规则和大数据分析的全流程产品质量的溯源分析和质量优化	范沁红	机械工程学院	国家重点研发计划课题任务	2019.6	2022.5	32
7	金属层状复合板波纹辊轧制成形关键技术及高精度制备	黄志权	机械工程学院	国家重点研发计划课题任务	2020.5	2025.4	40
8	波纹轧制复合板基复材变形规律的热模拟试验研究	王效岗	重型机械教育部工程研究中心	国家重点研发计划课题任务	2020.5	2025.4	88

表 11-6　国家自然科学基金

序号	课 题 名 称	负责人	学 校 部 门	项 目 类 别	开始时间 / 年 . 月	应完时间 / 年 . 月	金额 / 万元
1	粉煤灰伴生多金属资源提取的基础研究	赵爱春	材料科学与工程学院	NSFC 山西煤基低碳联合基金合作项目	2018.1	2021.12	55
2	牙釉质及皮质骨微观结构与断裂性能的关系及其仿生材料设计	李兴国	应用科学学院	国家自然科学基金青年项目	2019.1	2021.12	18
3	煤矿绿色生产配置的高维多目标优化建模与集成求解	蔡星娟	计算机科学与技术学院	国家自然科学基金青年项目	2019.1	2021.12	24
4	纳米水铁矿在土壤中的稳定性及其与砷的协同迁移机制	霍丽娟	环境与安全学院	国家自然科学基金青年项目	2019.1	2021.12	25
5	基于煤矸石的新型微波吸收材料设计、合成与性能研究	力国民	材料科学与工程学院	国家自然科学基金青年项目	2019.1	2021.12	23
6	厚规格高强船板蛇形 / 差温协同轧制非均匀变形机理研究	江连运	机械工程学院	国家自然科学基金青年项目	2019.1	2021.12	23
7	黏弹性缓冲系统阶变阻尼耗散机理与行为特性研究	李占龙	机械工程学院	国家自然科学基金青年项目	2019.1	2021.12	24
8	基于模糊综合评价的桥式起重机金属结构绿色最优化设计理论研究	戚其松	机械工程学院	国家自然科学基金青年项目	2019.1	2021.12	22
9	固体氧化物电池金属连接体与涂层间界面性质研究	杨雯	材料科学与工程学院	国家自然科学基金面上项目	2019.1	2022.12	61
10	恒压蓄能调控作业机构驱动与动势能回收一体化回路理论及方法	高有山	机械工程学院	国家自然科学基金面上项目	2019.1	2022.12	60

（续）

序号	课题名称	负责人	学校部门	项目类别	开始时间/年.月	应完时间/年.月	金额/万元
11	宏－微－纳跨尺度下ZChSnSb/Sn多层合金界面作用机理与结合性能调控研究	王建梅	重型机械教育部工程研究中心	国家自然科学基金面上项目	2019.1	2022.12	60
12	基于离心铸坯的双金属环件热辗扩成形基础理论与关键技术	齐会萍	材料科学与工程学院	国家自然科学基金面上项目	2019.1	2022.12	60
13	基于FOLED封装的高分子电解质/金属超声辅助阳极键合机制及关键技术研究	刘翠荣	材料科学与工程学院	国家自然科学基金面上项目	2019.1	2022.12	60
14	微缺陷诱发的非线性应力波分岔特性及其应用研究	张伟伟	应用科学学院	国家自然科学基金面上项目	2019.1	2022.12	62
15	高维海量恒星光谱数据的并行子空间聚类分析	张继福	计算机科学与技术学院	国家自然科学基金面上项目	2019.1	2022.12	64
16	数据驱动的高维复杂进化优化方法研究	孙超利	计算机科学与技术学院	国家自然科学基金面上项目	2019.1	2022.12	64
17	石墨烯量子混沌现象的电磁波模拟研究	王晓	计算机科学与技术学院	国家自然科学基金项目应急管理项目	2019.1	2019.12	5
18	基于中红外激光吸收光谱技术的燃煤烟气中SO3在线测量研究	李传亮	应用科学学院	国家自然科学基金项目联合基金培育项目	2019.1	2021.12	61
19	表面微结构组合设计及水润滑摩擦学机理与试验研究	张帆	重型机械教育部工程研究中心	国家自然科学基金项目青年项目	2019.1	2021.12	27
20	基于算子理论的广义概率论框架下的量子关联研究	马瑞芬	应用科学学院	国家自然科学基金青年项目	2020.1	2022.12	23
21	发展量子纠缠轨线方法研究多原子碰撞过程中的量子效应	和小虎	应用科学学院	国家自然科学基金青年项目	2020.1	2022.12	24
22	特殊关联扭曲光束产生及其大气湍流传输特性	王静	应用科学学院	国家自然科学基金青年项目	2020.1	2022.12	25
23	含吸附气煤体的弹性波响应特征及其机理研究	许小凯	能源与材料工程学院	国家自然科学基金青年项目	2020.1	2022.12	27
24	析出相调控对中高含量稀土镁合金耐热性能的影响机制研究	车朝杰	重型机械教育部工程研究中心	国家自然科学基金青年项目	2020.1	2022.12	21
25	电场对铁电/铁磁异质结自旋轨道转矩效应的调控及其机理研究	郭琦	材料科学与工程学院	国家自然科学基金青年项目	2020.1	2022.12	23
26	基于分形理论的微晶玻璃电树枝化行为与击穿机理研究	周毅	材料科学与工程学院	国家自然科学基金青年项目	2020.1	2022.12	25
27	含强弱交界面盐岩－硬石膏夹层组合体静态断裂与蠕变断裂机理研究	孟涛	化学与生物工程学院	国家自然科学基金青年项目	2020.1	2022.12	19

（续）

序号	课题名称	负责人	学校部门	项目类别	开始时间/年.月	应完时间/年.月	金额/万元
28	融入动态机理和运行数据的板带轧机系统稳定运行理论技术研究	张阳	机械工程学院	国家自然科学基金青年项目	2020.1	2022.12	21
29	基于累积挤压变形的梯度结构镁合金板材可控制备与变形机理研究	韩廷状	材料科学与工程学院	国家自然科学基金青年项目	2020.1	2022.12	25
30	基于运动与约束数量平衡方程的机构自由度计算方法	王晓慧	机械工程学院	国家自然科学基金面上项目	2020.1	2023.12	45
31	重载摩擦副表面结构微单元阵列冷压成形机理及形性调控	刘志奇	机械工程学院	国家自然科学基金面上项目	2020.1	2023.12	60
32	P3P问题多解之间的伴随出现现象研究	胡立华	计算机科学与技术学院	国家自然科学基金面上项目合作项目	2019.01	2022.12	30
33	镁铝复合板短流程轧制及其壳体构件一体化成形新方法新技术研究	马立峰	机械工程学院	国家自然科学基金山西煤基联合基金重点项目	2020.01	2023.12	257
34	高速重载列车踏面制动过程热－机械－组织耦合求解及踏面剥离失效机理研究	杜晓钟	机械工程学院	国家自然科学基金面上项目合作项目	2019.1	2022.12	15.6288
35	基于偏振光/惯性组合的载体航向角自主测量方法研究	杨江涛	电子与信息工程学院	国家自然科学基金青年项目	2020.01	2022.12	24
36	基于大样本多元关联特征的恒星参数测量关键问题研究	蔡江辉	计算机学院	国家自然科学基金重点项目合作项目	2020.1	2023.12	81
37	基于相场理论的热障涂层界面氧化热－力－化耦合失效机理研究	申强	应用科学学院	国家自然科学基金青年项目	2021.1	2023.12	24
38	多功能糖基酰胺季铵盐新型杀菌剂的设计、合成及构效关系研究	智丽飞	化学与生物工程学院	国家自然科学基金青年项目	2021.1	2023.12	24
39	焦化烟气老化过程中颗粒物理化特征与毒性效应的演变规律研究	李宏艳	环境与安全学院	国家自然科学基金面上项目	2021.1	2024.12	63
40	煤焦化大气污染特征及标志物研究	何秋生	环境与安全学院	国家自然科学基金面上项目	2021.1	2024.12	58
41	高强厚壁板材热辊弯成形快速无网格方法裂纹缺陷预测	孟智娟	应用科学学院	国家自然科学基金青年项目	2021.1	2023.12	24
42	机理融合数据的热连轧过程板带质量动态感知与协调优化研究	姬亚锋	机械工程学院	国家自然科学基金青年项目	2021.1	2023.12	24
43	基于原位离子浓度测量研究镁合金负差数效应机理及准确评价模型	卫英慧	材料科学与工程学院	国家自然科学基金面上项目	2021.1	2024.12	58
44	煤矿掘进机器人履带行驶本体结构多体界面耦合特征及载荷分布机理研究	张宏	机械工程学院	国家自然科学基金面上项目	2021.1	2024.12	58

（续）

序号	课题名称	负责人	学校部门	项目类别	开始时间/年.月	应完时间/年.月	金额/万元
45	复合激励下有限边界域内散状物料高效定向流动机理研究	孟文俊	机械工程学院	国家自然科学基金面上项目	2021.1	2024.12	58
46	脉冲磁振荡靶向抑制镁合金铸轧边裂及形性协同调控机理	黄志权	机械工程学院	国家自然科学基金面上项目	2021.1	2024.12	60
47	基于激光原位光谱诊断的含氮聚合物快速热解产物及自由基研究	邱选兵	应用科学学院	国家自然科学基金面上项目	2021.1	2024.12	58
48	基于NOMA的认知车联网多级物理层安全传输技术研究	李美玲	电子信息工程学院	国家自然科学基金青年项目	2021.1	2023.12	24
49	低剂量CT图像伪影抑制中循环生成对抗训练模型研究	上官宏	电子信息工程学院	国家自然科学基金青年项目	2021.1	2023.12	24
50	结合目标语义的3D点云可伸缩编码与增强恢复	王安红	电子信息工程学院	国家自然科学基金面上项目	2021.1	2024.12	57
51	碰撞式多稳态压电振动发电机系统的优化和实验验证	李俊林	应用科学学院	国家自然科学基金面上项目合作项目	2020.1	2023.12	6.93
52	稀土轴承钢制备加工的复相组织调控及其组织演化与轴承服役寿命的关系研究	王建梅	重型机械教育部工程研究中心	国家自然科学基金重点项目合作项目	2021.1	2025.12	120

表11-7　省级重大项目

序号	课题名称	负责人	学校部门	项目类别	开始时间/年.月	应完时间/年.月	金额/万元
1	高强高韧性快速降解镁合金研发及应用	刘宝胜	材料科学与工程学院	中央引导地方科技发展专项资金项目	2018.3	2020.2	150
2	新型太阳能电池浆料技术研发及工业示范	郭少青	环境与安全学院	山西省科技重大专项合作项目	2018.6	2021.6	60
3	大型露天煤矿自移式排岩成套装备喷雾抑尘系统研究	王志霞	机械工程学院	山西省科技重大专项合作项目	2018.6	2021.6	50
4	层合板轧制成形过程分析及设备设计优化	周存龙	机械工程学院	山西省科技重大专项合作项目	2018.8	2021.6	30
5	层合板矫直工艺开发	赵富强	机械工程学院	山西省科技重大专项合作项目	2018.8	2021.6	10
6	系列耐热不锈钢的高温性能和焊接技术研究	陈慧琴	材料科学与工程学院	山西省科技重大专项合作项目	2018.8	2021.6	57.75
7	高等级不锈钢焊带309L、347L产品关键工艺技术开发	马立峰	机械工程学院	山西省科技重大专项合作项目	2018.8	2020.12	30.75
8	高性能铜合金轧制成形技术与组织性能控制	陈慧琴	材料科学与工程学院	山西省科技重大专项合作项目	2019.1	2021.12	69.75

（续）

序号	课题名称	负责人	学校部门	项目类别	开始时间/年.月	应完时间/年.月	金额/万元
9	智能化高强宽厚板精整线成套装备	马立峰	机械工程学院	山西省科技重大专项	2019.1	2022.12	705
10	极薄带材的精整成套装备与关键技术研究	杨霞	机械工程学院	山西省科技重大专项合作项目	2019.1	2022.12	150
11	基于数据驱动的极薄带生产全流程设备状态监测、故障诊断及自愈控制	张阳	机械工程学院	山西省科技重大专项合作项目	2019.1	2022.12	50
12	电力机车与轨道线路耦合动态特性研究	史青录	机械工程学院	山西省科技重大专项合作项目	2019.1	2022.12	72
13	外观设计与司机室人机工效研究及应用	范沁红	机械工程学院	山西省科技重大专项合作项目	2019.1	2022.12	73
14	基于大数据的智慧电厂设备智能诊断系统	谢刚	电子信息工程学院	中央引导地方科技发展专项资金项目	2019.4	2020.3	150
15	煤矸石制备煤层气井用压裂支撑剂的研发	田玉明	材料科学与工程学院	山西省科技重大专项合作项目	2018.6	2021.6	50
16	系列化无缝钢管热连轧智能生产线及装备	双远华	材料科学与工程学院	山西省科技重大专项合作项目	2018.12	2022.12	120
17	高性能镁铝层合板轧制成形工艺开发及应用研究	赵富强	机械工程学院	山西省科技重大专项合作项目	2018.8	2023.6	10
18	新能源汽车驱动电机用硅钢工艺技术开发	刘宝胜	材料科学与工程学院	山西省科技重大专项合作项目	2018.12	2021.12	123
19	智能机器人视觉环境感知关键核心技术研发与应用	马立东	机械工程学院	山西省关键核心技术和共性技术研发攻关专项项目	2020.7	2023.6	340
20	宽禁带半导体材料智能装备图像识别与加工路径优化技术	王安红	电子信息工程学院	山西省科技重大专项合作项目	2019.10	2022.12	43.5
21	高精密金属极板氢燃料电池堆关键技术与示范	赵富强	重型机械教育部工程研究中心	山西省科技计划揭榜招标项目	2020.6	2023.6	756
22	高端镍基合金焊材关键工艺技术开发	李玉贵	材料科学与工程学院	山西省关键核心技术和共性技术研发攻关专项项目合作项目	2020.6	2023.6	100.5

（1）国家基金重点基金《镁铝复合板短流程轧制及其壳体构件一体化成形新方法新技术研究》。镁铝复合板短流程轧制及其壳体构件一体化成形新方法新技术研究工作是针对制约镁铝复合板及其壳体构件成形过程中的基础理论和关键技术问题，从合金匹配性设计、

轧制复合新工艺、复合板壳体构件一体化成形新方法、壳体构件使役性能测试等多个方面展开研究，提出“镁/铝薄板差温异步轧制复合-多向屈曲变形”新方法（图 11-1），以期获得差温异步轧制复合工艺参数对基复材组织和力学性能以及复合界面空间结合特征和界面强韧性的影响规律，实现镁铝复合板低成本短流程轧制及其壳体构件一体化成形。项目设计契合于轧制复合机理的新型镁基合金，据此提出镁铝薄板卷式差温异步轧制复合短流程新工艺，并进一步形成镁铝复合板异型壳体构件热冲胀、热旋挤一次整体成形理论体系。

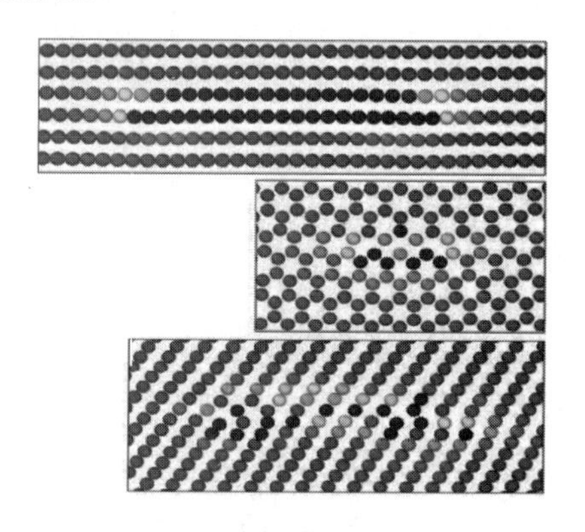

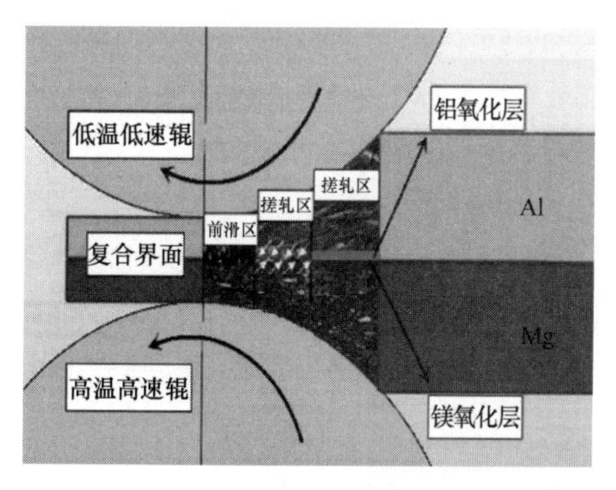

图 11-1　镁铝复合板短流程轧制及其壳体构件一体化成形新方法新技术研究

（2）国家重点研发计划课题《基于机器人集群的特钢棒材智能精整生产线规划与工艺优化》（图 11-2）。基于机器人集群的特钢棒材智能精整生产线规划与工艺优化项目，围绕特钢棒材精整区域转运频繁、安全性低及人工作业繁重的特点，及精整工艺高质量、高效率的需求，对特钢棒材精整线进行基于机器人集群效率提升的全流程工艺布局与优化研究，形成工艺规划与优化方法，得到合理的工艺布局；契合工艺特征形成功能完备的标准与非标机器人集群配置方案；给出产线稳定性与协同效率评价方法和集群失效的重配置方法；针对产线工艺细分，设计生产节奏，形成机器人动作集及其聚类；基于物质流、能量流与信息流的合理规划，形成机器人协同作业与异常工况通讯与控制联锁方案；围绕关键工艺环节，开发矫直直线度、倒棱质量检测装置，建立各关键工艺环节智能化控制模型，设计智能化技术方案。最终形成由全局性工艺流程到具体工艺环节，由单台机器人的设置到机器人集群的配置与协同的整套工艺规划方法与规划结果。

（3）国家重点研发计划课题《金属层状复合板波纹辊轧制成套装备研发》（图 11-3）。研究基于前馈状态观测器和响应滞后补偿的容错控制与鲁棒控制器结合的强制稳定控制，实现波纹辊轧制在线智能抑振。通过机电液抑振系统的研究，协同轧制装备关键部件设计与优化，建立机械结构、液压系统、电气传动对周期性载荷的动态响应模型，研制高品质复合板波纹辊轧制原理样机。研究波纹型空间结合界面金属复合板矫直理论，研制高精度高承载矫直辊系和传动系统，开发出适合波纹辊轧制金属层状复合板的矫直技术，形成波纹辊轧制成套装备研发技术，推动波纹辊轧制相关设备的研制和开发。进行整体设备的成套集成，研制高品质复合板波纹辊轧制成套装备，实现层状金属复合板连续高效轧制，试制出高品质金属复合板，推动高品质金属复合板高效制备技术的发展。

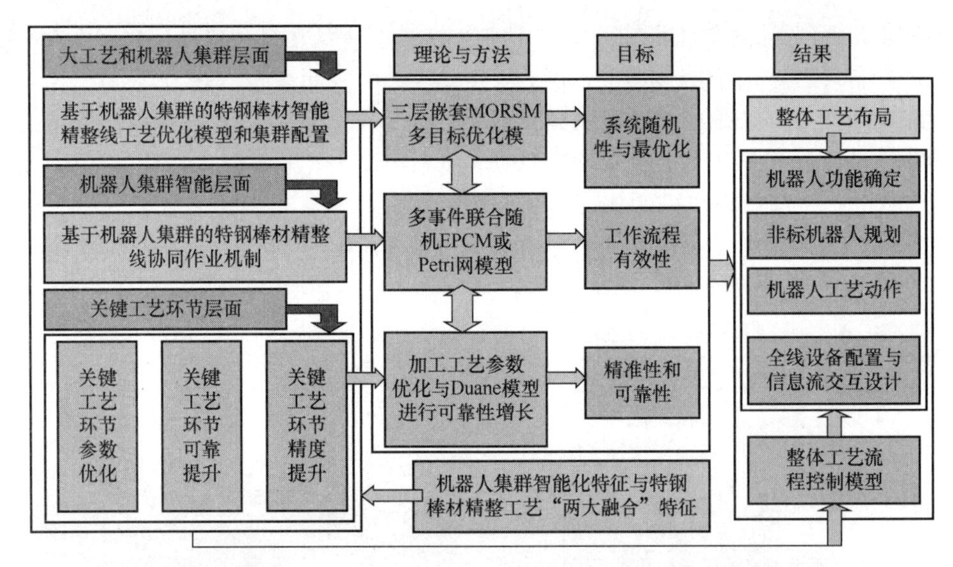

图 11-2　基于机器人集群的特钢棒材智能精整生产线规划与工艺优化

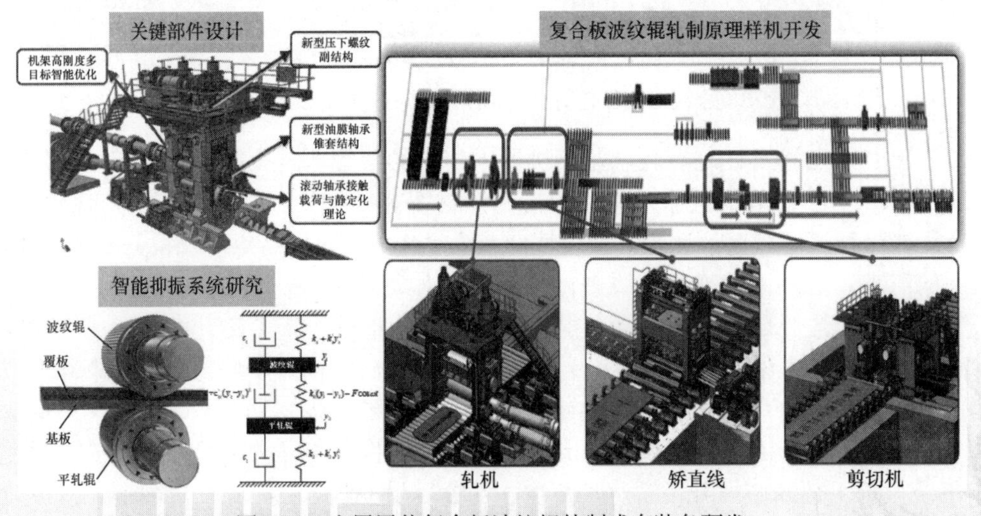

图 11-3　金属层状复合板波纹辊轧制成套装备研发

（4）国家重点研发计划课题《基于数据驱动的智能化大型轴类楔横轧装备》（图 11-4）。针对数据驱动的智能化大型轴类楔横轧装备研制，重点开展如下研究内容：重载、高精度大型轴类楔横轧机动态载荷谱研究，智能化大型轴类楔横轧机关键结构优化设计与集成，大型轴类楔横轧机数字化建模与仿真优化技术，楔横轧机辅助设备研制与开发，基于数据驱动的大型轴类楔横轧智能控制系统。通过上述关键技术的攻关，构建出基于动态补偿的恒预紧力楔横轧轧机设计理论，获得大型轴类楔横轧机虚拟样机“协同设计、协同仿真、协同优化”的虚拟化制造技术，实现大型轴类楔横轧高精度智能控制，推动车轴产品的高效率、低成本、高品质生产。

（5）国家重点研发计划课题《高性能制造技术与重大装备》（图 11-5）。针对内曲线液压马达存在的机械噪声和流致噪声，开展针对性研究。以运动平稳性为目标，通过理论分析和刚体动力学仿真，研究多柱塞组合工况下的导轨曲线函数，并考虑高压工况下相关结构组件形变对运动稳定性的影响，设计高压形变预补偿的导轨曲线，并结合相关试验验证其合理性，以消除机械冲击噪声；以配流压力平稳性为目标研究带U型减振槽的配流结构与导轨曲线的匹配性，结合相关流场仿真及性能试验，优化相关结构参数，以削弱流体冲击噪声；以流动平稳性为目标，基于流场可视化，研究锥形导流结构流道中的流动特性，优化结构参数，以降低流体湍流涡流噪声。将相关研究成果用于项目所开发的产品，并经迭代修正，解决面向高压大流量内曲线马达减振降噪结构优化这一关键技术。研究结果提升内曲线液压马达设计水平具有重要的理论及工程价值，有助于提升国产产品的性能指标，打破国外产品垄断，提高市场竞争力。

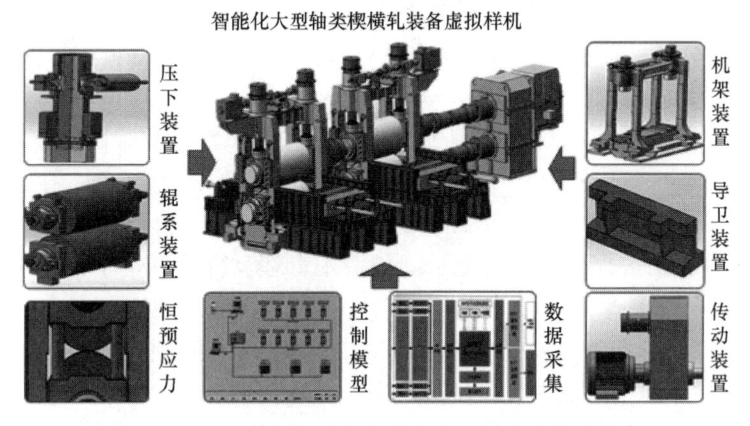

图11-4　基于数据驱动的智能化大型轴类楔横轧装备

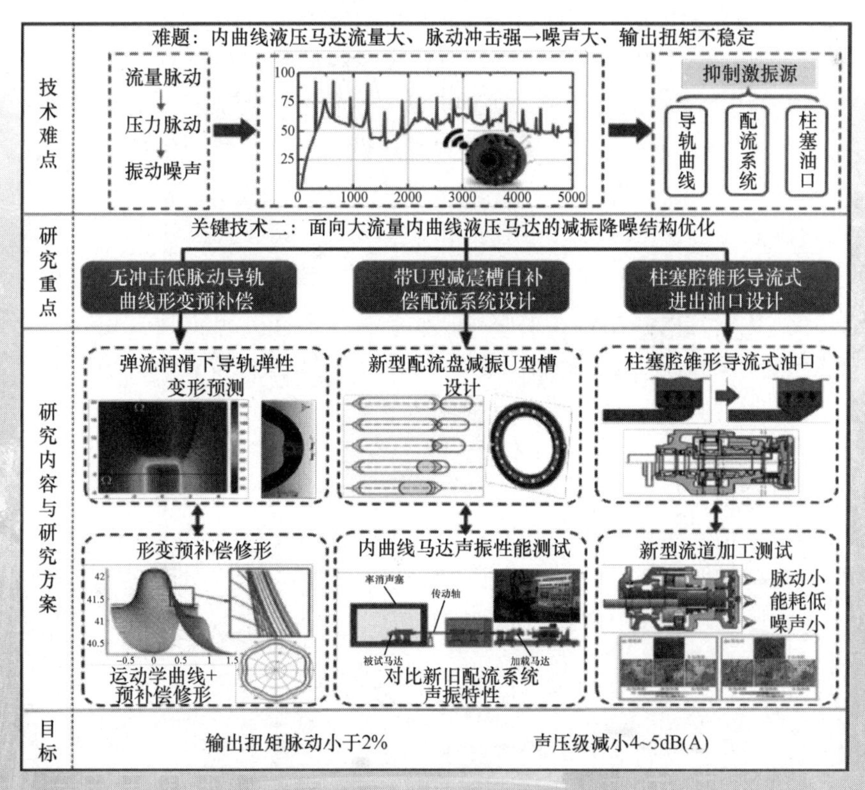

图11-5　高性能制造技术与重大装备

二、加强科研制度建设，政策激励与科研诚信双驱动

强化顶层设计，打破条块分割，改革管理体制，统筹科技资源，建立目标明确和绩效导向的管理制度，形成职责规范，科学高效，公开透明的组织管理机制，更加聚集国家、省市目标，高效率配置科技资源，强化科技与经济紧密结合，最大限度激发研发人员创新热情，充分发挥科技计划，同时完善科研诚信管理工作机制和责任体系。

2016年，为加强科研管理制度建设和科研管理体制改革，致力于制定完善科研项目管理制度、科研经费和科技活动经费管理制度、科技创新成果管理制度和科研成果转化实施细则，拟定了包括《太原科技大学科技奖励暂行办法（修订）》《太原科技大学科技奖励标准（修订）》《太原科技大学科技成果转化管理办法（试行）》等一系列促进学校科技创新的政策措施。

2017年，为充分调动学校广大师生员工从事科技工作的积极性、主动性和创造性，增强自主创新能力，提升学校学术影响力和科研水平，修定原《太原科技大学科学技术奖励办法》，持以创新质量和实际贡献为导向，实行“公平、公正、公开”的原则。

2018年，为加强学校纵向科研项目间接费用管理，合理补偿学校科研间接成本，充分调动科研人员从事科学研究的积极性，学校试行了《纵向科研项目间接费用管理实施细则》《科研项目劳务费发放管理实施细则》，修正了《科研项目经费和科技活动经费管理办法》，同时为了加速推动学校科技成果转化，更好地为经济建设和社会发展服务，试行了《科技成果转化管理办法》，以及《科技成果转化所得股权管理办法》。

2019年，为加强学校对科研项目资金的管理，激发科研人员活力，明确纵向 / 横向科研项目资金的使用，学校试行了《太原科技大学纵向科研项目结余资金使用管理细则（试行）》《太原科技大学横向科研经费管理办法（试行）》《太原科技大学科学技术奖励办法（修订）》《太原科技大学“1331工程”省拨建设专项资金管理使用细则（试行）》《太原科技大学科研启动基金管理办法（试行）》管理办法，加强对科研基金的合理优化，提高资金使用效益。

2020年，为加强科研管理，提升学校广大科研工作者的科研活力，并端正学术态度，严谨学术作风，学校先后修制订《太原科技大学科技工作突出贡献奖评选办法（试行）》《太原科技大学科研诚信建设工作实施细则（试行）》《太原科技大学科研失信行为调查处理暂行规定》等制度文件，成立了太原科技大学学术委员会科技工作专门委员会，编制了《太原科技大学学术委员会科技工作专门委员会工作规程》，在最大化释放政策红利的同时，规范科研管理，加强科研诚信建设，努力营造求实严谨的学术氛围。此外，为加强坚持制度引导、精心培育，大力加强科研平台建设，积极组织并整合学校优势科研力量申报省部级科研平台。通过制订《太原科技大学科研基地（平台）管理办法》《科研基地（团队）培育计划》，进一步规范和加强科研平台建设，引领学校科研平台、基地建设水平与聚合能力整体攀升。

2021年，为了积极推进省校、校地及校企产学研合作。积极组织教授、专家走出去调研，进行校企对接，签订合作开发、技术服务等横向技术合同，同时，建立密切的产学研合作关系。制定了《太原科技大学产学研合作协议管理细则（试行）》，起草了《太

原科技大学科技特派员管理办法（试行）》。

三、平台团队培育成效显著，助力学科优质发展

科研平台用于培养和提高教师队伍的学术水平，促进学科的交叉、融合和发展，从而促进高校科研水平的提高，其建设水平决定了高校学科建设成效。学校以构建研究平台为支撑，促进科技创新的可持续发展，并充分发挥其在高校学科建设中的作用，以期更好地指导、加速学校“双一流”的建设速度，缩短学校与“双一流”高校的差距。

2016 年，学校平台建设有了新的突破，新增省级重点团队 1 个——智能物料搬运装备山西省科技创新重点团队，新增省级人文社科研究基地 2 个，其中之一为企业社会责任研究中心，为学校相关学科更好地开展科研工作创造了条件。

2017 年，学校获批太原重型机械装备协同创新中心，又先后获批山西省关键基础材料协同创新中心和山西省互联网 +3D 打印协同创新中心，同时，数字媒体处理与通信创新团队获批重点创新团队。此外，金属材料成型理论与技术山西省重点实验室等 5 个研究平台获批“1331 工程”重点实验室，且工程（技术）研究中心、产业技术创新研究院（战略联盟）建设计划已通过论证。

2018 年，学校积极推进科研平台建设，获批山西省平台基地专项立项项目及年度考核运行奖补共 6 项，其中重点实验室新立项 2 项（先进控制与智能信息系统山西省重点实验室；磁电功能材料及应用山西省重点实验室）、年度考核奖补 1 项（冶金设备设计理论与技术省部共建国家重点实验室培育基地）；工程技术研究中心新立项 1 项（山西省新能源车辆工程技术研究中心）、年度考核奖补 1 项（山西省自动化工程技术研究中心）；科技创新团队新立项 1 项（海量数据分析与并行计算山西省科技创新团队）。

2019 年，学校获批 1 个国家级协同创新中心——重型机械装备省部共建协同创新中心，1 个山西省冶金装备中试基地，以及包括“山西省重载装备作业智能化与机器人系统工程研究中心”和“山西省装备数字化与故障预测工程研究中心”在内的 2 个省工程研究中心和 3 个其他类型的研发平台，包括太原科技大学重创空间，太原科技大学重科博远重创空间，和太原科技大学科技成果转移转化中心。

2020 年，学校重型机械教育部工程研究中心顺利通过评估，省级科研平台布局出色完成，“山西省智能重载装备与机器人技术联合实验室”“山西省工业数字化与智能感知联合实验室”“山西省新型电池联合实验室”3 个联合实验室获批山西省工业和信息化领域产学研新型研发机构，推动了学校产学、产研、产服领域深度融合，促进了工业和信息化领域产学研新型研发机构的进一步增量提质。再次获批“山西省智能检测与信息处理技术工程研究中心”“山西省重大装备液压基础元件与智能制造工程研究中心”2 个发改委山西省工程研究中心，立项经费 200 万元；与国家磁性材料质量监督检验中心签约建设“永磁材料性能测试评价中心”，与四川川润股份有限公司联合共建“流体控制技术研发中心”，成立了太原科技大学讯龙 AI 产业研究院，参与建设新型研发机构“山西生物质新材料产业研究院”。

2021 年，学校作为牵头单位获批 3 项山西省重点实验室、1 项工程研究中心，分别为“煤矿粉尘防控与职业健康山西省重点实验室”“重载装备作业智能化技术与系统山西

省重点实验室”，“煤矸石高值利用山西省重点实验室”“山西省精密测量与在线检测装备工程研究中心”。

太原科技大学历年国家及省级科研平台获批情况如表 11-8 所列。

表 11-8　太原科技大学国家及省级科研平台情况

序号	名　称	主　任	成立时间 / 年	批准部门	所属学科
国家级协同创新中心					
1	重型机械装备省部共建协同创新中心	卫英慧	2019	教育部	机械工程
山西省重点实验室					
1	先进控制与装备智能化山西省重点实验室	谢刚	2018	山西省科技厅	控制科学与工程
2	磁电功能材料及应用山西省重点实验室	姜勇	2018	山西省科技厅	材料科学与工程
3	重载装备作业智能化技术与系统山西省重点实验室	马立峰	2021	山西省科技厅	机械工程
4	煤矿粉尘智能监测与防控山西省重点实验室	赵振保	2021	山西省科技厅	能源与材料工程学院
山西省工程技术研究中心 / 工程研究中心					
1	山西省新能源车辆工程技术研究中心	连晋毅	2018	山西省科技厅	机械工程
2	平板显示智能制造装备关键技术研发工程研究中心	谢刚	2018	山西省教育厅	控制科学与工程
3	山西省重载装备作业智能化与机器人系统工程研究中心	马立峰	2019	山西省发改委	机械工程
4	山西省装备数字化与故障预测工程研究中心	董增寿	2019	山西省发改委	控制科学与工程
5	山西省智能检测与信息处理技术工程研究中心	赵志诚	2020	山西省发改委	控制科学与工程
6	山西省重大装备液压基础元件与智能制造工程研究中心	刘志奇	2020	山西省发改委	机械工程
山西省高校协同创新中心					
1	山西省关键基础材料协同创新中心	柴跃生	2017	山西省教育厅	材料科学与工程
2	山西省互联网 +3D 打印协同创新中心	王安红	2017	山西省教育厅	控制科学与工程
山西省高等学校人文社会科学重点研究基地					
1	企业社会责任研究中心	任利成	2016	山西省教育厅	管理科学与工程
2	创业研究院	乔彬	2017	山西省教育厅	管理科学与工程
3	装备制造业创新发展研究中心	柴跃生	2017	山西省教育厅	管理科学与工程
山西省重点马克思主义学院					
1	重点马克思主义学院	李建权	2017	山西省教育厅	机械工程
山西省中试基地					
1	山西省冶金装备中试基地	黄庆学	2019	山西省科技厅	材料科学与工程

（续）

序号	名　　称	主　　任	成立时间/年	批 准 部 门	所 属 学 科
其他类型平台					
1	太原科技大学众创空间	韩刚	2019	山西省科技厅	机械工程
2	太原科技大学重科博远众创空间	马立峰	2019	山西省科技厅	机械工程
3	太原科技大学科技成果转移转化中心	韩刚	2019	太原市科技局	机械工程
4	山西省新型电池联合实验室	王远洋	2020	山西省工信厅	化工
5	山西省智能重载装备与机器人技术联合实验室	马立峰	2020	山西省工信厅	机械工程
6	山西省工业数字化与智能感知联合实验室	董增寿	2020	山西省工信厅	控制科学与工程

（1）重型机械装备省部共建协同创新中心（简称“中心”）是以太重和太钢作为核心协同单位，联合中国重型机械研究院股份公司、华中数控股份有限公司、中南大学、中北大学共同组建了“太原重型机械装备协同创新中心”；2015 年，中心被山西省认定为首批 A 类省高校协同创新中心；2017 年，获山西省“1331 工程”协同创新中心（第一批）重点资助，中心学科首席黄庆学教授当选中国工程院院士；2018 年，根据联合攻关任务，增列太原理工大学为协同单位。2019 年 9 月 16 日，教育部办公厅公布了 2019 年度省部共建协同创新中心认定名单，学校牵头建设的“重型机械装备协同创新中心”被认定为省部共建协同创新中心，成功获批建设国家级协同创新中心。中心主任由卫英慧校长担任，理事长由黄庆学院士担任。

（2）先进控制与装备智能化山西省重点实验室针对我省重大装备产业原创能力不足、自动化程度不高、信息产业基础薄弱、关键技术受制于人等问题，汇聚前沿技术、人才队伍和资金支持，抢占新一代信息技术革命的制高点，推进信息技术与装备产品深度融合，助力山西传统产业升级、催生信息产业新业态。实验室面向高端装备先进控制与智能化的重大需求，解决高端装备先进控制与系统优化、智能化技术、大数据分析与智能决策等领域的重大应用基础理论和关键科学技术问题，形成“基础理论研究－技术创新－研究成果转化”的完整科技创新链条，实现科学研究、学科建设、人才培养“三位一体”协同发展，提升我省高端装备智能化、新一代信息技术领域核心竞争力，促进山西高质量转型发展。

（3）磁电功能材料及应用山西省重点实验室重点定位磁电功能材料，是满足我国在新能源技术和新一代信息技术等产业领域的战略需求，在新兴材料中占有重要地位。当前我国磁电功能材料正处于迅猛的发展过程中，有着十分广阔的市场前景和极为重要的战略意义，已经成为我国新材料研究和高技术发展中的战略热点。在此重大需求的基础上，建立磁电功能材料及应用山西省重点实验室，并致力于发展已成为当代高新技术的重要基础磁电功能材料。在有限资源条件下，集中使用资源，大力建设和发展磁电功能材料重点实验室，发挥重点实验室的龙头作用，通过科技创新和体制创新形成自己的科研优势和特色，使实验室达到国内领先，国际先进水平，增强学科科技竞争力，推动学科和相关产业的发展。

（4）重载装备作业智能化技术与系统山西省重点实验室围绕冶金、矿山、轨道交通等重型机械产业发展中面临的工人劳动强度大、安全风险高、生产不稳定以及智能化水平不高等问题，针对重型装备及重大产品生产过程智能化、无人化与少人化技术的迫切需求，搭建重载装备作业过程在线测量、反馈控制以及大数据分析试验平台，开展钢材产品精整线、锻压机械、矿山机械、起重机械及轨道轮轴生产线数字化、网络化、智能化方面的研究，突破生产环节工艺优化、先进质量检测、工艺闭环控制、质量管控系统、关键设备间智能物联与协同、工业大数据应用以及机器人应用等关键科学与技术问题。

（5）煤矿粉尘智能监测与防控山西省重点实验室面向国家重大战略需求，构筑粉尘防控与职业健康领域研究高地。集聚创新资源、凝聚各方力量，合力原创煤矿粉尘防尘与职业健康前沿技术、核心关键技术、共性关键技术，助力“健康中国”国家战略，服务地方经济社会发展。该实验室汇聚具有学科交叉背景的人才队伍，提升整体科研能力，为申报重点重大科研项目提供平台支撑。

四、科研成果收获颇丰，数量质量稳步提升

学校按照《规划》所列的主要任务，开拓奋进，锐意进取，制定有力措施，创造有利于的环境条件，加快成果研发的步伐，为解决经济和社会发展中的难点、热点、重点问题做出贡献。使学校在教育教学、人才培养、科研管理、国际合作、人事改革等各方面都取得了显著成就，为学校的发展奠定了良好的基础。

2016年，学校全年共计发表学术论文774篇，其中：SCI期刊收录论文201篇；CSSCI收录论文9篇；EI收录论文244篇。2016年共授权国家专利122项，其中发明专利67项。2016年全年学校共出版学术著作25部。此外，学校获得山西省科学技术奖技术进步类二等奖1项；山西省第九次社会科学研究优秀成果奖9项。

2017年，全年学校共计发表学术论文690篇（理工科论文575篇，人文社科115篇），其中：SCI收录论文142篇（1区、2区34篇）；ESI高被引论文1篇；实现学校在ESI高被引论文“零”的突破；SSCI收录论文1篇。同年，学校第一单位获得中国机械工业科学技术奖一等奖1项；合作单位获得山西省科学技术一等奖1项，河北省科学技术奖一等奖1项，中国机械工业科学技术奖一等奖1项；山西省社会科学界联合会“百部（篇）工程”研究成果奖2项。

2018年，全年学校共计发表学术论文476篇（其中SCI论文163篇，EI论文306篇，CSSC论文17篇）；发表专著20部，专利授权124项（其中发明专利占66项），同时，获奖科学技术奖二等奖4项，科技进步奖一等奖1项。

2019年，全年共计发表SCI收录论文211篇；CSSCI收录论文7篇。2019年全年共授权发明专利63项，出版学术著作30部。此外，学校荣获省部级二等奖9项，其中，教育部科技进步奖1个，山西省自然科学奖2项，山西省技术发明奖1项，山西省科学技术进步奖4项，机械工业协会科技进步奖1项。且获得山西省科学技术进步奖三等奖1项。如表11-9所列。

表 11-9　学校科技成果奖统计表

序号	年份/年	项 目 名 称	主要完成单位	完成人	奖励类别	提名等级
1	2020	特种承载构件用高强难变形镁合金板材制备技术开发与应用	太原科技大学 东北大学	马立峰	山西省技术发明奖	一等奖
2	2020	污染场地典型污染物的滞留机理及关键修复技术研究	太原科技大学	钱天伟	山西省科学技术合作奖	一等奖
3	2018	特种金属板材辊式矫直关键技术装备开发与应用	太原科技大学；太原重工股份有限公司；中色科技股份有限公司	王效岗	山西省科学技术进步奖	一等奖
4	2017	宽厚板定制化轧制生产工艺及成套设备自主研发与应用	太原科技大学	马立峰	中国机械工业科学技术奖	一等奖
5	2020	新型液压驱动式钢板滚切剪切机	太原科技大学	马立峰	2020 年中国“好设计”	金奖
6	2019	4300mm 宽厚板轧制技术与成套设备研制及应用	太原科技大学	马立峰	教育部高等学校科学研究优秀成果奖(科学技术)科技进步奖	二等奖
7	2020	重大装备油膜轴承关键技术及产业化	太原科技大学	王建梅	中国机械工业科学技术奖	二等奖
8	2019	支持天体光谱大数据分析的数据挖掘与并行计算	太原科技大学	张继福	山西省自然科学奖	二等奖
9	2019	大塑性变形制备高性能镁合金应用基础研究	太原科技大学；上海交通大学；南京理工大学	林金保	山西省自然科学奖	二等奖
10	2019	高端装备用高性能不锈钢无缝管材制备关键技术	太原科技大学	楚志兵	山西省技术发明奖	二等奖
11	2019	基于机器视觉的太阳能硅片缺陷在线检测技术开发与应用	太原科技大学中国电子科技集团公司第二研究所	王安红	山西省科学技术进步奖	二等奖
12	2019	镁合金铸－挤－轧－表面喷涂关键技术与产业化应用	太原科技大学北京华北轻合金有限公司 北京广灵精华科技有限公司 大同高镁科技有限公司 太原理工大学	刘宝胜	山西省科学技术进步奖	二等奖
13	2019	低速重载油膜轴承关键技术研发与应用	太原科技大学 太原重工股份有限公司 中国矿业大学	王建梅	山西省科学技术进步奖	二等奖
14	2019	铁路货车轮轴及转向架全工况仿真及检测系统联合研发	太原科技大学	齐向东	山西省科学技术进步奖	二等奖
15	2019	重大装备传动系统无键联接关键技术研发与应用	太原科技大学	王建梅	中国机械工业科学技术奖	二等奖
16	2018	山西省科技型中小企业创新生态系统构建与运行机制研究	太原科技大学	史竹琴	山西省科学技术进步奖	二等奖
17	2018	重大装备传动系统胀紧联接关键技术研究	太原科技大学；太原重工股份有限公司	王建梅	山西省技术发明奖	二等奖
18	2018	高端装备基础件铸锻复合短流程成形工艺微观组织演变规律	太原科技大学	陈慧琴	山西省自然科学奖	二等奖

（续）

序号	年份 / 年	项 目 名 称	主要完成单位	完成人	奖励类别	提名等级
19	2018	磁致伸缩生物传感器理论与应用研究	太原科技大学；美国奥本大学	张克维	山西省自然科学奖	二等奖
20	2018	Ni-Mn 基磁制冷合金结构相变的调控和相关科学问题研究	太原科技大学	陈峰华	山西省自然科学奖	二等奖
21	2018	特种有色金属板材辊式矫直技术与装备开发及其应用	太原科技大学	王效岗	中国机械工业科学技术奖	二等奖
22	2017	重载机械装备多缸协同控制液压伺服系统开发与应用	太原科技大学	韩贺永	山西省科学技术进步奖	二等奖
23	2017	节能环保型散料转运系统关键技术研究	太原科技大学	孟文俊	山西省科学技术进步奖	二等奖
24	2017	物流车辆安全运行保障关键技术研究及系统研制	太原科技大学；北京印刷学院；北京理工大学	范英	山西省科学技术进步奖	二等奖
25	2017	非晶合金微观结构与性能关联性及机械稳定性研究	太原科技大学	闫志杰	山西省科学技术进步奖	二等奖
26	2020	快速锻造机液压系统及其控制技术开发与应用	太原科技大学	韩贺永	山西省技术发明奖	三等
27	2020	矿井提升装备运行安全保障关键技术研究及应用	太原科技大学	晋民杰	中国机械工业科学技术奖	三等奖
28	2019	工程车辆底盘系统及热平衡关键技术	太原科技大学	孙大刚	山西省科学技术进步奖	三等奖

2020 年度，学校科研成果数量与质量都稳中有升，共发表各类期刊论文 800 余篇，其中 SCI 论文 300 篇，SSCI 论文 11 篇、EI 论文 218 篇、CSSCI 论文 13 篇。出版著作 24 部。专利授权 110 件。学校获机械工业联合会二等奖 1 项、三等奖 1 项。获 2020 年度山西省高等学校优秀成果奖（科学技术）3 项，其中科技进步奖一等奖 1 项、二等奖 1 项，技术发明奖一等奖 1 项。获山西省第十一次社会科学研究优秀成果奖 6 项，其中一等奖 1 项，二等奖 2 项，三等奖 1 项，优秀奖 2 项。特别地，山西省第十一次社会科学研究优秀成果一等奖首次实现零的突破。

2021 年度，全年共计发表学术论文 933 篇，其中：SCI 收录论文 327 篇；CSSCI 收录论文 24 篇；EI 收录论文 61 篇。此外，本年度授权专利数为 244 项，其中发明专利占 164 项。2021 年全年学校共出版学术著作 40 部。此外，学校获得山西省科学技术进步奖一等奖 3 项，二等奖 9 项，三等奖 1 项，获得山西省第十二次社科研究优秀成果评奖组织工作，获一等奖 2 项、三等奖 2 项，学校“百部篇工程”优秀组织奖。

五、成果转化探索雏形，标志产品推广运用

学校持续推动建设功能完善、运行高效的科技成果转移转化体系，着力突破一批关键核心技术和共性技术，努力形成一批标志性重大科技成果，为全方位推动重大成果产业化推广应用提供有力的科技支撑。另外，学校作为选定的 4 所省属高校之一作为试点

单位，积极探索开展赋予科研人员职务科技成果所有权或长期使用权试点工作。

（一）特种金属宽厚板轧制生产线工艺与装备打破垄断（图 11-6）

针对连续集成生产模式工序复杂、多工序、多目标难以有效协调等技术瓶颈，突破传统产线结构固化的局限，开发出宽厚板柔性化轧制技术与成套装备。构建多工序协调优化控制系统，建立生产过程智能模型：开发出规程分配、板形板厚、平面形状控制技术和组织性能预测系统，最终实现板材高质量柔性化轧制生产；开发出高速响应、精准控制、稳定运行的轧制装备。完成 4300mm 宽厚板柔性轧制技术与成套装备的研制，实现工艺、装备与控制的集成创新，产线长度缩短 42.5%，产品厚度范围 5 ～ 100mm，宽度范围 1200 ～ 4100mm，实现不锈钢、钛合金、复合板等材料的多品种、多规格轧制生产。项目填补了国内空白，整体技术达到国际先进水平，轧制设备部分技术达到国际领先水平。项目成果已在宽厚板生产线推广应用 2 套，是我国全部关键技术均拥有自主知识产权的宽厚板柔性化轧制生产线，对我国大型冶金成套设备创新设计和国产化的原始创新具有重要促进作用。

图 11-6　特种金属宽厚板轧制生产线工艺与装备

（二）大型液压滚切式宽厚板剪切技术与装备填补国内空白（图 11-7）

首创出大型液压滚动式宽厚板剪切技术与装备，填补了国内外空白。该项成果的核心技术及整机结构均获得发明专利，拥有全部自主知识产权。发明了液压缸驱动复合连杆机构的钢板滚动式剪切新方法与新型 11 杆液压滚动剪切机构和整机结构，整机装备重量与机械式滚切剪相比降低 40% 以上；发明了液压滚动式金属板剪切机的液压系统及其控制方法与抗偏载液压缸及其卧式增力结构与位姿设计方法，可使剪切能力放大为液压缸推力的约 2.7 倍，解决了液压缸在大行程、大摆角、高负载、强冲击、大偏载工况下因可控性能急剧下降，导致的剪切能力不足和液压缸偏载磨损严重的难题，提高了液压伺服系统的可控性和运动平稳性。项目整体技术达到国际先进水平，其中液压缸直驱复合连杆的滚动剪切方法与机构处于国际领先地位，实现了宽厚钢板纯滚动剪切驱动机构的变革性突破，提升了我国大型冶金装备的自主创新能力。

（三）特种金属板材辊式矫直关键技术装备开发与应用（图 11-8）

自主创新研制的特种金属板材辊式矫直关键技术装备，成功应用于钨、钼、钛、锆、中子吸收板，双金属复合板等特种金属板材生产。课题组进行辊式矫直理论、工艺、设备的创新，形成了基于屈曲理论的特种有色金属材料矫直理论和多变量辊式矫直优化方法，以及可换辊系的金属板带矫直机、冷热变辊距变辊径金属板带矫直机、高强宽幅金属板材矫直机等系列化特种金属板材矫直机型。该装备应用于钨板、钼板、中子吸收板、钛合金宽厚板、锆板生产线等具有重大影响的工程项目，取得显著的经济效益与社会效，对国防、核电等行业的发展起到了重要的支撑作用。

图 11-7　大型液压滚切式宽厚板剪切技术与装备

图 11-8　特种金属板材辊式矫直关键技术装备

（四）大吨位系列履带式起重机关键技术及应用（图 11-9）

学校与太重和上海三一科技有限公司合作，对超起装置及控制、非线性变形结构设计及制造、电液一体化安全控制等三大关键技术开展产学研攻关，进行技术集成和创新，实现大吨位履带式起重机系列产品产业化，打破国外垄断。攻克了大吨位履带式起重机的多项关键技术，突破起重能力提升、结构承载能力与拆装运输特性的矛盾、作业安全－平稳－精确性等核心技术难题，实现了系列产品的自主研制及产业化。解决了电力、石油及化工等行业所需大吨位履带式起重机依赖大量进口的问题，推动了我国能源和基础设施等重大工程建设的发展。

（五）特种承载构件用高强难变形镁合金板材高成形性制备（图 11-10）

以大尺寸高强镁合金板材及其构件的高质量制备为核心目标，主要围绕高强难变形镁合金板材轧制工艺自身及前端铸造的工艺理论及关键技术进行了攻关，在熔体精炼、锭坯半连续铸造、大尺寸高强镁合金板材稳定轧制与高成形性控制等方面取得了系列的进展和突破。解决了高吸气倾向含稀土镁合金熔体的纯净化难题，改善了锭坯凝固组织、显微疏松及表面质量；解决了工业化生产过程中板材稳定轧制、等温控制及轧制过程裂边缺陷在线预控难题，研制出适合于镁合金宽幅板带材生产的等温轧制工艺及成套装备；突破了大尺寸高强镁合金铸造－轧制全端工艺与装备的技术瓶颈，实现了承载构件用高端镁合金板材的高效低成本制备。研究成果在中铝洛阳铜加工有限公司等企业得到推广应用。

图 11-9　大吨位系列履带式起重机关键技术及应用

图 11-10　特种承载构件用高强难变形镁合金板材高成形性制备

第七节　注重引培并举　激发教师创新活力

2016年以来，学校坚持以习近平新时代中国特色社会主义思想为指导，深入贯彻落实党的十九大精神和全国教育大会精神，坚持和加强党对教育事业的全面领导，坚持人才资源是学校的第一资源，大力实施人才强校战略，全面落实立德树人根本任务，坚持把教师队伍建设作为基础工作，遵循教育规律和教师成长规律，多措并举，坚持党管人才原则，加强师德师风建设，加大高层次人才引培力度，强化校内教师的培养培训，搭建教师发展平台，深化人事与分配制度改革，完善教师分类管理与评价，推进绩效奖励分配制度改革，高起点、高标准、高投入推进师资队伍建设，不断激发教师队伍创新活力，全力打造了一支与学校改革发展目标相适应的高水平师资队伍，为学校事业发展夯实了中坚力量。

一、加强组织领导，团结凝聚人才

学校牢牢把握党管人才原则，加强和改进党对人才工作的领导，把各类优秀人才团结凝聚在党的事业周围。

（一）坚持党管人才原则，健全党管人才体制和工作格局

充分发挥党委在人才工作中的领导核心作用，党委及时研究部署人才工作，谋大局、抓规划、把方向、保落实，加强对人才的政治引领和政治吸纳，党委委员按照分工抓好分管领域的人才工作，校领导班子成员带头与人才交朋友、结对子。学校成立由党委书记、校长任组长，分管组织、人事工作的校领导任副组长，其他校领导为成员的人才工作领导小组，统筹领导全校人才队伍建设工作。将人才队伍建设列入党委重点研究事项，就搭建人才发展事业平台、破解人才发展机制障碍、实施重大人才工程等重要任务进行集体研究、集体决策，精准打通学校人才工作中的难点、堵点。充分发挥党委领导核心作用，牢牢把握正确方向，健全人才工作机构，整合人才工作力量。学校于2022年成立党委人才工作办公室，专门负责人才政策的研究与制定、人才队伍的建设与考核、人才工作的统筹与协调，进一步明确了学校、院系和职能部门的职责权限，进一步完善了党委统一领导，组织（人才）部门牵头抓总，有关部门各司其职、密切配合的人才工作格局。

（二）坚持人才引领发展的战略地位，加强师资队伍建设调研规划

学校党委始终坚持人才引领发展的战略地位，将师资队伍规划纳入学校事业发展规划同谋划、同部署、同推进、同考核，在“十四五”学校事业发展规划中单列师资队伍建设专项规划。实施二级单位人才工作专项考核，年初下达人才引育工作目标任务，年终开展人才工作专项考核。切实将人才引育工作落实到学院，打通人才引育工作最后“一公里”。学校党委和各级人才工作部门坚持通过加强调查研究推动人才工作改革创新，加强制度建设，完善体制机制，为学校人才事业发展提供制度保障。2022年1月25日，学校召开人才工作会议，深入学习贯彻党的十九届六中全会精神和党中央、省委人才工作会议精神，认真贯彻落实中央和省委关于人才强国、人才强省的战略决策部署，分析人才工作面临的新形势，研究部署人才工作，坚持人才引领发展的战略地位。

（三）坚持强化政治引领，引导人才“为党育人、为国育才”使命担当

持续加强高层次人才国情研修培训。通过开展国情研修、理论培训，使人才更加了解中国特色社会主义理论体系、社会主义核心价值观等内容，让广大人才在增强理论修养中提升政治认同；持续做好校领导联系服务高层次人才工作的制度化、常态化，建立分层分类联系服务制度。通过走访座谈、信息沟通、节日慰问等方式，密切思想联系，加强感情交流，宣传党的路线方针政策及中央各项重大决策部署，传达中央及相关文件精神；持续加强党组织对人才的政治吸纳的工作。把骨干教师，尤其是高层次人才入党作为二级党组织书记抓党建工作述职评议考核的硬指标。二级党组织定期研究讨论在教职工中发展党员的工作，创新方法推进在高层次人才中发展党员的力度。目前学校53个教师党支部书记全部为双带头人，学校从2016年至今共发展优秀教师党员37名。注重发挥典型示范引领作用。引导广大教师“弘扬爱国奋斗精神，建功立业新时代”的使命担当；大力褒奖优秀人才，充分发挥高层次人才的典型示范引领带动作用；专题组织全校教师向彭堃墀院士、黄大年教授等先进人物学习。

二、聚焦师德师风，形成长效机制

（一）坚持制度建设为先，形成师德师风长效机制

为进一步做好顶层设计，完善教师思政工作和师德师风建设工作体制机制，2017年学校成立党委教师工作部，加强党委对教师思想政治工作和师德师风建设工作的领导。2018年出台《太原科技大学关于建立健全师德建设长效机制的实施办法（修订）》《太原科技大学关于加强和改进青年教师思想政治工作的实施办法（试行）》《太原科技大学教师职业道德考核实施办法》，2020年出台《太原科技大学师德失范行为负面清单及处理办法（试行）》等一系列规章制度和管理文件，进一步强化和引领教师思想政治工作和师德师风建设，形成了学校思想政治教育和师德师风建设领域的纲领性文件，长效机制基本形成。

（二）坚持师德第一标准，严把师资队伍正确政治方向

学校在教师岗位设置与聘任管理、职称评聘、教师资格认定、评先评优、校内奖励性绩效工资、教师分类评价、年度考核等与教师有关的规章制度均将教师思政状况和师德表现作为第一标准，对违背师德要求的实行一票否决制。在每年选拔新教师的过程中加强政审，严把教师准入的思想政治关。2019年，为了进一步抓实教师师德建设，学校为全校在职教师建立个人师德档案并实施师德承诺制度。教师师德档案包括个人基本信息、师德承诺书和师德考核记录，每学年填报一次。全校教师在各类评先评优、职称晋升、评模表彰、导师遴选、出国深造等事项申报时均需提交师德档案。

（三）坚持师德教育常抓常新，持续锻造“四有好老师”队伍

一是学校通过多种方式和渠道，开展师德师风专项整治活动，坚决查处违反师德规范的行为。二是以制度化、规范化的形式将教师师德教育纳入教师终身教育体系，纳入学校师资队伍发展规划和培训规划。严格执行岗前培训制度，保证新教师在教研活动及日常生活中模范遵守师德要求；常态化开展师德师风和思想政治教育。学校从2018年开始每年利用近三个月时间对全校教师进行以习近平新时代中国特色社会主义思想和党的十九大精神、全国全省教育大会精神以及师德师风建设为内容的轮训，进一步引导全校教师深刻认识立德树人、教书育人的教育使命与职业责任。三是学校通过创新活动载体，开展丰富的师德教育活动，加强正面宣传引导，弘扬主旋律，彰显正能量，在潜移默化中进行师德师风教育。开展了“教学科研突出贡献奖”“师德标兵”“三育人”先进典型等评选品牌活动，举办“笃行科大人”优秀教师评选活动，将每年9月定为“师德师风建设宣传月”，举办师德师风专题报告会、教师资格证颁发宣誓仪式，为从事一线教学工作满30年教师颁发荣誉证书，在教师节召开优秀教师、师德标兵表彰大会等，切实达到了师德教育主题鲜明、教育形式丰富、教育成果显著的效果，受到了广大教师积极响应和热烈好评。充分运用广播、报纸、网络、微信矩阵等媒体，大力宣传师德标兵、优秀教师的先进事迹。注重挖掘提炼学校一些师德先进典型的人和事，让身边人讲述身边事，用身边事教育身边人，激励全校教师自觉遵守师德规范，树立学校教师良好职业形象（表11-10）。

表11-10　2016年以来人事、工会等系统各类先进典型

时间/年	荣誉称号	获得者（集体）
2019	全国教育先进集体	机械工程学院
2019	全国模范教师	赵丽华
2018	省教育系统先进集体	电子信息工程学院
2018	山西省十大杰出女职工	王安红
2016	山西省五一劳动奖章	马丽楠
2018	山西省五一劳动奖章	王安红
2018	山西省五一巾帼标兵	王安红
2019	山西省劳动模范	王安红
2021	山西省三八红旗手	王建梅
2021	山西省脱贫攻坚先进个人	李新明
2018	山西省模范教师	李兴莉　梁清香　董　艳　马丽楠　岳一领　王荣峰　傅红华
2018	山西省教育系统先进工作者	高有山
2019	山西省教授协会表彰先进个人	孟文俊　刘志奇　赵春江　陆凤仪　王荣峰　何秋生　蔡江辉　雷步芳　刘建生　马立峰　闫献国　徐格宁　李　虹　岳一领　连晋毅　柏艳红
2020	山西省教授协会表彰先进个人	李玉贵　韩贺永　楚志兵　李永堂　赵丽华　王健安　王　梅　张平宽　姚峰林　薛爱文　马立峰　王远洋　吴志生　文　豪　张喜清　周玉萍　高有山　游晓红
2021	山西省教授协会表彰先进个人	马立东　林金保　黄志权　郭　宏　胡　勇　李兴莉　刘建红　刘宝胜　王凯悦　杨斌鑫　王　芳　张学良　李晋红
2020	校本科教学突出贡献奖	王荣峰　何秋生（电子信息工程学院）
2021	校本科教学突出贡献奖	高文华　薛爱文
2020	校科技工作突出贡献奖	马立峰
2021	校科技工作突出贡献奖	楚志兵　王安红
2017	“笃行科大人”优秀教师	王荣峰　史宝萍　刘　岩　陈永会　周　迎　赵继泽　柏艳红　梁清香　樊永仙
2018	校师德标兵	马立峰　周　迎　董　艳　李小松　梁建桃　任俊林　赵慧英　刘世忠　陈　凯　谢建林

（续）

时间 / 年	荣誉称号	获得者（集体）
2019	校师德标兵	文　豪　赵继泽　楚志兵　梁清香　张平宽　张继福　安明贤　赵丽华　闫宇峰　何秋生（电子信息工程学院）
2020	校师德标兵	李　琛　刘秀英　侯艳龙　郭智勇　武艳红　徐宏英　常爱铎　张志鸿　刘宏芳　李梅丽
2021	校师德标兵	黄志权　李传亮　陈兆波　杨海峰　杨刚俊　武宇鹏　李美玲　王继新　赵　锐　王　峰（体育学院）

三、注重引培并举，激发教师活力

教师队伍专业素质能力得到有效提升，教师专业发展保障机制基本形成。

（一）教师队伍数量稳中有升，队伍结构进一步优化

截至2022年初，学校共有在编教职工1806人，其中管理人员206人，工勤技能人员99人，专业技术人员1501人。专业技术人员中有专任教师1307人，占教职工总数的72.37%；非教师专业技术人员194人，占教职工总数的10.74%。2016年，学校坚持“引培并举”的原则，出台并实施人才引进和培养的政策、措施，调整人才引进模式，建立了更加科学的选人、用人机制。近年来，学校自筹2.2亿余元专项资金，用于师资队伍建设。通过优越的政策条件引进了博士101人，教师在职考取博士47人，毕业返校博士103人。博士化率从29.10%提高到43.38%，学历异缘结构从80.6%上升到84.70%（仅按最后学历考察，若从第一学历、中间学历和最后学历分析，比例会更高），教师中具有高级职务的人数从448人增加到567人。学校专任教师数量得到基本保证，师资队伍结构见表11-11。

表11-11　教师队伍结构总表

人员范围		在编人员	
教师总数 / 人		1307	
各结构人数比例		人数 / 人	比例
学历结构	博　士	567	43.38%
	硕　士	654	50.04%
	本科（专科）	86	6.58%
职称结构	正高级	192	14.69%
	副高级	443	33.89%
	中　级	511	39.10%
	助教及其他	161	12.32%
年龄结构	35周岁及以下	343	26.24%
	36～45周岁	511	39.10%
	46～55周岁	321	24.56%
	56周岁及以上	132	10.10%
学缘结构	本校毕业	200	15.30%
	外校毕业	1107	84.70%

（二）高层次人才数量进一步增加，领军效应逐渐显现

2016年以来，根据学校总体定位和各学科专业发展规划，创新人才引进方式，不断适时调整人才引进待遇，紧盯人才引进省内外环境，及时修订完善“山西省百人计划”人才项目暂行管理办法、高层次人才引进管理办法、柔性引进高层次人才工作实施意见、高级专家延长退休实施办法等制度，对高端人才采取了“一人一策、一事一议”的引进措施，保证在一定区域人才引进的相对优势，形成学校人才引进集聚效应。2016年以来，全职引进长江学者特聘教授1人，柔性引进双聘院士3人，山西省百人计划特聘专家20余人，柔性引进杰青、长江学者特聘教授11人。学校通过加大优秀人才培养力度，2016年以来，1人成功申报“百千万人才工程国家级人选”，2人获批青年三晋学者，2人成功申请政府特贴，1人成功申报山西省青年拔尖人才，8人成功申报山西省省级学术技术带头人（原333工程），10人成功申报山西省新兴产业领军人才，61人获“三晋英才”荣誉称号，引进优秀博士213人，其中学术骨干层次及以上的人员101人。2019年学校成功申报材料科学与工程博士后流动站，2020年学校成功申报新能源汽车院士工作站，2022年学校成功申报山西省高端基础件成形制造院士工作站。学校积极争取人社部、省人社厅项目资助12项，其中两项为人社部项目。以上领军人才的引进和培养以及高水平平台和项目的成功申报，对学校的学科建设以及教学科研均起到了较为明显的引领效应。

（三）师资队伍国际化水平和实践能力进一步提高，青年教师整体素质有效提升

学校围绕建设高水平师资队伍的总体目标，结合教师队伍青年教师比例相对较高的实际，通过专门制定新进教师培养方案、修订教师进修培养管理规定、积极推进中青年教师国内外访学、赴企业实践锻炼管理等办法，多措并举提升中青年教师教学育人和科学研究的能力与水平。2016年以来，累计选派61名中青年教师到国内顶级大学研修，选派60名中青年教师到国外一流大学访学，选派54名左右中青年教师到骨干企业挂职。通过成立教师发展中心，设立教师赴国外进修专项资金，健全青年教师培养工作机制，积极引导青年教师完善中长期职业生涯规划，青年教师整体素质有效提升。

（四）现代大学人事制度架构基本形成，办学活力和教师工作积极性初步激发

（1）深化人事制度和人才评价改革。按照“科学定编、按需设岗、人岗相适、以岗定薪、择优聘任”的原则，推行全员定岗定编，健全各级各类人员选用、考核与监督制度，完善绩效管理机制，优化队伍结构，促进人员合理流动。通过规范岗位设置、明确岗位职责要求、工作标准、极大解决了人浮于事、效率低下的问题，进一步降低办学成本和风险。按照学校学科建设方向、绩效管理原则和教学、科研、管理实际，创新人才培养、评价、流动、激励、保障机制，有效开发学校各类人力资源，降低干部教师“双肩挑”比例，着力解决人才管理中行政化、“官本位”问题，做到人尽其才，释放和激发人才创造活力。

（2）绩效管理与评价激励改革。2016年以来，学校坚持“教学决定生存、科研决定水平、服务决定地位、质量决定兴衰、制度决定成败”的理念，按照知识价值导向原则，积极推进绩效分配制度改革。突出四个方面的特点：一是按照“同工同酬、多劳多得、优劳优酬”的原则，优化课时酬金分配机制。二是以创新质量和实际贡献为导向，完善教学、科研奖励和项目激励办法，克服低效无效行为。三是规范加班费、劳务费、津补

贴、奖励补助发放。2017 年初，学校正式出台绩效管理首批 9 个配套文件，形成绩效管理全覆盖。四是强化二级学院绩效发放的自主管理，增加综合绩效核拨额，这项改革在 2017 年 5 月份科技部、教育部来校联合督查工作中得到认可。2020 年，学校又按照普惠调整、重点激励、考核奖励的思路调增了教职工绩效工资，基本形成了教职工工资稳步增长机制。为全面落实立德树人根本任务，增强学校专职辅导员、专职思想政治理论课教师、专职组织员做好本职工作的荣誉感和责任感，2020 年出台《太原科技大学“三支队伍”专项岗位绩效发放管理办法》，对学校“三支队伍”人员实行奖励性绩效工资倾斜。

（3）突出高精尖缺，创新人才引进政策和方式。一是加大投入力度，重点用于高端领军人才建设、高水平创新团队建设、中青年后备人才培养。同时鼓励广开渠道，吸引、利用各种社会资源，设立各类教师基金用于教师队伍建设。二是重点实施“高层次领军人才培养支持计划”。依托重点实验室、协同创新中心等，为引进人才提供科研实验平台，配备专用设备，发放安家费、科研启动费，为高端人才、学术骨干提供人才周转房，积极为引进人才创造良好的工作条件和生活环境。三是优化高层次人才成长环境。将高层次人才分三个层次管理考核，前两年实行年薪制，并享受教学科研奖励；从引进后第三年起纳入学校正常岗位目标考核与工资薪酬体系，高端人才同时享受特殊人才补贴。四是出台人才柔性引进政策，拓宽人才引进的渠道和方式。

（4）结合学校实际，完善教师考核评价体系。坚持全面考核与突出重点相结合，制定了学校教师考核评价体系，全面考核师德师风、教育教学、科学研究、社会服务、专业发展等内容，同时针对学校教师队伍发展中的突出问题和薄弱环节，进行重点考察和评价。坚持分类指导与分层次考核评价相结合，根据学校不同类型教师的岗位职责和工作特点，以及教师所处职业生涯的不同阶段，分类分层次设置考核内容和考核方式，健全教师分类管理和评价办法。在考核中加大了提高本科教育教学业绩的考核比重，把教授为本科生上课再次重申为考核的基本制度。深化职称评聘改革，在职称评审条件中多维度全方位设置教师评价内容，更加注重品德、业绩和能力，细化包括教学工作量、教学评价、论文发表、课题项目、获奖、专利、教材等多方面评价内容，对教师进行多元综合评价，努力克服“五唯”倾向：既评价教育教学情况，又评价科技创新情况；既注重基础研究成效，又重视产学研转化情况；不仅看论文，还看专利和报告等；不仅看国家和省部级纵向课题，也看企业攻关等横向项目；不仅看科技获奖情况，也看解决实际工程难题情况。定性与定量相结合，全面考察参评人员的师德师风表现、思想政治素质、业务水平和业绩贡献。不将年龄、学历和出国经历、人才“帽子”等作为限制性条件，丰富和细化不同学科的业绩成果认定范围。同时，针对在某一方面做出突出贡献的教师提供了破格申报通道，使各类优秀人才获得脱颖而出的机会，近年来通过特殊破格、绿色通道等方式有 3 名 35 岁以下年轻教师直接晋升教授。

第八节　坚持开放办学　国际化办学跃上新台阶

2016 年是学校“十三五”规划的第一年，也是学校“三步走”发展战略开始的重要一年。为了充分响应学校第八次党代会提出的从 2016 年到 2050 年学校“夯实基础、突破赶超、追逐梦想”的“三步走”发展战略和第一步走的“六个大幅度提升”战略目标，进一步扩大教育开放，提升国际化办学水平，紧密对接国家开放发展战略和高等教育开放式发展潮流，大力实施“走出去”和“引进来”战略，加强国内外交流与合作，努力拓展行业资源、区域资源、教育资源和校友资源，做好“借船出海”“借力发力”这篇文章，为学校发展赢得更多空间、资源和机遇。

一、构建国际化教育平台，巩固和推进与国际高等教育大学的合作关系

学校积极推进与美国、英国、澳大利亚、日本等国大学开展新的校际交流和合作项目，巩固原有合作项目，并取得显著成效。

2016年5月学校与美国旧金山州立大学续签了本科生项目协议，延续了自2011年开始的本科生访学项目。在山西省与美国爱达荷州友好省州关系的背景下，2015年由山西省教育厅国际合作处的高校国际交流合作洽谈会上，学校与美国爱达荷州博伊西州立大学副校长马丁•申普夫代表团一行进行了座谈，达成了合作意向；2016年9月，该校英语学习项目主任凯特•乌达尔女士来访学校，与校负责人就两校具体的交流生合作项目模式、课程对接、英语成绩要求等进行了商讨。此外，学校积极与美国俄亥俄州莱特州立大学进行了多次合作意向的沟通交流；2016年11月，该校国际项目负责人雷马•格兰迪教授来访学校，双方达成一致意向，拟在交流合作中加强本科生、研究生交换项目合作，丰富合作模式，努力搭建更加广泛、更有成效的教育合作平台。

2016年10月，在山西省教育厅国际处的联络下，学校与英国阿斯顿大学签署了合作协议备忘录，奠定了两校合作的基础。阿斯顿大学国际部、机械学院和商学院负责人来访学校，双方就合作事宜进行了详细的洽谈，达成了合作意向。12月中旬，该校电子学院教学负责人也来访学校，与学校电子学院领导进行了研究生1+1+1项目的洽谈协商，进一步推动了合作进展。

2016年10月，学校与澳大利亚伍伦贡大学在2015年续签的校际合作协议备忘录基础上，就研究生留学项目签署了补充协议。

同时，学校外国语学院积极拓展与美国奥本大学的合作交流项目，目前双方已就奥本大学教育学院课程与教学系与太原科技大学英语系本硕学位合作协议备忘录经过多次内容协商和修改完善；日本京都女子大学外事负责人来访，进行合作洽谈；邀请美国纽约州立大学阿巴尼分校国际教育和全球战略中心负责人和普渡大学西北校区国际项目负责人来访学校，进行了初步洽谈，了解双方院校共同感兴趣的合作领域，基本达成合作意向。

2017年学校高度重视国际合作与交流的规章制度建设，根据教育部和省教育厅有关文件要求，制定《太原科技大学中外合作办学项目管理办法》和《环境工程专业中外合作办学项目自评工作方案》。

按照教育部学位与研究生教育中心《关于开展2017年中外合作办学评估工作的通知》的要求，组织学校环境工程专业中外合作办学项目评估工作，积极向教育厅国际合作与交流处请示和汇报自评工作情况，同时积极与美国奥本大学联系，提交外方评价意见。教育部主管部门已公布评估结果，学校环境工程专业中外合作办学项目评估结果为“有条件合格”。6月经审核材料科学与工程学院的申请，确定申报学校与美国奥本大学合

作举办材料科学与工程专业本科教育项目。

2017 年 5 月先后接待了由邱 • 崔博士领队的北佛罗里达大学交流生访问团和由赵教授及拉里博士领队的奥本大学交流生访问团，安排交流生进行专业课程和中国文化的学习，带领交流生访问团参观煤炭博物馆，到太钢实地考察学习。6 月专门组织召开了教育教学法研修项目青年教师培训会，对受训教师宣讲出国学习的目的、任务和各类注意事项，并对研修人员提出了明确的研修要求。进一步扩大国际合作和交流范围。与美国莱特州立大学签署合作协议，并选派学生赴美国交流。

2018 年 2 月寒假期间起草学校环境工程专业中外合作办学项目续约协议，并与奥本大学多次协商确定协议中英文版本，3 月 16 日该协议经校长办公会和校党委常委会审定通过后，积极与奥本大学沟通签署协议的相关事项。

2019 年积极推进新的中外联合培养学生项目，完成学校与美国奥本大学合作举办材料科学与工程专业“3+2”项目协议的校内审核程序；积极组织申报国家外专局“因公出国（境）培训项目”，学校申报的“新材料及先进制造技术”项目成功获得批准，这是学校近年来首次获批国家外专局培训项目，为今后申报该类项目积累了宝贵的经验。

二、充分围绕学校学科发展和“三步走”发展战略，与国外院校合作培养国际化高水平专业人才

为了配合学校学科建设发展和“三步走”发展战略，为了培养大批具有国际视野、通晓国际规则、掌握先进技术，能够参与国际竞争的国际化人才，提高学校教育国际化水平，在国家留学基金委、省留办和省教育厅的指导下，2016 年努力开展多层次、宽领域的教育交流与合作，积极组织国家和省筹资助出国留学项目的申报和派送工作。

学校制定了申报 2017 年国家公派出国留学—地方合作项目实施方案，并组织申报了该项目，全校共 8 人申报，其中 6 人申报了访问学者（含博士后研究）项目，1 人申报高校英语教师出国研修项目，1 人申报高校专业课程教师出国研修项目。共有 6 人获批，其中 4 名获批访问学者（含博士后研究）项目，1 人获批高校英语教师出国研修项目，1 人获批高校专业课程教师出国研修项目。留学国家为英国、美国和澳大利亚，专业涉及材料、数学、艺术、机械、英语和环境。

学校组织申报了 2017 年度省筹资金资助出国留学项目。全校共 18 人申报，其中 6 人申报高级访问学者（6 个月），3 人申报高级访问学者（3 个月），4 人申报普通访问学者，2 人申报单位推荐访问学者，3 人申报单位国际合作交流项目。申报国家为美国、英国、加拿大、澳大利亚和德国，专业涉及材料、机械、英语、法学、计算机和经济等。组织申报了中美富布赖特外语助教项目，学校外国语学院共有 2 名教师申报；申报了 2017 年上半年“孔子学院总部国家汉办汉语教师志愿者”项目，学校有 1 名一年级研究生申报；申报了国家留学基金委 2017 年创新型人才国际合作培养项目，项目主要内容为学校每年选派 5 名联合培养博士生和 1 名访问学者赴美国奥本大学留学，3 名联合培养硕士生和 1 名访问学者赴澳大利亚伍伦贡大学留学。2016 年学校 13 名教师办理了出国留学派出手续，其中 10 名教师已派出（3 名为国家地方合作项目录取人员，6 名为省筹资助出国留学项目录取人员，1 名为中美富布赖特外语助教项目录取人员）。

2017 年学校积极组织学校教师申报国家留学基金项目和省筹留学基金资助项目，取

得突出成绩。

经国家留学基金委评审，学校6名教师成功入选2017年高等教育教学法出国研修项目（省内高校共有17人入选），这是学校近年来一次性派出人数最多的出国留学项目，他们于2017年7月初赴加拿大进行研修，12月底完成留学任务顺利返校。此项目为学校教师提供了进一步提高教育教学能力的良好平台，也为学校不断加强工程类课程教师的师资培养打下了坚实的基础。

学校化学与生物工程学院王相君老师入选2017年国际清洁能源拔尖创新人才培养计划项目，是山西省唯一入选人员（全国共有48人入选）。该项目第一阶段以成班派出方式到瑞典集中学习3个月；第二阶段分赴全球著名科研机构开展为期15个月后续研究。

经国家留学基金委评审，学校10名教师入选2017年国家留学基金地方合作项目（省内高校共有78人入选），是学校自国家留学基金地方合作项目设立以来被录取人数最多的一次。2017年学校有9名教师被省筹留学基金资助项目录取，其中高级访问学者5人，普通访问学者1人，单位合作项目3人。2017年共派出7个团组11人执行因公出访任务，出访人员按期赴境外参加了专题培训、国际会议和学术交流活动，发表论文，进行科研合作，取得了丰硕的成果。

2018年学校教学科研人员申报国家留学基金项目，取得较好成绩。学校12名教师入选2018年国家留学基金地方合作项目（省内高校共有87人入选）。学校化学与生物工程学院王相君老师入选国际清洁能源拔尖创新人才培养计划项目第二阶段赴全球著名科研机构开展为期15个月的研究工作。

2018年派出12个团组15人执行因公临时出访任务，出访人员按期赴国境外参加专题培训、国际会议和学术交流活动，发表论文，进行科研合作，取得了丰硕的成果。2018年派出18名教师到国外高校留学，分别受国家留学基金项目和省留学基金项目资助进行科研合作。12名教师完成留学任务回校工作。同时积极做好学生出国留学和访学工作，派出6名本科生和2名研究生出国留学，还有6名学生短期出国访学。

2019年经国家留学基金委评审，学校14名教师成功入选2019年国家留学基金项目，是近年来获批此类项目人数最多的一次。经国家留学基金委评审，学校体育学院申建喜老师入选2019年全国学校体育教师赴美留学计划项目（山西省共有8人入选），1名教师获批中美富布赖特外语助教项目，1名博士研究生获批与国外大学联合培养博士项目。推荐12名教师申报省筹留学基金资助出国留学项目，9人获批；推荐31人申报省回国留学人员科研教研资助项目，9个项目获批。

2019年派出8个团组13人执行因公出访任务。接待了19人次来自国（境）外的专家学者在学校进行了短期授课、讲学、科研合作和学术交流等活动。5月先后接待了由崔博士领队的北佛罗里达大学交流生访问团和由赵教授领队的奥本大学交流生访问团。2019年通过多种途径共派出本科、研究生出国访学、留学16人，分赴澳大利亚、英国和日本等国进行短期和长期的学习交流。

2020年动员和组织学校师生申报国家留学基金资助各类出国留学项目，共计13人申报，7人获批，录取率53.8%；2020年省筹基金资助出国留学项目，16人申报，7人获批，录取率为43.8%；2020年省筹基金资助回国留学人员科研项目，23人申报，8人获批，录取率为34.8%。积极组织学院和部门申报2020年国家外专局因公出国（境）

培训项目，新申报的“新工科背景下卓越人才培养保障体系建设教学管理人员培训”和“人工智能与智能制造技术融合应用”两个项目已按期上报省和国家主管部门。2019 年获批的“新材料及先进制造技术”项目，该项目团组 15 名教师已于年初赴英国诺丁汉大学圆满完成培训任务。年初国际处选拔 1 名研究生、4 名本科生分别赴澳大利亚和美国，参加联合培养研究生、2+2 本科双学位和短期交流项目。派出前对学生进行了相关安全培训。

2021 年共评审推荐 28 项上报教育厅国际处，获批 10 项，为近几年最多，获批省级科研经费 42 万元。本年度共评审推荐 4 个批次、23 人次上报国家留基委和省留办，获批 10 人。完成中外合作办学项目年报。组织化学与生物工程学院申报新的合作办学项目。构建一批面向行业科技进步与区域转型发展的协同创新中心、技术研发中心、高新产业园区或创业孵化基地，共建 20 个左右技术转化平台或产业发展联盟，50 个左右人才合作培养联盟，有稳固合作的产学研单位达到 100 所；海外合作大学达到近 30 所，与 2 ～ 3 所国内高水平大学建立对口合作与支援关系。骨干教师具有至少两次赴外交流、培训或学习经历。年均长期聘用外籍专家和教师 30 ～ 50 人次。年均派遣国外交流生、留学生 100 人左右，年均外籍来校交流生、留学生 50 人左右，新建 2 ～ 3 个中外合作办学专业，开发建设一批中外合作课程。

三、稳固开展来华学术交流访问和学生双向留学工作，促进学校教育国际化进程

专家学者来华学术交流访问、学生出国留学和来华留学是高等教育国际化的重要组成部分。2016 年，学校多方联系邀请国外专家学者来访，认真进行本科、硕士生出国留学项目宣传工作，通过校际交流与合作项目积极开展国外来访和学生的双向留学工作。2016 年共接待了 27 名来自美国、加拿大、德国、澳大利亚、新加坡、马来西亚、英国、日本和中国台湾、中国香港等国家和地区的专家学者，在学校进行了短期授课、讲学、科研合作和学术交流等活动。他们的来访进一步拓宽了学校国际交流与合作的范围，加深了国际交流与合作的层次。学校环境学院继续推行与美国奥本大学环境工程专业本科教育合作办学项目的出国留学派送工作。自 2013 年招生起，目前累计已招生 85 人。学校继续开展与美国、澳大利亚协议院校的本科生交流项目。2016 年派送一名本科生赴美国旧金山州立大学进行为期一年的本科短期留学；派送 7 名硕士生赴美国奥本大学攻读联合培养的硕 / 博士学位，涉及机械工程专业、材料科学与工程专业、环境工程专业、计算机科学与工程专业和电子信息工程专业，极大地促进了学校与国外院校的学术交流和科研合作，提高了对外开放水平。

2016 年学校作为山西高校联盟成员，组织学生参加高校联盟组织的国外短期语言文化项目，现已派送 2 名学生参加英国阿伯丁大学暑期语言文化项目，并正在办理学生赴澳大利亚阿德莱德大学冬令营项目，参加人数 1 人。

2016 年共接待了 20 余人次来自国（境）外的专家学者在学校进行了短期授课、讲学、科研合作和学术交流等活动，进一步拓宽了学校国际合作与交流的范围，为学校提高教学和科研水平提供了有力的支撑。学校共续聘和新聘了 3 名外籍教师为相关专业学生讲授外语语言学、口语、写作、世界历史和英美概况等文化课程。

2017 年多次积极参与山西高校联盟各项活动，参与商议英国阿伯丁大学夏令营的推进工作，与阿德莱德大学的协议签署等合作事宜，讨论如何通过发展国际合作促进“1331”工程和双一流的建设，商议联盟 2017—2020 年的发展规划。倡导在社会主义核心价值观的指导下开展联盟工作，加强联盟内部建设，以联盟的集体名义加入国家“一带一路”高校发展联盟。

2018 年共接待了 20 余人次来自国（境）外的专家学者在学校进行了短期授课、讲学、科研合作和学术交流等活动，进一步拓宽了学校国际合作与交流的范围，为学校提高教学和科研水平提供了有力的支撑。

2018 年 5 月先后接待了 22 名由邱 • 崔博士领队的北佛罗里达大学交流生访问团和由赵教授领队的奥本大学交流生访问团，为这两个学校的交流生安排了丰富多彩的学习和交流计划，除进行专业课程和中国文化的学习外，还带领交流生访问团参观煤炭博物馆、到太钢实地考察学习，为交流生圆满完成学习任务做了大量工作，良好的接待和服务工作受到美国大学师生的高度赞扬。

2019 年持续推进山西高校联盟各项活动，讨论如何通过发展国际合作促进 1331 工程和双一流的建设，商议联盟的发展规划，加强联盟内部建设。

2021 年构建一批面向行业科技进步与区域转型发展的协同创新中心、技术研发中心、高新产业园区或创业孵化基地，共建 20 个左右技术转化平台或产业发展联盟，共建 50 个左右人才合作培养联盟，有稳固合作的产学研单位达到 100 所；海外合作大学达到近 30 所，与 2 ～ 3 所国内高水平大学建立对口合作与支援关系。骨干教师具有至少两次赴外交流、培训或学习经历。

四、规范外事管理，做好因公出国（境）和外籍教师聘任工作

学校根据《中共中央办公厅、国务院办公厅关于进一步加强因公出国（境）管理的若干规定》和《山西省关于进一步加强因公出国（境）管理的实施细则》，2016 年，在山西省人民政府外事侨务办公室和学校领导的正确指导下，学校严格把好因公出国（境）团组的组织申报标准，坚持以因事出访、因事定人为原则，坚决杜绝照顾性和无实质内容的一般性出访以及考察性出访。共申报因公出国（境）团组计划 16 项：其中 4 项为学校自行组织的高等教育校际交流合作访问团；1 项为参加教育部组织的“千名中西部大学校长海外研修计划”团；4 项为科研合作和学术交流；另外 7 项为教师参加国际学术会议。

2016 年共聘有 3 名外籍教师，美国外教 2 名，日本外教 1 名。外籍教师的授课范围也由本科生外语语言的学习拓展到合作办学专业课程，及硕、博士研究生和教师的口语、写作及文化课程等的教学中。

2017 年共接待了 20 余人次来自国（境）外的专家学者在学校进行了短期授课、讲学、科研合作和学术交流等活动，进一步拓宽了学校国际合作与交流的范围，为学校提高教学和科研水平提供了有力的支撑。学校共续聘和新聘了 3 名外籍教师为相关专业学生讲授外语语言学、口语、写作、世界历史和英美概况等文化课程。

2018 年学校共续聘和新聘了 3 名外籍教师为相关专业学生讲授外语语言学、口语、写作、世界历史和英美概况等文化课程。同时针对外专公寓设施老化的问题，积极协调后勤保障部门做好维修工作，尽最大努力为外教提供良好的生活服务。

2019 年续聘 3 名外籍教师为相关专业学生讲授外语语言学、口语、写作、世界历史和英美概况等文化课程；全方位做好外籍教师的日常管理和服务工作，配合后勤保障部门对外教公寓设施进行维护和维修工作；积极协调处理外籍教师的邻里纠纷；组织外籍教师参加 2019 年太原能源低碳发展论坛。进一步扩大国际合作和交流范围，与德国 FOM 应用技术大学、韩国清州大学、泰国西那瓦大学及相关机构正在洽谈合作事项，已完成框架协议文本初稿。

2020 年续聘新聘 2 名外籍教师为相关专业学生讲授外语语言学、口语、写作、世界历史和英美概况的文化课程。全方位做好外籍教师的日常管理和服务工作，了解、关心外籍教师的工作生活实际需求，为外籍教师排忧解难，协助外语学院，保障外籍教师有序开展工作。

2021 年为了强化国际合作与交流工作的规章制度建设，进一步提升学校国际合作与交流工作的制度化和规范化水平，制定了《太原科技大学外籍教师聘请及管理办法》《太原科技大学外宾接待及管理办法》《太原科技大学学生出国管理规定》《太原科技大学外国专家在校工作期间突发事件应急预案》《太原科技大学教职工公派出国留学管理办法》《太原科技大学因公临时出国管理办法》等。

在新时期，学校将持续推进开放发展，加强对外交流合作软硬件配套建设，营造良好的校园开放发展氛围。结合国家和山西省重点引智项目，实施高端外国专家引进计划，邀请国外专家学者来校短期访学或长期工作。启动留学生教育工作，依托“一带一路”战略，扩大教师境外访问访学、参加学术会议和科研项目合作规模，健全赴外人才选拔、项目设计、成效考评机制，扩大与海外交流生互派规模，健全学生互换、学分互认和学位互授（联授）机制。进一步理顺管理机制，建立以学院为主体、职能部门大力协调配合的开放发展管理机制。建立健全对外合作交流信息共享、成效评估、督办落实和法律保障机制，不断推进国际化办学水平。活跃外语学习氛围，开设长期外语培训和外国文化课程，鼓励师生员工、各级干部学习外语和外国文化，提升对外交流沟通能力。完善硬件配套条件，建设留学生公寓、专家公寓等一批基础设施。树立国际视野，推进学校日常管理、硬件配置、服务配套国际化。

第九节　全力推进条件保障建设　校园环境更优越

2016 年后，为从根本上解决长期制约学校发展的办学空间不足和基础条件保障落后的瓶颈问题，学校按照学科集群建设和统筹推进的理念，坚持经济性、现代性、宜人性原则，以新校区建设为重点，兼顾老校区改造和晋城校区建设，不断优化校区功能定位，完善校园功能设施，努力改善办学条件，美化校园育人环境，使学校面貌发生了翻天覆地的变化。

一、新校区建设

2012 年以来，学校按照“统一规划，分期实施”的原则，克服重重困难，多方筹措资金，推进新校区的土地划拨、总体规划、工程建设和学生公寓购置。截至 2022 年，学校占地面积由 2012 年 681.92 亩（1 亩≈666.67m^2）增加到 1220.57 亩，增加约 79%。学校建筑面积由2012年的约500000m²增加到660700m²，增加约32%。办学空间的拓展和条件的改善为学校教学、科研等各项事业的长足发展提供了有力支撑。

（一）总体规划

新校区的规划始于2012年。学校按照山西省、太原市政府规划部门的要求，结合校园空间实际，对新老校区进行了统一整体规划。规划总用地面积629500m²（944.28亩，不包括学校实际占用的市政道路用地），其中新校区规划用地377151m²（565.7亩），建筑面积435557m²，老校区用地252371.65m²（378.6亩），新建72022m²，保留165145m²。

校区总体规划坚持“局部功能独立完善，整体功能有机统一”的原则，以构建新老共生校园、交流共享校园、特色人本校园、绿色生态校园、可持续发展校园为目标，兼具整体化、特色化、现代化、共享化、多样化、人性化、园林化、生态化，突出历史科大、特色科大、现代科大三大主题模块，既达成功能互补，又体现整体效应，展现学校多元融合、兼容并蓄的气质（新老校区总体规划图见图11-11）。

图11-11　新老校区总体规划图

（二）校园空间拓展与工程建设

2016年后，在完成了新校区一期（南社）的征地后，学校一方面大力推动一期工程建设，另一方面积极推进二期（线材厂）征地手续办理以及工程建设工作。这一时期，二期征地约300亩（净地约223亩），并通过购置南社学生公寓增加校园占地约45亩，包括5栋6层和2栋12层公寓（框架结构）、1处水泵房等，建筑面积约88800m²。

1．校园空间拓展

在完成《拆迁安置补偿协议书》《项目建议书》、地质灾害危险性评估、水环境影响评价等工作的基础上，2016年1月14日，山西省发改委批准《关于太原科技大学新校区

（二期）图书馆建设项目可行性研究报告》和《关于太原科技大学新校区（二期）教学楼建设项目可行性研究报告》。同年2月3日，太原市城乡规划局颁发太原科技大学新校区（二期）《建设用地规划许可证》。5月26日，太原市国土资源局颁发太原科技大学新校区（二期）《国有建设用地划拨决定书》和《建设用地批准书》。6月8日，完成新校区（二期）建设项目节能评估。7月5日太原市国土资源局颁发太原科技大学新校区（二期）《国有土地使用证》，至此完成了所有征地手续。

2017年，学校启动南社学生公寓购置工作。2019年10月，经与太原市万柏林区人民政府协定，移交南社公寓给学校作为教育公益事业使用，学校支付相应对价。5栋6层学生公寓和1处水泵房正式完成移交。

2．新校区工程建设

（1）新校区一期（南社）工程。在省委、省政府的大力支持下，学校快速推进新校区一期建设，有效缓解了长期以来办学空间不足的问题。2016年，争取到中西部高校基础能力提升工程专项经费1.67亿元、中央支持地方高校发展专项经费2800万元、教育厅高校消除安全隐患专项经费150万元；2017年得到政府债券资金1.2亿元、中央支持地方高校发展专项经费2600万元、教育厅高校消除安全隐患专项经费204万元。

新校区一期（南社）工程，总建筑面积94502.43m^2，包含公共教学楼（45349.65m^2，其中地下9641.18m^2），专业教学楼（13288m^2），风雨操场（14485.66m^2），食堂（12415m^2，其中地下871m^2），后勤用房（5535m^2），热力站（973.23m^2），门房（35.89m^2）、体育场及看台（2420m^2）。总投资54181.68万元（建筑、基础设施以、绿化工程、体育场及看台），征地补偿费用约5050万元。

2016年3月9日完成工程设计方案批复，2016年12月2日完成初步设计，2016年12月14日办理完成《建设工程规划许可证》，2017年4月21日办理完成《建设工程施工许可证》。2017年4月25日正式开工。2016年11月10日到2017年6月23日完成体育场工程，包括400m标准跑道、11人制足球比赛场地、两个半圆和跳高场地以及推铅球、掷标枪、铁饼、链球场地。跑道外扩2m混凝土道路，旗杆、路灯、电缆埋地敷设。

2019年6月27日，新校区（一期）主体工程、配套工程及供暖、绿化等以及南社学生公寓（五栋六层楼45084m^2）购置、装修配套工程建成投入使用。作为配套的南社学生公寓，同期投入使用。同年8月17日，首批3786名学生迁入新校区。新校区（一期）工程的圆满完成，实现了几代科大人的夙愿，标志着困扰科大近20年的空间瓶颈问题得到有效破解。

同时，该工程获得太原市2017年度“建筑施工安全生产标准化工地”、2018年度“安全生产标准化先进项目”、全国层面“中国工程建设安全质量标准化示范单位”等荣誉奖项。

图11-12是新校区一期工程校园景色。

（2）新校区二期（线材厂）工程。伴随新校区一期项目投入使用，二期工程也提上了建设日程。按照项目规划，新校区二期（线材厂）工程，总建筑面积共计183166.26m^2，包括图书馆（31638m^2，其中地下4252m^2），实践教学楼（15341.85m^2，其中地下1098.89m^2），文法教学楼（14634.91m^2），外国语学院楼（10922m^2），计算机科学及技术学院楼（22255.5m^2），多功能阶梯教室（8088m^2），应用科学学院楼（27960m^2，其中地下 3181m²），电子信息工程学院楼（22023m²，其中地下 4725m²），艺术学院楼（14090m²），环境与安全学院楼（16213m²），立项批复总投资 88348.77 万元。

图 11-12　新校区一期工程校园景色

2020 年以来，受新冠肺炎疫情影响，新校区二期工程未能如期推进开工建设。但是，各项开工前手续有条不紊地进行。2021 年 4 月 29 日完成工程设计方案批复。2021 年 7 月 9 日办理完成北地块五栋楼（图书馆、实践教学楼、文法教学楼、外国语学院楼、计算机科学与技术学院楼）《建设工程规划许可证》。2021 年 8 月 25 日完成北地块四栋教学楼（实践教学楼、文法教学楼、外国语学院楼、计算机科学与技术学院楼）初步设计。

与此同时，针对建设发展面临的资金严重短缺问题，学校紧跟国家政策动向，积极争取国家和省、市财政专项资金支持。2021 年，争取到政府债券资金 8300 万元和基建专项资金 600 万元，入选“十四五”教育强国推进工程中央预算内投资产教融合项目支持，获得“1331 工程”提质增效项目持续资助经费 4140 万元。

学校经过综合分析研判，决定先行启动了实践教学楼和文法教学楼建设。2021 年 11 月 4 日，开工仪式在新校区隆重举行，校党委书记王志连，校长白培康，副校长刘向军、马立峰等校领导以及参建单位代表、学校相关部门负责人参加了仪式（图 11-13）。实践教学楼和文法教学楼的开工，标志着新校区二期工程正式启动，这是学校建设发展史上又一件具有里程碑意义的大事。

图 11-13　新校区实践教学楼、文法教学楼建设项目开工仪式

2021 年 12 月 6 日办理完成两栋楼的《建设工程施工许可证》，正式进行工程建设。工程预计 2023 年初完工。在二期工程推进的同时，2020 年 9 月，南社 12 层公寓 6 号楼、7 号楼，共计 43650m^2，也投入使用。截至 2022 年 5 月，共有 7 个学院（计算机学院、经济管理学院、法学院、外国语学院、艺术学院、人文学院、应用科学学院）约 9000 名学生在新校区生活学习。

二、校区（老校区、南校区）维修改造和晋城校区建设

2016 年后，学校在有条不紊地推进新校区建设的同时，不断加大校区（老校区）基础设施维修改造力度和晋城校区建设，尽最大努力为广大师生员工创造更好的工作、学习和生活环境，为教学科研工作的顺利开展提供了有力的保障和支撑。

（一）校区维修改造

在校区改造上，学校秉持“分步改善、以安为先”的原则，2016—2018 年，三年累计投入 4700 多万元对主校区、南校区部分基础设施进行了维修改造。先后完成图书馆、科技楼、教学实验楼安全性改造和 A 楼、B 楼、图书馆外墙、综合楼部分内墙加固改造工程，消除了高空坠物安全隐患；完成了 15 栋学生公寓和 33 栋教学、行政、家属楼屋面防水维修工程，较大程度解决了屋顶漏水问题；完成足球场草坪更新、青年公寓改造、材料试验车间电气线路改造、篮球场基层维修和悬浮地板购置安装等工程，实施了室内外照明动力电缆维修更新、公寓节水改造、供暖抢修维修、南校区排污管网疏通等项目，大车间屋顶更换、图书馆内部消防等安全改造工程改造。完成南校区教工住宅和 6 栋学生公寓节能改造工程；完成离退休活动室维修，师生居住楼宇节能保温改造、幼儿园卫生间改造项目。

同时，2016年投入1969万元，实施了金工车间改造为食堂项目，2017年下半年投入使用，极大地缓解了学生食堂就餐压力大、窗口供给不足的问题，为师生员工营造了良好的生活环境。

2019年，结合太原文明城市创建工作，学校不断加大校园维修改造，全年累计投入资金2000余万元，完成16号楼前两座古建凉亭的恢复重建，教16号楼、家属区楼梯间窗户墙面、配电室院面、教12楼后场地、南校教学楼前广场以及部分教学楼、学生公寓屋面和室内基础设施等的维修改造项目52项，校园环境得到明显改善，在全省学校创城工作抽查中名列前茅。

2020年，学校集中改善民生和消除校园各类安全隐患提升公共基础设施保障能力两个方面，完成东家属区老旧小区改造工程、东排洪沟改造清淤工程、附属小学和幼儿园室内外基础设施更新改造、警务站建设改造、成教综合楼周边场地整治、家属区与校区栏杆隔离、学生餐厅全自动水龙头和不锈钢水槽安装、老旧学生公寓消火栓系统改造，化学与工程学院、电子信息工程学院、交通与物流学院、机械工程学院、材料科学与工程学院、应科学院等教学实验与办公用房基础设施维修改造等项目60余项。

2021年，学校投入资金1051万元，实施电子信息工程学院、化学与生物工程学院、新生学生公寓、公共建筑能效提升改造，主楼区绿化改造，图书馆基础设施维修改造项目等30余项，校园环境得到进一步优化。

（二）晋城校区建设

2016年后，学校按照“特色发展、集群建设”的思路，提出在晋城校区重点布局区域发展急需的特色专业、新兴专业，将晋城校区打造为应用型人才培养的创新试验区、区域转型升级的智力支撑点、开放发展的重要增长极，与主校区形成优势互补、分工协同、错位发展的办学格局，据此加快推进晋城校区基本建设。

学校积极争取晋城市财政对晋城校区日常运行和项目建设的支持，“十三五”时期，晋城市政府计划投入校区二期建设资金约9.8亿元。2016年，获得晋城市政府对晋城校区的日常运行补助经费2246万元、条件建设经费2269万元以及学生公寓楼建设专项资金投入约1亿元。完成两栋研究生公寓封顶，将图书信息大楼、工程训练中心、学生食堂等新建项目列入2017年晋城市基础建设投资计划。2018年，晋城校区完成研究生公寓14、15号楼建设，学生公寓二期工程开工，校区综合改革积极推进，教育教学、校区管理渐入正轨。到2018年年底，晋城校区累计投入金额为64108.72万元，完成基本建设面积212370.993平方米（见表11-12）。

表11-12　2018年年底晋城校区已完工的楼座面积

楼号名称	面积/m^2
1#教学楼	8158.94
2#教学楼	5175.08
3#教学楼	4948.25
4#教学楼	6802.53
5#教学楼	3458.1
6#教学楼	8827.25

（续）

楼号名称	面积 /m²
7# 教学楼	3584.55
8# 教学楼	4468.82
9# 教学楼	6723.43
10# 教学楼	3840
1# 实验楼	10845
2# 实验楼	8026
3# 实验楼	8072.37
4# 实验楼	8148.7
5# 实验楼	7938
6# 实验楼	7981
7# 实验楼	7965
8# 实验楼	9254
10# 实验楼	12781
1# 宿舍楼	6720.5
2# 宿舍楼	7081.68
3# 宿舍楼	6777.09
4# 宿舍楼	12061.68
5# 宿舍楼	11399.65
第一食堂	12851.7
14# 研究生宿舍楼	7550.987
15# 研究生宿舍楼	7613.326
水泵房	193.04
开闭所	188.32
锅炉房	1505
看台	1200
大门	230
总面积	212370.993

在晋城校区建设过程中，基础设施建设工程由晋城学院筹备处全权负责完成，晋城学院筹备处为独立法人单位。2019 年后，特别是 2020 年全省转设工作会议召开后，根据省委省政府决策部署，晋城校区作为太原科技大学华科学院转设后的山西科技学院的办学地址。2021 年，根据《教育部关于同意太原科技大学华科学院转设为山西科技学院的函》的文件要求，晋城校区建设工作划归山西科技学院负责。

三、学校资产与实验管理

2016 年后，学校积极推进资产管理改革，按照“权属清晰、配置科学、使用合理、处置规范、运行高效、监督严格”的原则，建立“大资产”管理运行机制，推进资产管理制度改革，构建以成本效益为中心、以价值体现为导向的资源配置体系。

2016 年，设立招标与采购办公室，按照“提议权、决策权、执行权、监督权”相分离的原则，规范了学校采购招标审批程序和工作流程，全面推行工程、货物和服务的“阳光采购”。同时，完成全校清产核资，总共清查资产 14.72 亿元，核实了历史过程中形成的一大批不良不实不清资产，通过产权登记等工作进一步厘清了资产的所有权、管理权和使用权。

2017 年，建立二级资产管理员制度，建设资产信息化管理平台，验收流程由人工转为系统，实现了资产数字化管理，极大提高了资产管理处置能力。2018 年，启动固定资产条码管理，资产管理实现账物相符。2019 年，南校资产并账，并建立实验室管理中心，挂靠资产部。2020 年，制定实施《太原科技大学固定资产验收管理办法》《太原科技大学国有资产处置管理办法》等，进一步健全了资产管理制度。同年，完成华科学院资产清查工作。2021 年，建立老校区危化品库，完善实验材料管理。

同时，学校积极推动资产配置改革。2016 年以来，针对资源配置方式陈旧落后、资金投入分散重复、开放共享程度不高、成果产出量少质低等突出问题，按照“统一规划、立足需求、强化共享、突出绩效”的原则，集中有限财力物力，统筹推进校级公共服务平台（信息化、分析测试）、学科专业平台建设，配置专业实验人员，配套科学工作制度和流程，促进了大型仪器设备和数据资源校内外开放共享。2019 年，持续推进分析测试中心建设，完成了 XPS、SPM、透射电镜制样设备、超声相控等 7 个实验室以及危化品室建设任务，完成了仪器设备安装调试工作，基本建成了具有测试、科研、教学功能的服务研究机构。2021 年，学校继续推动大型仪器设备共享，上线招标采购小额竞价平台，提高了采购效率。

四、图书馆建设

为满足师生教学、科研、学习需求，按照“有效采集文献，优化配置资源，注重开发利用，持续协调发展”的原则，持续加大图书馆专业化、特色化、智能化建设。在保障纸质馆藏的基础上，加强电子资源和管理系统建设，完成了图书馆网站进行全面升级，实现了图书自助借还服务，不断为全校师生提供多维度、多层次、高水平的“知识素材库”。

2016 年新增中外文纸质图书 19035 册，期刊合订本 1001 册。购买中外文数据库 23 个，电子书 4124365 册。全面接管南校区图书馆，各项业务工作无缝对接。图书馆网络实现了万兆接入校园网，千兆网络到达桌面。服务器更新实现电子资源访问量的统计，开拓路网络自助打印服务。建立科大“学人文库”特藏书库，集中典藏学校教师及科研人员的科研成果。图书馆成功探索出外文图书、期刊编目流程，并完成原版图书原始编目约 100 册，编目西文期刊 139 种，开创图书馆外文原版图书、期刊机读数据编目的历史。

2017 年新增中外文纸质图书 7062 册，购买中外文数据库 21 个，电子书 1070914 册。建立图书文献资源订购的决策支持系统，实现对电子资源的绩效评价，提高电子资源采购资金的使用效率。建立“图书漂流站”提高图书馆图书的利用率。12 月推出图书馆微信公众号，在公众号中实现了图书检索功能。

2018 年新增中外文纸质图书 51393 册，购买中外文数据库 23 个，电子书 1223914 册。图书馆信息系统统一管理平台建设，实现各信息系统的统一联动管理，强化数字信息资源共享山西首家举办“书斋生存挑战”阅读体验活动，征集并确定太原科技大学图书馆官方徽标。

2019 年新增中外文纸质图书 68875 册，购买中外文数据库 26 个，电子书 1175204 册。与科技部西南信息中心查新中心就科技查新达成合作协议，为学校教学科研提供全方位服务。完成图书馆六层大厅学术沙龙区改造并正式开放，为师生提供学术研讨和思想交流平台，实现新技术环境下图书馆服务全新模式。

2020 年新增中外文纸质图书 68466 册，期刊合订本 1521 册。购买中外文数据库 28 个，电子书 2118184 册。积极推进学科服务，助力学校工程学进入 ESI 前 1% 学科，实现了学校 ESI 学科零的突破。完成图书馆信息系统与校园一卡通对接项目，保证图书馆业务系统和基础服务工作高效运行。成立阅读推广小组和业务培训小组，将阅读推广活动进行整体策划和提升，定期进行馆员业务培训，提升工作能力。

2021 年新增中外文纸质图书 97170 册。购买中外文数据库 28 个，电子书 2222028 册。新建密集书库，增加了图书馆藏存储量 11.4 万。举办“筚路蓝缕•开辟未来”中国共产党成立 100 周年艺术文献展。

五、智慧校园建设

2016 年来，学校按照“整体规划、分步实施、突出应用、逐步完善”的原则，主动融入太原“智慧城市”建设，不断构建了安全、稳定、快捷的校园基础网络和统一、集中、共享的网络信息平台，推进现代信息技术与教学、科研、管理深度融合，以信息化推动学科内涵建设和科学发展。

2016 年，学校科学编制了《太原科技大学智慧校园五年发展规划（2017—2021 年）》，作为智慧校园建设的重要规划。随后 5 年开展了以“信息化基础设施平台、应用支撑平台、公共服务平台、核心业务平台”为主要内容的信息化建设。

2017 年，学校信息化建设步入了快车道。校园网出口带宽升级到 7.5Gb/s，校园网主干升级到 10 万 Mbit，实现了千 Mbit 到桌面、全网冗余的万 Mbit 校园网布局；办公自动化系统全面升级上线；校级电子邮箱数达到 4.1 万个；开通二级网站 68 个；企业微信成为全校重要的移动办公平台，日活人数超过 3.1 万人 / 天。2018 年，完成教学区、办公区、学生公寓有线网络全覆盖；对财务系统、资产系统、图书系统、采购系统进行了全面升级；全面启动移动办公应用，实现业务流程 30 个，员工服务 52 个，初步实现了“线上 / 线下”相结合的服务模式，师生信息化感受明显提升。

2019 年，大力强化校园一卡通系统建设，搭建了无卡化、融合支付的电子校园卡试验平台，积极推进网络安全信息体系建设，完成了全校网站的改版、升级和数据迁移等工作，完成了新校区教学、办公、学生公寓有线、无线一体化覆盖；实现了校门、图书馆等重要场所门禁系统人脸识别通行；食堂、直饮水、洗浴、图书、电费、学费、停车等实现了“一切收费进财务”的目标，智慧校园建设速度明显加快。

2020 年，开展了“6+1 信息系统升级与数据打通”工程，实现了人事、教务、研究生、学工、科研、电子校园卡等 6 个信息系统的升级，同时建设了以“身份中台、数据中台、移动门户、融合门户”为主要内容的大数据中心，数据交换与共享初步获得成功。同年，获得全国“微信年度信息化建设示范学校”称号，标志着学校智慧校园建设迈入全国先进行列。同年，面对突发的新冠疫情，教育信息技术中心紧急上线“健康天天报”、课堂直播、视频会议等系统，使学校的教学、科研、管理和服务工作开展得井井有条。

2021 年，学校着力以信息化促进治理现代化，按照《太原科技大学数据信息标准》的要求，全年投入 538 万元，对财务、教学、人事、图书、研究生、学工、电子校园卡、大数据中心等系统进行全面升级，推进“让信息多跑路，让师生少跑腿”，推进服务事项全流程在线办理，新开通 OA 办公流程 34 个、员工服务 52 项，实现了统一信息标准、统一身份认证、统一信息门户、统一数据交换与共享，对接了目前校内的 30 个应用系统。实现了全校信息系统的数据交换与共享，信息化建设进入深度应用阶段。网络安全和信息化已经成为学校教学、科研、管理和服务的重要支撑，学校信息化水平显著提升。

2022 年，组织编制了《太原科技大学智慧校园银校合作方案》，启动了南校区多媒体教室、教学楼图书馆、学生机房、电子校园卡等方面的信息化建设。未来 4 年内，学校信息化工作将会迈上更高的台阶。

第十节　加强党的建设 强化思政教育

2016 年以来，党和国家相继迎来了中国共产党成立 95 周年、党的十九大、新中国成立 70 周年、中国共产党成立 100 周年等重大活动。五年来，在省委、省政府及省高校工委、省教育厅的关怀指导下，全校师生积极开展理论学习，推进“两学一做”“不忘初心、牢记使命”主题教育活动，深入学习贯彻党的十九大精神和习近平新时代中国特色社会主义思想，并结合十九届历次会议精神，举办主题、专项教育活动以及专题报告会，开展各类党员培训，全面加强党的领导，推进全面从严治党，以此推动学校党建水平迈上新台阶、思政教育质量实现新发展。

期间，按照省委的安排，学校的领导班子逐步进行了调整。2016 年 1 月，王志连同志任我校党委书记。2018 年 7 月，卫英慧同志任我校党委副书记、校长。2021 年 6 月，白培康同志任我校党委副书记、校长。

一、中国共产党太原科技大学第八次、第九次党员代表大会

2016 年 10 月 15 日，学校召开中国共产党太原科技大学第八次代表大会。校党委书记王志连代表第七届党委做了题为《凝心聚力，攻坚克难，为建设特色鲜明的高水平教学研究型大学而努力奋斗》的报告。大会选举产生了中国共产党太原科技大学第八届委员会和纪律检查委员会，22 人当选为中国共产党太原科技大学第八届委员会委员，11 人当选为中国共产党太原科技大学纪律检查委员会委员。

2021 年 9 月 29 日，学校召开中国共产党太原科技大学第九次代表大会。校党委书记王志连代表第八届党委做了题为《坚定发展信心，强化责任担当，全面开启高水平研究应用型大学建设新征程》的报告。大会选举产生了中国共产党太原科技大学第九届委员会和纪律检查委员会，31 人当选为中国共产党太原科技大学第九届委员会委员，15 人当选为中国共产党太原科技大学纪律检查委员会委员。

二、全面加强党的建设，强化思政教育

学校坚持以政治建设为统领推动新时代党的建设，积极开展理论学习，推进全面从

严治党向纵深发展。

（一）实施“领导力提升计划”，加强党的全面领导

学校加强党的全面领导，不折不扣贯彻落实党中央、省委决策部署，严格贯彻党委领导下的校长负责制，不断完善党委全委会、常委会和校长办公会议事规则，推进议事、决策、沟通、执行、监督等要素和环节的规范化、科学化和制度化。坚持和完善党委理论中心组学习制度，校级班子成员思想理论水平明显加强，党委班子成员的政治判断力、政治领悟力和政治执行力进一步提升。

2016年，学校党委印发《中共太原科技大学委员会议事规则》《中共太原科技大学委员会常务委员会议事规则（试行）》，出台《太原科技大学贯彻落实“三重一大”决策制度的实施办法》，制定《太原科技大学学院（部）党政联席会议制度（试行）》。

2017年，学校党委印发《中共太原科技大学委员会全体会议议事规则（试行）》，出台《领导干部离任事项交接暂行规定（试行）》。

2018年，学校党委修订出台《中共太原科技大学委员会贯彻落实“三重一大”决策制度的实施办法》《中共太原科技大学委员会常务委员会议事规则》《中共太原科技大学委员会党务公开实施细则》等文件，推动二级学院完善党政联席会议制度。

2019年，修订《中共太原科技大学委员会全体会议议事规则》《中共太原科技大学委员会常务委员会议事规则》和《太原科技大学校长办公会议议事规则》，制定出台《关于落实党的政治建设工作任务清单》，进一步理顺二级学院党组织会议、行政办公会议和党政联席会议的关系。

2020年，学校党委修订完善了《中共太原科技大学委员会全体会议议事规则》《中共太原科技大学委员会常务委员会会议议事规则》《太原科技大学校长办公会议议事规则》和《太原科技大学公文处理办法》，制定下发了《关于推动党建与中心工作深度融合的若干措施》，制定印发了《关于加强党的政治建设工作任务清单》，成立了党的建设工作领导小组。

2021年，学校党委推动完善基层党组织党政联系会议制度和党委会议制度，严格民主集中制和“三重一大”决策制度，成立党史学习教育领导小组。

（二）实施“铸魂育人计划”，加强思想政治工作

学校充分发挥校院两级理论学习中心组的示范引领作用，健全完善教职工政治理论学习制度，持续跟进学习习近平总书记最新讲话精神，用最新理论成果武装教职工头脑，思想建设不断夯实。学校牢牢掌握意识形态工作领导权、管理权和话语权，大力加强网络阵地建设和内涵建设，意识形态工作成效明显。学校深化“三全育人”改革，加强省级重点马院建设，进一步推进“思政课程”和“课程思政”同向、同行、同进，思政育人工作稳步推进。

2016年，学校党委印发《关于在全校党员中开展“学党章党规、学系列讲话、做合格党员”学习教育实施方案》《关于认真学习宣传贯彻党的十八届六中全会精神的通知》《关于认真学习贯彻中国共产党太原科技大学第八次代表大会精神的通知》《关于认真学习贯彻习近平总书记在纪念长征胜利80周年大会上重要讲话精神的通知》等文件，制定下发《太原科技大学意识形态工作责任制实施细则》《太原科技大学网络舆情管理与处置实施办法》，并对2014—2016年“三育人”工作先进个人进行表彰。

2017年，学校事业迈入了新阶段，学校党委制定出台《关于认真学习贯彻党的十九大精神的通知》《关于实施“铸魂重行”工程 构建党建工作“五位一体”大格局的实施意见》《中共太原科技大学委员会新闻发言人及新闻发布制度》《太原科技大学关于加强和改进新形势下思想政治工作的实施方案》《太原科技大学网络与信息安全工作责任制实施办法》等文件，成立了党委教师工作部，实施思政课创新计划，马克思主义学院成功入选省级重点马院建设计划，马克思主义理论学科获批省级重点建设学科，构建了“八育人”工作体系，管理育人协同中心入选省级建设计划，加强辅导员能力培训，实行职称单列计划、单设指标、单独评审，队伍建设不断加强。

2018年，以“立德树人”为目标，实施思政工作质量提升工程，修订《太原科技大学校、院（处）两级党委理论学习中心组学习制度》，印发《太原科技大学关于加强和改进青年教师思想政治工作的实施办法（暂行）》，开展了学习贯彻全国教育大会精神的系列活动，学校省级重点马院建设稳步推进，党建学科建设效果良好，辅导员数量配备基本达标，“三单”政策基本得到落实，创新推出的学生思想政治工作“图谱化”模式得到教育部思政司领导的充分肯定。

2019年，学校党委印发《太原科技大学实施“改革创新、奋发有为”大讨论的实施方案》《中共太原科技大学委员会落实省委意识形态专项整改工作方案》《关于开展“五四”运动100周年主题教育活动的通知》《太原科技大学庆祝中华人民共和国成立70周年活动方案》《关于在全校开展“不忘初心、牢记使命”主题教育实施方案》等文件，全年开展党委中心组理论学习12次，组织集中学习、研讨108次，开展学术交流61次，“学习强国”平均积分达到3000分，在线率日均达到65%，理论学习实现了全覆盖，学校成为山西省首批“三全育人”试点改革高校；出台《关于加强和改进新形势下思想政治工作的实施方案》，推进“图谱化2.0”工作，召开思想政治工作阶段总结暨三全育人工作推进会；坚持落实意识形态工作责任制，专题研究意识形态工作，开展维稳风险评估，审批学术讲座100余场，审批各类宣传内容133次，有效处置网络舆情7次；制定了《思想政治理论课教育教学改革方案》，推动5门思政主干课程教学改革，对现有57门课程思政试点经验进行系统总结，深入推进思政课程建设，招聘专职辅导员26名，招聘思政课专任教师9人，师生比基本达标，积极组织辅导员素质能力大赛，开展辅导员、思政课教师培训，不断提升思政育人功能。

2020年，学校制定印发了《关于深化新时代学校思想政治理论课改革创新的若干举措》《太原科技大学“三全育人”“1+N”推进方案》等一系列文件，学校党委理论学习中心组组织学习16次，集中学习习近平总书记视察山西重要讲话重要指示36次，集中传达学习十九届五中全会精神60余次，班子成员讲授思政课20场，指导全校开展各类学习、研讨、培训120余次，按比例配齐专职思政课教师等三支队伍，全面深化“三全育人”综合改革，对2018—2020年度“三育人”先进集体和先进个人进行表彰，召开思想政治工作阶段性成果展示暨“三全育人”工作推进会，制订《文明校园创建管理办法》，深化校园“六大文化工程”特色品牌项目建设，讲好科大故事，发挥文化育人功能。

2021年，校党委印发《太原科技大学开展党史学习教育的实施方案》，成立党史学习教育领导小组，校领导班子持续开展党史学习，学习习近平总书记“七一”重要讲话、党的十九届六中全会精神等，开展集中学习研讨16次，组织基层党组织学习907次，党支部开展学习2000余次，班子成员、青年马克思主义宣讲团等开展主题宣讲301次，开展专题培训354次，各级党组织围绕建党100周年开展了形式多样的庆祝活动，打造的首部爱党爱国大型舞台情景剧《薪火》被中国青年网转发报道；印发《太原科技大学加强思想政治理论课教师队伍建设的若干举措》，筹建“三全育人”图谱化数字展厅，积极培育思政工作品牌；印发《太原科技大学庆祝建党100周年活动方案》，举办了“建党百年、献礼华诞”征文暨插图大赛等一系列校园文化及社团活动；期间，学校向“学习强国”、《人民日报》客户端、《山西日报》客户端等媒体推送稿件140余次，开设《身边的人物》《百年瞬间》等栏目，发布《党史上的今天》《逆光》等作品，深受师生关注和喜爱；印发《太原科技大学意识形态工作责任制实施细则》《太原科技大学网络意识形态工作责任制实施细则》。

2022年，党委理论学习中心组开展集中学习6次，校级领导干部深入一线课堂，学习宣传习近平总书记考察调研山西重要指示精神，以弘扬党建精神为主题，山西日报客户端、学习强国、党建网、今日头条等平台对学校著作进行了刊发和转发；成功举办“喜迎校庆•我心中的科大”艺术作品征集活动，增进了同学们爱校荣校的情感。

（三）实施“组织力提升计划”，增强党组织战斗力

学校强化基层党组织政治核心功能，突出党建引领作用，优化基层党组织设置，健全基层党组织工作机制，强化标准化、规范化党支部建设，加强基层党组织负责人队伍建设和党员教育培训工作，以“项目化管理、品牌化实施、长效化推进”为思路，持续打造党建工作品牌，加强标杆院系、样板党支部、“双带头人”教师党支部书记工作室创建工作。

2016年，印发《关于认真开展党员组织关系集中排查的实施办法》，举办“两学一做”暨党支部书记培训班、学习贯彻党的十八届六中全会精神专题培训班，开展2016年度二级单位党组织书记抓基层党建工作述职评议考核工作，开展2016年度处级领导班子和处级领导干部年度考核工作，成立后勤基建党委。

2017年，校党委印发《关于深入开展“提高标准、提升能力、争创一流”专项活动的实施方案》《关于基层党组织设置的意见》《关于加强“三基”建设的实施办法》《关于基层党委、党总支换届选举工作安排》《中共太原科技大学委员会关于加强新形势下党的督促检查工作实施办法（试行）》，依托全校23个二级党组织、142个基层党支部，全力推进“三基建设”，理顺基层党组织设置，深入推进“双带头人”培育工程，选优配强基层党支部带头人，基层组织得到强化。

2018年，校党委印发《关于转发〈中共教育部党组关于高校党组织“对标争先”建设计划的实施意见〉的通知》，制定出台《中共太原科技大学委员会关于深入实施“铸魂重行”工程 全面提高新时代党的建设质量的指导意见》，出台《太原科技大学党支部示范培育点创建工作方案》《太原科技大学关于进一步加强和改进学生党建工作的意见》《太原科技大学基层党建工作督导办法》，印发《太原科技大学基层党组织规范化建设标准（试行）》《太原科技大学党支部标准化建设实施办法（试行）》；严格执行《新形势下党内政治生活若干准则》，持续抓好二级党组织书记联述联评联考，开展党支部书记述职评议考核，基本配齐组织员；学校紧紧围绕全省党建工作45项重点任务和三基建设13项重点任务要求，完善“一目录三手册”，实施“对标争先”计划，开展“双带头人”工程，全面推进党支部主题党日活动，完成了新一轮支部换届工作，基层党支部凝聚力战斗力普遍提高。

2019 年，校党委印发《太原科技大学“三基建设 2019 年度重点工作任务清单”》，对 2017—2019 学年度优秀共产党员、优秀党务工作者和先进基层党组织表彰；实施基层党组织“对标争先”建设行动，2 个二级学院党委、5 个基层党支部入选省级创建单位，6 个党支部被确定为校级“党支部示范培育点”；配优配强党务干部，深入实施“双带头人”工程，17 名专职组织员配备实现全覆盖；加强党员教育管理，开展党员发展三年规划行动，修订《太原科技大学流动党员教育管理实施办法》，规范流动党员教育管理，加强对党员的关怀帮扶，先后慰问老党员和生活困难党员 88 人次，发放慰问金 14.9 万元。

2020 年，校党委印发《太原科技大学学院党委（党总支）专职组织员工作职责（试行）》《太原科技大学党费收缴、使用和管理办法（试行）》；严格落实“三会一课”、主题党日、组织生活会、民主评议党员和谈心谈话等组织生活制度，按照标准化、项目化、品牌化要求，不断夯实党的组织建设，坚持创新党组织设置，将党支部建立在教学科研团队上；注重加强“双带头人”培育，着力推动教师党支部书记党务业务能力“双提升”，有力促进党建工作与教学科研工作实现深度融合。通过持续建设，2020 年有 20 个二级党组织、24 个基层党支部、22 名优秀党员获得表彰，在全校形成了比学赶超的良好氛围，率先走出了一条更有效率、更具活力的党建示范引领新路。

2021 年，校党委印发《太原科技大学专职组织员管理办法（试行）》《太原科技大学“双带头人”教师党支部书记管理办法（试行》《太原科技大学发展学生党员工作实施细则（试行）》《太原科技大学党建研究课题管理办法（试行）》等制度，推动基层党组织标准化、规范化建设；全校各级党组织积极创新方式，建立“党建 + 思政”平台，引进“VR 课程”，建立“智慧党建工作室”，有效发挥党建引领作用；各级党组织开展疫情防控志愿活动，同时学校选派优秀党员干部驻村帮扶，积极发挥党员先锋模范作用。全年共组织开展党员教育培训 15000 余人次，为 86 名优秀老党员颁发“光荣在党 50 年”纪念章，下拨党建经费 50 余万元支持基层党建示范创建，慰问老党员、生活困难党员等 88 人，发放慰问金 10.3 万元。环境科学与工程学院党总支、计算机科学与技术学院学生第一支部等，被授予“中共山西省委教育工委先进基层党组织”荣誉称号。

2022 年，校党委全面部署并大力推进学生思想入党“四环达标”，进一步明确、提升学生党员发展质量。

（四）实施“素质提升计划”，提升干部治理能力

学校坚持党管干部原则，坚持正确选人用人导向，把政治标准放在首位，优化完善干部选任机制，同时加大干部教育培训力度，分批选派优秀干部按需进行研修和培训，树立科学的干部考核导向，探索建立定性和定量相结合的考核评价制度，严格执行领导干部个人有关事项报告、请销假等制度，建立健全干部提醒、函询、诫勉和谈心谈话等工作机制，推动干部监督常态化，干部队伍能力和水平不断提高，干部考核体系不断完善，干部监管机制不断健全。

2016 年，校党委制定《太原科技大学处级干部动议酝酿调整议事规则》，出台《中共太原科技大学委员会关于中层干部任职管理的若干规定（试行）》，印发《中共太原科技大学委员会关于对领导干部进行约谈、函询和诫勉谈话的实施办法》《关于拟选拔任用干部书面征求纪检监察部门意见的实施办法》。

2017 年，校党委印发《太原科技大学中层正职干部选拔任用工作方案》，制定《领导干部离任事项交接暂行规定（试行）》，通过开展“抓作风建设，促工作落实”活动，完善对党员干部的监督管理和约束机制，基础工作不断夯实，通过开展干部履职能力提升工程，党员干部基本能力得到提升。

2018 年，校党委印发《太原科技大学 2018 年干部教育培训方案》《关于大力发现培养选拔优秀年轻干部的实施办法（试行）》《关于进一步激励广大干部新时代新担当新作为的实施办法（试行）》，全年对 1 个学院领导班子进行通报批评。

2019 年，学校修订了《太原科技大学干部选拔任用工作实施办法》，印发《太原科技大学科级干部调整选任工作方案》《太原科技大学部分正处级干部岗位选任工作方案》，全年通过对 146 名干部进行调整，优化了干部队伍结构；开展集中培训 22 场次，调训 30 人次，网络培训 500 余人次，有效提升了党员干部能力；出台《太原科技大学处级领导干部考核工作实施方案（试行）》，以考核促进激励，干部担当作为意识明显增强。

2020 年，校党委印发《太原科技大学部分正处级岗位选任的工作方案》《太原科技大学部分副处级干部岗位选任工作方案》《太原科技大学部分处级干部岗位选任工作方案》，出台《太原科技大学处级领导干部考核工作实施办法》。

2021 年，校党委印发《关于部分空缺中层领导岗位选任工作方案（一）》《关于部分空缺中层领导岗位选任工作方案（二）》《关于部分空缺中层领导岗位选任工作方案（三）》，出台《太原科技大学 2021 年度处级领导班子和处级领导干部考核工作方案》，在庆祝建党 100 周年之际，对优秀共产党员、优秀党务工作者和先进基层党组织进行表彰。

（五）实施“廉洁护航计划”，推进全面从严治党

学校以全面从严治党引领从严治教、从严治学，严格落实主体责任和监督责任，强化“党政同责”和“一岗双责”，严格贯彻落实中央八项规定精神，持续整治“四风”，弘扬优良校风学风教风，作风建设不断强化；发挥校内巡察作用，强化监督执纪的警示教育效果，推动谈话函询工作规范化，深化运用监督执纪“四种形态”，管党治党工作机制不断完善；探索构建科学有效的全面监督体系，发挥好党委全面监督、纪委专责监督、党的工作部门职能监督、基层党组织日常监督职责，党内政治监督不断强化；建立廉政风险动态管理监督机制，发挥廉政文化引领，建立科学有效的党风廉政建设宣教格局，加强党风廉政建设宣传教育及舆论引导，做实重点岗位工作人员的廉政教育，“三不”机制不断推进。

2016 年，校党委修订印发《关于落实党风廉政建设党委主体责任的实施意见》和《关于落实党风廉政建设纪检监督责任的实施意见》《太原科技大学开展巡视“回头看”工作方案》《关于加强联动协作全面监督“四风”问题的实施办法》，出台《关于全面加强学风、教风和工作作风建设的实施意见》，印发《太原科技大学校内巡察公告（一）》文件。

2017 年，校党委印发《太原科技大学贯彻落实中央八项规定精神实施细则》《问题线索处置管理办法》《纪检监察谈话函询暂行办法》《太原科技大学校内巡察公告（二）》《太原科技大学校内巡察公告（三）》《太原科技大学校内巡察公告（四）》《太原科技大学校内巡察公告（五）》《太原科技大学校内巡察公告（六）》等文件，完成 5 轮校内政治巡察，有效强化了二级党组织政治建设。

2018 年，校党委制定《关于进一步加强纪检监察组织建设的暂行办法》，印发《太原科技大学关于开展教育领域腐败和不正之风专项整治的实施方案》《太原科技大学关于开展扫黑除恶专项斗争实施方案》《太原科技大学校内巡察公告（七）》《太原科技大学校内巡察公告（八）》，印发《关于进一步贯彻落实中央八项规定精神的实施细则（修订）》，修订《中共太原科技大学委员会巡察工作办法》。

2019 年，校党委出台《落实党的政治建设工作任务清单》，持续抓好软弱涣散党组织整治工作，完成 2 轮校内政治巡察，发现整改多个突出问题，净化了学校政治生态，强化政治监督，加强对贯彻落实党中央重大决策部署，对贯彻落实习近平总书记视察山西重要讲话精神情况的督查督办，推进省委巡视、省纪委政治监督反馈问题整改，坚持从严监督执纪问责，出台了《太原科技大学纪检监察监督执纪工作细则》，全年受理信访举报 39 件，组织处理 9 人，给予党纪政务处分 2 人，其中党内严重警告 1 人，开除党籍 1 人，清退违规资金 7.4 万余元，同时，各级党组织全年运用第一种形态 200 余次，出台《落实领导干部党风廉政建设一岗双责实施办法》及《副厅级以上领导人员配偶、子女经商办企业禁业范围》等，全年对处级干部进行批评教育、责令做出检查 5 人，诫勉谈话 6 人，在年节假期等关键节点，加强监督检查，发送廉政短信提醒，充分运用监督执纪第一种形态，加强对党员干部纪律作风的监督和廉政警示教育，坚决开展形式主义、官僚主义专项整治，加强权力运行规范，制定六大类 28 项“微权力”运行清单，全面覆盖学校高发易发廉政风险点、各重点领域和关键环节，进一步制定校内巡察工作规划，全方位扎紧了管党治党的制度笼子。

2020 年，校党委印发《关于一体推进“不敢腐、不能腐、不想腐”的实施意见》《关于廉政文化建设的实施意见》《太原科技大学纪检监察内部监督实施办法》《太原科技大学党纪政务处分工作细则》《太原科技大学谈话工作暂行办法》，全年完成 8 轮校内政治巡察。

2021 年，校党委印发《关于进一步克服形式主义为基层减负的工作举措》，出台《中共太原科技大学委员会关于加强对“一把手”和领导班子监督的实施意见》，全年完成 4 轮校内政治巡察。

2022 年，学校深入学习贯彻习近平总书记关于全面从严治党的重要论述，十九届中央纪委六次全会和省纪委十二届二次全会精神，坚持从严治党与从严治校相结合，进一步推动党建与中心工作深度融合，围绕现代化治理体系建设和治理能力提升，进一步完善监督体系，围绕坚定不移推进党风廉政建设和反腐败斗争，一体推进不敢腐、不能腐、不想腐，打造出一支忠诚干净担当的纪检监察干部队伍。

三、专项活动及主题教育

“两学一做”学习教育。2016 年 2 月，中共中央办公厅印发了《关于在全体党员中开展“学党章党规、学系列讲话，做合格党员”学习教育方案》(简称“两学一做”),并要求各地区、各部门认真贯彻执行。首先制定实施方案，明确了目标要求、途径方法和重点任务。之后，开通专题网站，开展示范培训、集中研讨、结对共建等。校党委通过听取汇报、专项调研、巡回督导、随机抽查、民主生活会、组织生活会等，及时掌握基层组织学习教育进展情况、问题建议等，不断推进从严治党向基层延伸，使学习教育常态化、制度化。

“改革创新、奋发有为”大讨论。2019 年 2 月 19 日，省委教育工委召开“改革创新、奋发有为”大讨论动员部署会，并印发了全省教育系统开展大讨论的实施方案。会上明确指出了全省教育改革发展中面临的突出问题，提出了要着重推动的重点工作，要求全省教育系统以创新政策支持体系、创新资源供给方式、创新教师队伍管理、创新教育治理方式、创新育人模式，即“五大创新理念”谋划工作，根据各自工作实际，在思想解放、创新、扩大开放、提升工作标准、改进作风上动真碰硬，通过大讨论带动整体工作。2 月到 3 月，学校范围内开展了“改革创新、奋发有为”大讨论，前后共开展了 50 余场学习讨论，完成 10 个关键环节，推进整改任务几十项，师生员工的改革进取精神进一步增强。

“不忘初心、牢记使命”主题教育。2019 年 9 月以来，学校积极开展“不忘初心、牢记使命”主题教育。为此，成立了领导机构，制定工作方案，开展巡回指导，推进四项重点措施贯穿始终，推动全校各级党组织开展集中学习、交流研讨 108 次，集中学习十九届四中全会精神 53 次，学用交流 61 次，开展了基层党组织书记集中轮训，实现了学习教育全覆盖，全校召开了 34 次调研成果交流会，形成高质量的调研报告 77 篇，推动基层党组织承诺践诺事项 175 件、开展志愿服务 54 次，完成中央部署的 8 个专项整治、省委确定的 5 个专项整改等事项 200 余个，修订完善校院制度 55 项，建立了长效机制，取得阶段性成果。2020 年 1 月 13 日上午，学校召开“不忘初心、牢记使命”主题教育总结大会，会上对学校主题教育开展情况、主要收获作了系统全面总结，对进一步巩固深化拓展主题教育成果进行安排部署，省委“不忘初心、牢记使命”主题教育第九巡回指导组组长丁伟跃出席会议并讲话。

2020 年 1 月，一场突如其来的新冠肺炎疫情席卷全国。学校迅速成立疫情防控工作领导组，召开专题会议传达省委省政府、省教育厅疫情防控精神，并对做好我校疫情防控工作进行安排部署，要求全校上下统一思想认识，坚持把师生生命健康和安全放在首位，打赢疫情防控阻击战，全力维护师生员工生命健康和校园安全稳定。

党史学习教育。2021 年 2 月，中共中央印发《关于在全党开展党史学习教育的通知》，就党史学习教育作出部署安排。学校根据要求，积极制定实施方案，随后开展了集中学习和自主学习相结合的专题学习，基层党组织主要采取“三会一课”、主题党日等形式来开展学习，还在全校进行党史、新中国史、改革开放史、社会主义发展史的宣传教育，年底召开专题民主生活会、组织生活会，各级领导干部以普通党员的身份来参加组织生活会，一起学习讨论、一起交流心得、一起开展党性分析、一起接受思想教育，期间，开展“我为群众办实事”实践活动，组织广大党员践行初心使命，立足本职岗位开展为民服务，着力解决师生的困难事、烦心事，真正让师生能够受益。2022 年 1 月 11 日上午，学校召开党史学习教育总结会议，会上对学校一年来的党史学习教育情况作了总结，并对持续巩固拓展党史学习教育成果、深入学习贯彻党的十九届六中全会精神作了安排，省委党史学习教育第 20 巡回指导组组长刘玉平一行到会指导并讲话。

2022 年，是学校喜迎七十华诞的一年。学校事业发展正处在一个滚石上山、爬坡过坎的关键时期，未来 5 ～ 15 年将是转型发展、质量提升的重大历史机遇期。今年，学校坚持第九次党代会确定的正确发展方向，进一步精准办学定位，明确“特色鲜明的高水平研究应用型大学”战略目标，全面深入实施“七大工程”，努力在“十四五”时期走出、走好一条“有特色”“高水平”的“研究应用型”发展之路。

四、其他工作

学校始终坚持党的全面领导，在抓好党建、思政的同时，也高度重视其他工作。2016年学校印发《选聘大学生村官工作方案》《关于进一步推进定点扶贫工作的实施方案》，2017年学校印发《关于深入推进定点扶贫工作的方案》，2022年学校组建博士服务团赴汾西县调研，学校充分发挥资源优势，轮流定期选派优秀党员干部，精准帮扶，进一步全面拓宽了人才培养半径，增强了学校服务地方经济社会发展能力。2017年学校印发《关于加强新形势下学校统一战线工作的实施意见》，2018年学校印发《关于进一步加强民族宗教工作的实施方案》，学校坚持做好统战工作，引领统战事业健康发展。

2016年以来，学校坚持以党的最新理论武装头脑，持续加强理论学习，积极开展主题教育活动，严抓党建和思想政治教育，不断提高服务地方经济能力和水平，全校师生员工凝聚力和战斗力大大增强，全校各项事业发展蒸蒸日上，为建设特色鲜明的高水平研究应用型大学提供了基础保障。

第十一节 “十四五”规划蓝图绘就 向特色鲜明的高水平研究应用型大学迈进

“十三五”时期的五年，是学校发展中极不平凡的五年。这五年来，学校党委团结带领全校广大党员和师生员工，紧紧围绕学校发展目标，解放思想，蓄势追赶，攻坚克难，开拓创新，学科发展水平有了显著提升，人才培养质量持续巩固提高，科学研究能力不断得到增强，师资队伍建设取得丰硕成果，国际交流合作迈上新的台阶，基本办学条件得到明显改善，圆满完成了第八次党代会确定的各项任务，办学水平达到了新高度，为学校未来发展奠定了坚实基础。

同时，学校也深刻意识到，在此之后的5～15年，学校事业发展将处在一个滚石上山、爬坡过坎的关键时期，机遇与挑战并存，抓住机遇，学校发展将赢得美好未来；错失机遇，后续发展必然步履维艰。因此，必须调整发展思路，转变发展策略，坚持转型发展、创新发展、内涵发展和特色发展，更加突出需求导向，更加彰显优势特色，更加强调协同创新，更加注重发展质量，持续推动学科优化升级，持续推动人才培养模式更新，持续推动科技创新能力提升，走一条“有特色”“高水平”的“研究应用型”发展之路。

一、办学定位从教学研究型到研究应用型转变

作为一所有着70年办学历史、鲜明办学特色的本科高校，学校从建校之初，就确立了为党和国家经济建设培养行业急需人才的办学理念，70年来，学校始终坚守这一初心，始终不渝，为社会主义建设事业培养了12万余名优秀毕业生，为国民经济发展做出了卓越的贡献。随着时代的发展，党和国家事业发展对高等教育的需要，对科学知识和优秀人才的需要，比以往任何时候都更为迫切。学校必须立足“培养什么样的人、如何培养人以及为谁培养人”这个根本问题，树立新的价值坐标，实现新的作为，坚持与新时代同向同行。

校党委立足时代发展要求，认识到新时代科大的历史使命是：以习近平新时代中国

特色社会主义思想为指导，坚持和加强党的全面领导，全面贯彻党的教育方针，落实立德树人根本任务，将学校发展与追求国家富强、人民福祉、文化复兴的历史任务紧密结合起来，与国家发展和民族振兴的重大使命紧密联系起来，自觉肩负起服务国家和社会的历史责任，自觉树立服务国家和社会的办学理念，全面形成服务国家和社会的行动自觉，全力提升服务国家和社会的本领能力，主动对接国家展战略和地方转型发展需求，精准对接行业和企业转型升级方向，大力提升人才、科技供给侧对区域、行业需求侧的支撑度，为实现中华民族伟大复兴的中国梦做出新的更大的贡献。明确新时代科大的奋斗目标是：以立德树人为根本任务，以服务国家、地方为价值追求，以支撑区域经济社会发展和行业产业科技进步为导向，以加强内涵建设、提高教育教学质量为主攻方向，以深化改革为根本动力，以改善办学基本条件为基础工作，以加强党的领导和党的建设为坚强保证，努力把学校建设成为特色鲜明的高水平研究应用型大学，为国家和山西经济社会发展做出更大贡献。

基于以上思考，2021 年 4 月 7 日，学校召开应用型本科高校申报工作推进会，4 月 15 日，学校向教育厅提交了申报书，4 月 26 日，山西省教育厅下发《关于编制应用型本科高校建设方案》的通知，确定了 20 所高校开展应用型本科高校建设名单。在这一名单中，将这 20 所高校分为三类，一是开展高水平研究应用型本科高校建设名单（3 所），二是开展高水平应用型本科高校建设名单（3 所），三是开展应用型本科高校建设名单（14 所），学校属于第一类。

随着学校被列入高水平应用型本科高校建设名单，学校对今后的办学定位有了更为深入的认识。2021 年 9 月 29 日，中国共产党太原科技大学第九次代表大会在学术交流中心隆重开幕。大会的主题是：高举中国特色社会主义伟大旗帜，坚持以习近平新时代中国特色社会主义思想为指导，深入贯彻党的十九大和十九届二中、三中、四中、五中全会精神，全面落实党的教育方针，以党的政治建设为统领，以立德树人为根本，以高质量发展为主线，聚焦内涵建设，深化事业改革，激发办学活力，提升办学质量，团结带领全校师生员工，坚定发展信心，强化责任担当，为把学校建成特色鲜明的高水平研究应用型大学而努力奋斗。会上，校党委书记王志连代表中共太原科技大学第八届委员会向大会做了题为《坚定发展信心，强化责任担当，全面开启高水平研究应用型大学建设新征程》的工作报告。这一报告回顾了校党委第八次党代会以来的工作，总结了学校第八次党代会以来的经验：深入分析了学校面临的发展形势，明确提出了建设特色鲜明的高水平研究应用型大学的奋斗目标。

2021 年 12 月 31 日，学校召开了第六届教职工代表大会暨第八届工会会员代表大会第五次会议。讨论通过了《太原科技大学“十四五”事业发展规划（讨论稿）》决议草案，标志着学校“十四五”规划的正式出台。在学校“十四五”规划中，明确了“十四五”时期，学校将以“转型发展”为主线，以“创新发展”为引领，坚持“特色发展”，强化“内涵发展”，加快建设特色鲜明的高水平研究应用型大学步伐，培养服务现代行业产业发展和我省经济社会转型发展的高素质应用型、复合型、创新型人才。

二、“十四五”时期学校的发展目标

一代人有一代人的使命，一代人有一代人的担当。国家全面推进现代化、构建双循环格局、推动高质量发展等一系列战略的实施，为学校推动转型发展、提升办学层次提供了重要的牵引力量；山西省委强化创新驱动、科教兴省、人才强省等一系列举措的出台，为学校实现新的历史性跨越提供了重要战略机遇。使命崇高，机遇难得，只有深刻认识并紧紧抓住这些机遇，坚定发展自信，加快转型步伐，不懈奋斗，扎实工作，才能够实现学校发展的各项目标（表 11-13）。

表 11-13 “十四五”规划指标

指标项目		“十三五”规模	“十四五”规划增量
办学规模	1.1 在校本科生人数 / 人	22931	3000
	1.2 在校硕士生人数 / 人	2497	1500
	1.3 在校博士生人数 / 人	177	30
学科建设	2.1 一级博士点授权学科 / 个	3	2～4
	2.2 一级硕士点授权学科 / 个	16	3～4
	2.3 国内一流学科数（全国学科评估 A 档）/ 个	0	1～2
	2.4 国内高水平学科数（全国学科评估 B 档）/ 个	1	1～2
	2.5 ESI 前 1% 学科数 / 个	1	2～3
	2.6 省级服务产业创新学科群 / 个	2	1～2
	2.7 省级“双一流”优势学科 / 个	1	1～2
	2.8 省级一般重点学科 / 个	19	4～6
	2.9 专业博士学位 / 硕士学位授权类别 / 个	0/10	1～2/1～3
人才培养	3.1 本科专业设置数 / 个	54	8（新增）
	3.2 国家级 / 省级一流专业 / 个	2/18	8/8
	3.3 国家级 / 省级教学成果奖、教材奖 / 项	0/32	1～2/3
	3.4 国家级 / 省级一流课程 / 门	1/21	3/6
	3.5 思政课省级精品课程 / 门	0	5
	3.6 省级教改创新建设项目 / 项	77	100
	3.7 工程教育专业认证专业数 / 个	4	8～10
	3.8 省级大学生创新平台 / 个	1	2～3
	3.9 省级虚拟仿真实验教学项目 / 个	4	4～5
	3.10 五年内学生获得省级以上学科竞赛奖励 / 项	623	900
	3.11 毕业生毕业去向五年平均落实率 /%	80.89	1～3
科学研究	4.1 科研经费五年总量 / 万元	26219.98	45000
	4.2 国家重大科研项目五年总数 / 省级重大科研项目五年总数 / 项	7/17	8/3
	4.3 重点实验室（国家级 / 省级）/ 个	0/6	1/2～3
	4.4 协同创新中心（国家级 / 省级）/ 个	1/3	0/2～3
	4.5 工程技术研究中心（国家级 / 省级）/ 个	0/14	1/4～6
	4.6 省级 / 地方产业技术创新研究院（联盟）/ 个	2/4	2/13

（续）

指标项目		"十三五"规模	"十四五"规划增量
科学研究	4.7 省级人文社科重点研究基地 / 个	3	1
	4.8 国家级科技获奖五年总数 / 省部级科技奖励五年总数 / 项	0/27	1/8
	4.9 授权发明专利五年总数 / 科技成果转移或转化五年总数 / 项	406/81	230/70
社会服务	5.1 社会服务经费五年总量 / 万元	9924.85	26000
	5.2 科技成果转移转化经费五年总量 / 万元	334	1000
	5.3 对接服务钢铁冶金与特种金属材料产业（行业）五年项目数 / 项	198	95
	5.4 对接服务煤机智能制造产业（行业）五年项目数 / 项	112	90
	5.5 对接服务先进轨道交通装备制造产业（行业）五年项目数 / 项	47	60
	5.6 对接服务新一代信息技术产业（行业）五年项目数 / 项	111	60
	5.7 对接服务节能环保产业（行业）五年项目数 / 项	37	50
师资队伍	6.1 教职工数 / 人	1789	150
	6.2 专任教师数 / 人	1263	120
	6.3 副高以上职称专任教师占比 /%	44.34	10
	6.4 博士以上学历专任教师占比 /%	41.49	10
	6.5 院士、"千人计划""万人计划""长江学者""杰青"等高层次人才 / 人	15	6～10
	6.6 山西省"百人计划"入选人才 / 人	31	10～15
	6.7 山西省百名高端领军人才 / 人	3	3～5
	6.8 山西省千名拔尖骨干人才 / 人	19	5～10
	6.9 山西省万名青年创新人才 / 人	3	10～15
	6.10 具有企业行业工作经历教师 / 外聘行业企业等兼职教师比例 /%	7/11	35/20
国际交流与合作	7.1 中外合作五年项目数 / 项	1	1～2
	7.2 外籍教师 / 人	3	2～3
	7.3 五年培养国际合作生 / 人	83	10～20
	7.4 五年访学交流教师 / 人	193	7
	7.5 五年内开展实质性合作的国外高等院校（研究机构）/ 个	14	10～15
条件保障	8.1 占地面积 / 亩	985	145
	8.2 建筑面积 /m^2	59.65	15
	8.3 固定资产总值 / 亿元	17.46	3
	8.4 教学科研仪器设备值 / 亿元	3.8	1.2
	8.5 纸质图书 / 万册	155.0755	45
	8.6 电子资源库 / 个	34	6

因此，在《太原科技大学"十四五"事业发展规划》明确指出：在"十四五"时期，学校将积极落实新发展理念，按照聚焦、融合、转型、创新、提质、增效的总体要求，坚持立德树人根本任务，坚持以学科建设为龙头，以人才培养为基础，以科技创新为突破，以师资建设为关键，以党的建设为保障，坚持转型升级，坚持改革创新，主动对接

国家发展战略和地方转型发展需求，精准对接行业和企业转型升级方向，大力提升人才、科技供给对区域、行业需求的支撑度，努力构建高起点布局、高质量建设、高水平服务的新发展格局，为创建特色鲜明的高水平研究应用型大学奠定扎实基础。

在此基础上，学校提出了“十四五”时期的发展目标，即：到2025年，办学结构更加合理，办学特色更加鲜明，人才培养、科技研发和服务行业产业与地方经济社会整体水平大幅提升，开创特色鲜明的高水平研究应用型大学建设新局面。

三、“八大战略工程”明确了“十四五”时期的重点任务

《太原科技大学“十四五”事业发展规划》明确提出：“十四五”期间，学校将紧扣我国高质量发展阶段特点，围绕我省全方位推动高质量发展的要求，以立德树人为根本任务，以服务行业产业和经济社会转型为发展己任，以党的全面领导为坚强保证，深入实施“八大工程”，全面推进快速转型，实现学校高质量发展。

一是深入实施“学科转型升级工程”。主动对接我省14个战略性新兴产业集群建设任务，全面瞄准新兴产业发展需求，落实“三个调整优化”战略部署和“1331工程”提质增效实施意见，以“梯次发展、交叉融合、追求卓越”为目标，调整学科方向，优化学科布局，加强高峰建设，增强学科竞争力，提高学科对行业产业和我省转型发展的贡献度。

二是深入实施“人才培养强化工程”。围绕行业产业和我省转型发展对创新人才的迫切需求，全面落实立德树人根本任务，以高素质应用型、复合型、创新型人才培养为目标，以革新人才培养理念为先导，以改革人才培养模式为基础，以创新教育教学方法为抓手，以优化专业课程为保障，全面发展学生能力，提高人才培养质量，增强人才与经济社会发展需求之间的适配度。

三是深入实施“科研能力提升工程”。树立“顶天立地”的科研意识，以引领行业发展、服务山西转型为目标，以基础研究和应用研究为主体，以优势特色学科为依托，提升教师科研水平，增强科技创新能力，打造良好创新生态，激发科技创新活力，推进科研体量持续扩大、竞争实力有效提升，增强对经济社会发展的支撑力。

四是深入实施“师资质量提升工程”。以全面提升教师队伍能力为目标，以造就一批活跃在国家学术前沿和我省经济发展急需领域的顶尖人才、杰出人才和青年人才为核心，按照“加大引育、优化结构、分类发展、健全机制、激发活力”的建设思路，构建适应应用研究型大学人力资源管理制度体系，不断优化人才成长发展环境。

五是深入实施“治理水平提升工程”。坚持统筹兼顾、系统推进的原则，充分运用制度和机制手段，构建“统一领导、重心下移、多元治理”和“宏观有序、微观搞活、内外协调”的现代大学治理体系，切实提高治理体系和治理能力现代化质量。

六是深入实施“校园文化建设工程”。以“加强大学文化建设，提升学校软实力”为目标，弘扬社会主义核心价值观，传承科大校训，激发师生的创新精神，推进大学文化和人文环境更加和谐美丽。

七是深入实施“保障能力提升工程”。围绕人才培养和科学研究需要，完善公共保障服务体系，推进新校区建设和老校区升级改造，增强后勤支撑能力，为师生员工创造良好教学、科研和学习、生活环境。

八是实施“党建引领护航工程”。坚守为党育人、为国育才的初心使命，围绕落实立德树人根本任务总目标，贯彻落实管党治党、办学治校主体责任，坚持社会主义办学方向，坚持党建引领核心，强化学校思想政治工作，为建设特色鲜明的高水平研究应用型大学提供强有力的思想、政治和组织保证。

四、着眼长远 制定学校远景目标规划

从学校第八次党代会提出建设特色鲜明的高水平教学研究型大学到学校第九次党代会提出要建设特色鲜明的高水平研究应用型大学，办学定位的转变，不是另起炉灶，不是彻底推翻了重来，而是一脉相承，一以贯之的。沿着这一思路，学校对未来15年的发展进行了谋划，明确提出了学校发展的15～30年远景目标。

报告指出：从“十四五”时期开始到2035年，学校将逐步实现突破赶超的目标，将按照八次党代会提出的要求，加大学科布局调整优化，推动学科转型升级，基本建成高水平研究应用型大学。然后再经过15年，到建校100周年时，学校要全面实现追逐梦想的第三步战略目标，把学校打造成为特色鲜明的高水平大学。

建设特色鲜明的高水平研究应用型大学，与第八次党代会提出的建设特色鲜明的高水平教学研究型大学的目标并不相悖，严格说起来，这是学校既定目标的细化与深化，更是学校顺应时代要求，着眼学校未来的必然选择。学校认为：综合分析全国高校发展现状和学校发展条件，未来30年发展，可以分两个阶段来安排。

第一个阶段，从2021年到2035年，按照高水平研究应用型大学的建设要求，加快转型发展步伐，调整优化学科布局，提升创新人才培养质量，有效增强科技创新能力。通过15年的奋斗，特色鲜明的学科专业布局基本形成，优势学科总体进入全国先进行列，机械工程学科突破国家一流；应用型创新人才培养体制进一步完善，高素质应用型、复合型、创新型人才培养特色更加鲜明，人才培养与社会需求高度契合，就业率稳居全省同类高校前三；服务行业和地方发展的科技创新能力全面提升，承接国家和地方重大科技项目的能力显著增强，成为国家重大技术装备领域和我省经济转型发展重要的科技创新成果转化基地；高层次人才汇聚机制不断健全，现代化治理结构体系基本形成，综合办学实力达到省内一流，基本建成特色鲜明的高水平研究应用型大学。

第二个阶段，从2035年到21世纪中叶，在基本建成高水平研究应用型大学的基础上，再奋斗15年，把学校打造成为装备制造领域国际知名的“百年名校”。到那时，学校的学科建设、人才培养、科研水平、师资队伍建设将全面提升，治理能力和治理体系的现代化全面实现，成为综合办学实力和社会影响力领先的高校，全体师生的荣誉感、获得感、幸福感大幅提升。

征途在前，重任在肩，当下，只有紧密团结在以习近平同志为核心的党中央周围，以习近平新时代中国特色社会主义思想为指导，认真贯彻党的教育方针，始终坚持立德树人根本任务，同心同德，开拓进取，以更加壮阔的情怀、更加昂扬的斗志、更加务实的作风，才能全面开启学校事业发展新局面，才能实现学校向特色鲜明的高水平研究应用型大学迈进的发展目标。

大 事 记

1951 年

12 月 3 日 华北行政委员会下发了成立山西省机械制造工业学校等 5 所中等专业学校的文件。

12 月 山西省人民委员会根据华北行政委员会指示，决定设立山西省机械制造工业学校等 5 所中等专业学校，并责成山西省工业厅负责筹建。

1952 年

4 月 山西省工业厅召开了筹建山西省机械制造工业学校等 5 所中等专业学校会议。

8 月 7 日 山西省文教厅在省中专学校工作会议上宣布，山西省机械制造工业学校校长由太原重机厂副厂长、总工程师支秉渊兼任，副校长由太原重机厂技工学校校长李懋堂兼任，并确定暂借太原重机厂技工学校部分校舍招生。

8 月 山西省以（1952）教中字第 68 号文确定：山西省机械制造工业学校规模为 1200 人。专业包括：① 机械制造；② 锻铸；③ 机械设计；④ 工业用电。招收初中毕业生，学制均为 3 年。

8 月 山西省机械工业制造学校校址，选定太原重机厂西侧窊流村北，随即开始动工兴建。

9 月 山西省工业厅、文教厅联合从山西、广东两省为省辖 5 所中专校招收新生，分配机械制造工业学校山西籍学生 20 名，广东籍学生 30 名，分别于 9 月 9 日和 9 月 26 日报到。

10 月 4 日 首届金属切削加工专业学生 50 名，举行开学典礼。

1953 年

8 月 学校第一期工程 3 栋学生宿舍楼、西教学楼、学生饭厅等项目竣工，投资 45 万元，建筑面积 5130m^2。8 月 16 日师生结束客居生活全部迁入新址。

9 月 学校从山西、河南两省招收新生 210 名。学校增设锻铸专业。

10 月 学校建立了党支部委员会。

10 月 31 日 山西省政府以人字（310）号文任命余戈、崔从正为副校长。

12 月 7 日 中央第一机械工业部以（53）机教秘字第 329 号文通知，山西省机械制造工业学校划归中央第一机械工业部领导。学校名称改为：中央第一机械工业部太原机器制造学校。

12 月 学校制订了《金属切削加工专业教学计划（草案)》，高教部于 1954 年 2 月正式批准执行，该计划规定教学总学时为 3240 学时。

1954 年

3 月 奉第一机械工业部指示，金属切削加工专业 1953 年入学的新生改为锻冲专业，锻铸专业 1953 年入学的新生调整为电炉炼钢专业。

4 月 孙逸调入学校任副校长。

8 月 学校开始筹建实习工厂，先后由沈阳、上海等地部属企业调入机床 28 台，同时因陋就简安装使用，承担了教学实习任务。

9 月 学校建立了校务委员会议领导体制，校务委员会议主席由校长担任，副校长、党政工团和各部门的负责人、全体教师都是校务委员会成员。

9 月—12 月 物理、化学、分析化学、材料力学、电工、金相热处理等实验室相继建立。

1955 年

3 月 1 日 根据高教部制定《关于中等专业学校学科委员会工作规程》的要求，学校建立了锻冲、炼钢两个专业科。同时政治、数学、物理、体育、工程力学等 13 个学科委员会相继建立。

5 月 学校实习工厂机工、钳工、焊接车间建成投入使用。

8 月 26 日 根据第一机械工业部专业调整方案，汉口机校锻冲专业师生 250 人并入太原机器制造学校，长春汽校锻冲专业教师也并入学校。

8 月 学校建立党总支，分设教师、职工、学生 3 个支部。

8 月 学校首届金属切削加工专业学生 44 人毕业。

8 月 范耀华调入任副校长。

9 月 根据第一机械工业部（55）机教人字第 149 号文指示，从部属企业招收首届锻冲专业工人班，学制 4 年，从此学校开始承担成人教育任务。

10 月 根据一机部（55）机教人字第 201 号文通知，锻冲、金属切削加工两专业夜中技开始招生。

1956 年

4 月 5 日 学校举行首届田径运动会，全校 95% 以上师生参加。

8 月 学校组成国家考试委员会，太原重机厂副总工程师庄国绅、太原工学院讲师蔡少谦分别担任国家考试委员会第一、第二主席。首届锻冲专业部分学生（90 名）进行毕业设计答辩。

9 月 学校首届锻冲专业 187 名、电炉炼钢专业 96 名学生毕业，分配到全国 80 多个单位工作。这批学生后来大都成为科研院所、厂矿企业及行政管理部门的技术业务领导骨干。

9 月 增设轧钢机器专业并首次招生。

11 月 第一机械工业部召开的第四次教育行政会上提出：“应该立即改变目前学生学习负担过重的情况。”据此学校要求教学内容要少而精，教学方法要精讲多练，同时决定将学制由 3 年改为 4 年。

1957 年

2 月 学校召开党员大会，选举产生第一届党委会，崔从正任书记，余戈任副书记。

7 月 “反右派”斗争开始。

9 月 杜力调入学校任副校长。

1958 年

7 月 中共太原市委从厂矿企业抽调党员干部 18 名来校任专职班主任。学校正式设立学生科，负责学生日常思想政治工作。

8 月 学校与山西省工业厅签订协议，增设机器制造专业，为地方代培 250 名学生。

9 月 经太原市教育局（58）教学张字第 104 号文批准，太原机器制造学校招收金属压力加工专科班。

9 月 与太原重机厂联合申请，并经第一机械工业部批准，学校下放太原重机厂领导。

9 月—12 月 全校停课，师生参加大炼钢铁运动。

1959 年

3 月 赵伟调入学校任校长。

6 月 24 日 学校召开党员大会，选举产生第二届党委会，崔从正任书记，杜力任副书记。

8 月 学校建立校务委员会，实行党委领导下的校务委员会负责制。

8 月 为贯彻一机部南昌教育工作会议精神，校务委员会会议提出组织全校各方面力量，全力以赴整顿教学秩序，提高教学质量的任务，并做出了相应的决定。

8 月 受第一机械工业部委托，太原机器制造学校主持召开修订锻冲专业教学计划会议。参加单位有：南昌航空学校、上海机器制造学校、德阳机器制造学校、河南机械专科学校、太原机械学院等。会议还制订了编写教材计划并分了工。

9 月 以整顿教学秩序，提高教学质量为主要内容，制订了学年教学计划，提出学校规模、专业设置、任课教师、工作计划“四稳定”等措施，有力地加强了教学工作的领导。

1960 年

1 月 6 日 第一机械工业部下达扩建太原机器制造学校任务书，确定学校规模为 2400 人。

1 月 9 日 太原机器制造学校向第一机械工业部呈报建立太原重型机械学院的请示。

2 月 22 日 第一机械工业部三局以（60）三周人字第 47 号文向部呈报太原重型机械学院的计划任务书。

4 月 5 日 第一机械工业部以（60）机教钟字第 886 号文批准建立太原重型机械学院。确定学院规模 3000 人，设置锻压机器及工艺、炼钢、有色金属熔炼、轧钢机器起重运输机械、金属学及热处理、建筑筑路机械等 7 个专业。

7 月 学校被评为先进单位，先后出席太原市、山西省及全国文教战线群英会，先进工作者代表阎德琦也参加了会议。

8 月 锻压专业在山西省招收 20 名本科生。

8 月 学校正式设立轧钢机械专业，中专三年级部分学生转人本科学习。

9 月—12 月 奉山西省委指示，师生 1034 人停课 119 天，参加太原市、太原重机厂保粮保钢劳动。

10 月 学校锻冲专业教师孙全德由第一机械工业部选派赴越南，在河内中高机电学院任教一年。

11 月 第一机械工业部以（60）教扬字第 0500 号文通知，学校回归第一机械工业部领导，同时撤销太原机器制造学校。

12 月 学校副校长孙逸作为中国职业教育考察团成员赴德意志民主共和国考察。

1961 年

2 月 接第一机械工业部教育局通知，原专科班部分学生转入锻压专业本科学习。

2 月 24 日 第一机械工业部以（61）教学字第 11 号文转发了国家计委通知，从本年度开始，学院招生正式纳入国家高等学校招生计划。

2 月 27 日 山西省教育厅在《山西省高等教育事业计划》中提出：太原重型机械学院最大规模以 1500 人为宜。第一机械工业部原定 3000 人规模过大，建议重新考虑。

7 月 学校首次评定教师职称，12 名教师晋升为讲师。

7 月 国家处于经济困难时期，根据山西省委指示，暑假停止招收中专新生，在校中专生有 213 人应征入伍，一年级学生 358 名、二年级学生 397 名集体休学。

夏季 太原重机厂工人技术学校奉命并入太原重机学院，随后学校设立中专部。

8 月 学校设立工程机械专业，中专三年级 60 名学生转入本科学习。

10 月 院务委员会决定按高校体制设置组织机构。分设机械一、二系及院直各处室等部门。同时决定了人事任免事项。

11 月 第一机械工业部任命太原重机厂党委副书记阎钊任太原重型机械学院院长。

10 月—12 月 根据国家精减职工，压缩城市人口指示精神，学院精减职工 185 人，中专部精减职工 202 人。

本年度 为提高师资水平，本年度有 43 名教师在北京、天津、西安及东北等重点院校进修一年以上，另有 18 名教师在太原工学院和山西教育学院进修，对在校的 30 名教师也组织了进修班。

1962 年

1 月 21 日 学校召开党员大会，选举产生学校第一届党委会和党的监察委员会，阎钊任党委书记、杜力任党委副书记。

4 月 第一机械工业部任命赵伟、胡君良为太原重型机械学院副院长。

4 月—7 月 由清华大学、哈尔滨军事工程学院、西南机电学院调入教师 68 名，充实了教师队伍。

8 月 学校增设铸造工艺及设备专业。

8 月—12 月 学校继上年已开始的精减工作，本年精减职工 264 人（其中教师 100 人）。

下半年 根据中央指示精神，学校给在历年政治运动中受到错误处理的教职工甄别平反，撤销了对 24 名教师的不适当处分。

下半年 根据中央指示精神，学校给被划为右派分子的 20 名人员摘了帽子。

1963 年

1 月 学校召开党员大会，选举产生了学校第二届党委会，阎钊任党委书记、杜力任党委副书记。

7 月 学校实习工厂试制成功 GW-40 钢筋弯曲机和 GQ-40 钢筋切断机。并通过技术鉴定投入生产。

7月 学校再次评定教师职称，6名教师晋升为讲师。

7月 学校针对教材臃肿、学生负担过重的状况，贯彻“少而精”的教学原则，提出三提倡（从实践出发，讲求实效；分清主次，保证重点；全面观点）三反对（主观主义，贪多偏高；平均主义；片面观点），同时严格控制了周学时，及课外作业量。

11月 学校制订了培养教师10年规划和重点教师培养方案。

1964年

1月 学校锻压专业首届28名学生毕业。

4月 第一机械工业部教育局组织学校干部、教师20余人，先后两批赴哈尔滨军事工程学院，学习解放军政治工作经验，随即在学校推行解放军政治工作体制和方法。

5月—10月 学校开展新“五反”运动（反官僚主义、反铺张浪费、反分散主义、反贪污盗窃、反投机倒把）。

12月 第一机械工业部在上海召开高等学校工作会议，要求学校部分专业实行半工半读，学校决定在锻压64级3个班进行试点。

1965年

3月 学校党委设立政治部。

5月 学校增设起重运输机械及设备专业。根据一机部（65）机教字864号文件决定，大连工学院和沈阳机电学院的起重运输机械专业并入太原重型机械学院，两校共来教师16名，学生174名。

8月 学校轧钢机械专业首届23名学生毕业。

9月—12月 根据第一机械工业部要求，同太原重机厂签订协议、锻压专业65级学生在太原重机厂锻压车间试行半工半读。

8 月至1966年7月 据省委安排，二、三、四年级的学生及大部分职工赴大同、怀仁、天镇3县参加农村“四清”运动。

1966年

6月3日 学校开始出现大字报。

7月中旬 学校全面停课。

7月25日 学校在雁北地区参加“四清”的师生全部返校。

7月31日 学校成立“文化革命委员会”。

8月 学校起机专业接收14名越南留学生。该批留学生于同年11月奉命回国。

1967年

6月至1968年6月 学校发生多次武斗，房屋、家具、仪器设备、图书资料、文书档案等遭受严重破坏。

1968年

10月24日 学校两派群众组织组成“大联合委员会”。

10月 “军宣队”进驻学校。

1969年

9月28日　学校成立"革命委员会"，"军宣队"负责人任主任，胡君良、赵涌泉任副主任。

10月　根据第一机械工业部（69）军政字第（1147）号函通知，学校下放山西省领导。

1970年

1月　学校奉命战备疏散，除实习工厂和部分留守人员外，师生员工疏散到晋城县金村公社。

3月　晋东南地区派"工宣队"进驻学校，开展了"一打三反""清理阶级队伍""整党"等运动。

8月　64级、65级学生700余人在晋城毕业分配工作，至此学生全部离校。

1971年

4月　疏散到晋城的教职员工全部返回学校。

4月　省"革命委员会"再派"军宣队"进驻学校。

7月8日　山西省革委会晋革干字（1971）46号文通知，水提夫任学校革委副主任。

1972年

3月15日—17日　学校召开党员大会，选举产生第三届委员会，委员14人。"军宣队"寒行任书记、焦国鼐任副书记。

3月　山西省革委会任命焦国鼐为学校革委会主任。

4月　学校起机、工机、轧机、锻压、铸造5个专业招收首届工农兵学员235人。

7月　学校制定了《学院管理工作制度汇编》《学生学籍管理暂行规定》《教学工作若干条例》《科研工作暂行管理条例》等办法。

1973年

4月　山西省革委会以晋发干字（1973）53号文通知，任命王维庄为学校党委副书记、革委会主任。

5月　经第一机械工业部教育局批准，增设矿山机械专业，起重运输机械及设备专业更名为起重运输机械专业，建筑筑路机械专业改名为工程机械专业。

6月　学校撤销连队建制，恢复系、部、处、室工作体制，开始整顿教学秩序。

10月　驻校"军宣队"奉命撤离学校。

10月　山西省委以晋发干字（1973）151号文通知，王维庄任学校党委书记、水提夫任副书记。

1974年

4月　为适应开门办学，按照以产品带教学的要求，将系、基础部撤销，所属教研室拆散，按轧钢机械、起重运输机械、工程机械、矿山机械、锻压工艺及设备、铸造工艺及设备6个专业设立了专业委员会。

10月 制订了学校《教育事业发展10年规划（草案）》。

1975年

4月17日 山西省委文教部晋文字（1975）512号文通知，赵寿延任学校党委副书记、侯俊岩任学校革委会主任。

7月 山西省委派20人组成的"工宣队"进驻学校。7月学校重新回归第一机械工业部领导。

7月 山西省委对学校领导班子进行了调整，以晋发干字（1975）102号文通知，王维庄任学校党委书记、侯俊岩任副书记、革委会主任，赵寿延、张锦秀王道华、水提夫任学校党委副书记、革委会副主任。

1976年

1月14日 学校举行追悼会，沉痛悼念周恩来总理逝世。

9月中旬 学校连续举行悼念活动，悼念毛泽东主席逝世。

10月中旬 学校举行庆祝活动，欢庆粉碎"四人帮"胜利。

1977年

5月 学校党委开始抓政策落实、召开教职工大会为错划为"走资派""反动学术权威""反革命分子""牛鬼蛇神"而遭到抄家、批斗、劳改、受冲击及以莫须有的罪名受到立案审香的员工恢复名誉、消除不良影响。

10月 学校根据第一机械工业部所属院校工作会议精神、制订各种教学文件、恢复正常的教学秩序、为恢复招生考试制度作准备。

11月 根据山西省委指示，"工宣队"撤离学校。

11月 学校撤销6个专业委员会，恢复基础课，及专业基础课、专业课教研室，设立机械一系、机械二系、机械三系和基础部。

1978年

2月 山西省委指示，撤销学校"革命委员会"称谓，恢复院长职务。

2月16日 省委晋发干字（1978）41号文通知，王维庄任学校党委书配模俊岩任党委副书记、院长，赵寿延任党委副书记、副院长，张雷秀任党委副书记、副院长，王道华任党委副书记、副院长，胡君良任党委常委、副院长。越酒泉任党委常委、副院长。

3月 国家恢复高考招生制度后，学校首批（1977级）四年制本科43名学生入学。

3月 曾一平等人编写的《机械工程手册》中的"工程数学筒"获全国科学大会一等奖。

6月20日 学校主持召开了工程机械、起重运输机械、矿山机械、石油矿场机械4个专业的13门教材编写会议。同济大学、上海交大、大连工学院、吉林工大、武汉水运学院、西安石油学院、甘肃工大等8所兄弟院校的代表出席了会议。

7月10日 省委晋发干字（1978）144号文通知，任命赵伟为学校党委副书记、院长。

8月12日 锻压专业教师郭会光和太原重机厂、东北重机学院的同行合作的"发电机护环液压胀形新工艺的研究"获1978年全国机械工业科学大会一等奖和山西省科技成果一等奖。

8 月 学校决定建立电子计算机站，年底购置计算机主机一台。

9 月 1 日 经山西省委批准，学校有 7 名讲师晋升为副教授。

11 月 8 日 山西省委晋发干字（1978）262 号文通知，赵伟任学校党委书记。

1979 年

3 月 学校党委把工作重点逐步转移到以教学科研为中心的轨道上来，在一个学期内进行了两次教学大检查，通过领导深入课堂、实验室、学生宿舍，召开座谈会等，提出“关于加强课堂教学的 10 条要求”。

7 月 学校党委撤销政治部，分别设立党政办事机构。

8 月 3 日 学校评定教师职称，117 名教师晋升为讲师。

8 月 太原重型机械学院学术委员会成立，由 16 名委员组成。

9 月 太原重型机械学院体育运动委员会成立。

9 月 设立电化教学科，购置闭路电视等设备，随即开展电化教学。

10 月 第一机械工业部批准建立太原重型机械学院强度研究室。

下半年 根据中发（78）55 号文给 1957 年被错划为右派的 21 人进行了改正。

下半年 根据中央和省委的指示，认真平反了“冤、假、错”案。

1980 年

5 月 学校又一次评定教师职称，44 名教师晋升为讲师。

8 月 增设工业电气自动化专业。

下半年 教师李义庭、郭友晋合作研制的 φ1020 螺旋焊管机组倒棱机获山西省 1980 年科技成果一等奖。

12 月 5 日 第一机械工业部以一机干字（80）1745 号文通知，任命董仕琛、方永臣为副院长。

12 月 《太原重型机械学院学报》创刊。

1981 年

4 月 学校各专业均获学士学位授予权，学校成立了学位评定委员会。

6 月 学校起重运输机械、锻压工艺及设备两专业开始招收硕士研究生。

8 月 10 日 第一机械工业部党组以一机党字（81）46 号、47 号文通知，马奔任学院党委副书记、院长。

8 月 学校创办内部期刊《高教研究》，刊载交流高教理论研究的成果和论文。

9 月 面积为 $4600m^2$ 的图书馆楼竣工并投入使用。

11 月 23 日 晋高教党字（81）34 号文批准 28 名讲师晋升为副教授。

11 月 学校 18 名教师晋升为讲师。

12 月 锻压专业教师郭会光与太原重机厂、东北重机学院的同行合写的论文《发电机转子护环液压胀形冷变形强化新工艺》，在德国国际锻压学术年会上宣读。

12 月 学校建立外语语言实验室。

1982 年

1 月 学校教师张明之获铸造学教授职称。

3月 学校首次颁发学士学位证书，授予对象是1981届毕业生。

3月 修订各专业教学计划，加强了基础课及外语教学，做到4年不断线，增设选修课，新开共产主义思想品德课。

3月 学校开展“全民文明礼貌月”活动，成绩显著，被山西省、太原市、下制言河西区评为先进单位，受到表扬。

4月5日 经山西省高教厅党组批准，学校4名讲师晋升为副教授。

4月17日 学校成立高等教育研究学会。

5月 校工会召开会员代表会议，选举产生第二届工会委员会。

5月 学校成立重院知青劳动服务公司。

9月 学校创办夜大学，机械设计与制造专业首次招收5年制本科生35名。

10月 学校首次聘请外籍专家来校任教。

1983年

3月 铸造教研室教师竺一苇荣获“全国三八红旗手”称号。

4月 完成全校地质勘测任务，取得了各种地质资料，为进行总体规划创造了有利条件。

6月17日 机械工业部党组（83）机党函字231号文通知，马奔任校党委书记。

6月17日 机械工业部党组（83）机党函字228号文通知，王保东任校党委副书记、陆植任副院长、谢永昌任副院长。

6月26日 经国务院学位委员会批准，学校工程机械专业（含起重运输机械、矿山机械）获硕士学位授予权。

7月 矿机专业教师徐希民参加部矿山机械考察团赴美国考察一个月。

8月 学校承担山西省在职干部培训任务，首次招收工业企业管理专业专科学生54名。

8月 教育部以教干字008号文通知，学校德育教师职称开始评定。

8月 学校增设机械制造工艺与设备专业，并开始招生。

10月 机械工业部教育局确定起重运输机械专业为部重点专业。学校确定锻压工艺及设备专业为校重点专业。

10月 学校组织19名教师、干部对81和82两届323名毕业生进行了调查，取得了有关教学质量方面的反馈资料。

10月 学校制订了《科研“七五”规划》，提出4个研究渠道、20多个大型课题。

10月 机械工业部以（83）机计函字1438号文，批准了太原重型机械学院扩大基建任务书，确定规模为3000人，设9个专业，在已有建筑面积70900m^2基础上，再建面积64500m^2。

11月 锻压专业教师孙捷先赴美参加学术会议，在美国北美制造研究协会11届学术年会上宣读论文《平砧锻造的三维有限元分析》。

11月 机械工业部党组（83）机党函字364号文通知，曾一平任院长。

11月 经山西省教育厅检查验收，授予学校体育卫生合格证书。

下半年 进行了机构改革，调整了中层干部。

本年度 数学教师董雨滋等所写的《具有对称中心两个鞍点的二类方程的分歧曲线的研究》在北京召开的第四届国际双微分学术会议上宣读。

1984 年

7 月 18 日 学校举行首届锻压专业硕士研究生毕业论文答辩会。哈尔滨工业大学教授霍文灿，副教授高乃光、侯顺玉，东北重型机械学院副教授荆铺安应邀参加。这次硕士论文答辩会也是建校以来首次举办的硕士研究生论文答辩会，研究生李永堂《液压模锻锤的效率分析》论文、研究生徐树勤（女）《落差锻件的研究及模具寿命分析》论文通过答辩并受到好评。他们的导师分别是锻压专业朱元乾副教授和李林章副教授。

8 月 11 日—20 日 校团委组织了一支由学生干部组成的“社会活动实践考察团”赴山西兴县蔡家崖、高家村革命圣地、延安革命圣地及古城西安等地进行考察。这是学校建校以来首次组织的“社会活动实践考察团”赴延安等革命圣地考察。

8 月 21 日—28 日 应学校邀请，日本长冈技术科学大学教授伊滕广来校讲学。伊滕广是日本长冈技术科学大学机械系及建筑机械系研究室主任、教授、工学博士。伊滕广教授讲了几个专题，分别是关于建筑机械和起重机械的金属结构、钢丝绳、履带底盘动属性分析研究。学校聘请伊滕广教授为名誉教授。

8 月 31 日 校党委邀请国家女排名将周晓兰来校作关于“女排顽强拼搏，勇夺三连冠”英雄事迹的报告。

8 月 根据曾一平院长提议，学校召开联席会议，对行政领导重新进行了分工：曾一平院长领导学院行政全面工作，同时与方永臣副院长一起负责办公室、人事、财务、保卫等项工作；陆植副院长分管教学、科研、图书馆和物资工作；谢永昌副院长分管总务、工厂、服务公司等项工作；董仕琛副院长因病住院疗养。参加会议的有党委书记马奔、院长曾一平、党委副书记王保东、副院长陆植和谢永昌。

9 月 22 日 经机械工业部干部司批准，学校前任党委书记、顾问赵伟，1984 年 9 月 22 日离休。

9 月 美籍教师爱莉斯·埃文斯女士应聘于 1984 年 9 月至 1985 年 7 月来校任教。

10 月 19 日 学校对荣获 1983/1984 学年的学生“先进班集体”“先进个人”进行了表彰。

10 月 胡秉亚、张琰（二等功）、章友文（集体三等功）荣获 1984 年山西省劳动竞赛委员会“十一”功臣奖。

11 月 15 日—21 日 机械工业部在北京召开部属 22 所大专院校学生思想政治工作会议，研究和探索新时期如何改善和加强高校思想政治工作，校党委副书记王保东参加了会议。

11 月 铸造教研室教师李国祯、工程师竺一苇在山西代县工具厂的请求及学校的支持下，通过太原市技术咨询服务中心，于 1984 年 7 月 31 日至 9 月 30 日，本着为救活一个企业的思想，对该厂进行铸造技术咨询服务，使该厂成品率由原来的 30% 提高到 95% 以上，达到国内生产的先进水平。

12 月 14 日 根据省委安排，学校党委按照中央精神就学校的整党工作作了安排和部署，并成立了整党领导组和整党办公室。

12 月 铸造教研室教师张琰、胡秉亚的科研项目“冲天炉铁水研制蠕墨铸铁及其在重型机械上的应用”荣获山西省社会主义劳动竞赛委员会嘉奖，并分别给他们荣记二等功。

1985 年

1 月 14 日 数学教研室青年教师简建平在北京师范大学进修期间，在研究模糊数学方面连续发表了 8 篇学术论文。

1 月 19 日 东方歌舞团来校演出，近两千名师生观看了演出，矿院、工学院、重机厂、线材厂、二十中的领导也应邀观看，曾一平、王保东、方水臣等学校领导与演员合影留念。

3 月 6 日 机械工业部部长周建南来校视察工作，随同者有中国重型机械总公司工程师李甫康、部政策研究室主任孙效良等，山西省机械局副局长马永骏也陪同来校。院党委书记马奔、院长曾一平等领导陪同参观了强度实验室、金相实验室、物理实验室、语言实验室、计算机站、图书馆和学生五号楼宿舍，参观结束后、院长曾一平向周部长等汇报了学校的工作。在参观和听取汇报中，周部长对学校的工作做出了指示。

4 月 12 日—20 日 机械工业部教育局党组书记、副局长任耀先来校检查工作。

5 月 4 日—12 日 山西省政协第五届第三次全体会议在太原召开，曾一平、陆植、吕文载出席了会议，李捷三列席了会议。

5 月 6 日—15 日 马奔出席了山西省第六届人大第三次全体会议。

5 月 学校教职员工刘锁祥、王丁凤、阎德琦、梁应彪、竺一苇获山西省劳动竞赛委员会“五一”表彰，记二等功；黄松元、王鹰、李国祯 3 人记三等功。

6 月 学校党委行政首次联合下发了党办字（85）4 号、院办字（85）1 号文件，规定每年 12 月 1 日为校庆日。

7 月《1949—1983 年太原重型机械学院史》出版。

8 月 9 日—18 日 机械工业部教育局人事处处长贾成炳、副处长康明，机械工业部干部司企事业干部管理处干事宋秀林来校考察校级领导班子。

8 月 30 日 学校举行了 1985 级硕士研究生和第 1 届研究生班开学典礼、参加开学典礼的研究生共 28 名。

9 月 院人字（85）66 号文件决定成立子弟中学，刘振川为子弟中学校长。

9 月 院人字（85）71 号文件决定成立管理工程系。

9 月 4 日 学校子弟中学成立，举行了首届学生开学典礼。

9 月 7 日 为庆祝第一个教师节，学校召开了“庆祝教师节暨优秀教师、先进教育工作者表彰大会”，大会表彰优秀教师 20 名、先进教育工作者 3 名，先进实验室 7 个，分别对 30 年以上在教育部门工作的教育工作者，20 年以上教龄和其他人员发放了纪念品，对 1978—1984 年以来的优秀论文获奖者进行了奖励。

11 月 6 日 机械工业部教育局副局长王文广代表部党组、部行政宣布了学校新一届领导班子。

11 月 22 日 机械工业部总工程师陆燕荪来校视察工作。

12 月 3 日 在德国柏林工业大学机械系进修的我校工机专业教师冯培恩，于 1985 年 12 月 3 日以全优成绩顺利通过博士论文答辩，成为柏林工业大学机械系 20 世纪 40 年代以来的第 1 个中国博士，柏林工业大学 40 年代以来的第 5 个中国博士。

12 月 机械三系锻压教研室郭会光与太原重机厂、东北重机学院同行共同负责完成的“护环液压胀形新工艺”，1985 年获国家科技进步三等奖。

1986 年

2 月 3 日 中共山西省委常委、省委宣传部部长张维庆来校慰问教师。

3 月 18 日 机械工业部何光远副部长来校视察工作，陪同人员有部办公厅主任汤不凡、重矿局副局长杨红旗、通用零件局副总工程师冯尔熙、山西省机械厅总工程师熊强、太原重机厂厂长李友美等。

4 月 2 日 经中共山西省宣教口整党指导组批准，学校整党工作结束。

4 月 9 日 教师冯培恩学成回国返校。

4 月 25 日—31 日 锻压专业副教授朱元乾出席了山西省劳动模范大会。

5 月 3 日—14 日 山西省政协五届四次会议在省城召开，省五届政协常委曾一平、政协委员陆植、吕文载出席了会议，统战部部长张锦秀列席了会议。

5 月 5 日—16 日 党委书记马奔出席了山西省六届人大第四次会议。

9 月 13 日—15 日 部属院校西北片检查组一行 7 人，对我院科研工作进行了检查。检查组认为：① 科研工作有上升趋势，特别是 1985 年，但与兄弟院校相比，“六五”期间发展缓慢。② 科研管理办法和规章制度还不够健全，“七五”期间需进一步完善。③ 指出了院经费、项目管理要归口。④ 科研管理人员短缺。⑤ 对我院“星火计划”和学术活动进行了表扬。

10 月 9 日 国家教委高教二司副司长王冀生视察学校。

10 月 26 日 在山西省高校英语 EPT 考试中，我校成绩名列第三，前四名学生我校占三名，这次统考共有 15 所高校的 6945 名 1984 级本科生参加。

10 月 铸造教研室讲师胡秉亚、于淑田研究成功的“微机用于冲天炉铁水质量管理及优化配料”项目于 1986 年 6 月通过省级鉴定，并由省科委组织申报列入国家“星火计划”。在山西省计算机应用工作会议上，该成果获山西省电子计算机优秀成果二等奖。

11 月 10 日—14 日 学校举行首届教职工代表大会。

11 月 19 日 机械工业部科技司司长姚福生、副总工程师段爱珍及重矿局、部教育局有关领导应邀来校指导科研工作。

12 月 3 日 全国六届人大常委会第十八次会议通过了关于设立国家机械工业委员会和撤销机械工业部、兵器工业部的决定，任命邹家华为国家机械工业委员会主任，免去其兵器工业部部长职务。从此，学校隶属于国家机械工业委员会（简称“机械委”）。

1987 年

1 月 由中国建筑机械研究所设计，学校机器厂制造的 GQ40-3 型卧式钢筋切断机通过鉴定，鉴定会由山西省建设厅主持，全国建筑行业及高校的专家、学者参加了鉴定会，认为该产品达到了国际先进水平。

1 月 13 日 山西省对 5 所工科高校的 2810 名 1986 级学生进行了数学统考，我校获全省第一名。

1 月 16 日 学校举行首届研究生班毕业典礼。

1月22日 学校通令嘉奖外语教研室1984级英语教学组和数学教研室1986级高等数学组的全体教师，并给任课教师颁发了奖状、奖金和荣誉证书。

3月16日 国家机械委所属院校西北、华北地区检查组一行7人对我校的伙食工作进行了为期4天的检查。

3月24日 “重院青年科技工作者协会”举行成立大会。首批会员48名，理事会由12名理事组成。

3月 经山西省高等学校教师职务评审委员会批准，学校有13人晋升为教授、64人晋升为副教授。

4月7日 《太原晚报》登载了工程机械专业842班学生廖明军等9名同学组成的学雷锋小组，走出校门，定期为附近的孤寡老人上门服务的先进事迹。

4月12日 国家机械委西北、华北地区成人教育工作检查组对我校成人教育工作进行了为期两天的检查，山西省教委、省委组织部、省机械厅等有关领导应邀参加了检查。

4月17日 《山西日报》刊登了1985年度山西省科技进步奖项目，我校教师周则恭、彭勋元与太原矿机厂、运城拖拉机厂共同协作研制的“热力锻模具寿命研究”获二等奖。孙捷先老师研究的“用简化三维有限元法分析金属锻造塑性成形的研究”获理论二等奖。

4月 在国家机械委所属院校伙食工作检查评比活动中，我校学生食堂被评为“先进集体”。在太原市绿化工作会议上，我校被评为“城市绿化先进集体”。学校被太原市评为1982—1986年5年义务植树先进单位。

5月15日 机械委和山西省科委重点项目，我校轧钢机械教研室教师主持研制的@ 50无缝管三辊联合穿轧机，经多年研究，通过了山西省科委主持的国家级“星火计划”论证，被列入国家“星火计划”项目。

5月 由铸造教研室教师胡秉亚、于淑田主持的“用微机控制电炉炼钢与优化配料的研究”项目在国家机械委科技项目招标中中标，该项目总经费为13万元。

6月22日—24日 学校第四次党员代表大会召开，这次代表大会的115名代大表，代表着全校606名党员，大会还邀请列席代表44名。在6月22日的开幕式上，事省教委党组书记、副主任宋玉岫、省委宣传部副部长郑行顺、省委宣传部教育处记副处长武慧文、省委组织部组织处处长梁志太、省总工会文教工委主任王树湘及太原机械学院等10所兄弟院校的领导出席了大会，国家机械委教育局还寄来贺信，王保东和王希曾分别代表上届党委和纪委做了工作报告。大会选举产生了第四届党委会和纪律检查委员会，党委会由9人组成，包括：王容、王保东、刘世昌、朱永昭、吉登云、李荣华、李捷三、谢永昌、黄松元；纪委由7人组成，包括：王希曾、仵陞艮、师谦、李海荣、黄东保、梁斌秀、谢永昌。

6月29日 山西电视台在当晚的山西新闻节目中，报道了我校注重在大学生中培养、教育学生党员，重视党的建设的情况。

6月 在山西省首届青年科技工作者优秀论文评选活动中，我校有18篇论文获奖，其中二等奖2篇、三等奖16篇，名列前茅。

6月“山西省高校优秀论文评选”揭晓，我校有5篇论文获奖，其中，吉登云、胡佑增获二等奖，王保东、徐永华、王耀文获三等奖。

9月2日　国家机械委授予我校柴秀梅、李宝钧、白世成、韩如成“教书育人优秀教师”荣誉称号。

9月9日—10日　学校举行同英国曼彻斯特理工学院建立校际联系的签字仪式；授予英国曼彻斯特理工学院利兹博士名誉教授。

1988年

1月16日　学校举行首次校领导与教职工民主对话会，校领导王保东、黄松元、刘世昌、朱永昭、张玉芳、谢永昌和总务处、人事处、组织部、学生处等部门负责人及部分教职工代表50余人参加了对话会，工会主席王存主持了会议。

9月1日　学校派出所正式建立，王建平任派出所所长。太原市公安局二处魏群星副处长、河西区公安分局局长贾效久、副局长田铁民等有关领导应邀出席了成立会议。

9月19日　学生会举行首届文化艺术节剪彩仪式，王保东书记和黄松元院长在学生活动室为艺术节剪彩。

9月20日　学生业余党校成立。

10月8日　学校招收的70名自费专科生开学。

10月22日　山西省高校永翔杯排球赛在我校举行，我校女队获女子排球赛冠军。

1989年

3月6日　在国家经贸部、机械电子工业部（简称“机电部”）等部委联合召开的全国援外机电产品供应工作先进表彰会上，学校机器厂获援外机电产品供应先进集体称号。

4月29日　铸造专业副教授李国祯、徐振中应邀对山西代县电机厂进行技术指导和帮助，取得了年提高经济效益12万余元成就，他们主要针对砂型配比和混制工艺、铸造工艺及铁料配比和铁水熔制工艺等方面进行了改进。

7月10日　山西省委召开清查清理工作动员会，根据中央3号文件和省委、省政府21号文件精神。下午，学校召开了党委会，重新调整了校清查领导机构，安排部署了清查清理工作。

8月7日　于7月首次代表山西省高校赴兰州参加了全国大学生第六届“兴华杯”排球赛的学校女子排球队，获得第5名的好成绩，于8月7日捧杯归来。

8月23日　机械工业部原副部长、部职工教育研究会会长、全国政协委员丹彤，原部教育局王坤铭处长来校视察工作。

1990年

1月13日　学校1988级机械类专业学生参加了山西省工科院校普通物理科统考，取得第二名的好成绩。

3月15日　学校教师王丁凤、刘大平（女）当选为太原市河西区人民代表大会代表。

4月18日　太原重机厂设计研究所高级工程师、全国劳动模范周国彰应邀来校做报告。

4月24日　日本丰桥言语交流会代表团一行19人来校进行友好访问，党委书记王保东、院长黄松元、副院长朱永昭会见了代表团全体成员。

5月1日　电气工程系工业电气自动化教研室教师吴聚华副教授，继上一年获全国教育系统劳动模范后，又获全国“五一”劳动奖章。

5月3日 全国劳动模范、金星奖章获得者、平顺县西沟大队党支部副书记申纪兰应邀来校做报告。

5月8日 学校教师、省政协委员孙捷先副教授应邀参加省政协和团省委组织的“三亲三爱”报告团，为太原电力专科学校1500余名师生员工做报告。

5月18日 为认真贯彻《中共中央关于加强党同人民群众的密切联系的决定》，加强中层领导干部与学生班级的联系，及时了解学生的思想状况，做好学生的思想政治工作，保证学校安定团结的政治局面。经党委研究决定，拟派84名教授、副教授和中层以上干部（含中层干部）下班联系学生工作。

5月23日 工程机械系副主任王鹰副教授荣立“山西省双增双节劳动竞赛”三等功。学校“球罐断裂概率的统计断裂力学分析及概率有限元法在轴对称问题上的应用”课题组荣立“山西省双增双节劳动竞赛”集体二等功。

6月17日 日本长冈技术科学大学机械系教授伊滕广先生来校进行为期两周的访问讲学。

6月 学校附属中学又获取了第三届毕业生合格率100%的好成绩，有三分之一的学生总成绩在500分以上，名列太原市初级中学中考成绩前茅。

7月30日 按照中央和山西省委的部署。学校召开大会，安排部署党员重新登记工作，党委书记王保东作了关于党员重新登记工作的动员报告。

1991年

4月30日 根据国家教委要求，学校设立了“院长信箱”。

5月29日 由学校与上海重机厂共同开发研制的“用微机控制电炉炼钢及优化配料的研究”项目通过部级鉴定。由曾一平教授研究的“普及型曾氏音子系列汉字编码”方案通过了由汉字、汉语、计算机以及汉字编码等专家组成的评议组评议。

9月19日 学校筹集资金建设的公寓化宿舍投入使用，500余名新生首次入住学生公寓。

10月19日 根据国家教委（91）67号文件《对高校印刷厂进行全面验收通往学生公寓知》精神，省教委检查团一行14人对学校印刷厂进行了全面验收。

11月15日 由学生自觉组成的太原重机学院毛泽东思想学习会正式成立，省委常委、宣传部部长张维庆，省高校工委副书记邢存栓到会祝贺并讲话。张维庆部长还为学习会写了长达12页的亲笔信。

12月28日—30日 学校召开了第五次党代会，选出新一届党委委员和纪委委员。王保东、师谦、朱永照、刘世昌、杜八先、李荣华、张锦秀、彭瑞棠、谢永昌当选为第五届党委委员；王台惠、王希曾、仵陞艮、李海荣、黄东保、董喜乐、谢永昌当选为纪律检查委员会委员。

1992年

2月25日 根据山西省委的安排和部署，学校开展了引导深入社会主义思想教育活动。

3月 学校荣获太原市1991年度“文明单位”称号。

5月 由学校承担的山西省重大科技攻关项目“车辆综合试验台课题”，经过5年多的设计、制造、安装和调试，通过了鉴定。

6月 机电部教育司科研基金项目暨科研成果评审会在我校召开。

9月2日 王明智任太原重型机械学院院长。

9月 学校双电源的施工工程结束。

10月6日 全校师生和各地校友、来宾5000余人隆重集会，欢庆建校40周年。

11月24日 复合材料专家、英国斯林拉斯·克莱德大学教授班克斯先生应邀来校进行了一周的学术访问。访问期间，王明智院长、朱永昭副院长就两校间的交流与合作同班克斯先生进行了磋商。

1993年

1月13日 学校12号教工住宅楼竣工并交付使用，94户教职工喜迁新居。

1月15日 学校宣布了调整后的中层干部。

3月20日 应王明智院长邀请，“俄罗斯科学技术功勋活动家”、俄罗斯国家建筑工程大学教授、科学技术博士沃尔科夫·德·巴先生来校讲学，学校授予沃尔科夫·德·巴先生名誉教授。

5月1日 学生宿舍7号楼开始施工。

7月17日 以院办主任王继英为团长的一行31人赴日本国爱知县丰桥市、香川县引田町进行为期一个月的家庭住访活动。

7月 学校7号水井交付使用。

7月 经国家教委批准，学校新增设金属压力加工、粉末冶金、机械电子工程、电气技术4个本科专业。

7月31日—8月10日 山西省高考体育测试和体育特招测试在我校举行。

9月9日—15日 全国高等学校锻压专业教学指导委员会第六次全体会议在我校举行。

9月10日 1993级新生开学。1993年学校招收新生1078人，迈出了学校上规模的第一步。

10月23日 学校15名教师晋升为教授，13名教师晋升为副教授。

10月25日 在山西省高校党建工作会议上，学校被省委宣传部、省委组织部、省教委、省高校工委授予“领导班子廉政建设先进高校”称号。

10月 学生住宿实行公寓化管理正式实施。

10月 校印刷厂被国家教委命名为“合格企业”。

12月14日 学校召开第二届教职工代表大会暨第四届工会会员代表大会，王明智院长做了题为“解放思想、实事求是，以改革促进学院的快速发展”的工作报告。

本年度 学校科研合同经费突破800万元，进款达300万元，为学校历史最高水平。

本年度 经国务院学位委员会评审，我校冶金机械、矿山机械、铸造三个学科获得硕士学位授予权。

本年度 由张琰研制的“铸铁海水阀”项目获山西省科技进步一等奖。

本年度 学校教师史荣主持研究的“坚持两个中心，加快专业发展和学科建设”的教学研究课题获山西省优秀教学成果一等奖。

本年度 学校教师李天佑编著的《冲模图册》获全国机电兵工类优秀教材二等奖。

1994年

1月28日—29日 学校召开科技产业工作会议。

3月25日 太原市副市长王晓林等一行20余人来校就学校交通、环保、吃水等问题举行现场办公会。

3月 学校投资20万元改造计算站。

5月2日 学校13号教工住宅楼及幼儿园破土动工。

5月 校学生处副处长白世成被国家教育委员会评为全国普通高等学校毕业生分配先进工作者。

8月17日—28日 全国大学日语考试1994年工作会议和大学外语教学指导委员会日语组工作会议在我校召开。国家教委高教司、大学外语指导委员会全体委员及日本庆应大学斋滕教授等15名中外代表参加了会议。

8月 学校7号学生宿舍竣工，8月20日全校女学生迁居此楼。

9月6日 机械工业部教育司沙彦士副司长一行6人来校考察校级领导班子。

9月 经国家教委批准，学校新增设了流体传动与控制、计算数学及其应用软件、会计学3个本科专业。

10月5日 校党委书记王保东离任。

10月 校女子足球队在全国女子足球锦标赛上获第四名。

10月28日—11月1日 日本长冈技术科学大学阿部雅二教授、十河宏行事教授来校讲学。

11月17日 学校新购蒸汽锅炉正式投入使用。

12月8日 王明智院长一行3人赴柳州机械工程集团公司考察，与柳州机械工程集团公司签订了30万元的科研合同，并在学校设立了10万元的学生奖励基金。

12月27日 机械工业部教育司沙彦士副司长一行2人来校宣布新一届校级领导班子：王明智任院长兼党委书记；刘世昌任党委副书记；师谦任党委副书记；李永善任纪检委书记；郭希学、王鹰、李荣华任副院长。

本年度 学校6名教师晋升为教授，18名教师晋升为副教授。

本年度 中国工程院院士、上海模具研究所所长阮雪榆教授被学校聘为名誉教授。

1995年

1月 学校调整处级机构和中层干部，成立了“成教院”“普教处”“校管处”“机电工程系”“计算机中心”。

2月 在山西省政协七届三次全会上，我校徐永华教授当选为省政协常委。

3月 莫斯科建筑工程大学沃尔科夫教授偕夫人来校访问并讲学。

5月22日 德国HEC环境工程与培训责任有限公司行政管理贝斯维特和弗里德海梅来校进行为期一周的讲学。

5月24日—26日 机械工业部教育司副司长郝广发来校指导工作。

7月23日—8月23日 应日本国言语交流会邀请，学校王鹰副院长一行17人赴日本参加日本国言语交流会建立25周年纪念活动。

8月1日—4日 机械工业部部属高校教学工作会在我校召开。部教育司沙彦士副司长、张明毫处长及17所院校的教务处处长、分管教学的副校长参加了会议。

8 月 应院长王明智邀请，日本川桥技术科学大学液压专家市川常男教授来校讲学。

9 月 20 日—24 日 机械工业部部属院校教育行政管理研究会西北片工作会议在我校召开，来自西北片 6 所院校的院校办主任、秘书 12 人参加了会议。

10 月 19 日 成人教育学院举行揭牌仪式。

10 月 15 日—20 日 机械工业部教育会计学会第三届常务理事会第五次全体会议在我校召开。部教育发展中心、教育司计财处的领导和各部属院校的财务处长参加了会议。

10 月 26 日 机械工业部高校思想政治工作研究会北片研讨会在我校召开，来自 12 所院校的 24 位代表参加了会议。

10 月 学校附属幼儿园通过太原市教委等部门的检查验收，被评为一类达标单位。

11 月 1 日—2 日 中国建筑科学院北京建筑综合研究所在校机器厂召开“钢筋切断、钢筋调直切断机行业标准”审定会。建设部定额司司长邹华乔等出席了会议。

12 月 18 日 在全国第二次国产钢筋、混凝土、筑养路、推土机械产品质量用户评价调查发布会上，学校机器厂生产的 GQ40 钢筋切断机和 GW40 钢筋弯曲机获产品质量用户满意奖，并分别排名第一和第二，同时被用户评为售后服务质量满意单位。

本年度 学校冶金机械教研室被中共山西省委、山西省人民政府授予“先进集体”称号。

本年度 学校金属塑性成型学科被批准为机械工业部、山西省重点学科。

本年度 学校教师李永堂、曾建潮、张金旺被机械工业部评为部跨世纪学科带头人，另有 8 名教师被评为学术骨干。

本年度 在国家教委主办的 1995 年全国数学建模竞赛中，我校参赛的 5 支代表队分别获得全国二等奖 1 项，山西省一等奖 1 项、二等奖 2 项，成功参赛奖 2 项。

本年度 学校投资 100 万元，重点进行了实验室建设。

本年度 学校与山东鲁研公司合作组建股份有限公司“洪建公司”，我校占 18% 股份，约 144 万元。

本年度 学校教师王海儒教授主持研制的“冷轧螺纹钢轧机”获山西省科技进步二等奖。

1996 年

1 月 4 日 机械工业部副部长孙昌基、副总工程师汪建业等一行来校视察。

3 月 27 日 校党委审议通过了《太原重型机械学院“九五”改革与发展规划》。

4 月 学校新增 4 个本科专业：工业设计、自动控制、计算机及应用、工业外贸；3 个专科专业：市场营销、法律、计量测试技术。

6 月 10 日—17 日 应学校邀请，德国 HEC 环境工程与培训责任有限公司里希特女士来校考察。

6 月 学校校报被推选为中国教育新闻协会理事单位、中国大学校报工作委员会委员单位。校报总编辑赵民胜任中国教育新闻协会理事、全国大学校报工作委员会委员。

7 月 25 日 学校教学实验楼 A 楼破土动工。

7 月 30 日—8 月 4 日 机械工业部教育司教育行政管理研究会理事长会议在我校召开，部教育司综合处副处长高群苓主持了会议，处长杨黎明出席了会议。

9月7日 在全国大学生力学竞赛中，学校参赛的21人中有10人获省级奖。

9月24日—26日 在全国大学生数学建模竞赛活动中，学校代表队获省级二等奖。

10月4日—9日 机械工业部部属院校后勤思想政治工作会议在我校召开。

10月 学校举办纪念红军长征胜利60周年系列活动。

12月6日 机械工业部教育司函授、夜大学评估专家组一行8人莅临我校，对我校的成人教育工作进行评估。

12月10日—13日 机械工业部部属院校招生工作会议在我校召开，部教育发展中心邓湘麟主持会议，教育发展中心副主任赵宜兴出席了会议，19所部属院校负责招生工作的33名同志参加了会议。

12月 学校机器厂产值首次突破584万元。

本年度 学校投入了59.6万元用于实验室建设。

本年度 学校教师张琰主持的"新型铝喷涂合金及其熔炼工艺的开发研究"、李永堂主持研制的"C83-0.63型6.3kJ液压模锻锤"科研项目分别获山西省、机械工业部科技应用二等奖。

1997年

1月8日 学校召开科技工作会议。

3月20日 由校党委组织部、计算机中心和山西省高校工委组织部共同研究开发的"高校基层党组织工作管理系统"通过了省级鉴定，专家们一致认为此项研究成果在功能与运用上达到了国内先进水平。

3月26日 国家教委华北高校师资培训中心主任栾少泯、山西省高校师资培训中心主任穆宝成莅临我校，就学校的师资队伍建设情况进行调研。

4月1日 学校开始执行新的《公费医疗管理暂行规定》。

4月24日—27日 日本长冈技术科学大学机械系教授伊藤广先生及夫人来校访问。

5月 学校教师张金旺教授获山西省劳动竞赛委员会颁发的"五一"劳动特等功奖章。

8月6日 学校公开选拔学科带头人。

10月8日 学校召开大会，隆重庆祝建校45周年。

10月8日 学校校报被推选为中国高校校报协会常务理事单位。校报总编辑赵民胜任常务理事。

10月10日 机械工业部部属院校后勤改革及住房制度改革座谈会在我校召开。

11月7日 在由省教委主办、山西大学承办的1997年山西省大学生篮球赛中，我校男队获男子甲组第二名。

1998年

1月9日 学校召开1998年毕业生供需洽谈会，这也是自建校以来举办的首次适应市场经济需要的人才交流大会，来自全国的29家用人单位专程赶来与我校毕业生进行供需洽谈。

3月10日 学校在柳州工程机械集团召开了"太原重型机械学院名誉教授授予仪式"大会，院长王明智教授向柳工总裁王晓华颁发了名誉教授证书。

3 月 11 日 校报总编辑赵民胜的散文《蜂·花》获中国作家协会新时期文艺创作三等奖，作者是山西省作家协会会员中获奖的两位作家之一。

3 月 17 日 机械工业部考评专家组一行 5 人莅临我校，经评审我校成为山西省高校第一家档案管理达国家二级的学校。

4 月 23 日 学校召开大会，隆重庆祝《太原重型机械学院报》出版 100 期。

5 月 14 日 学校召开了办公室工作人员会议，就整顿工作作风、加强劳动纪律进行了安排和部署，校党委书记张进战主持了大会。

6 月 16 日 朱元乾教授从教 50 周年座谈会在锻压教研室隆重举行。

8 月 13 日 学校在山西省阳泉市举办了科技成果发布会，会上，学校与阳泉市签订了 42 项合作协议，副院长王鹰教授、阳泉市市长郭良孝出席了签字仪式。

8 月 21 日 下午，山西省副省长王昕，省教委主任、高校工委书记曹福成，省教委副主任、副书记李开基等一行 8 人来校视察。

9 月 21 日 学校首次开办双学士学位班，开办第二学位的专业是计算机科学与技术。

9 月 随着国家部委的调整，学校的隶属关系变更为：中央与山西省地方共建共管，以山西省管为主。

1999 年

1 月 6 日—8 日 国家机械工业局组织的以原机械工业部生产司司长、中国重矿协会理事长汪建业高级工程师为组长的专家组一行 10 人莅临我校，对我校承担的 7 项“九五”国家重点科技攻关项目进行了全面验收。

3 月 26 日—27 日 学校召开了重点学科及其实验室建设可行性论证报告会。

5 月 5 日 山西省科委主任温泽先来校调研。

5 月 9 日 学校广大师生员工强烈谴责以美国为首的北约悍然袭击我驻南斯拉夫使馆的罪恶暴行，三千多人自发集结起来走上街头，举行了声势浩大的示威游行活动。

5 月 25 日—27 日 山西省第五届“兴晋挑战杯”高校青年师生学术科技作品竞赛在我校隆重开幕，副省长王昕出席了开幕式并做了题为《尊重知识，追求创新，努力为兴晋富民造就一支年轻的科技人才队伍》的重要讲话。出席开幕式的还有：共青团山西省委书记高建民、副书记张九萍、山西省教委副主任杨树国，山西省科委副主任周民、山西省科学技术协会主席雷庭以及来自山西省 23 所高校的代表 50 余人。“兴晋挑战杯”青年师生学术科技作品赛于 5 月 27 日落下帷幕，来自 23 所高校的 338 件作品经专家的认真评审，我校青年教师晋民杰、刘冬梅等 17 名师生分别获得制作类论文及调查报告类一、二、三等奖。

6 月 10 日 太原市科委主任袁实、副主任平荣国及市财政局工企科领导组成的科技项目考察组一行 8 人来我校进行了科技项目考察调研。

6 月 21 日—24 日 以山西省高校工委副书记李开基为组长，山西省委组织部企事业处副处长张学俭为副组长的干部考察工作组一行 6 人莅临我校，对校级领导班子建设情况进行了全面考察。

7 月 我校聘请上海国际港务公司总经理，全国“五一”劳动奖章获得者，全国十大杰出职工，党的十四大、十五大代表包起帆为学校客座教授。

9月8日 山西省委副书记郑社奎，省高校工委书记、省教委主任曹福成，省高校工委副书记、省教委副主任李开基，省高校工委副书记贾坚毅等一行10余人来我校慰问教师。

9月8日 学校“车辆工程”学科被评为山西省重点建设学科。

10月1日 由我校教师郑荣、翟甲昌、高崇仁、宋福荣、贾跃虎、李淑娟、齐向东等教师研究设计的参加共和国50周年庆典的山西彩车通过天安门广场，接受党和国家领导人及全国人民的检阅。

11月 省委组织部来校宣布：朱明任校党委书记，安德智任校纪委书记。

2000年

1月22日 山西省委、省政府任免我校校级领导干部大会在学校大礼堂隆重举行，山西省副省长王昕，山西省委组织部副部长杨静波，省高校工委书记，省教委主任曹福成，省高校工委副书记，省教委副主任李开基，省高校工委副书记贾坚毅等领导出席了会议。

1月23日 学校召开了中层干部会议，宣布了新一届校级领导班子分工情况。

4月18日 在山西省政协副主席徐大毅的率领下，政协常委树成昌、陈绪、吴潭龙、徐永华等一行5人莅临学校考察科研工作。

4月 学校2000年基建重点项目一新建图书馆立项得到山西省计委批复。

5月11日 学校附属小学新校落成。

5月24日 管理工程系工经9761班的王亭颖同学以119.70分的好成绩荣获2000年全国大学生英语竞赛太原赛区决赛个人总分山西省第一名、全国特等奖。

5月 学校科技外事处处长黄庆学荣获山西省“五一”劳动奖章。

5月 校园网第一期工程竣工。

5月 学校机器厂第二代GTQ6-10调直切断机试制成功。

5月 学校投资100余万元的大型扫描电子显微镜及X-射线能谱仪投入使用。

6月15日 山西省委副书记纪馨芳、省教育厅厅长赵劲夫等一行来校调研。

6月19日—21日 学校召开第三届教职工暨第五次工会会员代表大会。应邀出席大会的有山西省高校工委副书记贾坚毅，山西省教育工会主席梁志刚，山西省教育工会副主席杨建年以及兄弟院校的党政负责人。大会选举产生了太原重型机械学院第五届工会委员会：王继英任主席，张小平任兼职副主席，工会委员为王君阁、王全聪、李文管、王云达、居向阳、赵坚、吴克付、杨勇、陶凤英。

7月14日 由学校与山西平阳机械厂共同研制的新型径向柱塞泵通过省级鉴定，达到国际领先水平。

7月 太原重型机械学院职业技术学院举行揭牌仪式。

9月7日 山西省委副书记纪馨芳，太原市委副书记、市长李荣怀，副市长袁高锁与省交通厅、市规划局、市政工程局等部门领导一起深入我校现场办公，解决多年困扰和制约我校发展的交通不畅及窊流路道路改造问题。

9月27日—28日 学校召开首届党建与思想政治工作会议。

9月 经国务院学位委员会批准，学校新增工程力学、材料学、机械制造及其自动化、系统工程、计算机应用技术5个硕士学位授予权。

9 月　国内首台大弧度钢筋弯曲机在我校机器厂诞生。

10 月 20 日　山西省委组织部副部长张凯、省高校工委副书记刘惠民等一行 4 人莅临我校，宣布校级领导班子部分成员调整决定：张少琴任太原重型机械学院院长，李志勤任党委委员、副院长。

10 月 28 日　学校产学研董事会成立。张少琴任第一届董事会董事长。

10 月 25 日—12 月 28 日　学校按照中央和山西省委的部署，全面开展了“三讲”集中教育活动。

12 月　首届国际机械工程学术会议在上海召开，我校有 38 篇论文被收录论文集，占论文集篇数的 2.61%，名列全国高校前列。学校教师徐格宁教授主持了分会场会议，郭会光等 10 名教授、副教授分别在专题会场宣读了论文。

2001 年

1 月 10 日　山西省文明学校检查验收领导组张志敏、于峰、张民省、王金怀、袁金泉等一行 5 人对我校 2000 年创建山西省文明学校的工作进行了检查验收。领导组一致认为，我校达到了山西省文明学校标准。

1 月 10 日　省教育厅《2000 年重点工作目标责任书》完成情况检查组对我校《2000 年重点工作目标责任书》完成情况给予了充分肯定。

2 月 9 日—10 日　在山西省教育工作暨全省高校党建工作会议上，我校被授予“山西省文明学校”称号，荣获“全面完成《2000 年重点工作目标责任书》综合奖”，自动化科学与控制系党总支被评为党建与思想政治工作先进集体。李志权、李志宏等 6 人分别被评为党建与思想政治工作、精神文明建设先进个人。

2 月 13 日—21 日　在中国人民政治协商会议山西省八届四次会议上，院长张少琴当选为山西省政协常委。

3 月 13 日　学校召开了学科学位建设大会，出台了 9 项主要对策与措施，完善了重点学科及首席学科带头人选拔和考核制度，成立了博士申报领导组，为实现博士点零的突破做好了前期准备工作。一年来，围绕着博士点零的突破和硕士点的增加，全校上下团结一致，把学科学位建设放到首要位置抓紧抓好成为广大师生员工的普遍共识。

3 月 23 日“山西省高校人才现状专题调研组”对我校人才现状进行专题调研。

3 月 26 日　美国奥本大学终身名誉教授张博贞博士来到我校进行“金属快速成型及制造技术”讲学。

3 月　我校机构改革暨中层干部调整工作有序进行。

4 月 24 日　山西高校贯彻落实《中国共产党普通高等学校基层组织工作条例》情况调研组来我校调研。

4 月 28 日　窊流路道路拓宽改造工程开工。太原市党政领导及万柏林区党政主要负责人，我校在校领导张少琴、李志勤、曾建潮、董峰等出席了开工仪式。

4 月 28 日　山西省青年工作会在太原召开。我校被确定为经验交流单位并作为全省高校唯一代表在会议上做了典型发言。党委书记朱明出席会议并做了题为“强化青年人才培养意识，促进学院可持续发展”的发言。

4 月 28 日　北京大学社会发展研究所教授、博士生导师易杰雄先生应邀来我校进行了知识经济、创新人才、教育改革等学术讲座。

5月10日 我校举办系处级干部“三个代表”理论培训班。

5月14日 校科技处贾跃虎老师带领电子信息工程分院科协40余名同学赴太原市南宫广场，参加了山西省首届以“科技在我身边”为主题的“科技活动周”开幕式。

5月16日 山西省委宣传部副部长卢瑜应邀来校为全体中层干部作“三个代表”重要思想学习辅导报告。

5月19日 中国人民大学绿色环保协会、山西人民广播电台青春社来我校召开了主题为“联合环保力量，共建绿色家园”座谈会。

5月25日 在山西省第六届“兴晋挑战杯”高校科技作品大赛上，我校熊武、毛雅君、孟晋丽三位同学的作品获二等奖，另外还有25件作品分获三等奖，学校荣获优秀组织奖。

5月 我校于2000年投资兴建的“液压伺服控制实验室”正式投入使用。

6月29日 由省教育厅高教处王李金处长任组长的调研组一行3人莅临我校，就我校的师资队伍建设、实验室建设、教学、科研状况进行了调研。

6月 我校高级职业技术学院的学生可直接在校内本科就读。

6月 院长、工程力学首席学科带头人张少琴教授的科研项目“复合材料三位断裂理论”获山西省计委留学生基金项目资助，资助金额7万元；“复合材料RTM加工技术研究”获省科委攻关项目资助，资助金额8万元；“现代复合材料在市政建设中的应用”获省教育厅科技项目资助，资助金额1万元。

6月 在山西省举办的纪念建党80周年暨“三个代表”理论研讨征文活动中，校党委书记朱明撰写的《高校要做实践“三个代表”的模范》、党办干部孟兆森撰写的《高举邓小平理论旗帜、做“三个代表”新人、走21世纪社会主义新路》均获优秀奖。

7月6日 学校与太原市第一建筑工程公司正式签订土地购置、房屋拆迁、人员安置补偿合同。这标志着我校空间拓展工程又有了实质性的进展。

7月 中国工程院院士胡正寰先生来我校作“材料科学”学术讲座。

8月21日 由中国计算机学会Petri网专业委员会主办，我校和山西大学共同承办的第八届全国Pefri网学术会议在山西大学学术交流中心隆重开幕。

8月23日 新建的学生公寓楼、教学楼正式竣工。

9月7日 山西省副省长王昕看望我校老教授朱元乾先生。

9月12日—15日 由学校电子信息工程分院庞波、孟果、智丙辉3名同学组成的参赛第一队共同完成的“自动往返电动小汽车”课题荣获全国大学生电子设计竞赛全国一等奖。其余4队的情况分别是：2个队获得省级二等奖，2个队获得省级三等奖。

9月17日—24日 第七届“挑战杯”全国大学生课外学术科技作品竞赛举行。我校电子信息工程分院学生马跃峰同学的绿色环保作品“街道清扫车”获三等奖。

9月21日—24日 由学校成型9913李珠恒、信息9981王欣浩、计算机9974张浩3名同学组成的我校参赛第六队共同完成的“血管的三位重建”选题，在2001年全国大学生数学建模竞赛活动中，被评为省级一等奖。其余9个队的情况分别是：3个队获得省级三等奖，6个队获得成功参赛奖。

9月21日 国家钢连轧与自动控制重点实验室主任、东北大学教授王国栋来校做了题为《板带精密轧制与控制轧制技术》的学术报告。

9月25日—26日 太原市中心血站血库告急。学校500多名同学参加了无偿献血活动。

9月29日 学校新建教职工住宅小区320套住房规划方案公布。

9月 我校机电工程分院张凤同学获全国大学生英语竞赛活动全国特等奖，姚蕾、刘强、康琳等同学获全国一等奖，张永健等31名同学分别获全国二、三等奖，另有42名同学分获山西省赛区一、二、三等奖。

9月 学校教师徐格宁被国家教育部授予“全国优秀教师”称号。

9月“十五”期间全省普通高校思想政治教育首批课题研究正式立项，我校申报的9项课题全部立项。其中朱明的研究课题“大学生创新意识与创新能力开发培养的系统性研究”被确定为重点课题。

9月 在“中国第二届都市女孩服饰风采”山西赛区“红萍服饰杯”大赛中，学校法学系学生贲月获得最佳形象奖。

10月11日 山西省高校后勤思想政治工作会议在我校召开。

10月16日 在2001年北京“第六届国际工程机械产品博览会与信息交流会”上，展出的国内产品有三分之一以上是由我校教师和毕业生研究设计的。

11月3日 第二届飞利浦中国大学生足球联赛北赛区开幕式在我校田径运动场隆重开幕。

11月8日—10日 学校召开第六次党代会，通过了党委工作报告、纪委工作报告，选举产生了第六届党委委员和纪检委委员，朱明、师谦、安德智、李志勤、李永堂、杜江峰、李新生当选为第六届党委委员，安德智、金焕斋、赵卫平、王台惠当选为纪律检查委员会委员。

11月28日 学校外语系特邀留美教育学博士、副教授、山西医科大学外语部何其光主任作了“如何写论文”的报告。

12月10日 山西省教育厅高校审计工作研讨会在我校召开。

12月26日 学校科技大楼、图书馆大楼和教职工住宅小区破土动工。

12月 我校王荣祥教授被评为山西省十大藏书家第一名。

2002年

1月 学校被中共中央宣传部、教育部、共青团中央、全国学联评为2001年度“全国大中专学生志愿者暑期“三下乡，社会实践先进单位”。

2月28日 在太原市无偿献血表彰大会上，学校被授予“无偿献血标兵次获此殊荣单位”。

3月5日 共青团山西省委、山西省青年志愿者协会联合授予我校法律服务中心“山西省十佳青年志愿服务集体”称号。校团委荣获“山西省青年志愿者行动组织奖”。

3月11日 山西省科技厅厅长一行5人对我校的学科学位建设工作进行调研指导。

1月—3月 学校与太重的产学研合作项目被列为“山西省机械制造业信化示范工程”，专家通过论证认为，该项技术达到了省内领先水平和国内先进水平。

4月8日 山西省保密局业务处王鹤平处长一行5人对我校保密工作情况进行了检

查。他们一致认为，我校保密工作达到“良好”水平。

7月18日 学校与中国网通集团山西省公司太原市分公司签订通信网建设全面合作协议。

8月17日 长期制约我校发展的瓶颈因素之一——窊流路道路拓宽改造工程正式破土动工。

8月 北京迪科新元科技有限公司向学校捐赠价值30万元的非接触智能卡收费终端及相关系统和设备。

9月14日 法学系毕万万同学挺身而出救下山西财大女学生。

9月15日 北京新东方教育集团教育副总裁、新东方实用英语学院院长杜子华先生应邀来校讲学。

9月16日 山西省委书记田成平来我校考察调研，陪同人员有：省委常委、秘书长申联彬，副省长王昕，省教育厅厅长赵劲夫，以及省委副秘书长高卫东、省高校工委副书记贾坚毅等。田书记希望重机学院进一步发挥自身的特色和优势，不断推动科技创新，为把山西建成全国机械工业的重要基地做出新贡献。

9月 学校“系统工程”学科被评为山西省重点建设学科，“应用数学”学科被评为山西省重点扶持学科。

10月5日 学校举办“太原重型机械学院新世纪发展战略论坛”。

10月6日 学校在新建的体育场举行庆祝建校50周年大会。来自全国各地的两千余名校友、社会各界人士及全校万余名师生员工参加了庆祝大会。

10月 学校法律服务中心被评为2002年“山西省十佳优秀社团”。

10月 共青团山西省委授予学校团委及电子信息工程分院团委、经济管理系团委、材料科学与工程分院团委、机电工程分院团委“山西省五四红旗团委”称号；授予学校电子信息工程分院计算机9971班团支部、自动化0052班团支部、材料科学与工程学院材料0042班团支部、会计0061班团支部“山西省五四红旗团支部”称号。

2003年

1月18日 院长张少琴当选为山西省副省长。

2月21日 中共山西省委、山西省人民政府任命郭勇义任太原重型机械学院党委副书记、院长，鲍善冰任党委副书记，徐格宁任副院长。

5月7日 山西省副省长张少琴、山西省人民政府副秘书长郭惠民、山西省教育厅厅长李东福、山西省高校工委副书记贾坚毅、山西省教育厅助理巡视员李晓东、山西省疾病控制中心主任梅志强等一行10人来学校视察防控“非典”工作。

5月18日 山西省高校工委书记、省教育厅厅长李东福，省教育厅助理巡视员武保旺来学校调研。

5月25日 学校利用太钢线材厂管线引进南社生活用水工程完工并于当日开始供水，从而使学校长期缺水状况得到有效缓解。

5月27日 学校2003届研究生、日本国九州大学情报工学部的在读博士生梁建国为母校防控“非典”捐款。

6月26日 学校租赁太原市第一建筑工程公司房屋，改建为学生宿舍楼（2栋）和学生食堂相关合同正式签订。

9月23日—30日 在中国大学生飞利浦足球联赛上，学校男子足球队获分组赛第二名。

9月 校教务处李永堂、陶元芳、袁兆钧、石冰、文形民完成的“工科院校专业学科建设与教学改革研究”获省级教学成果二等奖。学校教师王晓慧、阎献国、李淑娟、温淑花完成的“工艺尺寸式及其应用”获省级教学成果三等奖。

10月 在山西省第七届“兴晋挑战杯”上，学校机电工程学院机自0027班董乃瑞同学的实践报告等2件作品获优秀奖，此外，该院还有7件作品获科技发明制作优秀奖。

11月5日 中国工程院院士、轧钢工艺与设备专家、成都无缝钢管厂高级工程师殷国茂院士应邀来我校作了“无缝钢管生产技术进展”的学术报告。

11月17日 学校征用小井峪乡南社村210亩土地补偿项目正式签字。

11月24日 山西省2004届毕业生就业谈会首场会议在我校举行。

12月17日 山西省高校思想政治工作检查组来我校检查调研。

12月26日 教育部专家组就我校更名为太原科技大学进行考察评估。

12月30日—31日 学校召开了第四届教职工代表大会第六次工会会员代表大会、大会通过了《太原重型机械学院进一步深化人事制度改革意见》，选举产生了第六届工会工作委员会，李新生当选为工会主席。

2004年

1月2日 教育部副部长赵沁平在山西省副省长张少琴、山西省教育厅厅长李东福、山西省高校工委副书记贾坚毅等领导的陪同下来我校视察。

1月5日—6日 教育部专家组就我校申请培养工程硕士单位进行考察评估。

2月19日 学校党委书记朱明当选山西省人大秘书长。

2月20日 中共中央、国务院在北京隆重举行国家科学技术奖励大会，由我校黄庆学教授主持完成的“九五”国家重大科技攻关项目“延长大型轧机轴承寿命研究”获2003年国家科技进步奖二等奖。

2月26日 山西省教育厅授予我校“2003年度教育对口支援先进学校”奖牌。

2月 学校教师徐格宁参加完成的科研项目“基于PDM重型机械设计系统”获山西省科技进步二等奖。教师孙大刚、林慕义、张学良完成的科研项目“阻尼缓冲结构动态设计理论研究”获山西省科技进步二等奖。

3月3日 山西省教育厅授予我校机电工程分院王春燕教授“山西省第一届高等学校教学名师”的荣誉称号。

3月6日 中国人民大学王云生教授和北京大学石春祯教授应邀来我校为准备考研的同学举办讲座。

3月8日 学校副院长徐格宁教授作为全国高校唯一特邀专家出席了在三峡坝区召开的三峡坝区“右岸大坝和电站厂房门式启闭机”第一次设计审查会议。

3月18日 山西省高校第一个“爱心互助基金会”在我校诞生。

4月16日 由我校林慕义副教授主持研究的“工程车辆全动力制动系统关键件的研制”通过山西省科技厅的专家鉴定，达到国际先进水平。

4月20日 学校材料科学与工程学院成型0016班李想同学拾金不昧受表扬，广西壮族自治区北海市关东酒店老板寄来感谢信。

4月29日 学校与太原市万柏林区东社街道办事处东社村村民委员会土地征用补偿合同正式签订。

4月 由中共山西省委、山西省人民政府组织开展的山西省第四次社会科学研究成果评奖揭晓。学校有3项成果获二等奖：乔中国、赵民胜撰写的《走向成熟》，朱明撰写的论文《山西高等教育在入世环境中的发展对策》，王耀文、刘永胜撰写的论文《藏书结构研究15年：文献、著作、学术观》。

5月13日 经教育部批准，我校更名为太原科技大学。

5月17日 美国奥本大学本尼非尔德教授应邀来我校做了题为"奥本大学工程学院学科建设与发展研讨"的讲座。

5月20日 山西高校领导班子思想政治调研组来我校调研。

5月26日 为迎接奥运圣火莅临中国，省城高校学子万人签名活动在我校启动。

6月3日 经山西省人民政府批准，我校运城工学院成立。

6月30日 中国工程院院士周世宁教授应邀来我校做了题为"创新思维方法"的报告。

6月 我校郭会光教授参加了《中国材料工程大典》编撰工作，主编大典中的《材料塑性成型工程》篇章。

7月 由我校与中国第一重型机械集团公司共同主办的全国大型锻造科技交流会议在太原召开。

8月17日—20日 由我校与太重集团（公司）共同主办的中国机械工程学会物流工程分会设备结构专业委员会五届三次学术研讨会及理事扩大会议在太原召开。

8月24日 我校在图书馆会议室举行了与日本丰桥创造大学合作交流签字仪式。校长郭勇义和佐藤胜尚先生分别代表我校和日本丰桥创造大学在合作意向书上签字，标志着两校间国际交流正式启动。

8月 由我校王春燕教授主持建设的本科"机械设计"课程被山西省教育厅评为山西省省级精品课程。

9月17日 中共山西省委、山西省人民政府来校宣布了我校新一届领导班子。杨波任党委书记，郭勇义任党委副书记、校长，鲍善冰任党委副书记，安德智任纪委书记，李志勤、李永堂、曾建朝、董峰、徐格宁、黄庆学任副校长。

9月 我校教师陶元芳获"山西省优秀教师"称号。

10月16日 学校更名揭牌庆典大会在校体育场隆重举行。

11月29日 山西省普通高等学校科技工作评估专家组对我校科技工作进行检查、指导。

11月 我校"机械设计基础实验中心"被评为山西省本科高校基础课示范实验室。

12月8日 中国工程院院士关杰被聘为我校教授。

12月 2002届毕业生王宁同学获用人单位"十佳毕业生"称号。

12月 我校教师陆风仪荣获山西省普通高等学校教学名师称号。

2005年

1月15日—16日 教育部专家组对我校华科学院进行评估。

1月 由我校研制的大型滚切机在河北文丰钢铁公司落户，此项成果填补了国内空白。

2月　由李月梅、贾跃虎、安高成等教师完成的科研项目“新型电液载敏感径向柱塞变量泵的研制”获山西省科技进步一等奖。由王鹰、文豪、韩刚等教师完成的科研项目“圆管带式输送机开发研制”获山西省科技进步二等奖。由郑荣、张亮有等教师完成的科研项目“通用门式起重机设计专家系统”获山西省科技进步二等奖。由张洪、林义等教师完成的科研项目“多功能冲击压路机开发应用”获山西省技术发明二等奖。

2月　我校教师陶元芳在社会主义劳动竞赛活动中荣立二等功。

3月6日　我校镁及镁业合金工程技术中心揭牌。

3月22日　国家自然科学基金委员会工程与材料科学部工程科学一处处长朱旺喜来我校指导工作。

3月27日　柳州市来我校举办专场人才招聘会。

3月　学校机械设计实验室被评为省级示范实验室；“机械设计制造及其自动化”专业被山西省教育厅评为首批“山西省高校本科品牌专业”。4月1日山西省基础与应用基础研究“十一五”计划及2020年远景规划计算机学科与自动化学科研讨会在我校召开。

4月16日　太原市文化局决定在省城建立10个重点广场文化活动点，我校被确立为首家校园广场文化活动点。学校举办了校园广场文化活动启动仪式。4月学校被授予全国机械系统内部审计先进单位荣誉称号，校审计处处长张恩来被授予内部审计先进工作者。

5月13日　全国首届设备监理工程师培训班在我校开班。

5月21日　中国汽车科技与产业发展专家报告会在我校举行。

5月　在由山西省红十字会、太原市红十字会举行的2005年世界红十字日纪念活动会上，山西省副省长王向我校颁发了“太原科技大学应急献血队”匾额。

6月　学校与美国德州仪器公司联合建立的T·DSP实验室正式投入使用。

8月1日　学校陆风仪教授主持建设的本科“机械原理”课程、卓东风教授主持建设的“电路”课程被评为山西省省级精品课程。

9月6日　中共山西省委常委、宣传部部长申维辰在山西省教育厅厅长李东福的陪同下来我校慰问教师。

9月25日　全国学位与研究生发展中心常务副主任王占军、山西省教育厅副厅长王李金、省学位办李成一行3人对我校的研究生教育工作进行了考察指导。9月学校“法律服务中心”被共青团中央、教育部、全国学联授予“全国高校优秀学生社团”荣誉称号。材料科学与工程学院的“爱心社”被共青团中央、全国残联授予“百万青年志愿者助残行动先进集体”荣誉称号。

9月　学校学生在“山西省大学生艺术展演”中取得好成绩：王硕和任青松的书法作品分获一等奖，并在随后的全国大学生艺术展演中分获三等奖。

9月　在“全国青年普通话演讲大赛”上，我校郑伟同学获山西省第一名，并获得全国二等奖。

11月20日—23日　山西省教育厅专家组对我校部分本科专业教学水平进行评估。

11月20日—25日　学校校长郭勇义和副校长李永堂、曾建潮带领学校相关部门负责人赴广西柳州工程机械集团公司等单位进行访问。

11月29日　学校化学与生物工程学院党委荣获山西省教育系统“先进基层党组织”称号。李焕梅等11人荣获山西省教育系统“优秀共产党员”称号。

12月4日 在中国高等教育学会后勤管理分会成立20周年庆祝大会上，我校荣获中国高校后勤工作先进集体称号。

12月12日—14日 我校学子、美国佐治亚理工学院教授周敏先生回校访问。

12月14日 山西省政协副主席吴博威率九三界别省政协领导来我校考察调研。

12月23日 中国工程院院士王一德先生被我校特聘为教授。

2006年

1月25日 经国务院学位委员会第22次会议批准，我校增列为博士学位授权单位。

2月5日 我校新增一级学科硕士点4个，硕士学位授权一级学科为力学、机械工程、材料科学与工程、控制科学与工程；二级学科硕点8个，即科学技术哲学、产业经济学、马克思主义基本原理、思想政治教育、光学、电路与系统、交通信息工程及控制、企业管理（含财务管理、市场营销、人力资源管理）。至此，我校硕士点总数达到了32个。

2月 在全省教育工作会议上，我校获得“学科学位建设工作成绩突出单位”和“对口支工作先进单位”称号。

2月 由王魔、韩刚、孟文俊等教师完成的科研项目“圆管带式输送机输送带横向反弹力试验台开发研制”获山西省科技进步二等奖。由杨建伟、杜艳平等教师完成的科研项目“近终形连铸过程液固温耦合理论和应用基础研究”获山西省自然科学二等奖。由林慕义、宁晓斌、张福生等教师完成的科研项目“工程车辆全动力制动系统关键件的研制”获山西省科技进步三等奖。

3月1日 学校在校大礼堂隆重召开申博成功庆祝大会。山西省人民政府副省长张少琴出席大会并作重要讲话。山西省教育厅厅长李东福，我校产学研事单位、太原重型机械（集团）公司董事长高志俊，山西师范大学校长武海顺，省教育厅、省科技厅有关部门的负责人出席了大会。山西大学、太原理工大学等省内高校研究生院、学位办等部门的负责人到会祝贺。会上，山西省教育厅厅长李东福宣读了山西省学位委员会、山西省教育厅关于转发国家学位委员会增列我校为博士授权单位的文件和《关于表彰奖励“学科学位建设工作成绩突出单位”的决定》；张少琴副省长、李东福长为我校颁发了奖金和奖牌。

3月27日 北京师范大学校长钟秉林教授应邀来我校做了题为《高等教育的发展与高等院校的改革》的报告。

3月 校工会主席李新生当选为山西省工会委员，校工会被授予“模范职工之家”称号。

4月1日—2日 我校召开学科建设暨研究生教育工作研讨会。

4月8日 校长郭勇义一行7人，到我校运城工学院进行了调研。

4月27日 学校召开2006年教学工作会议。主题是抓好“迎评促建”，深化教学改革，提高人才培养质量。

4月28日 学校特邀教育部普通高等学校本科教学工作水平评估专家委员会秘书处副秘书长钱仁根作了教学评估专题报告。

5月4日 我校获得山西省第十六届大、中学生田径运动会本科组团体总分第三名、体育学院组团体总分第三名的优异成绩，并荣获体育道德风尚奖的殊荣。

6月8日 我校与太原市建筑总公司合作办学项目签字仪式举行。

6月13日 原机械工业部副部长赵明生一行莅临我校，就学校发展工作给予了具体指导。

6月11日—13日 美国伊利诺伊大学厄洛尔·图图卢夫博士应邀来我校访问讲学做了题为《碎石基层长寿命沥青路面》的专题学术讲座。与我校签订了《太原科技大学与美国伊利诺伊大学厄洛尔·图图卢夫博士科研合作协议书》。

6月15日 第11次中美交流会议人力资源开发和终身教育小组交流会在我校举行。

6月 我校副校长徐格宁、黄庆学教授分别荣获“全国重型机械行业先进科技工作者”“全国重型机械行业优秀科技工作者”荣誉称号。我校副校长黄庆学教授被评为2006年“新世纪百千万人才工程”国家级人选。

11月19日—24日 教育部对我校本科教学水平进行评估。

本年度我校在“高教社杯”全国大学生数学建模赛上获国家二等奖1名、省一等奖1名、省二等奖4名、省三等奖3名。

2007年

3月12日 山西省委副书记金银焕在省委常务副秘书长吕德功，省高校工委书记、省教育厅厅长李东福，省高校工委副书记畅日宝，省教育厅副厅长王李金等人的陪同下，来我校调研。3月学校科研项目“空间七杆机构大型滚切剪机研制”获山西省科技进步一等奖。

3月 我校教师孙大刚、贾志绚完成的科研项目“410马力履带式推土机弹性悬挂机构”获山西省科技进步三等奖。闫献国、刘志奇、郭宏、张志鸿等教师完成的科研项目“组合夹具虚拟装配及管理系统”获山西省科技进步三等奖。

3月 由陆凤仪、朱建儒、徐格宁、杨文、孔祥莹完成的“机械设计基础实验教学新模式的探索与实践”获山西省教学成果一等奖。由王晓慧、闫献国、温淑花、张平宽完成的“机制工艺学教学内容创新与实践”获山西省教学成果二等奖。

4月17日 以李旭教授为组长的省教育厅函授站评估专家组一行5人对我校直属函授站进行了评估。他们一致认为，我校函授教育办学正规、专业结构合理、管理规范、教学效果良好。

4月19日 由省食品药品监督管理局、卫生厅、教育厅有关专家组成的学校食堂食品安全专项整治检组一行8人对我校食堂食品卫生安全工作进行了全面检查，认为我校食堂食品安全工作领导重视，制度完善，措施得力，落实到位。

4月26日 受我校镁及镁合金工程技术研究中心的邀请，德国镁项目专家组来我校进行了参观访问和学术交流。双方就镁生产加工及可能进行合作的领域进行了广泛深入的交流，德方专家威尔纳·比尔威施先生做了题为“镁与镁循环利用与技术”的讲座。

4月28日 我校镁及镁合金工程技术研究中心主任柴跃生教授与德方代表共同签订了关于镁及镁合金项目科技合作协议。

5月12日 我校2007级长治工程硕士班开学典礼在清华机械厂科技大楼隆重举行。

5月19日 江苏省徐州市鼓楼区区长、徐工集团原副总经理、我校校友束志明，徐工筑机公司总经理孔庆华，徐州同鑫行工程机械公司总经理、我校校友佟雪峰等一行6人来我校访问。

5月23日 “山西省装备制造业校企联合研究生教育创新中心”在我校成立。

5月25日 共青团山西省委在我校举办了“送岗位进校园”活动。太钢集团、州煤电集团、山西焦煤集团、汾西矿业集团、中铁十二局集团、香山汽贸等56家单位参加了此次活动，并提供就业岗位近2000个。山西电视台、黄河电视台、山西日报、山西工人报、山西晚报、山西青年报、太原日报、太原晚报、生活晨报等新闻媒体对本次活动进行了采访报道。

5月28日 山西省委副书记、省长于幼军，副省长张少琴带领科技创新调研组就我校产学研合作与科技创新情况进行了调研。

5月 我校应用科学学院团委被共青团山西省委授予2006年度山西省“五四红旗团委”荣誉称号。

5月 教育部下发了《关于公布中国人民大学等133所普通高等学校本科教学工作水平评估结论的通知》（教高评20071号），公布了教育部在2006年对133所普通高校进行本科教学工作水平评估的结果，我校的评估结果为优秀。

6月3日 以山西医科大学纪委书记顾昭明为组长的省高校工委检查组一行3人，就我校贯彻落实中央“四个长效机制”文件精神的情况进行了检查。

6月4日 以山西省保密局局长赵光毓为组长的保密资格审查认证检查组行9人对我校保密工作进行了审查。经审查，我校已经具备了申请军工二级保密资格单位认证的条件。

6月5日 山西省政协科教文卫体委员会视察组一行18人，在温泽先主任的带领下，莅临我校视察科技工作。

8月4日 校领导与建龙钢铁控股有限公司就科研合作、人才培养、奖学金、奖教金等方面的事项达成初步意向。

8月22日 我校“材料加工工程”学科研究生教育教学导师团队被评为山西省研究生教育优秀导师团队。

8月27日 日本丰桥创造大学前校长佐藤胜尚先生等一行3人来我校访问。期间，佐藤胜尚先生作了学术报告，使同学们更加了解了丰田生产模式的内涵与外延，促进了知识水平的提高。

8月27日 在全省科技大会上，省委、省政府对2006年度山西省科学技术奖获奖者进行表彰。

由我校黄庆学、孙斌煜、曹一兵、孟进礼、张其生、王晓慧、马立峰、秦建平、张小平、双远华、李玉贵、赵胜国、杨晓明、赵春江、杜晓钟和太原重工股份有限公司完成的“空间七杆机构大型滚切剪机研制”获科技进步一等奖第一名。

由李永堂、付建华、雷步芳、卓东风、齐会萍、巨丽、杜诗文完成的“高效、精密液气驱动棒料剪切机”获技术发明类二等奖。

由刘建生、安红萍、郭晓霞、陈慧琴、郭会光、郝南海完成的“塑性成形有限元数值模拟技术研究及应用”获自然科学三等奖。

由孙大刚、马卫东、吕佩学、贾志绚、郭歆健、沈浩、郝福完成的“410马力履带式推土机弹性悬挂机构”获技术开发类三等奖。

由闫献国、郭宏、张志鸿、杜娟、刘志奇、沈晋君、张彦雄、贾育秦、李建伟、宋冬芳完成的“组合夹具虚拟装配及管理系统”获技术开发类三等奖。

由闫志杰、宋建丽、柴跃生、同育全、申宝成完成的“非晶体合金的微观结构及其晶化动力学研究”获自然科学三等奖。

9月10日 国家人事部、教育部授予我校机电工程学院“全国教育系统先进集体”称号。

9月 山西省人事厅、教育厅授予陆风仪教授“山西省模范教师”荣誉称号。

9月 学校“机械设计及理论”“材料加工工程”顺利通过了山西省高校重点学科评审，“机械制造及其自动化”“管理科学与工程”通过了山西省高校重点建设学科的评审工作。

10月17日 为加强我校科技成果的知识产权保护及成果转化，我校邀请国家知识产权局机械发明审查部部长王澄为我校师生做了题为《专利与技术》的报告，国家知识产权局机械发明部审查员孙建梅、焦红芳分别做了题为《专利相关知识简介》《增强知识产权保护意识，促进我国企业飞速发展》的报告。

10月 太重集团与我校共同建立了太重一太原科技大学产学研合作战略联盟。

12月7日 由我校黄庆学教授、孙斌煜教授、孟进礼高级工程师、王晓慧教授发明的“滚切式金属板剪切机”经过初审、专业评审、终审三个阶段，成为太原市3个获奖专利之一。

12月21日 我校“机械设计及理论”“材料加工工程”学科被评为山西省重点学科。“机械制造及其自动化”“管理科学与工程”学科被评为山西省重点建设学科。

2008年

2月 山西省教育厅做出表彰决定，授予我校2007年全省教育系统“本科教学工作”优秀单位，“毕业生就业工作”“学生资助工作”“高校政风行风评议工作”“创建平安校园”先进单位，2006—2007年度省高校“文明单位”“大学生心理健康教育与咨询中心”“高校思想政治教育主题网站”达标单位等多项荣誉称号，我校为全省教育系统中获表彰最多的单位之一。

2月 在全省组织系统开展的“坚持公道正派，加强能力建设，永葆共产党员先进性”活动中，我校党委组织部荣获全省“先进组织部”荣誉称号，成为全省高校唯一获奖单位。

5月25日 以我校心理学副教授李晓林为队长，山西省第二批心理咨询专家援助服务队赴四川灾区出征仪式在我校举行。

5月28日 我校现代轧制工程技术研究中心研发的“大型滚切剪机”等科研成果在太原高新区数码港大厅展示时，受到了山西省委副书记、省长孟学农的极大关注。

5月29日 香港科技大学副校长黄玉山教授来我校访问。

6月23日 台湾高雄应用科技大学潘正祥教授为我校师生做了题为 *Intelligent Watermarking Technology*（智能水印技术）的报告。

6月 全体党员踊跃参加交纳“特殊党费”，支援地震灾区献爱心活动。

6月 我校工会荣获全国工会系统“模范职工之家”称号。经中华全国妇女联合会、全国五好文明家庭创建活动协调组批准，我校电子信息工程学院副院长李虹的家庭被表彰为第六届“全国五好文明家庭”。

9月22日 山西省副省长张平率省政府办公厅副秘书长郭惠民、教育厅厅长李东福、省环保局副局长关原成一行4人到我校南校区就高校周边安全问题进行调研。

9月23日 国家机械科学研究总院李新亚院长来我校访问。

10月5日—8日 由华南理工大学秦秀白教授为组长的教育部专家组一行8人我校对外语专业本科教学工作水平进行评估。

10月25日—26日 我校在第三届“动感地带” 大学生创业计划大赛终审决赛中获得金奖一名、银奖三名、铜奖三名及优秀创意奖、最佳创新奖和优秀组织奖的优异成绩。

11月18日 山西省财政厅张润生、解晓云、李艳琴一行3人莅临我校，对学校2006年和2007年省重点学科项目进行了绩效评估。

11月20日 以宁夏回族自治区发改委物价监督检查局局长张广军为组长的国家发改委教育收费专项检查组一行9人莅临我校就教育收费进行了专项检查。

11月22日 中国人民解放军艺术学院院长、北京2008年奥运会开闭幕式副总导演、残奥会开闭幕式执行总导演张继钢来我校做报告。

11月27日 山西省军工保密资格审查认证委员会检查组一行8人对我校军工保密资格进行了复查，并给予充分肯定。

12月1日 中国第二重型机械集团公司党委副书记、副总经理刘洪等一行3人访问了我校。双方就人才培养、科研合作等方面的工作进行了亲切的交谈。

2009年

1月6日—7日 我校召开第四届第三次教职工代表大会。

1月9日 我校黄庆学教授主持完成的“一种空间机构钢板滚切剪技术与装备”获2008年度国家科技发明二等奖。

3月 由我校王伯平、李平、薛天跃、朱健儒、袁文旭等教师完成的“互换性与技术测量课程立体式教材创新与实践研究”获山西省教学成果一等奖。

3月 由我校陆凤仪等教师完成的“机械原理和机械设计课程体系、课堂教学及实践教学综合改革研究”获山西省教学成果二等奖。

3月 我校机械设计制造及其自动化061401班王俊杰同学获2009年全国大学生数学竞赛山西赛区选拔赛一等奖。

5月 由我校教师徐格宁主持建设的本科“金属结构”课程被山西省教育厅评为山西省省级精品课程。

5月 我校徐格宁教授荣获山西省普通高等学校“教学名师”称号。

6月12日 学校在行政楼四层会议室召开了“小金库”专项治理工作会议，对我校开展“小金库”专项治理工作进行了动员和部署。

6月19日 我校“机械设计及理论”学科研究生教育教学导师团队获山西省研究生教育优秀导师团队。

7月29日 由我校教师张学良主持建设的硕士研究生课程“优化设计”被评为山西省首批研究生教育精品课程。

由我校教师温淑花编著的《仿生智能算法及其在机械工程中的应用》研究生教材获

山西省首批研究生教育优秀教材二等奖。

9月11日 山西省招考中心主任赵晶莅临我校检查指导开展深入学习实践科学发展观活动情况。

9月 由我校电子信息工程学院教师董增寿指导，自动化061502班董宇同学、交通信息工程研究生张凤春同学合作完成的“基于数学形态学和Hough变换的道路边缘提取”在第十一届“挑战杯”（航空航天）全国大学生课外学术科技作品竞赛决赛中获三等奖。

9月 在全国研究生数学建模竞赛（第六届）中，我校参赛选手再度取得优异成绩，共有4个参赛队荣获全国三等奖4项（山西省唯一获奖单位）。

10月 我校机电工程学院党总支在全省高等学校深入学习实践科学发展观活动中成绩显著，被中共山西省普通高等院校工作委员会授予“先进基层党组织”荣誉称号。

12月25日 山西省高校工委检查组一行3人，对我校2009年落实党风廉政建设责任制推进惩防体系任务完成情况进行了专项检查。

2010年

3月15日 我校与深圳华育昌就环保节能建设项目达成合作意向。

3月 由我校徐格宁等教师完成的“地方高校实验教学大平台的构建与实践”获山西省教学成果一等奖。

3月 徐格宁教授荣获全国优秀教师称号。李淑娟教授荣获山西省普通高等学校教学名师称号。

3月 由徐格宁教授负责的本科“金属结构”课程被评为全国精品课程。

3月 由王伯平教授负责的本科“互换性与技术测量”课程被山西省教育厅评为山西省省级精品课程

4月8日 我校与江苏江海集团产学研合作基地在海安县李堡锻压产业园区开工建设。

4月16日 我校与中冶陕西重工设备有限公司合作的工程硕士研究生班正式开课

5月6日 山西省省长王君调研山西省城文化产业发展。在太原高新区数码港展厅里，省长王君一行非常关注我校最新科技成果“大型空间七杆滚切剪机”和“大型钢板直机”。

5月26日 山西省委书记、省长王君率省政府有关厅局领导来我校视察指导工作。

5月28日 美国班尼迪克大学文学院院长玛利亚·卡梅拉博士访问我校。

6月20日—23日 我校召开中国共产党太原科技大学第七次代表大会。大会通过了党委工作报告和纪委工作报告，选举产生了新一届校党委委员：邓学成、安德智、李永堂、李志权、李志勤、杜江峰、杨波、郭勇义、黄庆学；选举产生了新一届校纪委委员：双远华、安德智、张文杰、吴素萍、贾月顺。

6月 我校王伯平教授主持建设的本科“互换性与技术测量”课程被山省教育厅评为山西省省级精品课程。

6月 我校教师李淑娟、牛学仁、李虹、韩如成荣获山西省普通高等学校教学名师称号。

6月 由我校徐格宁教授主持建设的本科“金属结构”课程被国家教育部评为全国精品课程。

6月 我校教师在山西省高校中青年教师教学基本功竞赛中荣获佳绩。其中经济与管理学院青年教师张翀获竞赛一等奖并被授予“山西省五一劳动奖章”；化学与生物工程学院教师张静、应用科学学院教师张新鸿、计算机科学与技术学院教师杨海峰获竞赛二等奖；环境与安全学院教师赵艳红、电子信息工程学院教师郭一娜、材料科学与工程学院教师葛亚琼、艺术系教师刘国芳获竞赛三等奖。

9月23日 由中国计算机学会（CF）主办，我校承办的2010全国地方计算机学会战略发展研讨会在太原举行。

9月23日—24日 由中国机械工程学会、中国金属学会冶金设备分会发起，由我校重型机械教育部工程研究中心承办的第一届"轧钢设备新技术国际研讨会（2010年）"胜利召开。

9月25日—27日 学校对调整后的117名科级干部进行了为期三天的培训。

9月26日 由我校及机器智能研究实验室、高雄应用科技大学（台湾）与哈尔滨工业大学深圳研究生院等联合承办，由电气电子工程师协会系统、人与控制论学会台南分会（IEEE Systems，Man，and Cybernetics Society (Tainan Chapter)）、电气电子工程师协会信号处理学会（IEEE Signal Processing Society）等发起的2010年社会网络计算国际会议在我校隆重召开。

10月8日 我校"工程力学"学科研究生教育教学导师团队获山西省研究生教育优秀导师团队。

10月14日 我校与山西国际电力集团有限公司就太阳能发电技术的研发应用及人才培养方面的合作事宜进行了洽谈。

10月17日—22日 徐格宁副校长对美国旧金山州立大学和北卡罗来纳大学夏洛特分校进行了访问，分别围绕教育教学、人才培养、学科建设等方面进行了深入交流，签署了《旧金山州立大学与太原科技大学关于访问学生的协议》《北卡罗来纳大学夏洛特分校与太原科技大学关于学术合作的协议》。

10月23日—24日 由我校复杂系统与计算智能实验室发起并组织的群智能系统国际研讨会（ISIS2010）隆重召开。

10月30日 中国工程院院士钟掘教授莅临我校，为我校师生做了题为《制造科学的使命与发展》的精彩学术报告。

11月4日 山西省委书记、省人大常委会主任袁纯清，省委副书记、省长王君带领省观摩检查组到太原市高新开发区进行观摩考察。袁纯清书记对我校党委副书记、副校长黄庆学主持研发的"大型空间七杆滚切剪机""复合式15辊钢板正机"等给予了高度评价。

11月16日—17日 我校组织正处级以上干部一行60余人赴山西省右玉县进行学习考察活动。

12月8日 我校党委书记杨波率学校有关职能部门、学院负责人一行6人赴三一重工集团进行了参观考察，双方进行了校企合作洽谈，并与三一重工起重机事业部签订了战略合作协议。

12月8日 我校在"天翼杯"2010中国机器人大赛——机器人武术擂台冠军赛上荣获无差别机器人擂台赛全国一等奖。

12月22日 美国北佛罗里达大学（University of North Florida）毛里西奥·萨雷斯副校长访问我校，就两校全方位合作进行商谈。

2011 年

1 月 14 日　中共中央、国务院在北京隆重举行国家科学技术奖励大会，我校黄庆学教授主持研发的“大型宽厚板矫直成套技术装备开发与应用”荣获 2010 年度国家科技进步二等奖，并在京参加表彰大会。

1 月 29 日　我校与南社村委会在学术交流中心签订了征用土地补偿协议及学生公寓租赁合作合同。

2 月 22 日　第十届全省高校思想政治理论教育部主任论坛在我校隆重举行。

2 月 28 日　在全省教育工作会议上，我校被授予“山西省高校科技创新先进单位”称号。

3 月 3 日　经国务院学位委员会第 28 次会议审议批准，我校“机械工程”“材料科学与工程”学科为博士学位授权一级学科。

3 月 3 日　我校与山西省环境规划院共建研究生培养基地协议签约暨揭牌仪式在省环境规划院隆重举行。

3 月 3 日　在山西省总工会召开的纪念“三八”国际劳动妇女节暨表彰大会上，我校电子信息工程学院女教师集体荣获“十大杰出知识女性集体”称号，被授予“巾帼标兵岗”荣誉称号，并荣立集体一等功。

3 月 29 日　我校安排部署“高校管理干部学习贯彻全国教育工作会议和教育规划纲要精神国家级远程专题培训”工作。

4 月 19 日　在山西省人大安焕晓副主任和省科技厅厅长贺天才的带领下，省教科文卫工作委员会调研组与科技厅有关人员一行到我校就科技创新及科技成果转化等工作进行了专题调研。

4 月 28 日　山西省政府郭立副秘书长及省政府办公厅五处负责人一行在校领导的陪同下对我校办学空间拓展问题进行了调研。

4 月　在山西省高校 2011 年安全工作会议上，我校再次荣获“山西省创建平安校园暨学校安全专项整治工作先进单位”和“2010 年度山西省高教保卫学会先进集体”称号。

5 月　我校张洪、陶元芳、李淑娟、贾育秦等教师完成的“机自品牌专业的建设和可持续发展”课题获山西省教学成果二等奖。

9 月 14 日　我校计算机科学与技术学院孙超利老师指导的“解天”队在全国大学生计算机博弈大赛暨第五届全国计算机博弈锦标赛中荣获一等奖。

9 月 27 日—30 日　我校 2011 年山西省干部自主选学第一期培训班圆满结束。培训专题为“干部修养”与“形象建设”。

9 月 28 日　我校与厦门银华机械有限公司正式签订了“厦门银华机械奖学金”协议。

10 月 9 日　我校举行了山推工程机械股份有限公司奖教（学）金颁奖大会和产学研座谈会，标志着我校将与山推工程机械股份有限公司就人才培养、科研合作等方面开展全方位的合作。

10 月 14 日　第二届“外教社杯”全国大学英语教学大赛总决赛在上海落幕，我校外国语学院青年教师张敏获第三名。

10 月 15 日　我校武术代表队在山西省第四届大学生武术锦标赛上获 8 枚金、6 枚银牌、3枚铜牌以及普通院系组女子团体第二名。

10月21日 我校举行“华力”企业奖学金颁奖仪式。

10月27日—31日 校党委书记杨波出席了中共山西省第十次党员代表大会。10月31日我校李俊林教授当选为民建太原市委第十届副主任委员。

11月16日 在国家发展和改革委员会“国家电子商务示范城市、国家物联网云计算试点示范、国家创新能力建设”授牌表大会上，我校控股的高新技术公司——太原科大重工的“山西省金属轧制精整装备工程研究中心”荣升为“国家地方联合工程研究中心”。

本年度 我校电子学院王宇洋同学和外国语学院郝娟同学在2011“外研社杯”全国英语演讲大赛山西赛区决赛中分别获得一等奖和二等奖。

2012年

2月12日 国家自然科学基金重点项目“环形零件短流程铸辗复合精确成形新工艺理论与关键技术”项目启动会在我校召开。

3月 我校学生心理咨询与研究中心被山西省心理学会评为2011年度“心理健康教育工作先进单位”。

3月21日 我校在全国第三届大学生艺术展演中共获得国家级奖项1个、省级奖项10个，被省教育厅授予“山西省第三届大学生艺术展演活动优秀组织奖”荣誉称号。

4月1日 我校人文社科学院应用心理学专业教师白洁获2012年度教育部人文社会科学研究青年基金项目资助。

4月12日 我校和江苏江海集团共建“锻压装备产业研究院”揭牌仪式在江苏省海安县锻压机械工业园区隆重举行。

4月29日 全国计算机专业精品课程教学研讨会在我校召开。

5月10日 山西省2012年普通高校招生工作会议在我校交流中心会议室召开。副省长张平出席会议并做了指示。

5月21日 我校学子在“第二届全国大学生机械产品数字化设计大赛决赛”中荣获二等奖。

6月2日 我校学子在“永冠杯”第三届中国大学生铸造工艺设计大赛荣获一等奖。

6月19日 我校与太原国家高新技术产业开发区签署产学研战略合作协议。

6月20日 我校顺利通过全省国家统一考试试卷保密室年检。

6月26日 中国系统科学研究会与我校合作建设“太原科技大学中国系统哲学研究中心”的签字仪式在我校学术交流中心隆重举行。

8月15日 我校学子在第五届“高教杯”全国大学生先进成图技术与产品信息建模创新大赛获两项个人一等奖。

10月6日 我校迎来了她的60华诞。当日清晨，社会各界、老校友与我校师生共同聚集在体育场举行了庄严热烈的纪念建校60周年庆典。

11月15日 我校获批博士后科研流动站设站单位，并在我校设立机械工程学科博士后科研流动站。

11月28日 我校学子在2012年全国计算机应用设计大赛中获金奖。

12 月 3 日　我校顺利通过了保密资格（二级）现场审查认证。

12 月 29 日　我校荣获“中国高等学校伙食工作先进单位”荣誉称号。

2013 年

1 月 8 日　我校黄庆学教授主持完成的“一种新型宽厚板滚动剪切方法与装备技术”荣获 2012 年中国机械工业科学技术一等奖。

3 月 25 日　我校与晋城市就合作办学以及开展产学研战略合作等有关事宜达成了共识。

5 月 15 日　我校获批建立山西省内唯一的首批民政部社会工作专业人才培训基地。

5 月 17 日　我校学子在“第三届全国大学生机械产品数字化设计大赛决赛”中荣获一等奖。

5 月 20 日　我校车辆工程专业和机械电子工程专业申请列为学士学位授予权通过专家考察。

5 月 31 日　我校荣获 2012 年度山西省创建“平安校园”先进单位。

6 月 8 日　我校分别在武乡县、襄恒县、潞城市和壶关县等地开展了党的十八大精神送学培训，累计授课 28 学时后圆满结束。

6 月 17 日　“太原科技大学——太原重型机械集团有限公司工程实践教育中心”成功获批国家级大学生校外实践教育基地。

6 月 18 日　学校和万柏林区政府签订了太钢线材厂土地《拆迁安置补偿协议书》。

8 月 16 日　山西省副省长张复明一行来我校考察调研。

9 月 7 日　由我校申报的国家级精品视频公开课《人类力量与智慧的延伸——物料搬运装备》在中国大学视频公开课官方网站“爱课程”网正式上线。

9 月 18 日　我校被评为全国大学生志愿服务西部计划“优秀等次项目办”荣誉称号。

10 月 5 日　我校晋城校区首届学生迎新工作全面展开。

10 月 10 日　太原科技大学晋城校区迎来了首届新生的开学典礼。

10 月 10 日　我校被评为“2013 年度全国厂务公开民主管理先进单位”。

10 月 15 日　我校学子在“2013 年全国大学生电子设计大赛”上获得全国一等奖　。

10 月 31 日　我校至善苑小区周转房如期完成分配工作。

10 月 31 日　我校博士后科研工作站首届博士后进站仪式隆重举行。

11 月 21 日　我校艺术学院教师孙长春、刘长燕的作品获德国红点概念设计优秀奖。

11 月 22 日　我校学子获第六届全国大学生网络商务创新应用大赛二等奖。

11 月 30 日　我校徐格宁教授凭借其参与承担的“工程机械超强钢臂架设计及制造基础共性关键技术研究与应用”项目获得了“中国机械工业科学技术奖”工程机械类的唯一一等奖。

12 月 14 日　我校徐格宁教授凭借其参与制定的 GB/T3811—2008《起重机设计规范》获得了“中国特种设备检验协会科学技术奖”机电类唯一一等奖。

12 月 14 日　我校为柳林县制定的《柳林县工业新型化发展规划》通过评审。

2014 年

1 月 10 日　我校徐格宁教授“大吨位系列履带起重机关键技术与应用”研究项目获

得 2013 年度国家科学技术进步奖二等奖。

1 月 17 日 吉林省人才工作领导小组办公室、中共四平市委组织部给我校党委发来感谢信，向我校及我校黄庆学教授带领的太原科技大学 10 人专家团队为四平相关产业和企业发展“把诊号脉”表示衷心感谢，表达了进一步深化校地、校企合作的强烈愿望。

1 月 24 日 我校黄庆学教授受邀参加了由中央人才工作协调小组办公室、中组部人才工作局、光明日报社主办的“完善人才评价机制”座谈会，并在座谈会上作了“建立科学人才评价体系，引导人才有序流动”的发言。

3 月 20 日 我校被评为“2012—2013 年度安全保密”先进单位，我校三位同志分别荣获先进个人和省国防科工办管理专家称号。

3 月 25 日 我校老年人体育协会被授予“山西省老年体育工作先进集体”。

3 月 27 日 我校被山西省高校精神文明建设指导委员会授予“高校文明单位”称号。

4 月 9 日 我校教职工代表大会被山西省总工会授予“五星级职代会”光荣称号。

4 月 25 日 我校被评为“山西省 2013 年度创建平安校园先进单位”。

5 月 5 日 我校举行中国系统哲学研究中心揭牌暨山西省高校人文社会科学重点研究基地申报工作启动仪式。

5 月 9 日 我校荣获“2013 年度山西省园林单位”称号。

5 月 16 日 我校学子在“第四届全国大学生机械产品数字化设计大赛”决赛中荣获一等奖。

6 月 21 日 我校与德国德累斯顿经济技术大学签署了校际合作协议。

8 月 18 日 我校学子在第八届全国大学生化工设计竞赛全国总决赛中荣获全国一等奖。

9 月 22 日 我校重型机械教育部工程研究中心荣获“第五届全国杰出专业技术人才先进集体”称号。

9 月 28 日 我校学生在 2014 年“科研类全国航空航天模型锦标赛暨中国国际飞行器设计挑战赛”中获得一等奖。

10 月 10 日 我校计算机和法学专业的教学与人才培养工作接受省教育厅专家组评估，评估结果为优秀。

10 月 28 日 万柏林区政府与我校签订《备忘录》，交接新校区项目用地（线材厂宗地 300 亩）。

10 月 30 日 我校作为首批试点单位代表参加全国设备监理工程硕士培养工作研讨会。

11 月 29 日 我校首批招收的工程硕士（设备监理）研究生 18 人全部完成了校内课程学习，通过了学位论文答辩。

12 月 12 日 我校啦啦操代表队在 2014 年全国啦啦操冠军赛上荣获大学丙组集体自由舞蹈自选动作第一名和大学丙组花球规定动作第一名。

12 月 17 日 由我校与山西东杰智能物流装备股份有限公司联合申报的“智能仓储与搬运装备实验室”获批 2014 年度立项建设省重点实验室。

2015 年

1 月 14 日 我校冶金设备设计理论与技术实验室受到了全国科技活动周组委办公室

和科技部政策法规司对“科研机构和大学向社会开放”活动的专项表彰。

1月23日　我校材料科学与工程学院与阳泉市长青石油压裂支撑剂有限公司合作建立的“油气压裂研究生教育创新中心”被认定为“山西省油气压裂研究生创新中心”。

3月17日　我校“机械设计制造及其自动化”专业顺利通过中国工程教育专业认证。

4月8日　我校新校区项目建设启动奠基仪式在新校区工地隆重举行。

4月11日　我校电子信息工程学院董增寿教授主持研制的“基于可信计算的工程车辆嵌入式数据采集终端”顺利通过专家组技术鉴定。

5月1日　我校材料学院荣获“工人先锋号”的称号。

5月11日　我校“智能物流装备山西省重点实验室”顺利通过山西省科学技术厅专家论证。

5月14日　我校被评为“山西省2014年度创建平安校园先进单位”。

5月22日　我校选送的艺术作品在全国大学生艺术展演活动中获得了国家级三等奖。

5月23日　我校学子在第十届全国大学生交通科技大赛决赛中荣获三等奖。

5月27日　省长李小鹏到我校晋城校区调研。

6月1日　我校计算机科学与技术本科专业人才培养质量、法学专业人才培养质量在省教育厅评估中获得优秀。

6月6日　我校学子荣获第六届中国大学生铸造工艺设计大赛一等奖。

6月17日　省委书记王儒林就如何让高校科研更好地服务于地方经济发展到我校进行调研，并与我校20余名专家教授进行了座谈。

7月11日　江苏海安领导和企业家组团来我校，与我校签订了《海安太原科大重型装备及轨道交通产业研究院执行协议》。

7月16日　我校顺利通过全省国防科技工业安全保密交叉检查。

7月20日　省委省政府宣布任命东北大学原党委常委、副校长左良同志为我校校长、党委副书记。

7月10日　我校学子组成的NewMaker队在第十四届全国大学生机器人大赛中荣获国家二等奖。

7月20日　我校学子在第八届“高教杯”全国大学生先进成图技术与产品信息建模创新大赛中首次荣获机械类团体二等奖的优异成绩。

7月27日　我校学子在第三届全国金相大赛中喜获一等奖1项。

8月22日　我校学子荣获第九届全国大学生化工设计竞赛全国总决赛一等奖。

9月22日　我校学子作品荣获BICES中国－第三届国际工程机械及专用车辆创意设计大赛二等奖。

9月26日　我校NewMaker创新实验室航模队在2015中国国际飞行器设计挑战赛暨科研类全国航空航天模型竞标赛的“对地侦查”比赛项目中，获得了一等奖。

10月17日　我校羽毛球队获得第四届“全国亿万学生阳光体育运动”大学生羽毛球挑战赛男子团体亚军。

10月26日　我校获得2014年度目标管理考核成绩优秀等次。

10月22日　我校马立峰教授负责的国家自然科学青年基金项目“金属板材滚动剪切复合连杆机构设计理论及控制系统研究”获得了2014年度“优秀结题”项目。

10月30日　我校大学生男子篮球队获得山西省第18届CUBA基层赛校园本科组冠军。

11月18日　我校申报的“太原重型机械装备协同创新中心”被省教育厅认定为按国家级协同创新中心要求进行建设的2个A类中心之一。

12月1日　我校学子在第八届全国大学生电子商务创新应用大赛中荣获全国总决赛“网络商务创新应用三等奖”。

12月2日　科技部所课题验收专家组对在我校主持下、与7所高校合作完成的国家重点基础研究发展计划（973计划）——“金属资源高效利用与加工基础研究”项目，进行了结题验收。该研究项目的结题情况顺利，通过了验收，并被评定为优秀。

12月11日　“第九届中国产学研合作创新大会”召开，我校孟文俊教授荣获“中国产学研合作创新奖”。

12月21日　省财政厅教科文处、省教育厅科技处组织专家组对依托我校建设的“太原重型机械装备协同创新中心”的发展规划进行了论证，并顺利通过。

2016年

1月6日　王志连同志就任我校党委书记。

1月12日　我校与中冶陕压重工设备有限公司签订产学研合作协议。

1月20日　我校闫志杰教授课题组成果在Nature旗下期刊Scientific Reports上发表。

4月5日　计算机学院获首批“面向工程教育本科计算机类专业课程改革项目”立项。

4月15日　我校学子在第七届全国大学生机械创新设计大赛慧鱼赛区竞赛中获得一等奖。

4月17日　我校与徐工集团签订《产学研战略合作协议》《联合培养博士后框架协议》和《共建工程实践教育中心协议》，并议定在太原科技大学设立徐工奖学金。

4月25日　我校被评为“山西省2015年度创建平安校园先进单位”。

4月28日　我校“智能物流装备山西省重点实验室”建设情况顺利通过山西省科技厅专家组验收。

5月17日　我校被评为2015年度省城平安单位。

5月16日　国家机关事务管理局就我校“十二五”公共机构节能示范单位进行考核，我校顺利通过并获得好评。

5月18日　我校召开南校区干部教师大会，对南校区管理运行模式进行了重大改革和调整。

6月4日　我校学子在全国大学生机械产品数字化设计大赛中获一等奖。

6月23日　山西省发改委下发文件，正式下达我校中央预算内投资计划8000万元。

8月15日　我校代表队在第九届“高教杯”全国大学生先进成图技术与产品信息建模创新大赛暨首届全国大学生工业产品设计（CAS）大赛（公开赛）两项赛事中，荣获机械类团体一等奖和产品设计一等奖两项大奖；多名学子获个人单项一等奖。

8月21日　我校申报的“企业社会责任研究中心”和“装备制造业创新发展研究中心”两个省级人文社会科学重点研究基地接受省教育厅专家立项评审，顺利通过。

8月19日　我校学子荣获第十届全国大学生化工设计竞赛全国总决赛一等奖。

8月23日　我校王欣洁、张新鸿老师分获“第二届全国高校数学微课程教学设计竞赛”一、二等奖。

9月7日 我校20多项科技成果在第六届国际能源产业博览会上大展风采。

9月22日 我校“山西省关键基础材料协同创新中心”建设规划通过论证。

10月15日 中国共产党太原科技大学第八次代表大会隆重开幕。10月15日晚19时，中国共产党太原科技大学第八次代表大会圆满完成了全部会议议程胜利闭幕。大会通过了《中国共产党太原科技大学第七届委员会工作报告》和《中国共产党太原科技大学纪律检查委员会工作报告》，选举产生了新一届党委委员、纪律检查委员。

10月13日 我校与英国阿斯顿大学签署合作协议，开启了两校合作的序幕。

10月20日 我校与江苏省海安高新技术产业开发区签署战略合作协议，联合建立太原科大海安高端装备及轨道交通研究院。

10月15日 我校Ner Maker实验室航模队在2016年中国国际飞行器设计挑战赛总决赛暨科研类全国航空航天模型竞标赛中，分别获得“对地侦查”项目国家一等奖、二等奖。

11月1日 省社会科学研究优秀成果评审委员会公布了山西省第九次社会科学研究优秀成果评奖获奖名单。此次评奖中，我校有9项成果获奖，其中，二等奖4项，三等奖3项，优秀奖2项。

11月19日 我校与山西日报客户端“晋青春”频道开展深度合作。

11月28日 我校学报荣获“中国高校编辑出版质量优秀科技期刊”。

11月29日 我校“重型与轨道交通装备学科群”与“清洁能源与现代交通装备关键材料及基础件学科群”这两个“山西省服务产业创新学科群”建设方案通过专家开题论证。

12月16日 由我校徐格宁教授主持的“十二五”国家科技支撑计划项目“基于疲劳寿命的通用桥式起重机可靠性分析方法研究”荣获2015年度山西省科技进步二等奖。

2017年

1月5日 中央电视台“科技创新驱动地方经济发展”专题摄制组，在江苏省海安县对我校最新研究成果在海安当地企业的转化情况进行了全程采访。

1月10日 我校陈立潮教授荣获中国大数据学术创新奖。

3月17日 我校学子在第八届全国大学生数学竞赛决赛中获得非数学专业组国家二等奖。

5月22日 科技部、教育部等多部门就《关于实行以增加知识价值为导向分配政策的若干意见》落实情况来我校进行专项督查。

6月2日 副省长张复明就山西省高等教育“1331工程”实施情况，来我校进行调研，并主持召开了“1331工程”准备情况座谈会。

6月9日 我校参赛队在第二届全国大学生油气储运工程设计大赛决赛中获得“工业园区供气工程”方向一等奖。

6月14日 我校材料成型及控制工程专业顺利通过工程教育专业认证。

6月16日 在第六届全国高校辅导员职业能力大赛决赛中，我校辅导员宋静作为山西省高校辅导员中唯一一位晋级全国总决赛的选手，荣获大赛三等奖。

6月31日 我校省级“1331工程”优势特色学科即机械工程学科建设计划通过论证。

7月21日 我校学子在全国大学生先进成图技术与产品信息建模创新大赛中再获团体一等奖。

7月22日 我校大学生在第五届全国高校大学生金相大赛中荣获特等奖和一等奖。

8月18日　我校学子荣获第十一届全国大学生化工设计竞赛全国总决赛一等奖。

9月23日　我校经济与管理学院的“太原科技大学创业研究院”申报山西省高校人文社科重点研究基地建设顺利通过省教育厅专家组评审。

10月27日　我校作品在“第二届中国大学生起重机创意大赛”中获得一等奖。

11月7日　我校崔志华教授担任主编的国际期刊再次入选中科院二区期刊。

11月14日　我校马立峰教授团队研制并转化应用的“宽厚板定制化轧制生产工艺及成套设备自主研发与应用”项目荣获2017年度“中国机械工业科学技术一等奖”。

11月14日　我校张敬芳教授等参与的“年产千万吨大采高智能采煤机关键技术研究和应用”项目荣获2017年度“中国机械工业科学技术一等奖”。

11月27日　我校重型机械教育部工程研究中心主任黄庆学教授当选2017年中国工程院机械与运载工程学部院士。

11月27日　我校学子荣获“百蝶杯”全国大学生物流设计大赛全国总决赛一等奖。

12月7日　我校学子作品在第十五届“挑战杯”大学生课外学术科技作品终审决赛中荣获国家三等奖。

12月8日　我校顺利通过全省国防科技工业安全保密交叉检查。

2018年

3月6日　我校王安红教授荣获“山西省十大杰出女职工”的荣誉称号。

3月22日　我校陈立潮教授在2018“科学之春”SSTM年度科学传播系列评选活动中荣获“2017年度山西科技创新人物”。

3月23日　我校学子在第九届全国大学生数学竞赛决赛中荣获非数学专业组全国一等奖。

3月27日　教育部全国学生资助管理中心发来贺信，祝贺我校梁宜楠同学获得国家奖学金。

5月14日　共青团太原科技大学委员会被共青团山西省委授予“五四红旗团委”荣誉称号。

5月29日　我校荣获“2016—2017年度山西省高校文明单位标兵称号”，朱江鸿同志荣获山西省“高校精神文明创建先进工作者”荣誉称号。

6月2日　我校学子在第八届全国大学生机械产品数字化设计大赛决赛中获一等奖。

6月2日　我校学子在第九届中国大学生铸造工艺设计大赛中荣获一等奖第五名的优异成绩。

6月19日　我校机械设计制造及其自动化专业第三次通过了工程教育专业认证。

7月24日　我校NewMaker战队在第十七届全国大学生机器人大赛-RoboMaster机甲大师赛总决赛中获得全国一等奖，名列十六强。

7月20日　在第十一届“高教杯”全国大学生先进成图技术与产品信息建模创新大赛中，我校代表队斩获团体二等奖。

7月31日　中国自动化学会发布了《中国自动化学会推荐学术期刊目录（试行）》，我校崔志华教授担任主编的国际期刊*International Journal of Bio-inspired Computation* (*IJBIC*)入选该目录中综合交叉领域的A类期刊。

8月1日 我校学子在全国大学生计算机博弈大赛暨第十二届全国计算机博弈锦标赛中获得了一等奖。

8月16日 我校学子在第十一届中国大学生计算机设计大赛全国决赛中荣获“Web应用与开发类”国家三等奖、“物联网与智能设备类”国家三等奖。

8月17日 我校学子荣获第十二届全国大学生化工设计竞赛全国一等奖。

8月25日 我校学子在第七届全国大学生金相技能大赛中获得一等奖。

8月26日 我校学子在2018“一带一路”暨金砖国家技能发展与技术创新大赛中成功摘得本次大赛的桂冠——首届工业结构优化设计及其增材制造技术大赛特等奖。

9月24日 在CADC2018中国国际飞行器设计挑战赛中，我校NewMaker实验室航模队获得了电动滑翔机项目国家一等奖。

9月30日 我校召开本科教育思想大讨论启动大会暨审核评估整改落实推进会。

10月13日 第十一届全国大学生创新创业年会举行，我校有1篇学术论文和1项展示项目共2项创新创业项目入选。

11月1日 我校NewMaker战队在第十二届Honda中国节能竞技大赛获得高校组一等奖。

11月9日 由我校主办的《太原科技大学学报》荣获“中国高校优秀科技期刊”荣誉称号。

11月14日 我校学子在第七届大学生软件设计大赛中获得全国三等奖。

12月14日 由教育部教育教学评估中心主办、我校承办的2018年工程教育认证骨干专家培训会召开。

12月17日 我校与中国科学院金属研究所签署“共建研究生联合培养基地协议”。

12月19日 2018年山西省科技计划项目立项公示结束，我校各类计划项目共计89项获得资助，立项数量和立项率创历史最高水平。

12月22日 我校与晋城市泽州县人民政府签署了《泽州县人民政府与太原科技大学产学研及招才引智战略合作协议书》。

2019年

1月18日 王一德院士受聘我校“双聘”院士聘任仪式在我校主楼2号会议室举行。

1月26日 我校山西省冶金装备中试基地被认定为2018年度首批山西省中试基地之一，属于先进装备领域。

3月15日 我校学子在第二届“徐工杯”绿色创新设计大赛中荣获挖机组唯一一等奖。

3月22日 我校共有2篇博士学位论文、6篇硕士学位论文入选省级研究生优秀学位论文。

4月11日 我校获得2017年度山西省科学技术奖4项。

4月28日 省委书记、省人大常委会主任骆惠宁来到我校，调研“改革创新、奋发有为”大讨论开展情况，同共青团员一起参加主题团日活动。

5月29日 我校马立峰教授团队研制并转化应用的“3500mm全液压滚切式热分段剪”在山东钢铁集团日照国家精品钢基地的国内首条3500mm炉卷生产线上调试成功。

6月6日 我校动态调整增列2个硕士学位授权一级学科：信息与通信工程、化学工程与技术；工程硕士专业学位授权点对应调整为7个专业硕士学位授权点：机械、材料与化工、电子信息、能源动力、资源与环境、交通运输、工程管理。所有申报全部获批。至此，我校硕士学位授权一级学科达18个，专业硕士学位授权点达10个。与此同时，我校的法律和社会工作2个专业硕士学位授权点通过了2018年全国学位授权点专项评估。

6月11日 重型机械教育部工程研究中心独立科研机构运行顺利启动。

6月13日 我校隆重举行太原科技大学（太原重型机械学院）老五届校友毕业五十周年返校纪念大会。

6月17日 郭孔辉院士受聘为我校“双聘院士”。

6月17日 我校《山西省新能源车辆工程技术研究中心建设方案》通过专家组论证。

6月18日 山西省公布第五批新兴产业领军人才名单，我校陈慧琴、周存龙、蔡江辉、楚志兵、陈峰华、刘宝胜6位教师同批次入选。

6月27日 我校新校区一期工程正式投入使用，西校区一期工程的教学区、办公区、宿舍区、运动区、生活及后勤服务区、校园文化与环境建设、安防设施均已投入使用并发挥了正常功能。目前，我校计算机学院、经济管理学院、法学院、外国语学院、艺术学院、人文学院等6个学院，已经全部入驻新校区。

7月30日 我校荣获支持山西有色金属行业组织发展“优秀会员单位”奖。

8月7日 我校获批2个山西省工程研究中心，分别是“山西省重载装备作业智能化与机器人系统工程研究中心”“山西省装备数字化与故障预测工程研究中心”。

8月17日 我校校区搬迁工作正式启动。此次搬迁涉及3个校区12个学院的6240名学生。

8月24日 我校学子在第四届中国大学生起重机创意大赛中获得一等奖，另有3件优秀作品入围2019年“好设计”创意奖评选资格。

8月25日 我校“Try战队”在第十四届全国大学生智能汽车竞赛总决赛中获得一等奖。

9月11日 我校机械工程学院荣获全国教育系统先进集体称号，马克思主义学院赵丽华教授荣获全国模范教师称号。

9月16日 我校牵头建设的“重型机械装备协同创新中心”被认定为省部共建协同创新中心，成功获批建设的国家级协同创新中心。

9月27日 我校材料科学与工程一级学科获批设立博士后科研流动站。

9月28日 我校民革山西省直属太原科技大学支部正式成立。

10月1日 庆祝中华人民共和国成立70周年大会群众游行方阵中，“奋进山西”彩车吸引了万千观众的目光。我校齐向东老师是山西彩车技术总负责人，他带领团队完成了山西彩车机械机构、材料焊接、电器、灯光、音响、视频监控等机械和电气控制系统的设计和制造。

10月8日 我校刘翠荣教授参加“原机械部高校七校就业联盟”工作会议并当选为新一届会长。

10月12日 “先进控制与智能信息系统山西省重点实验室”建设方案通过专家

组论证。

10月13日 我校“抛飞货运机场”项目参加第五届中国“互联网+”大赛之对话2049未来科技展。

10月18日 国家重点研发计划“智能机器人”专项“面向特钢棒材精整作业的机器人系统”项目启动暨项目实施方案评审会召开。我校作为课题牵头单位承担“基于机器人集群的特钢棒材智能精整生产线集成及工艺优化研究”的课题，同时还承担了其他课题里对应大型重载桁架机器人及轻载工业机器人的子任务。

10月20日 我校马克思主义学院教授刘荣臻主持的“新时代高校思政课青年教师队伍建设研究”获批2019年度国家社科基金思政专项立项，资助金额20万元。

10月23日 我校流体传动与控制学科产学研成果受邀参加亚洲国际动力传动与控制技术展览会。

11月5日 省教育厅公示了2019年山西省高等教育教学成果奖获奖名单，我校推荐的《基于SPOC线上线下融合互补的创新教学体系的构建与应用》等14项教学成果获奖。

11月22日 我校校友赵阳升教授当选为中国科学院院士。

12月2日 我校与中国科学院金属研究所签署了“中国科学院金属研究所与太原科技大学联合招收培养研究生实施方案”。

12月5日 马来西亚拉曼大学与我校签署合作协议。

12月16日 重型机械装备省部共建协同创新中心建设目标任务方案顺利通过专家组论证。

12月17日 我校楚志兵教授成功入选为山西省“自然科学创新类人才”，获得60万元财政专项经费支持。

12月23日 我校与鹏飞集团签订产学研合作协议。

12月23日 我校当选为中国校地合作联盟理事单位。

12月24日 由我校作为第一完成单位，马立峰教授作为第一完成人主持完成的“4300mm宽厚板轧制技术与成套设备研制与应用”荣获2019年度教育部高等学校科学研究优秀成果奖“科学技术进步奖二等奖”。

12月26日 2019年山西省科技计划项目评审基本结束，我校各类计划项目共计114项获得资助。

12月31日 我校”太原科技大学众创空间”与“太原科技大学重科博远众创空间”被认定为省级众创空间。

2020年

1月3日 艾瑞深中国校友会网正式发布了《2020中国大学评价研究报告》，我校位列全国高校第293位。

1月3日 教育部正式公布2019年度一流本科专业建设“双万计划”建设点名单。我校机械设计制造及其自动化、自动化2个专业首批入选国家级一流本科专业建设点，电气工程及其自动化、机械电子工程、焊接技术与工程、软件工程、环境科学、信息管理与信息系统、法学7个专业首批入选山西省一流本科专业建设点。

1月5日 “山西省机械工程学会八届十一次理事会扩大会议暨2020研讨会”在我

校召开。

2月20日 我校成功举办了2020届毕业生春季网络视频招聘双选会。

2月22日 中国高等教育学会《高校竞赛评估与管理体系研究》专家工作组公布2015—2019年和2019年全国普通高校学科竞赛排行榜，我校2019年全国普通高校学科竞赛排行榜位列全国第208位，较去年名次提升62位。

3月8日 教育部公布了2019年度普通高等学校本科专业备案和审批结果，我校成功获批数据计算及应用、功能材料、环境生态工程等三个新备案本科专业。

3月12日 山西省人社厅公布了第六批山西省院士工作站名单，由我校机械工程学院与中国工程院郭孔辉院士合作申报的山西省新能源车辆院士工作站在此次获批之列。

3月17日 我校谢刚教授、楚志兵教授获批"山西省学术技术带头人"称号。

3月27日 在2018年度山西省科学技术奖评选中，我校共获奖9项。重型机械装备省部共建协同创新中心王效岗教授团队开发的"特种金属板材辊式矫直关键技术装备开发与应用"项目荣获2018年度山西省科学技术进步奖一等奖。

5月29日 我校徐格宁教授与陈慧琴教授荣获2019年度"山西最美科技工作者"荣誉称号。

6月5日 我校与国家磁性材料质量监督检验中心签订协议，将在我校建设服务整个稀土永磁产业的"永磁材料性能测试评价中心"。

6月15日 我校在2019年山西省优秀博士、硕士学位论文评选中共有4篇优秀博士论文和7篇优秀硕士论文入选。

6月30日 我校在山西省工业和信息化领域产学研新型研发机构培育单位评选中，成功获批3个联合实验室：电子信息工程学院牵头申报的"山西省工业数字化与智能感知联合实验室"、化学与生物工程学院牵头申报的"山西省新型电池联合实验室"、机械工程学院牵头申报的"山西省智能重载装备与机器人技术联合实验室"。

7月1日 我校与山西建龙实业有限公司进行交流并签署产学研合作协议。

7月11日 根据科睿唯安基本科学指标数据库发布的最新数据，我校工程学学科首次进入ESI全球排名前1%，实现了零的突破，该学科在进入ESI全球排名前1%的1585所机构中排1567位。

7月22日 教育部公布首批新工科研究与实践项目结题验收结果，我校刘翠荣教授主持的《面向新经济的重型机械装备智能化专业探索与实践》顺利通过验收。

7月29日 我校与山西格力森重型传动机械有限公司举行了产学研合作基地揭牌签约仪式。

8月7日 中国金属学会发布了《关于表彰第十届中国金属学会冶金青年科技奖获奖者的决定》，我校马立峰教授获得表彰。

8月10日 山西省教育厅发文公布了2020年度高等学校省级质量工程项目立项建设名单，我校共有110个项目获批。

8月11日 我校与北京起重运输机械设计研究院有限公司签署产学研战略合作协议。

8月20日 据《2020年山西省工程研究中心立项通知》，我校获批2个工程研究中心，即智能检测与信息处理技术工程研究中心与重大装备液压基础元件与智能制造工程研究中心。

8月20日 我校与山西省小企业发展促进局围绕加快科技成果转化、引导毕业生就业等方面开展产学研战略合作达成合作协议。

8月23日 我校学子荣获第五届全国大学生生命科学创新创业大赛一等奖。

8月23日 我校学子第七次荣获全国大学生化工设计竞赛全国总决赛一等奖。

9月19日 我校与介休市政府就产学研合作方面进行了签约。

10月6日 我校刘翠荣教授当选中国机械工业教育协会院校就业创业委员会第一届理事会会长。

10月9日 我校举行了北斗三号卫星系统总设计师、我校杰出校友陈忠贵先生特聘教授聘任仪式。

10月23日 艾瑞深校友会网发布《校友会2020中国大学双一流建设评价报告》，首次公布中国大学创新人才培养质量排名500强，我校在排名榜中位列第141名。

10月27日 第五届全国高校青年教师教学竞赛决赛举行，我校青年教师陈梅作为文科组选手代表山西省出赛，荣获全国高校青年教师教学竞赛三等奖。

10月31日 主题为“聚焦六新蹚新路、项目为王促转型”的2020中国（太原）人工智能大会举行，我校协办本次大会并参加主题展览。

11月4日 我校参与建设的“山西生物质新材料产业研究院”正式揭牌。

11月18日 科睿唯安发布了2020年度“高被引科学家”名单，我校计算机科学与技术学院崔志华教授荣登榜单。

11月26日 我校与长治市建立太行高层次人才发展工作联盟。

12月1日 教育部办公厅发布了《教育部办公厅关于公布2020年度教育部工程研究中心评估结果的通知》，依托我校建设的“重型机械教育部工程研究中心”顺利通过评估。

12月3日 由我校刘传俊老师负责，廖启云、吴世泽、王峰、张丽等为课程团队成员的《商业伦理与企业社会责任》，荣获了线上线下混合式国家级一流本科课程。

12月11日 我校6项社科成果荣获山西省第十一次社会科学研究优秀成果，并喜获一等奖一项。

12月22日 我校学子在2020年“高教社杯”全国大学生数学建模竞赛中获国家级一等奖。

12月29日 在“2020好设计颁奖大会暨中国创新设计大会”上，我校马立峰教授团队研发的“新型液压驱动式钢板滚动剪切机”获得金奖。

12月31日 我校荣获山西省人力资源和社会保障厅、省扶贫开发办公室授予的“全省干部驻村帮扶工作模范单位”荣誉称号，并被省人社厅和教育厅予以“嘉奖”。我校李新明同志被授予“山西省干部驻村帮扶工作模范队员”荣誉称号，并成为全省教育系统被“记功”的3名同志之一。

2021年

1月25日 人力资源和社会保障部公布了2020年享受国务院政府特殊津贴人员名单，我校马立峰、王效岗教授喜获殊荣。

2月10日 我校在2020年山西省优秀博士、硕士学位论文评选中入选4篇博士学位论文和7篇硕士学位论文。

3月11日 教育部公布2020年国家级和省级一流本科专业建设点名单，我校入选国家级一流本科专业建设点2个、省级一流本科专业建设点11个。

3月19日 依托我校重型机械教育部工程研究中心运行建设的山西省冶金装备中试基地，入选山西卫视《转型进行时》专题节目。

3月24日 我校数字媒体技术专业顺利通过学士学位授权专业评审。

4月9日 我校与杭州爱力智控技术有限公司共建的"太原科大爱力智控产业技术研究院揭牌仪式举行。

4月12日 我校马立峰教授荣获"山西最美科技工作者"称号。

5月13日 我校与太重集团签署了矿山采掘装备及智能制造国家重点实验室共建共管共享协议。

5月21日 新华社网站和新华网客户端以《太原科技大学将建五大学科集群　为山西转型发展提供智力支撑》为题，报道我校在人才培养、科学研究、学科优化发展、成果转化落地等方面，对接山西省十四个战略性新兴产业集群，实施优化和改革，助推山西省转型发展的进展情况。

5月25日 我校驻汾西县驻村帮扶工作队荣获"山西省脱贫攻坚先进集体"称号，原包村工作队长李新明荣获"山西省脱贫攻坚先进个人"称号。

5月26日 由我校艺术学院张英民副教授团队打造的《"大学生基本音乐素养"课程建设与教学改革案例报告》，喜获高校美育改革创新优秀案例二等奖、山西省第六届大学生艺术展演活动一等奖。

5月28日 我校经济与管理学院副教授刘传俊负责的《商业伦理与企业社会责任》获批国家课程思政示范课程，刘传俊和课程组成员廖启云、吴世泽、王峰、王丽、张丽、盖兵、郭凌云等荣获课程思政教学名师和团队奖。

5月31日 我校选送的作品《用科学精神武装新时代青年》在第四届全国高校大学生讲思政课公开课展示活动中获得国家级优秀奖。

6月5日 我校举行李亮、盛志高特聘教授聘任仪式。

6月8日 我校与中国重型机械工业协会签署产学研战略合作协议。

6月10日 我校与山西建龙实业有限公司签署全面合作协议。

6月16日 我校车辆工程、材料科学与工程2个专业顺利通过工程教育专业认证。

7月9日 我校成功举办新工科专业"数据计算及应用"教学研讨会。

7月16日 我校郭银章教授当选中国计算机学会（CCF）太原分部主席。

7月16日 "太原科技大学校外实习基地""太原科技大学美育教育实践基地""太原科技大学中华优秀传统文化教育实践基地"揭牌仪式在太原古县城举行。

7月27日 在首届全国高校教师教学创新大赛中，我校王希云教授领衔、申理精、黄志强、孙宝等组成的《数值分析》课程团队荣获二等奖。

7月30日 我校与长治市鑫磁科技有限公司共建非晶纳米晶软磁材料产业技术研究院签约仪式举行。

8月1日 我校成功承办第32届中国过程控制会议。

8月3日 我校机械工程学院智能制造与控制技术研究所党支部博士生宁可入选第二批全国高校“百名研究生党员标兵”。

8月5日 我校与太原钢铁集团有限公司签订校企全面合作协议。

8月11日 我校与山西交通科学研究院集团有限公司签署全面合作协议。

8月13日 我校与长治高新区、山西机电职业技术学院正式签订共建协议，太原科技大学长治科技创新中心正式成立。

9月7日 据《山西省发展和改革委员会关于批复下达2021年山西省工程研究中心省级基本建设投资计划的通知》，由我校李传亮教授作为负责人的山西省精密测量与在线检测装备工程研究中心成功获批立项。

9月22日 我校与山西省民爆集团有限公司签署产学研合作协议及项目合作签约。

9月29日 中国共产党太原科技大学第九次代表大会隆重开幕。王志连同志代表中共太原科技大学第八届委员会向大会做了题为《坚定发展信心，强化责任担当，全面开启高水平研究应用型大学建设新征程》的工作报告。

9月29日下午 中国共产党太原科技大学第九次代表大会闭幕式举行。会议选举产生新一届中共太原科技大学委员会和纪律检查委员会，通过关于中共太原科技大学委员会报告的决议、关于纪律检查委员会工作报告的决议。

10月6日 我校隆重举行建校70周年校庆倒计时一周年启动仪式。

10月14日 我校学子在第十届全国大学生金相技能大赛中荣获全国一等奖。

10月17日 我校“先进特种金属材料产业技术研究院”和“磁电功能材料及应用山西省重点实验室”成功获批山西省新材料产业融通创新服务平台。

10月18日 我校与阳泉市政府举行市校合作集中签约仪式。

10月18日 我校学子在中国国际飞行器设计总决赛中获得国家级一等奖。

10月26日 我校与万柏林区委区政府战略合作协议签约暨高校科研平台延伸基地、高校科技成果转化基地揭牌仪式举行。

10月25日 我校桂海莲教授作为代表参加了中国共产党山西省第十二次代表大会。

11月4日 我校新校区实践教学楼和文法教学楼开工仪式隆重举行，新校区二期工程正式启动。

11月26日 教育部公布了首批135所“全国高校毕业生就业能力培训基地”名单，我校位列其中。

11月26日 我校报送的工作案例《同心抗疫稳就业精准帮扶显担当》入选全国普通高校毕业生就业创业工作典型案例。

11月30日 我校马克思主义学院教师骆婷和武艳红在第二届全国高校思想政治理论课教学展示暨优秀课程观摩活动评选中，分别荣获“马克思主义基本原理”和“中国近现代史纲要”课程教学展示一等奖。

12月3日 我校通过科技研发质量管理体系认证审核。

12月15日 在第六届山西省公共管理领域优秀科研成果评选中，我校人文社科学院王成老师和周玉萍教授完成的《居家养老服务供给中的社会资本困境与培育研究》获得一等奖；人文社科学院刘茜老师完成的《濠梁之辩：农村养老服务的政府补贴之困——基于对山西省农村日间照料中心的多点民族志考察》获得三等奖。

12月17日 我校成功主办第十六届生物启发计算国际会议。

12月21日 教育部高等教育司公布了2021年第二批产学合作协同育人项目立项名单，我校共有6项产学合作协同育人项目入选该立项名单。我校2021年共有12项产学合作协同育人项目获教育部立项。

12月22日 我校与沈阳露天采矿设备制造有限公司签署高端矿山装备协同创新中心合作协议。

12月25日 由浙江大学牵头，联合我校等10家单位共同申报的“内曲线液压马达关键技术研究及应用”项目，成功入选国家重点研发计划“高性能制造技术与重大装备”重点专项2021年度项目。

12月27日 我校被授予“全省高校统战工作‘五好’示范单位”。

12月27日 据《2021年山西省创新平台基地建设专项》，我校作为牵头单位获批2项，作为联合申报单位获批1项。

12月29日 由我校机械工程学院、冶金设备设计理论与技术省部共建国家重点实验室周存龙教授作为揭榜方技术总师，牵头揭榜并成功获批2021年度太原市科技计划“揭榜挂帅”项目——“5G通信用关键新材料制备技术及产品开发”。

12月30日 国家自然科学基金委公布了区域创新发展联合基金（山西）重点支持项目，我校获批两项。

2022年

1月12日 我校在2021年全省“五小”创新大赛中荣获一等奖，并被评为山西省“五小”创新大赛优胜单位。

1月13日 我校收到来自国家大气污染防治攻关联合中心的感谢信，对我校环境科学与工程学院院长何秋生教授为代表的科研工作者为推进太原市大气污染防治攻关工作做出的重要贡献和辛勤付出表示衷心的感谢。

1月14日 我校王建梅教授获“2021年中国产学研合作创新奖”。

1月25日 我校被命名为“社会主义核心价值观建设示范点”。

2月8日 据《2021年度山西省产业技术创新战略联盟认定名单的通知》，我校作为牵头单位获批3项。

2月22日 《2021年度山西省科技重大专项计划“揭榜挂帅”项目成功揭榜公告》发布，我校作为揭榜单位获批3项。

3月2日 我校与万柏林区签订校区战略合作协议和产教融合平台共建协议。

3月21日 我校王建梅教授被授予“山西省三八红旗手”荣誉称号。

附录

附录A　太原科技大学历届校领导名录及简介

表A-1　山西省机械制造工业学校、太原机器制造学校

历届党委书记、副书记、校长、副校长名录

姓　名	任职时间	职　务	备　注
支秉渊	1952年9月—1954年春	山西省机械制造工业学校校长； 太原机器制造学校校长	兼
李懋堂	1952年9月—1954年春	山西省机械制造工业学校副校长； 太原机器制造学校校长	兼
余　戈	1953年10月—1959年3月	太原机器制造学校副校长； 太原机器制造学校校长； 太原机器制造学校党委副书记	
孙　逸	1954年8月—1960年	太原机器制造学校副校长	
范耀华	1955年—1960年	太原机器制造学校副校长	
崔从正	1953年10月—1960年	太原机器制造学校党委副书记； 太原机器制造学校党委书记	
杜　力	1957年9月—1960年	太原机器制造学校党委副书记； 太原机器制造学校副校长	
赵　伟	1959年3月—1960年	太原机器制造学校校长	

表A-2　学校历届党委书记、副书记、纪委书记名录

姓　名	任职时间	职　务	备　注
阎　钊	1961年—1969年9月	太原重型机械学院党委书记	兼
杜　力	1961年—1969年9月	太原重型机械学院党委副书记	
寒　行	1972年3月—1973年10月	太原重型机械学院党委书记	军宣队
焦国鼐	1972年3月—1973年4月	太原重型机械学院党委副书记	
王维庄	1973年4月—1973年10月	太原重型机械学院党委副书记	
	1973年10月—1978年2月	太原重型机械学院党委书记	
水提夫	1973年10月—1983年6月	太原重型机械学院党委副书记	
赵寿延	1975年4月—1983年6月	太原重型机械学院党委副书记	
侯俊岩	1975年7月—1978年7月	太原重型机械学院党委副书记	
张锦秀	1975年7月—1983年6月	太原重型机械学院党委副书记	
王道华	1975年7月—1979年3月	太原重型机械学院党委副书记	
赵　伟	1978年7月—1978年11月	太原重型机械学院党委副书记	
	1978年11月—1983年11月	太原重型机械学院党委书记	

（续）

姓　名	任职时间	职　务	备　注
马　奔	1981年8月—1983年11月	太原重型机械学院党委副书记	
	1983年11月—1985年11月	太原重型机械学院党委书记	
王保东	1983年6月—1985年11月	太原重型机械学院党委副书记	
	1985年11月—1994年12月	太原重型机械学院党委书记	
刘世昌	1985年11月—1999年11月	太原重型机械学院党委副书记	
谢永昌	1987年8月—1994年12月	太原重型机械学院纪委书记	
王明智	1994年12月—1997年9月	太原重型机械学院党委书记	兼
师　谦	1994年12月—2004年9月	太原重型机械学院党委副书记	
李永善	1994年12月—1999年11月	太原重型机械学院纪委书记	
张进战	1997年9月—1999年5月	太原重型机械学院党委书记	
朱　明	1999年11月—2004年2月	太原重型机械学院党委书记	
安德智	1999年11月—2004年9月	太原重型机械学院纪委书记	
郭勇义	2003年2月—2004年9月	太原重型机械学院党委副书记	
鲍善冰	2003年2月—2004年9月	太原重型机械学院党委副书记	
杨　波	2004年9月—2015年12月	太原科技大学党委书记	
郭勇义	2004年9月—2015年3月	太原科技大学党委副书记	
鲍善冰	2004年9月—2010年2月	太原科技大学党委副书记	
安德智	2004年9月—2010年12月	太原科技大学纪委书记	
李志勤	2005年1月—2012年12月	太原科技大学党委副书记	
黄庆学	2010年2月—2015年12月	太原科技大学党委副书记	
王宝儒	2010年12月—2015年12月	太原科技大学纪委书记	
张　飞	2012年12月—2015年12月	太原科技大学党委副书记	
左　良	2015年6月—2018年6月	太原科技大学党委副书记	
王志连	2015年12月—今	太原科技大学党委书记	
王宝儒	2016年1月—2019年2月	太原科技大学党委副书记	
徐德峰	2016年5月—2017年11月	太原科技大学纪委书记	
师东海	2016年9月—2021年7月	太原科技大学党委副书记	
萧芬芬	2017年11月—今	太原科技大学纪委书记	
卫英慧	2018年6月—2020年11月	太原科技大学党委副书记	
刘翠荣	2019年5月—今	太原科技大学党委副书记	
白培康	2021年5月—今	太原科技大学党委副书记	
杨全平	2021年8月—今	太原科技大学党委副书记	

表A-3　学校历届行政领导名录

姓　名	任职时间	职　务	备　注
阎　钊	1961年—1969年9月	太原重型机械学院院长	兼
赵　伟	1962年4月—1969年9月	太原重型机械学院副院长	
	1978年7月—1981年8月	太原重型机械学院院长	

（续）

姓　名	任职时间	职　务	备　注
胡君良	1962年4月—1969年9月	太原重型机械学院副院长	
	1969年9月—1978年2月	太原重型机械学院革委会副主任	
	1978年2月—1983年6月	太原重型机械学院副院长	
赵涌泉	1969年9月—1978年2月	太原重型机械学院革委会副主任	
	1978年2月—1983年6月	太原重型机械学院副院长	
水提夫	1971年7月—1978年2月	太原重型机械学院革委会副主任	
	1978年2月—1983年6月	太原重型机械学院副院长	
寒　行	1971年10月—1972年3月	太原重型机械学院革委会主任	军宣队
焦国鼐	1972年3月—1973年4月	太原重型机械学院革委会主任	
王维庄	1973年4月—1975年4月	太原重型机械学院革委会主任	
侯俊岩	1975年4月—1978年2月	太原重型机械学院革委会主任	
	1978年2月—1978年7月	太原重型机械学院院长	
赵寿延	1975年7月—1978年2月	太原重型机械学院革委会副主任	
	1978年2月—1983年6月	太原重型机械学院副院长	
张锦秀	1975年7月—1978年2月	太原重型机械学院革委会副主任	
	1978年2月—1983年6月	太原重型机械学院副院长	
王道华	1975年7月—1978年2月	太原重型机械学院革委会副主任	
	1978年2月—1979年3月	太原重型机械学院副院长	
董仕琛	1980年6月—1985年11月	太原重型机械学院副院长	
方永臣	1980年12月—1985年11月	太原重型机械学院副院长	
马　奔	1981年8月—1983年6月	太原重型机械学院院长	
曾一平	1983年11月—1985年11月	太原重型机械学院院长	
陆　植	1983年6月—1985年11月	太原重型机械学院副院长	
谢永昌	1983年6月—1987年11月	太原重型机械学院副院长	
黄松元	1985年11月—1990年7月	太原重型机械学院院长	
朱永昭	1985年11月—1994年12月	太原重型机械学院副院长	
张玉芳	1987年11月—1990年7月	太原重型机械学院副院长	
王保东	1990年7月—1992年9月	太原重型机械学院院长	兼
彭瑞棠	1990年7月—1994年12月	太原重型机械学院副院长	
李永善	1990年7月—1994年12月	太原重型机械学院副院长	
王明智	1992年9月—2000年10月	太原重型机械学院院长	
郭希学	1994年12月—1999年12月	太原重型机械学院副院长	
王　鹰	1994年12月—1999年12月	太原重型机械学院副院长	
李荣华	1994年12月—1999年12月	太原重型机械学院副院长	
张少琴	1999年12月—2000年10月	太原重型机械学院常务副院长	
	2000年10月—2003年1月	太原重型机械学院院长	

（续）

姓　名	任职时间	职　务	备　注
李永堂	1999年12月—2004年9月	太原重型机械学院副院长	
曾建潮	1999年12月—2004年9月	太原重型机械学院副院长	
董　峰	1999年12月—2004年9月	太原重型机械学院副院长	
李志勤	2000年10月—2004年9月	太原重型机械学院副院长	
郭勇义	2003年1月—2004年9月	太原重型机械学院院长	
徐格宁	2003年1月—2004年9月	太原重型机械学院副院长	
郭勇义	2004年9月—2015年3月	太原科技大学校长	
李志勤	2004年9月—2005年1月	太原科技大学副校长	
黄庆学	2004年9月—2015年12月	太原科技大学副校长	
李永堂	2004年9月—2015年3月	太原科技大学副校长	
曾建潮	2004年9月—2015年12月	太原科技大学副校长	
董　峰	2004年9月—2013年1月	太原科技大学副校长	
徐格宁	2004年9月—2015年7月	太原科技大学副校长	
柴跃生	2010年1月—2020年1月	太原科技大学副校长	
李　忱	2010年4月—2016年7月	太原科技大学副校长	
李俊林	2013年6月—2017年2月	太原科技大学副校长	
左　良	2015年7月—2018年7月	太原科技大学校长	
邓学成	2016年8月—2021年9月	太原科技大学副校长	
刘翠荣	2016年8月—今	太原科技大学副校长	
谢　刚	2016年8月—今	太原科技大学副校长	
姜　勇	2017年7月—2019年7月	太原科技大学副校长	
王枝茂	2017年12月—2021年9月	太原科技大学副校长	
靳秀荣	2017年12月—2021年9月	太原科技大学副校长	
卫英慧	2018年7月—2020年11月	太原科技大学校长	
李俊林	2019年5月—2021年9月	太原科技大学副校长	
白培康	2021年5月—今	太原科技大学校长	
刘向军	2021年9月—今	太原科技大学副校长	
侯　华	2021年9月—今	太原科技大学副校长	
马立峰	2021年9月—今	太原科技大学副校长	

历届校领导简介

支秉渊（1897—1971年）男，浙江省嵊县人。“中国汽车之父”“中国内燃机第一人”。是新中国成立前中国知名的机械电器工业专家，又是威望很高的民族工业企业家。任中国工程师学会上海分会会长。是上海新中动力机厂、上海机床厂、太原重型机器厂、山西省机械制造工业学校（学校的前身）的创始人，是我国最早制成内燃机的人，抗日战争时期在湖南祁阳主持试制第一辆具有中国制造意义的汽车。1943年冬，中国工程师学会为表彰他领导制造内燃机的开创性成就，授予他金质奖章荣誉。重庆《大公报》誉之为“中国的福特”。他成为继侯德榜、凌鸿勋、茅以升、孙越崎之后第五个获得这项中国工程技术界最高荣誉的人。他对铁路桥梁工程也卓有建树，其发明的架梁新法及器械沿传于世。新中国成立后，曾任华东工业部机械处处长，中央重工业部重型机器厂（即现太原重型机器厂）筹备处副主任，后任该厂副厂长兼总工程师兼山西省机械制造工业学校校长，后调任沈阳矿山机器厂任副厂长兼总工程师，后任北京起重运输机械研究所副所长兼总工程师。1971年8月25日殁于河南信阳。1979年2月，支秉渊的灵骨移至北京八宝山革命公墓，在八宝山礼堂补开了追悼会。

李懋堂（1912—？）男，原名李德原，字懋堂，1912年10月23日出生于山西省浮山县米家垣乡滑家河村。抗日战争时期曾化名李建华。1934年浮山县二年制师范毕业，1935年任浮山县公安局文书，1936年12月考入山西牺盟会政协助员训练班，受训期间参加了牺盟会、抗先队，发展牺盟会员，建立牺盟会组织。1937年4月—5月到国民党军官教导二团受训，“七七”事变后到浮山县大卫编村任抗日村长，1938年8月调长治山西省五专署行政干校受训。1939年4月经八路军工作团郑哲生介绍加入中国共产党，之后历任浮山县中山简易师范教员，县政府秘书，冀氏县一区区长，青城县民主县政府责任秘书，临汾一中副校长、校长，临汾专署教育科科长，太原重型机器厂技工学校校长兼山西省机械制造工业学校、中央第一机械工业部太原机器制造学校副校长，太原一中副校长，太原市南城区副区长兼文教卫生局长，太原市双塔人民公社党委副书记、社长，太原五中校长。1982年年底离休，曾被评为“头等战斗功臣”。

余戈（1923—？）男，四川省资中县人。1938年毕业于重庆治平中学，并加入中国共产党，入陕北公学、抗日军政大学学习。曾任八路军一一五师三四四旅六八八团宣传队大队长，后任八路军一二九师新一旅宣传队指导员，并入八路军野战政治部鲁迅艺术学校学习。1943年部队整编，调地方工作，先后任平顺县二高教导主任、太行财经学校副教导主任。新中国成立后，历任山西省第二工业学校、山西采矿工业学校副校长，第一机械工业部太原机器制造学校校长，德阳重型机器制造学校校长，第二重型机器厂教育处处长，中共山西省委宣传部教育处处长，运城地区教育干部学校党委书记，中共山西省委政策落实办公室副主任。1981年任山西省储备物资管理局副局长、党组成员，后任顾问。1985年离休。

孙逸（生卒年月不详）男，1954年8月至1960年任中央第一机械工业部太原机器制造学校副校长。

范耀华（生卒年月不详）男，1937年参加革命，1938年1月担任二区公社助理员；1940年1月，在基干游击队任管理员；1942年2月任河南区队供给员；1944年任孟阳支队供给部副主任；1945年11月，在三十一团任供给部主任；1948年10月，任中国人民解放军六十四军后勤部军械科长；1950年1月，任一九一师后勤处副处长；1950年12月，赴朝鲜作战；1953年6月，任华北军区军干部部长；1954年5月，转业到一机部教育局筹办长春汽车拖拉机学院；1955年8月，由长春调太原机械制造学校任副校长；1960年，任副总务长；1968年至1977年12月任太原重型机械学院总务长。

崔从正（生卒年月不详）男，1953年10月至1960年任中央第一机械工业部太原机器制造学校党委副书记、书记。

杜力（1921—？）男，河北灵寿人，曾名荣贵。1934年毕业于灵寿县高小。1939年加入中国共产党。曾任灵寿县小学教师、副区长、县政府督学，河南襄城县区长，中共湖北省阳新县委宣传部部长、组织部部长。1957—1960年任中央第一机械工业部太原机器制造学校副书记、副校长，后任太原重型机械学院党委副书记，山西省中小学教材编审室副主任，山西省教育厅人事处处长。1980年任山西省教育厅副厅长。

赵伟（1924—2019）男，山西省偏关县人。1938年参加牺盟会。1940年加入中国共产党。曾任岢岚牺盟中心区干事，偏关县区青救会主席、抗联主任。1947年入中共中央晋绥分区党校学习。新中国成立后，1958年毕业于汉口机械制造学校机制专业。历任中共成都市区委副书记、区长，太原重型机器制造学校校长，太原重型机械学院副院长、省交通局副局长，1978年任太原重型机械学院院长、党委书记。主编《1949—1983年太原重型机械学院史》。

阎钊（1920—）男，山西省临县人，1939年加入中国共产党。曾任山西青年抗敌决死队第四纵队十七团连政治工作员，十九团政治部干事，离东县区长，临南县区武工队队长，中共临南县县委书记。新中国成立后，历任中石县委书记，兴县地委组织部副部长，太原重型机器厂党委副书记、副厂长，太原重型机械学院党委书记兼院长，中共山西省委工交政治部副主任，临汾钢铁公司党委书记，省冶金局副局长。1978年任山西省总工会第五届主席。是中华全国总工会第九届执委会委员，中共十二大代表，中共山西省顾委委员。

胡君良（1922—2017）男，浙江省宁波市人，大专文化。1940年参加新四军苏北“抗大”五分校学习，1941年5月至1945年5月先后任中共苏北区党会保安大队政治教员，新四军三师八旅休养所副政治指导员，阜东独立团苏北政治部政治指导员，宣传干事。1946年1月至1952年2月任新四军十纵队印刷厂厂长，《皖北日报》经理主任。1952年12月至1958年5月任太原重机厂机械动力处副处长，1959年5月至1962年2月在清华大学机械制造专业学习，1962年4月至1969年9月任太原重型机械学院副院长，1969年9月至1978年2月任革委会副主任，1978年2月恢复原副院长，任至1983年6月，1984年离休，享受正厅级待遇。

赵涌泉（1924—）男，山东省沾化人。1940年参加山西青年抗敌决死队。1944年加入中国共产党。曾任西北军区兵工八厂工会主席，军区后勤部南下政治工作队队长、指导员。曾获晋绥军区劳动模范称号。新中国成立后，历任太原重型机械学院党委组织部部长、人事处处长。1978年任太原重型机械学院副院长。编有《西北兵工史料编》。

水提夫（1916—1996）男，山西省汾西县人。1938年参加八路军，同年加入中国共产党。曾任八路军一一五师副指导员、教导员。新中国成立后，毕业于军事学院党史班。历任华北军政大学八队指导员，军事学院大队政委，装甲兵学院机械化系副政委、政委，山西师范学院、太原重型机械学院党委副书记，1978年任太原重型机械学院副院长。

寒行（1925—？）男，江苏省启东人，1943年加入中国共产党，同年参加新四军。曾任启东区队指导员，区社会科科长、公安股股长，中共苏中区东南县委秘书，苏中九分区团政治处股长，二十九军团教导员。参加淮海战役、上海战役。新中国成立后，历任第十兵团师文化科科长、公安十三师团政治处主任。1957年后任边防十九团副政委、政委，守备七师政治部副主任，国防部办公厅外事局第一研究室副主任，山西省军区独立师副政委。1971 年 10 月至 1972 年 3 月任太原重型机械学院革委会主任。1977 年任临汾军分区副政委。1960 年被授予中校军衔。曾获三级解放勋章。

焦国鼐（1909—？）男，山西省广灵人。1931 年北平师范大学肄业。1932 年加入教育劳动者联盟。1937 年加入中国共产党。曾任太原成成中学教师，保德县战地动员委员会主任，雁北专署秘书主任，察哈尔省财政厅厅长，北岳行署财政厅厅长。新中国成立后，历任山西省财政厅厅长，华北行政委员会财政局副局长、局长，山西省计委副主任、主任，中共山西省委常委，山西省副省长，太原重型机械学院革委会主任，山西大学校长、党委书记，山西省第四届政协副主席。1979 年当选山西省第五届人大常委会副主任。中共八大代表，第二届、第六届全国人大代表。

王维庄（1916—？）男，河南省博爱人。1937 年加入中国共产党，曾任中共晋东南特委干事，晋城县委副书记，芮城县委书记。新中国成立后，历任太原铁路局政治部主任，中共汾阳县委书记，太原工学院党委书记，太原重型机械学院党委副书记、书记、革委会主任。1978 年当选为山西省总工会副主席。

侯俊岩（1910—1980）男，山西省平遥人。1927 年加入中国共产党。1932 年毕业于北平法学院。长期在教育界从事党的秘密工作。1937 年参加牺盟会，次年参加山西工卫旅。曾任牺盟总会特派员训练班指导员，山西工卫旅政治部主任、旅长、政委，晋绥边区第七专署专员，晋绥军区第八军分区司令员。新中国成立后，历任中共北京市教育局党组书记、副局长，教育部中学司司长，中共山西省委文教部高教处处长，太原重型机械学院革委会主任、院长，省教育厅副厅长。1977 年当选为第五届山西省人大常委会委员。

赵寿延（1921—2015）男，山西省武乡人。1936 年毕业于武乡县第一高小，1938 年加入中国共产党。曾任武乡独立营指导员，县武委会组织部部长，第一高小校长，淇县区长，邢台农林职业学校教导主任，太行第四干部中学秘书。新中国成立后，历任长治专区行政干部学校主任、干部文化补习学校副校长、专区工会主任，平顺县县长，山西农学院农学系党总支书记、党委宣传部部长，1975 年任太原重型机械学院党委副书记，1978 年 2 月至 1983 年 6 月任副院长。

张锦秀（1935—2019）男，河北省安国市人，副教授。1952 年参加工作，1955 年加入中国共产党；历任太原重型机器厂工人、车间计划调度员、车间党支部书记、厂团委书记、党委委员、宣教科长、宣传部长、太原市委党校政治经济学教研组理论辅导员等；1975 年 7 月至 1978 年 2 月任太原重型机械学院革委会副主任，1978 年 2 月至 1983 年 6 月任学院副院长，1983 年 10 月任学院党委副书记、副院长，曾任学院党委委员、统战部长、宣传部长、思想教育教研室主任；担任山西省高校思想政治研究会理事，山西高等学校“社会科学学报”编委、副主编；毕业于中国人民大学函授学院，是中共山西省第四次代表大会代表。1995 年 12 月退休。参编的主要著作有《1949—1983 年太原重型机械学院史》、《形势与政策》（1989）、《关于社会主义若干问题解析》（1990）、《信念与使命》（1991）；主编著作有《国情与国策》（1991）、《科技道德教程》（1993）；发表论文 20 余篇；入录《山西名人辞典》《山西社科人物综览》《河北教育史志》《学海名师（高教卷）》《中国专家大辞典（第 8 卷）》等。

王道华 资料不详。

董仕琛（1927—2002）男，福建省福州市人，中共党员。1950 年毕业于北洋大学机械工程系，1954年调入我院工作，曾任学院副院长，为我院锻压专业、工程机械专业主要创始人。先后主讲过“塑性成形原理”“锻压工艺”等课程，其主要研究方向为“相似理论在金属塑性加工和模具设计中的应用”，先后在国内外学术会议和学术期刊发表论文数十篇，其科研成果“发电机护环技术”曾获国务院重大科技成果一等奖，省部级科技成果二、三等奖；获国家教委颁发的从事科技工作荣誉证书等。曾受机械部委托任团长率我国学术代表团赴新加坡参加第二届国际模具学术会议，由国家教委组团赴香港参加第一届国际制造科技会议等。长期担任山西省机械工程学会科技顾问，其事迹被收入国家人事部组织编写的《中国专家大辞典》《中华人物辞海》《学海名师》等。1993年退休。

方永臣（1934—）男，辽宁省旅大（今大连）人。1951年加入中国新民主主义青年团。1953年毕业于大连工业俄文专科学校。1959年加入中国共产党。历任旅大市人民委员会翻译、大连起重机厂翻译、太原重型机器厂翻译。1964年太原重型机械学院夜大机械制造专业毕业。后任太原重型机械学院矿机专业教师、外语教研组组长、基础部主任、讲师、副院长、副教授。1985年任山西省科协党组书记、专职副主席。1989年晋升研究员。是山西省六届政协委员。

马奔（1927—2020）男，黑龙江省海伦人。1947年加入中国共产党。历任黑龙江省北安高等师范学校教员、教导主任。新中国成立后，历任黑龙江省教育厅中专教育科股长，海伦第一中学校长，教育厅办公室副主任、高教处处长，哈尔滨师范专科学校、哈尔滨师范学院党总支书记，齐齐哈尔师范学院党委副书记，太原重型机械学院院长。1983年任中共太原重型机械学院党委书记。

王保东（1942—）男，河北省保定市人，教授。1965年参加工作，毕业于太原重型机械学院锻压设备与工艺专业。历任太原重型机械学院党委副书记、党委书记、党委书记兼院长，山西教育家、科学家、企业家交流会理事。曾任北京建筑工程学院党委书记，享受国务院授予的政府特殊津贴。两次参加中美教育学术交流会，两次会议论文均收入大会论文集。撰写的《创新与求实》一文发表在全国高校思想政治教育研究会主办的刊物《思想教育研究》上。有的论文获省部级思想教育系列优秀论文奖。撰写的《探索新形势下加强思想教育新途径》一文被《烛光》一书选用。主审高校教材《科技道德教程》，参编《形势与政策专题讲座》《党与党员》《高等学校教师思想政治工作通论》等。此外，系统地讲授了“思想政治教育理论”“领导科学”等课程。名字被收录于《当代山西社科人物综览》《山西名人大辞典》《学海名师》。

曾一平（1926—）男，河南省太康县人。1948年河南大学化学系肄业，当年参加革命。1955年北京俄语专修学校毕业。自学数学，于1964年武汉大学数学系进修泛函分析。曾任太原重型机械学院院长；山西省政协第五、六届常委，兼任文教委员会主任；中国运筹学会理事；山西数学会理事；山西运筹学会理事长等职。代表著作有《最优分析的全部解》《数列空间的代数扩张及其在差分方程上的应用》《线性算子方程 $AX = Y$ 的降标级数解及求变系数线性常微分方程通解一途径》《树簇的递归构造》。主编《机械工程手册》（工程数学篇），编写《数学辞海》（图论）部分。1991年离休后研究汉字编码，发明曾氏音码，目标为创造能“见字知码、见码知字”的拉丁汉字，获国家发明专利。继承先父曾次亮遗志，研究历法改革，设计出“自然世界历入科学中华历”（自然世界历的中国化）。整理校核出版先父遗稿《四千年气朔交食速算法》。根据速算法完成《对夏商周断代工程中朔日与交食的核算》一文。发明融国粹“七巧板”和“益智图”于一体的“巧智图”，获国家专利。发明球面围棋。

陆植（1928—2018）男，四川省成都市人，中共党员。1950年毕业于四川大学工学院机械系，当年即分配到大连工学院工作，曾在多个技术基础课教研室任助教及讲师，1956年开始参与筹建起重运输机械专业，1957年底任该专业教研室主任。1965年专业调整时，随本专业调到太原重型机械学院工作。1980年为硕士研究生导师，后担任副院长。曾任山西省第五届政协委员，退休前一直任机械工程学会物料搬运分会理事，山西省建筑机械协会副理事长。撰写《叉车设计》专业通用教材，另撰写《叉车用双梯形转向机构分析及设计方法》《叉车转向桥结构型式探讨》等学术论文多篇。

谢永昌（1934—1994）男，湖南省醴陵人，中共党员。1952年4月毕业于湖南株洲铁路技工学校，随后在湖南株洲机车厂、山东济南机车厂当工人和工段长。1958年保送山东工学院电机与电器专业学习，1963年毕业分配到太原重型机械学院工作。历任教师、师资科科长、教务处副处长、副院长、院纪检委书记、院党委委员。1955年被评为山东省济南市“青年突击手”，1956年被评为山东省济南市“劳动模范”。1978年被评为山西省直机关“先进工作者”，1979年被评为山西省高教厅“先进工作者”，1983年任学院副院长，1987年后任院纪检委书记，1993年被评为机械工业部直属单位“优秀领导干部”。1994年12月28日凌晨1时45分在山医三院因病医治无效，不幸去世，享年61岁。

黄松元（1931—1994）男，湖南省长沙市人，中共党员。1954年5月毕业于大连理工大学，后在上海交通大学起重运输研究生班学习。1957年起先后在大连理工学院机械系和太原重型机械学院任教，兼任中国机械工程学会物料搬运学会理事长、英国曼彻斯特理工学院主编的《国际机械工程》杂志顾问等职。一直从事起重运输技术方面的研究。早年完成的两本译著对推动我国的塔式起重机等产品的设计起到了重大作用。从1976年开始，主要从事输送技术方面的研究，先后发表了20余篇论文。1977年主持的“天津港盐务码头装卸系统机械化技术改造”工程在国内和亚洲都处于领先地位。1978年，开始着眼于“大型气垫带式输送机”的研究工作，4年后此项目的研制达到了世界先进水平，并获山西省科技进步三等奖。1986年为京西矿务局王坪村矿设计安装“实用性大型气垫带式输送机”试车成功，为国家节约了大量资金，此项目填补了国内空白，较之国外同类产品在许多方面有重大突破，同年获机械委科技进步二等奖。主审并参编的《连续运输机》教材于1987年获国家优秀教材奖。曾于1985—1990年担任太原重型机械学院院长，为推动我国科技事业的发展和学院建设做出了贡献，1988年载入《世界名人录》。

刘世昌（1935—2013）男，山西省平鲁人，中共党员。1962年毕业于北京师范大学哲学研究生班。历任太原市南郊区文教科视导员，太原重型机械学院教师、马列主义教研室主任、副教授。1985年任太原重型机械学院党委副书记。编有《马克思主义哲学教程》。

朱永昭（1935—）男，浙江省嘉善县人，中共党员。1954年毕业于上海动力机器制造学校，同年8月分配到太原机器制造学校，从事教学和管理工作。曾在职修读于机械工业部北京工业干校，并于1961—1963年就读于重庆大学固体力学助教研究班。40多年来主要从事工程力学方面的课程教学、科研和有关管理工作；长期兼任教学行政管理工作，1985年11月至1994年12月担任太原重型机械学院副院长、党委委员，同时兼任山西省振动工程学会副理事长、山西省高等教育学会常务理事、中国高等学校科研管理学会理事等职。主要论文有 *Fatigue Reliability Analysis of Offshore Structures*（APCS-91 会议论文集）、*Energy Based Z-Criterion in Fracture Analysis of Composite Plate Under Bending*（国际工程断裂力学杂志，1992 年）等。

张玉芳（1937—）男，山西省文水县人，中共党员。毕业于太原重型机械学院轧钢机械专业。1960 年 7 月在太原重型机械学院从事教学工作。历任系秘书、政治处秘书、人事处劳资科副科长、机械一系副主任、太原重型机械学院机器厂厂长、副院长等职。1997 年退休。任职期间曾被评为“山西省优秀党员干部”“建设部中建总公司出口工作先进工作者”等，出版了《齿轮工程词典》（合著），发表了《提高经济效益，实行联系经济育人责任制初探》等论文。退休后设计了“FGQ60 钢筋切断机”“新型系列钢筋切断机”“新型 GT4-14 钢筋调直机”等。

李永善（1939—）男，山西省运城解州人，中共党员。1961 年参加工作，先毕业于太原重型机械学院中专部，后在华中工学院金属材料专业学习。专业技术方面：历任金属材料学助教、讲师、副教授，期间从事过热作模具钢、冷作模具钢的研制工作，先后发表《5CrMnMo 热作模具的失败分析》《$65C_4W_3MO_2VN_b$ 基体钢及在冷作模具上的应用》《三元合金相图教学法研究》《厚断面球铁铸件中漂浮现象的扫描电流分析》等学术论文。行政管理工作方面：历任行政机关党支部书记、教务处师资科科长、总务处党总支书记、处长、学生处处长。1990 年任太原重型机械学院副院长，1994 年任太原重型机械学院党委委员、纪委书记。

彭瑞棠（1934—2021）男，江苏省苏州市人，中共党员。1958 年毕业于苏联莫斯科建筑工程学院机械系建筑机械与设备专业，同年分配到太原重型机器厂设计科起重机室任技术员，1961 年调入太原重型机械学院。曾任学院副院长，并兼任全国高等工业学校起重运输与工程机械专业教学指导委员会委员、中国工程机械学会理事、中国挖掘机械研究会副理事长、中国工程机械协会挖掘机分会理事。担任《工程机械》《建筑机械》《工程机械与维修》《太原重型机械学院学报》等杂志编委会委员。1987 年晋升为教授。一直从事挖掘机教学和科研工作，并指导硕士研究生 10 名，参与编写《单凌斗液压挖掘机》《单斗挖掘机》等全国高校统编教材，前者获城乡建设部优秀教材二等奖，后者于 1989 年获山西省普通高校优秀教学成果二等奖。主持“液压挖掘机设计方法研究”等课题，1991 年获机电部教育司科技进步奖，发表论文《液压挖掘机装置计算机辅助设计》《关于挖掘装置》等 10 余篇。

王明智（1938—2017）男，辽宁省人，中共党员。1962 年 7 月毕业于哈尔滨工业大学水力机械系，获硕士学位。1962 年到东北重型机械学院参加工作。1965 年调甘肃工业大学工作，历任教研室主任、系主任、副校长。1992 年调太原重型机械学院工作，历任院长、党委书记。1985 年被评为教授。现兼任中国机械工程学会流体传动与控制分会常委、山西省学位委员会委员、《液压气动与密封》杂志编委、山西省企业技术创新促进会专家委员会常委。享受国务院政府特殊津贴。参加工作以来，完成了甘肃工业大学液压实验室的创建，领导并完成了“低速大扭矩径向柱塞马达”的研制，完成了国家火炬计划“新型高压变量低噪声径向柱塞泵”的研制，居国际先进水平；创建并发展了流体传动与控制专业，建设了具有国内先进水平的流体力学、液压泵、液压伺服、机器人控制实验室，为成功申报机械电子工程硕士点做出了突出贡献。1992 年 4 月获得机械电子工业部“有突出贡献专家”称号。在科研方面，承担了多项山西省科委攻关项目和省自然基金项目，“负载敏感控制高压变量径向柱塞泵”项目达到国际领先水平，该成果已经转让给山西平阳机械厂进行产业化开发。另外，作为主审、主编还参与了《液压元件》《液压传动概论》《流体力学》等著作的编写工作，先后发表论文10余篇。

郭希学（1939—）男，河北省望都县人。1966年毕业于东北重型机械学院（现燕山大学）轧钢机械及工艺专业，同年8月分配到太原重型机械学院轧钢机械教研室任教。曾任学院副院长，享受国务院政府特殊津贴。多年来从事冶金机械专业教学工作。1992年完成“坚持实现两个中心，加快专业发展和学科建设”教学成果，1993年荣获山西省优秀教师称号。兼任中国金属学会轧钢学会塑性加工理论及新技术开发委员会第七届委员会委员。参加并完成“九五”国家重点科技攻关项目，担任“异型坯连铸机二冷区动态控制数学模型研究”课题负责人。1989年参加太原钢铁公司设计院完成的“太钢七轧厂新横切机组”设计，获山西省优秀工程设计一等奖。

王鹰（1939—）男，辽宁省大连市人。1964年毕业于大连工学院（现大连理工大学）并分配到沈阳机电学院参加工作，于1965年专业调整迁到太原重型机械学院，曾任学院副院长、硕士生导师。并担任中国机械工程学会物流工程学会副理事长、连续输送技术专业委员会主任委员、给料与输送机械行业协会副理事长、带式输送机行业协会理事、《机械工程学报》董事、《起重运输机械》杂志编委、机械工业联合会科技进步奖重矿组评委等职。从事教育工作近40年，一直从事给料和输送技术的教学和研究工作。1980年在国内首次开始研究并开发气垫带式输送机；1986年又在国内首次开发圆管带式输送机，均填补了国内空白，先后5次获省、部级科技进步二、三等奖；参加编写统编教材《连续运输机械》，并于1987年和1998年分别获全国机电兵工类优秀教材一等奖和国家教委优秀教材奖；主编《输送机图册》，1996年10月获机电类优秀教材二等奖；主编《连续输送机械设计手册》。共发表相关论文30余篇。1991年被机电部评为有突出贡献专家，享受政府特殊津贴。为筹建我院“环境科学”专业付出了大量的心血。

师谦（1951—）男，山西省洪洞县人，中共党员。1978年毕业于太原重型机械学院轧钢机械专业，留校工作。1970年3月—7月在西尹壁村任教，1970年12月至1975年3月在中国人民解放军服役，1975年3月—9月在西尹壁村任教，1975年9月至1978年在太原重型机械学院轧钢机械专业学习，1983年9月至1985年7月在山西省委党校学习。历任党委组织部组织员、管理工程系党总支副书记、党委组织部副部长、管理工程系党总支副书记（主持工作）、学生处副处长（主持工作）、学生处处长、学生工作部部长，1991年12月当选为中共太原重型机械学院第五届委员会委员，1994年12月至2004年9月任太原重型机械学院党委副书记，2004年9月起至2011年12月29日任中北大学党委书记。先后承担国家和省部级重点科研项目多项，出版学术专著、教材10余部（含独著、主编和合著），撰写并在国家级省部级学术刊物上发表学术论文30余篇，获省部级及其他科研、教学、管理奖多项。

李荣华（1940—）男，山西省绛县人，中共党员。1961年7月考入太原重型机械学院锻压设备与工艺专业学习，1965年7月毕业留校任教。在校期间，曾任机械三系政治辅导员兼班主任、团总支书记，1975年7月起历任学院团委副书记、书记兼学生思想政治教育研究室副主任；1981年任机械二系党总支书记；1987年11月评副教授；1992年

3月调任学院附属工厂厂长；1994年任学院副院长至1999年12月。2001年5月退休。

张进战（1945—）男，河北省辛集市人，中共党员。1968年毕业于中国人民大学哲学系。1968—1971年在部队和农村锻炼。1972年到洛阳工学院工作。先后担任洛阳工学院宣传部部长，党委办公室主任，农机系、机械一系、学院附属工厂、社科部党总支书记等职务。1992年任洛阳工学院党委副书记兼副院长。教学研究成果于1990年获河南省优秀教学成果一等奖，在社会科学研究领域，曾于1994年获河南省社科应用成果一等奖。1997年9月，经机械工业部党组研究决定，任命为太原重型机械学院党委书记。1999年6月，调洛阳工学院。

朱明（1960—）男，山西省阳高人，中共党员，研究生学历，管理学博士学位，教授，山西省跨世纪青年学科带头人。1975年12月至1979年9月在山西省阳高县下乡插队，1983年7月毕业于山西矿业学院并留校任教，兼系团总支书记。1986年6月于北京师范学院获法学学士学位，1988年6月起历任山西矿业学院团委副书记、团委书记兼山西矿业学院党委政工部副部长、党委宣传部部长、党委政工部部长兼宣传部部长、统战部部长；1997年7月至1999年10月任阳泉煤炭专科学校党委书记，1999年11月至2004年2月任太原重型机械学院党委书记，同时为学院马克思主义与思想政治教育学科首席带头人。2004年2月任山西省人大常委会党组成员、秘书长；2012年5月至2019年7月任山西省高级人民法院党组副书记、副院长、审判委员会委员。现为山西省人民政府参事。先后发表论文80余篇，主、参编教材、论著近20部；主持主持国家级软科学重点项目、省社科规划课题、省教科所课题、省教育科学课题等10余项，先后获全国高校思想政治教育科研成果一等奖，省社科应用推广二等奖，省社科成果三等奖，全国煤炭高校思想政治教育科研成果一等奖、二等奖，省百部（篇）工程优秀成果奖，省、部学会优秀论文一、二、三等奖等；先后获得煤炭部“优秀学生工作干部”“山西省优秀教育工作者”“山西省跨世纪杰出青年人才”“山西省模范下乡工作队员”“民主管理优秀书记”等荣誉称号。

张少琴（1953—）男，山西新绛人，博士学位，教授。现任全国人大常委会委员，华侨委员会副主任委员、全国人大常委会代表资格审查委员会副主任委员，中华全国总工会副主席。1989年8月至1990年8月，美国俄亥俄州立大学博士后研究员；1990年8月至1997年5月，历任新加坡国家标准与工业研究院高级研究员、主任研究员、首席工程师、复合材料研究中心副主任；1997年5月至2003年1月，历任太原重型机械学院数力系主任、应用科学系主任、太原重型机械学院院长助理、常务副院长、院长，兼任第六届、七届中国力学学会理事，北京航空航天大学博士生导师；2003年1月至2008年1月，山西省人民政府副省长；2007年12月至2021年12月，民建中央专职副主席；曾任民建第九、十、十一届中央副主席，第十届全国政协委员，第十一、十二届全国人大常委会副秘书长，全国人大常委会委员。创立复合材料Z断裂理论，出版学术专著五部，其中专著《复合材料的Z断裂准则及专家系统》收入华夏英才学术文库，英文专著《复合材料的新断裂准则》一部。曾主持新加坡宇航局国家自然科学基金研究项目《航空飞行器高性能复合材料结构疲劳和断裂研究》，发明专利四项，曾获新加坡标准与工业研究院颁发的创造发明奖和专利奖。曾获山西省科技进步一等奖和二等奖各一项、山西省人民政府颁发的“优秀回国留学人员”称号、优秀教育工作者奖章。曾获美国奥本大学杰出工程师奖。享受国务院政府特殊津贴。负责完成十一项民建中央重点参政议政调研课题，全部转化为提交全国政协的民建中央提案并得到党和国家领导同志的批示。在《人民日报》《光明日报》《团结报》《中国统一战线》《中央社会主义学院》等媒体就脱贫攻坚民主监督、老龄化社会问题、加快建设现代化职业教育体系、加强我国稀土资源的保护、促进民营中小微企业健康发展、社会征信体系建设、金融安全、股票注册制、网络系统安全、正确处理一致性和多样性关系、我爱我的祖国、同路人与共产党共创伟业等专题发表了多篇文章和论述。

安德智（1955—）男，山西省闻喜县人，中共党员，大学本科，教授，硕士生导师。1978 年毕业于太原重型机械学院锻压专业并留校工作。1978 年 8 月起历任机械三系政治辅导员、学院团委副书记、机械二系党总支副书记兼副主任、压力加工系党总支副书记、院党委办公室主任、工程机械系党总支书记、院党委宣传部部长、统战部部长。1999 年 11 月至 2004 年 9 月任太原重型机械学院纪委书记，2004 年 9 月至 2010 年 12 月任太原科技大学纪委书记。2010 年 12 月至 2015 年 4 月山西广播电视大学党委副书记。长期从事思想政治教育工作，先后发表学术研究论文 20 多篇，撰写《面对党旗的凝思》专著 1 部，参编《法律基础教程》《形势政策》等思想政治教育教材多部，完成省部级科研项目 2 项，兼任山西高等学校《社会科学学报》副主编、山西省法学会会员。

李永堂（1957—），男，河北固安人，中国共产党党员，博士生导师，原太原科技大学副校长。1982 年毕业于太原重型机械学院，获学士学位，1984 年毕业于太原重型机械学院，获哈尔滨工业大学硕士学位，1994 年毕业于清华大学，获博士学位。分别于 2000 年、2007 年赴美国田纳西理工大学和澳大利亚卧龙岗大学访学。1984 年任教于太原重型机械学院，1994 年破格晋升为教授。主要从事节能、环保型程控液压模锻锤、高效节能电液锤、锻压设备电液控制系统、环形零件铸辗复合成形等方面研究。先后承担国家自然科学基金 7 项（重点项目 1 项和面上项目 6 项）、山西省科技攻关、山西省自然科学基金、山西省回国留学人员基金、教育部博士点基金项目和重点科研项目、山西省技术创新项目，以及企业委托的科研项目数十项。1994 年起享受国务院特殊津贴。获“山西省特级劳动模范”“科教兴晋突出贡献专家”“新世纪学术技术带头人 333 人才工程”“山西省教学名师”“三晋英才”等荣誉称号。作为负责人，获山西省、国家机械工业联合会和国家机械工业局科技进步二等奖 16 项、省级优秀教学成果一等奖 2 项，二等奖 3 项，获国家发明专利 20 余项。出版专著和全国统编教材 6 部，在国内外知名学术刊物和国内外学术会议上发表论文 200 余篇，SCI、EI 收录 30 余篇。

曾建潮（1963—）男，陕西省大荔县人。1985 年参加工作，享受国务院政府特殊津贴，现任中北大学党委常委、副书记，曾任太原重型机械学院副院长，2004 年 9 月至 2015 年 12 月任太原科技大学副校长，2015 年 12 月至 2021 年 9 月任中北大学党委委员、副校长，2021 年 9 月起任现职。太原科技大学兼职博士生导师。美国印第安纳普渡大学高级访问学者。曾任太原科技大学计算机应用学科首席学科带头人、系统工程学科首席学术带头人、工业工程学科首席学科带头人，计算机科学与技术国家级特色专业建设点负责人，兼任中国指挥与控制学会常务理事等职，1985 年以来，先后完成国家八六三项目、国家自然基金项目、国家“九五”攻关项目，原机械部跨世纪学科带头人项目、省重点研发项目、省自然基金项目、省青年基金项目。省政机关项目以及企业单位委托项目 60 余项，获山西省科技进步二等奖 6 项，三等奖 3 项。在国内外发表学术论文 300 余篇，其中被SCI、EI等收录200余篇，出版专著教材5部。入选山西省“333”人才，荣获“山西省优秀科技工作者”“山西省优秀研究生导师”等荣誉称号。指导博士研究生40余人，硕士研究生100余人，为本科生、研究生主讲课程8门。

董峰（1961—）男，山西万荣人，中共党员，工学学士，教授。1982年8月在太原重型机械学院机械二系工程机械专业毕业后留校任教，历任太原重型机械学院科长、副处长、处长、处长兼党总支书记等职，1999年12月任太原重型机械学院副院长，2004年学院更名后转任太原科技大学副校长；2013年1月调任山西医科大学党委副书记；2015年6月调任山西煤炭管理干部学院党委书记，2016年山西煤炭管理干部学院转制升本后转任山西能源学院党委书记，2021年12月退休。曾兼任中国高等教育学会后勤管理分会第九届理事会常务理事，山西省高校后勤管理研究会第三届理事会理事长，山西省高校保卫学会第四届理事会副理事长。主要从事工程机械设计与制造领域的教学与研究工作，主持和参与完成科研课题多项，发表论文20余篇。

李志勤（1954—）男，河北怀安人，中共党员，大学本科，工学学士，教授。1970年7月至1971年6月，在山西省吉县屯里乡明珠村插队；1971年7月至1978年9月，在山西省地质局213地质队工作；1978年10月至1982年8月，在太原工学院机制专业带薪学习；1982年9月起，历任山西省高教厅干事、山西省教育厅干事、山西省教育委员会主任科员；1989年8月任山西省教育委员会高教处副处长；1995年1月任山西省教委高教处处长兼山西省高校师资培训中心主任；2000年10月任原太原重型机械学院党委委员、副院长；2004年5月至12月，任太原科技大学党委委员，副校长；2004年12月任太原科技大学党委委员、副书记；2013年1月任太原科技大学正校级调研员；2013年4月至2013年9月，任太原科技大学晋城校区筹备工作组组长；2013年10月至2016年3月，任太原科技大学晋城校区校长兼党工委书记。2014年12月退休。2016年5月至7月受聘任山西应用科技学院执行院长；2017年2月至2019年4月受聘任山西工商学院执行院长。曾兼任中国高等教育管理研究会理事，山西省高等教育研究会副理事长，山西省高校思政研究会副理事长兼秘书长，现任山西省教授协会监事会主席。1986年获原国家科委表彰，1989年获山西省科技进步一等奖，2000年6月主持省软科学课题通过评审达国内领先水平，2001年获中国高教学会、《中国高教研究》杂志社优秀论文一等奖。

郭勇义（1955—），男，汉族，中共党员，山西河津人。1978年毕业于原山西矿业学院采矿工程专业，毕业后留校任教。1979年考入中国矿业大学（北京研究生部），1982年获工学硕士学位。自1990年起，先后任原山西矿业学院矿业工程系党总支副书记、副主任、主任。1993年至1997年，先后任原山西矿业学院院长助理、副院长、常务副院长。1997年至2001年，任太原理工大学副校长，兼任矿业工程学院院长。2001年至2003年，任太原理工大学党委常委、副校长。2003年至2015年，任太原科技大学党委副书记、校长。在太原理工大学任职期间，领导及推动天成科技股份有限公司成功上市，使太原理工大学成为全国20多所拥有上市公司的高校之一。在太原科技大学任职期间，与全校师生员工共同推进学校在2004年顺利更名，2005年成功增列为博士学位授权单位，2006年获得本科教学工作水平评估优秀单位。2007年，学校被山西省委、省政府授予“模范单位”称号。科研工作中，一直从事矿山安全工程领域的研究，主持并参与完成了国家科技支撑计划、山西省科技攻关、山西省重大专项等10余个项目，获省部级科技进步奖4项，发表学术论文40余篇、学术专著2部。同时，他还兼任中国煤炭学会理事、中国煤炭劳动保护科学技术学会矿山通风专业委员会副主任等学术职务。是第十一、十二届山西省人大代表、人大常委会委员，山西省第十二届人大法制委员会委员；2015年至2018年，任山西省人大常委会城乡建设环境保护工作委员会委员、副主任；是第十二届太原市人大代表，第一届、第二届、第三届万柏林区人大代表。

徐格宁（1955—）男，山东莱州人，中共党员，博士生导师，中国工程机械学会副监事长、中国重型机械工业协会常务理事，中国机械工程学会物流工程分会副主任委员，起重机械专业主任委员，ISO/TC96国内技术对口专家工作组副组长，全国起重机械标准化技术委员会委员。1982年毕业于太原重型机械学院起重运输机械专业，获学士学位，1989年毕业于太原重型机械学院工程机械专业，获硕士学位，2004年毕业于同济大学钢结构专业，获博士学位，2011年赴美国奥本大学高级访问学者。1982年任教于起机教研室，1996年被评为教授，历任副系主任、系主任、系书记、院长、副校长，国家级高等学校特色专业，国家工程教育专业认证专业，国家精品课程，国家精品视频公开课，国家级实验教学示范中心负责人，主要承担“机械装备金属结构设计”等课程的教学工作，从事重大机械装备结构CAD/CAE、数字孪生、疲劳分析、可靠性设计、寿命预测及安全评估研究。主编国家级规划教材6部，国家出版基金专著等5部；主持制定国家标准20项。主持承担国家“七五”“九五”科技攻关、国家“十一五”“十二五”科技支撑计划、国家“863”计划、“十三五”国家重点研发计划、企业项目200余项；获国家科学技术进步奖二等奖，国家标准创新贡献二等奖及中国机械工业科技进步一等奖等省部级科技进步一、二等奖16项，省级教学成果特、一、二等奖5项；发明专利30余件，软件著作权20件；发表论文300余篇，SCI，EI收录100余篇。

鲍善冰（1957—）男，山省应县人，中共党员，硕士研究生，二级教授，博士生导师。中宣部核心价值观百场讲坛第五十场主讲嘉宾，中宣部理论宣讲先进工作者，中组部精品党课100讲主讲教师之一，中国高级经理学院（国家国资委干部学院）特聘教授核心师资。山西省委组织部干部教育培训师资库特聘教师，山西省中国特色社会主义理论体系研究中心特约研究员，山西省教学名师。1976年11月至1982年9月于华北工学院专科学校学习、工作；1982年9月至1984年8月在太原教育学院数学系学习，毕业后任华北工学院专科学校教师、系副主任、学生处处长兼团委书记；1993年1月于山西省经济贸易委员会工作；1993年11月起，先后任华北工学院专科学校党委副书记、副校长兼纪委书记，太原理工大学阳泉学院党委书记；2003年2月任太原科技大学党委副书记；2010年4月任太原电力高等专科学校校长兼山西大学工程学院院长；2014年6月任山西大学党委副书记，兼任中国高教学会公共关系教育专业委员会副理事长。长期从事党建思想政治工作研究，在《中国高等教育》《中国高教研究》《思想教育研究》《社会科学学报》等刊物发表相关论文60余篇；出版著作七部：《校长思路与学校出路》《做对的事情永远比把事情做对重要》《理想·信念·信仰》《不忘初心牢记使命》《本色——党员怎么当》《角色——书记怎么干》《红色——党建思想政治工作怎么做》。2007年以来，服务全国20多个省市各级领导干部的理论宣讲和学习辅导，累计受众已经超过30万人次，至今仍然活跃在全国各地各个领域的理论宣讲工作之中。

杨波（1957—）男，山西省壶关人，中共党员，工学硕士，教授，硕士生导师。

1974 年至 1976 年在山西省壶关县固村公社绍良大队插队，1976 年至 1978 年在山西壶关清流瓷厂工作，1978 年至 1982 年在太原机械学院机械工程系读书，1982 年至 1996 年任太原机械学院系分团委书记、校团委书记、校报副主编、学生处副处长、系党总支书记，1996 年至 2003 年任华北 工学院党委副书记、副院长，2003 年 2 月任华北工学院党委书记（期间获工学硕士学位），2004 年 9 月至 2016 年 1 月任太原科技大学党委书记。2016 年 1 月至 2020 年 8 月，任山西省政协人口资源环境委员会副主任。曾兼任山西省高校思想政治教育研究会会长，山西省高校《社会科学学报》编辑委员会副主任，《思想教育》编辑委员会副主任，山西省科学家、教育家、企业家协会常务理事。长期从事高等教育学、技术经济学、机械制造等学科的教学与科研工作，主持了联合国课题项目，教育部“十五”“十一五”规划课题项目以及省级课题研究多项。先后荣获中国青年“五四奖章”和省部各种奖励多次，获得国家级教学成果二等奖项，省级优秀教学、科研成果等奖 4 项，二等奖 2 项。主编教材和专著 6 部，发表论文 60 余篇。

黄庆学（1960—）男，吉林省舒兰人，中共党员，教授，博士生导师，中国工程院院士。1984 年 7 月获东北重型机械学院工学学士学位，1989 年获燕山大学工学硕士学位，1999 年获燕山大学工学博士学位。历任太原重型机械学院科技外事处副处长、处长，研究生处处长，学科学位办主任，研究生学院院长（兼）。2004 年 9 月任太原科技大学副校长，2010 年 2 月至 2015 年 12 月任太原科技大学党委副书记、副校长，2016 年 1 月至 2021 年 9 月任太原理工大学校长。兼任中国机械工程学会副理事长，现代轧制技术与装备学科首席带头人、中国金属学会冶金设备学会副会长、中国轧机油膜轴承协会副理事长及山西省机械工业学会副理事长等职务。构建了大型轧钢装备载荷特性求解、重载机构结构优化设计及大惯性系统高精度控制等方法，在中厚板轧制、矫正及剪切三大类关键装备技术研发方面取得突破，先后主持国家级项目、省部级项目及国家特大型企业项目数十项。主持完成的“九五”国家重大科技攻关项目“延长大型轧机轴承寿命研究”获 2003 年度国家科技进步奖二等奖；主持完成的“一种空间机构钢板滚切剪技术与装备”获 2008 年度国家科技发明二等奖；主持完成的“大型宽厚板矫直成套技术装备开发与应用”获 2010 年度国家科技进步二等奖。2011 年获何梁何利基金科学与技术进步奖，2017 年当选中国工程院机械与运载工程学部院士。此外，还获省部级奖励多项；获得全国“五一”劳动奖章，获国家经贸委“九五”机械工业先进科技工作者、全国重型机械行业优秀科技工作者、山西省劳动模范、山西省优秀硕士研究生导师等荣誉称号；是“百千万人才工程”国家级人选、中国机械工业青年科技专家；享受国务院政府特殊津贴。

柴跃生（1959—）男，山西省新绛县人，中共党员。2010 年 1 月至 2020 年 1 月任太原科技大学副校长。1978 年至 1982 年在合肥工业大学铸造专业学习（获工学学士学位）。1982 年至 1985 年任太原重型机械学院教师。1985 年至 1989 年在太原重型机械学院材料工程系攻读硕士研究生，获沈阳工业大学工学硕士学位。2002 年至 2009 年在上海大学钢铁冶金专业读在职博士研究生，2010 年获工学博士学位。1989 年至 2001 年先后任太原重型机械学院铸造教研室主任，太原重型机械学院工艺系副主任，太原重型机械学院材料科学与工程系副主任、主任，兼任系总支书记。2001 年至 2004 年任太原重型机械学院院长办公室主任。2004 年至 2006 年任太原科技大学校长办公室主任。2003 年至 2007 年借调山西省人民政府办公厅工作。2006 年至 2010 年任太原科技大学国际教育合作与交流中心主任。2010

年1月起任太原科技大学副校长。兼任山西省镁及镁合金工程技术研究中心主任、山西省铸造学会副理事长、山西省政府科技顾问、中国机械工程学会高级会员、中国材料学会高级会员等。长期从事材料科学与工程领域的教学与研究工作。主要研究领域：有色金属材料（锌、镁等合金材料）、金属基复合材料、纳米薄膜材料、铸造工艺及设备等。主持和参与完成国家、省部及企业委托项目20余项；完成省部级科技鉴定成果5项，获省部级科技奖3项；出版专（编）著3部。发表论文80余篇，被三大索引收录30余篇。

李忱（1959—）男，浙江省东阳人，中共党员，博士研究生学历，二级教授。1976年8月参加工作。曾任山西电力职工大学基础部主任，山西省电力公司模拟中心主任，太原电力高等专科学校副校长，太原电力高等专科学校长、党委副书记。2010年5月至2016年7月任太原科技大学副校长，协助校长分管发展规划建设处、图书馆、后勤处工作。2016年7月至2019年4月任山西广播电视大学校长。兼任山西力学学会理事，《系统科学学报》常务副主编。科学研究领域：系统稳定性及材料本构理论。获山西省科技进步二等奖2项，主持完成多项国家自然科学基金、省自然科学基金课题。在国内外专业期刊发表学术论文60余篇。出版专著5部。

王宝儒（1959—）男，山西沁县人，中共党员，大学学历，副教授。1974年至1982年历任山西省体工队（射箭队）队员，太原机车厂工人、车间团支部书记。1982年至1984年历任山西省太原市教育局科员、机关团总支副书记。1984年12月至1991年11月历任共青团太原市委学校部部长、团市委常委、调研室主任、文教部部长。1991年11月至2003年1月历任山西中医学院团委书记、党委宣传部长、党委组织部长。2003年1月至2004年6月任华北工学院纪委书记。2004年6月至2010年12月任中北大学纪委书记。2010年12月至2016年1月任太原科技大学纪委书记。2016年1月至2019年2月任太原科技大学党委副书记。

张飞（1956—）男，山西交城人，中共党员，硕士研究生，教授。1973年3月至1978年6月，在交城县城内学校和教育局工作；1978年8月至1998年5月，在太原工学院、太原工业大学、太原理工大学工作；1998年6月至2012年12月担任山西医科大学副校长；2013年1月至2015年12月，在太原科技大学工作，曾任太原科技大学党委副书记，兼任全国高校后勤研究会理事，山西省高校第二届、第三届后勤研究会副理事长，全国人文社会科学第五届研究会理事等职务。1985年被评为山西省劳动模范，2004年被评为全国高校后勤改革先进工作者，2005年被评为全国高校后勤先进工作者，2009年被评为山西省委扶贫优秀大队长、方山县扶贫功臣。曾获得教育系统优秀共产党员、清房工作先进个人等荣誉称号。主编专著教材4部，发表论文30多篇，其中1篇获全国人文社科学会一等奖。

李俊林（1963—）男，汉族，民建会员，山西芮城人，研究生学历，工学博士，太原科技大学教授，博士生导师。现任山西省人大常委会委员，太原市政协副主席（一级巡视员），民建省委副主委、民建太原市委主委。曾任太原科技大学副校长。主要社会兼职有民建中央委员、民建中央科教委员会副主任、山西中华职教社副主任。主要从事复合材料界面断裂理论及金融统计研究。出版学术专著3部，主编高等学校教材3部，发明专利2项，发表学术论文100余篇，其中SCI收录30余篇。承担国家自然科学基金项目、山西省重点研发计划项目、山西省基础研究项目等10余项。获山西省科学技术奖自然科学类三等奖1项和山西省五一劳动奖章、山西省“育人杯”十佳教师、山西省研究生教育优秀导师、山西省最美科技工作者等多项荣誉称号。

左良（1963—）男，安徽怀宁人，中共党员，工学博士，教授、博士生导师，国家杰出青年基金获得者。历任东北大学材料与冶金学院副院长 / 院长、东北大学副校长 / 党委常委。2015 年 7 月至 2018 年 7 月任太原科技大学党委副书记、校长。2018 年起任中国科学院金属研究所所长。长期从事高性能金属材料研究开发工作，主持完成国家 973 计划项目课题、国家 863 计划项目、国家科技支撑计划项目以及国家自然科学基金重点项目、重大国际合作研究项目等科研课题 40 余项，发表学术论文 600 余篇，授权国内外发明专利 60 余件；获评全国模范教师、全国优秀科技工作者、全国留学回国人员成就奖、全国优秀博士学位论文指导教师、全国优秀科技工作者、法国梅斯大学名誉博士等荣誉称号。入选国家百千万人才工程，享受国务院特殊津贴。曾兼任国家“863”计划新材料领域专家委员会成员、中国高速列车自主创新行动计划总体专家组成员、国家高品质特殊钢重点科技专项总体专家组组长、教育部科技委材料学部常务副主任，现兼任中国金属学会副理事长、中国材料研究学会副理事长、国际材料织构委员会委员。

王志连（1963—）男，山西阳泉人，中共党员，法学博士，教授，博士生导师。1985 年 8 月至 1991 年 8 月，在山西师范大学政教系任教；1994 年 8 月至 2000 年 10 月，在山西大学工作，曾任校长办公室副主任、主任等职务；2000 年 10 月至 2016 年 1 月，在忻州师范学院工作，曾任党委委员、副院长、党委副书记、院长等职务；2016 年 1 月至今，太原科技大学工作，现任太原科技大学党委书记。兼任中国国际共产主义运动史学会常务理事等职务。出版《波匈捷经济转轨比较研究》等多部著作。

徐德峰（1971—）男，山西万荣人，中共党员，工程硕士，高级经济师。1993 年 8 月至 2009 年 10 月在晋城煤业集团工作，曾任办公室副主任、调研室主任、集团董事会秘书处副处长等职；2009 年 10 月至 2016 年 5 月在煤炭工业太原设计研究院工作，曾任党政办公室主任、党委委员、纪委书记等职；2016 年 5 月至 2017 年 11 月在太原科技大学工作，曾任纪委书记职务；2017 年 11 月至 2019 年 12 月在山西省纪委监委工作，曾任党风政风监督室主任、办公厅主任等职；2019 年 12 月至今在吕梁市纪委工作，现任吕梁市委常委、市纪委书记、市监委主任职务。2004 年，主持的“高瓦斯矿井高产高效建设”管理课题研究获当年煤炭工业企业管理现代化行业级优秀成果一等奖。2010 年，王家岭特大透水事故发生后，参与了地面垂直钻井救援技术方案的制定，开创了国际上地面垂直钻井救援的先例，为王家岭特大透水事故的科学施救做出了突出贡献。2016 年，在全省高校中率先探索开展校内政治巡察。

邓学成（1963—）男，河北廊坊人，中共党员，2016 年 9 月至 2021 年 9 月任太原科技大学副校长。1985 年太原重型机械学院轧钢机械专业毕业，并于同年留校担任太原重型机械学院机械一系辅导员；1989 年至 1994 年担任太原重型机械学院电气工程系团委书记；1995 年至 2001 年担任太原重型机械学院团委副书记（1997 年起主持工作）；2001 年至 2011 年担任太原重型机械学院（2004 年改名为太原科技大学）党委办公室主任；2011 年至 2016 年担任太原科技大学党委委员、人事教育处处长；2016 年 9 月至 2021 年 9 月，担任太原科技大学党委常委、副校长。

刘翠荣（1965—）女，山西阳泉人，中共党员，工学博士，教授，博士生导师。1987 年 7 月至 1999 年 10 月任太原重型机械学院机械系教师；1999 年 10 月至 2001 年 3

月任太原重型机械学院研究生部团委书记；2001年3月至2006年6月任太原重型机械学院（2004年更名为太原科技大学）研究生处副处长、学科学位办公室副主任；2006年6月至2011年1月任太原科技大学学科学位办公室主任、研究生学院副院长；2011年1月至2016年8月任太原科技大学党委组织部部长、统战部部长；2016年8月至2019年5月任太原科技大学党委常委、副校长；2019年5月至今任太原科技大学党委副书记。兼任中国机械工程学会理事，山西省机械工程学会副理事长、山西省高等学校机械、交通、航天类专业教指委主任委员等。入选山西省教科文卫体系统十大杰出知识女性。先后被评为太原地区科技拔尖人才，省研究生管理先进个人，校级优秀党员、教书育人先进工作者、“三育人”先进个人等荣誉称号。主持国家重点研发计划子课题、国家自然科学基金、山西省科技重大专项计划“揭榜挂帅”项目、山西省自然科学基金等科研项目10余项。授权国家发明专利10余项。作为主编或参编出版著作5部。发表SCI、EI收录论文30余篇。

谢刚（1972—）男，山西省五台县人，民革党员，研究生学历，工学博士，二级教授，现任太原科技大学副校长。历任太原理工大学信息工程学院副院长，太原理工大学国际教育交流学院院长，广元市人民政府副市长（挂职），2016年任现职。现为教育部高等学校自动化类专业教学指导委员会委员、中国自动化学会理事等，山西省高校工委、省教育厅党组联系高级专家。主要从事先进控制与装备智能化方面的研究，主持和承担国家自然科学基金、山西省重点研发计划、山西省自然科学基金、山西省国际科技合作计划项目、山西省留学回国人员基金等20余项省部级项目。获得过山西省技术发明奖、山西省科技进步奖、山西省自然科学奖、山西省教学成果奖等多项教学科研奖励；参编高校教材4部；获得发明专利20余项。2001年荣获山西省五一劳动奖章，2011年荣获山西青年五四奖章，2007年入选山西省高等学校青年学术带头人，2017年荣获山西省研究生教育优秀导师，2019年入选“三晋英才”，2020年荣获山西省学术技术带头人。兼任民革山西省委会副主委、民革中央委员会委员、山西省政协常委、山西欧美同学会常务理事。

师东海（1969—）男，山西平遥人，在职研究生学历，法学博士。1991年8月至2016年9月，在山西省教育厅工作，历任省高校工委宣传部副主任科员、省教委政教处主任科员，高等教育处副处长，思想政治教育处主任科员、副处长、处长；2016年9月至2021年7月，在太原科技大学工作，曾任太原科技大学党委副书记职务；2021年7月至今，在山西科技学院工作，现任山西科技学院党委书记，兼任山西省高校思想政治教育研究会会长。

姜勇（1968—）男，安徽六安人，民建会员，理学博士，教授、博士生导师，2005年度长江学者特聘教授，2013年度国家杰出青年基金获得者，“低维功能材料”教育部创新团队负责人。历任北京科技大学材料科学与工程学院副院长、北京科技大学材料科学与工程学院院长。2017年7月至2019年12月任太原科技大学任副校长（挂职）。2020年7月起任天津工业大学副校长。长期从事磁电子学材料与器件研究。作为负责人正在主持或完成数十项科技部重大研究计划、国家重点研发计划、国家自然科学基金重点、国家重大科研仪器研制等项目。担任10余家国内外知名学术期刊编委、美国电气与电子工程学会（IEEE）高级会员（Senior member）、中国仪表功能材料分会副理事长、中国材料研究学会常务理事、中国电子学会应用磁学分会委员会委员、中国稀土学会固体科学与新材料专业委员会委员、中国金属学会功能材料分会委员会委员、中国物理学会磁学专业委员会委员等。近5年的工作集中在垂直磁各向异性薄膜材料中的自旋轨道转矩效应及其调控、氧化物自旋电子材料与器件等方面。至今在Nature Materials、Advanced Materials、Nature communications等国内外学术期刊上发表论文330篇，文章被SCI他引3500次；合作发表英文专著（章节）3本；国际会议做特邀报告40篇次；获得授权发明专利21项。

萧芬芬（1966—）女，内蒙古包头人，中共党员，中央党校研究生。1984年9月至1995年3月，在太原师范学校工作，曾任团委副书记、团委书记、办公室副主任；1995年3月至2003年8月，任共青团太原市委副书记；2003年8月至2006年7月，任古交市委常委、宣传部部长；2006年7月至2009年3月，任娄烦县委副书记；2009年3月至2011年5月，任清徐县委副书记；2011年8月至2017年11月，在太原市妇联历任党组书记、副主席、主席；2017年11月至今，在太原科技大学工作，现任太原科技大学党委常委、纪委书记、监察专员。

王枝茂（1961—）男，山西河曲县人，中共党员。山西财经大学社会保障专业毕业，研究生学历，管理学硕士。曾任太原科技大学化学与生物工程学院院长，山西轻工职业学院长，太原科技大学党委常委、副校长等职。出版专著2部，主编国家规划教材2部，主编专业教材7部，发表专业论文50多篇，主持省级研究课题4项。

靳秀荣（1963—）女，山西五寨人，中共党员，工学学士，副教授。现任太原科技大学党委常委、副校长，历任太原重型机械学院学生处科员、太原重型机械学院学生处毕业生分配办公室副主任、太原重型机械学院学生处教育管理科科长、太原重型机械学院院团委副书记、太原重型机械学院学生工作部（学生处）副部长（副处长）、太原重型机械学院（2004年改名为太原科技大学）学生工作部（学生处）部长（处长）、太原科技大学招生就业处处长、太原科技大学人力资源处处长。主要从事大学生思想政治教育研究，主持、参与各类科研项目5项，发表学术专著2部，发表学术论文10余篇。曾获山西省“三育人”先进个人、省委组织部担当作为干部等荣誉称号。

卫英慧（1966—），男，山西万荣人，中共党员，工学博士，二级教授，博士生导师，现任山西省科学技术厅党组书记、厅长。历任太原理工大学材料科学与工程学院材料加工工程系副主任、太原理工大学材料科学与工程学院院长，吕梁学院党委委员，副院长，山西工程技术学院党委副书记、院长，太原科技大学党委副书记、校长，2020年11月任山西省科学技术厅党组书记、厅长。

白培康（1969—）男，山西原平人，中共党员，工学博士，教授，博士生导师。现任太原科技大学党委副书记、校长，历任华北工学院材料科学与工程系党总支书记、中北大学材料科学与工程学院院长，中北大学人事处处长，中北大学副校长，山西工程技术学院副书记、院长。主要从事激光增材制造、材料再生与综合利用技术等方面的教学与研究工作。作为项目负责人承担国家科技支撑计划、总装备部重点支撑项目、国家自然科学基金、国防科工委军品配套项目等课题20余项。获省部级科技奖励7项，授权国际/国家发明专利40余项，发表学术论文200余篇。曾获得中国有色金属工业科学技术进步一等奖、山西省科学技术进步奖二等奖、山西省自然科学奖二等奖、山西省教学成果二等奖、山西省教学名师、航空工业科技进步二等奖等奖励。入选了“教育部新世纪优秀人才”、山西省“新世纪学术技术带头人333人才工程”、山西省“新兴产业领军人才”等人才计划。

杨全平（1964—）男，山西繁峙人，中共党员，经济学学士，讲师。1987年7月至2016年7月，在山西财经大学工作，曾任党委组织部副部长、部长、办公室主任、纪委副书记等职；2016年7月至2021年8月，在太原师范学院工作，曾任党委委员、纪委书记职务；2021年8月至今，在太原科技大学工作，现任太原科技大学党委副书记。

刘向军（1967—）男，汉族，山西原平人，中共党员，高级经济师。1989年8月参加工作，山西大学体育系毕业，获教育学学士学位。1989年8月至1990年8月太原重型机械学院附属中学教师，1990年8月至2006年6月历任太原重型机械学院总务处伙食科副科长、总务处行政科科长、后勤管理处副处长（其间：1998年10月至1998年12月在山西省襄汾县赵康镇下乡），2006年6月至2016年10月历任太原科技大学艺术系党总支副书记兼副院长、环境与安全学院党总支书记（其间：2011年4月至2012年4月在山西省汾西县僧念镇师家沟村下乡扶贫），2016年10月至2016年11月任太原科技大学校党委委员、环境与安全学院党总支书记，2016年11月至2021年9月太原科技大学校党委委员、学生工作部部长，2019年9月任太原科技大学党委常委、副校长。参与省级项目两项，参与编著著作两部，发表论文十余篇。

侯华（1970—）男，汉族，中共党员，工学博士，教授、博士生导师。现任太原科技大学党委常委，副校长。历任中北大学材料科学与工程学院党委书记、中北大学党委委员、中北大学材料科学与工程学院院长。兼任山西省铸造学会理事长、中国铸造学会常务理事、山西省高等学校教学指导委员会委员、《特种铸造及有色合金》编委、《中北大学学报》（自然科学版）编委会委员、《测试科学与仪器》（英文版）编委会委员。主要从事先进铸造与金属结构材料、工艺、铸造软件开发和新型铸造设备研究；作为负责人主持国家、国防及省部级科研项目多项；在*JMST*、*Mater.&Design*等国内外期刊上发表学术论文300余篇；授权国家发明专利52件、国际5件，完成专利转让16项；登记软件著作权18项。获得山西省技术发明一等奖1项、日内瓦国际发明展金奖1项、中国科技产业化促进会科技创新奖一等奖1项、中国产学研合作创新成果奖一等奖1项、中国发明创业成果奖一等奖1项、第七届中国侨界贡献奖1项、山西省科技进步二等奖3项、山西省技术发明二等奖1项、山西省教学成果二等奖2项。入选国家“万人计划”科技创新领军人才、科技部创新人才推进计划中青年科技创新领军人才、山西省新兴产业领军人才、山西省学术技术带头人、山西省高等学校中青年拔尖带头人才、江苏省高层次创新创业人才、山西省教学名师、中共山西省委联系的高级专家、山西省“五四青年”奖章获得者等。

马立峰（1977—）男，吉林九台人，中共党员，工学博士、教授、博士生导师。太原重型机械学院矿山机械和材料加工专业本科、硕士毕业，太原理工大学机械设计及理论专业获工学博士学位。国家百千万人才，享受国务院政府特殊津贴专家。历任太原科技大学重型机械教育部工程研究中心副主任、太原科技大学机械工程学院院长，2021年9月任太原科技大学党委常委、副校长。主持和参与国家自然科学重点基金、重点研发项目等9项，省级重大和企业重点攻关项目30余项；授权发明专利36项，其中国际专利3项；出版专著1部；发表SCI论文49篇，入选2021年中国高被引学者。获国家科技发明二等奖1项，省部级一等奖5项，中国好设计金奖1项，获中国冶金青年科技奖等。兼任中国重型机械工业协会常务理事、中国机械工程学会塑性工程分会理事、中国工程机械工业协会工业互联网分会理事、中国材料研究学会镁合金分会理事等。

附录 B　太原科技大学教授名录及简介

太原科技大学教授名录（223 人）

1982 年：张明之（任命）
1985 年：王明智
1986 年：王桂芳　吕文载　薛松山
1987 年：黄松元　唐　风　徐克晋　徐希民　朱元乾　王海文　陆　植　甘昌汉
曾一平　周则恭　王丁凤　李林章　彭瑞棠
1988 年：吉登云　吴会宾
1992 年：王　静　郭会光　胡秉亚　徐振中　吴聚华　杨维阳　徐永华　刘渭祈
胡海平　左　良
1993 年：李国祯（铸造）　李国祯（轧机）　翟甲昌　王保东　杨秀山　梁爱生
郭希学　王　鹰　李天佑　郑　荣　张　琰　王霭勤　贾元铎　常昌武
张鸿秀　朱永昭　张翊云
1995 年：牛金星　郭东城　范大燡　李志谭　李永堂　曾建潮
1996 年：胡佑增　张少琴　平　俊　徐格宁
1997 年：钟国芳　王卫卫　王荣祥　杨型健　曾　晨　康庆生　王海儒　张恒昌
张井岗　赵家修　陈立潮　郭勇义
1998 年：任效乾　王幼斌　史　荣　刘建生　朱　明
1999 年：陶元芳　孙斌煜　张　洪　韩如成　王耀文　王满福　杨　波
2000 年：马秀英　郭正光　贾育秦　黄庆学　孙大刚　孟文俊　华小洋　孙志毅
赖云忠　周静卿　王皖贞　石　冰　武　杰　秦建平　王志连　鲍善冰
2001 年：贾义侠　高玲玲　王京云　陶国清　张小平　卓东风　师　谦　张继福
李淑娟　闫献国　王春燕　双远华　柴跃生　崔小朝　王录才
2002 年：王红光　姚宪弟　王伯平　乔中国　周玉萍　张亮有　雷建民　杨晓明
张平宽　李秋书　薛耀文　李志勤　魏计林
2003 年：张凤霞　牛学仁　陆凤仪　赵丽华　刘晓红　居向阳　夏兰廷　雷步芳
刘　岩　吴志生　段锁林　徐玉斌　刘　中　张敏刚　安德智　董　峰
2004 年：顾江禾　王　梅　谭　瑛　李建权　常志梁　卫良保　王晓慧　李亨英
张学良　樊进科　张荣国　刘淑平　韩　刚　刘翠荣　陈慧琴　毛建儒
白培康　赵子龙
2005 年：王台惠　殷玉枫　贾跃虎　文　豪　史青录　游晓红　付建华　周俊琪
刘　洁　白尚旺　任利成　梁清香　常　红　李俊林　赵民胜
2006 年：郝爱军　高慧敏　王宏刚　何云景　晋民杰　连晋毅
2007 年：王枝茂　李玉贵　周存龙　秦义校　杨铁梅

2008 年：王希云　甘玉生　党淑娥　王宥宏　宋建丽　乔　彬　钱天伟　李　虹
谢　刚　侯　华
2009 年：马建蓉　赵志诚　王安红　阎学文　于少娟　陈志梅　李临生　杜艳平
高崇仁　王建梅　霍淑华　高文华　梁丽萍　闫志杰　王远洋
2010 年：戴保东　郭相宏　李　忱　刘　斌　卫英慧
2011 年：樊跃发　苏星海　张雪霞　栗振锋　贾志绚　杜晓钟　史宝萍　董增寿
2012 年：刘素清　张代东　连晋毅　刘志奇　郭银章　任红萍　李润珍
2013 年：崔志华　李晓明　刘立群　刘　雯　马立峰　乔钢柱　温淑花　张杰飞
茹忠亮
2014 年：蔡江辉　杜　娟　高有山　郭少青　田玉明
2015 年：柏艳红　董　艳　范小宁　李兴莉　杨瑞刚　张素兰　赵春江　赵晓霞
赵振保
2016 年：高竹青　关海玲　何秋生　胡　勇　金　波　林金保　史宏蕾　王效岗
谢丽萍　张　宏　刘建红
2017 年：杜诗文　桂海莲　郭一娜　李晋红　孙超利　杨斌鑫　杨海峰　原　军
赵玉英　魏　涛
2018 年：楚志兵　郭　宏　胡　艳　李传亮　李海虹　李　晶　廖启云　刘光明
刘荣臻　王晋平　薛颂东　燕碧娟　杨　雯　赵建中　赵文彬　吕存琴
2019 年：任俊琳　陈峰华　何秋生　霍丽娟　孔屹刚　鲁锦涛　马立东　潘理虎
齐会萍　齐向东　邱选兵　帅美荣　孙红艳　孙晓霞　田文艳　王爱红
王健安　徐宏英　闫红红　杨晓梅　张克维　张伟伟　张秀芝
2020 年：蔡星娟　蔡志辉　陈高华　陈兆波　冯国红　韩贺永　何文武　黄志权
李美玲　李晓明　刘国芳　王凯悦　王文利　薛永兵　闫晓燕　杨明亮
姚峰林　张　雄　张俊婷　赵旭俊
2021 年：丁庆伟　郭栋鹏　郭玉冰　胡　静　贾伟涛　刘宝胜　刘传俊　刘宏芳
齐培艳　石　慧　武迎春　张　瑞　张晓红　张新鸿

太原科技大学教授简介

1982 年　张明之

张明之（1913—?）男，河北定县人，山西省民盟盟员。新中国成立前毕业于清华大学。先后在浙赣铁路局、国立长春大学工学院、沈阳第六机械厂（水泵厂）、中央第一机械工业部（重型矿山局）、太原重机厂等 10 个单位工作过。曾兼任中国大型铸锻件协会常务理事、《铸造》杂志编委、山西省机械工程协会顾问、山西省铸造协会技术顾问等。1951 年于沈阳机械局第六机械厂（水泵厂）研制成球墨铸铁（载于 1951 年 6 月 15 日《沈阳日报》）；1956 年在沈阳重机厂研制成 CO_2 清理化学硬化沙并推广（1986 年《重型机械》19 期和《铸工》11 期作了专题介绍）。主编和编著了《铸造词典》《铸造砂眼生成原因及防止》等 10 多种专业丛书，其中《铸造词典》1986 年获中国机械工程学会工作成果奖，1988 年被评为全国一级优秀图书；主审了《铸造车间设计原理》等教材；编译了《现代科学技术词典》《铸造名词术语》（1980 年该书获机械工业科技进步三等奖）等 10 多种书；先后在《重型机械》《铸工》《机械工业》《机械译丛》等杂志发表论文、译文多篇。曾被评为全国机械工业先进工作者并出席大会，为我国铸造业的发展做出了巨大的贡献。

1985 年　王明智

王明智　见领导简介

1986 年　王桂芳　吕文载　薛松山

王桂芳　资料不详

吕文载（1918—2011）男，山西临汾人。1943 年毕业于山西大学历史系。1936 年冬参加山西青年文艺工作者协会，1937 年参加牺盟会。1938 年在国立甘肃中学从事救亡运动，曾两次被捕。1939 年冬赴陕北受阻，考入山西大学外语系，两年后转历史系，于 1943 年毕业，获文学士学位。先后在山西省立一师、陕西黄陵师范、宜川中学、安徽蚌埠中学、白沙中学、黄麓师范等地任教。曾用笔名吕果在报刊上发表杂文，抨击时弊，又广交革命知识分子、积极影响学生，故不能久留一地教书，屡遭特务盯梢，饱尝流亡之苦。1948 年冬，偕安徽大学学生奔赴解放区，任合肥市干校教员、市文工团指导员。渡江战役后，在芜湖市教育局任编审、市政府调研室任研究员。抗美援朝后入沈阳，任文化馆长，师专讲师。院系调整后相继在山西大学、太原工学院、太原重型机械学院等任马列教研室讲师、副教授、教授。1978 年任山西省政协委员，1984 年应聘为山西省教育学院名誉教授。著作有《中国氏族社会史纲》《履痕》。

薛松山　资料不详

1987 年　黄松元　唐　风　徐克晋　徐希民　朱元乾　王海文　陆　植　甘昌汉　曾一平　周则恭　王丁凤　李林章　彭瑞棠

黄松元　见领导简介

唐　风　资料不详

徐克晋（1928—）男，汉族，中共党员，山东莱州人。1952 年毕业于国立山东大学土建系，随即分配到大连工学院任教。1954 年至 1955 年 7 月被选送清华大学进修，以优秀成绩结业，重返大连工学院。1965 年 8 月随“起重机运输机械”专业调整到太原重型机械学院任教。1985 年 11 月应邀随团访问日本长冈技术科学大学、神户制钢所等单位，建立了校际学术、人才交流合作关系。历任学院学术委员会委员、专业教研室主任、机械二系主任、硕士研究生导师。兼任山西省机械工程学会理事，中国机械工程学会物料搬运分会金属结构专业委员会副主任委员、顾问，高等工业学校“工程机械”专业教材编委会委员，机械部部属院校科技进步奖评审委员会委员，机械部部属院校硕士、博士学位授权单位（点）特邀评委。享受国务院政府特殊津贴。

长期主攻“金属结构”，是我国机械结构学科奠基人之一。承担完成 30 余项重要科研和技术攻关项目，获奖 12 项；主持“天津港盐码头装卸机械化设计”工程项目，1983 年投产后提高生产效率 4 倍；制定的《起重机设计规范》国家标准，1987 年获国家科技进步二等奖；主编的《金属结构（机工 82 年）》统编教材，1988 年获全国高校优秀教材奖；推行的“教材、师资队伍建设及教学管理改革”经验，1989 年获山西省高等学校优秀教学成果二等奖；合作的“桥式起重机计算机辅助设计”（“七五”攻关项目），1991年获机械电子工业部科技进步二等奖；合作的“新型电动单梁起重机系列产品开发”（部基金项目），1991年获机电部科技进步三等奖；主持的“葫芦单梁门式起重机动刚度研究与结构优化设计”（“八五”攻关项目），1997年获机械部科技进步三等奖。主编出版《起重运输机金属结构》《金属结构》等统编教材4部；参编出版《起重运输机金属结构设计》规划教材1部；发表《起重机的风载荷》《小车变辐塔机动态分析》等学术论文30余篇，入编《中国百科专家人物集》《世界名人录》等辞书。

徐希民（1923—2019）男，山东青岛市人，1947年毕业于西南联合大学机械系，曾任上海吴淞机器厂车间主任。新中国成立后历任太原重型机器厂技术员、工程师、设计室主任。曾主持修复日赔大型机械十数台，各种切割刀具、工夹具数十种，各种大型新产品如100吨起重机、25吨加料起重机、炼焦用加煤车、300吨水压机、3吨/10吨加料起重机、焦车等。曾获第一机械工业部“先进生产者”称号。调到太原重型机械学院后，曾任机械零件、工程机械、矿山机械等教研室教师、主任。在支援川、沪输气管道建设中、参加螺旋焊管机组的设计，主要负责技术工作，获山西省科技成果一等奖（国家二等奖）。主编全国高等院校统编教材《矿土运输机机械设计》一书，获教材二等奖。

在职期间，曾任山西省高校高级职称评审组委员，第一机械工业部全国机械行业矿山起重机等工业科技成果评审委员。

朱元乾（1923—2004）男，山东定陶人，中共党员。曾任全国高校机械制造（热加工类）教材编审委员会委员，山西省锻压学会理事，太原市锻压学会理事长及市科协委员等职。1947年毕业于武汉大学机械工程系，任教于郑州原郑县高级工业学校。1948年参加革命工作。先后任教于郑州工业学校、汉口汽车制造学校、太原机器制造学校。曾先后担任机械科主任、热加工科副主任、锻件科副主任、教务科长、实习工厂主任等职务。自1960年任教太原重型机械学院以来，历任锻压教研室主任、机械三系主任、院图书馆馆长等职。曾被评为山西省高教先进工作者、山西省优秀教师及机械工业部优秀教师，1985年、1986年连续两年被评为省直机关优秀党员，1986年被授予“山西省劳动模范”称号。

从事锻压专业的教学、科研工作，为硕士研究生导师。先后在《重型机械》《锻压机械》《机械工程学报》等刊物上发表学术论文10余篇。其中《液压锤液压系统分析研究》一文（与李永堂合著）在第一届国际锻压设备设计研讨会上宣读并被载入该会议论文集。

代表性科研成果为“6.3吨/米液压锤研制”，获山西省科技成果二等奖、第一机械工业部科技成果三等奖。参编全国高校教材《锻锤》一书；参编《1949—1983年太原重型机械学院史》《当代中国的重型矿山机械工业丛书》。1989年离休。

王海文（1930—1998）男，辽宁北宁人，中共党员，满族。太原重型机械学院冶金机械专业创始人，先后担任教研室主任、系主任等职，多次被评为优秀教师。主讲10多门本科和研究生课程，培养多名研究生。主编了高校统编教材《轧钢机械设计》（机械工业出版社，1983年版）。承担了无缝管三辊联合穿孔、轧环工艺车设备、铝带铸轧技术、网围栏用高强度钢丝的研制等项目，在国内外期刊上发表论文10多篇。

陆　植　见领导简介

甘昌汉（1931—）男，福建福州人。1952年毕业于厦门大学化学系。从事教育工作

40余年，是我校首任化学教研室主任，筹建了普通化学、分析化学和物理化学实验室。先后讲授了“普通化学”“物理化学”“定性分析化学”“定量分析化学”“工业分析”“有机化学”“高分子材料学”“合金热力学”等课程。编写了研究生教材 *Thermodynamies of Alloys*，发表了《Walsh图与分子几何构型》《金属离子水解的规律性》（收入美国 *Chemical Alstracts*）等研究论文。

主要社会工作：太原市第六届～第九届人大代表，第一机械工业部部属高等院校化学学科（普通化学）协作组组长和山西省高等学校教师职务评委会化学学科评议组成员（1986—1993年）。

曾一平 见领导简介

周则恭（1928—）男，湖北武汉市人，硕士研究生导师。1952年毕业于清华大学。1952—1962年在清华大学力学系任助教、讲师，1962年调入太原重型机械学院。主持参加“六五”国家科技攻关项目“压力容器缺陷评定规范研究”（分项目负责人）；“七五”国家科技攻关项目“压力容器接管断裂的研究”（分项目负责人）；“八五”国家科技攻关项目“核电站机电设备可靠性研究”（分项目负责人）；国家自然科学基金资助项目：1989—1991年“概率断裂力学基本问题研究”（第一负责人）。山西省自然科学基金项目三项：1987—1988年“统计断裂力学在压力容器中的应用”；1989—1990年“概率断裂力学在可靠性工程中的应用”（第一负责人）；1991—1992年“我国压力容器缺陷评定规范的可靠性分析”（第一负责人）；省科委攻关项目“热锻模具寿命研究”（第二负责人）。1986年分别获化工部、机械工业部“科技进步一等奖”；1982—1992年获省科技进步二等奖三次；1996年获省科协第八届优秀论文一等奖。1991年获山西省“优秀专家”称号；享受国务院政府特殊津贴。编写专著《断裂力学在压力容器中的应用》《概率断裂力学在压力容器中的应用》。编写论文包括：国际期刊《可靠性工程与系统安全》刊载8篇；国际会议及国内一、二级刊物刊载50余篇。

王丁凤（1932—1996）男，山西临汾人，中共党员。太原重型机械学院管理工程系创始人，曾任该系系主任，享受国务院政府特殊津贴。1951年毕业于山西工业技术学院机械专业，1955年毕业于哈尔滨工业大学机械系机械制造企业组织与计划专业。毕业后先后在太原理工（原太原工学院）及太原重型机械学院任教，承担大量的“工业经济”“企业管理”“管理心理学”“组织与生产作业研究”与“现代领导学”等课程的讲授，并于1986年和1987年被聘为中国社会科学院研究生院及上海交通大学管理学院的硕士研究生导师及学位答辩委员会委员及兼职教师。在45年的教学生涯中，曾主编过《实用管理学通论》《青年管理者探索》及《劳动工资管理》等多本教材和专著，参编和审编省内及国家级统一编写教材多部。率先在国内提出“行为科学”理论，公开发表经济论文60余篇，创办了《机械管理开发》杂志，并担任主编，该杂志被评为一级优秀期刊。另外还担任《重型机械》《中国劳动管理》和《山西劳动》等杂志的副主编及特邀编委。积极参与指导《领导干部培训案例研究》《合理化操作研究》《企业集团研究》等科研课题。获省科技进步奖3项、社会科学奖1项，曾多次获省干部教育、职工教育先进个人及省级劳动模范。兼任中国行为科学学会常务理事，中国劳动学会理事，中国机械工程学会管理专业委员会理事，山西省政府经济研究中心特邀顾问，山西企业家顾问，及山西机械工程学会、省心理学研究会、山西技术经济与管理现代化研究会副理事长，太原市河西区第九届～第十一届人大代表。被《当代中国科技名人成就大典》《中国当代社会科学人物》《中国当代著名编辑记者传集》《山西名人大词典》等作为知名人士收录。

李林章（1929—）男，湖北汉阳人。1952年毕业于清华大学机械工程系，分配到长春汽车制造学校，在锻冲专业任教3年；1955年第一届锻冲专业中专生毕业，随着部属学校锻冲专业调整，后到太原重型机械学院任教。多年来，一直从事锻压专业的教学、科研工作。历任锻冲学科委员会主任，锻压教研室副主任、主任，山西省锻压学会理事，硕士研究生导师。主要讲授“锻造工艺学”等课程，编写了《锻造工艺》、主编《热加工工艺》下册，主审《特种锻造工艺》等教材。从事锻压新工艺的研究，撰写多篇学术论文，发表在《重型机械》等刊物上。课题“相似模拟在金属塑性加工中的应用”获1988年山西省科技进步二等奖。

彭瑞棠 见领导简介

1988年 吉登云 吴会宾

吉登云（1930—）男，山西曲沃人，中共党员。1953年毕业于山西大学中国语言文学专科。1955—1959年，在太原机器制造学校任教，并任校团委书记，政治教育处主任等职。1956年和1959年，分别被评为太原市和山西省青年社会主义建设积极分子。1985—1996年兼任中国高等学校思想政治教育研究会理事、山西省高校思想政治教育研究会副会长，主编《思想教育》刊物。曾被评为山西省高校优秀思想政治工作者、山西省优秀思想政治工作研究干部。1997年被山西省青少年研究所聘为特约研究员。

自1960年始，先后讲授马列主义理论和思想道德修养方面的6门课程，兼任党委办公室副主任、宣传部长、党委常委等职。曾在报刊上公开发表过涉及政治经济学、高等教育学、思想政治工作、青年研究等方面的论文70余篇。1984年编著《思想政治教育简明词典》。1989年主编了《人生哲理教程》《科技道德教程》《大学生思想道德修养》《形势与政策专题讲座》等专著。

吴会宾（1928—2016）男，山西天镇县人，中共党员。1953年毕业于天津大学机械系，同年分配到长春第一汽车厂任技术员；1955年调入太原重型机械学院，曾任力学教研室副主任，基础部副主任；1979—1982年承担筹建数力系的工作；曾兼任山西力学学会理事，学术委员，教委会主任；1986年被聘为中国力学学会教育委员会委员；1985年被评为省直系统优秀共产党员。长期从事教学和科研工作，为本科生主讲材料力学、弹性力学、光测弹性力学课程。为研究生班主讲塑性力学、光测弹性力学课程。译著有《复杂形状零件拉延》（机械工业出版社出版）；1975年与九院校合编《机械设计基础》；1976年主编太原重型机械学院教材《材料力学》。更新和扩建了光测实验室，完成和撰写了《WK-4型电铲回转机构齿轮光弹试验》，解决了重机厂电铲花键轴和齿轮的断裂难题；完成并撰写《YHO.35锻造操作机钳头结构受力分析及强度试验》，解决了机车车辆厂钳头断裂问题；1981年撰写《光弹性法测定应力强度因子K1与二次固化裂纹切割法》。1977年评为山西省先进工作者。

1992年 王　静 郭会光 胡秉亚 徐振中 吴聚华 杨维阳 徐永华 刘渭祈 胡海平 左良

王静（1933—）女，山东青岛人。1949年1月参加革命工作，先后在青岛市妇联、中共青岛市委、中共中央山东分局办公厅工作。1952—1956年在上海交通大学机械系锻压专业学习，毕业后一直在太原重型机械学院从事锻压专业的教学与科研工作。曾任锻压教研室主任、模具教研室主任、硕士研究生指导教师。享受国务院政府特殊津贴。

1976年以来主持了8项省级科研攻关项目，其中“水压机零部件标准制定”项目1981年获机械工业部科技成果二等奖，1984年获国家经委节能奖。“液压轧部裁时的振动研究”项目获省科技进步二等奖，其他省重大科研项目“8吨车攻关项目子项目EQ153/EQ2NI53后桥模具及工艺”“铝型材模具国产化”等项目都通过了省级鉴定，均已达到国内先进水平。在国家二级以上刊物发表科研论文20余篇，其中有5篇在有关国际会议上发表并被收入论文集（英文版），有6篇获省级优秀论文奖。主编和参编了《锻压设备》《锻压机械液压传动》等书籍，为筹建我校模具专业做出了贡献，“新专业（模具专业）建设”成果获1992年山西省教学成果二等奖。

郭会光（1936—）男，河南孟津人。1958年就读于哈尔滨工业大学机械工艺系。曾在北京机械工业学院、北京钢铁学院、北京师范大学等高校进修学习。1990年赴苏联沃龙•什等地进行学术交流。一直从事锻压专业教学科研工作，硕士生导师，兼任教研室主任、系主任等职。先后承担中央和地方科研课题31项，在大型锻造新技术与理论、塑性加工模拟与控制方面有显著成果，如“发电机护环液压胀形新工艺”，荣获国家级科技进步奖，并在广州、天津、洛阳、上海、北京等地成功推广应用，形成长期稳定的生产力；“600MW大型转子锻造技术”“MnCrisN钢控制锻造与微观模拟、塑性成形可控机制研究等”，曾获机电部、山西省、上海市颁发的科技进步奖、全国机械工业科学大会奖、国务院重大科技成果奖共计13次。在德、日、美、俄及国内发表学术论文108篇。编写著作和教材12部，授权中国专利3项，数十次被省部市授予优秀教育工作者和先进科技工作者光荣称号。享受国务院政府特殊津贴，为首批山西省优秀专家。1994年评为山西省优秀党员，出席省第六届党代会。兼任全国锻压学会理事长兼太原市锻压学会理事长、全国大型铸锻件协会常务理事，任《塑性工程学报》等3种期刊编委。

胡秉亚（1938—1994）男，江苏涟水县人，中共党员，硕士研究生导师。1961年毕业于清华大学冶金系，后分配到太原重型机械学院任教。从事铸造工艺教学与研究工作，为铸造计算机的应用做出了很大的贡献。学院铸造专业筹建时，调查收集国内重点院校铸造实验室详细资料，参与编写10余万字的实验总结，曾是实验室负责人。编写了《铸造工艺》《铸造微机》等教材。主讲课程有“铸造工艺”“铸件成型理论”“微机在铸造中的应用”“凝固理论”“铸造微机”等。于1984年获机械工业部优秀教师称号，1991年被评为有突出贡献的专家，享受国务院政府特殊津贴。

完成了多项纵向重大课题。“用冲天炉铁水研制蠕铁及其在重型机械上的应用”项目，鉴定结论达国内先进水平，获省科技进步二等奖；省科委重点项目“微机用于冲天炉铁水质量管理及优化配料”，鉴定结论为国内领先水平，获省计算机推广应用优秀项目二等奖，该项目同时列为国家星火计划项目“铸造微机配料‘FC’软件系统的推广应用”。机械委基金项目“用微机控制炼钢过程及优化配料的研究”，鉴定结论达国内领先水平及20世纪80年代国际先进水平、获机电部三等奖，该技术被列入国家新技术推广项目“电炉炼钢软件包”，国家拨款30万元在长治钢铁公司推广。撰写并发表了《蠕墨铸铁钢锭模》等30余篇论文。

徐振中（1933—）男，江苏常熟市人，中共党员。1957年毕业于哈尔滨工业大学机械工艺系铸造设备与工艺专业，留校工作，于1963年调入太原重型机械学院铸造教研室任教。历任铸造教研室主任、机械三系主任、《太原重型机械学院学报》主编等职。还曾兼任全国高等工业学校铸造专业教学指导委员会委员、山西省铸造学会副理事长。长期从事铸造专业本科生和硕士研究生教学工作，先后在《机械工程学报》《铸造》《铸造技术》《铸造设备研究》《太原重型机械学院学报》等杂志上发表论文20余篇。

吴聚华（1936—2021）男，河北石家庄市人，中共党员、硕士研究生导师。1961年毕业于清华大学电机专业，1962年2月分配到太原重型机械学院任教。历任教研室主任、系主任、省自动化学会副理事长。曾筹建工业电气自动化专业，讲授“轧机电传动”“电工学”“反馈控制理论”“现代控制论”“最优控制”“线性系统理论”和“自适应控制”等课程，培养研究生15名，发表论文30余篇。1989年获得普通高校优秀教学成果二等奖。参加科研项目共计25项，主持21项。其中，“荫罩钢带研制”与“50mm三辊联合穿轧无缝钢管轧机研制”两项目经鉴定达到国际先进水平，均获得省科技进步一等奖。“太钢七轧厂不锈钢改造”“新横切机组”项目获省级优秀工程设计一等奖。1989年被评为全国教育系统劳动模范，授予人民教师奖章；1990年被评为全国优秀教育工作者、授予全国“五一”劳动奖章。同年，国家教委和国家科委授予先进科技工作者、金马奖；同年，享受国务院政府特殊津贴。

杨维阳（1937—）男，陕西临潼县人。1962年毕业于兰州大学数学力学系数学专业，毕业后分配到太原重型机械学院任教师。机电部突出贡献专家，享受国务院政府特殊津贴。曾任山西省数学学会理事，山西省工业学会常务理事。先后主讲过高等数学、数学物理方程等多门数学课程。擅长将复变函数方法和偏微分方程理论应用于现代复合材料的断裂问题的理论研究，探讨裂纹尖端附近的应力场、应变场、位移场、应变能释放率与J积分，取得了一系列的科研成果。主持完成山西省自然科学基金项目“复合材料断裂机理的研究”；参与山西省青年科学基金项目“现代复合材料层间断裂的偏微分方程边值问题”等。在中外学术期刊 *Engineering Fracture Mechanics*《应用数学和力学》《数学物理学报》《应用数学》等发表或合作发表学术论文30余篇。其中被SCI摘录3篇，EI摘录7篇。与张少琴合作的科研项目 -- 现代复合材料的新断裂理论及其专家系统荣获山西省科技进步二等奖。主编高等数学习题课讲义；参编《机械工程手册》（工程数学篇）（副主编）；有英文专著 *A New Fracture Criterion Composite Materials*。

徐永华（1938—）男，上海人。1961年毕业于南京大学数学天文系数学专业。享受国务院政府特殊津贴。曾任山西省第七、第八届政协常务委员，山西省留学生协会常务理事，山西省工业与应用数学学会理事、顾问，太原市数学学会副理事长。

曾以访问学者身份赴美国新泽西州立大学运筹研究中心进修，以高级学者身份赴英国南安普敦大学数学系工作。长期从事高校教学与科研工作，致力于图论模型及其应用和网络拓扑最优化等方向的研究。自1997年以来，在美国重要数学期刊《离散数学》《统计计划与和统计推断学报》《SIAM离散数学学报》《网络》《离散应用数学》等学术刊物及国际组合数学会议上发表和交流各种实用图类的最优强连通定向研究及网络拓扑等系列论文，其中大部分被收入SCI及美国《数学评论》。参编《机械工程手册》（工程数学篇）；担任大型辞书《数学辞海》第二卷（代数几何卷）编委、组合数学分支副主编，撰写词条100余条。曾主持和完成国家自然科学基金项目“关于提高城市等交通网络整体运行效益的拓扑最优化研究”。并被国际数学联盟（IMU）编辑出版的《世界数学家人名录》（第十版）收录。1989年被评为山西省优秀教师。

刘渭祈（1934—）男，浙江人。1958年参加工作，一直在高等学校任教。曾在国际、国内会议和刊物上发表论文20余篇。1986年获机械工业部科技进步一等奖（集体项目）。山西省第七届政协委员。

胡海平（1934—2014）男、陕西陇县人、中共党员。1953年1月参加工作。1959年于清华大学土木系毕业后留校，1962年6月调入太原重型机械学院，先后在工程机械、力学教研室和强度研究所（室）工作，担任正副主任、正副所长。1993年起享受国务院政府特殊津贴。兼任山西省力学学会副理事长。长期担任材料力学和断裂力学的本科生和硕士研究生的教学工作。1975年以来开展工程断裂力学及其在机械工程中应用的科研工作，1978年以来负责承担省部级以上科研项目5项，获1978年全国机械工业科学大会奖、1979年山西省科研成果三等奖、1986年山西省科技进步二等奖、1990年机电部科技进步二等奖。在国内外发表学术论文25篇，其中国际论文5篇。

左　良　见领导简介

1993年　李国祯（铸造）　李国祯（轧机）　翟甲昌　王保东　杨秀山　梁爱生　郭希学　王　鹰　李天佑　郑　荣　张　琰　王霭勤　贾元铎　常昌武　张鸿秀　朱永昭　张翊云

李国祯（铸造）（1938—）男，上海市人，民盟成员。1961年12月毕业于清华大学机械系铸造专业（学制五年半），1962年4月分配至太原重型机械学院任教。历任太原重型机械学院铸造教研室副主任、机械工艺系主任、教师高级职称评审委员会委员、硕士研究生导师；曾任全国高校材料类专业教学指导委员会委员、山西省铸造学会副理长、太原市河西区人民政府经济技术顾问；政协太原市河西区第二、三、四届委员会副主席兼经济委员会主任，太原市河西区人大代表，中国民主同盟山西省第五、第六届委员会委员。曾任全国铸造信息网特聘专家，中国机械工程学会高级会员、中国民主同盟山西省第七届委员会委员。编写有高等学校试用教材《铸造车间设计原理》（编者）、高等学校教材《铸造车间设计原理》（代主编）。在国内公开发行的专业杂志上发表译著近20篇。科研项目“用三节炉熔制高韧性球墨铸铁（QT420-10）——五台山-120型拖拉机差速器壳（盖）的生产”1986年获山西省科技进步三等奖。长期为山西省地方企业进行技术开发和咨询服务，救活了不少濒危工厂，取得了显著的经济和社会效益，其先进事迹曾刊登于《山西日报》《山西工人报》《山西政协报》《太原政协》《忻州地区改革报》《太原重型机械学院学报》等报刊。

1985年获山西省社会主义劳动竞赛委员会颁发的“四化建设中改革创新成绩显著荣立三等功”的证书，1987年获中共山西省委宣传部、共青团山西省委、山西省教委联合授予的“山西省大中专学生暑期社会实践活动优秀指导教师”荣誉称号，1990年教师节被列入人民盟山西省委员会光荣榜等。

李国祯（轧机）（1937—）男、安徽合肥市人。1961年毕业于哈尔滨工业大学机械制造系，在太原重型机械学院任教达37年，硕士研究生导师，从事金属塑性成型加工理论、设计与工艺的教学科研工作。主要研究加工生产的纵轧与斜轧理论、钢管轧机的设计与生产工艺。

负责主持一机部重大项目“直径50mm三辊联合穿孔无缝钢管轧机”的研制与推广，该项目曾获山西省科技进步一等奖。负责国家“九五”攻关重大项目“张力减径机生产过程计算机仿真系统”的研究，负责“襄汾钢管厂联合穿孔—冷拔车间国家星火计划”的制订与实施。参加国家重点科研项目“直径108mm三辊穿孔机与轧管机”的设计与工艺试验。

出版专著《钢铁斜轧理论及生产过程的数值模拟》，参与编写了《塑性变形力学基础与轨制原理》《轨机基本理论进展》《三辊穿孔与轧管》《中国钢管五十年》等教材与学术著作。为我校本科生与研究生编写了《轧制原理》《斜轧理论》《变分法在塑性成型理论中的应用》《钢管张力减径工艺理论与仿真模型》等教材。在《钢铁》《重型机械》《钢管》等刊物上发表有关塑性理论、斜轧理论、三辊联合穿孔工艺与设备方面的研究论文30篇。

翟甲昌（1939—）男，辽宁锦县人，中共党员。1965年大连理工大学毕业后分配到太原重型机械学院任教。多年从事“机械钢结构”课程教学。创建了国际水平的“起爪机桥梁快速设计理论”；在“起重机钢结构概率设计法”“焊接箱型梁疲劳强度”“薄板屈强度”及“专用起重机CAD”等方面均取得了有实用价值的研究成果。

协编教材《金属结构》《起重运输机械手册》，均由机械工业出版社出版。撰写《起爪机焊接箱型梁疲劳试验分析》，在英国结构工程师协会刊物中发表，同年被收入美国《工程索引》中；《桥机结构静刚度可靠性》《焊接梁断裂分析》，先后在“ACPS-91”及“AJEMH-94”国际会议中发表；《简支板屈曲分析》，在《应用力学学报》10卷2期上发表；《 起爪机钢结构可靠性》，在《起正运输机械》1992年第4期发表，同年台湾《搬运机械》转载。

主持研制“天津港卸船机”项目于1986年获机电部教育局科技进步奖。参编教材《金属结构》，获机电部兵工教材一等奖，全国优秀教材奖。参加“普通桥式起重机CAD”研制项目获机电部科技进步二等奖。研制“门式起重机”获铁道部科技进步三等奖。主持研制的“通用门式起重机CAD软件系统”于1996年5月获国家版权局的软件著作权，于2001年4月 获山西省科技进步二等奖。

王保东　见领导简介

杨秀山（1935—）男，山西曲沃人。1971年毕业于太原工学院（现太原理工大学）。后到太原重型机械学院工作，曾任机械零件教研室主任，讲授“机械原理”“机械设计”及“现代机械设计方法学”课程。兼任华北地区机械设计教学研究会副秘书长、山西省机械设计教学研究会副理事长、山西省机械传动专业委员会常务理事、太原机械设计学会秘书长、第五届山西省九三学社委员会委员。多年来从事机械传动研究，特别是锥蜗杆传动。从试制、试验到产品，系统地完善了锥蜗杆传动的几何计算、强度计算和加工制造工艺方法，发表论文5篇。开发出新产品“高精度分度机构”“地下电缆管道疏通装置”“纸浆模塑餐具生产设备及模具”“植物纤维餐具生产设备及模具”，解决了六面顶压机的机械同步问题。参与设计太原钢铁公司横切机组生产线设备设计、太原机车车辆厂200kg铸造操作机、忻州通用机械厂厚度22mm钢板矫直机、太原铁锹厂铁锹生产线设备设计等。曾获山西省优秀论文奖和科技进步奖。山西省高校机械设计教材（6本）编委，主编《机械设计》教材。参编《新型蜗杆传动》《蜗杆传动手册》。

梁爱生（1938—2013）男，山西襄垣县人，中共党员。1960年参加工作，硕士研究生导师，1999年退休。先后担任过教务处副处长兼党支部书记、系副主任、院工会副主席。曾被评为山西省优秀共产党员、山西省师德明星和精神文明建设先进个人。

长期从事冶金机械专业课的教学工作，先后为本科生、研究生开设10门专业课。参加编写《轧钢机械设计》教材。独立研制出组合式剪板机，属国内外首创。完成了国家“九五”攻关的山西省自然基金项目，参加了10多项横向项目，发表了20多篇学术论文。其中1篇被选入国家科技经典文库，被中国发展西部经济文化研究编委会评为特等奖。任《钢侠生产新技术》主编，完成了两本专著《近终形连铸技术》《高精度轧制技术》，由冶金工业出版社出版，目前正在进行一项自然基金项目“带钢连铸工艺参数优化”。

郭希学 见领导简介

王 鹰 见领导简介

李天佑（1940—）男，河北省广宗县人，中共党员，1988年任硕士研究生导师，曾任教务处副处长、科研处党支书记兼副处长、压力加工系主任兼总支书记、模具技术研究所所长，社会兼职全国高等学校机电类专业教学指导委员会委员、山西省机械工艺协会理事、太原模具工业协会理事。

1964年3月毕业于太原重型机械学院，留校在锻压教研室任教，2004年7月退休。1993年被评为教授。1985年被评为山西省机关优秀党员，1993年享受国务院特殊津贴。1995年由机械工业部评为中国机械工业科技专家。任《冲压工艺及模具设计》等课程的教学工作，从事塑性加工新工艺的成形机理、优化设计、数值模拟与控制，模具CAD/CAM的研究推广工作。

主编《冲模图册》，1992年获第二届全国高等学校机电类专业优秀教材二等奖；参编教材《金属热加工工艺》《冲压工艺及模具设计》等。承担省、部级科研项目及企业委托项目20多项，其中“山西省模具工业的开发研究”项目，1993年获山西省科技进步二等奖；山西省“8吨载重汽车科研攻关”项目，1993年通过验收和鉴定，达到国际20世纪80年代先进水平。在“第一届国际模具学术会议”“第四届国际塑性加工会议”及国内会议和刊物上发表论文30多篇。

郑 荣（1939—）男，河南罗山县人，中共党员，硕博导师，曾历任机械二系主任，曾兼任中国机械工程学会物流工程分会理事、山西省物流工程学会理事长、山西省机械工程学会科技顾问。

1962年毕业于上海交通大学，1962—1965年任教于沈阳工业大学、西南交通大学。1965年任教于太原科技大学，至2003年退休。1993年被评为教授。主要承担“金属结构”等课程的教学工作，主要从事机械结构理论与现代设计方法研究。1979—1992年合编高校教材《金属结构》《起重输送机械图册》《起重机设计手册》等。1976—2002年参与和主持“天津港盐码头装卸机械化系统工程设计”“JTM20型多功能门式起重机研制”“通用门式起重机设计专家系统”等6项省部级重要科研鉴定和技术开发项目，创经济效益4亿多元。

荣获山西省高校师德师风先进个人称号。获国家教委优秀教材奖1项，机械部优秀教材一等奖1项、二等奖2项，获省部级科技进步二等奖、优秀教学成果二等奖等5项。公开发表学术论文60余篇。

张　琰（1935—）男，安徽宣城人，中共党员。1961年毕业于西北工业大学铸造专业，分配到哈尔滨工业大学铸工教研组任教两年，1963年调入太原重型机械学院任教。曾任铸造教研室主任和材料研究所所长职务，太原市第二、第三届科学技术协会委员，太原市机械工程学会理事，太原市铸造学会理事长。

主持和承担了山西省科委重大科技攻关项目3项，自然科学基金项目1项及机械部教育司基金项目2项。这些项目均通过省部级鉴定，达到国际先进水平1项，国内领先水平3项和国内先进水平2项。获得的科研成果有：山西省科技进步奖一等奖1项，二等奖2项和三等奖1项；机械部科技进步奖2项；获国家发明专利权1项。享受国务院政府特殊津贴。

负责建立铸造合金材料方向的材料研究所，组建了相应的学科梯队，除完成各项科研任务以外，曾先后与山西阳泉阀门厂、太原钢铁公司和广西柳州工程机械厂等省内外10多个工厂协作推广新技术和引进技术服务，并在学院内建立试验工厂引进铝合金中试生产等。1993年获“山西省优秀工作者”称号。

王蔼勤（1936—?）女，上海人。1959年6月毕业于苏联莫斯科建筑工程学院，同年9月分配至天津大学土建系任教，1961年6月调太原重型机械学院力学教研室，曾任太原重型机械学院力学教研空副主任、山西省力学学会常务理事。教授本科生“材料力学”“弹性力学”，及研究生“光弹测试”“复合材料力学”等课程，先后在《复合材料写作》《太原重型机械学院学报》等杂志发表课题论文10余篇。

贾元铎（1937—）男，山西省太谷县人。曾任太原重型机械学院基础部主任、山西省物理学会副理事长。1959年毕业于北京师范大学物理系，1961—1964年在兰州大学现代物理系进修。先后在山西省教育学院及太原重型机械学院任教38年，1998年退休。在科研方面，1959年在《北京师范大学学报》发表的论文《提高煤灰中钍的光谱分析灵敏度的实验报告》，提出通过研究目标元素的标志谱线及干扰谱线的激发特性，引入分时接续摄谱的方法提高实验的可靠性和准确性，使钍的光谱分析灵敏度达到当时所见国外文献水平。该文经北京师范大学推荐参加了全国光谱学术年会交流。1982年发表于我校学报的《奇A原子核的集体运动》一文，被评为山西省优秀学术论文。在教学中重视学生物理思维、物理研究方法以及实验动手能力的培养，其负责的物理实验室曾被评为“山西省教育系统一等先进集体”。在担任基础部主任期间，重视师资队伍建设和实验室建设，在山西省历次基础教学考评中我校各科成绩均名列前茅。在教材建设中曾主编《大学物理》，该书由机械工业出版社出版。

常昌武　资料不详

张鸿秀（1936—）女，江苏连云港市人，1959年毕业于北京师范大学数学系。自1959年8月先后在清华大学与太原重型机械学院任教，从事“高等数学”“概率统计”的教学与研究工作。曾任学院数学系主任、山西省统计学会常务理事。获山西省政府1986年授予的优秀教师及山西省教委1993年9月授予的优秀教师（教育工作者）称号。参与《机械工程手册》（基础理论卷）的编写（第1版、第2版）；合编《数理统计应用实例》；

主编《概率论与数理统计》。先后在《山西统计》《数理统计与管理》《统计研究》等刊物上发表《质量管理图绘制方法》《工序能力指数计算的探讨》《工序能力指数的改进计算方法——实用分析程序》等论文。

朱永昭 见领导简介

张翊云（1932—2019）男，贵州思南县人，中共党员，九三学社社员。1951 年加入中国人民解放军，被选拔至十六军外文队学习英语；1953 年 7 月赴朝鲜前线任英语翻译；1954 年 5 月回军委总政治部英语专修班继续学习；1955 年 8 月转业到太原机器厂制造学校（我校前身）任政治教师，后转为英语教师；1975 年带领一支小分队赴北京铝厂为该厂翻译四辊轧机（意大利进口）的全部技术资料，顺利完成任务，开创了外语教学结合生产、服务社会的成功范例；1980—1981 年经“托福”考试被录取到教育部在天津大学举办的华北地区高校英语教师进修班学习；1981—1984 年任太原重型机械学院外语教研室副主任兼语言实验室主任；长年任山西省高校外语协会常务理事。在担任研究生英语教学工作期间，学生英语六级考试通过率达 90%，曾被评为机械电子部教书育人优秀教师。主要著作有：主编《大学英语六级词汇精解与练习》，参编《现代英语活用词典》《大学英语四级测试与指导》《英语词汇结构 800 题集注选萃》。

1995 年　牛金星　郭东城　范大熚　李志谭　李永堂　曾建潮

牛金星（1938—）男，山西长治壶关县人，中共党员，硕士生导师。1964 年毕业于哈尔滨工业大学重型机械系，同年到太原重型机械学院冶金教研室任教，中国金属学会和山西省工程机械学会会员。1987 年被评为院优秀教师。参加了专业教材《轧钢机械设计》一书的编写工作。1993 年荣获山西省高校优秀教学成果一等奖。长期从事无缝钢管三辊联合穿轧工艺及设备的研究。经过与同事们的努力，国家重大科研攻关项目“直径 50mm 三辊联合穿轧无缝管轧机的研制”取得成功。1990 年 11 该项技术研制成果得到了国家机电部和山西省科委的联合鉴定：“……在设计上达到了国际先进水平，所研制的生产机组填补了国内外技术空白。”经申请于 1991 年被列入国家重大发明专利，1994 年初被山西省科委评为“省科技进步一等奖”，并被国家科委初步列入“重点技术成果推广项目”。1989 年 4 月参加北京国际轧钢会议，在会上发表的论文《三辊联合穿轧工艺与设备实验研究》被收入了会议论文集。先后在《钢铁》和《钢管》等国家一、二级刊物上发表有关论文共 5 篇。其中 1 篇收入了世界四大索引之一——《工程技术索引》(1992 年第 11 页，143257 条)。另外还在国内有关专业性会议上发表论文 10 余篇。

郭东城（1937—）男，辽宁辽中人。1963 年毕业于东北大学金属物理专业。长期从事钢铁、稀土永磁材料的工厂和实验室创建、生产、研究和教学工作。曾被聘为西安交通大学博士生导师；获省教育工会“教书育人奖”；对 R-Fe-B 合金等材料的研究成果曾分获省部级一、二、三等科技进步奖和发明奖 6 项，多次在国内外高新技术及产品博览会上获金奖、银奖及优秀奖；先后发表过各类论文 40 篇，有的被 SCI 和 EI 收录，其中《高温 X 射线衍射技术》一文是国内关于该领域的第一篇专著；直接参与帮助 3 所大学和中科院一个所开展 X 射线高温衍射技术和 X 射线结构分析等项目；在第三代稀土永磁材料研究方面研制的“超高矫顽力钕铁硼永磁体”，1994 年获山西省科技进步二等奖，在中国国家科委和新加坡中华商学会主办的新加坡“中国专利技术和高新技术产品展览会”

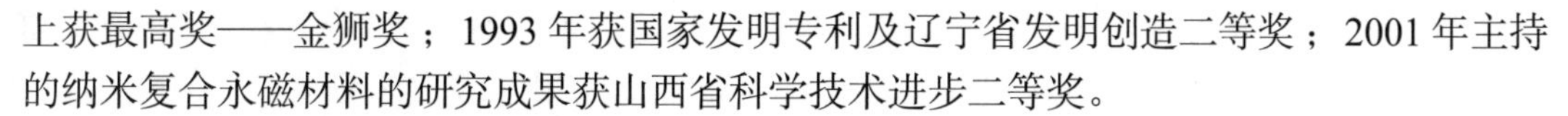

上获最高奖——金狮奖；1993 年获国家发明专利及辽宁省发明创造二等奖；2001 年主持的纳米复合永磁材料的研究成果获山西省科学技术进步二等奖。

范大焊 资料不详

李志谭（1943—）男，河北省威县人，中共党员，硕士研究生导师。1966 年毕业于吉林大学，1968 年任教于太原重型机械学院（现太原科技大学），1995 年被评为教授。主要承担"弹性力学""测试技术"等课程的教学工作，主要从事断裂力学数字计算及机械振动实验分析方面的研究。获山西省委联系的高级专家荣誉称号，获机械工业部科技进步三等奖，享受国务院政府特殊津贴。公开发表学术论文 30 余篇。

李永堂 见领导简介

曾建潮 见领导简介

1996 年 胡佑增 张少琴 平 俊 徐格宁

胡佑增（1936—）男，湖南常德市人。山西省高等教育学会学术委员，山西省学习科学会常务理事，中国数学会会员，九三学社社员。1962 年于兰州大学数学力学系毕业，后分配到太原重型机械学院任教。从事"数学分析""高等数学""线性代数""概率论与数理统计"等课程的教学与研究工作。代表性论著有《拉夫伦捷夫方程边界问题解的唯一性（Bernoulli 方程的两种新解法）》《关于线积分与面积分的研究》《关于 sinx2 是否为周期函数的研究》《高等数学中的美育探析》《提高（高等数学）教学质量的实践》《浅谈课程教学质量的评估》等 50 余篇，其中获山西省（机械工业部）高教研究优秀论文二等奖 2 篇，三等奖 2 篇。任学院《高等教育研究》杂志主编，获机械工业部"高教研究优秀工作者"称号。其业绩与传略被收于《中国专家大辞典》（世界名人录》等十几种辞典与名人录中。

张少琴 见领导简介

平 俊 资料不详

徐格宁 见领导简介

1997 年 钟国芳 王卫卫 王荣祥 杨型健 曾 晨 康庆生 王海儒 张恒昌 张井岗 赵家修 陈立潮 郭勇义

钟国芳（1940—）女，四川成都市人。1962 年于四川大学数学系毕业后，分配到太原重型机械学院工作。先后在数学教研室、计算站、计算机教研室、计算机软件研究室工作。主讲过"高等数学""工程数学""线性代数""计算方法""离散数学""数理逻辑""人 工智能及专家系统""面向过程的各种语言程序设计"等课程。先后担任计算站副站长、计算机教研室主任等职务。为适应计算机应用发展的新形势，与有关领导、部门协商研究从单一的算法语言课，增设了微机原理等充实计算机基础教学的门类和内容，开办了计算机辅修班。为筹建计算机专科及计算机应用专业本科作了申报、教学计划的制订和 M6800 机房组建等工作。参加了"800 吨 2000 压机缸体改型设计"等有关课题的计算工作。

王卫卫（1958—）男，1982 年毕业于太原重型机械学院，1985 年获硕士学位后留校任教。任压力加工系副主任。先后为本专科生、研究生开设多门课程。教学研究论文于 1995 年获山西省教学成果二等奖。先后进行了"液压冲减振的研究""EQ20153 汽车变截面后桥壳工艺试验研究”“HDP-800 型金刚石液压机设计”“洗衣机不锈钢内桶充液拉伸工艺研究”“800 吨液压机冲载减振装置设计”“锻压设备机构动传性研究”“液压器载机驾驶室冲压模具设计与制造”“对向液压拉伸工艺参数研究”等一系列科研项目的研究工作，其成果 1990 年获山西省科技进步二等奖，1992 年被机械电子工业部授予“优秀科技青年”称号，1994 年被评为学院“先进科技工作者”，同年被载入共青团中央、全国青联《跨世纪青年人才工程群英册》。

王荣祥（1940—）男，河北吴桥人。1965 年毕业于北京钢铁学院。长期从事工矿机械设计研究和教学工作，在工矿机械系统工程和科学管理等方面有多项研究成果和专著。兼任采掘机械协会理事、学院《高等教育研究》杂志副主编。曾主持“工矿车辆光面轮胎研制”“露天矿设备选型配套研究”“地下无轨采矿设备技术攻关”“电动铲运机优化设计”“斗轮装载机研制”“港口连续装运设备研制”等科研课题，获省部级二等奖 4 项，国家级二等奖 1 项。主要著作有《露天矿设备选型配套计算》《矿山机电设备运用管理》《矿山机械系统工程》《设备系统设计》《流体输送设备》《露天开采工艺》《采矿手册》《环境保护及法规》《施工机械故障分析与排除》《中国冶金百科全书（矿山卷）》等。发表论文《露天矿斜坡提升运输》《装运设备设计方案的优化》《提高长距离胶带输送效能的措施》等 110 多篇。享受国务院政府特殊津贴。

杨型健（1942—）男，河南济源市人，中共党员。1966 年毕业于河南师范大学物理系，分配到太原重型机械学院工作。历任总务处长、财务处长、基础部主任、院改革办公室主任、院长助理、机械工业部高校财会学会常务理事、山西省物理学会常务理事等职，任应用科学分院院长。编写出版《大学物理》（教材）。在科研方面，主要著作有《中国古建筑探微》和《高等学校后勤现代管理科学》两书，在国家和省级学术刊物上发表了《静电平衡条件下导体表面的电荷分布》《高 Qkeer 介质腔中对相干态与型三能级原子相互作用过程中光伤的性质》等 10 余篇论文。

曾　晨　资料不详

康庆生（1938—）女，山西平定县人，中共党员。1955—1958 年在太原机器制造学校学习，毕业后留校任力学系教师；1961—1965 年在 太原重型机械学院轧机 6102 班学习，学习期间享受调干助学金，工龄连续计算。1964 年 9 月，根据需要调学院团委工作，边学习边工作，毕业后留院团委工作。1972 年后到学院原理零件教研室任教师至 1998 年退休。先后讲授机械原理、机械设计基础等课程，参编教材 2 部，撰写一、二级论文近 10 篇，参加省级科研课题多项；曾任太原重型机械学院基础部原理零件教研室副主任、党支部书记。工作期间两次被评为省直优秀共产党员，多次被评为学院优秀共产党员、优秀教师。

王海儒　资料不详

张恒昌（1938—）男，河北无极县人，中共党员，九三学社社员，硕士研究生导师。1964 年毕业于东北重型机械学院（原哈尔滨工业大学分校，现为燕山大学）轧钢设备及工艺专业。先后讲授了“轧钢主要设备”和“辅助设备”等课程，并首开设备试验课。编写授课教材《钢管设备》。

曾任轧钢新技术研究室和机电新技术研究所负责人，参加了国家重大攻关项目“大型螺旋焊管机组倒棱机研制的设计、加工和调试”工作并获 1981 年山西省科技成果等奖。参加省部科研项目“直径 50mm 三辊联合穿孔轧管机研制”的设计和加工工作，获山西省科技进步一等奖；1991—1995 年负责该项目的推广工作；从事部属科研项目“不收口顶管技术的研究”，并提出“联合顶－拉管新工艺”。参加部基金项目“Y 型冷轧螺纹钢筋轧机研制”的主轧机等设计、加工和调试工作，该项获 1994 年山西省科技进步二等奖。和太钢公司合作开发研制“钢板滚印机”获得国家专利和推广。进行部属项目“钢板横轧新技术”的试验研究，并初见成效。1998—2000 年和邯钢公司合作研制“将斜刃剪改为滚动剪”，已成功用于生产，同时提出的“滚切剪新机型”，已获得国家专利。此外，还从事“金属成型新工艺体系”等项目的研究。

张井岗（1965—）男，山西省新绛县人，中共党员。1984 年毕业于太原重型机械学院，获学士学位，1989 年毕业于哈尔滨工业大学，获硕士学位，2008 年获哈尔滨工业大学博士学位，2012 年美国奥本大学访问学者。1984 年 8 月至今任教于太原科技大学，1997 年被评为教授。曾担任电子信息工程学院副院长（主持工作）、研究生学院院长、国际合作与交流处处长。主要承担自动化专业的教学工作，从事控制科学与工程方面的科研工作。主持和完成国家级、省级及横向科技开发项目二十多项，两项成果获山西省科技进步奖，一项成果获省教育厅科技进步奖；发表学术论文 100 多篇，被 SCI 和 EI 收录 80 多篇；出版学术著作两部；主持和完成省级教学研究项目五项，出版教材一部，获山西省教学成果奖四项。

赵家修（1938—）男，安徽砀山县人，中共党员。1963 年毕业于安徽大学化学系，后分配到太原重型机械学院任化学教师。为研究生和本科生讲授“普通化学”“工程化学”“有机化学”“高分子”“铸造材料化学”“胶体化学”等课程。1980—1999 年任学院化学教研室主任，同时兼任机、电、兵等三部属高校化学协作会主要负责人。1990—1999 年任全国工程化学教学教材研讨会主要负责人之一。1996 年获学院教学成果一等奖。和浙江大学等全国部分工科院校一起开展工程化学教学教材的研讨活动，获得国家教委有关领导的重视和支持。1990 —1992 年参加《工程化学》修订本的修订编写工作。

发表的论文有《衡量氢氧化物酸碱性的新标准》《计算无机含氧酸 PK 值的新经验公式》《无机含氧酸强度的研究》《工程化学与 21 世纪科技人才的素质教育》等。

陈立潮（1961—）男，山西万荣人，中共党员，硕士生导师。教育部高校大学计算机课程教学指导委员会委员（2006—2022 年）、全国高校人工智能与大数据创新联盟副理事长、全国高等学校计算机教育研究会常务理事、全国高等学校计算机基础教育研究会常务理事、中国仿真学会理事、中国计算机学会高级会员及软件工程专委会委员、山西省委联系高级专家、山西省高等学校计算机类教学指导委员会副主任、山西省计算机学会副理事长（兼秘书长）、山西省产教融合促进会副会长、山西省科协大数据融合创新联合会主席团秘书长等。1981 年毕业于长春光学精密机械学院，获学士学位，2003 年毕业于北京理工大学，获工学博士学位，2012 年美国奥本大学访问学者，2018 年英国伯明翰大学访问学者。1982 年任教于太原机械学院，1997 年被评为教授。主要承担“软件工程”等课程的教学工作，主要从事人工智能、图像信息处理等方面的研究工作。2010—2021 年主编各类教材 16 部，其中国家级规划教材 3 部；2008—2018 年主持山西省科技攻关等科研项目 12 项。2012 年、2018 年、2020 年分别获山西省高等学校教学成果一等奖 3 项；获山西省科技进步二等奖 1 项，山西省高校科技进步二等奖 3 项，2017 年荣获山西省科技创新人物等多项荣誉称号，公开发表学术论文270余篇，其中58篇被EI、68篇被SCI收录。

郭勇义 见领导简介

1998年 任效乾 王幼斌 史 荣 刘建生 朱 明

任效乾（1941—）女，河北张家口人，硕士生导师。1965年毕业于北京钢铁学院，在太原重型机械学院材料工程分院任教。长期从事工矿机械设计研究和教学工作，在工矿机械系统工程和科学管理等方面有多项研究成果和专著。曾主持“大型露天设备同步电缆缠绕装置研制”和参加“工矿车辆光面轮胎研制”“露天矿设备选型配套研究”“地下无轨采矿设备技术攻关”“电动铲运机优化设计”“斗轮装载机研制”“池口连续装运设备研制”等科研课题，获省、部级二等奖3项，三等奖1项。主要著作有《露天矿设备选型配套计算》《矿山钻孔机械设计》《露天采掘设备调试》《采掴机械文集》《环境保护及法规》《设备系统设计》《露天开采工艺》《采矿手册》《矿山机械故障分析与排除》《中国冶金百科全书（矿山卷）》等。发表论文《竖井掘进凿岩伞架性能研究》《矿石转运站设备的合理选择》《物流机械零件的喷丸强化》《信息化是提高机械行业水平的关键》等110多篇。

王幼斌 资料不详

史 荣 资料不详

刘建生（1958—）男，山西长治人，九三学社社员，博士生导师，曾任中国塑性工程学会常务理事兼大锻件学术委员会主任、中国重型机械协会大型铸锻件分会副理事长、山西省锻压专业委员会秘书长。1982年毕业于太原重型机械学院，获学士学位，2001年毕业于哈尔滨工业大学，获博士学位，1986年任教于太原重型机械学院，1998年被评为教授。主要承担“金属塑性成形原理”“塑性成形CAE”等课程的教学工作，主要从事塑性成形数值模拟技术、关键大锻件制造理论与技术研究。1999年参编机械部“九五”重点教材“金属塑性成形过程模拟”，2003年出版学术专著《金属塑性加工有限元模拟技术及应用》，2014年主编国家“十二五”规划教材《塑性成形数值模拟》，先后主持国家科技重大专项、国家自然科学基金项目、教育部博士点基金项目、山西省科技攻关项目、山西省自然科学基金重点项目等国家、省部科研项目以及企业委托技术开发项目30余项，获省部级科技奖励9项，公开发表学术论文80多篇，其中被EI、SCI收录30多篇。

朱 明 见领导简介

1999年 陶元芳 孙斌煜 张 洪 韩如成 王耀文 王满福 杨 波

陶元芳（1957—）男，浙江绍兴人，中共党员，硕士生导师，2008年起兼任全国工业车辆标准化技术委员会委员。1982年毕业于太原重型机械学院，获学士学位，1988年毕业于太原重型机械学院，获硕士学位，1982年本科毕业时即留校任教于起机教研室，1999年被评为教授。主要承担“工业车辆”等课程的教学工作，主要从事叉车及起重机CAD技术研究。2010年以来主编《叉车构造与设计》《机械工程软件技术基础》《机械CAD应用技术》教材，2000年获省科技进步二等奖（第二），多次获省教学成果特等、二等奖（主持或参与），曾获“山西省师德标兵”“山西省高等学校教学名师”等多项荣誉称号。公开发表学术论文50余篇，其中2篇被EI收录。

孙斌煜（1954—）男，山西代县人，中共党员，博士生导师，国务院特贴专家，山西省机械工程学会理事，国家科学技术奖评审专家，山西省政府高级联系专家。1977年毕业于太原重型机械学院，2008年毕业于哈尔滨工业大学，获博士学位，2013年澳大利亚卧龙岗大学访问学者，1977年任教于轧钢机械教研室，1999年被评为教授。曾担任过教研室主任、产业处副处长、机械工程系副主任、山西省现代轧制中心和重型机械教育部工程中心常务副主任。主要承担“轧钢机械”“液压传动技术”等18门课程的教学工作，主要从事轧钢机械新技术和铸轧短流程新技术等方面研究与开发。2002—2017年出版的专著教材有《板带铸轧理论与技术》《张力减径技术》《金属及合金带材铸轧工艺》和《钢铁生产概论》，参编科技专著3部。1977年以来主持或参与国家级省部级及企业委托项目40余目，成果应用到国内太钢、邯钢、酒钢、唐钢等二十多家大型企业，取得了显著的经济效益和社会效益。2008年获国家发明二等奖1项（第二），获省部级科技奖18项，获省教学成果二等奖2项，2019年获得由中共中央国务院中央军委颁发的中华人民共和国成立70周年纪念奖章，获得国家授权专利31项（发明16项），发表学术论文百余篇，其中被EI、SCI收录20余篇。

张　洪（1952—）女，山东微山县人，中共党员。1970年参加工作，1975年就读于太原重型机械学院矿机专业，1978年10月留校任教，1990年获得工学硕士学位。历任教务处副处长、工程机械系副主任、党总支书记、机电工程分院副院长等职。担任中国机械工程学会高级会员、中国汽车学会会员、国家工程机械产品质量检测中心专家、山西省机电国际招标公司专家等。先后为本科生、研究生讲授“工程机械底盘构造与设计”“施工机械化”等9门课程。主要从事工程机械设计理论及开发应用研究，指导机械设计及理论、车辆工程硕士研究生7人。主持和承担了省部级纵横向科研项目“振动式边坡压实机研究与开发”“YCT8拖式冲压路机开发”“滚动冲压压实技术及系统动态特性研究”“异 型截面冲击轮密实效应相关性研究”“大型履带起重机承载能力分析”“机设专业人才培养方式的研究”等12项科研研究，经省部科委鉴定的成果5项（国际先进2项，国内领先3项），获发明专利、实用新型专利各1项，获省部科技进步二等奖2项、三等奖1项，省教学成果二等奖1项，院教学成果二等奖2项。在国内外学术刊物上发表论文40余篇。

韩如成（1959—）男，山西定襄人，中共党员，1997年被聘为硕士生导师，山西省电工技术学会监事长。1982年7月毕业于原太原重型机械学院工业自动化专业，获学士学位，1991年1月毕业于原太原重型机械学院冶金机械专业（自动化方向），获硕士学位，1982年8月起，任教于原太原重型机械学院工业自动化教研室、太原科技大学电气工程及其自动化教研室，2019年11月退休。主要承担“电力拖动自动控制系统”“电力电子学”等课程的教学工作，主要从事电力拖动、无功补偿等方面的研究。2002年主编《自动检测技术教材》，2004年编著DSP及其在直接转矩控制中的应用，2005年主持或参与谐波抑制与无功补偿山西省自然科学基金项目、智能单车试验器的研制、电气工程专业综合性实践教学改革等科研教研项目，获2003年山西省科技进步二等奖、2010年山西省教学名师称号等多项荣誉称号，公开发表学术论文30余篇。

王耀文（1944—）男，山西省万荣县人，中共党员，硕士生导师。兼任中国教育统计与测量研究会理事、山西省学校管理心理学专业委员会副主任、校学术委员会委员、中国西部地区教育顾问、西北轴承集团有限公司专家委员会专家。1968年毕业于太原重型机械学院锻压工艺与设备专业，历任教务处常务副处长、学生工作部部长、党委办公室主任、图书馆馆长、基础部主任等职务。1999年被评为教授，长期在经济与管理学院任教，承担“工业统计学”“社会经济统计学原理”“国际贸易地理”“人力资源管理”等课程教学工作。主要从事统计理论在社会经济、教育教学管理、文献计量等方面的应用研究，公开发表学术论文60余篇，其中有10多篇发表在国家级刊物上。主持过“柳工质量信息系统（QIS）”“山西省标准化考试高考改革”等科研项目，是学校与柳工、宣工、西轴、山西铝厂、太钢、柳州五菱等企业建立“产学研”基地的主要联络人和策划者，促成签订技术合作项目30余项，经费达300余万元。1979年被山西省政府授予“山西先进教育工作者”荣誉称号，2019年被山西省关工委评为先进个人，授予“全省关心下一代奉献奖”荣誉称号，2009年退休后，被学校聘为校教学督导组专家至今。

王满福（1954—）男，山西临猗人，中共党员。1971年参加工作，1974年毕业于北京体育大学，同年到太原重型机械学院体育教研室任教，曾任体育系主任。先后发表过国家级论文24篇，出版专著3部，承担省部级课题2项。2000年赴德国参加了运动医学国际论文报告会。兼任国际运动医学理事会理事、中国科学院特约研究员等职。

杨　波　见领导简介

2000年　马秀英　郭正光　贾育秦　黄庆学　孙大刚　孟文俊　华小洋　孙志毅
赖云忠　周静卿　王皖贞　石　冰　武　杰　秦建平　王志连　鲍善冰

马秀英（1943—）女，山西太原人。1966年7月于山西大学化学系（5年本科）毕业，后分人四川冶金地质勘探公司任化验技术员。1974年于该公司职工大学任教。1978年调人太原重型机械学院，任化学兼环境科学教研室主任。先后讲授“普通化学”“物理化学”“高分子化学”“无机分析化学”“工程化学”等课程。先后在《世界工程索引》《化学世界》《应用激光》《大学化学》等10多种刊物上发表论文数十篇。编写过《无机分析化学》《工程化学基础实验》等教材。

郭正光　资料不详

贾育秦（1954—）男，河北黄骅市人，生于陕西省凤翔县。1970年在建设兵团参加工作，1977年在陕西机床厂工作，1982年西安理工大学毕业后分配到太原重型机械学院工作。曾任《现代制造工程》《高等教育研究》杂志编委，山西省优秀中青年骨干教师，机电学科首席带头人。曾任机电教研室主任，硕士研究生导师。主持参与了山西省自然科学基金项目（20021068）“虚拟RP技术支持的产品创新关键技术研究”等多项科研项目，其中“机自品牌专业的建设和可持续性发展”获省级教学成果奖二等奖，“定柱式悬臂起重机CAD系统研究”获中国机械工业联合会、中国机械工程学会三等奖，同时获山西省教育厅、山西省高等学校科技进步二等奖。发表了（《基于多目标差异演化算法的并联机构结构优化》等90余篇论文，主编、参编了《机械制造技术装备及设计》《机械制造工程学》，主审了《AutoCAD 2009（中文版）机械制图实战》等教材。

黄庆学　见领导简介

孙大刚（1955—）男，重庆人，中共党员，太原科技大学、西安理工大学博士生导师，博士后合作导师，机械工程学院副院长（2001年3月至2006年6月）、院长（2006年6月至2011年1月）。曾任中国机械工程学会、中国农业工程学会高级会员，中国工程机械学会铲土运输分会副理事长、全国土方机械标准化技术委员会委员、《农业工程学报》等学术期刊编委、山西省学位委员会学科评议组成员、山西省研究生教育指导委员会委员、山西省汽车工程学会秘书长、山西省振动工程学会副理事长等社会职务。1982年毕业于太原重型机械学院，获学士学位，1996年毕业于吉林工业大学，获博士学位，2011年美国奥本大学高级访问学者，1986年任教于工程机械系，2000年被评为教授，2011年被评为二级教授。主要承担“阻尼缓冲结构理论及其应用”等课程的教学工作，主要从事工程机械振动的控制与利用研究。主持或参加了国家工程机械行业“八五”至“十五”重大技术装备科技攻关项目8项，另主持了国家自然科学基金、国家重大技术装备创新研制、山西省自然科学基金等科研项目；获省部级奖励7项；1999年获山西省劳动竞赛特等功一次；获国家发明专利7项，发表学术论文200多篇；其中SCI、EI收录70多篇。

孟文俊（1963—）男，1963年9月出生于山西太原，中国共产党党员，博士生导师，中国机械工程学会理事，山西能源学院副院长。1984年毕业于太原重型机械学院，获学士学位，并留校任教，2000年被评为教授，2005年毕业于北京航空航天大学，获博士学位，2008年在Auburn University做访问学者，2014年在University of North Carolina at Charlotte做高级访问学者。主要社会职务：智能物流装备山西省重点实验室主任、山西省物流装备研究生教育创新中心主任、智能物料搬运装备山西省科技创新重点团队负责人、山西省煤机装备研究生培养基地负责人、高性能输送带山西省重点实验室学术委员会主任。兼任中国颗粒学会会员，中国机械工程学会理事，成组与智能集成技术分会常务委员，物流工程分会常务委员、副理事长，连续输送技术专业主任委员、管道物料输送技术专业副主任委员，中国机械工业教育协会机械电子学科教学委员会副主任委员，中国机械行业卓越工程师教育联盟理事，起重运输机械杂志编委，Fellow，FSOE，FIPlantE of Society of Operations Engineers.UK，山西省装备制造业标准化技术委员会副主任委员，多个全国标准化技术委员会委员，主要承担“连续输送机械、散体力学和物流系统工程”等课程的教学工作，主要从事机电液信一体化系统建模与智能控制、绿色高效散料仓储装卸搬运装备及其系统基础理论与智慧化集成的研究。起草国家标准和行业标准《连续搬运设备散装物料分类、符号、性能及测试方法》《带式输送机工程技术标准》《带式输送机》《圆管带式输送机》和《气垫带式输送机》等15项，主编和参编学术著作《中国物料搬运装备产业发展研究报告》《机械工程手册——港口机械》《物流工程技术路线图》《气垫带式输送机设计选用手册》和《液压系统建模、辨识和测控》等11部，主持各类科研项目（课题）100余项，获山西省教学名师、山西省高等院校“优秀共产党员”、山西省科教文卫体系统“五一劳动奖章”、山西省第三批新兴产业领军人才、山西省科教兴晋突出贡献奖专家等10余项荣誉称号。公开发表学术论文近300篇、专利41项和软件著作43项。

华小洋（1964—）男，浙江嵊州人。1985年毕业于大连理工大学，获学士学位，1988年毕业于太原重型机械学院，获硕士学位，1995年毕业于上海交通大学，获博士学位，1998年在大连理工大学完成博士后研究工作。机械部跨世纪学术骨干。兼任全国起重机械专业技术委员会理事，《起重运输机械》杂志编委，曾主持太原重型机械学院研究生处工作并兼科技外事副处长、处长、硕士生导师。先后主讲本科生和硕士研究生课程5

门。承担或参加国家自然科学基金、国家重大技术装备“七五”和“八五”攻关、教育部科学研究、省自然科学基金、省青年基金项目等。获省部级科技进步三等奖2次，第十届全国新技术新产品博览会金奖1次，山西省高校科技进步一等奖1次，太原市科技进步二等奖1次，机电部教育司科技进步奖1次。“核电站搬运核废料起重机的可靠性分析”“KONE门机电磁盘制动器国产化”等项目通过委托单位验收，并取得较好的经济效益。发表学术论文20多篇，协编高等学校使用教材《起重机械习题集》，制定了“盘式制动器制动盘”等4个标准。1992年获“山西省青年科技奖”提名奖。

孙志毅（1959—）男，山西省长治市人，中共党员，博士生导师。兼任山西省电气工业协会理事长，山西省电工技术学会副理事长，山西省科技计划战略咨询与综合评审人才行业（领域）专家组副组长，山西省委联系的高级专家。1982年毕业于太原重型机械学院，获工学学士学位，1996年毕业于清华大学，获工学硕士学位，2007年毕业于北京理工大学获工学博士学位。分别于2008年、2013作为美国奥本大学和澳大利亚卧龙岗大学高级访问学者。

1982年起任教于本校至今，历任系主任、院长、科技处长等职，2000年晋升教授。承担了自动化专业多门课程的教学工作，主要从事装备控制与智能化领域的研究工作。出版教材、著作4部，主持、参与完成省部级以上和企业委托项目30余项，获省部级科技进步奖和自然科学奖4项，公开发表学术论文100余篇，其中30余篇被SCI、EI收录。

赖云忠（1964—）男，湖北大悟人。1982年毕业于湖北大学，获学士学位，2001年毕业于中国科学院物理研究所，获博士学位，1989年任教于太原重型机械学院基础部。主要承担“大学物理、量子力学”等课程的教学工作，主要从事量子基础理论研究。获山西省科技进步二等奖等多项荣誉称号，公开发表学术论文20余篇，数篇被SCI收录。

周静卿　资料不详

王皖贞（1945—）女，北京人。1968年12月毕业于清华大学无线电系无线电技术专业。先在部队农场劳动锻炼，后任黑龙江呼兰县晶体管厂技术员。然后任山西无线电厂主任，学校信号与信息处理学科首席学科带头人。担任山西省高校电工技术学会副理事长，山西省高校电子技术学会常务理事，华北地区高校电子技术学会常务理事。讲授过的课程有：“电工学”“模拟电子技术”“数学电子技术”“高频电子技术”“通信原理”等。在任教研室主任期间，组织教研室老师开发《电子技术教学CAI课件》，编写《电工学习题解答》以及教材《电工技术》《电子技术》等。在科研方面，完成“神经网与遗传算法构成的混合系统及应用”，获山西省科技进步三等奖；参加山西省归国留学人员基金项目“基于内容的高层次图像检索”；参加省自然科学基金项目“非平稳经济时间系列模式识别与预测”；完成校教务处电子技术CAI教学课件的开发，任第一负责人。多次参加国际和国内学术会议，发表学术论文9篇。参编高校教材《模拟电子技术》。

石　冰　资料不详

武　杰（1949—）男，山西太原人，中共党员。1968年参加工作。1977年7月毕业于太原重型机械学院。历任太原重型机械学院社科部副主任、主任，院党委组织部部长，人文社科系主任。兼任山西省自然辩证法研究会常务理事、山西省哲学学会常务理事、山西省政治学会理事、山西省党史学会理事、《党史文汇》理事会理事等职。

先后发表了《爱因斯坦的统一性思想》《邓小平哲学理论的内涵》等学术论文40余

篇；主编和参编了《自然辩证法》《马克思主义哲学》等5种教材；参与了《走向21世纪的科学哲学》专著的写作；主持了为期3年的"重师资培养、上教学质量"的教学研究课题，获学院教学成果一等奖。1996被评为山西省高校"两课"优秀教师，1997年被评为山西省优秀中青年骨干教师，1999年被评为山西省高校优秀党务工作者。

秦建平（1951—）男、江宁江用县人，1968年在农村插队，1969年贵州水城钢铁厂工作，1976年于太原重型机械学院毕业后留校工作，长期从事轧钢机械设计与金属压力加工专业的教学与科研工作。研究生导师，任太原重型机械学院材料科学与工程分院副院长，中国金属学会会员，并担任中国金属学会轧钢学会塑性加工与新技术开发学术委员会委员和轧钢机械设备教学委员会委员。

完成的科研成果有：参加"50mm无缝钢管联合穿轧机"研制获得省科技进步二等奖；主持"钢管冷斜轧技术研究"通过省级鉴定。发表《双金属管复合拉拔过程的理论分析》《双金属的制造技术研究与应用》等学术论文10余篇，所开发的"单体液压支柱油缸修复技术"和"大直径薄壁不锈钢焊管制造技术"获得国家专利，并在煤炭、冶金和机械行业中得到广泛的应用，经济效益显著。致力于"大复合比双金属薄板生产新技术""煤矿井下液压综合支柱油缸修复技术"和"板材不对称技术研究"等课题的研究工作。

王志连 见领导简介

鲍善冰 见领导简介

2001年 贾义侠 高玲玲 王京云 陶国清 张小平 卓东风 师 谦 张继福 李淑娟 闫献国 王春燕 双远华 柴跃生 崔小朝 王录才

贾义侠（1943—）女，山西临汾市人。1966年毕业于太原工学院（现太原理工大学）电机系工企专业。1966—1970年在内蒙古赤峰化肥厂工作，1970—1974年在山西互感器厂工作，1974年起在太原重型机械学院电子信息工程分院任教。

先后为研究生、本科生开设"微机控制技术""微机接口及应用""微机原理""电工及电子学""PLC及应用""汇编语言"等10多门课程。研究方向为工业企业生产自动化。发表《热处理工厂的分散测控系统》等学术论文20余篇，其中《直流牵引电机电磁场计算软件》《热处理工厂的分散测控系统》被收入三大索引。参与研制"HEG2型高精度互感器校验仪"，获1978年全国科学大会奖。参加第三届全球智能与自动化大会，第四届国际电磁场研究与应用研讨会，全国第五、第六届工业控制系统应用等学术会议。

高玲玲（1950—）女，河北辛集市人。1969年参加工作，1977年毕业于内蒙古工学院机制专业，一直从事"几何""机械制图"等基础课的教学工作。

多年来致力于工程图学教育改革的研究。主要研究成果：阐述了适应于未来、将取代2D图形技术的计算机3D造型技术的工程设计现代图学教育理论，在长期的图学教育理论研究上有了一定的突破，并发表《空间思维模式的探索》、《探讨发展定向思维的现代工程图学教育》等论文，刊登于《工程图学学报》。

《画法几何与现代服装工程制图的理论研究》论文被美国科学文化信息中心评为优秀科学学术论文。曾参与中国工程图学学会的大型《金属切削机床插图》图册的编图工作，个人作品为："普通车床溜板箱传动系统的大型彩色立体装配图"的绘制。为山西省工程图学学会编写《描图技术》教材。为山西省科委翻译科技资料4万余字。曾发表学术论文9篇。

王京云（1943—）女，山西临汾人。1966年毕业于山西大学物理系金属物理专业，曾在临汾市医用光学仪器厂任技术员，1977年调人太原重型机械学院任教。中国物理学会会员，担任“大学物理”“物理实验”等课程讲授任务。撰写的论文《高等工科院校机械类专业力学课程教学改革初探》在国家核心期刊《中国高教研究》上发表。还发表了《关于库仑平方反比定律的证明》等论文20余篇，其中《殷墟石磬频谱特性》《殷城青铜饶频谱特性》研究了河南安阳出土的殷代乐器的发声特性，在“纪念甲骨文发现90周年国际学术讨论会”上交流。在山西省自然科学基金项目“巴克豪森噪声评价材料损伤劣化及剩余寿命预测”的研究中，主要负责理论分析及部分试验。

陶国清（1950—）男，宁夏回族自治区人。1976年毕业于太原重型机械学院铸造工艺及设备专业，在太原重型机械学院机械设计教研室从事教学工作，主讲“机械原理”“机械设计”“现代设计方法”等课程，从事机械学传动课题研究。参与编写教材《机械原理》（机械工业出版社出版）一部；科研项目“操纵导向盘啮合式无极调速器”“齿轮滑块式无极调速器”分别获1997年、1998年国家发明专利;在《山西科技》《科技情报与开发》等刊物与国际学术会议上发表论文10余篇。

张小平（1958—）男，山西隰县人。1982年1月毕业于太原重型机械学院轧钢机械专业，毕业后留校任教。硕士生导师，轧钢新技术学科带头人，历任院工会副主席、教务处处长等职。1986—1987年曾在美国俄亥俄州立大学冶金系进修学习，在著名学者R.Wagoner教授的指导下从事金属材料结构关系的研究工作，期间获得了俄亥俄州立大学研究生院院长签发的奖状。一直从事轧钢生产工艺与设备的教学及科研工作，承担了多门本科生与研究生专业课的教学。先后承担了机械部基金项目“穿孔机复合顶头的研究”等纵向课题；主持完成了太钢不锈热轧厂“中板定尺检测及多工位显示系统”的研制，并且通过了山西省科技厅组织的鉴定，为企业创造了良好的经济与社会效益；主持太钢不锈热轧厂“钢板喷印字模装置”的研制；参与完成了“邯钢中板厂滚切剪的改造”、太钢不锈热轧厂“中板打印机”的研制，以及“太钢不锈冷轧厂圆盘剪的改造”等横向课题。出版专著2部，发表学术论文10余篇。

卓东风（1958—）男，山西临汾人，九三学社社员，硕士生导师，曾任教育部高等学校教育教学水平评估专家，教育部高等教育教学审核评估专家。1982年毕业于太原重型机械学院，获学士学位。同年任教于太原重型机械学院，2001年被评为教授。曾任太原科技大学教学质量监控办公室主任，主要承担“电路”“电磁场”和“通信原理”等课程的教学工作，主要从事大型锻压设备和生产线自动控制研究。先后主持山西省自然科学基金项目、山西省重点研发项目等多项科研项目，参与国家自然科学基金项目、山西省自然基金项目、山西省国际科技合作基金等多项科研项目，企业横向委托项目30余项；获山西省科技进步二等奖5项，三等奖7项。公开发表学术论文30余篇。

师　谦　见领导简介

张继福（1963—）男，山西平遥人，无党派人士，2005年7月毕业于北京理工大学，获工学博士学位。现任太原科技大学计算机学院二级教授，博士生导师，大数据分析与并行计算山西省科技创新重点团队带头人、国家级一流本科专业建设点负责人等；兼任CCF协同计算专委会委员、中国仪表学会微机应用学会常务理事、国家科技奖励与科技部重点研发计划评审专家等。指导博士生 11 名，硕士生 80 余名，其中：获博士学位 6 名，获硕士学位 80 余名；曾获山西省教学成果奖（高等教育）一等奖 1 项，山西省优秀教师等荣誉。

长期从事大数据挖掘及应用、并行与分布式计算、人工智能等领域的科研工作。主持国家自然科学基金面上项目 7 项，以及国家“863”子课题、山西省自然科学基金等 20 多项；获 2019 年度山西省自然科学二等奖（排名第一）1 项；在 CCF A 类国际顶级期刊 *IEEE TKDE*、*IEEE TC*、*IEEE TPDS* 与国际顶级会议 ICDE，以及 *IEEE TSMC*: *Systems*、《软件学报》《自动化学报》等知名刊物和会议上，发表论文 200 多篇，其中 SCI 收录 70 余篇。

李淑娟（1956—）女，山西清徐人，中共党员。1982 年 1 月毕业后分配到太原重型机械学院参加工作，硕士生导师。先后主讲过“金属切削原理”“金属切削刀具”“机械制造工艺学”等课程，指导本专科生的课程设计。先后主持、参加并完成了省部级基金项目“工程机械零件 CAPP 专家系统研究与开发”“回转类零件专家系统”“基于脉冲管技术的机床冷却系统研究”，攻关项目“小深孔加工及加工系统研究”“热连轧机轧辊轴奉命提高的研究”等横向项目 2 项，承担 1 项省自然基金项目。发表论文 20 余篇，主编教材 1 本，参编教材 1 本，参编专著 1 本。兼任中国高校切削与先进制造技术研究会华北分会理事、中国机械工程学会高级会员。1999 年荣立山西省劳动竞赛委员会三等功。

闫献国（1963—）男，山西寿阳人，中共党员，博士生导师，中国螺纹专业标准化技术委员会委员，中国机械制造工艺协会理事，中国机械制造工艺协会第二届标准化工作委员会委员，中国设备监理协会设备监理人员工作委员会委员，中国设备监理协会第二届标准化工作委员会委员，中国机械工业金属切削刀具技术协会切削先进技术研究分会理事，第三届中国机械工业教育协会机械设计制造及自动化学科教学委员会委员，山西省机械工程学会常务理事、传动分会副理事长，山西省重大装备液压基础元件与智能制造工程研究中心副主任，煤矿粉尘智能监测与防控山西省重点实验室副主任。1983 年毕业于西安交通大学，获学士学位，1994 年毕业于北京理工大学，获硕士学位，2007 年毕业于北京理工大学，获博士学位，2012 年加拿大亚伯达大学访问学者，1983 年任教于机械工程学院，2001 年被评为教授。

主要承担“CAD/CAM”“金属切削原理”“金属工艺学”“运筹学”等课程的教学工作，主要从事高性能制造、企业信息化研究，国家标准 GB/T5796.1-2022《梯形螺纹 第一部分：牙型》第一起草人，2014 年参编《CAD/CAM 技术》，2016 年参编《现代制造系统》，2021 年参编《典型难加工材料深孔加工技术》，2013 年主持国家自然科学基金项目“面向多质量特性一体化控制高速钢丝锥制造理论与工艺研究”，2017 年主持国家自然基金面上项目“镐型截齿多质量特性的调控机制及制造工艺研究”。获山西省“三晋英才”支持计划高端领军人才，2021 年山西省最美科技工作者等多项荣誉称号。公开发表学术论文 150 余篇，其中 SCI、EI 收录 50 余篇。

王春燕（1959—）女，河南济源市人，1983 年 8 月参加工作，在太原重型机械学院机械原理及机械设计教研室任教。主编高等学校教材《机械原理》《机械原理课程设计》（机械工业出版社出版）；参编《机械设计》；完成“‘机械原理’课程 CA1 课件的研制”的教学研究课题，通过省级鉴定，达到国内同类院校的先进水平。撰写了 16 篇科研论文和教学论文。参加了机械工业部教育司科技基金及部、司科技进步奖评审计算机管理系统研制，获机械工业部教育司科学技术进步一等奖；“滚柱轴承式单向离合器的研究”通过部级鉴定达到了国内同类研究的领先水平。

双远华（1962—）男，山西文水人。1983 年 7 月毕业于太原重型机械学院轧钢机械专业，并于同年留校任教。之后考入燕山大学轧钢机械设计及理论专业攻读硕士、博士学位，1999 年获博士学位，1999—2001 年在南京航空航天大学机电工程学院进行博士后研究工作。2001 年破格晋升为教授。担任山西省现代轧制工程技术研究中心副主任、山西省冶金设备与技术重点实验室副主任、太原科技大学 CAD/CAE/CAM 重点实验室主任、《钢管》杂志编委、国家自然基金评审专家。被评为山西省“三育人”先进个人，获山西省“五一”劳动奖章。主持国家基金项目 1 项、省基金项目 2 项，其他纵向项目 5 项，企业横向项目 20 多项；在国内外主要刊物上发表论文 40 余篇，四大索引收录 8 篇；以第一发明人申请国家发明专利 4 项，获得授权 2 项，获得实用新型专利 3 项；出版著作 3 部；作为第一完成人获山西省科技进步二等奖，作为主要参加人获省部级科技进步一、二等奖多项。

柴跃生　见领导简介

崔小朝（1962—2017）男，博导，太原科技大学应用科学学院院长，力学一级学科首席学科带头人，山西省力学学会副理事长，国家自然科学基金评审专家。1985 年 7 月毕业于太原重型机械学院轧钢机械专业，获工学士学位。1987 年 9 月至 1989 年 12 月在浙江大学机械工程系攻读硕士学位，1998 年 9 月至 2001 年 6 月在燕山大学机械工程学院攻读博士学位，2002 年 1 月至 2004 年 7 月在中国空间技术研究院兰州物理研究所从事博士后研究工作。

任教 20 多年来，一直在教学科研第一线工作，奠定了机械学、钢铁冶金、工程力学和计算机应用科学等方面扎实的基础和现代设计思想，积累了丰富的教学科研经验。获省部级奖励 6 项，拥有国家专利 16 项，主持完成国家自然科学基金项目 3 项、国家“九五”重点攻关项目 1 项、山西省自然科学基金项目 3 项、山西省科技攻关项目 1 项，横向项目 10 余项，发表科技论文 80 多篇（被 SCI、EI 收录 20 余篇）。1996 年被评为“机械工业部跨世纪学术骨干”，1997 年被评为“山西省教书育人先进个人”，2007 年被评为山西省教学名师，2009 年被评为国家级优秀教师。

王录才（1965—）男，陕西大荔人，中共党员，硕士生导师。1985 年于陕西机械学院毕业后分配至太原重型机械学院工作。1990 年毕业于东南大学，获硕士学位。任太原重型机械学院铸造教研室主任，“新材料及其液态成型技术”首席学科带头人。

主讲“铸造机械化”“铸造工艺学”“铸造测试技术”“热加工工艺设备”以及“研究生专业外语”“泡沫金属成形基础”等研究生课程。在科研方面参加或主持完成的主要科研项目有：国家自然科学基金项目“铸造循环砂性能控制”；山西省科技攻关项目“熔铸法铝基复合材料及其应用研究”，达国际先进水平，获山西省科技进步二等奖。机械部教育司科技基金项目“真空渗流发泡法泡沫金属及其应用研究”通过部级鉴定，达国内领先水平。主要发表论文有《砂幕增湿垂直流化床热砂冷却器的研究》《挤压渗流泡沫铝合金制备工艺研究》《泡沫铝消音性能的研究与分析》《粉体发泡法制备泡沫铝混合工艺的分析》等 30 余篇。兼任全国铸造设备教学研究委员会委员，《铸造设备研究》杂志主编。

2002年 王红光 姚宪弟 王伯平 乔中国 周玉萍 张亮有 雷建民 杨晓明 张平宽 李秋书 薛耀文 李志勤 魏计林

王红光（1949—）男，中共党员。历任太原重型机械学院保卫处处长，院总务处长兼总支副书记，党委宣传部副部长，社科部书记、主任等职。兼任中国教育家协会理事、中国管理科学研究院特约研究员、山西省有中国特色社会主义研究会常务理事、山西高校《社会科学学报》编委。从教近30年来，主要讲授了“政治经济学”“邓小平理论概论”“市场经济学”等课程。在各类刊物上发表论文30余篇，主、参编论著教材5部，主持、参与省部级课题6项（重点课题1项），主持院级课题3项。获国家级优秀奖2项，省部级一等奖1项，二等奖2项，学院一等奖4项，各类学会一等奖多项。曾被评为省优秀中青年骨干教师、院优秀党员干部、科研先进个人、学科学位先进工作者，是本学科的学术带头人。其简历被《中国世纪专家》《科学中国人》等载入。

姚宪弟（1957—）男，山西芮城人，中共党员，硕士生导师，1988年毕业于河北大学，第二学位思想教育，1982任教于太原科技大学（原太原重型机械学院），2002年被评为教授。主要承担法理学、法史学、立法学、刑法学、诉讼法学等课程的教学工作，主要从事诉讼法学研究。出版专著三部《陪审论》《论建设中国特色的陪审制度》《诉讼与无讼》。“法学教学题库计算机管理系统”被评为省教学研究成果三等奖，公开发表省级以上论文十余篇，指导学生论文获省级优秀论文一次，题为《论无讼》。

王伯平（1954—）男，山西太原市人，中共党员，太原理工大学机械制造专业本科毕业。任太原科技大学机械学院金工公差教研室主任、研究生导师、山西机械工程学会机械自动化及仪器仪表专业委员会理事长、山西省金工教学研究会副理事长、中国机械工程学会高级会员、山西省高校工委及教育厅党组联系的高级专家、省级精品课程“互换性与技术测量”主讲教师。被评为太原科技大学教学名师、太原科技大学“优秀共产党员”“三育人”先进个人。主要研究领域为精密测量及机械精度优化设计理论。主持和参加过多项国家和省部级科研项目，其中获山西省2008年教学成果一等奖（第一课题负责人）1项、省部级科技成果奖8项，获国家专利3项；出版著作、教材10部，主编的《互换性与测量技术基础》被教育部评审为普通高等教育“十一五”国家级规划教材，并在全国300多所高等院校广泛应用。发表科研论文100多篇，其中多篇被三大索引收录。

乔中国（1963—）男，山西省浑源县人，中国党员，硕士生导师，律师，山西省教育厅联系的专家，山西省社科联确定的跨世纪学科带头人。1985年毕业于太原重型机械学院，获工学士学位，1989年毕业于上海交通大学，获法学第二学士学位，1986年任教于太原科技大学，2002年被评为教授。主要承担“劳动法与社会保障法”等课程的教学工作，近年的主要研究方向为侵权责任纠纷和建设工程施工合同纠纷。近年出版专著1部，主编山西省通用教材2部，参编教材3部，主持完成省级课题11项，获山西省社会科学研究优秀成果二等奖1项、三等奖1项、优秀奖1项，山西省“百部（篇）工程”研究成果奖二等奖5项、三等奖1项。先后发表学术论文50余篇，其中CSSCI刊物论文6篇。

乔中国同志曾成功地主持了马克思主义理论一级学科硕士学位点、法学一级学科硕士学位点、社会工作本科专业、应用心理学本科专业的申报工作。积极出谋划策，调动资源，帮助学院取得民政部全国社会工作人才培训基地和社会工作专业硕士点授权。

周玉萍（1964—）女，山西太谷人，中国共产党党员，担任社会工作专业硕士生导师，担任中共太原市委社会治理领域智库专家，山西省民政标准化委员会委员，山西省老年学和老年健康学会智库学术委员会副主任，山西省老龄产业智库专家等。2004 年毕业于山西大学，获历史学学士学位，2004 年毕业于中国人民大学，获硕士学位，1985 年任教于太原科技大学，2002 年被评为教授。主要承担“中国近现代史”“老年社会工作”等课程的教学工作，主要从事中国传统思想文化、老年社会工作研究。2002 年以来，先后撰写《历史人物评析》《夕阳下的成长——老年人观念提升读物》等学术著作，2014 年主持国家社科基金项目《政府购买社区养老服务》，2019 年主持太原市周玉萍老年社会工作名家工作室。获得山西省“两课”优秀教师、“全国 MSW 研究生案例大赛”优秀指导教师等多项荣誉称号，公开发表学术论文 100 余篇，其中 6 篇被 SCI 收录，两篇被中国人民大学复印报刊资料全文收录。

张亮有（1962—）男，汉族，山西忻州人，九三学社社员。曾担任政协山西省委员会第九、第十、第十一届委员，第十、第十一届科教文卫委员会委员；九三学社山西省委员会第七、第八、第九届委员，第八、第九届常委，第九届科技工作委员会主任；九三学社太原科技大学委员会第二、第三届主委；中国机械工程学会物流工程分会第八、第九、第十届理事会理事。1983 年毕业于太原重型机械学院（今太原科技大学）获学士学位，1986 年毕业于太原重型机械学院获硕士学位，1986 年任教于太原重型机械学院，2002 年被评为教授。主要承担“连续输送机械”“CAD 技术”“物流工程”等课程及指导本科生课程设计、毕业设计，带队本科生进行生产实习、毕业实习等；承担“VB 程序设计”“机械创新设计”等课程及指导硕士研究生。主要从事起重输送机械、现代设计方法、机械 CAD 应用技术的教学科研工作；主编及参编《连续输送机械设计手册》《起重输送机械图册（下）》《气垫带式输送机设计选用手册》等，主讲国家大学精品视频公开课“人类力量与智慧的延伸——物料搬运装备”第三讲；“门式起重机设计专家系统”等多项研究成果获省科技进步二等奖；主持及参与科研项目 10 余项；发表论文 50 余篇。获山西省教书育人先进个人、山西省优秀政协委员等荣誉称号。

雷建民（1957—）男，山西临猗人。1982 年毕业于太原重型机械学院铸造设备与工艺专业，获工学学士学位。多年从事教学、科研和行政管理工作，任教以来，先后为本科生和硕士生主讲“铸造车间设计”“铸造工艺”“铸造测试技术”等课程，指导研究生多名，任太原科技大学资产与实验室管理处处长。主要研究方向为铸造设备及铸造用除尘器高温滤料的研发；主持或主要参加省部级科研项目 10 余项，完成省部级科技鉴定成果 2 项；在国内外核心学术刊物上发表论文 20 余篇，其中 2 篇为 SCI 收录；主编教材 1 部；获国家发明专利 1 项。

杨晓明（1956—）男，河北唐山人。1982 年 1 月在太原重型机械学院获学士学位；1986 年获硕士学位。所从事的教学课程包括“轧钢工艺学”“电机与电力拖动”“机械控制工程”“精密轧制与特种成形”等。作为主要负责人或参加人所从事的部分科研项目有“钛合金棒线材连轧工艺与设备设计研制”“热轧圆钢工艺与孔型设计”“大型磨机筒体受力分析”等。

张平宽（1964—）男，山西运城市，2004 年担任硕士研究生导师。1984 年毕业于西安交通大学，获工学学士学位，1990 年毕业于西安交通大学，获工学硕士学位，2006 年毕业于江苏大学，获工学博士学位。1984年任教于太原重型机械学院，2002年被评为教授。获得山西省教授协会师德模范、太原科技大学师德模范等称号。主要承担《机械制造工艺学》等课程的教学工作，主要从事先进制造技术方面的研究工作，2007年、2012年、2018年分别主编了《机械制造工程学基础》《机械制造工程学基础（第2版）》《机械制造基础》，分别由国防工业出版社、兵器工业出版社出版。主持和参与了“微小孔轴向振动钻削机理研究”“薄膜阻尼机理研究”等多项国家、省基金和横向课题，发表各种学术论文70余篇，获得国家专利20余项。

李秋书（1961—）男，山西高平人，博士生导师。1983年7月毕业于太原重型机械学院，留校工作。期间，于1986年9月至1989年5月在太原重型机械学院攻读硕士学位；2002年3月至2005年8月在上海大学攻读博士学位。任材料科学与工程学院副院长。发表学术论文40多篇，其中被SCI、EI收录7篇；出版专著1部。获山西省科技进步二等奖1项；获山西省教学研究成果一等奖1项、二等奖2项。

薛耀文（1965—）男，山西万荣人，中共党员，博士生导师，运城学院党委书记。1986年毕业于西安交通大学，获工学学士学位；1989年毕业于西安交通大学，获工学硕士学位；2006年毕业于上海交通大学，获管理学博士学位；1986年任教于太原重型机械学院，2002年被评为教授，2020年被评为二级教授。历任太原科技大学经济与管理学院院长，山西师范大学副校长，山西师范大学党委副书记，运城学院党委副书记、院长等职，现任运城学院党委书记。

主要承担“微观经济学、文化产业管理、运筹学”等课程的教学工作；主要从事金融监管、决策科学、文化产业管理、产业升级与转型等方面的研究。获山西省教学名师、山西省模范教师、山西省学术技术带头人、山西省优秀科技工作者、三晋英才“拔尖骨干人才”等多项荣誉称号。出版专著4部，参编教材5部。主持国家及省部级项目50余项。在《管理科学学报》《中国软科学》《系统工程理论与实践》《科学学研究》等国内外期刊公开发表学术论文150余篇。研究成果获得山西省社会科学研究优秀成果一等奖1项，山西省社会科学研究优秀成果二等奖2项；获得陕西省科技进步二等奖1项，山西省科技进步三等奖1项；参与获得上海市科技进步二等奖1项。

李志勤 见领导简介

魏计林（1957—）男，河北深县人。1988年6月毕业于中国科技大学物理系光学专业，获硕士学位。太原科技大学应用科学学院副院长、物理系主任、光电工程研究所所长。主要从事光学传感、光学测试及计算机工程应用方面的研究工作。先后主持了省青年自然科学基金项目1项、省留学归国人员计划课题3项、省科技攻关项目2项、国家自然基金（面上项目）1项；国内外学术刊物和国际国内重要学术会议上发表论文30余篇；获得2005年“中国煤炭工业企业管理现代化行业级优秀三等奖”1项，研究课题“现代煤矿安全管理系统”获山西省2004年科技进步二等奖1项，获山西省教学成果奖一等奖2项；出版著作3部；获国家专利2项。

2003年　张凤霞　牛学仁　陆凤仪　赵丽华　刘晓红　居向阳　夏兰廷　雷步芳
刘　岩　吴志生　段锁林　徐玉斌　刘　中　张敏刚　安德智　董　峰

张凤霞（1957— ）女，河北省平山县人，中共党员，教授。1977年毕业于北京体育大学，同年任教于山西省体工队女子排球队，担任教练员。1980 年任教于太原重型机械学院体育系教师，主要承担公共体育教学和校排球队教练工作，主要从事学校体育教育和社会体育方向的研究，2001 年参编国家级教材一部，2002 年主持省级课题一项，公开发表学术论文 10 余篇。作为主教练，曾带领我校女子排球队荣获全国高校排球联赛第 4 名的好成绩，在第三届山西省高校排球联赛中荣获冠军奖杯。

牛学仁（1956—）男，山西省永济市韩阳镇人。1982 年元月毕业于太原重型机械学院，获理学学士学位，1982 年任教于太原重型机械学院，2003 年被评为教授。主要承担“理论力学”“材料力学”“振动力学”等课程的教学工作，主要从事动力学研究。曾先后出版《理论力学习题课讲义》《理论力学》等教材 5 部（其中担任主编 3 部），公开发表学术论文 7 篇。曾被中国力学学会 2 次评为全国优秀力学教师、被山西省力学学会 2 次评为山西省优秀力学教师。2010 年获山西省教学名师荣誉称号。

陆凤仪（1958—）女，江苏常州人。机械设计类课程建设负责人，机械设计基础实验教学中心主任。先后主讲本科生课程 3 门；博士、硕士研究生课程 3 门。获山西省“模范教师”“三育人”先进个人、“三八红旗手”称号；2004 年被评为省级教学名师，多次被评为校级优秀教师。主持省级教研课题 4 项；主持并完成校级教研课题 5 项；获省级教学成果一等奖 2 项，二等奖 1 项，获校级教学成果一等奖 3 项。主持建设的“机械原理”课程被评为省级精品课程；主讲的“机械设计”课程被评为省级精品课程；主持建设的机械设计基础实验教学中心被评为省级示范实验室。主编教材 3 部、参编教材 2 部；公开发表教学和科技论文近 50 篇。参加国家“十一五”科技支撑计划课题 1 项，主持和参加省部级科研课题 9 项、横向课题 2 项；获山西省科技进步二等奖 1 项，上海市科技进步一等奖 1 项，机械部科技进步三等奖 1 项，中国机械工业科学技术三等奖 1 项，省高校科技进步二等奖 2 项。

赵丽华（1963—）女，山西太原人，中共党员，硕士生导师。中国政治经济学学会理事，山西省哲学学会理事。1985 年毕业于山西师范大学，获哲学学士学位，2004 年毕业于中国人民大学，获法学硕士学位。1985 年任教于太原科技大学，2003 年被评为教授。主要承担“马克思主义基本原理”“马克思主义发展史”“中国特色社会主义理论与实践专题研究”“中国马克思主义与当代”等课程的教学工作，主要从事马克思主义理论与思想政治教育方面的教学与研究。2003 年出版学术著作一部，2020 年主持国家社科基金高校思政课研究专项“高校课程思政与思政课程建设的协同效应研究”，主持完成省部级科研和教研项目 19 项，其中山西省科技厅软科学项目“砂河镇旅游城镇建设研究”获“山西省教育厅科技进步二等奖”。获“全国模范教师”“山西省优秀思想政治理论课教师”“太原科技大学教学名师”等多项荣誉称号。公开发表学术论文 100 余篇，其中 15 篇被 CSSCI 收录。

刘晓虹（1965—）女，吉林省吉林市人，九三学社成员，硕士生导师。现任外国语学院院长，中国高等教育学会外语教学研究会理事；中国翻译协会理事；中国学术英语教学研究会理事；山西省高等院校外语教学研究会常务理事、副会长；山西省翻译学会副会长；教育部学位中心专家。1986 年毕业于苏州大学，获文学学士学位，2003 年获西南师范大学文学硕士学位；2007 年 8 月至 2008 年 8 月在美国哥伦比亚大学教育学院，2015 年 1 月至 7 月 在澳大利亚卧龙岗大学人文艺术学院从事访问学者的研究工作。

1986 年 7 月至今一直任教于太原科技大学，2003 年评聘为教授。主要从事高校英语教学和跨文化对比研究，主要承担非英语专业“博士及硕士研究生英语”“学术写作”“技术写作”“英语专业精读”“高级阅读”“高级写作”“英语词汇学”等课程的教学工作。主编学术专著、教材及译著 9 部；主持国家级及省级以上纵向科研课题 9 项，横向课题 12 项，参与国家级及省级以上科研课题 20 余项；获省级精品课程、省教学成果、“教学名师”“优秀教师”“三育人”先进个人、“先进科技工作者”等多项荣誉称号。公开发表学术论文 30 余篇。

居向阳（1961—）男，江苏南京人，任太原科技大学体育学院院长。主持、参与全国教育科学“十五”规划教育部重点课题子课题“学校体育中的社会性发展训练对改善学生社会性发展异常的预防与干预研究”、全国教育科学“十一五”规划教育部规划课题“大学生心理健康预警机制构建及干预途径与方法研究”、国家体育总局局管课题“全国排球联赛的品牌打造”、山西省社科联社会科学“十一五”规划重点课题“山西省体育旅游资源产业开发策略研究”等课题 10 余项；在《中国体育科技》《武汉体育学院学报》《体育文化导刊》等体育核心期刊发表文章多篇，出版专著《体育休闲新理念》《走向健康》；参与编写《大学体育与健康》等教材多部。

夏兰廷 资料不详

雷步芳（1962—）女，山西平遥人。1987 年 7 月毕业于太原重型机械学院，留校工作。期间，于 1994 年 9 月至 1997 年 6 月在西北工业大学攻读硕士研究生，获工学硕士学位。多年来一直进行液压锤、电液锤的研究与开发，液压系统建模与仿真，棒料高速精密剪切技术及螺纹、花键类零件冷滚压精密成形研究。承担山西自然科学基金项目 2 项，参与国家自然科学基金项目 2 项、省级自然科学基金等科研项目 4 项，横向课题 6 项，获科研成果 2 项（排名第二），获国家发明专利 2 项（排名第二），获省、部级科技进步二等奖以上奖励 2 项（排名第二）。出版著作 2 部，发表论文 10 余篇，其中三大索引收录 3 篇。

刘　岩（1958—2018）男，北京市人。1982 年 1 月于太原重型机械学院毕业，留校工作。历任锻压教研室主任、压力加工系主任助理、机械工程系副主任、材料加工技术中心副主任、华科学院材料系主任。主要著作有《冲模图册》（机械工业出版社出版），1992 年 5 月获全国高等学校机电类图书二等奖；《材料成形技术基础》（机械工业出版社出版）；《塑性成形与模具专业英语》（机械工业出版社出版），其科研成果“护环液压胀形技术的研究与应用的研究”获山西省教学成果三等奖，“全方位开限教学质量监控研究与实践”获山西省教学成果三等奖。

吴志生（1963—）男，河北人，博士生导师。1985 年 6 月毕业于沈阳工业大学，分配到太原重型机械学院工作。期间于 1995 年 6 月清华大学硕士研究生毕业，2003 年 2 月天津大学材料博士研究生毕业，2004 年 9 月至 2005 年 1 月于英国格连菲尔德大学做博士后研究，2003 年 2 月至 2005 年 8 月于天津大学做博士后研究，2011 年 2 月至 2011 年 8 月在美国奥本大学做访问学者。主编及参编教材 5 部，EI 收录 20 余篇。被评为天津市优秀博士后、山西省教育厅党组联系专家、市科技拔尖人才、太原科大教学名师、优秀教师、优秀研究生导师、十佳教师、教书有人先进工作者、优秀党员等。任美国焊接学会会员、中国焊接学会理事、山西省焊接学会理事长。

段锁林 资料不详

徐玉斌（1964—）男，河南省光山县人，无党派人士，硕士生导师，太原科技大学信息科学与技术学院院长，山西省计算机学会理事。1984年毕业于湖南大学，获工学学士学位，1989年毕业于哈尔滨工业大学，获工学硕士学位，2009年美国奥本大学高级访问学者，1984年任教于太原重型机械学院（现太原科技大学），2003年被评为教授。主要承担“无线传感器网络”等课程的教学工作，研究领域为物联网及传感网技术。承担山西省自然基金、省科技攻关等纵、横向科研项目10余项；先后有2项科研成果分别获得山西省科技进步二等奖和三等奖（“800mm可逆冷轧机计算机监控系统”（二等奖，第二完成人，2002年）和“基于Internet的分布式供水监控系统”（三等奖，第一完成人，2005年））；公开发表学术论文50余篇，SCI、EI收录10余篇。

刘 中（1955—）男，山西寿阳人。1976年10月参加工作。历任校科研处学术管理科科长、科技处副处长、院产业总公司总经理兼党总支书记、产业办公室主任（兼产业党总支书记）、太原科技大学华科学院院长。多年来发表科研论文30余篇：主要科研成果15项，其中省部级9项，获机械部教育司科技进步一等奖1项、山西省高等学校科技进步二等奖1项；被评为2001年度山西省教育系统精神文明建设先进个人。山西省机械工程学会常务理事、太原市万柏林区第二届政协委员、太原市晋源区第三届人大代表。

张敏刚（1962—）男，山西五台人，民盟盟员，博士生导师。山西省热处理学会副理事长、山西省电镜学会常务理事、山西省研究生教育专家、中国材料网理事会理事；山西省高等院校工作委员会、中共山西省教育厅高级专家；晋城市首批科技特派员，长治市首批企业科技特派员。

1984年毕业于北京钢铁学院，获学士学位；1993年毕业于西北工业大学，获硕士学位；2001年毕业于西安交通大学，获博士学位；2011年伍伦贡大学ISEM研究所访问学者。1988年任教于太原科技大学，2003年被评为教授。

主要承担“材料研究方法”“材料制备方法”“新能源材料”“薄膜材料”和“功能材料”等课程的教学工作，主要从事磁性材料、铝镁轻合金材料、低维半导体材料和新能源材料等领域的研究。先后主持或参加完成国家自然基金项目2项、省部级科研项目以及企业单位委托项目20余项，完成省级科技鉴定成果5项，获省级科技进步奖3项。参编研究生教材1部。授权国家发明专利10余项。公开发表学术论文150余篇，其中已被SCI和EI收录80余篇。

安德智 见领导简介

董 峰 见领导简介

2004年 顾江禾 王 梅 谭 瑛 李建权 常志梁 卫良保 王晓慧 李亨英 张学良 樊进科 张荣国 刘淑平 韩 刚 刘翠荣 陈慧琴 毛建儒 白培康 赵子龙

顾江禾（1958—）女，四川宜宾人，中共党员。1982年毕业于四川外国语学院法德系，获学士学位，曾于1996年、2001年和2010年获歌德学院奖学金赴德国参加德语教师培训。分别于2004年作为普访学者和2010年作为高访学者在柏林工业大学语言与交际研究所访学，1982年任教于太原科技大学外国语学院，2004年被评为教授。主要承担

“大学德语、研究生德语”等课程的教学工作，主要从事汉外语言对比、外语教学评估及教学法研究。2004年主编学术著作《德语学习策略》（德语版）由德国柏林人与书出版社出版，2003年任国家十五规划教材《新编大学德语——词汇练习》副主编，2008年至2018年期间，主编了《大学德语四、六级联想学习词典》《大学德语简明教程》《新大学德语阅读教程》和《大学德语语法精解与练习》，均由高等教育出版社和外语教学与研究出版社出版发行。2009年主持《大学德语二外立体化教材建设（教材）》山西省高校教改项目，获2012年度山西省教学成果二等奖。曾获“山西省第六届育人杯先进个人”，校“三育人”先进个人、“优秀党员干部”“优秀共产党员”“先进科技工作者”“外语教学与研究出版社荣誉作者”等荣誉称号。公开发表学术论文12篇，其中2篇由中国高教研究发表。

王　梅（1963—）女，山西绛县人，中共党员，太原科技大学马克思主义学院教授、硕士生导师，山西省中国特色社会主义理论研究会理事，山西省资本论研究会理事。1985年毕业于山西大学经济系获经济学学士学位。1985年任教于太原科技大学（原太原重型机械学院），2004年被评为教授。主要承担“马克思主义政治经济学”“毛泽东思想和中国特色社会主义理论体系概论”“马克思主义基本原理专题研究”等课程的教学工作，主要从事马克思主义理论、国有企业、三农问题研究。

主要著作包括：专著《国有企业发展论》，中国财政经济出版社2004年出版；《逻辑学原理与应用》，兵器工业出版社2006年出版，任副主编等。

参编教材包括：《中国社会主义建设》，高等教育出版社1998年出版；《邓小平理论概论》，高等教育出版社1999年出版；《马克思主义政治经济学原理》，高等教育出版社2004年出版；《中国经济问题前沿》（21世纪高等院校精品教材）等。

主要课题包括：《我国农村土地流转制度研究》《信息化与党的执政能力建设研究》《汾河流域农业面源污染极其治理研究》《山西省农业面源污染治理研究》《山西省农业发展模式研究》《山西省“区域精密农业”发展模式研究》《山西省“农谷”发展模式研究》等。

代表论文包括：《试论我国劳务市场存在的主要问题》《国有大中型企业职工劳动行为浅析》《推进祖国和平统一的创造性构想》《邓小平理论是马克思主义在当代的发展》《关于提高“两课”教学效果的思考》《国有企业面临的困境与对策》《混沌经济学的非线性探索》《关于“混合所有制”的思考》《中国农业发展模式的探讨》《农业发展模式之比较》《农业发展模式选择的思考》《农业生产的发展与我国农村的“小康”建设》《马克思主义政治经济学教学目标的分析》《解读中国土地制度》《税收在我国当前经济发展中的作用》《浅析农业的“清洁生产”》《关于绿色壁垒的理性思考》《试论“二元经济”与现代农业建设》《农业面源污染及其治理》《汾河流域农业面源污染其治理研究》等60余篇，其中10余篇被CSSCI收录。

曾荣获，1986年度太原重型机械学院优秀教师、1993年度太原重型机械学院“三育人”先进个人、1996年度山西省“两课”优秀教师、2006年度太原科技大学优秀教师、2009年度山西省模范教师、山西省“两课”优秀教师。2012年度太原科技大学优秀硕士生导师，2020年度山西省高校师德楷模。

谭　瑛（1965—）女，湖南省安化县，无党派人士。1982年9月至1986年7月在太原重型机械学院工业自动化专业读本科；1991年9月至1994年6月在清华大学控制理论及应用专业读硕士。1986年7月至今在太原科技大学任教，2004年晋升为教授。参加工作以来，主持完成国家自然科学基金项目1项，省级项目3项，企业委托项目5项，在国内外发表学术论文50余篇，出版教材2部。

李建权（1965—）男，山西兴县人，中共党员，太原科技大学档案馆馆长，马克思主义学院教授、马克思主义理论学科硕士生导师，山西省中国特色社会主义理论研究会副会长。1987年7月毕业于山西大学历史系历史专业（大学本科），获史学学士学位；1991年7月毕业于河南大学日本研究所世界近现代史专业（硕士研究生），获辽宁大学史学硕士学位；2002年9月至2003年7月北京师范大学法政所国内高级访问学者；2007年7月毕业于中国人民大学国际关系学院政治学理论专业（博士研究生），获中国人民大学法学（政治学）博士学位；1987年7月至1988年9月任教于山西省吕梁地委党校文史教研室，1991年7月任教于太原科技大学马克思主义学院（原太原重型机械学院社科部、人文社科系、思想政治理论教育部），2004年9月被评为教授。在校期间，从1993年3月起一直兼《山西高等学校社会科学学报》编委、编辑、副主编，从1993年先后任中国革命史教研室副主任、主任，社科部、人文社科系工会分会主席，人文社科系党总支副书记、副主任，思政部副主任，晋城校区基础部主任、基础教学部主任，公共教学部（晋城校区）主任兼党总支书记等工作，2019年3月至2022年3月任马克思主义学院党总支副书记、院长，2022年3月底至今任档案馆馆长。

2002—2019年被山西省教育厅聘为思想政治理论课教学指导委员会委员；2006年被评为校优秀教师，2021年被评为校优秀党员等。工作期间，先后讲授过《中国近现代史》《中国革命史》《马克思主义哲学》《马克思主义政治经济学》《当代世界经济与政治》《毛泽东思想概论》《邓小平理论概论》《邓小平理论与“三个代表”重要思想概论》《中国近现代史纲要》《毛泽东思想和中国特色社会主义理论体系概论》《形势与政策》《中共党史专题研究》（研究生）《中国共产党的民众动员研究》（研究生）等课程。

其已在国内各级各类刊物上发表学术论文100余篇，参与、作为副主编或独著近10部省统编教材和其他学术著作，主持或参与了近20项各级各类科研项目的研究。其中：“‘两课’教师队伍建设的现状分析、时代要求和总体现状”（教育厅项目），获教育厅二等奖（排名第一）；“山西人才观念创新的对策研究”（科技厅软科学项目），获高校人文社科二等奖（排名第二）；“‘三个代表’重要思想对邓小平理论的发展”（论文）获省委宣传部、省教育厅、省社科院、省委党校、省社科联、省史志院等六单位优秀论文奖等。现主要从事“马克思主义理论”“中国近现代史”“中共党史”等方面的研究。

常志梁（1962—）男，山西大同人。1984年7月毕业于太原重型机械学院，留校工作。期间，于1991年6月在西南交通大学获硕士学位。历任热加工教研室教师，机器厂副厂长、厂长，产业处总支书记。发表科研论文30余篇，参编全国高校统编教材《模具寿命与材料》1部，出版专著《塑性加工力学》1部，主持承担省部级纵向课题3项、横向课题5项，参与科研项目10余项，获省教学成果二等奖、太原市中青年优秀专家等称号。

卫良保（1961—）男，山西夏县人，中共党员，硕士生导师，1983年毕业于太原重型机械学院，获学士学位；1993年毕业于太原科技大学，获硕士学位，1983年任教于太原科技大学（原太原重型机械学院），2004年被评为教授。主要承担“工业车辆”课程的教学工作，主要从事机械设计CAD/CAE方法、机械振动特性分析与动态设计、工业车辆整机性能与减振降噪等方面的研究，2010 年主编机械类特色专业规划教材《叉车构造与设计》，参与编写各类教材（著作）5 部，主持或参加各种科研项目 10 余项，获国家机械科学三等奖一项，指导大学生课外科技活动获省级特等奖一项、三等奖一项，本人获优秀指导教师奖，先后发表论文 40 多篇。

王晓慧（1959—）男，山西省曲沃县人。研究方向为精度设计理论及应用。主持国家自然科学基金项目二项，主持山西省自然科学基金等省级科研项目 4 项；获山西省教学成果二等奖 1 项，山西省科技发明奖 1 项，获 8 项国家专利；出版著作 2 部，在《机械工程学报》等期刊发表论文 50 余篇；提出的工艺尺寸式法、毛坯尺寸设计原则已经被多部《机械制造工艺学》教材采用，在全国机械行业得到广泛推广应用。有多年机械设计与制造的企业经历，主持设计了光缆成缆机、石油膏填充机、阻水环成型机等光缆生产关键设备，这些设备先后为京汉广、兰西拉、亚运会等工程生产了优质光缆。

李亨英（1964—）女，山西省平遥县人，民盟盟员，教授，硕士生导师。1986 年毕业于山东大学经济管理专业，获经济学学士学位；1996 年获北京科技大学工学硕士学位。政协万柏林区第二、第三、第四届委员会委员，民盟山西省委第九届、第十届委员。1986 年任教于太原重型机械学院，2004 年取得教授资格；拥有全国人力资源管理师、国际项目管理资质（IPMP）、质量管理体系内审员、设备监理师等教师资格证书。主要承担“工业经济管理”“管理学”“人力资源管理”“质量管理”“国际管理体系认证”“市场营销学”“项目管理”“工程伦理”“标准化概论”等课程的教学工作，主要研究从事质量管理、人因与安全管理等研究，主（参）编《现代质量管理》《质量管理》等 3 部教材；主持和参与研究项目 25 项，其中获山西省科技进步二等奖奖 1 项，山西省人文社科优秀研究成果二等奖 1 项，山西省高校科技进步一等奖 1 项；获山西省教学成果奖共 7 项；2007 年获山西省教科文卫体系统知识女性专业技能奖，2008 年获山西省教学名师称号，2018 年获山西省三晋英才（拔尖骨干人才）称号；公开发表论文近 60 篇，其中被 EI 收录 3 篇、CSSCI 收录 2 篇。

张学良（1964—）男，山西新绛人，中共党员，博士生导师，山西省振动工程学会副理事长，山西省研究生教育指导委员会委员。1984 年毕业于太原工学院（太原理工大学），获工学学士学位，1989 年毕业于哈尔滨工业大学，获工学硕士学位，1998 年毕业于西安理工大学，获工学博士学位；2009 年美国奥本大学访问学者。1984 年任教于太原工业大学（太原理工大学），1989 年任教于太原重型机械学院（太原科技大学），2004 年被评为教授。主要承担“机械制造工程学”“优化设计”等课程的教学工作，主要从事机械结构动态特性、结合面接触特性、现代优化设计理论与方法等研究。2002 年独著学术著作《机械结合面动态特性及应用》，2004 年主编学术著作《仿生智能算法及其在机械工程中的应用》、参编教育部面向 21 世纪双语教材《机械原理》，2012 年主编学术著作《智能优化算法及其在机械工程中的应用》。2008 年和 2012 年分别主持国家自然科学基金面上项目各 1 项。2010 年主持教育部高等学校博士学科点科研基金项目 1 项；获省科技进步二等奖、省高校科学研究优秀成果一等奖、省教学研究成果特等奖、省研究生教育优秀导师、省高校教学名师等多项荣誉称号。公开发表学术论文 160 余篇，其中 50 篇被 EI、23 篇被 SCI 收录。获国家授权发明专利 3 项。

樊进科　资料不详

张荣国（1964—）男，山西晋城人，民盟，硕士生导师。中国人工智能学会（CAAI）科普委员会委员，中国计算机学会（CCF）会员，山西省计算机学会高级会员。1985年毕业于合肥工业大学，获学士学位；1988年毕业于合肥工业大学，获硕士学位；2011年毕业于合肥工业大学，获博士学位；2011年美国奥本大学计算机科学与软件工程系，高级访问学者。1988年任教于太原重型机械学院，历任讲师、副教授，2004年被评为教授。

主要承担"算法与数据结构""计算机图形学""专业外语""高级语言程序设计"等课程的教学工作，主要从事图形图像处理、计算机视觉、模式识别等方面的研究。主编出版了《变形曲线曲面主动轮廓方法》学术专著1部，主编、参编《C语言程序设计》《多媒体信息处理技术》和《数据结构》教材3部，山西省精品资源共享课"算法与数据结构"课程负责人。主持/参与了国家自然基金、山西省自然基金、企业委托项目等20余项纵横向科研课题的研究和开发工作。获太原科技大学校先进个人"三育人"先进个人、先进研究生导师等多项荣誉称号，获山西省教学成果二等奖1项。公开发表学术论文100余篇，其中20多篇被EI、SCI收录。

刘淑平（1963—）女，山西闻，中共党员，任硕士导师。1986年毕业于山西大学物理系，获理学学士学位，1996年毕业于西安交通大学微电子专业，获硕士学位，1986年任教于太原重型机械学院，2004年被评为教授。主要承担"大学物理""光电材料与半导体器"等课程的教学工作，主要从事光电材料及半导体器件研究。2003年主编学术著作《光电材料与光电探测器》，2020年主编《新编大学物理教程》。主持省基金科研项目2项。获"山西省优秀女教师"荣誉称号。公开发表学术论文56篇，其中6篇被EI、2篇被SCI收录。

韩　刚（1963年—）男，河北抚宁人，中共党员，硕士生导师，兼任中国重型机械工业协会输送机给料机分会副理事长。1984年毕业于吉林工业大学，获学士学位，1993年毕业于太原重型机械学院，获硕士学位，2007年毕业于北京理工大学，获工学博士学位，2012年美国IUPUI访问学者，2019年德国HTWK-leipzig高级访问学者。1984年任教于太原重型机械学院，2004年被评为教授。主要承担"连续运输机械"等课程的教学工作，主要从事物流技术与装备研究。2007年参编国家规划教材《现代机械设计》和《连续输送机械设计手册》等，1998年以来先后主持或参与省部及企业委托科研项目10余项，获山西省科技进步二等奖2项。公开发表学术论文40余篇，其中5被EI SCI收录。

刘翠荣　见领导简介

陈慧琴（1968—）女，山西定襄人，中共党员，博士生导师，兼中国机械工程学会塑性工程分会理事及大锻件专业委员会主任，山西省机械工程学会锻压专业委员会理事长，中国重型机械协会大型铸锻件分会副理事长。1991年毕业于太原重型机械学院，获学士学位，1997年毕业于太原重型机械学院，获硕士学位，2007年毕业于北京航空材料研究院，获博士学位。2009年美国奥本大学访问学者，2017年澳大利亚伍伦贡大学访问学者。1991年任教于太原重型机械学院，2004年被评为教授。主要承担"金属塑性成形原理"等课程的教学工作，主要从事高端装备先进材料及基础件成形理论与技术的研究。2003年参编学术著作《金属塑性加工有限元模拟技术与应用》，2005年参编教材

《有限元与MARC实现》，2019年参编教材《有限元原理与程序可视化设计》。2005年参加“十一五”国家科技支撑计划项目1项，2009年参与国家科技重大专项1项，2012—2019年期间主持国家自然科学基金面上项目2项。参与国家自然科学基金重点项目1项，2018年主持省级重大专项课题2项，获省部级科学技术一等奖1项、二等奖4项；荣获山西省五一劳动奖章、山西省学术技术带头人、“三晋英才”拔尖骨干人才等多项荣誉称号。公开发表学术论文50余篇，其中30余篇被EI和SCI收录。

毛建儒（1955—）男，山西五台人，哲学博士，硕士生导师，太原科技大学哲学研究所所长。1982年毕业于南开大学哲学系，获哲学学士学位，2006年获中央党校科学哲学硕士学位，2008年获中国人民大学哲学博士学位。出版专著并主编和参编著作、教材共30多部；发表论文200多篇；主持和参与国家社科基金一般项目、山西省社会科学规划办项目、山西省教育厅人文社科项目、山西省软科学课题多项。专著和论文分别获山西省第六次社会科学研究优秀成果三等奖、第四届山西省高校人文社会科学研究优秀成果一等奖等奖项。

白培康 见领导简介

赵子龙（1964—）男，山西晋城人，中共党员，硕士生导师。山西省力学学会常务理事、振动力学专业委员会主任，北方七省市力学学会学术工作委员会委员，山西省图书馆学会常务理事，山西省高校图工委副秘书长，太原图书馆学会副理事长，晋图学刊编委。1985年毕业于太原工业大学应用力学专业，获学士学位；1990年毕业于东南大学固体力学专业，获硕士学位；1998年毕业于西安交通大学固体力学专业，获博士学位。1985—1987年任教于太原工业大学应用力学研究所，1990—1998年任教于山西矿业学院材料力学教研室，1998—2005年任教于太原理工大学理学院应用力学教研室，2005年至今任教于太原科技大学应用科学学院力学系。2004年被评为教授。主要承担“理论力学”“材料力学”“工程力学”“结构力学”“振动力学”“弹性动力学”“非线性振动”等课程，主要从事振动、冲击和应力波方面的研究。2012年主编教材《材料力学》（科学出版社出版），2014年主编教材《振动力学》（国防工业出版社出版），2018年参编教材《材料力学》（国家开放大学出版社出版）。2000年以来主持或参与国家自然科学基金、山西省自然科学、基金煤炭科学基金以及工程应用课题10余项。2003年获获山西省科技进步二等奖1项。2008年获山西省教学成果一等奖1项，2011年获中国力学学会“优秀力学教师”等荣誉称号。公开发表学术论文60余篇，其中10余篇被EI、SCI收录。

2005年　王台惠　殷玉枫　贾跃虎　文　豪　史青录　游晓红　付建华　周俊琪
刘　洁　白尚旺　任利成　梁清香　常　红　李俊林　赵民胜

王台惠（1956—）男，山西襄汾县人。1971年12月参加工作，1979年11月毕业留校工作。先后担任学校制图教研副主任、校团委书记、校纪委委员、电子信息学院党总支书记和科技产业处党总支书记等。被评为山西省校办产业先进个人、山西省优秀党务工作者等；获国家实用新型专利1项；先后撰写各种学术、教改论文10余篇；主编了《工程图学》（《工程图学2习题集》《工程制图》和《工程制图习题集》等高等学校教材。

殷玉枫（1963—）男，江苏苏州人，中共党员，硕士生导师，山西省委联系的高级专家、国家自然科学基金网评专家、中国机械工程学会高级会员。1985 年毕业于太原重型机械学院，获学士学位，1990 年毕业于西安交通大学，获硕士学位，2011 年美国奥本大学访问学者，2018 年英国伯明翰大学高级访问学者，1985 年任教于太原科技大学，2005 年被评为教授。主要承担“机械设计”“机械振动”“非线性振动”等课程的教学工作，主要从事机械振动及控制、氢燃料电池空压机、工业机器人振动及控制研究。2006 年主编《机械设计课程设计》、2004 年参编教育部高等教育面向 21 世纪课程教材 *Machinery Design*。2015 年主持“建筑起重装备安全运行保障关键技术”科研项目，获山西省科技进步二等奖。公开发表学术论文 110 余篇，其中被 EI 收录 16 篇、被 SCI 收录 3 篇。

贾跃虎（1962—）男，浙江常山人，太原科技大学机械工程学院党委书记。1983 年 7 月于太原理工大学（原太原工学院）获工学学士学位，中国机械工程学会会员。主持省级项目、企业项目等 6 项，参与完成省部级项目等 10 余项。获山西省科技进步一等奖 1 项，发表学术论文 20 余篇。

文　豪（1962—）男，山西垣曲人，中共党员，硕士生导师，全国起重机械标准化技术委员会臂架起重机分技术委员会委员兼副秘书长，中国机械工程学会物流工程分会常务理事兼副秘书长，山西省机械工程学会物流工程分会副理事长兼秘书长，中国重机协会传动分会理事，山西省物料仓储与装卸输送装备工程技术研究中心副主任。1984 年毕业于太原重型机械学院，获学士学位；1992 年毕业于大连理工大学，获硕士学位。1984 年任教于太原科技大学（原太原重型机械学院），2005 年被评为教授。

主要承担“起重机械”“电力拖动基础”“人机工程学”等课程的教学工作，主要从事起重运输机械、物流装备、工业制动器、起重安全装置以及特种设备安全工程等方面的研究。2013 年主编机械类特色专业规划教材《起重机械》，2010 年和 2016 年主持山西省自然科学基金项目，获得山西省科技进步二等奖 3 次，2012 年度国家教育部精品视频公开课《人类力量与智慧的延伸——物料搬运装备》第二讲《举重若轻的大力神——起重机械》主讲人，第一负责和主讲的《起重机械》课程获 2020 年山西省精品共享课程立项认定课程。2018 年参加山西省“1331 工程”立德树人“好老师”课程建设计划，2013 年获评山西省精品资源共享课，2018 获年山西省教学成果奖特等奖，2020 年获评山西省高校教学名师，2021 年获评校课程思政优秀教师，2019 年获评校“师德标兵”称号，指导学生获国家级学科竞赛 10 余项。公开发表学术论文 50 余篇，其中 5 篇被 EI、5 篇被 SCI 收录。

史青录（1965—）男，山西沁源人，博士，硕士生导师。1985 年毕业于太原重型机械学院并留校任教。主要从事机械及车辆方面的教学与科研工作，发表论文 30 余篇，主要著作有《单斗波压挖掘机构造与设计》《液压挖掘机》等，负责研制了“液压挖掘机设计与分析软件”，在结构分析与设计方面有较高的理论水平和丰富的实践经验。参与或负责了国家“九五”重大项目、山西省自然科学基金研究项目、山西省科技攻关项目等省部级科研项目，与国家大型工程机械企业有着长期的科研合作，为工程机械行业新产品开发与技术改造提供了理论指导与技术支持。

游晓红（1965—）女，山西榆次人。1986 年 7 月毕业于太原重型机械学院铸造专业，获学士学位，后分配到山西电机厂工作，1996 年调太原重型机械学院工作。参编专著《现代压力铸造技术》，作为副主编参编教材《塑料流型工艺与模具设计》；发明专利 2 项；获山西省科技进步二等奖 1 项，排名第二；参加完成和正在主持的科研项目 6 项；发表论文 30 余篇，EI、SCI 收录论文 4 篇。

付建华（1956—）女，河南安阳人。主要从事特种塑性成形与精密成形理论、工艺和设备方面的研究工作。主持省基础研究项目“棒料高速精密剪切工艺理论及实验研究”、省教育厅高校科技研究开发项目“辊式连续冲压机研制”；参加国家基金重点项目 1 项、国家基金面上项目多项和省基金项目多项；主要出版论著有《锻压设备理论与控制》（国防工业出版社出版）、《塑性成形设备》（机械工业出版社出版）。发表论文 30 余篇；专利发明 1 项；制定的国家标准《锻压机械噪声声压级测定方法》1 项获山西省科技进步奖二等奖 3 项，获省教育厅科技进步一等奖 2 项。

周俊琪（1963—）女，陕西省西安市人。1995 年毕业于西安交通大学，获硕士学位，1986 年任教于太原科技大学，2005 年被评为教授。主要承担材料科学基础、热理处原理及工艺等课程的教学工作，主要从事稀土永磁材料研究。2001 年参编《机械工程材料应用基础》教材，2009 年主持山西省攻关项目新型 Mg-Zn-Zr 镁合金热挤压工艺开发。参加过项目有：山西攻关项目 002106“高耐热 35UH 钕铁硼电机磁钢的研制”；山西青年基金 971020“纳米晶复合稀土永磁合金的组织结构与磁性”；山西省自然基金 20021067“高矫顽力纳米晶复合永磁合金的研制”。获山西省科技进步二等奖 1 项，完成省部级科技鉴定 6 项。2001 年被评为学校优秀教师。公开发表学术论文 20 篇，其中在《中国机械工程》上发表的论文《Nd-Fe-B 电机磁钢材料的研究》被 EI 收录；在《金属学报》上发表的论文 *The Effect of Mo Addition on Coercivity of NdFeB Sintered Magnet Prepared by Blending Method Blending* 被 EI 收录。

刘　洁（1963—）女，籍贯河北涉县，无党派人士，硕士生导师，山西省第八届青联委员，山西省焊接学会理事，国际焊接工程师。1986 年毕业于太原工业大学，获学士学位，1996 年毕业于西安交通大学获硕士学位，2011 年毕业于西安交通大学，获工学博士学位。1986 年任教于太原科技大学材料科学与工程学院至今，2005 年被评为教授，主要承担材料焊接工艺等课程的教学任务，近年来主要从事先进不锈钢界面结合机理及连接工艺技术开发的研究，主编和参编著作 3 部。

1997—2000 年主持“高温高压阀门密封面堆焊材料的研制”项目，该项目 2004 年获山西省高校科技进步一等奖；2004 年与企业共同开发“大口径双面埋弧焊螺旋钢管”，该项目获山西省优秀新产品奖；2003—2005 年主持山西省科技攻关项目“新型紫铜焊接贯流式长寿风口的研制”，2008—2010 年主持山西省基础研究项目“核电用不锈钢热变形组织演变机制”，2012—2014 年主持省科技攻关项目“超级双相不锈钢 2507 焊接工艺技术开发”，2014—2016 年主持山西省基础研究项目“高温抗氧化性及氧化微观机制”，2015—2018 年，主持国家 863 项目“典型极端环境下超级不锈钢服役行为及其制备技术”子课题研究，2018—2021 年参加山西省科技重大专项“高端装备制造业用系列耐热不锈钢板材开发”，2018—2020 年主持山西省重点研发计划重点项目“电热领域用铁铬铝板材生产技术开发及应用”（子课题）。在国内外学术期刊发表论文 50 余篇，其中 SCI、EI 收录 20 余篇。

白尚旺（1964—）男，山西省吕梁市文水县人，中共党员，硕士生导师，山西省软件行业协会副理事长，山西省应急厅特聘专家、山西省安全生产标准化委员会委员、山西省教育工委特聘专家。1987年毕业于太原重型机械学院，获学士学位，1998年毕业于西安交通大学计算机软件专业，获硕士学位。1987年任教于太原重型机械学院，2005年被评为教授。主要承担“高级软件工程”“软件分析设计技术”“数据库建模技术”等课程的教学工作。主要从事数据库与软件工程技术、信息管理与决策支持等方面的研究工作。主编《PowerDesigner数据库建模技术》《PowerDesigner软件分析设计技术》《PowerDesigner软件工程技术》《PowerDesigner完全应用剖析》《软件分析建模与PowerDesigner实现》等学术著作5部。完成省部级科技成果2项、省部级教学成果奖1项目，完成横向项目9项。获得计算机软件著作权证书10项，公开发表学术论文94篇。先后获得山西省“三育人”先进个人、优秀科技专家、优秀硕士生导师、优秀教师等多项荣誉称号。

任利成（1968—）男，山东德州人，中共党员，硕士生导师，山西铁道职业技术学院。1986年毕业于太原重型机械学院，获学士学位，1996年毕业于北京科技大学，获硕士学位，1990年任教于太原科技大学，2005年被评为教授。主要承担“组织行为学”等课程的教学工作，主要从事社会责任评价研究。兼任教育部信息化教指委委员、中国职业技术教育学会院校技术技能竞赛工作委员会常务委员、山西省教育咨询委员会委员、山西省计算机学会常务理事、山西省机械工程学会常务理事、山西省电子商务协会常务理事、山西省管理科学研究会常务理事。近年来主编或参编学术著作/教材5部，主持或参与教育部人文社科基金、省级重点等科研项目（课题）15余项，公开发表学术论文近100篇，其中3篇被EI收录，10余篇被SSCI和SCI收录。

梁清香（1965—）女，山西文水人，硕士生导师。1987年毕业于太原理工大学，获理学学士学位，1995年毕业于西安交通大学，获工学硕士学位，1987年任教于太原重型机械学院，2005年被评为教授。主要承担“理论力学”“有限元”等课程的教学工作，主要从事“工程问题的数值模拟与结构优化、复杂结构的动力学分析及应用软件开发”等研究工作。主编《理论力学》《有限元与MARC实现》《有限元原理与程序可视化设计》等教材5部，主持山西省重点教研项目1项，主持各类科研项目5项，获山西省教学成果一等奖2项，获山西省高等学校中青年教师教学基本功竞赛二等奖1项，获山西省模范教师、太原科技大学师德标兵、太原科技大学笃行科大人优秀教师、太原科技大学教学工作先进个人、太原科技大学课程思政优秀教师、太原科技大学“三育人”先进个人、太原科技大学研究生思想政治教育先进导师等多项荣誉称号，公开发表学术论文42篇。

常　红（1959—）女，河北人，中共党员，硕士生导师。1983年毕业于西安交通大学，获学士学位，1991年毕业于太原重型机械学院，获硕士学位，1983年任教于太原科技大学，2005年被评为教授。主要承担“材料力学”“工程力学”“复合材料力学”等课程的教学工作，主要从事复合材料断裂分析及光测力学实验研究。2003年参编学术专著《复合材料断裂分析的特殊方法》，2012年主编教材《材料力学》，2000年主持山西省自然科学基金项目“含裂纹复合材料弯曲板断裂分析的新实验技术研究”，2007年主持山西省精品课程《材料力学》。曾荣获中国力学学会“优秀力学教师”、太原科技大学“三育人”先进个人等荣誉称号，公开发表学术论文二十余篇。

李俊林 见领导简介

赵民胜（1962—）男，山西临猗人，硕士生导师，思想政治理论教育部主任，马克思主义原理一级学科首席带头人。系山西省高校思想政治理论课教学指导委员会委员、“思想道德修养与法律基础”学科组组长。兼任国家和山西省书法、诗词、作家、新闻、楹联等14个协会、学会、研究会会员、理事、常务理事、秘书长、副理事长等。先后在国家级期刊和省级期刊发表学术论文60余篇，出版专著《走向成熟》《山西高校思想政治教育理论与实践》《芳林觅影—赵民胜摄影艺术》。主编国家“十二五”规划教材《形势与政策》秋季版、春季版各1部，参编教材1部；主持山西省重点教学研究课题1项，山西省社科联重点课题1项。2004年，研究成果获得山西省第四届社会科学优秀成果奖二等奖，2001— 2010年 获全国高校思想政治教育研究会优秀成果奖三等奖2次，优秀奖1次；获山西省社会科学系统“百部篇工程”二、三等奖8次。2007年，论文《和谐视野中的大学生思想政治教育初探》入选全国高校青年德育论坛。先后为大学生、留学生讲授“艺术概论”“立体构成”“中外美术史”“大学书法”“思想道德修养与法律基础”“形势与政策”“新闻写作”等课程。其散文诗《蜂·花》获中国作家协会第四次文艺创作大赛三等奖。自1997年起，任全国高校校报协会常务理事和好新闻评审委员会评委。

书法作品被国内部分博物馆、艺术馆收藏，在北京、山西、云南等国内部分风景名胜地创作勒石、文人匾，被收入《建国50年山西书法精品卷》《中日书法交流展览》《中日篆刻交流展览》《中韩书法联展作品集》等。名字被载入《金石书画家大字典》等多部字典、词典中。曾担任“五台山杯”“保险 杯”“融通杯”等国家和山西省书法大赛评委。

2006年 郝爱军 高慧敏 王宏刚 何云景 晋民杰 连晋毅

郝爱军（1965—）男，山西昔阳人，中共党员。1987年毕业于山西大学法律系法学专业，获法学学士学位。1987年7月至2002年5月在山西农业大学任教，曾任山西农业大学社科部法学教研室主任，1997年6月晋升副教授，2002年6月获中国人民大学法学硕士学位，2002年5月调太原科技大学法学院（时为太原重型机械学院法学系）任教。2005年1月至2006年1月在中国政法大学诉讼法研究中心师从我国著名刑事诉讼法学专家宋英辉教授做访问学者。2006年6月至2011年任法学系副书记兼副主任。参加工作以来发表论文36篇、出版专著5部、主持课题4项、科研项目及专著获奖2项。

高慧敏（1970—）男，山西曲沃人，中共党员，硕士生导师。1992年毕业于湖南大学工业电气自动化专业，获工学学士学位。2003年毕业于西安交通大学系统工程专业，获工学博士学位。曾任《系统仿真学报》编委会委员；2008年系统仿真技术及其应用学术年会大会秘书长。2009年9月至2010年9月赴美国伊利诺伊大学香槟分校访问学者交流1年，合作导师戴维 E. 格尔伯教授。主要从事系统建模与仿真生产优化与调度等领域的科学研究工作。近年来主持并完成省部级科研项目首年基金6项企业委托项目5项，出版学术专著1部，获省部级科技奖励3项，发表学术论文60余篇。

王宏刚 资料不详

何云景（1954—2022）男，内蒙古包头市人，硕士生导师。1978年10月至1982年

7 月在太原重型机械学院攻读本科，毕业后留校任教。1990 年 9 月至 1991 年 6 月西安交通大学读在职研究生，1988 年 3 月至 1993 年 3 月任太原重型机械学院财务处副处长兼机关党支部书记，1993 年 3 月 至 1996 年 10 月停薪留职，任海南南联、新地房地产公司总经理。发表论文 60 多篇，完成国家和省纵向课题 9 项，横向课题 10 多项；参编学术性书籍 2 部，获国家专利 1 项。主持的课题多次获奖：2007 年 3 月获山西省“省级教学成果”三等奖，2009 年 5 月获山西省教育厅“人文社科”二等奖，2010 年 12 月获山西省“省级教学成果”三等奖、山西省第四届“兴晋挑战杯”大学生创业计划竞赛优秀指导教师奖，2011 年获第三届全国大学生创业大赛山西赛区优秀指导教师奖、第三届全国大学生创业大赛优秀指导教师奖。

晋民杰（1963—）男，山西新绛人，中共党员，硕士研究生导师，山西省汽车工程学会理事长，山西省首届专业标准化委员会委员，中国道路交通安全智库委员会智库专家，《中部物流》杂志的智库专家成员，中国重型机械工业协会矿山机械分会理事，国际注册物流规划师。1986 年毕业于太原重型机械学院，获学士学位，2010 年毕业于太原理工大学，获工学博士学位，1986 年任教于太原重型机械学院。主要承担“机械优化设计”“数据库技术机械 CAD”“交通运输导论”等课程的教学工作，主要从事“交通运输”“机械与物流工程”等专业的教学与研究工作。近年来在国家级出版社出版（主编）特色规划教材 1 部，参编教材 3 部，专著（主编）3 部。先后主持承担并完成省部级教研、科研项目 10 余项；获得省科技发明制作一等奖 1 项，省科技进步二等奖 2 项，获省级教学成果一等奖 2 项、二等奖 2 项、三等奖 2 项；获国家发明及实用新型专利 7 项；获国家版权局软件著作权 8 项。在国际、国内期刊上发表论文 100 余篇。其中 SCI 收录 5 篇、EI 收录 12 篇。

连晋毅（1964—）男，山西宁武人，硕士生导师，中国汽车工程学会高级会员、山西省汽车工程学会秘书长、山西省新能源车辆工程技术研究中心主任、《汽车实用技术》编委、新加坡 Viser 机械工程专家委员会委员。1983 年毕业于吉林工业大学，获学士学位，1987 年毕业于太原重型机械学院工程机械研究生班，1983—1985 年任技术员于山西大同齿轮厂，1985 年任教于太原重型机械学院，2002—2007 年任教于绍兴文理学院，2007 年任教于太原科技大学，2006 年被评为教授。主要承担“车辆底盘构造、车辆安全技术”等课程的教学工作，主要从事工程机械与现代车辆关键共性技术，工程机械与电动车辆轻量化集成化技术方面的研究。2012 年主编出版国家机械类特色专业规划教材《铲土运输机械设计》，2002 年以来主持完成山西省科技重点研发计划、山西省自然基金和山西省教研教改项目等多项科研项目，获山西省科学技术进步奖、山西省高校科技成果奖多项，获山西省“三晋英才”人才计划拔尖骨干人才、山西省教授协会师德楷模等荣誉称号，公开发表学术论文 80 余篇。

2007 年　王枝茂　李玉贵　周存龙　秦义校　杨铁梅

王枝茂　见领导简介

李玉贵（1966—）男，山西太谷人。任太原科技大学机械工程学院院长。1991 年 7 月毕业于太原重型机械学院并留校工作。2007 年 9 月毕业于北京理工大学，获工学博士学位；2009 年赴美国奥本大学做访问学者。山西省青年学术带头人，太原市拔尖人才，山西省教育厅党组联系专家。主要从事高精度板带轧制技术、重型机械结构优化设计和轧制工艺及理论研究。主持完成山西省攻关、自然科学基金等项目 7 项；参与完成国家基金、攻关等项目 7 项，省部级及企业项目 10 多项；主持省留学基金、太原市明星项目等 4 项。获国家科技进步二等奖 1 项、省部级等奖 2 项。在国内外学术期刊发表学术论文 30 余篇，其中 SCI 收录 3 篇，EI 收录 14 篇。出版专著 2 部，获授权国家发明专利 8 项。

周存龙（1965—）男，山西运城人，博士研究生导师。中国机械工程学会塑性工程分会理事会理事，全国冶金设备标准委员会委员。1986 年毕业于太原重型机械学院，获学士学位；1993 年毕业于太原重型机械学院，获硕士学位；2006 年毕业于东北大学，获博士学位。2008 年澳大利亚伍伦贡大学访问学者，2015 年德国富特旺根应用科技大学访问学者。1993 年任教于太原重型机械学院，2007 年被评为教授。主要承担“轧钢机械设计”“现代轧制理论与技术”等课程的教学工作，主要从事板带矫直技术、层状轧制复合技术、无酸除鳞技术以及陶瓷 / 金属复合制备冶金装备关键基础件等研究。2006 年和 2021 年分别主编书籍及教材《特种轧制设备》，参编教材《轧钢机械设计》《轧制原理》等，自 2007 年以来主持山西省自然科学基金 3 项、山西省重点研发项目 1 项及山西省回国留学人员科研资助项目 2 项，参与“973”前期基础研究项目 2 项、国家重点研发计划 1 项及山西省科技重大专项 2 项，担任太原市“揭榜挂帅”科技项目技术总师项目 1 项，获太原市科技启明星（1997 年）、山西省学术技术带头人（2013 年）、山西省新兴产业领军人才（2018 年）等多项荣誉称号，公开发表学术论文 100 余篇，其中 33 篇被 EI、25 篇被 SCI 收录。

秦义校（1963—）男，山西陵川县人，工学博士，研究生导师。太原科技大学起重运输机械现代设计方法与动态控制学科方向带头人，中国机械工程学会高级会员。长期主讲本科生“起重机械”“弹性力学与有限元法”“专业英语”，硕士研究生“机械优化设计”“有限元方法与应用”和博士研究生“非线性动力学有限元法”等课程，从事本科生与研究生培养各环节教学工作，获学校教书育人奖励，取得了良好的教学效果。参与完成了江苏省交通厅项目“TJ4-10 台架式起重机研究”，广西壮族自治区项目“A 型门式起重机开发研究”等多项企业研究项目；与大型企业太原重型机械集团公司合作，主持完成了国家计委项目的子项目“三峡工程专用起重机大型焊接卷筒有限元分析与优化设计研究”，该整体项目获得国家科技进步二等奖；在工程问题的无网格方法的研究工作中取得了些成果，作为主要参加人完成了国家自然科学基金项目“非线性问题的边界无单元法”的研究，主持完成了山西省自然科学基金项目“弹塑性问题的边界无单元法及其工程应用研究”及学校博士启动基金项目，在无网格方法的研究方面积累了一定经验；作为主要参加者，完成了“国投曹妃甸煤码头 BH、BF 两台大型运煤机滚筒开裂疲劳分析和工艺改进研究”，取得了一定经济效益；主持三一重工集团公司企业项目“轮胎起重机桁架臂结构分析与优化设计软件开发”的研究工作。参编、主编国家级教材 2 部，出版专著 1 部。在《物理学报》《机械工程学报》《中国机械工程》《力学学报》《固体力学学报》《港口装卸》《起重运输机械》等期刊和国际会议发表了与本研究相关的研究成果，公开发表论文 30 余篇，其中 6 篇被 EI 收录，4 篇被 SCI 收录。

杨铁梅（1967—）女，陕西西临潼人，民主人士，硕士生导师，教育部高校电工电子教学指导分委员会委员、中国高校电工电子在线开放课程联盟山西省工作委员会委员、山西省振动工程学会第六届理事会理事。1990 年毕业于陕西机械学院，获学士学位，2000 年毕业于太原科技大学，获硕士学位，2009 年毕业于太原理工大学，获博士学位，2013 年作为访问学者赴英国曼彻斯特大学访学一年，1996 年任教于太原科技大学（工作经历），2007 年被评为教授。主要承担“电路”“电工电子基础”等课程的教学工作，主要从事智能检测与故障诊断研究。2016 年作为副主编参与编写十二五规划教材《电工电子技术》，2017 年作为副主编参与编写十三五规划教材《电工电子技术》，参与国家自然基金联合项目 1 项，参与国家青年基金联合项目 1 项，主持山西省自然科学基金项目 1 项，主持山西高校科技研究开发项目 1 项，并主持多项横向项目。公开发表学术论文 40 余篇，其中 30 余篇被 EI、6 篇被 SCI 收录。

2008 年　王希云　甘玉生　党淑娥　王宥宏　宋建丽　乔　彬　钱天伟　李　虹　谢　刚　侯　华

王希云（1963—）女，山西临汾尧都区人，九三社员，硕士生导师，山西省工业与应用数学学会理事。1986 年毕业于复旦大学，获学士学位，1995 年毕业于西安交通大学，获硕士学位，1986 年任教于太原科技大学，2008 年被评为教授。主要承担“高等数学”“线性代数”“概率统计”“数值分析”“计算方法”等课程的教学工作，主要从事最优化理论及其应用方面的研究。2002 年主编《线性代数》，2018 年主编《计算方法》，2004 年参编《微积分》，2008 年参编《微积分与数学模型》，2002—2022 年主持省级以上教研项目 6 项，2008 年主持山西省自然科学基金项目，2016 年参与国家自然科学基金项目，获山西省教学名师、山西省师德先进个人、山西省教科文卫体系统杰出知识女性职业道德奖、山西省精神文明建设模范青年知识分子等多项荣誉称号。公开发表学术论文 50 余篇。

甘玉生（1955—2010）男，天津市武清县人。1997—1982 年在太原重型机械学院学习。毕业后留校在铸造教研室任教。

党淑娥（1965—）女，陕西潼关人，无党派人士，担任硕士生导师，山西省环境科学与工程学会理事。1987 年毕业于太原理工大学，获学士学位，2008 年毕业于太原理工大学，获博士学位，1987—2000 年工作于太原钢铁有限公司，从事技术研发及管理工作，2001 年任教于太原科技大学。主要承担“材料工程基础”“工程材料学”“材料科学导论”“固态相变原理”等课程的教学工作，主要从事金属材料成分设计与性能优化、大型铸锻件成形及成性理论与技术研究。2003 年及 2008 年向后主持完成省攻关课题 2 项，2006 年及 2008 年向后主持完成省高校科技研发项目及自然基金各 1 项、2006 年及 2008 年参与完成国家自然基金个 1 项，2008 年及 2021 年作为省重大专项子课题负责人完成或在研项目 3 项，2007 年主持完成省技术创新项目 1 项。获省科技进步三等奖 2 项、山西省高校科技进步一等奖 1 项、技术创新项目一等奖 3 项。获运城市政府优秀专家等多项荣誉称号。公开发表学术论文 40 余篇，其中 5 篇被 EI、10 余篇被 SCI 收录。

王宥宏（1962—）男，山西运城人。1983 年 7 月于太原重型机械学院中毕业后留校任教。其间，于 1985 年 9 月 至 1988 年 5 月在哈尔滨工业大学读硕士研究生，获硕士学位；2002 年 9 月至 2007 年 6 月在西安交通大学读博士研究生，获博士学位。在国内、外学术期刊上发表学术论文 30 余篇；出版专著《快速凝固 CuCr 合金》（冶金工业出版社出

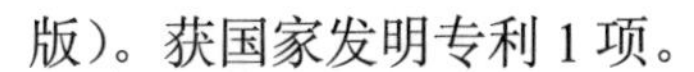

版）。获国家发明专利 1 项。

宋建丽 资料不详

乔 彬（1966—）女，山西太原人，中共党员，博士生导师，经管学院院长。1985 年毕业于太原师专，2007 年毕业于西安交通大学，获博士学位，1997 年任教于太原太原科技大学经管学院，2008 年被评为教授。主要承担“计量经济学”“微观经济学”等课程的教学工作，主要从事产业集群、供应链管理、技术创新、数字经济等方面的研究。2008 年与 2019 年主编学术著作两部。近年来主持国家项目 3 项，省部级重点项目 4 项，省级一般项目 8 项，获三晋人才拔尖骨干人才等多项荣誉称号。公开发表学术论文 50 篇，其中被 SSCI、CSSCI、EI 收录论文 32 篇。

钱天伟（1968—）男，河北承德人。1986 年 9 月至 1993 年 7 月于长春地质学院读大学、研究生，获学士、硕士学位；1996 年 9 月至 1999 年 7 月毕业于中国科学院生态环境研究中心，师从我国环境水化学的奠基人汤鸿霄院士，获环境科学博士学位；2002 年 8 月进入中国科学院广州地球化学研究所博士后流动站，同年获香港王宽诚博士后奖励基金，2003 年再获中国博士后基金资助。1993 年 7 月至 2003 年 12 月进入中国辐射防护研究院工作，2004 年 1 月调入太原科技大学。2005 年被评为山西省高等学校青年学术带头人，并获国家自然科学基金面上项目资助。2007 年获山西省引进人才专项基金资助。2008 年 3 月至 2008 年 9 月在美国奥本大学做访问交流学者。2008 年再获国家自然科学基金面上项目资助，2008 年 10 月获国家自然科学基金国际（地区）合作与交流项目资助。2010 年获国家自然科学基金面上项目资助，2011 年再获国家自然科学基金国际（地区）合作与交流项目资助。任太原科技大学科技产业处处长，山西省核学会常务理事，山西省青年科技协会常务理事，山西省资源环保项目评审专家，太原科技大学环境科学与工程学科首席学科带头人。已发表论文 50 余篇，其中 SCI、EI 收录 20 余篇，出版专著 1 部。

李 虹（1965—）女，山东潍坊人，硕士生导师，山西省教学名师。太原科技大学教学名师。1986 年毕业于重庆大学工业自动化专业，获工学学士学位；1992 年 6 月毕业于太原重型机械学院，获工学硕士学位。多年来一直从事控制理论及其应用方面的教学和科研工作。主持并参与编写教材 4 部，共计 70 余万字。承担多个横向和纵向项目的开发与研究。撰写教学研究论文和科研论文近 40 篇（其中 EI 收录 6 篇），获山西省科技进步二等奖、山西省科学技术三等奖各 1 项。

谢 刚 见领导简介

侯 华 见领导简介

2009 年 马建蓉 赵志诚 王安红 阎学文 于少娟 陈志梅 李临生 杜艳平 高崇仁 王建梅 霍淑华 高文华 梁丽萍 闫志杰 王远洋

马建蓉（1969—）女，河北保定容城人，博士。1990 年 7 月毕业于太原工业大学、分配到山西省化工研究所工作，2001 年在北京化工大学获硕士学位，2006 年在中科院山西煤化所获博士学位，2006 年 7 月到太原科技大学工作。在外文期刊发表论文 3 篇，《催化学报》发表论文 2 篇，《燃料化学学报》发表论文 1 篇，拥有国家发明专利 2 项。

赵志诚（1970—）男，山西临猗人，无党派人士，硕士生导师，兼任山西省国际科技合作交流协会常务理事、山西省专家学者协会信息分会副秘书长。1992年毕业于太原工业大学，获学士学位，1999年毕业于太原重型机械学院，获硕士学位，1996年任教于电子信息工程学院，2009年被评为教授。主要承担“微机原理及接口技术”“过程控制及自动化仪表”“先进过程控制”等课程的教学工作，主要从事先进控制技术研究，先后承担完成国家、省部级以及企业委托项目30余项，获山西省科学技术奖励2项，发表论文100余篇，出版学术专著1部；主编教材3部，参编教材2部，获山西省高等学校教学成果特等奖2项、一等奖3项、二等奖1项。2014年获山西省教学名师称号，2019年获“三晋英才”拔尖骨干人才称号。

王安红（1972—）女，山西闻喜人，无党派人士，2007年担任硕导、2016年担任博导，2015担任中国电子教育学会高等教育分会常务理事。1994年毕业于太原重型机械学院，获学士学位，2003年毕业于太原重型机械学院，获硕士学位，2009年毕业于北京交通大学，获博士学位。2012年11月至2013年5月美国华盛顿大学访问学者，1997年至今任教于太原科技大学，2009年被评为教授。主要承担“数字视频处理”等课程的教学工作，主要从事视频图像通信与识别研究。2011年出版专著《面向物联网的视频编码算法和系统》*Distributed multiple description coding，principles，algorithms and systems*，2011—2022年先后主持国家自然科学基金面上项目“分布式压缩感知信源信道编码”“面向无线视频组播的分布式编码与随机混叠调制”“考虑合成失真的3D视频混合数字模拟编码与传输”“结合目标语义的3D点云可伸缩编码与增强恢复”，企业委托横向项目“硅片隐裂碎片检测系统”等，获山西省高校自然科学一等奖、山西省科技进步二等奖、北京市自然科学一等奖等多项荣誉称号，公开发表学术论文100余篇，其中80篇被EI、50篇被SCI收录。

阎学文（1962—）男，山西长治人，硕士生导师。1983年西安交通大学自动控制专业毕业。主要研究方向为计算机控制系统，在钢铁生产、煤矿生产方面，采用PLC可编程逻辑控制器、单片机及嵌入式单片机开发计算机控制方面的工程应用。完成省自然科学基金及横向科研项目5项，其中2项获得山西省科技进步二等奖，发表论文10余篇，出版教材1部。

于少娟（1971—）女，江苏涟水人，中共党员，硕士生导师，工会副主席，山西省机械电子学会常务委员，电气工程学科方向带头人，国家一流专业建设点电气工程及其自动化专业负责人。1994年、1999年毕业于太原重型机械学院，分获学士、硕士学位，2012年毕业于太原理工大学，获博士学位，94年至今留校任教，2009年被评为教授。主要承担“电力系统”“电力电子”“新能源技术”“电机拖动”“学科前沿”等课程的教学工作，主要从事现代电力系统、电力电子系统、智能电网及其控制方法研究与应用。主编《迭代学习控制理论及应用》《新能源开发与应用》《电机控制技术与实践应用》《控制电机与特种电机及其控制系统》等四部著作（教材），曾获“山西省研究生优秀教材一等奖”，主持或参与20余项国家、省、企业科研项目，成果获山西省科技进步二等奖、山西省自然科学二等奖、山西省教学成果二等奖，个人获山西省模范教师、山西省魅力女性、省教科文卫体优秀工会工作者、校优秀党务工作者、太原科技大学全国教书育人楷模及全国敬业奉献模范推荐候选人等多项荣誉称号，并曾荣获山西省教科文卫体“五一劳动奖章”。公开发表学术论文80余篇，其中20余篇被EI和SCI收录。

陈志梅（1970—）女，湖南双峰人，九三学社社员，硕导，山西省专家学者协会信息分会理事。1994 年毕业于太原重型机械学院，获学士学位，2011 年毕业于太原科技大学，获博士学位，1994 年毕业留校任教至今，2009 年被评为教授。主要承担“自动控制理论”“微机原理及应用”等课程的教学工作，主要从事机电一体化系统智能控制、鲁棒控制研究。出版专著 1 部，主编“21 世纪全国高等院校自动化系列规划教材”1 部，参编教材 3 部；主持和参与国家自然基金、省重点研发项目、省自然科学基金、省青年科学基金、省高等学校科技项目等研究项目 10 多项；获山西省高等学校科技进步一等奖和山西省高等学校教学成果一等奖；荣获校“十佳青年教师”和“‘三育人’优秀教师”等荣誉称号；在国内外重要科技学术期刊和国际会议上多次参加论文评审，数次担任省内外高级职称评审专家和评奖专家；公开发表学术论文 80 余篇，其中被 SCI、EI 收录 30 余篇。

李临生（1959—）男，山西洪洞人，中共党员，硕士研究生导师，曾任太原科技大学电子信息工程学院副院长。1982 年毕业于太原重型机械学院，获学士学位，2002 年西安交大高级访问学者，1982 年毕业留校任教于电子信息工程学院，2009 年被评为教授。主要承担“数字信号处理”等课程的教学工作，主要从事信号与信息处理等方向的研究。主编或参编教材 4 部，主持或参与省部级科研项目 6 项，公开发表学术论文 40 余篇，其中 10 余篇被 EI 或 SCI 收录。共培养研究生 40 余人，其中 8 人考上北航、西工大等高校博士。

杜艳平 资料不详

高崇仁（1963—）男，山西稷山人，中共党员，硕士生导师。1986 年毕业于太原重型机械学院机械二系起重与输送专业，获工学学士学位；1990 年考取太原重型机械学院硕士研究生，1993 年毕业并获工学硕士学位；1986 年 7 月毕业后留任机械二系起机教研室教师至今。从本科生教学的助教做起，后获评讲师、副教授和教授资格，现为教授二级。具有 36 年连续的本科生一线教学经历，有课堂教学、课程设计、专业实习、毕业实习及毕业设计的教学全过程。讲授的“金属结构”课程 2012 年获批国家级精品课程和省级精品课程。2001 年获评硕士研究生导师，培养硕士研究生数十人，研究方向主要有结构设计及理论、机械可靠性、计算机辅助设计和机械安全数据监测及大数据开发技术等。取得发明专利授权十数项，项目“双梁门式起重机 CAD 系统软件”（2001 年）、“建筑起重装备安全运行保障关键技术”（2015 年）获省级科技进步二等奖。自 2007 年起，先后兼任校工程训练中心和校分析测试中心副主任一职。

王建梅（1972—）女，山西定襄人，中共党员，博士生导师，担任太原科技大学研究生学院院长、重型机械教育部工程研究中心直属党支部书记、常务副主任。兼任中国机械工程学会摩擦学分会常务理事、山西省机械工程学会摩擦学专委会理事长。1994 年毕业于太原重型机械学院，获学士学位，2009 年毕业于太原理工大学，获博士学位，2007 年澳大利亚伍龙贡大学访问学者，2016 年英国伦敦大学访问学者，1994 年任教于太原重型机械学院，2009 年被评为教授，2020 年被评为二级教授。

从事“智能制造”“摩擦学”“学科前沿”课程的教学工作，主要从事重大装备关键基础件、摩擦学与界面科学、机电系统控制及自动化等方面的研究。出版科研著作 5 部，发展了现代油膜轴承、传动联结理论与技术。研究成果获评 10 项省部级科技奖励（5 项排1），发表学术论文80余篇，获得国际/国家发明专利20余项，主持国家重点基金、国家级、省级基金各类项目30余项。带领团队研制多规格油膜轴承和无键联接产品，形成了相关高校-行业-企业关键共性技术协同创新平台；打破国外垄断，填补市场空白，帮助企业获得显著经济和社会效益，部分产品国内市场份额超过85%，全球市场份额达50%，制定/修订国家标准4项。2018年研究成果被国际科技媒体“*Energy Weekly News*”评价为机械工程领域重大发现，2019年研究成果被山西省人民政府官网专题报道：“代表我省科技领域最高发展水平，展示出山西转型发展的魄力”。2021年入选山西台“转型进行时”专题访谈、《山西日报》专访报道。获得山西省新兴产业领军人才、山西省担当作为干部、中国重型机械行业“十三五”科技创新标兵、山西省三八红旗手等荣誉称号。

霍淑华（1957—）女，河北安国人。中国摄影家协会会员，山西省高校摄影教育学会理事，中国教育技术协会机电专业委员会常务理事。在国家级出版社出版了《校园生活摄影集》专著一部；在二级以上刊物发表文章20多篇。摄影作品获不同级别的奖项多次；主持完成省级纵向课题3项和校级课题3项；获不同级别的教学成果奖3个。发表的主要论文有《静物摄影三法》《摄影生活的感悟》《摄影者的眼力》《创意静物摄影》《流光飞舞》《都市雪景镜头写生》《静物摄影技法》等。

高文华（1967—）女，山西繁峙人，中国共产党党员，硕士生导师，全国高等学校电子技术教学研究会理事。1989年毕业于太原工业大学（现名：太原理工大学），获工学学士学位；2004年毕业于太原理工大学，获硕士学位；1989年分配到太原重型机械学院从事教育工作，现任教于太原科技大学电子信息工程学院，2009年被评为教授。主要承担“模拟电子技术”“数字电子技术”等课程的教学工作，从事电子技术应用以及智能信息处理方面的研究。2005年参编国家级第十五规划教材《电子技术实验与课程设计》，2012年作为副主编参编国家级第十二五规划教材《模拟电子技术基础》，以及其他电子技术相关教材的编写工作。2013年负责主讲的模拟电子技术课程评为山西省精品课，2018年主持完成的“电子技术课程教学改革与实践”荣获山西省教学成果一等奖，2020年负责主讲的数字电子技术课程认定为山西省线上精品资源共享课。2013年荣获山西省“教学名师”，2018年荣获山西省“三晋英才”，2020年荣获太原科技大学“本科教学突出贡献奖”等多项荣誉称号。

梁丽萍（1970—）女，山西盂县人，硕士研究生导师。1993年毕业于清华大学，获学士学位；2007年毕业于中国科学院山西煤炭化学研究所，获博士学位。1996年起执教于太原科技大学，2009晋升为教授。主要承担“材料化学”“材料研究方法”等课程的教学工作；研究方向涉及先进陶瓷材料、煤基固废资源化利用、复合型微波吸收材料等。近年来，主持山西省自然科学基金项目、校企合作项目8项，参与国家自然科学基金、山西省科技重大专项等省部级项目4项。公开发表SCI、EI收录论文20余篇。

闫志杰（1974—）男，山西新绛人。1992年9月至1996年6月就读太原重型机械学院机械工艺系铸造专业，获工学学士学位，1996年9月至1999年1月就读太原重型机械学院机械工艺系铸造专业，获工学硕士学位，2000年4月至2004年4月就读上海交通大学材料科学与工程学院材料加工专业，获工学博士学位。专著《大块非晶合金》于2005年3月由兵器工业出版社出版。获国家发明专利4项。学术论文被SCI收录达22篇。

王远洋（1969—）男，山西绛县人，无党派人士，担任硕博士导师。1987年9月至1991年7月，在华南理工大学化学工程专业学习，获学士学位；1993年9月至1998年8月，在中国科学院山西煤炭化学研究所物理化学专业学习，硕博连读，获博士学位。1991年9月至1993年9月，在中科院山西煤化所从事化工科研工作；1998年8月至1999年5月，在中科院山西煤化所从事化工科研工作；1999年5月至2000年8月，在宁夏大学从事化工教学、科研工作，教授；2000年10月至2004年3月，在南风化工集团（上市公司000737）从事化工管理工作，任副总工程师、总工程师；2004年3月至2005年11月，在山西振兴鱼蜂药业公司从事制药管理工作；2005年7月至今，在太原科技大学从事化工教学、科研和管理工作；2011年2月任化学与生物工程学院副院长；2017年3月至今任院长。

工作绩业：宁夏大学期间，创建煤炭高效利用与绿色化工国家重点实验室前身宁夏能源化工重点实验室，获批三个硕士点；南风化工集团期间，2002及2004两年集团荣获国家科技进步奖，获批国家级技术中心，获批高新技术企业；调入太原科技大学后，获批化学工程与技术、化学一级学科、化学工程专业学位三个硕士点，建立山西省化学与生物工程实验教学示范中心、山西省医药化工领域研究生创新中心、山西省新型电池联合实验室和煤矸石高值利用山西省重点实验室等。

研究成果：主持和参与国家和省部级科研项目数十项，发表论文100余篇，其中SCI、EI收录50余篇，获批授权国家发明专利7件，教育部鉴定成果1项。

教育教学成果：主持省级教改项目2项、指导国家级大学生UIT项目1项，“化学工程与工艺”获批山西省高校一流专业，“工业催化”获授山西省高校精品共享课程。

获得奖励：荣获山西省科技进步奖理论二等奖，山西省科学技术奖技术发明类三等奖，第七届宁夏青年科技奖，中国产学研合作促进会产学研合作创新奖，全国石油与化工优秀教学团队、教育成果二等奖、教学名师和山西省高校教学名师等。

2010年 戴保东 郭相宏 李 忱 刘 斌 卫英慧

戴保东（1963—）男，山西祁县人，硕士研究生导师。1986年毕业于太原工业大学，获理学学士学位。1992年毕业于太原重型机械学院，获工学硕士学位。2006年毕业于上海大学，获理学博士学位。2008年2月至2008年6月在香港城市大学建筑系做访问学者，2014年4月至2014年10月在奥本大学（美国）做访问学者。1986年任教于太原重型机械学院基础部力学系，2010年被评为教授。主要承担本科生的“理论力学”“材料力学”“结构力学”和硕士研究生的“计算固体力学”“结构稳定理论”等专业核心课程。研究方向为计算固体力学，主要包括无网格方法、边界点法以及多尺度力学问题的研究。出版《无网格方法》专著1部，主持山西省自然科学基金1项，发表学术论文20多篇，其中SCI收录15篇。培养硕士研究生6名，其中有两名学生获得山西省优秀硕士学位论文，2014年获山西省研究生教育优秀导师荣誉称号。

郭相宏（1971—）男，山西曲沃人，中共党员，硕士生导师。1996年毕业于山西大学，获学士学位；1996年毕业于山西大学，获硕士学位；2008年毕业于西南政法大学，获博士学位；2008年9月至2011年7月在中国政法大学法制史专业从事博士后流动站研究，获博士后证书。1996年7月至2020年6月任教于太原科技大学，2010年被评为教授。

2011 年 1 月至 2019 年底，担任太原科技大学法学院院长。主要从事法理学与宪法学的教学与研究。

兼任山西省人民政府法律顾问、中共太原市委法律顾问、太原市人大法律顾问、太原市政法委法律顾问；山西省人大立法咨询专家、太原市人大立法咨询专家；山西省学科评议委员会委员、山西省法学与公安学教学指导委员会委员、山西省法学会法治教育研究会会长、《太原理工大学学报（社科版）》副主编等职。

在《法学评论》《现代法学》《法律适用》《法学杂志》《史学月刊》《中国政法大学学报》等期刊发表学术论文 40 余篇，多篇论文被《新华文摘》和《人大复印资料》转载。另有发表法学学术随笔 60 余篇。

独著、主编或参编著作 6 部，其中独著 3 部：《失范与重构——转型期乡村关系法治化研究》，法律出版社 2010 年版；《法律的移植与排异——清末民初的地方自治运动》，法律出版社 2012 年版；《水浒解毒》，北岳文艺出版社 2019 年版。《水浒解毒》是我国法学界第一部用法治思维解读水浒的专著。参编《宪法》（张千帆主编，面向 21 世纪课程教材，北京大学出版社 2008 年第 1 版、2012 年第 2 版）。

著作《法律的移植与排异》获 2012 年“百部篇工程”二等奖、获山西省第八次社会科学研究优秀成果三等奖（2014 年）；主持课题《山西法治故事》获山西省法学会 2019 年度一等奖；主持课题《山西法治图鉴》获山西省法学会 2018 年度一等奖。

李　忱　见领导简介

刘　斌（1965—）男，安徽界首人，中国民主建国会会员，硕士研究生导师，山西省高校教师高级职称评审专家库成员，山西省教育厅艺术教育委员会委员，中国书法家协会会员，山西省美术理论家协会副主席，山西省书法家协会教育委员会委员。1989 年毕业于阜阳师范学院，获学士学位，2000 年中国艺术研究院研究生班结业。1989 年以来，先后任教于安徽省界首一中、安徽省界首师范学校、忻州师范学院、太原科技大学，2010 年被评为教授。主要承担“美术”“美学”“哲学”“思政”等课程的教学工作，主要从事中国近现代基本问题研究，中国哲学、中国美学、中国艺术等研究。出版学术著作 1 部，主持完成省级科研项目 7 项，公开发表学术论文 62 篇，其中 14 篇被 CSSCI 收录。艺术教育科研论文获全国二等奖、山西省一等奖，获山西省教学成果奖 2 项，获首届全国高校微课教学比赛山西省一等奖，获学校优秀教师、民建省优秀会员等多项荣誉称号。

卫英慧　见领导简介

2011 年　樊跃发　苏星海　张雪霞　栗振锋　贾志绚　杜晓钟　史宝萍　董增寿

樊跃发（1964—）男，山西山阴人，中共党员，硕士生导师，曾任职山西工商学院教授团教授，现兼职长征干部学院客座教授。1984 年 7 月毕业于南开大学，获哲学学士学位；1990 年 7 月毕业于山西大学，获哲学硕士学位。大学毕业后曾在山西经济管理学院（现山西财经大学）任教三年，1990 年 7 月研究生毕业分配到太原科技大学工作至今。2010 年被评为教授。主要承担《毛泽东思想和中国特色社会主义理论体系概论》等课程的教学工作，研究方向集中于马克思主义基本原理与马克思主义中国化。2005 年出版专著《永不停歇的伟大生命律动——社会主义历史演进探寻》（新华出版社出版），2009 年出版专著《和谐视阈下的历史脉动》（中国社会科学出版社出版）；2005 年后先后主持完成山西省哲学社会科学规划课题等省部级项目8项，获2010年太原科技大学先进科研工作者荣誉。公开发表学术论文近40篇，其中多篇被CSSCI收录，1篇被中国人民大学复印报刊资料《邓小平理论和“三个代表”重要思想》2008年第6期全文转载。

苏星海（1957—）男，山东聊城人，硕士生导师。曾任太原科技大学经济与管理学院党委书记。多年来从事“政治经济学”“中国社会主义建设”“邓小平理论概论”“毛泽东思想和中国特色社会主义理论体系概论”的教学和理论研究工作。先后发表学术研究论文20余篇，获得省部级奖多项。其中，论文《山西可再生能源开发利用研究》获山西省第六次社会科学研究优秀成果二等奖，山西省科技厅软科学课题“沙河镇旅游城镇建设研究”获2008年度山西省高等学校科学技术进步二等奖，“科学发展观实现研究”获2007年度山西省社科联优秀重点课题研究成果等奖。

张雪霞（1974—）女，山西曲沃县人。曾任太原科技大学应用科学学院副院长，硕士生导师。1996年毕业于山西大学数学系应用数学专业，获理学学士学位；2003年毕业于太原重型机械学院应用科学系，获硕士学位；2011年毕业于太原科技大学材料科学与工程学院，获博士学位。主持完成山西省青年基金1项，参与国家教育部重点技术研究、国家安全重大基础研究、山西省自然科学基金、山西省高校科技研究开发等项目；参加编写了《复合材料断裂复变方法》专著1部，发表科研论文20余篇（SCI、EI收录10余篇）。2011年获得山西省科学技术（自然科学类）三等奖1项。

栗振锋（1968—）男，山西阳城县人，工学博士，硕士生导师，曾任太原科技大学交通与物流学院副院长。1986年9月至1991年7月在同济大学道路与铁道专业就读，获工学学士学位；1999年9月 至2001年5月在长安大学学习，获工学硕士学位；2002年3月至2005年9月在同济大学道路与铁道专业学习，获工学博士学位；2006年9月至2009年3月在长安大学做博士后研究；1991年7月至2005年8月在山西省交通系统工作；2005年到太原科技大学任教；2011年9月赴美国密西根理工大学做访问学者。在国际上建立起基于横观各向同性的沥青路面结构响应模型；在国内系统地分析了粒状类材料各向异性特性对沥青路面结构的影响，提出并建立了切实可行的碎石基层沥青路面结构设计理论与方法，为粒状类基层沥青路面设计理论与方法的建立提供了坚实的基础。山西省科技发展“十二五”规划土木与交通运输工程领域编制专家组长，国家自然科学基金和山西省自然科学基金评审（评议）专家；获得山西省优秀人才专项资助；主持申请并开办了我校土木工程本科专业。近年来，在国内外各级专业期刊发表论文多篇；主持国家自然科学基金三年期面上项目。国家自然科学基金国际（地区）合作与交流项目各1项，主持山西省交通厅、省自然科学基金及省国际合作与交流项目，主持并鉴定课题1项，验收课题1项；与美国土木工程学会路面指导委员会主席特罗特·图图穆尔教授出版国际合作专著1部，主编和参编国家级规划教材各1部。

贾志绚（1968—）女，山西太原人，中共党员，硕士生导师，山西省机械、交通、航空航天教学指导委员会委员，山西振动工程学会常务理事，中国安全产业协会道路交通安全分会智库专家，山西省交通运输厅推进交通强国建设专家委员会专家。

1991年毕业于太原重型机械学院起重运输与工程机械专业，获工学学士学位；1997年毕业于太原重型机械学院工程机械专业，获工学硕士学位。1991年留校任教于机械二系，2011年被评为教授。

长期从事交通设施与安全技术、交通组织优化、车辆减振降噪等方面的教学与科研工作。主持、参加完成国家、省部级、企业合作项目 20 余项，主持省级教研项目 5 项；获山西省科技奖励 6 项，山西省教学成果奖 3 项，获授权专利 4 部；发表教学、科研论文 100 余篇；参编国家级规划教材 2 部，主编特色教材 1 部；主讲本科生、研究生课程 9 门。

曾两次荣获山西省教育厅“优秀共产党员”称号；2019 年被山西省教授协会评为山西省高校教学名师；2021 年获校“课程思政优秀教师”；2007 年获“建龙教书育人（教学）奖”；2001 年获校“十佳青年教师”；多次荣获校“优秀共产党员”“研究生思想政治教育先进导师”“三育人”先进个人等荣誉称号。

杜晓钟（1974—）男，山西清徐人，北京科技大学博士后。1997 年 7 月于燕山大学毕业后到太原重型机械学院工作。期间，2005 年 9 月 至 2009 年 12 月，于北京科技大学读博士；2008 年 2 月至 2009 年 3 月于澳大利亚伍隆贡大学做访问学者。长期从事轧钢设备设计，轧钢工艺和过程控制，轧制过程数值模拟等方面的工程项目、科研与教学工作。主持及完成山西省优秀人才引进与开发项目、山西省国际科技合作计划项目、山西省归国留学人员基金项目等纵向项目 5 项。参与完成澳大利亚 ARC 基金项目、中国国家科技支撑计划专题项目等纵向科研项目，以及韩国浦项制铁、中国宝钢、武钢等企业工程项目 20 余项。近年来发表专业学术论文被 SCI、EI 收录 20 余篇。获省级科技奖励 3 项，获国家发明专利授权 3 项，4 项项目研究成果被鉴定为国际领先或国际先进。

史宝萍（1967—）女，山西阳泉人，中共党员。1989 年毕业于太原理工大学，获学士学位，2007 年毕业于太原理工大学，获硕士学位。1989 年任教于太原科技大学，2011 年被评为教授。主要承担“化工原理”“分离工程”等课程的教学工作。主持（参与）“高活性、高稳定性氧化还原介孔材料的催化性能研究”等科研项目 4 项，发表研究论文 10 余篇。2020 年编写的《化工原理》被认定为山西省精品共享课程。2021 年被超星集团推荐为示范教学包，已有 88 所学校 180 个班级引用课程资源。2021 年 5 月，《化工原理》课程上线“学银在线”，实现课程资源共享。2013 年组织成立化工设计室创新创业平台，指导全国大学生化工设计竞赛，获国家一等奖、二等奖等共计 30 余项。先后主持（参与）省、校教改项目 4 项、发表教研论文 4 篇、编著教材 4 部（主编 1 部、副主编 2 部、参编 1 部）。先后荣获山西省中青年教师教学基本功竞赛工科一等奖并荣记个人一等功、全国石油和化工行业教学名师、校教学名师、“笃行科大人”优秀教师、“三育人”先进个人、山西省优秀创新创业导师等荣誉。带领团队获全国石油化工行业优秀教学团队。

董增寿（1970—）男，山西寿阳人，中共党员，博士生导师，兼任山西省装备数字化与故障预测工程研究中心主任、山西省装备诊断与故障预测研究生教育创新中心主任、中国物联网专家委员会委员、山西省装备物联网专业委员会副主任等。1992 年毕业于华东交通大学，获学士学位，2013 年毕业于太原科技大学，获博士学位，2016 年美国奥本大学访问学者，2000 年任教于太原重型机械学院自动化系，2011 年被评为教授。主要承担“模拟电子技术”“数字图像处理”等多门课程的教学工作，主要从事故障诊断与预测等方面的研究。先后主 30 余项科研课题，其中主持国家自然科学基金项目、山西省政府基金项目 8 项，企事业单位委托项目 25 项。出版专著 1 部，参编出版国家级规划教材 3 部。在国内外学术期刊发表高质量论文 80 余篇，其中 SCI、EI 收录 50 余篇；申请专利 16 项，已授权专利 9 项。主持开发智能化产品 4 项；荣获山西省科技进步奖二等奖三等奖各 1 项。培养毕业研究生 62 名。

2012 年 刘素清 张代东 连晋毅 刘志奇 郭银章 任红萍 李润珍

刘素清（1966—）女，汉族，教授，硕士生导师。主持或参与省级以上科研项目十余项；发表论文近 20 篇；主持或参加 20 余种新产品开发，参加过 4 个国家标准的制订和修订工作；是高校工委和教育厅联系的高级专家。从事教学研究工作多年，是省级优秀教学团队成员；主讲本科生和研究生的多门课程，在教学过程中积极开展教学改革研究，实行启发式教学，取得良好效果；发表教研论文近 10 篇；主持 2 项教研项目，其中《理工科大学生素质状况调研及培养模式改革探究》获 2008 年山西省教学成果二等奖，太原科技大学教学成果一等奖。

张代东（1960—）男，山西夏县人，中共党员，硕士研究生导师。1982 年毕业于太原重型机械学院，获学士学位，1991 年山西教委工程机械硕士研究生班毕业，1982 年任教太原科技大学材料科学与工程学院。主要承担“机械工程材料”“材料科学基础”“热处理设备与仪表”等课程的教学工作，长期从事金属材料科学、轻质合金材料研究。主编教材有《机械工程材料应用基础》（机械工业出版社 2001 年出版）、《金属材料学》（重庆大学出版社 2008 年出版）、《材料科学基础》（北京大学出版社 2011 年出版）等。主持省部级工业发展研究项目等多项，公开发表科技论文 30 余篇，其中 10 余篇被 EI、SCI 收录。获国家发明专利 5 项。先后获得山西省高校工委联系高级专家，省级精品课程，高教系统优秀共产党员等荣誉。

连晋毅（1964 年—）男，山西宁武人，硕士生导师，中国汽车工程学会高级会员、山西省汽车工程学会秘书长、山西省新能源车辆工程技术研究中心主任、《汽车实用技术》编委、新加坡 Viser 机械工程专家委员会委员。1983 年毕业于吉林工业大学，获学士学位，1987 年毕业于太原重型机械学院工程机械研究生班，1983—1985 年任技术员于山西大同齿轮厂，1985 年任教于太原重型机械学院，2002—2007 年任教于绍兴文理学院，2007 年任教于太原科技大学。主要承担“车辆底盘构造”“车辆安全技术”等课程的教学工作，主要从事工程机械与现代车辆关键共性技术，工程机械与电动车辆轻量化集成化技术方面的研究。2012 年主编出版国家机械类特色专业规划教材《铲土运输机械设计》，2002 年以来主持完成山西省科技重点研发计划、山西省自然基金和山西省教研教改项目等多项科研项目，获山西省科学技术进步奖、山西省高校科技成果奖多项，获山西省“三晋英才”人才计划拔尖骨干人才、山西省教授协会师德楷模等荣誉称号，公开发表学术论文 80 余篇。

刘志奇（1972—）男，山西大同人，中共党员，博士导师，山西省重大装备液压基础元件与智能制造技术中心主任。1994 年毕业于太原工业大学，获学士学位，2001 年毕业于太原理工大学，获硕士学位，2012 年毕业于兰州理工大学，获博士学位，2016—2017 年加拿大阿尔伯特大学访问学者，1994 年任教于太原重型机械学院 / 太原科技大学，2012 年被评为教授。主要承担“液压技术”等课程的教学工作，主要从事流体传动与控制方面的研究。2013 年主编学术著作《轴类零件滚压精密成形理论与技术》，主持国家国家自然科学基金面上项目 2 项，山西省科技重大专项以及企业委托科研项目 30 余项，获山西省科教兴晋突出专家等多项荣誉称号，公开发表学术论文 110 篇，其中 6 篇被 EI、

10 篇被 SCI 收录。

郭银章（1968—）男，山西原平人，中共党员，博士，教授，硕士生导师，太原科技大学华科学院副院长，物联网与云计算实验室主任，中国工程教育认证专家，山西省信息安全研究院特聘研究员，全国大学生物联网创新设计大赛评审委员会副主任委员。1992 年毕业于太原科技大学工业电气自动化专业，获学士学位；2011 年毕业于太原科技大学机械设计及理论专业，获工学博士学位。1997 年至今任教于计算机科学与技术学院，2012 年被评为教授。目前，担任中国计算机学会（CCF）理事、CCF 太原分部主席、ACM 太原分部副主席、CCF 协同计算专委会常委、CCF 教育专委会常委、山西省计算机学会常务理事等职。

主要从事群智协同计算与云计算、智能制造与网络安全方面的教学科研工作。承担国家和省部级纵向课题及企业委托项目 36 项，发表学术论文 120 余篇，其中被 SCI/EI 收录 67 篇，在科学出版社等国家级出版社出版专著 1 部，主编教材 4 部。获国家发明专利 3 项，软件著作权 10 项。获山西省教学成果一等奖 2 项，是山西省一流课程“计算机网络”的首席教授。曾获山西省优秀科技工作者、山西省优秀教师、山西省五一劳动奖章等荣誉称号。

任红萍（1966—）女，山西省孝义市人，硕士生导师。1986 年毕业于山西大学，获学士学位，2010 年毕业于上海大学，获博士学位，1986—2007 年任教于太原理工大学，2010 年至今任教于太原科技大学，2012 年被评为教授。主要承担“高等数学、线性代数”“概率统计”“数学物理方程”等课程的教学工作，主要从事工程数值计算方面的研究。2005 年参编教材《概率论与数理统计》，2012 年出版专著《插值型无网格方法》，2014 年主持山西省自然科学基金项目“插值型无网格方法及其误差分析研究”，并以优秀结题。公开发表学术论文 16 篇，其中 13 篇被 SCI 收录。

李润珍（1957—）女，山西省忻州市人，中国共产党党员，于 2012 被评为教授。

2013 年　崔志华　李晓明　刘立群　刘　雯　马立峰　乔钢柱 温淑花　张杰飞　茹忠亮

崔志华（1976—）男，河北唐山人，九三学社社员，博士生导师，计算机科学与技术学院副院长，中国仿真学会智能仿真优化与调度专委会副主任委员，自动化学科领域 T1 类期刊 *International Journal of Bio-inspired Computation* 主编。1999 年毕业于山西大学应用数学专业，获学士学位；2003 年毕业于太原科技大学机械电子工程专业，获硕士学位；2008 年毕业于西安交通大学控制科学与工程专业，获博士学位。2012—2013 年赴西英格兰大学做访问学者，1999 年任教于太原科技大学计算机学院，2013 年被评为教授。主要承担“离散数学”“智能优化算法”等课程的教学工作。主要从事大数据建模与优化、云计算、网络安全、智能计算等方向研究。主持国家自然科学基金、教育部科学技术研究重点项目、山西省重点研发计划等国家、省部级课题 10 余项。曾评为科睿唯安全球高被引科学家（2021 年、2020 年）、爱思唯尔中国高被引学者（2021 年、2020 年），获中国仿真学会创新技术一等奖（2019 年），入选山西省高等学校 131 领军人才工程（2013 年）、评为山西省高等学校优秀青年学术带头人（2011 年）、获山西省自然科学二等奖（2010 年）。在 *IEEE TII*、*IEEE TFS*、*IEEE IoT*、《中国科学：信息科学》（中、英文版）等国内外著名学术期刊发表学术论文百余篇，SCI 他引 2000 余次，出版专著 4 部。

李晓明（1965.11—）男，山西灵石人，硕士生导师。1985 年毕业于太原重型机械学院，获学士学位，2006 年毕业于北京理工大学，获博士学位，曾在山西大学数学科学学院任教，目前为太原科技大学计算机学院教授。主要承担“数据结构”“计算机视觉”等课程的教学工作，主要从事计算机视觉与机器学习方面的研究。近几年主持国家基金、省级基金、企业合作项目 10 余项，授权发明专利 4 项，公开发表学术论文 60 余篇，其中被 SCI 和 EI 收录 20 余篇。

刘立群（1976—）男，湖南新化人，中共党员，博士生导师。1999 年毕业于太原理工大学，获学士学位，2011 年毕业于上海交通大学，获博士学位，2015 年太原理工大学博士后出站，1999 年任教于电子信息工程学院电气教研室，2013 年被评为教授。主要承担“新能源发电”“智能电网和发电厂”等课程的教学工作，主要从事智能电网研究。2014 年出版学术著作 *Renewable Energy Development & Application*，2018 年主持山西省重点研发计划，获山西省科学技术奖二等奖、山西省学术技术带头人、三晋英才拔尖骨干人才等多项荣誉称号，公开发表学术论文 100 余篇，其中 30 余篇被 EI、20 余篇被 SCI 收录。

刘　雯（1966 年—）女，山西长治人，民建会员，硕士生导师，中国材料学会会员，山西省科技厅专家库专家，中国机械工程学会高级会员。1988 年毕业于太原工业大学，获学士学位，2006 年毕业于太原理工大学，获硕士学位。2012 年毕业于太原理工大学，获博士学位。1988 年任教于太原科技大学，2013 年被评为教授。主要承担“金属材料及热处理”“工程材料”“金属工艺学”“专业英语”“化工设备机械基础”“材料化学工程”等课程的教学工作，主要从事金属材料、纳米碳材料和新型超硬材料的研究。2012 年和 2014 年出版学术专著《AlMgB14 基新型复合材料的制备技术》和《液体放电制备洋葱状富勒烯技术》，获得发明专利 4 项。2009—2021 年先后参与 3 项国家自然科学基金面上项目（纳米晶的疲劳力学行为研究、电场激活辅助的功能陶瓷 - 金属梯度反应扩散连接机理及性能表征、基于原位离子浓度测量研究镁合金负差数效应机理及准确评价模型）。主持省基金项目 1 项，以子课题负责人身份参与山西省科技重大专项项目 1 项。获省级优秀创新创业导师荣誉称号。以第一作者或通信作者的身份公开发表学术论文 20 篇，其中 16 篇被 SCI 检索收录，4 篇被 EI 检索收录，经国内联机检索，论文经他人引用 12 次。

马立峰　见领导简介

乔钢柱（1975—）男，陕西汉阴人，民盟盟员，硕士生导师。1996 年毕业于东北重型机械学院，获学士学位，2012 年毕业于兰州理工大学，获博士学位，1996 年任教于太原科技大学计算机系，2013 年被评为教授。主要承担“物联网工程导论”等课程的教学工作，主要从事物联网、大数据技术研究。公开发表学术论文 20 篇，其中 10 余篇被 EI、SCI 收录。

温淑花（1963—）女，山西省晋中市人，从事制造工程及设备专业，2013 被评为教授。

张杰飞（1973—）男，湖南娄底人，中共党员，硕士生导师。2001 年毕业于昆明理工大学，获硕士学位，2011 年毕业于西安交通大学，获博士学位，2012 年任教于贵州财经大学，2013 年被评为教授。主要承担“西方经济学”“中级微观经济学”“经济学学科前沿与研究方法”等课程的教学工作，主要从事创新经济、环境经济研究。2021 年出版学术著作“农业剩余劳动力转移的内生性一般均衡模型及其政策应用研究”，2012年主持《农业剩余劳动力转移的内生性一般均衡模型及其政策应用研究》国家社会科学基金一般项目，获省哲学社会科学优秀成果奖一等奖、优秀研究生论文奖、优秀共产党员等多项荣誉称号，公开发表学术论文30篇。

茹忠亮（1977—）男，山西阳城人，中共党员，博士生导师。1999年毕业于东北大学，获学士学位，2002年毕业于东北大学，获硕士学位，2005年毕业于东北大学，获博士学位，2013年晋升教授，2014年美国怀俄明大学访问学者，2016年任教于太原科技大学。主要承担“岩石力学”“有限单元法”等课程的教学工作，从事岩石力学数值模拟方法研究。主编或参编《岩土工程并行有限元程序设计》《土木工程地质》，主持国家自然科学基金“深部地下工程岩体裂隙系统演化及灾变机理研究”“深部巷道围岩稳定性分析的并行智能有限元方法研究”，获中国煤炭工业协会科技进步三等奖、河南省科技进步三等奖等多项荣誉称号，公开发表学术论文50余篇，其中EI、SCI收录30篇。

2014年　蔡江辉　杜　娟　高有山　郭少青　田玉明

蔡江辉（1978—）男，山西平定人，中共党员，博士生导师，CCF太原分部执委，山西省区块链研究会副会长，山西省计算机专业教指委委员，中国计算机学会高级会员。2000年毕业于原重型机械学院，获学士学位，2006年毕业于太原科技大学，获工学硕士学位，2011年毕业于太原科技大学，获工学博士学位，2001年任教于太原科技大学（原重型机械学院），2014年被评为教授，现任中北大学副校长。主要承担“数据挖掘理论与方法”“数据仓库与智能决策”等课程的教学工作，主要从事大数据挖掘及应用、机器学习、并行计算等方面的研究。近五年主持或参与国家自然科学基金（重点、面上、联合培育）项目、山西省重点研发（高新）项目、山西省科技创新（重点）团队建设项目、山西省自然科学基金面上项目以及企业横向委托等科研项目20余项，获山西省新兴产业领军人才，山西省学术技术带头人，山西省“三晋英才”支持计划拔尖骨干人才，山西省教学名师，山西省高校优秀青年学术带头人，山西省高等学校131领军人才等多项荣誉称号。公开发表学术论文60余篇，其中SCI收录40余篇。

杜　娟（1973—）女，山西长治人，中共党员，硕士生导师，机制教研室主任。1994年毕业于西北工业大学，获工学学士学位，2006年毕业于西北工业大学，获工学博士学位，2012年美国奥本大学访问学者，自1994年任教于太原科技大学，2014年被评为教授。主要承担“数控技术”“机械制造基础”“人工神经网络”等课程的教学工作，主要从事数控加工、机器人、智能制造等研究。主编和参编学术著作和教材4部，主持国家级和省部级科研项目8项，获山西省高等学校优秀青年学术带头人、山西省高等学校“131”领军人才等荣誉称号。公开发表学术论文40余篇，其中近20篇被EI/SCI收录，申请并授权发明专利9项。

高有山（1974—）男，汉族，山西朔州人，中共党员，工学博士、教授、博士生导师，山西省学术技术带头人、山西省教育系统先进工作者、山西省教学名师；兼任全国工业车辆标准化技术委员会委员、起重机结构技术专业副主任委员、中国机械工程学会流体传动与控制分会智能流体专业委员、中国工程机械学会特大型工程运输车辆分会理事。2003年和2009年于太原科技大学和北京航空航天大学车辆工程专业分别获硕士和博士学位，2010 年在太原理工大学做博士后研究，2018 年 9 月至 2019 年 9 月，国家留学基金委公派美国丹佛大学访问学者。2003 年 7 月在太原科技大学任教，2014 年 10 月评为教授，2017 年 9 月任机械工程学院副院长。

主要从事工程机械机电液传动与控制技术、车辆工程新能源及节能技术、重型机械装备机械结构系统现代设计分析理论与方法等方向研究工作。主持完成国家自然科学基金 2 项、山西省自然科学基金 2 项、山西省高校科学技术项目、山西省专利推广实施资助专项、山西省省筹资金资助回国留学人员科研项目等。发表学术论文 30 余篇；获得国家发明专利授权 7 项；出版专著 1 部；参编交通部行业标准 2 项。获山西省科技进步二等奖（排名第二）1 项。

郭少青（1972—），女，山西晋城人，中共党员，博士生导师。1994 年毕业于太原理工大学，获学士学位，2007 年毕业于中国科学院研究生院，硕博连读获博士学位，2007 年任教于太原科技大学，2014 年被评为教授。主要承担“环境工程原理”“环境影响评价”“学术道德与学术规范”等课程的教学工作，主要从事能源清洁利用、固体废物综合利用及光伏新能源材料开发等方面的研究工作。2012 年主编学术著作《煤转化过程中汞的迁移行为及影响因素》，2018 年参编学术著作 *Contributions to Mineralization*，2022 年参与钝化工艺优化的研发科研项目，2019 年参与改性低热值煤飞灰喷射脱汞技术研究科研项目，2018 年主持山西省重大专项太阳能电池浆料、组件器件封装导电胶黏剂技术研发及工业示范科研项目，2017 年参与煤泥热转化过程中汞的迁移机理研究科研项目，2014 年主持国家自然科学基金煤矸石能源化发电过程汞的迁移机理及排放因子研究面上项目。获壳牌优秀科研奖一等奖及高影响力优秀论文等荣誉称号，公开发表学术论文 70 余篇，其中 40 余篇被 SCI 收录，授权国家发明专利 9 项。

田玉明（1969—）男，山西平定人，中共党员，博士生导师，山西科技学院副校长，山西关键基础材料协同创新中心副主任，山西省油气压裂研究生教育创新中心主任、兼任山西省硅酸盐学会副理事长。1993 年毕业于山西师范大学，获学士学位，2006 年毕业于天津大学，获博士学位，2006 年任教于太原科技大学材料科学与工程学院。主要承担“半导体物理与材料”“材料物理学”等课程的教学工作，主要从事功能陶瓷及结构陶瓷方向研究。主持或参与国家、省部及企业委托项目 20 余项，入选第五批山西省新兴产业领军人才，获山西省优秀科技工作者等荣誉称号。公开发表学术论文 100 余篇，其中 50 余篇被 SCI 收录。

2015 年　柏艳红　董　艳　范小宁　李兴莉　杨瑞刚　张素兰　赵春江　赵晓霞　赵振保

柏艳红（1970—）女，山西省临汾市人，博士，从事机械制造及自动化专业。在太原科技大学任职期间于 2015 年被评为教授。现为山西电子科技学院教师。

董　艳（1973—）女，山西霍州人，共产党员，中国英汉语比较研究会专门用途英语专业委员会理事、山西省高等院校外语教学研究会理事、国家社科基金同行评议专家。1996 年毕业于山西大学，获学士学位，2013 年毕业于上海外国语大学，获博士学位，2012 年美国密歇根大学访问学者、2019 年英国兰卡斯特大学访问学者，1996 年任教于太原科技大学，2015 年被评为教授。主要承担山西省精品共享课程“高级英语”等课程的教学工作，主持中国外语教材研究专项课题“高级英语课程新形态教学资源建设研究”，指导国家级 UIT 项目。主要从事话语语言学、语料库语言学、修辞学研究。2014 年出版专著《批判性立场和评鉴学术话语对比研究》、2011 年翻译《斯卡格斯太太的丈夫们》、2015 年翻译《幽灵的低语》、2018 年翻译《安第斯山脉的秘密》、2015 年参译《山西故事》，2019 年主持国家留学基金项目“话语对比研究和批判性话语分析”，2013 年主持教育部人文社科青年基金项目“学科亲缘与个体定位：基于语料库的中国和英美学术英语批评性立场和评估对比研究”，获山西省模范教师、山西省师德楷模、山西省高校优秀共产党员、校优秀党支部书记、校师德标兵、校十佳青年教师、校“三育人”先进个人、校迎评促建先进个人等多项荣誉称号，公开发表核心期刊和国际会议论文 71 篇。

范小宁（1964—）女，山西榆社人，硕士生导师，国家自然基金委网评专家，中国机械工程学会高级会员。1987 年毕业于东北大学，获学士学位，2003 年毕业于太原理工大学，获硕士学位，2006 年毕业于大连理工大学，获博士学位，2016 年美国威奇托州立大学访问学者，2006 年任教于太原科技大学机械工程学院，2015 年被评为教授。主要承担“优化理论与方法”“有限元法”“机械工程软件技术基础”等课程的教学工作，主要从事机械现代设计理论与方法、计算智能、优化方法、结构可靠性优化、代理模型技术及有限元分析研究。出版专著 1 部，主持完成国家自然科学基金面上项目 1 项，山西省基础研究计划项目 2 项，参与“十一五”“十二五”国家科技支撑计划项目 2 项，获山西省科技进步二等奖 2 项，获得国家发明专利授权 7 项，公开发表学术论文 60 余篇，其中 30 余被 EI、被 SCI 收录。

李兴莉（1980—）女，山西翼城人，中共党员，硕士生导师，山西省青科协常务理事、科技管理及科学普及工作委员会副主任。2002 年、2005 年毕业于山西师范大学，分别获学士、硕士学位，2008 年毕业于上海大学，获博士学位，2015—2016 年在美国奥本大学做访问学者。2008 年任教于太原科技大学应用科学学院，2015 年被评为教授。主要承担理论力学、流体力学、水力学（双语）、力学学科前沿与研究方法等课程的教学工作，主持省教研项目 2 项，校教研项目 3 项，主编教材 2 部、参编教材 3 部，获省教学成果一等奖 2 项、校教学成果特等奖、一等奖、二等奖各 1 项。主要从事力学、交通流动力学、行人流动力学、应急安全等交叉领域的研究，先后主持国家自然科学青年基金、山西省高校优秀青年学术带头人支持计划、山西省自然基金、山西省留学归国人员科技活动择优资助等项目 10 项，获山西省自然科学类二等奖和山西省高等学校自然科学奖一等奖各 1 项（排名均第一），发表 SCI 论文近 30 篇，授权专利 3 项。先后获得山西省高等学校优秀青年学术带头人、山西省高等学校 131 领军人才、山西省学术技术带头人、山西省“三晋英才”之拔尖骨干人才、山西省模范教师、山西省高校教学名师等多项荣誉称号。

杨瑞刚（1974 年—）男，山西省太原市清徐县人，中共党员，硕士生导师。1998 年毕业于太原理工大学，获学士学位；2004 年毕业于太原科技大学，获硕士学位；2009 年毕业于太原理工大学，获博士学位；2013 年美国奥本大学访问学者；1998 年任教于太原科技大学；2015 年被评为教授。主要承担“机械振动理论”等研究生和本科教学工作，主要从事机械装备安全评估研究。主编学术著作 3 部，主持或参与国家及省部级科研项目 10 余项，获山西省科技进步奖二等奖 2 项，公开发表学术论文 60 余篇，其中被 SCI、

EI 收录 10 余收录。

张素兰（1971—）女，山西长治人，博士生导师，国家自然科学基金函评专家。1994 年毕业于陕西师范大学，获学士学位，2013 年毕业于北京理工大学，获博士学位，1994 年任教于太原科技大学，2015 年被评为教授。主要承担“算法与数据结构”“算法设计与分析”“人工智能”等课程的教学工作，主要从事数据挖掘、机器学习与计算机视觉等研究。2013 年在科学出版社主编学术著作“加权概念格理论与应用”1 部，2014 年主持国家自然科学基金 1 项，获太原科技大学“三育人”先进个人荣誉称号，公开发表学术论文 60 余篇，其中 30 余篇被 EI、20 余篇被 SCI 收录。

赵春江（1975—）男，河北省唐山市人，博士，从事机械设计及理论专业工作。在太原科技大学任职期间于 2015 年被评为教授。现为山西电子科技学院教师。

赵晓霞（1964—）女，山西运城人，中共党员，硕士生导师。1987 年毕业于太原工业大学，获学士学位；2008 年毕业于太原理工大学，获硕士学位；2004 年任教于太原科技大学；2015 年被评为教授。主要承担“化工工艺学”“化工原理”等课程的教学工作，主要从事化工工艺及合成研究。曾主编学术著作《煤制天然气》，主编教材《化工原理实验》，参编教材《化工原理》《化工基础》《炼焦工艺》等。曾主持省、市级科教研项目 5 项，参与省、市级科教研项目 5 项。2013 年代表太原科技大学指导大学生首次参加第七届全国大学生化工设计竞赛获“全国二等奖”。曾获“省级优秀班主任”“化工部职业教育教学名师”“校优秀教师”“校优秀教育工作者”“校优秀共产党员”等多项荣誉称号。公开发表学术论文 20 篇，其中被 SCI、EI 收录 7 篇。

赵振保（1965—）男，山西运城新绛人。1986 年毕业于山西矿业学院，获学士学位；2009 年毕业于中国矿业大学，获博士学位。于 2015 年被评为教授。主要从事煤矿机械、矿山粉尘防治技术研究。

2016 年　高竹青　关海玲　何秋生　胡　勇　金　波　林金保　史宏蕾　王效岗　谢丽萍　张　宏　刘建红

高竹青（1965—）女，山西宁武人，民建会员，硕士生导师。1988 年毕业于兰州大学，获学士学位，2013 年毕业于太原理工大学，获博士学位，2005 年任教于太原科技大学，2016 年被评为教授。主要承担“物理化学”“有机化学”等课程的教学工作，主要从事多孔材料及发光材料的制备及应用、有机固废资源化利用研究。2014 年主编出版学术著作《功能配位化合物及其应用探析》。2016 年参与国家自然科学基金项目“沥青烯基纳米片状多孔炭可控合成及气体吸附分离研究”，2018 年主持山西省重点研发计划项目（高新技术领域）“MOFs 材料用于乙炔清净工序洗涤塔釜排出废液中溶解乙炔的回收技术开发”等科研项目。公开发表学术论文 80 余篇，其中 5 篇被 EI、50 篇被 SCI 收录。

关海玲（1972—）女，山西隰县人，民盟盟员，硕士生导师，山西省政协智库专家、太原市社科院特聘研究员。2010 年毕业于北京林业大学，获管理学博士学位，2015 年于北京林业大学获博士后证书。2015 年 10 月去美国密歇根州立大学做访问学者。2003 年任教于太原科技大学经济与管理学院，2016 年被评为教授。主要承担“博弈论与信息经济学”“经济统计学”等课程的教学工作，获太原科技大学“三育人”先进个人、太原科技大学“优秀班主任”等多项荣誉称号。在科研方面，主要从事资源环境经济、生态经济等方面的研究。2015 年独著的《基于利益相关者的森林生态旅游研究》，2013 年独著的《低碳生态城市发展的理论与实证研究》，分别荣获山西省社科优秀成果三等奖。2017 年主持国家社科基金项目“污染外部性、环境规制与产业空间分布演化研究”已结项。主持完成中国博士后科学基金 1 项、山西省政府重大决策咨询课题 4 项、山西省软科学项目 3 项、山西省高校重点基地项目 1 项及其他省级课题 20 余项，主持横向课题 20 多项。公开发表学术论文 30 余篇，其中 2 被 SSCI 收录，1 篇被 EI 收录，15 篇被 CSSCI 收录。

何秋生（1977—）男，山西介休人，中共党员，博士生导师，中国环境科学学会臭氧污染控制专业委员会委员、山西省土壤污染防治与环境管理专家、山西省国土空间生态修复专家、山西省专家学者协会生态环境分会会员、山西省高等学校地理科学、环境科学与工程类专业教学指导委员会委员。2001 年毕业于山西大学，获学士学位；2006 年毕业于中科院广东地化所，获博士学位。2009 年 9 月至 2010 年 3 月美国奥本大学土木工程系高级访问学者；2014 年 9 月至 2015 年 3 月美国佐治亚理工学院地球与大气科学学院高级访问学者；2016 年 9 月至 2017 年 7 月加入北京大学环境科学与工程学院邵敏教授组进行国内访问。2006 年任教于太原科技大学，2016 年被评为教授。主要承担“环境化学”“有机化学”等课程的教学工作，主要从事空气质量精细化管控、大气污染协同防治和碳排放碳中和规划等方面的研究。2014 年主编《煤焦化过程污染物排放及控制》《持久性有机物污染及控制》。2010—2012 年主持国家青年基金“煤焦化过程毒害有机污染物排放特征及动态模拟”，2012—2015 年主持国家自然基金面上项目“煤焦化过程汞的排放及行为模拟”，2015—2018 年主持国家自然基金面上项目“煤焦化过程中挥发性卤代烃的生成与排放研究”，2021—2024 年主持国家自然基金面上项目“煤焦化大气污染特征及标志物研究”，2021—2023 年主持国家生态环境部项目“太原市细颗粒物和臭氧协同防控示范研究”。公开发表学术论文 50 余篇，其中 23 被 SCI 收录。

胡　勇（1978—）男，山西运城人，中共党员，博士 / 教授 / 硕士生导师，山西省高等学校优秀青年学术带头人，山西省高等学校 131 领军人才（优秀中青年拔尖创新人才），山西省“三晋英才”支持计划青年优秀人才，山西省高校教学名师。2000 年毕业于雁北师范学院，获学士学位；2003 年毕业于西安理工大学，获硕士学位；2010 年毕业于上海交通大学，获博士学位；2012 年美国奥本大学访问学者。2000 年 7 月任教于太原科技大学材料科学与工程学院，2016 年评为教授。

主要承担《材料物理性能》等课程的教学工作，从事块体非晶合金、特殊钢、铜合金、镁合金等领域的研究。2010 年参编普通高等教育“十一五”国家级规划教材《航空工程材料与成形工艺基础》，主持和参与国家级及省部级项目 10 余项。公开发表学术论文 40 余篇，其中 SCI 收录 30 余篇。获授权发明专利 4 项，实用新型 1 项。兼任山西省科技厅专家库科技专家，山西省高校教师教育教学能力测试专家评委，山西省金属材料科技联合体专家委员会委员，《精密成形工程》杂志编辑委员会青年编委，晋城市中小企业科技特派员。获太原科技大学先进党务工作者、优秀班主任、“三育人”先进个人等荣誉。

金　波（1976—）女，黑龙江绥化人，中共党员，硕士生导师，山西健康文化研究会副会长。1997 年毕业于山西财经学院，获学士学位，2010 年毕业于北京林业大学，获博士学位，2016 年美国密歇根州立大学访问学者，1997—2021 年任教于太原科技大学，

2016年被评为教授。主要承担“西方经济学”等课程的教学工作，主要从事资源环境经济研究。出版学术著作4部。2003—2021年主持省部级科研项目10项。公开发表学术论文21篇，其中6篇被EI、5篇被SCI收录。

林金保（1979—）男，河北清河人，民建科大支部主委，博士生导师，校学术委员会委员，省高等学校131领军人才，省高等学校优秀青年学术带头人，省青年科技人才协会常务理事。2001年毕业于太原重型机械学院，获双学士学位；2004年毕业于太原科技大学，获硕士学位；2009年毕业于上海交通大学，获博士学位。2007—2008年挪威科技大学访问学者；2010年在美国休斯敦Richtech International Engineering Inc.公司任工程师及项目经理。2016年被评为教授，现任应用科学学院副院长。主要研究方向有金属基复合材料制备、金属塑性大变形、多场耦合分析计算技术。主持国家自然科学基金等20余项课题研究。发表学术论文120余篇，其中SCI收录60余篇，获授权发明专利13项。实用新型专利25项。获山西省自然科学二等奖1项、三等奖1项；山西省教学成果一等奖2项；杜庆华力学与工程奖1项；山西省高等学校优秀成果奖自然科学奖二等奖1项。获全国徐芝纶力学优秀教师、山西省科教兴晋突出贡献专家、《中国有色金属学报》《材料导报》优秀审稿专家等荣誉称号。

史宏蕾（1978—）女，山西省运城市人，博士学历，从事艺术学专业。在太原科技大学任职期间于2016年被评为教授。现为山西大学教师。

王效岗（1976—）男，山西交城人，中国共产党党员，博士生导师，享受政府特殊津贴专家。1999年毕业于西安建筑科技大学，获学士学位；2004年毕业于西安建筑科技大学，获硕士学位；2008年毕业于兰州理工大学大学，获博士学位；2004年任教于太原科技大学；2016年被评为教授。主要承担“轧制工艺学”等课程的教学工作，主要从事轧钢机械研究。在科研教学第一线长期工作，先后主持山西省科技重大专项、国家自然基金等国家级、省部级和企业相关科研项目共计40余项，相关成果获国家及省部级科学技术奖励5项，发表相关SCI/EI学术论文40余篇，获发明专利20余项。2017年入选山西省新兴产业领军人才；2016年入选青年三晋学者特聘教授，2014年入选山西省学术技术带头人。

谢丽萍（1978—）女，山西新绛人，中共党员，博士，教授，硕士生导师。2001年9月获太原科技大学计算机应用技术专业硕士学位；2010年12月获兰州理工大学控制理论与控制工程专业博士学位。2006—2011年就任太原科技大学计算机科学与技术学院讲师；2011—2016年就任太原科技大学计算机科学与技术学院副教授；2014—2017年在太原科技大学机械工程学科博士后流动站从事博士后研究工作，2017年至今任太原科技大学计算机科学与技术学院教授。主持国家科学基金项目1项，主持省青年科学基金项目1项，主持横向课题2项，参与国家和省科学基金若干项；发表学术期刊和会议论文50余篇，其中SCI收录10余篇，EI收录30余篇；撰写学术专著1部，参与撰写国外学术专著1部；主持校教研项目1项，发表教学论文2篇，指导大学生参加蓝桥杯大赛获奖若干，指导省大创项目2项、校大创项目5项。主要研究方向为智能优化、群机器人、信息安全等。

张　宏（1970—）男，太原人，硕士生导师，中国振动工程学会动态测试专业委员会常务委员，山西省振动工程学会常务理事、副秘书长，山西省科技厅技术专家。1992

年毕业于太原工业大学，获学士学位，2005 年和 2008 年分别获得太原理工大学硕士学位和博士学位。1992 年任职于中国煤炭科工集团太原研究院，2010 年被评为研究员，2014 年任教于太原科技大学，2016 年转评为教授。主要承担“矿山机械底盘构造与设计”“有限元方法”“机械优化设计”等课程的教学工作，主要从事机电系统故障诊断与维护、机械与特种车辆动力学、连续运载装备及其理论研究。先后主持参与包括国家自然科学基金面上项目“煤矿掘进机器人履带行驶本体结构多体界面耦合特征及载荷分布机理研究”、十一五科技支撑子课题“CMM4-20 矿用锚杆钻车”、山西省科学基金“高水基集控过滤系统建模及反冲洗机理与方法研究”“矿用汽车油气悬架系统的多体多态动力学性能研究”、中煤科工创新基金“矿用重型采掘装备载荷测试与识别技术研究”等科研项目 40 余项，公开发表学术论文 50 余篇，其中 EI、SCI 收录 15 篇，授权国家发明专利 16 项，获省部级科技进步奖 3 项。将多年企业工作经验与科学研究和教书育人相结合，积极打造创新与实践共融育人新平台。

刘建红（1977—）男，山西临汾人，中共党员，硕士生导师。2001 年毕业于雁北师范学院，获学士学位；2010 年毕业于太原理工大学，获博士学位；2001 年任教于雁北师范学院（2006 年更名为山西大同大学）；2016 年被评为教授。主要承担“有机化学”“有机化学实验”等课程的教学工作，主要从事多相催化研究。2020 年任教于太原科技大学，主要承担“能源化学与节能技术”“化工原理”等课程的教学工作，主要从事量化计算研究。2013 年主持山西省教育厅科技创新项目，2013 年和 2018 年分别主持山西省科技厅自然科学基金面上项目，2015 年主持山西省科技厅工业攻关项目，2015 年主持大同市科技厅工业攻关项目，2018 年主持教育部重点实验室开放基金项目，2021 年主持山西省科技厅自然科学基金面上项目。获山西省教授协会“教学名师”“大同市学术技术带头人”等多项荣誉称号。公开发表学术论文 20 余篇，全部被 SCI 收录。授权发明专利 2 项。

2017 年　杜诗文　桂海莲　郭一娜　李晋红　孙超利　杨斌鑫　杨海峰　原　军　赵玉英　魏　涛

杜诗文（1975—）女，山西晋中人，硕士生导师。1997 年毕业于太原科技大学，获学士学位；2012 年毕业于太原科技大学，获博士学位；2012 年美国密歇根大学访问学者。1997 年任教于太原科技大学，2017 年被评为教授。主要承担“传输原理”“弹性力学及有限元”等课程的教学工作，主要从事材料加工先进制造技术研究。2008 年主编学术著作《棒料高速剪切机》，2019 年主持山西省自然科学基金“车轴钢中夹杂物在热锻非连续变形中演变机理研究”，2014 年主持国家自然科学基金项目“大型轴类零件快锻精密成形理论与实验研究”，2010 年主持山西省青年基金“硅片化学机械抛光中纳米精度平坦化原理与损伤控制”，参与国家级项目 3 项。公开发表学术论文 28 篇，其中 12 篇被 EI、8 篇被 SCI 收录。

桂海莲（1982—）女，山西沁县人，中共党员，博士生导师。2004 年毕业于太原师范学院，获学士学位；2007 年毕业于燕山大学，获硕士学位；2010 年毕业于太原科技大学，获博士学位；2015 年在加拿大阿尔伯塔大学做访问学者；2010 年任教于材料科学与工程学院，2017 年被评为教授。主要承担“轧制过程 CAE”等课程的教学工作，主要从事塑性成形理论、高性能工程计算、矫直机理论、复合板 / 管材成形等研究。主持国家自然科学基金项目 1 项，省部级项目 6 项。作为技术骨干参与国家自然科学基金项目 1 项，“973”项目 2 项，其他省部级项目 20 余项，获山西省高等学校优秀青年学术带头人，山西省“三晋英才”支持计划青年优秀人才，太原科技大学优秀共产党员等荣誉称号，2021 年当选中国共产党山西省第十二次代表大会代表。公开发表学术论文 60 篇，其中 37 篇被 EI、20 篇被 SCI 收录。

郭一娜（1981—）女，山西太原人，中共党员，博士生导师。现为山西省优秀青年、山西省高校优秀青年学术带头人、三晋英才、山西省高校“131”优秀中青年拔尖创新人才、IEEE 学会会员、山西省青科协常务理事、太原市科协代表大会委员。2002 年毕业于中国矿业大学，获学士学位；2007 年毕业于太原科技大学，获硕士学位；2014 年毕业于太原科技大学，获博士学位；2009 年前往澳大利亚皇家墨尔本理工大学做访问学者；2016 年前往英国萨里大学 CVSSP 中心做高级访问学者；2002 年任教于太原科技大学；2018 年被评为教授。主要承担“信息论”“英文论文写作”等课程的教学工作，主要从事脑机交互、单通道盲源分离、生物信号处理与模式识别研究。近年来，主持国家级科研项目 2 项和省级科研项目 10 余项；以第一作者或通信作者身份发表学术论文 40 余篇，其中被 SCI 收录论文近 20 篇（Top 1 区 2 篇，最高影响因子 10.856）；出版中文学术专著 2 部，英文学术专著 1 部；以第一发明人身份授权国家发明专利 7 项，登记软件著作权 4 项；举办国际学术研讨会 1 次；获山西省科技进步二等奖和山西省自然科学二等奖各 1 次，记个人二等功 1 次。

李晋红（1980 年—）男，晋中左权人，中共党员，博士生导师，现任应用科学学院副院长、应用科学学院党委委员、光学工程山西省重点建设学科负责人、山西省“1331 工程”重点创新团队带头人，兼任教育部高等学校光电信息科学与工程专业教学指导委员会协作委员、山西省高等学校教学指导委员会物理学类专业教学指导委员会（含公共课教学）委员、中国光学学会光电技术专业委员会委员、山西省物理学会常务理事、太原科技大学学术委员会委员、太原科技大学学报编委会编委等。2005 年毕业于山西大同大学，获学士学位；2010 年毕业于四川大学，获博士学位；2010 年任教于太原科技大学；2017 年被评为教授。主要承担“物理光学”“专业导论”等课程的教学工作，主要从事光场调控与应用、大气光学和奇点光学方面研究。2016 年独编学术著作《大气湍流中奇点光学的研究》，2010 年起主持或参与国家自然科学基金、山西省优秀青年基金、中央引导地方科技发展资金项目等科研项目 10 余项，获山西省委“担当作为、表现突出”干部、三晋英才、山西省高校师德楷模等多项荣誉称号。公开发表学术论文 100 余篇，其中 20 篇被 EI、59 篇被 SCI 收录。

孙超利（1978—）女，浙江诸暨人，教授，博士生导师。2000 年和 2003 年分别获得河海大学计算机应用技术的工学学士学位和硕士学位，2011 年获得太原科技大学机械设计及理论专业的博士学位。2014—2016 年作为博士后赴英国萨里大学参与欧盟研究项目，现为太原科技大学计算机科学与技术学院教授。长期从事计算智能，数据驱动的进化优化以及机器学习等方向的科学研究。近五年以第一 / 通信作者发表在 *IEEE Transactions on Evolutionary Computation*、*Knowledge-based Systems* 和 *Information Sciences* 等计算智能领域国际顶级期刊论文 50 余篇，其中高被引论文 1 篇。到目前为止主持国家自然科学基金、山西省自然科学基金等项目 10 余项，出版学术专著 2 部。

目前为ACM太原分会常务理事，山西省计算机学会监事长，*IEEE Transactions on Evolutionary Computation*、*IEEE Transactions on Artificial Intelligence*、*Soft Computing* 的副编辑，*Complex & Intelligent Systems* 和 *Memetic Computing* 的编委，IEEE计算智能学会进化计算技术委员会和智能系统应用技术委员会委员，中国自动化学会大数据专业委员会委员，中国人工智能学会机器博弈专业委员会委员。曾任IEEE计算智能学会进化计算技术委员会数据驱动的复杂进化优化小组主席（2015—2020），*IEEE Transactions on Emerging Topics in Computational Intelligence* 客座编委，Genetic and Evolutionary Computation Conference（GECCO）、IEEE Congress of Evolutionary Computation（IEEE CEC）和IEEE Symposium Series on Computational Intelligence（IEEE SSCI）等国际会议程序委员会成员。多次在IEEE CEC和IEEE SSCI会议上组织数据驱动的进化优化专题研讨会。

杨斌鑫（1976—）男，山东烟台人，中共党员，硕士生导师，中国数学会会员，山西省数学会会员，山西省工业与应用数学学会理事，山西省教学指导委员会委员。2004年毕业于西北工业大学，获硕士学位；2011年毕业于西北工业大学，获博士学位；2012年英国格拉斯哥大学访问学者；2014年美国奥本大学访问学者；2004年任教于应用科学学院；2017年被评为教授。主要承担“数学分析”“高等数学”等课程的教学工作，主要从事科学与工程问题的数学建模与数值模拟研究。2017年主编教材《数学分析讲义》，2012年主持山西省自然科学基金项目“纤维增强聚合物基复合材料注塑成型动态力学行为研究”，2014年、2020年分别主持山西省重点教改项目“地方院校《数学分析》课程的教学改革与实践”与山西省教改项目“数据计算及应用专业的探索与实践”，2022年参与国家重点研发计划项目“内曲线液压马达减振降噪关键技术”，获山西省高等学校教学名师、山西省中青年教师教学基本功竞赛一等奖（立一等功）、全国高等学校首届数学课程教学创新示范交流活动二等奖、全国大学生数学建模竞赛山西赛区优秀指导教师、全国大学生数学竞赛山西赛区优秀指导教师等多项荣誉称号。以第一作者公开发表学术论文11篇，其中1篇被EI、10篇被SCI收录。

杨海峰（1980—）男，山西介休人，博士生导师，中国计算机学会高级会员、中国天文学会会员、山西省计算机学会理事。2001年毕业于山西师范大学，获学士学位；2007年毕业于太原科技大学，获工学硕士学位；2016年毕业于中国科学院大学，获理学博士学位；2001年任教于太原科技大学（原重型机械学院）；2017年被评为教授。主要承担“算法与数据结构”“人工智能及应用”“数据挖掘理论与方法”等课程的教学工作，主要从事大数据挖掘及应用、机器学习、河外星系光谱分析等方面的研究。2016年主编学术著作《天体光谱数据挖掘与分析》，近五年主持或参与国家自然科学基金（重点、面上、联合培育）项目、山西省重点研发（高新）项目、山西省科技创新（重点）团队、山西省自然科学基金面上项目以及企业横向委托等科研项目10余项，获山西省“三晋英才计划”青年优秀人才、山西省教学名师、太原科技大学师德标兵、太原科技大学“三育人”先进个人等多项荣誉称号。公开发表学术论文50余篇，其中SCI收录40余篇。

原　军（1979—）男，山西长治人，中共党员，硕士生导师，曾任运筹学会图与组合分会青年理事，山西省数学会理事等。2002年毕业于山西大学，获学士学位；2005年毕业于山西大学，获硕士学位；2008年毕业于山西大学，获博士学位；2008年任教于太原科技大学；2017年被评为教授。主要承担“数学分析”“高等数学”“图论及其应用”“组合最优化”等课程的教学工作，主要从事图与网络方面的研究。2017 年主编并在科学出版社出版学术著作 1 部，2012 年以来主持国家基金项目 2 项，山西省基金项目 2 项，获山西省科技进步奖二等奖、三等奖各 1 项，公开发表学术论文 50 余篇，其中近 20 多篇被 SCI 收录。

赵玉英（1969—）女，甘肃会宁人，中共党员，硕士生导师。1991 年毕业于沈阳化工学院，获学士学位；2007 年毕业于太原理工大学，获硕士学位；1991 年任教于太原科技大学；2017 年被评为教授。主要承担“精细化工工艺”等课程的教学工作，主要从事精细化学品开发及生物质应用研究。2007 年参编普通高等教育“十一五”规划教材《生物化学基础》，2009 年作为副主编参与编写普通高等教育“十一五”国家级规划教材《精细有机合成技术》，2009 年作为副主编参与编写中国石油和化学工业行业规划教材《高分子材料概论》，2013 年参编“十二五”规划教材《精细化工工艺》。2008 年主持山西省教育厅科技项目“邻苯基苯酚合成用高选择性催化剂的研究”，2013 年主持山西省科技攻关计划项目（社会发展）“新型材料、药物、医疗器械开发和研究——植物药材硫磺熏蒸对有效成分影响研究”，2017 年参与中国科学院可再生能源重点实验室开放课题“生物质废弃物中药渣在等规聚丁烯 -1 中的应用研究”，2018 年参与山西重点研发计划（国际合作）项目“基于（流动）电化学反应的新型氧化还原介质的设计和开发”，2021 年主持企业合作项目“碳中和背景下的回收 PET 薄膜改性”。获山西省“师德先进个人”、山西省“优秀班主任”、全国石油和化工行业“教学名师”等多项荣誉称号。公开发表学术论文 30 余篇，其中 8 篇被 SCI 收录。

魏　涛（1970—）男，河南滑县人，中共党员，硕士生导师，贵州省数量经济学会第十届理事。2009 年毕业于电子科技大学，获硕士学位；2012 年毕业于西南财经大学，获博士学位。1988 年参加工作，先后在河南省安阳农村信用社（现已改制为农村商业银行）系统工作 18 年，2012 年任教于贵州财经大学，2017 年被破格评为教授，2020 年 8 月入职太原科技大学。主要承担“财务管理”“现代财务管理学”“金融企业会计”等课程的教学工作，主要从事企业并购重组、银行国际化等领域的研究。2014 年主持国家社科基金科研项目 1 项，2016 年主持贵州省研究生卓越人才计划重点教改项目 1 项，2017 年主持商务部重点科研项目 1 项，2017 年获贵州财经大学优秀教师荣誉称号。公开发表学术论文 30 余篇，其中 13 篇被 CSSCI 收录，6 篇被北大核心期刊收录，3 篇被中国人民大学复印报刊资料全文转载，1 篇被贵州省哲学社会科学规划办公室官网全文转载。

2018 年　楚志兵　郭　宏　胡　艳　李传亮　李海虹　李　晶　廖启云　刘光明　刘荣臻　王晋平　薛颂东　燕碧娟　杨　雯　赵建中　赵文彬　吕存琴

楚志兵（1981—）男，江苏淮安人，博士，教授，博士生导师，任科学技术研究院副部长，主要从事金属轧制成形理论与技术、轨道交通装备关键走行件制备技术等研究工作。长期扎根在科研、教学第一线工作，先后主持国家重点研发计划课题、国家自然科学基金面上项目、中国博士后面上基金、山西省优秀青年基金、山西省重点研发计划等省部级以上项目 18 项，主持企业委托项目 10 项，成果转让项目 2 项，作为项目主要负责人完成科技部、教育部等科研项目 8 项。发表文章 50 余篇（SCI、EI 收录 41 篇），申报国际发明专利5项、中国发明专利47项，获得国际发明专利2项，中国发明专利23项（第一发明人），软件著作权18项。相关研究成果获省部级科学技术奖励7项。

郭　宏（1975—）女，河北蔚县人，中共党员，硕士生导师。1997年毕业于太原理工大学，获学士学位；2002年毕业于太原科技大学，获硕士学位；2015年毕业于北京理工大学，获博士学位；2015—2016年加拿大阿尔伯塔大学访问学者；1997年任教于太原科技大学；2018年被评为教授。主要承担“机械工程测试技术”“机械工程控制基础”等课程的教学工作，主要从事智能制造方面的研究。2022年主持山西省重点研发计划项目“销轴类零件柔性自动化生产线关键技术研究”，2021年参与中国工程院咨询研究项目“山西省区块链产业现状和对山西战略产业发展的支撑作用”，2020年主持山西省回国留学人员科研资助项目“面向制造的云端＋边缘计算大数据智能制造服务体系研究”，2017年参与国家自然科学基金项目“基于可供性和功能能集成求解的采煤机 概念设计原理方案”，2013年参与山西省科技攻关项目“中小企业信息化支撑技术研究及应用示范”，2012年主持山西省自然科学基金项目“面向服务的制造工艺加工资源无边界信息网络的研究”。获山西省科技三等奖1项。公开发表学术论文30余篇，其中8篇被EI、3篇被SCI收录。

胡　艳（1970—）女，河北省景县人，九三学社社员，硕士生导师，九三学社山西省委社会服务专家，山西省哲学社会科学专家库成员。研究方向为英美文学及跨文化对比研究。1993年毕业于山西师范大学，获文学学士学位。2003年获西南师范大学文学硕士学位。2018年被评聘为教授。曾在北京外国语大学英语系访学研修，2011年9月至2012年8月英国剑桥大学英语系访问学者，2017年8月至2018年3月美国印第安纳大学教育系高级访问学者，与国内外导师合作课题均为文学及跨文化对比研究。1993年至今一直在太原科技大学从事高校英语教学及研究工作，主要教授英美文学、英美文化、高级英语、学术论文写作、学术前沿动态、研究生英语等课程。近年来出版学术专著、国家级规划教材及译著6部，在《外语界》等国家级和省级核心期刊发表学术论文40余篇，主持完成省部级科研教研课题十余项，省级UIT课题3项，横向课题2项。曾获山西省教学成果奖及全国高校教师教学创新大赛奖等荣誉奖项。荣获“山西省高校教学名师”、太原科技大学“十佳青年教师”、太原科技大学“优秀教师”、太原科技大学“三育人”先进个人等多项荣誉称号。

李传亮（1983—）男，山东临沂人，中共党员，博士生导师，山西省精密测量与在线检测装备工程研究中心主任，全国光谱科学技术学术论坛副秘书长。2005年毕业于聊城大学物理学专业，获理学学士学位；2011年毕业于华东师范大学，获理学博士学位；2022年法国里尔大学访问学者；2011年任教于太原科技大学；2018年被评为教授。主要承担“激光原理与技术”“激光光谱技术”等课程的教学工作，主要从事激光光谱学及应用、材料无损检测技术、光电传感装备等研究。2017年出版学术著作《高灵敏光谱技术在痕量检测中的应用》，2011年以来主持国家级科研项目2项，省部级课10项，企业横向项目10余项。获山西省“优秀青年学术带头人”、山西省青年“三晋英才”、太原科技大学“师德标兵”等多项荣誉称号。公开发表学术论文50余篇，其中30余篇被SCI收录。

李海虹（1978—）女，河北正定人，中国共产党党员，硕士生导师。2000年毕业于太原重型机械学院，获学士学位；2003年毕业于太原科技大学，获硕士学位；2009年毕业于天津大学，获博士学位；2017年英国布里斯托大学访问学者。2000年任教于机械工程学院，2018年被评为教授。主要承担“机械工程测试技术”“工业机器人导论”“测控信号分析与处理”等课程的教学工作，主要从事机构动力学、机器人学等研究。2022年主编教材《工业机器人课程设计教程》。2010年至今，主持国家及省部级科研项目多项，2019获山西省教授协会授予的山西省高校教学名师等荣誉称号，2019年获山西省高等教育教学奖1项。公开发表学术论文30余篇，其中被EI、SCI收录十余篇。获国家发明及实用新型专利4项。

李　晶（1983—）女，湖南怀化人，中共党员，硕士生导师，山西省数学会常务理事。2005年毕业于山西大学，获学士学位；2011年毕业于山西大学，获博士学位。2017年美国奥克兰大学访问学者；2011年任教于应用科学学院；2018年被评为教授。主要承担“高等代数”“线性代数”等课程的教学工作，主要从事图与互联网络拓扑性质研究。出版学术专著《互联网络的容错嵌入》《Torus网络的容错性》。主持完成国家自然科学基金1项，主持省部级科研项目4项，获山西省科技进步奖三等奖1项、获“山西省高等学校青年学术带头人”、“三晋英才”荣誉称号。公开发表学术论文40余篇，其中31篇被SCI收录。

廖启云（1973—）女，云南省西畴县人，硕士生导师，山西省委联系服务专家，太原科技大学第九届党委委员，人文社科学院党总支书记。山西警察学院客座教授，国家法官学院山西分院（山西法官培训学院）特聘教授。中国社会工作教育协会社会工作伦理专业委员会理事，山西省中国特色社会主义研究会常务理事，山西省社会学学会理事，山西省家庭教育学会监事，山西省人文社会科学重点研究基地研究员。山西省委组织部干部自主选学教育培训师资库教师，山西省中小企业局双创专家。1996年毕业于山西大学师范学院，获学士学位，2002年在中国人民大学获硕士学位，2015年毕业于西安理工大学，获博士学位。2018年被评为教授。主要承担高校思想政治教育理论课的教学工作，从事当代思想政治教育理论与实践、中国传统文化与思想政治教育、社区服务与治理等方面研究。出版学术专著1部，参编2部。在《人民日报》《光明日报》《山西日报》“党建网”等党报党媒和《中国特色社会主义研究》《道德与文明》《科学技术哲学研究》等核心期刊发表论文30余篇。完成国家及省部级科研课题15项，文章被中宣部《学习强国》、山西省委组织部“三晋先锋”转载。2021年带领课程团队获得山西省普通高等学校课程思政教学设计大赛一等奖；2022年获得第二届全国高校教师教学创新大赛山西赛区一等奖。

刘光明（1982—）男，山东昌乐人，中共党员，博士研究生导师，材料科学与工程学院副院长。2005年毕业于东北大学，获学士学位；2011年毕业于东北大学，获博士学位；2017年12月至2018年12月澳大利亚伍伦贡大学访问学者；2011年任教于太原科技大学材料科学与工程学院；2018年被评为教授。主要承担“金属轧制成形原理”“金属轧制成形工艺”“轧制过程控制及数学模型”“板带轧制技术”“材料成型过程控制”等课程的教学工作，主要从事轧制过程数学模拟及自动控制、金属材料轧制成形过程形性一体化控制方面的研究。2019年主编教材《塑性力学与轧制原理》、2020年参编学术专著《铝合金冷轧与箔轧控制技术》、2021年参编教材《轧钢机械设计》、2021年主编学术专著《双机架可逆冷连轧机组轧制特性分析》；主持国家自然科学基金1项、主持省部级科研项目3项，参与省部级以上科研项目10余项；主持和参与企业横向课题10余项，获中国机械工业科学技术二等奖 1 项；获山西省教学成果一等奖和二等奖各 1 项，获山西省“三晋英才”青年优秀人才、山西省高校师德楷模、太原科技大学“三育人”教书育人先进个人等多项荣誉称号。公开发表学术论文 50 余篇，其中 10 余篇被 SCI 收录，授权发明专利 10 余项。

刘荣臻（1974—）男，山西隰县人，中共党员，教授，历史学博士（博士后），硕士生导师，马克思主义学院副院长。2011 年毕业于首都师范大学，获博士学位；2015 年复旦大学博士后流动站出站；2018 年美国德克萨斯州大学奥斯汀学校访问学者，2004 年任教于太原科技大学，2018 年被评为教授。主要承担“中国近现代史纲要”课程的教学工作，主要从事中共党史、社会救助史研究。出版学术专著 2 部，主持国家社科基金项目 1 项、教育部人文社科项目 2 项、中国博士后科学基金项目 1 项、省级项目 5 项。获教育部全国高校优秀中青年思想政治理论课教师、山西省学术技术带头人、山西省宣传部宣传文化系统“四个一批”人才、首批“山西省高校思政课名师工作室”人选、“三晋英才”拔尖骨干人才、山西省高校科技功勋、山西省第九次社会科学研究优秀成果二等奖、山西省思想政治理论课优秀教师、山西省第三届思想政治理论课“精彩一课”三等奖等多项荣誉称号。公开发表学术论文 30 余篇，其中 11 篇被 CSSCI 收录。

王晋平（1965—）男，山西原平人，九三学社社员，硕士生导师。

山西省美术家协会协第六、第七届主席团委员，山西省油画学会副会长。第一、二、三届山西省文化创意设计大赛评委，《中国工艺美术全集·山西卷》主编。

1991 年毕业于山西大学美术系，获学士学位。1997 年任教于太原科技大学艺术学院，2018 年被评为教授。主要承担“素描”“油画”“毕业创作”“山西工艺美术研究”等课程的教学工作，主要从事西方艺术理论与创作研究。主持和参与教育部项目 3 项，发表学术论文 20 余篇，CSSCI 收录论文及作品 16 件次，出版专著、编著 6 部。作品参加省级以上展览 80 余件次（其中获奖 10 余件次）。

薛颂东（1968—）男，汉族，河南孟州人，1989 年 12 月参加工作，2010 年 9 月加入中国民主同盟，兰州理工大学控制理论与控制工程专业毕业，研究生学历，工学博士学位。现任太原科技大学教授，硕士生导师，民盟山西省委员会委员，太原科技大学委员会主任委员。1986—1989 年，山西广播电视大学工业电气自动化专业学习；1989—2002 年，太原重工股份有限公司工艺员，历任技术员、助理工程师、工程师；2001—2004 年，太原科技大学电子信息工程学院系统工程专业学习，获工学硕士学位；2004 年以来，太原科技大学任教师，历任助教、讲师、副教授、教授（2006—2009 年，兰州理工大学电气工程与信息工程学院控制理论与控制工程专业学习，获工学博士学位；2013 年，山西省科学技术厅科技项目专员；2014—2015 年，英国萨里大学计算机系访问学者）。从事控制科学与工程、计算机科学与技术、管理科学与工程等相关学科专业的工程、教学、科研工作。主要承担“多媒体技术”“信息资源管理”“商务智能”“专业英语”“应用文写作”等本科生课程，“高级面向对象编程技术”“机器人学与控制”“智能机器人”“英语论文写作”“移动商务与大数据应用”“知识管理与商务智能”等研究生课程的教学任务。研究领域为智能控制、大数据决策与信息系统技术、智能软件工程。出版专著 1 部，发表学术论文 60 余篇，主持和参加完成各级各类工程、科研、教改项目 30 余项，授权发明专利 1 项、计算机软件著作权 9 项。获山西省科技进步二等奖、甘肃省李政道奖学金等奖励，太原科技大学学术骨干教师、民盟山西省委会参政议政工作先进个人等荣誉称号。多次参与太原重工、太原科技大学、山西省科技厅、民盟山西省委会等重要会议的文件起草和修订工作，起草部分重要活动和领导同志讲话等文稿。就我国经济社会发展撰写的社情民意信息稿件，多次被民盟中央、政协山西省委员会、中共山西省委教育工委采用。

燕碧娟（1975—）女，山西芮城人，硕士生导师。1998 年毕业于太原理工大学，获学士学位；2012 年毕业于太原科技大学，获博士学位；2006 年任教于太原科技大学；2018 年被评为教授。主要承担“机械工程测试技术基础”等课程的教学工作，主要从事重型机械设备设计理论与方法、动态减振结构参数设计及优化研究。2021 年参编教材《矿山机械》，先后主持国家自然科学青年基金、山西省重点研发计划、山西省自然科学基金项目及山西省研究生科技创新项目等。获 2014 年度山西省高等学校科学研究优秀成果（科学技术）自然科学二等奖。公开发表学术论文 40 余篇，其中 SCI、EI 收录 28 篇。授权中国发明专利 10 项。

杨　雯（1982—）女，山东泰安人，中共党员，博士生导师。2004 年毕业于曲阜师范大学，获学士学位；2009 年毕业于中国科学院合肥物质科学研究院，获博士学位；2014 年比利时安特卫普大学访问学者；2009 年任教于太原科技大学材料科学与工程学院；2018 年被评为教授。主要承担“固体物理学”“材料设计”等课程的教学工作，主要从事计算材料学方向的研究。2017 年主编学术著作 1 部，2019 主持国家自然科学基金面上项目 1 项，近年来主持省级项目 5 项，获山西省“三晋英才”、山西省“优秀青年学术带头人”等多项荣誉称号，公开发表学术论文 50 余篇，其中 30 余篇被 SCI 收录。

赵建中（1970 年—）男，山西省新绛县人，中国民主促进会会员，设计学硕士生导师，中国美术家协会会员，山西省中国画学会副会长，山西省山水画艺委会副会长。1993 年毕业于山西师范大学美术系；2007 年毕业于山西师范大学美术学院，获硕士学位；1993 年任教于山西省稷山师范学校；2007 年任教于太原科技大学；2018 年被评为教授。主要承担“浅绛山水”“青绿山水”“山西壁画研究”等课程的教学工作，主要从事美术遗产研究和山水画创作。2016 年出版学术著作《山西寺观壁画山水图式研究》，2013 年主持教育部人文社科规划研究项目 1 项，2016 年主持山西省软科学研究项目 1 项，2018 年主持山西省哲学社会科学研究项目 1 项。获山西省百部篇优秀成果一等奖，山西省第十次社会科学优秀成果二等奖等多项荣誉称号。公开发表学术论文 20 余篇，其中 6 篇被北大核心收录。

赵文彬（1972—）男，山西曲沃人。1996 年毕业于山西大学数学专业，获理学学士学位；2004 年毕业于太原科技大学，获硕士学位；2000 年任教于太原科技大学应用科学学院数学系；2018 年被评为教授。主要承担“高等数学”“线性代数”“概率论与数理统计”等课程的教学工作，主要从事复合材料断裂力学中的数学方法的研究。2007 年参编教材《线性代数》（兵器工业出版社出版）；2008 年参编教材《微积分与数学模型》（中国人民大学出版社出版）；2016 年参编教材《高等数学（上、下册）》（北京邮电出版社出版），主持或参与 5 项省级科研、教研项目，参加高等数学省级一流课程建设，2007 年“大学数学分层次教学改革与实践”、2011 年“信息与计算科学专业实践教学体系的探索”、2017 年“高等数学考核方式和教学改革的探索”、2021 年“线上线下融合互补，资源共享，高等数学金课建设与实践”分别获得山西省教学成果二等奖荣誉称号。指导学生参加全国大学生数学建模竞赛，2008 年、2009 年获国家二等奖；2005 年获校“十佳青年教师”荣誉称号；2010 年获校“三育人”先进个人荣誉称号。公开发表学术论文 20 余篇，其中被 EI、SCI 收录 10 篇。

吕存琴（1978—）女，山西阳泉人，九三学社社员，硕士生导师。2001 年毕业于雁北师范学院，获学士学位；2007 年毕业于太原理工大学，获硕士学位；2010 年毕业于太原理工大学，获博士学位。2002 年任教于雁北师范学院（2016 年更名为山西大同大学），2018 年被评为教授。主要承担“结构化学”“无机化学”等课程的教学工作，主要从事量化计算研究；2020 年任教于太原科技大学，主要承担“有机化学”“无机化学”等课程的教学工作，主要从事量化计算研究。2013 年主持国家基金委科学部主任基金，2014 年主持山西省科技厅青年科技基金项目，2015 年主持国家自然科学基金青年基金项目，2015 年和 2018 年分别主持教育部重点实验室开放基金项目，2021 年主持山西省科技厅自然科学基金面上项目，获山西省“大同市学术技术带头人”、山西省“三晋英才”支持计划青年优秀人才、“山西省学术技术带头人”等多项荣誉称号。公开发表学术论文 20 余篇，全部被 SCI 收录，授权发明专利 6 项。

2019 年　任俊琳　陈峰华　何秋生　霍丽娟　孔屹刚　鲁锦涛　马立东　潘理虎
齐会萍　齐向东　邱选兵　帅美荣　孙红艳　孙晓霞　田文艳　王爱红
王健安　徐宏英　闫红红　杨晓梅　张克维　张伟伟　张秀芝

任俊琳（1973—）女，山西省翼城县人，中共党员，硕士生导师，担任山西省法学会经济法研究会副会长；山西省法学会军民融合法治研究会副会长；山西省经济法学研究会常务理事；山西省人民政府智库专家；山西省行政立法专家库入库专家。1996 年毕业于北京工商大学，获学士学位；2001 年获硕士学位；1996 年至今先后任教于法学专业、社会工作专业；2019 年被评为教授。主要承担“民事诉讼法原理与实务”“社会工作相关法律专题”等课程的教学工作，主要从事诉讼法学、民事司法制度和弱势群体保护的研究。2005 年 5 月出版《宪法学基本原理》（中国社会出版社），2009 年 10 月出版《弱者的权利—下岗失业人员权益保障之法律研究》（法律出版社）。主持山西省软科学、山西省教育厅哲学社会科学、山西省哲社办、山西省民政厅、山西省人民检察院等科研项目近 10 项，入选司法部教育部双千计划，获山西省教学成果一等奖等、山西省教学基本功大赛二等奖、中国法学会优秀论文一等奖、山西省社科联百部篇工程三等奖等多项荣誉称号，公开发表学术论文近 30 篇，其中被 CSSCI 收录近 10 篇。

陈峰华（1978—）男，山西芮城人，中共党员，硕士生导师。2001 年毕业于山西大学，获材料物理工学学士学位；2012 年毕业于太原科技大学，获材料加工工程专业工学博士学位；2014 年澳大利亚访问学者。2001 年任教于太原科技大学应用科学学院物理系，2018 年转太原科技大学材料科学与工程学院，2019 年 12 月被评为教授。主要承担“材料测试方法”“磁性材料”等课程的教学工作，主要从事磁电功能材料及应用的研究。2019 年主编学术著作《镍锰基磁相变合金及其力 - 磁 - 电耦合效应》，2018 年主持山西省科学技术厅优秀人才科技创新项目“固态制冷 d-metal Heusler 磁相变合金多相变路径对弹热效应影响机制研究”。目前共主持国家及省部级项目 7 项，获山西省自然科学技术奖二等奖、入选中共山西省委联系服务专家（2022—2024年）、山西省新兴产业领军人才（2019年）、山西省首批科技博士服务团等多项荣誉称号。公开发表学术论文80余篇，其中50余篇被SCI收录。

何秋生（1974—）男，山西孝义人，中共党员，硕士生导师，山西省机电工程专业高级工程师评审委员会委员，山西省电工技术学会会员。1998毕业于太原理工大学，获学士学位；2004年毕业于太原理工大学，获硕士学位；2007年毕业于中国矿业大学（北京），获博士学位；2007年任教于太原科技大学自动化专业；2019年被评为教授。主要承担“微机原理与微控制器”“工程伦理”等课程的教学工作，主要从事机器视觉理论、控制理论应用等方面的研究工作。2012年撰写专著1部，2009年以来主编或参编教材6部，2012年主持山西省高校科技创新项目，2013年主持山西省自然科学基金项目，2016年主持国家自然科学基金委员会联合基金项目，公开发表学术论文30余篇，其中8篇被EI、5篇被SCI收录。2015年以来主持省级教改课题6项，获山西省“创新山西”十大创新创业人物称号，获山西省教学成果特等奖2项，一等奖1项，指导学生参加各种学科竞赛获国家特等奖2项，国家级奖10余项，指导本科生完成国家级、省级大创项目9项，指导本科生以第一作者发表学术论文13篇。

霍丽娟（1982—）女，山西孝义人，无党派人士，硕士生导师，中国土壤学会会员。2004年毕业于山西农业大学，获学士学位；2006年毕业于中国农业大学，获硕士学位；2018年毕业于中国农业科学院，获博士学位；2011年美国奥本大学访问学者；2006年任教于太原科技大学；2019年被评为教授。主要承担“环境规划与管理”等课程的教学工作，主要从事土壤污染与健康研究。2019年参编学术著作《土地整治标准化理论与实践》，2019年主持国家自然科学基金项目，获山西省“三晋英才”称号。公开发表学术论文50余篇，其中13篇被SCI收录。

孔屹刚（1974—）男，山西长治人，无党派人士，硕士生导师。1997年毕业于太原重型机械学院，获学士学位；2009年毕业于上海交通大学，获博士学位；1997年任教于太原重型机械学院；2019年被评为教授。主要承担“液压伺服控制系统”等课程的教学工作，主要从事能源动力机械设计制造及其自动化、机电液一体化智能控制研究。2013年主编学术著作1部，2022年主编教材1部；2009年以来主持中国博士后基金项目、山西省应用基础研究项目、江苏省科技支撑计划项目等科研项目，作为技术负责人参与江苏省科技厅科技成果转化专项资金项目1项，作为主要参与人参与国家自然科学基金1项。公开发表学术论文30余篇，其中20余篇被EI、SCI收录。

鲁锦涛（1983—）男，陕西宝鸡人，中共党员，硕士生导师（太原科技大学），博士生导师（匈牙利布达佩斯商学院），山西省电子商务协会副会长，布达佩斯商学院特聘教授、博士点负责人（中方）。2006年毕业于兰州理工大学，获学士学位；2012年毕业于太原科技大学，获硕士学位；2018年毕业于西北工业大学，获博士学位；2018年任教于太原科技大学；2019年被评为教授。主要承担“学科前沿”“客户关系管理”“营销心理学”等课程的教学工作，主要从事社会责任评价、企业可持续管理、商业伦理与企业风险评价研究。2019年主编学术著作1部，近4年主持或参与国家自然科学基金、国家社科基金、省级重点等科研项目（课题）10项，获山西省高等学校中青年拔尖创新人才等多项荣誉称号。公开发表学术论文近50篇，其中2篇被EI收录，30余篇被SSCI和SCI

收录。

马立东（1980—）男，河北迁安人，中共党员，博士生导师，山西省机械工程学会青年分会秘书长。2003 年毕业于河北科技大学，获学士学位；2010 年毕业于燕山大学，获博士学位；2017 年美国奥本大学访问学者；2010 年任教于太原科技大学；2019 年被评为教授。主要承担“机械工程测试技术基础”等课程的教学工作，主要从事智能机器人、视觉环境感知、智能化弯曲与矫直工艺技术研究。2019 年主持国家重点研发计划“智能机器人重点专项”子课题，2020 年主持山西省关键核心技术和共性技术研发攻关专项，2021 年主持山西省出国留学人员择优资助重点项目，累计获批各项经费支持 600 余万元，获山西省科教兴晋突出贡献专家等多项荣誉称号。获省部级科技奖励 3 项，其中以第一完成人获 2021 年度山西省科技进步二等奖。公开发表学术论文 40 余篇，其中 20 篇被 EI、12 篇被 SCI 收录。授权国家发明专利 10 余项。

潘理虎（1974—）男，河南上蔡人，中共党员，硕士生导师，中国计算机学会高级会员兼软件工程专家委员会执行委员，中国高等教育学会评估分会理事，全国高校计算机教育研究会理事，山西省计算机学会常务理事兼副秘书长。1996 年毕业于大连理工大学，获学士学位；2004 年毕业于太原理工大学，获硕士学位；2010 年毕业于中国科学院地理科学与资源研究所，获博士学位。2004 年任教于太原科技大学计算机科学与技术学院，2019 年被评为教授。主要承担“软件工程”“软件需求工程”“现代软件需求工程及应用”“计算机网络”等本科与研究生课程的教学工作，主要从事软件工程、人工智能、复杂地理系统仿真等研究工作。出版学术专著 3 部，参编教材 4 部。主持或参与国家与省部级科研项目（课题）10 余项，2021 年获山西省科技进步二等奖 1 项。公开发表学术论文 60 篇，其中 10 篇被 EI、10 篇被 SCI 收录。

齐会萍（1974—）女，山西人，中共党员，太原科技大学教授，博士生导师，山西省材料成形理论与技术重点实验室副主任，山西省机械工程学会锻压专委会副秘书长。1992 年毕业于太原重型机械学院，获学士学位；分别于 2007 年和 2012 年毕业于太原科技大学，获工学硕士和工学博士学位。2012 年赴美国密西根大学访学半年，2018 年赴美国田纳西理工大学访学一年，并多次赴英国、美国等国家参加国际学术会议。2007 年任教于太原科技大学材料科学与工程学院，2019 年被评为教授。主要承担塑性成形教研室“金属塑性成形原理”和“冲压工艺学”等课程和课程设计、毕业设计、实习等实践活动的教学工作。近年来主要从事环形零件短流程铸辗复合成形技术、双金属环件铸辗复合成形理论与技术、轴类件冷滚压理论与技术方面的研究，先后主持国家自然科学基金 3 项（2 项面上，1 项青年），山西省自然科学基金 1 项，山西省留学基金资助项目 1 项，山西省重点研发计划 1 项（合作单位负责人）。并作为主要完成人多次参与国家自然科学基金重点项目及企业委托项目。山西省高校“131”领军人才，获山西省科学技术奖 4 项，国家专利优秀奖 1 项，授权国家发明专利 10 余项。发表学术论文近百篇，其中 SCI、EI 收录 30 余篇。

齐向东（1967—）男，山西省太原市人，中共党员，担任硕士生导师。1989 年毕业于太原重型机械学院，获学士学位；1995 年毕业于太原重型机械学院金属塑性加工专业，获硕士学位；1989 年任教于太原科技大学电子信息工程学院，2019 年被评为教授。主要承担“电力电子变流技术”等课程的教学工作，主要从事系统工程研究。1999 年、2009

年、2019 年 3 次主持“山西彩车”科研项目（课题），获“华美奖”等多项荣誉称号，公开发表学术论文 12 篇。

邱选兵（1980—）男，四川内江人，民建会员，博士生导师。2003 年毕业于重庆大学机械电子工程专业，获学士学位；2006 年毕业于太原理工大学大学机械电子工程专业，获硕士学位；2013 年毕业于太原科技大学材料加工工程专业，获博士学位；2006 年任教于太原科技大学；2019 年被评为教授。主要承担“光学测量与接口技术”（研究生、本科生）“光电子及接口技术”（本科生）“传感器原理”“数字信号处理”等课程的教学工作，主要从事激光光谱应用、光学传感与测试材料、电磁无损检测、嵌入式系统研究工作。目前主持的项目有：国家自然科学面上项目 2 项、山西省重点研发项目 1 项、教育部重点实验室开放课题 2 项、山西省高校创新项目 1 项。主要从事激光光谱应用、光学传感与测试材料、电磁无损检测、嵌入式系统、电子电路等工作。2018 年出版学术著作 1 部，主持国家自然科学面上项目 2 项、山西省重点研发项目 1 项、教育部重点实验室开放课题 2 项、山西省高校创新项目 1 项、企业委托课题 4 项，被评为 2016 年校“三育人”先进个人、2017 年“年度优秀青年教师”，2018 年三晋英才等荣誉称号。公开发表学术论文 50 余篇，其中 30 篇被 SCI 收录。

帅美荣（1978—）女，山西定襄人，中共党员，硕士生导师。2001 年毕业于内蒙古科技大学，获学士学位；2006 年毕业于太原科技大学，获硕士学位；2012 年毕业于太原科技大学，获博士学位。2001 年任教于太原科技大学，2019 年被评为教授。主要承担“金属轧制成形力学原理、金属轧制成形工艺”等专业基础课程的教学工作，主要从事“重型装备设计与轧制技术、复合材料强韧性机理”等方面的研究。2019 年主编国家级“十三五”规划教材《塑性力学与轧制原理》，2022 年合编著作《特种轧制与精密成形技术》。近年主持、参与国家重点研发计划课题、国家自然科学基金、山西省重点研发项目、企业委托项目 10 余项。公开发表学术论文 50 余篇（SCI、EI 收录 20 篇），授权中国发明专利 12 项，软件著作权 8 项，相关教学科研成果获省部级科学技术奖励 3 项。

孙红艳（1983—）女，甘肃省定西市临洮县人，中共党员，硕士生导师，生物化学与分子生物学会会员。2005 年毕业于山西农业大学，获学士学位；2012 年毕业于浙江大学，获博士学位；2010—2011 年丹麦奥胡斯大学遗传与生物技术系访问学者；2012 年任教于太原科技大学；2019 年被评为教授。主要承担“分子生物学”“基因工程”等课程的教学工作，主要从事植物逆境生理与分子生物学、分子毒理学与环境污染物的生物修复等方面的研究。2016 年主编学术著作《大麦耐镉机理及相关基因的研究》，2015 年至今主持国家自然科学基金、山西省重点研发计划项目、山西省高校人才支持计划、山西省留学基金等纵向科研项目 5 项。获山西省高校优秀青年学术带头人、山西省“三晋英才”支持计划青年优秀人才等多项荣誉称号。公开发表学术论文 30 余篇，其中被 SCI 收录 20 篇。

孙晓霞（1979—）女，山西万荣人，中共党员，硕士生导师，高效线边物流系统及其装备山西省技术创新中心主任，智能物流装备山西省重点实验室常务副主任，《起重运输机械》杂志青年编委，中国机械工程学会物流工程分会委员，泰国格乐大学客座教授、工程博士生导师。2002 年毕业于中北大学，获学士学位；2018 年毕业于太原科技大学，获博士学位；2005 年任教于太原科技大学；2019 年被评为教授。主要承担“连续输送机械”“物流工程”等课程的教学工作，主要从事智能物流装备、连续输送机械等研究。2016年参编学术著作《物流工程技术路线图》，2019年参编学术著作《中国物料搬运装备发展研究报告》。近五年主持或参与国家级科研项目1项、省级项目5项，获山西省科技进步奖二等奖、中国好设计创意奖等多项荣誉称号。公开发表学术论文30余篇，其中5篇被EI、7篇被SCI收录。

田文艳（1983—）女，山西朔州人，中共党员，硕士生导师，欧洲AMPERE组织会员、微波学会微波化学专业委员会委员，中国化工学会微波能化工应用专业委员会委员，SCI期刊*International Journal of Applied Electromagnetic and Mechanics*、*Journal of Electromagnetic Waves and Applications*和*Journal of Microwave Power and Electromagnetic Energy*等审稿专家。2007年毕业于山西大同大学，获学士学位；2012年毕业于四川大学，获博士学位；2012年任教于太原科技大学；2019年被评为教授。主要承担“微波技术与工程”“电磁场与电磁波”“信号与系统”“信息论基础”“多媒体通信”等课程的教学工作，主要从事计算电磁学、微波能应用和微波测量研究。2016年主编学术著作《微波非热效应的脊波导实验传输系统设计及机理研究》，2015年主持国家自然科学基金青年基金、山西省自然科学基金青年基金和晋城市科技计划项目各1项，2016年主持山西省高等学校优秀青年学术带头人资助项目1项，2019年主持山西省自然科学基金面上基金项目1项，获山西省高等学校优秀青年学术带头人荣誉称号。公开发表学术论文20篇，其中10篇被SCI收录。

王爱红（1973—）女，山西清徐人，中共党员，硕士生导师。1996年毕业于太原理工大学，获工学学士学位；2004年毕业于太原科技大学，获工学硕士学位；2012年毕业于兰州理工大学，获工学博士学位；2017年在加拿大渥太华大学做访问学者；1996年任教于太原科技大学至今；2019年被评为教授。主要承担“内燃机”“铲土运输机械设计”“底盘构造与设计”“机械可靠性设计”等课程的教学工作，主要从事工程机械结构疲劳寿命和可靠性分析，工程机械节能环保等研究。参编教材《车辆底盘构造与设计》，主持或参与国家“十一五”“十二五”科技支撑计划、国家自然科学基金、山西省自然基金和青年科技基金、企业合作项目10余项。获省部级科技进步奖3项，授权国家发明专利7项，实用新型专利2项，软件著作权5项。公开发表学术论文40余篇，其中被EI或SCI收录10多篇。

王健安（1984—）男，江西湖口人，中共党员，硕士生导师，中国自动化学会会员，山西省电工技术学会常务理事。2005年毕业于江西师范大学，获学士学位；2011年毕业于北京科技大学，获博士学位；2011年任教于太原科技大学；2019年被评为教授。主要承担“自动控制理论”“优化设计方法”等课程的教学工作，从事网络群体智能、复杂网络与安全控制等领域的研究。主编出版学术著作《复杂网络系统同步与控制》和《自动控制理论》教材各一部，主持或参与国家自然科学基金科研项目、山西省重点研发计划项目、山西省应用基础研究计划项目10余项，获山西省教学成果一等奖、二等奖，山西省优秀硕士学位论文指导教师，山西省教授协会师德标兵、校优秀青年教师、优秀党务工作者等多项荣誉称号。公开发表学术论文30余篇，其中20余篇被SCI收录。

徐宏英（1964年—）女，山西朔州人，中共党员，硕士生导师，山西省微生物学会常务理事兼环境微生物分会主任，山西省植物学会常务理事。1987年毕业于山西农业大学，获学士学位；2009 年毕业于太原理工大学，获博士学位；2010 年任教于太原科技大学；2019 年被评为教授。主要承担“环境工程微生物”“环境生态学”“工程化学”等课程的教学工作，主要从事环境生物技术及其在污染环境修复治理过程中的应用研究。主持或参与国家级、省部级科研项目 20 余项，2012 年主编学术专著《厌氧颗粒污泥的吸附特性及其工程应用》，授权技术发明专利 5 项，公开发表学术论文 50 余篇，其中 2 篇被 EI、5 篇被 SCI 收录。

闫红红（1978 年—）女，山西晋中人，中共党员，工学博士，教授，硕士研究生导师。2001 年毕业于太原科技大学，获学士学位；2016 年毕业于太原科技大学，获博士学位；2008 年任教于太原科技大学；2019 年被评为教授。主要承担机械工程分析方法、矿山机械、矿山自动化等课程的教学工作，主要从事机械结构优化设计、机械系统动力学分析、流固耦合动力学等方面的研究。2021 年参编教材《矿山机械》，先后主持国家自然科学基金项目、山西省青年基金项目、高等学校创新项目、博士启动基金项目等。获得山西省“三晋英才”支持计划青年优秀人才等多项荣誉称号。公开发表学术论文 30 余篇，其中被 SCI、EI 收录 9 篇。

杨晓梅（1973 年—）女，陕西临潼人，中共党员，硕士导师。2004 年毕业于太原科技大学，获硕士学位；2009 年毕业于山西大学，获博士学位；2014 年任教于太原科技大学；2019 年被评为教授。主要承担“管理统计学”“企业资源计划”等课程的教学工作，主要从事系统智能运维和生产调度优化的研究。2010 年参编教材，2006 年主持山西省青年基金项目，2018 年主持山西省面上基金项目，并参与多项国家级、省级科研项目。公开发表学术论文 20 余篇，其中 10 篇被 EI、4 篇被 SCI 收录。

张克维（1982 年—）男，山西新绛人，无党派人士，博士生导师，材料科学与工程学院副院长，《稀有金属》期刊青年编委。2005 年毕业于太原理工大学，获学士学位；2010 年毕业于美国奥本大学，获博士学位；2012 年任教于太原科技大学；2019 年被评为教授。主要承担“材料物理性能”“材料结构与性能”等课程的教学工作，主要从事非晶纳米晶及生物传感器研究。2012 年和 2019 年分别主编学术著作 *System Design and Application of Magnetostrictive Biosensor* 和《磁致伸缩生物传感器系统理论和技术》，先后主持国家自然科学基金 1 项、省部级科研项目 9 项，获山西省高等学校优秀青年学术带头人、山西省高等学校“131”工程领军人才、山西省“三晋英才”青年优秀人才、2017 年度太原科技大学优秀班主任、2019 年度太原科技大学科技工作先进个人等荣誉称号。公开发表学术论文 50 余篇，其中 10 余篇被 EI、30 余篇被 SCI 收录，授权发明专利 16 件，获 2018 年度山西省科学技术奖（自然科学类）二等奖 1 项、第十九届山西省优秀学术论文二等奖 1 项。

张伟伟（1978—）男，山西平顺人，博士，从事工程力学专业。

在太原科技大学任职期间于 2019 年被评为教授。

张秀芝（1973—）女，山西交城人，中共党员，硕士生导师，安全与应急管理工程学院党总支书记。1996 年毕业于太原工业大学材料工程学院，获学士学位；2005 年毕业于中国科学院金属研究所，获工学博士学位；2017 年澳大利亚伍伦贡大学访问学者；2005 年任教于太原科技大学材料科学与工程学院；2019 年被评为教授。主要承担“金属材料专业外语”等课程的教学工作，主要从事材料制备与表征、金属材料腐蚀与防护等方面的研究。2013 年出版学术著作《纳米涂料的制备及应用》1 部，作为骨干参与国家重大专项、国家自然科学基金等科研项目的研究，主持省、市以及服务地方项目多项，多次获得研究生思想政治教育先进导师、优秀党务工作者等多项荣誉称号。公开发表学术论文 50 余篇，其中 9 篇被 EI、10 篇被 SCI 收录。

2020 年　蔡星娟　蔡志辉　陈高华　陈兆波　冯国红　韩贺永　何文武　黄志权
李美玲　李晓明　刘国芳　王凯悦　王文利　薛永兵　闫晓燕　杨明亮
姚峰林　张　雄　张俊婷　赵旭俊

蔡星娟（1980—）女，山西运城人，博士生导师，国际期刊 *International Journal of Innovative Computing and Applications*、*Algorithms* 编委。2003 年毕业于太原重型机械学院计算机科学与技术专业，获学士学位；2008 年毕业于太原科技大学软件与理论专业，获硕士学位；2017 年毕业于同济大学控制理论与控制工程专业，获博士学位；2010 年任教于太原科技大学，2020 年被评为教授。承担“离散数学”“算法分析与设计”等课程的教学工作，主要从事大数据建模与优化、优化调度、云计算、网络安全等相关方面的研究。主持国家自然科学基金青年科学基金项目、中央引导地方科研项目、山西省重点计划项目等国家、省部级课题 10 余项。曾获科睿唯安全球高被引科学家（2021 年）、“三晋英才”青年优秀人才（2019 年）、山西省自然科学二等奖（2010 年）。在 *IEEE TFS*、*IEEE TSC*、*IEEE TII*、《中国科学：信息科学》等国内外知名学术期刊发表 SCI 论文 40 余篇，SCI 他引 2000 余次，出版专著 1 部。

蔡志辉（1985—）男，福建漳州人，中共党员，博士生导师。2009 年 6 月毕业于福州大学，获学士学位；2015 年 1 月毕业于东北大学，获博士学位；2015 年 3 月任教于东北大学；2017 年 1 月被评为副教授；2020 年 10 月工作调动至太原科技大学；2020 年 12 月被评为教授。主要承担“轧钢工艺学”等课程的教学工作，主要从事汽车高强钢、管线钢和耐磨钢钢种开发、组织调控、加工工艺等方面的研究。目前共主持国家自然科学基金面上项目 1 项、青年基金 1 项、中国博士后基金特别资助 2 项、中国博士后基金面上资助 2 项、企业合作项目 3 项等。获辽宁省第十三批“百千万人才工程”万人层次等多项荣誉称号。公开发表学术论文 55 篇，其中 8 篇被 EI、47 篇被 SCI 收录。

陈高华（1978—）女，山西原平人，中共党员，硕士生导师。2001 年毕业于洛阳工学院，获学士学位；2007 年毕业于太原科技大学，获硕士学位；2019 年毕业于太原科技大学，获博士学位；2001 年任教于太原科技大学；2020 年被评为教授。主要承担“电路”“电路与模拟电子技术”“电工电子基础”等课程的教学工作，主要从事先进控制理论与应用、智能检测与信息处理等研究。先后主持完成了山西省高校科技开发项目 1 项、山西省青年科技研究基金项目 1 项、校级教改项目 1 项、山西省自然科学基金项目 1 项、山西省优秀研究生创新项目 1 项、山西省重点研发计划项目 1 项，参与完成了国家自然科学基金项目 1 项，授权发明专利 6 项，其中以第 1 发明人授权的专利成功转化 1 项，指导学生参加电子设计大赛获国家二等奖 1 项。指导学生参加第四届全国大学生嵌入式芯片与系统设计竞赛获国家三等奖。获 2014 年校年度优秀青年教师、2021 年校优秀党务工作者等多项荣誉称号。公开发表学术论文 20 余篇，其中 6 篇被 EI、1 篇被 SCI 收录。

陈兆波（1983.9—）男，四川冕宁人，中共党员，硕士生导师。2005 年毕业于哈尔滨理工大学，获学士学位；2011 年毕业于哈尔滨理工大学管理科学与工程专业，获博士学位；2011 年任教于太原科技大学经济与管理学院；2020 年被评为教授。主要承担“运筹学”“生产系统建模与仿真”“决策理论与方法”等课程的教学工作，主要从事供应链管理、系统分析与优化等方面的研究。2018 年出版学术专著《煤矿安全事故的人因分析》，2019 年主持国家社科基金科研项目，获太原科技大学师德标兵、优秀共产党员、优秀青年教师等多项荣誉称号。公开发表学术论文 40 余篇，其中 10 余篇被 EI、SCI 收录。

冯国红（1981—）女，河北省肃宁县人，中共党员，硕士生导师，山西省煤炭学会煤炭清洁高效利用委员会委员。2005 年毕业于沈阳化工学院，获学士学位；2007 年毕业于天津大学，获硕士学位；2014 年毕业于天津大学，获博士学位。2007 年任教于太原科技大学，2020 年被评为教授，主要承担“水污染治理设备设计”“设备材料腐蚀与防护”等课程的教学工作，主要从事固液分离理论、城市有机固废减量及资源化研究。2016 年参编教材《环保设备制造工艺学》，2019 年主编学术著作《城市污泥强化脱水技术》，2015—2021 年主持国家青年科学基金项目、山西省青年基金项目，获太原科技大学优秀共产党员等多项荣誉称号。公开发表学术论文 30 余篇，其中 5 篇被 EI 收录、11 篇被 SCI 收录，授权专利 5 项。

韩贺永（1982—）男，河北唐山人，中共党员，硕士生导师，现任太原科技大学机械工程学院智能制造与控制技术研究所所长。2006 年毕业于太原科技大学，获学士学位；2009 年毕业于太原科技大学，获硕士学位；2012 年毕业于太原科技大学，获得博士学位。2012 年开始任教于太原科技大学，2020 年被评为教授。主要承担“流体力学”等课程的教学工作，主要从事重大装备智能控制与节能控制研究。2020 年主持山西省发改委工程中心申报，并成功获批“重大装备液压基础件与智能制造工程研究中心”；主持国家自然科学基金、山西省重点研究计划各 1 项；主持企业横向课题 13 项，为企业新增经济效益 2000 多万元。获山西省“三晋英才”支持计划青年优秀人才、山西省高等学校优秀青年学术带头人等多项荣誉称号。公开发表论文 20 余篇（SCI，EI 收录 12 篇），申报专利 20 余项，已获授权 6 项；完成科研项目鉴定 2 项，荣获中国机械工业联合会科技进步一等奖（排名第 3）和山西省技术发明一等奖（排名第 4）、二等奖（排名第 1）各 1 项；2020 年获山西省高等学校优秀成果奖（科学技术）自然科学奖一等奖 1 项（排名第 1）。

何文武（1977—）男，山西朔州山阴人，中共党员，硕士生导师，中国塑性工程学会大锻件学术委员会委员兼秘书，及全国专业标准化技术委员会委员、锻压设备标委会委员、山西省锻压学会理事、《大型铸锻件》编委。2001 年毕业于太原重型机械学院，获学士学位；2011 年毕业于太原科技大学，获博士学位；2006 年任教于材料学院锻压教研室；2020 年被评为教授。主要承担“锻造工艺学”等课程的教学工作，主要从事大型锻造理论与新技术研究。2012 年主编学术著作《大型发电机护环制造关键技术》，2012 年以来主持高温气冷堆蒸发器 Incoloy-800H 热锻组织演变规律与质量控制、大型火电、核电飞轮护环等科研项目，获山西省高等学校优秀成果奖、山西省科技进步二等奖等多项奖励。公开发表学术论文 30 篇，其中 10 被 EI、5 被 SCI 收录。

黄志权（1981—）男，甘肃庆阳人，中共党员，博士生导师，山西省“三晋英才”支持计划青年优秀人才，现任太原科技大学机械工程学院重型装备及其智能化研究所副所长。2014 年毕业于太原科技大学，获博士学位，同年留校任教，2020 年被评为教授。

主要承担“轧钢工艺学”“特种轧制设备、电力拖动基础”等课程的教学工作，主要从事镁合金、耐磨材料加工工艺及装备的开发、镁基新能源电池极片制备工艺、镁合金 3D 打印材料及工艺开发、AGV 重载小车开发等方面的研究方向研究。2019 年参编“十三五”规划教材《轧钢机械设计》《特种轧制设备》。近五年主持和完成国家自然科学基金青年项目和面上项目、国家重点研发计划子任务、山西省重大专项子课题、山西省重点研发计划、山西省自然科学基金共各 1 项，在研纵向项目经费共计 216.5 万元；主持横向项目进款共计 670 万元；获山西省“三晋英才”支持计划青年优秀人才（2019 年）、山西省高校科技功勋（2021 年）、教育部高等学校科学研究优秀成果科学技术进步奖二等奖（排名第 3，2019 年）、山西省高等学校优秀成果自然科学奖二等奖（排名第 5，2019 年），2018 年荣获江苏省第十批科技镇长团优秀团员（江苏省委组织部）、2018 年荣获江苏省科技镇长团荣誉团员（江苏省人才工作领导小组）、国家自然科学基金委员会兼聘人员工作鉴定为优秀等荣誉及科研奖项。先后荣获太原科技大学 2017 年度优秀班主任、2018—2020 年度“三育人”先进个人、2021 年度“师德标兵”等多项荣誉称号。公开发表学术论文 30 余篇，其中 17 篇被 SCI 收录，获授权发明专利 15 项。

李美玲（1982—）女，山西宁武人，中共党员，博士生导师，山西省通信学会高级会员。2012 年毕业于河南科技大学，获学士学位；2012 年毕业于北京邮电大学，获博士学位；2019 年英国华威大学访问学者；2020 年清华大学访问学者；2007 年任教于太原科技大学；2020 年被评为教授。主要承担“通信原理”等课程的教学工作，主要从事 5G/6G 移动通信关键技术研究。2016 年主编学术著作 *Cognitive wireless networks using CSS technology*，2021 年主持国家自然科学基金等科研项目，获师德标兵、省优秀班主任等多项荣誉称号。公开发表学术论文 30 篇，其中 20 篇被 EI 收录、6 篇被 SCI 收录。

李晓明（1977—）女，黑龙江省绥化市人，中共党员，硕士生导师，中国化工学会会员、世界可持续能源发展协会会员、山西省知识产权库专家、国家自然基金评审专家、山西省科技专家。1998 年毕业于兰州交通大学，获学士学位；2005 年毕业于哈尔滨工业大学，获工学博士学位；2014 年澳洲科廷科技大学访问学者；2006—2016 年任教于哈尔滨工程大学；2016 年至今任教于太原科技大学；2020 年被评为教授。主要承担“工程热力学”“传热学”等课程的教学工作，主要从事含碳资源清洁热转化方面的研究。2011 年主编机械工业出版社出版的教材《全国注册用设备工程师暖通空调考试考点精析及强化训练》，2012 年参编哈尔滨工程大学出版社出版的教材《工程热力学实验》，2013 年主持武装预研项目 1 项、主持工信部高技术船舶子课题 1 项，2015 年主持国家自然基金青年项目 1 项，2022 年主持国家自然基金面上项目 1 项，主持其他省部级项目 10 余项。公开发表学术论文 30 余篇，其中 7 篇被 EI、14 篇被 SCI 收录。

刘国芳（1970—）女，山西省运城市绛县人，硕士生导师，山西省美术家协会会员。1993 年毕业于晋中学院美术系，2008 年毕业于山西师范大学美术学院，获文学硕士学位；1993 至 2005 年在山西省稷山师范学校任教；2008 年至今在太原科技大学任教；2020 年被评为教授。主要承担“艺术理论”“写意花鸟画”“壁画”“下乡写生”等教学工作，主要从事美术遗产研究和写意花鸟画创作，2011 年出版专著《刘国芳风景画集》，2022 年出版专著《山西寺观壁画动植物图像研究》，2015—2018 年主持校级教研项目 2 项，2018 年主持教育部人文社科规划基金项目 1 项，2018 年主持山西省哲学社会科学研究项目 1

项，2019 年主持校企合作研究项目 1 项。2010 年曾获山西省中青年教师教学基本功大赛三等奖 1 项，并荣立二等功 1 次，在山西省各次美展中荣获二等奖、三等奖多次。公开发表学术研究论文 30 余篇，其中被“北大核心”收录 6 篇，被“南大核心”收录 2 篇。

王凯悦（1985—）男，河北沧州人，中共党员，博士生导师，山西省硅酸盐学会常务理事、副秘书长，国家自然科学基金项目通信评议专家，教育部学位中心学位论文通信评议专家 。2008 年毕业于河北科技大学，获学士学位；2012 年毕业于天津大学，获博士学位；2020 年西安交通大学博士后出站；2010 年、2013 年、2019 年先后在英国布里斯托大学、美国加州大学欧文分校、河滨分校、加州州立大学做访问学者；2012 年任教于太原科技大学；2020 年被评为教授。主要承担“陶瓷材料科学”等课程的教学工作，主要从事无机非金属材料领域研究。主编教材和专著各 1 部，主持或参与国家自然科学基金委联合基金、青年基金、中国博士后基金会特别资助 / 面上一等资助等科研项目，获山西省高校教学名师等多项荣誉称号。公开发表学术论文 50 余篇，其中 30 余篇被 SCI、EI 收录。

王文利（1982—）男，湖北钟祥人，中共党员，博士生导师，中国管理科学学会标准化专业委员会委员，山西省物流与采购联合会常务理事。2013 年毕业于上海交通大学，获博士学位；2011—2012 年赴香港中文大学系统工程与管理工程学系做研究助理；2017—2018 年赴美国圣塔克拉拉大学利维商学院做访问学者；2007 年任教于太原科技大学；2020 年被评为教授。主要承担“供应链管理”“企业资源计划”“学科前沿与研究方法”“工业工程专业英语”等课程的教学工作，主要从事供应链金融研究。主持国家自然科学基金面上项目 1 项，国家青年科学基金项目 1 项，教育部人文社会科学研究青年基金项目 2 项，省级项目 10 余项，承担山西省市场监督管理局、中信重工机械股份有限公司等决策咨询课题多项；在 *Naval Research Logistics*、《管理科学学报》《系统工程理论与实践》《中国管理科学》《管理工程学报》等权威期刊发表论文 40 余篇，SSCI/SCI/CSSCI 收录 30 余篇，出版专著 2 部；获山西省社会科学研究优秀成果一等奖 1 项、二等奖 2 项，均排名第一；先后入选山西省高等学校优秀青年学术带头人、山西省高等学校“131”领军人才（优秀中青年拔尖创新人才）、山西省学术技术带头人、山西省“三晋英才”拔尖骨干人才。

薛永兵（1971—）男，山西省清徐县人，中共党员，博士，教授，硕士生导师，全国混凝土标准化技术委员会第三届沥青混凝土分技术委员会委员。1993 年毕业于太原工业大学，获学士学位；2000 年毕业于太原理工大学，获硕士学位；2006 年毕业于中国科学院山西煤炭化学研究所，获博士学位；2017 年由国家留学基金管理委员会、山西省教育厅资助以访问学者身份赴加拿大渥太华大学留学；2006 年任教于太原科技大学担任讲师；2021 年任化学与生物工程学院副院长；2022 年任分析仪器测试中心副主任；2007 年被评为副教授；2020 年被评为教授。主要承担“煤化工工艺学”等课程的教学工作，主要从事煤炭洁净转化、石油沥青改性等方面的研究。2017 年主编教材《能源与化学工程专业实验指导书》，2021 年参编《煤化工工艺学》教材，2020 年主编学术著作《煤沥青改性石油沥青技术》，2012 年至今主持山西省科技厅重点研发计划项目和山西省科技厅自然科学基金项目、山西省教育厅教研项目、交通部公路科学研究院创新项目等多项科研项目，获山西省教学成果奖二等奖、太原科技大学教学成果奖一等奖、优秀党员等多项荣誉称号。公开发表学术论文六十余篇，其中被 EI 和 SCI 收录 10 余篇。

闫晓燕（1976—）女，山西平遥人，中共党员，硕士生导师。1999 年毕业于太原理工大学，获学士学位；2003 年毕业于太原理工大学，获硕士学位；2012 年毕业于中国科学院山西煤炭化学研究所，获博士学位；2016 年 10 月至 2017 年 4 月澳大利亚伍伦贡大学访问学者；2003 年任教于材料科学与工程学院；2020 年被评为教授。主要承担“材料研究方法”“材料物理性能”等课程的教学工作，主要从事新能源材料、新型碳材料方面的研究。主持山西省高等学校科技创新项目 1 项、山西省研究生教改项目 1 项、山西省高等学校教学改革创新项目 1 项，山西省高等学校精品共享课程 1 项、企业横向科研项目 1 项。参与国家自然科学基金 2 项、山西省基金 2 项、山西省科技基础条件平台建设项目 1 项、山西省教改项目 1 项、晋城市科技计划项目 1 项。发表学术论文 30 余篇，SCI 收录 20 余篇，授权国家发明专利 2 项。

杨明亮（1976—）男，山西芮城人，中共党员，硕士生导师，物流研究所所长。2001 年毕业于太原重型机械学院，获学士学位；2011 年毕业于太原科技大学，获博士学位；2001 年毕业留校任教；2020 年被评为教授。主要承担“金属结构”等课程的教学工作，主要从事起重运输机械、重大装备机械结构系统现代设计与分析方法，复杂机械结构系统 CAD/CAE、物流设备与工程技术等方面的研究，主持或主要参加国家“十一五”“十二五”科技支撑计划、“863”计划等国家级项目 3 项，山西省高校科技开发等省部级项目 2 项，横向合作项目 21 项，教学研究项目 2 项；获国家发明专利 3 项，软件著作权 1 项；出版专著和教材 3 部；制定国家和机械行业标准 3 个；获中国机械工业科学技术一等奖 1 项，山西省科技进步奖二等奖 1 项。获山西省优秀班主任、校优秀共产党员等多项荣誉称号。公开发表学术论文 30 篇，其中被 EI 收录 12 篇、SCI 收录 5 篇。

姚峰林（1978—）男，山西平遥人，中共党员，硕士研究生导师，中国机械工程学会高级会员。2001 年毕业于太原理工大学，获学士学位；2005 年毕业于太原理工大学，获硕士学位；2013 年毕业于北京理工大学，获博士学位；2005 年任教于太原科技大学；2020 年被评为教授。主要承担“电力拖动”“起重机械”“输送机械”等课程的教学工作，主要从事大型起重机结构稳定性的研究。2013 年主编学术著作《数字图像处理及在工程中的应用》，2011 年参与科技部“国际合作”项目，公共载人结构动态安全性和适用性合作研究；2013 年参与“863”项目，无线微机电姿态及惯性测量传感器系统研究；2014 年参与国家自然科学基金项目，高速侵彻过程引信结构的极端过载及冲击传递研究；2015 年参与国家自然科学基金项目，基于极高密度气固两相 TCP 流稳定螺旋涡的高效螺旋输送机理研究；2021 年参与国家自然科学基金项目，复合激励下有限边界域内散状物料高效定向流动机理研究；2016 年主持江苏省“双创计划”人才项目一项；2019 年主持山西省自然科学基金项目，大型流动式起重机组合臂架稳定性研究；2019 年主持山西省教育厅研究生教学研究项目，“机械故障诊断理论”课程模块化与案例教学研究；2021 主持山西省教学改革项目，基于创新大赛的机械工程教育模式的研究与实践。公开发表学术论文 20 多篇，其中 13 篇被 EI、SCI 收录。

张　雄（1973—）男，山西省神池人，中共党员，硕士生导师，中国电子协会会员，中国自动化协会会员。1996 年 7 月毕业于太原理工大学，获电子工程专业学士学位；2003 年 7 月毕业于太原理工大学，获电路与系统专业硕士学位。从 1996 年 7 月开始任教于太原科技大学，2020年被评为教授。主要承担“数字信号处理”“现代信号处理”“数字图像处理”等课程的教学工作。主要从事智能信息处理、医学图像处理、无线通信网络等领域的研究。参编国家统编教材3部，参与国家自然科学基金项目4项，主持参与省部级科研项目10余项，获批国家发明专利5项。在国内外学术刊物发表学术论文50余篇，其中30余篇被SCI、EI收录。

张俊婷（1981—）女，山西襄汾人，硕士生导师。2003年毕业于华北工学院，获工学学士学位，2008年、2014年毕业于太原科技大学，分别获工学硕士、工学博士学位。2003年任教于太原重型机械学院力学系，2020年被评为教授。主要承担“理论力学”“材料力学”“工程力学”等课程的教学工作，近年来主持省教研项目1项、校教研项目3项，2019年出版材料力学新形态教材1部（参编），2020年出版理论力学新形态教材1部（副主编）。主要从事力学、材料成型与控制等交叉学科领域的研究。主持参与国家自然科学基金、山西省自然科科学基金等项目10余项。发表学术论文30余篇，其中SCI收录10余篇，获授权发明专利3项，先后获太原科技大学年度优秀青年教师、“三育人”先进个人、课程思政优秀教师等多项荣誉称号。

赵旭俊（1976—）男，山西平遥人，硕士生导师，计算机学会高级会员。2005年毕业于太原理工大学，获硕士学位；2018年毕业于太原科技大学，获博士学位；2005年任教于计算机科学与技术学院；2020年被评为教授。主要承担“操作系统”“C高级语言程序设计”等课程的教学工作，主要从事数据挖掘与并行计算的相关研究。2013年主编学术著作“数据挖掘方法及天体光谱挖掘技术”，近五年主持或参与国家自然基金、省部级科研项目以及横向项目十余项。公开发表学术论文40余篇，其中20篇被SCI收录。

2021年　丁庆伟　郭栋鹏　郭玉冰　胡　静　贾伟涛　刘宝胜　刘传俊　刘宏芳
齐培艳　石　慧　武迎春　张　瑞　张晓红　张新鸿

丁庆伟（1975—）男，山西原平人，中共党员，硕士生导师，万柏林区政协委员。2000年毕业于山西大学，获学士学位；2006年毕业于山西大学，获硕士学位；2014年毕业于太原科技大学，获博士学位；2000年任教于太原科技大学；2021年被评为教授。主要承担“无机化学”“物理化学”等课程的教学工作，主要从事水污染治理研究。2020年主编学术著作1部，2019年主持山西省重点研发科研项目，获省级优秀班主任、优秀共产党员等多项荣誉称号。公开发表学术论文10余篇，其中3篇被EI、5篇被SCI收录。

郭栋鹏（1977—）男，应县人，中共党员，硕士生导师。2002年毕业于太原理工大学，获学士学位；2011年毕业于太原理工大学，获博士学位；2006年任教于太原科技大学；2021年被评为教授。主要承担“大气污染控制工程”等课程的教学工作，主要从事大气物理与大气环境研究。2020年主编学术著作《计算流体力学及其应用》，2021年参与国家自然科学基金区域创新发展联合基金重点支持项目“基于统计分析理论的城市复杂环境下有毒气体传播预测研究（U21A20524）”科研项目。公开发表学术论文30篇，其中10篇被EI、10篇被SCI收录。

郭玉冰（1980—）女，山西寿阳人，中共党员，硕士生导师，兼任山西省职业经理研究会会长，山西省农产品市场流通协会副会长，中国人力资源开发研究会理事等社会职务。2002年毕业于太原科技大学，获学士学位；2005年毕业于山西财经大学，获硕士学位；2013年毕业于山西财经大学，获博士学位。2002年任教于太原科技大学经济与管理学院，历任市场营销教研室主任、太原科技大学创业研究院副主任、太原科技大学MBA中心主任助理，2021年被评为教授。主要承担“人力资源管理”等课程的教学工作，主要从事人力资源管理（人才评价、绩效薪酬制度方向）和特色农产品供应链优化研究。2011年以来独著学术著作2部，其中2019年出版的《绩效考核视角下的国有商业银行操作风险防范研究》被山西诸多企业绩效薪酬设计者参考。近年来，主持山西省重点研发项目1项，主持或参与其他各类省级项目达20项，获山西省优秀班主任、太原科技大学优秀共产党员、“三育人”先进个人等多项荣誉称号。公开发表学术论文30余篇，其中2篇被EI、1篇被SCI收录。所负责《人力资源管理》课程认定为2021年山西省一流课程，2019年获得山西省教学成果二等奖，2018年获得山西省优秀创业导师称号。

胡　静（1977—）女，山西大同人，中共党员，硕士生导师，教研室主任，全国高等院校计算机基础教育研究会理工专委会委员、中国高校计算机大赛山西赛区程序设计天梯赛委员、中国高校计算机教育MOOC联盟山西工作委员会委员。2000年毕业于太原科技大学，获学士学位；2020年毕业于北京林业大学，获博士学位；2000年至今任教于太原科技大学计算机科学与技术学院；2021年被评为教授。主要承担研究生的“机器学习”和本科生的“操作系统”“大学计算机”“C语言程序设计”等课程的教学工作，主要从事图像处理与深度学习、智能计算的研究。2021年主编学术专著1部，2018年参编“高等学校计算机基础教育改革与实践系列教材”3部，近几年主持或参与教育部、省校级教改项目和国家级、省级自然科学基金及各类企业委托项目共计20多项。公开发表学术论文30多篇，其中10多篇被SCI、EI收录。2021年获国家发明专利2项并转让。2019—2022年主持山西省一流课程2门，2019年、2017年获山西省教学成果二等奖、一等奖。

贾伟涛（1987—）男，河北保定人，硕士生导师，担任*Journal of Magnesium and Alloys*期刊青年编委、*Shock and Vibration*和*Crystals*期刊客座编辑。2012年毕业于太原科技大学，获学士学位；2019年毕业于东北大学，获博士学位；2019年任教于太原科技大学机械工程学院；2021年被评为教授。主要承担“轧钢工艺学”“轧制过程控制”“人工智能与智能控制技术”等课程的教学工作，主要从事金属加工材集约化高效控形控性、先进材料成型技术与装备制造的研究。2019年至今，主持国家自然科学基金、山西省重点研发计划、山西省应用基础研究计划等科研项目10余项，获山西省技术发明一等奖、山西省自然科学二等奖、山西省高等学校优秀成果（科学技术）二等奖、太原市自然科学优秀学术论文一等奖和二等奖、宝钢教育基金奖。以第一通信作者，公开发表学术论文28篇，其中2篇被EI收录、26篇被SCI收录。

刘宝胜（1979—）男，山西广灵人，中共党员，博士，教授，硕士生导师，山西省镁及镁合金工程技术研究中心常务副主任，山西省新兴产业领军人才，山西省高校教学名师。2000年9月至2014年12月，在太原理工大学依次获得材料专业学士、硕士、博士学位（2007年07月至2010年09月，在太原富士康失效分析中心工作）。2020年1月，英国诺丁汉大学短期学习交流。2014年12月任教于材料学院，2021年评为教授。

主要承担《材料科学基础》等课程的教学工作，从事金属材料结构及性能优化方向的研究。发表SCI学术论文50余篇，申请国家发明专利20余项（已授权近10项，转化

1 项），出版专著 2 部，获山西省科学技术奖励 3 项，参加国际国内学术会议 20 余次，作邀请报告 6 次、担任主持人 2 次。主持国家重点研发计划重点专项、中央引导地方科技发展资金项目等国家级及省部级项目 10 余项，承担企业技术委托项目 10 余项。

兼任《中国有色金属学报》中英文版、《稀有金属》和《中国腐蚀与防护学报》青年编委。中国高等教育学会会员、有色金属学会会员；山西省仪器仪表学会副会长、热处理学会 / 协会理事、腐蚀与防护学会常务理事。获太原科技大学优秀共产党员、优秀青年教师、“三育人”先进个人等荣誉。

刘传俊（1970—）男，山西孝义人，九三学社社员，硕士生导师，太原科技大学经济与管理学院副院长，九三学社太原科技大学第五届委员会主委，兼中国管理现代化研究会管理思想与商业伦理专业委员会理事。1991 年毕业于太原工业大学，获学士学位；2005 年毕业于山西财经大学，获硕士学位；2005 年任教于太原科技大学经济与管理学院；2021 年被评为教授。主要承担“商业伦理与企业社会责任”“国际商务”“国际贸易实务”“外贸制单”等课程的教学工作，主要从事企业社会责任、可持续发展和公共住房管理等研究。主编企业社会责任简明教程等教材 2 部，主持或参与教育部、山西省科研、教研项目 20 余项，公开发表学术论文 20 余篇。主持的《商业伦理与企业社会责任》课程先后获批首批国家级线上线下混合式一流课程（2020 年）、教育部课程思政示范课程（2021 年），获省级教学成果二等奖 3 项。荣获教育部课程思政教学名师、山西省教学名师、山西省担当作为表现突出干部等多项荣誉称号。2022 年 5 月带领四所高校教师团队成功获批建设教育部《伦理与企业社会责任课程群虚拟教研室》。

刘宏芳（1977—）女，山西定襄县人，硕士生导师。2015 年毕业于太原科技大学，获博士学位；2012 年美国奥本大学访问学者；2007 年任教于太原科技大学环境科学与安全学院；2021 年被评为教授。主要承担“环境监测”等课程的教学工作，主要从事土壤及地下水污染修复研究。2019 年主编学术著作《地下水中硒污染的原位纳米材料修复研究》，2018 年主持代县第二次全国污染源普查课题，公开发表学术论文 20 余篇，其中 10 篇被 SCI 收录。

齐培艳（1979—）女，山西怀仁人，硕士生导师。2002 年毕业于太原师范学院，获学士学位；2008 年毕业于西北工业大学，获硕士学位；2013 年毕业于西北工业大学，获博士学位；2017 年加拿大约克大学数学与统计系访问学者；2002 年任教于太原科技大学应科学院；2021 年被评为教授。主要承担“高等数学”“应用时间序列”“应用回归分析”等课程的教学工作，主要从事纵向数据、时间序列的变点分析的检测方法研究。2019 年主编学术著作《非线性回归模型变点分析》，2015 年主持国家自然科学基金天元项目，2016—2018 年主持山西省应用基础科研项目（非参数回归模型多变点问题的实时监测及其在金融中的应用），2022 年参与山西省应用基础科研项目（深层卷积网络中的贝叶斯统计方法研究），获 2018 年度校优秀青年教师称号。已公开发表学术论文 20 余篇，其中 6 篇 EI 收录、8 篇 SCI 收录，2 篇 CSSCI 收录。

石　慧（1979—）女，山西太原人，中共党员，硕士生导师，山西省通信学会理事，中国计算机学会会员。2001 年毕业于太原理工大学，获学士学位；2015 年毕业于太原科技大学，获博士学位；2019 年英国哈德斯菲尔德大学访问学者；2001 年任教于太原科技大学电子信息工程学院；2021 年被评为教授。主要承担“通信原理”“无线通信原理与应用”“无线传感网络”等课程的教学工作，主要从事复杂系统故障预测与健康管理研究。2021 年主编学术著作《系统剩余寿命预测与维修决策研究》，先后主持国家青年科学基金项目、山西省自然科学基金项目、山西省青年基金项目、山西省回国留学人员科研资助项目等多项科研项目，主持山西省教学改革创新项目和山西省研究生教育教学改革项目等教研项目，参与国家自然科学基金项目、山西省自然科学基金项目、山西省国际科技合作基金、山西省重点研发项目等多项科研项目；曾获山西省中青年教师教学基本功竞赛一等奖，并被山西省劳动竞赛委员会记个人一等功。获“三晋英才”青年优秀人才、太原科技大学“三育人”先进个人、太原科技大学优秀共产党员和太原科技大学优秀青年教师等多项荣誉称号。公开发表学术论文 50 余篇，其中被 SCI/EI 收录 30 余篇。授权国家发明专利 8 项。

武迎春（1984—）女，山西省朔州人，中共党员，硕士生导师。2008 年毕业于山西大同大学，获学士学位；2013 年毕业于四川大学，获博士学位；2018 年加拿大西蒙弗雷泽大学访问学者；2013 年任教于太原科技大学电子信息工程学院；2021 年被评为教授。主要承担“数字信号处理”等课程的教学工作，主要从事 3D 数据获取与处理、光场信息获取与处理、工业图像识别与处理等方面的研究。2018 年主编学术著作《基于数字条纹投影的在线深度获取技术》，2017 年主持国家自然科学青年基金项目“基于微透镜光场成像的 3D 视频获取关键技术研究”，2016 年主持山西省应用基础研究项目“3D 视频中基于结构光的深度自适应获取与表示”，2020 年主持山西省回国留学人员科研项目“4D 光场空间、角度信息融合与全聚焦图像获取”，2021 年主持山西省基础研究项目“3D 点云几何信息压缩中的高效数据精简与映射”。公开发表学术论文 30 余篇，其中 12 篇被 EI 收录、13 篇被 SCI 收录。申请国家发明专利 20 余项，其中 10 余项已授权。

张　瑞（1985—）女，山西长治人，中共党员，博士，教授，硕士生导师，山西省物理学会委员。2009 年毕业于长治学院物理学，获学士学位；2012 年毕业于东国大学（韩国）智能发光与显示专业，获硕士学位；2014 年毕业于武汉大学粒子物理与原子核物理专业，获博士学位；2014 年任教于太原科技大学；2021 年被评为教授。主要承担“发光原理与发光材料”“英语论文写作”“专业英语”等课程的教学工作，主要从事钙钛矿量子点发光、石墨烯材料应用、离子束材料改性研究。2019 年主编学术著作《离子注入法制备石墨烯》，2018—2020 年主持国家自然科学青年基金项目，2017—2017 年主持国家自然科学基金应急管理项目，2022—2024 年主持山西省自然科学基金面上项目，2020—2022 年山西省高等学校科技创新项目，主持 2016—2018 年山西省自然科学基金青年项目、2016—2018 年山西省高等学校科技创新项目，获“三晋英才”、优秀青年教师等荣誉称号。公开发表学术论文 30 余篇，其中 22 篇被 SCI 收录。

张晓红（1980—）女，山西柳林人，中共党员，硕士生导师，中国运筹学学会终身会员。2001 年毕业于山西师范大学，获学士学位；2015 年毕业于太原科技大学，获博士学位；2018—2019 年在美国阿肯色大学做访问学者；2001 年起先后任教于山西师范大学数学与计算机学院、太原科技大学经济与管理学院；2021 年被评为教授。主要承担“企业资源计划”“数据结构”等课程的教学工作，主要从事智能运维与智能决策、系统预测与健康管理等方向的研究。2020 年主编学术著作《多部件系统维修与备件库存联合决策模型与方法》，2015—2021 年先后主持和参与国家自然科学基金项目 3 项，省部级项目

10 余项，获山西省“百部（篇）工程”、山西省社会科学研究优秀成果、山西省高等学校科学研究优秀成果一、二等奖共 4 次。公开发表学术论文 50 余篇，其中 20 余篇被 EI、10 余篇被 SCI 收录。

张新鸿（1979—）男，山西临汾人，中共党员，硕士生导师，教育部学位与研究生教育发展中心评议专家，美国数学会 Mathematical Reviews 评论员。2001 年毕业于山西大学，获学士学位；2014 年毕业于山西大学，获博士学位；2001 年任教于太原科技大学；2021 年被评为教授。主要承担“数学分析”“高等数学”“有向图理论”等课程的教学工作，主要从事图论及其应用方面的研究。2019 年主编学术著作《有向图的竞争图和 H 强迫集》，2018 年、2021 年主持山西省自然科学基金（面上项目）2 项，2015 年参与国家自然科学基金两项，获“校优秀共产党员”“三育人”先进个人等多项荣誉称号，2016 年获“全国大学数学微课程教学设计竞赛”全国二等奖、华北赛区特等奖、山西省赛区一等奖各 1 项，山西省中青年教师教学基本功竞赛二等奖 2 项，并被山西省劳动竞赛委员会记个人一等功、二等功各 1 次。公开发表学术论文 20 余篇，其中 10 篇被 SCI 收录。

附录C　1983—2022年太原科技大学机构变迁及干部名录

表C-1　机关等单位机构变迁及处级干部名录

部　门	姓　名	任职时间	职　务	备　注
党委办公室	赵瞧云	不详—1984年3月	副主任	
	王　容	1984年3月—1985年1月	主任	
	赵瞧云	1984年3月—1987年3月	协理员（正处级）	
	王耀文	1985年1月—1986年3月	主任	
	刘忠文	1984年3月—1986年3月	副主任	
	成秀明	1986年3月—1988年3月	主任	
	薛增瑞	1988年4月—1993年1月	副主任（1990年12月主持工作）	
	安德智	1991年5月—1993年1月	主任	
	薛增瑞	1993年1月—1995年9月	主任	
	牛志霖	1993年1月—1994年3月	副主任	
	王　容	1993年3月—1994年3月	正处级调研员	
	牛志霖	1994年3月—1995年1月	副主任（主持工作）	
	王继英	1995年1月—1997年11月	主任（兼）	与院长办公室合署办公
	胡林祥	1997年11月—2001年3月	主任	
	邓学成	2001年3月—2011年2月	主任	
	朱立人	2006年6月—2011年2月	副主任	
	赵培青	2006年12月—2007年11月	副处级专职保密检查员	
	朱立人	2011年2月—2016年11月	主任	
	刘国帅	2011年12月—2017年3月	副主任	
	李保英	2016年11月—2017年12月	主任	
	康永征	2017年4月—2019年7月	副主任	
	王利红	2017年9月—2021年4月	副主任	
	康永征	2019年7月—今	主任	
	李　玮	2019年12月—今	副主任（晋城校区）	
党委组织部	游潜义	1984年3月—1985年1月	副部长（主持工作）	
	成秀明	1984年3月—1986年3月	副部长	
	陈瑞章	1984年11月—1988年3月	副处级秘书	
	王　容	1985年1月—1986年3月	部长	
	李捷三	1986年3月—1988年3月	部长	
	师　谦	1986年3月—1988年3月	副部长	

（续）

部门	姓名	任职时间	职务	备注
党委组织部	成秀明	1988年3月—1990年12月	部长	
	李捷三	1988年4月—1991年3月	调研员（正处级）	
	杜八先	1990年12月—1993年1月	部长	
	黄东保	1993年1月—1995年1月	部长	
	王海儒	1995年1月—1997年7月	部长	
	武杰	1997年7月—2001年3月	部长	
	杜江峰	2001年3月—2011年2月	部长	2006年6月—2016年11月与统战部合署办公
	白世成	2001年3月—2006年5月	副部长（兼）	
	张文杰	2006年6月—2012年2月	副部长	
	刘翠荣	2011年2月—2016年11月	部长	
	杨海庆	2012年2月—2014年12月	副部长	
	朱立人	2016年11月—2021年9月	部长	
	王莉珍	2017年4月—2021年4月	副部长	
	张慧锋	2020年10月—今	副部长	
	王利红	2021年4月—今	副部长	
	康永征	2021年9月—今	部长	
党委宣传部	吉登云	不详—1988年4月	部长	
	王希曾	不详—1984年3月	副部长	
	崔新喜	1984年3月—1988年3月	副部长	
	张锦秀	1988年4月—1993年1月	部长	1988年4月—2006年5月与统战部合署办公
	张钦	1988年4月—1993年1月	副部长	
	吉登云	1988年4月—1993年3月	调研员（正处级）	
	王红光	1990年12月—1993年1月	副部长	
	叶宁华	1993年1月—1995年1月	副部长（主持工作）	
	赵民胜	1993年1月—2001年3月	副部长	
	张锦秀	1993年3月—1995年12月	调研员（正处级）	
	安德智	1995年1月—2001年3月	部长	
	赵民胜	2001年3月—2011年2月	部长	
	刘秀珍	2001年3月—2006年6月	副部长	
	李新明	2006年6月—2011年2月	新闻中心主任（副处级）、副部长	
	杜江峰	2011年2月—2013年1月	部长	
	李志忠	2011年2月—2017年3月	新闻中心主任（副处级）、副部长	
	王慧霖	2013年1月—2021年9月	部长	
	董朝辉	2017年4月—2021年4月	副部长	
	宋静	2017年12月—今	副部长	
	王平平	2021年9月—今	部长	
	李海平	2022年3月—今	副部长	

（续）

部　门	姓　名	任职时间	职　务	备　注
党委统战部	高景尼	不详—1984年3月	部长	
	李捷三	1984年3月—1986年3月	部长	
	张锦秀	1986年3月—1988年4月	部长	
	张锦秀	1988年4月—1993年1月	部长（兼）	
	张锦秀	1993年3月—1995年12月	调研员（正处级）	
	叶宁华	1993年1月—1995年1月	副部长（主持工作）	
	赵民胜	1993年1月—2001年3月	副部长	
	安德智	1995年1月—2001年3月	部长	
	赵民胜	2001年3月—2006年5月	部长	
	刘秀珍	2001年3月—2006年6月	副部长	
	杜江峰	2006年5月—2011年2月	部长	
	张文杰	2006年6月—2012年2月	副部长	
	刘翠荣	2011年2月—2016年11月	部长	
	杨海庆	2012年2月—2014年12月	副部长	
	朱立人	2016年11月—2016年12月	部长	
	张文杰	2016年12月—2017年12月	部长	2016年11月14日新设
	马旭军	2017年4月—2017年12月	副部长	
	李保英	2017年12月—2021年9月	部长	
	赵雪梅	2017年12月—今	副部长	
	张文杰	2021年9月—今	部长	
纪委监察审计	王希曾	1984年3月—1984年11月	院纪检委筹备组副主任（正处级）	
	梁斌秀	1984年3月—1984年11月	院纪检委筹备组副主任（副处级）	
	徐仲侃	1984年3月—1987年3月	院纪检委（筹）协理员（正处级）	
	王希曾	1984年11月—1990年12月	纪检委副书记（正处级）	
	梁斌秀	1984年11月—1987年1月	纪检委副书记（副处级）	
	梁斌秀	1987年1月—1988年5月	兼纪检委副书记（正处级）	
	李海荣	1988年3月—1990年12月	监察处处长	
	陈瑞章	1988年3月—1990年12月	监察处副处长	
	梁斌秀	1988年5月—1993年3月	监察处调研员（正处级）	
	赵如林	1989年10月—1990年12月	监察处副处长	
	李海荣	1990年12月—1993年1月	监察审计处处长	
	陈瑞章	1990年12月—1993年1月	监察审计处副处长	
	赵如林	1990年12月—1993年1月	监察审计处副处长	
	郭春泰	1990年12月—1993年3月	纪检委调研员（正处级）	
	张国维	1993年1月—1995年1月	纪委、监察、审计副书记	
	李海荣	1993年3月—1995年10月	纪委、监察、审计调研员（正处级）	
	梁斌秀	1993年3月—1994年3月	纪委、监察、审计调研员（正处级）	

（续）

部　门	姓　名	任职时间	职　务	备　注
纪委监察审计	陈瑞章	1993年3月—1995年6月	纪委、监察、审计调研员（副处级）	
	张国维	1995年1月—1997年12月	纪检委副书记兼监察处处长	
	金焕斋	1999年4月—2006年5月	纪委副书记兼监察处处长	
	金焕斋	2006年5月—2010年6月	纪委副书记兼纪委办公室主任、监察处处长	
	黄　缘	2006年12月—2007年11月	监察处副处级监察员	
	金焕斋	2010年6月—2011年2月	监察处处长	
	吴素萍	2010年6月—2011年1月	纪委副书记	
	吴素萍	2011年1月—2019年11月	纪委副书记、监察处处长	
	金焕斋	2011年2月	监察处正处级监察员	
	赵卫平	2017年4月—2019年11月	太原科技大学纪委办公室副主任、纪检监察专员	
	赵　军	2017年9月—2019年11月	监察处副处长	
	赵卫平	2021年2月—2019年11月	中共太原科技大学纪律检查委员会（监察专员办公室）第二纪检监察室主任（副处级）	
	赵　军	2021年2月—2019年11月	中共太原科技大学纪律检查委员会（监察专员办公室）综合室主任（副处级）	
纪委办公室	吴素萍	2019年11月—2020年12月	纪委副书记、监察处处长	2019年11月更名为纪委办公室
	赵卫平	2019年11月—2021年2月	纪委办公室副主任、纪检监察专员	
	赵　军	2019年11月—2021年2月	监察处副处长	
纪检（监察）机构	赵卫平	2021年2月—2022年4月	中共太原科技大学纪律检查委员会（监察专员办公室）第二纪检监察室主任（副处级）	2021年3月更名为纪检（监察）机构
	赵　军	2021年2月—今	中共太原科技大学纪律检查委员会（监察专员办公室）综合室主任（副处级）	
	霍　刚	2021年2月—今	中共太原科技大学纪律检查委员会（监察专员办公室）第一纪检监察室主任（副处级）	
	田文婧	2021年9月—今	纪委副书记	
审计处	张恩来	1994年3月—2001年3月	审计室主任（正处级）	
	闫　岩	1997年7月—1999年1月	审计室副主任（正处级）	
	张恩来	2001年3月—2011年2月	处长	
	张恩来	2011年2月	正处级调研员	
	刘立功	2011年2月—2016年12月	处长	
	郭巧英	2012年2月—2021年4月	副处长	
	冯雪娟	2016年11月—2017年3月	副处长	
	冯雪娟	2017年3月—2021年4月	处长	
审计部	冯雪娟	2021年4月—2022年3月	部长	2021年3月更名为审计部
	郭巧英	2021年4月—2022年3月	副部长	
	王学军	2022年3月—今	部长	
	杨耀田	2022年3月—今	副部长	

（续）

部　门	姓　名	任 职 时 间	职　务	备　注
离退休工作处	高景尼	1984 年 3 月—1985 年 12 月	老干部办公室主任（正处级）	
	李绍山	1986 年 3 月—1988 年 3 月	老干部办公室副主任（副处级）	
	刘忠文	1986 年 3 月—1988 年 3 月	老干部办公室副主任（副处级）	
	董　睿	1989 年 10 月—1990 年 12 月	离退休工作处副处长	
	赵玉衡	1990 年 12 月—1993 年 1 月	老干部处副处长（主持工作）	
	杨宪维	1990 年 12 月—1993 年 1 月	老干部处副处长	
	赵玉衡	1993 年 1 月—1995 年 1 月	副处长（主持工作）	
	杨宪维	1993 年 1 月—1995 年 1 月	副处长	
	胡双全	1995 年 1 月—2001 年 3 月	副处长（主持工作）	
	李林保	1995 年 7 月—2006 年 5 月	副处长	
	段书和	1996 年 7 月—2001 年 3 月	党总支副书记（正处级）	
	段书和	2001 年 3 月	保留正处级待遇	
	胡双全	2001 年 3 月—2010 年 5 月	处长兼党总支书记	
	赵卫平	2006 年 6 月—2010 年 5 月	副处长、党总支副书记	
	李林宝	2006 年 5 月	副处级调研员	
	陶凤英	2006 年 6 月	正处级调研员	
	皇甫广寿	2010 年 5 月—2019 年 12 月	处长兼党委书记	
	赵卫平	2010 年 5 月—2017 年 4 月	副处长、党委副书记	
	胡双全	2010 年 6 月	正处级调研员	
	皇甫广寿	2019 年 12 月—2021 年 4 月	党委书记	
	李玉梅	2017 年 4 月—2021 年 4 月	副处长、党委副书记	
	高建伟	2019 年 12 月—2021 年 3 月	处长	
离退休工作部	皇甫广寿	2021 年 4 月—2021 年 9 月	党委书记	2021 年 3 月更名为离退休工作部
	李玉梅	2021 年 4 月—今	党委副书记、副部长	
	皇甫广寿	2021 年 9 月—今	部长	
	王慧霖	2021 年 9 月—今	党委书记	
工会	孙锦章	不详—1984 年 3 月	主席	
	翟瑞成	不详—1984 年 3 月	副主席	
	翟瑞成	1984 年 3 月—1989 年 3 月	工会协理员（副处级）	
	孔杰文	1984 年 3 月—1995 年 1 月	副主席	
	金玉华	1984 年 3 月—1986 年 3 月	副主席	
	王　容	1986 年 3 月—1993 年 1 月	主席（正处级）	
	杜八先	1993 年 1 月—1994 年 6 月	主席（正处级）	
	杜八先	1994 年 6 月—1997 年 11 月	主席（期间享受院党委副职级干部待遇）	
	孔杰文	1995 年 1 月—2000 年 6 月	副主席（正处级）	
	王继英	1997 年 11 月—2002 年 9 月	主席（正处级）	
	孔杰文	2000 年 6 月	保留正处级待遇	

（续）

部门	姓名	任职时间	职务	备注
工会	张小平	2000年6月—2004年1月	副主席（兼职）	
	王继英	2002年9月	保留待遇	
	李新生	2002年9月—2010年5月	主席（正处级）	
	双远华	2004年1月—2010年12月	副主席	
	李玉梅	2006年6月—2017年4月	副主席	
	朱婉静	2006年6月	正处级调研员	
	双远华	2010年12月—2016年12月	主席	
	于少娟	2010年12月—2017年12月	副主席（兼职）	
	乔彬	2010年12月—2017年3月	副主席（兼职）	
	刘卯生	2016年12月—2021年11月	主席	
	于少娟	2017年12月—今	副主席	
	朱立人	2022年1月—今	主席	
团委	王台惠	1985年1月—1986年3月	书记（兼）	
	王台惠	1988年3月—1988年12月	书记（副处级）	
	王台惠	1988年12月—1991年5月	书记（正处级）	
	杜江峰	1988年12月—1991年5月	副书记（副处级）	
	叶宁华	1991年5月—1993年1月	副书记（主持工作）	
	成宏	1991年5月—1994年3月	副书记（副处级）	1993年1月主持工作
	成宏	1994年3月—1997年7月	书记（正处级）	
	靳秀荣	1994年3月—1995年1月	副书记（副处级）	
	刘润民	1994年3月—1995年1月	副书记（副处级）	
	邓学成	1995年1月—2001年3月	副书记（副处级）	1997年7月主持工作
	马鸽昌	2001年3月—2003年8月	书记（正处级）	
	李志权	2001年3月—2006年6月	副书记（副处级）	
	李志权	2006年6月—2009年3月	书记（正处级）	
	王平平	2007年4月—2010年12月	副书记	
	王平平	2010年12月—2016年12月	书记	
	康永征	2010年12月—2011年12月	副书记	
	姚树山	2012年1月—2016年12月	副书记	
	彭英	2016年12月—2017年12月	副书记	
	殷利红	2017年9月—今	副书记（晋城校区）	
	彭英	2017年12月—今	书记	
	孟香	2017年12月—今	副书记	
机关党委	王希曾	1986年4月—1990年12月	党委机关直属党支部书记（兼）	
	安德智	1991年5月—1993年1月	党委机关直属党支部书记（兼）	

（续）

部　门	姓 名	任职时间	职　务	备　注
机关党委	张国维	1993 年 1 月—1995 年 1 月	党委机关直属党支部书记（兼）	
	刘永成	1995 年 1 月—2001 年 3 月	机关党总支书记	
	白世成	2001 年 3 月—2006 年 5 月	机关党总支书记	
	刘永成	2001 年 3 月—2001 年 12 月	正处级调研员	
	刘永成	2001 年 12 月	保留正处级待遇	
	李润珍	2006 年 5 月—2009 年 3 月	机关党委书记	
	吴素萍	2009 年 3 月—2010 年 5 月	机关党委副书记（兼）	
	吴素萍	2010 年 5 月—2011 年 2 月	机关党委书记	
	李新明	2011 年 2 月—2017 年 8 月	机关党委书记	
	李保英	2017 年 8 月—2020 年 2 月	机关党委书记	
	朱立人	2017 年 8 月—今	机关党委副书记	
	康永征	2020 年 2 月—今	机关党委书记	
院长办公室	龚维俭	不详—1984 年 3 月	主任	
	袁培刚	不详—1984 年 3 月	副主任	
	袁培刚	1984 年 3 月—1990 年 5 月	主任	
	龚维俭	1984 年 3 月—1988 年 3 月	协理员（正处级）	
	李绍山	1984 年 3 月—1986 年 3 月	副主任	
	王继英	1988 年 4 月—1990 年 12 月	副主任	
	王　敏	1988 年 4 月—1990 年 12 月	副主任	
	朱国荣	1988 年 5 月—1989 年 3 月	调研员（正处级）	
	王继英	1990 年 12 月—1993 年 1 月	副主任（主持工作）	
	王　敏	1990 年 12 月—1995 年 1 月	副主任兼外事办公室主任	
	王继英	1993 年 1 月—1997 年 11 月	主任	
	王　鹰	1993 年 1 月—1995 年 1 月	院长助理	
	杨型健	1995 年 1 月—1997 年 7 月	院长助理兼改革办主任	
	张金旺	1996 年 2 月—1999 年 10 月	院长助理	
	王海儒	1996 年 2 月—2000 年 4 月	院长助理	
	张少琴	1997 年 7 月—2000 年 4 月	院长助理	
	胡林祥	1997 年 11 月—2001 年 3 月	主任	
	柴跃生	2001 年 3 月—2004 年 9 月	主任	
	刘　洪	2001 年 3 月—2004 年 9 月	副主任	
校长办公室	柴跃生	2004 年 9 月—2006 年 6 月	主任	
	刘　洪	2004 年 9 月—2006 年 6 月	副主任	
	刘　洪	2006 年 6 月—2016 年 12 月	主任	
	郭相宏	2006 年 6 月—2011 年 2 月	副主任	
	王学军	2006 年 6 月—2014 年 12 月	副主任	
	赵秀兰	2006 年 12 月—2008 年 3 月	副处级专职保密检查员	

（续）

部　门	姓　名	任 职 时 间	职　务	备　注
校长办公室	高建伟	2011 年 2 月—2017 年 3 月	副主任	
	双志宏	2014 年 11 月—2019 年 12 月	副主任	
	高建伟	2017 年 3 月—2019 年 12 月	主任	
	王延波	2017 年 12 月—今	副主任	
	丁庆伟	2019 年 12 月—2021 年 3 月	副主任（主持工作）	
	丁庆伟	2021 年 3 月—今	主任	
人事处	李捷三	不详—1984 年 3 月	处长	
	仵陞良	1984 年 3 月—1986 年 3 月	处长	
	程贵炯	1986 年 3 月—1990 年 12 月	处长	
	刘永成	1986 年 3 月—1990 年 12 月	副处长	
	刘永成	1990 年 12 月—1993 年 1 月	副处长（主持工作）	
	张永鹏	1990 年 12 月—1993 年 1 月	副处长	
	张永鹏	1993 年 1 月—1994 年 3 月	副处长（主持工作）	
	张永鹏	1994 年 3 月—1995 年 1 月	处长	
	张恩来	1993 年 1 月—1994 年 3 月	副处长	
	高建民	1995 年 1 月—1997 年 1 月	处长	
	叶宁华	1995 年 1 月—1998 年 2 月	副处长（正处级）	
	叶宁华	1998 年 2 月—1998 年 11 月	处长	
	韩如成	1998 年 8 月—2001 年 3 月	副处长	
	韩如成	2001 年 3 月—2006 年 5 月	处长	
	朱婉静	2001 年 3 月—2006 年 6 月	副处长	
	吴素萍	2001 年 3 月—2006 年 6 月	副处长	
人事教育处	刘立功	2006 年 5 月—2011 年 2 月	处长	
	晋民杰	2006 年 6 月—2012 年 2 月	副处长	
	吴素萍	2006 年 6 月—2011 年 2 月	副处长	
	邓学成	2011 年 2 月—2016 年 11 月	处长	
	杜晓钟	2011 年 2 月—2017 年 4 月	副处长	
	杨耀田	2011 年 2 月—2017 年 12 月	副处长	
	孙培峰	2011 年 2 月	保留正处级待遇	
人力资源处	靳秀荣	2016 年 11 月—2017 年 12 月	处长	2016 年 11 月更名为人力资源处
	苏尚宏	2017 年 9 月—2021 年 4 月	副处长	
	王学军	2017 年 12 月—2021 年 4 月	处长	
	张慧锋	2017 年 12 月—2021 年 4 月	副处长	
人力资源部	王学军	2021 年 4 月—今	部长	2021 年 3 月更名为人力资源部
	苏尚宏	2021 年 4 月—今	副部长	
	张慧锋	2021 年 4 月—今	副部长	

（续）

部　门	姓 名	任 职 时 间	职　务	备　注
教务处	朱永昭	不详—1985年11月	处长	
	王耀文	不详—1984年3月	副处长	
	吴　林	1983年12月—1985年9月	教学机关党总支书记	
	梁爱生	1984年3月—1986年3月	副处长	
	闫　进	1984年3月—1986年3月	副处长	
	游潜义	1985年1月—1986年3月	副处长	
	王耀文	1986年3月—1993年1月	党支部书记兼副处长（正处级）	
	徐永华	1986年3月—1993年1月	处长	
	李天佑	1986年3月—1988年3月	副处长	
	张恩来	1988年4月—1993年1月	副处长	
	梁应彪	1988年4月—1995年1月	副处长	
	勾洪桂	1988年5月—1990年3月	调研员（正处级）	
	王　鹰	1993年1月—1995年1月	院长助理兼教务处处长	
	王耀文	1993年1月—1995年1月	党支部书记、常务副处长（正处级）	
	张　洪	1993年1月—1995年1月	副处长	
	李绍山	1993年3月—1995年1月	调研员（副处级）	
	秦德华	1993年3月—1995年12月	调研员（正处级）	
	黄东保	1995年1月—1996年7月	党总支书记	
	李永堂	1995年1月—2001年3月	处长	
	陶元芳	1995年1月—2001年3月	副处长（正处级）	
	石　冰	1995年1月—2001年3月	副处长	
	张　钦	1996年7月—2001年3月	党总支书记	
	陶元芳	2001年3月—2002年3月	处长	
	石　冰	2001年3月—2002年3月	副处长（正处级）	
	文彤民	2001年3月—2006年6月	副处长	
	张小平	2002年3月—2006年5月	处长	
	牛学仁	2002年3月—2006年6月	副处长	
	韩如成	2006年5月—2011年2月	处长	
	李淑娟	2006年6月—2011年2月	副处长	
	权旺林	2006年6月—2017年4月	副处长	
	牛学仁	2006年6月	正处级调研员	
	卓东风	2006年1月—2011年2月	教学评估办专职副主任（正处级）	
	杜艳平	2006年1月—2011年2月	教学评估办副主任（副处级）	
	高慧敏	2006年1月—2011年2月	教学评估办副主任（副处级）	
	卓东风	2011年2月—2017年3月	教学质量监控与评估中心主任	
	闫献国	2011年2月—2016年11月	处长	
	王希云	2011年2月—2017年3月	副处长	

（续）

部　门	姓 名	任 职 时 间	职　务	备　注
教务处	李淑娟	2011 年 2 月	正处级调研员	
	任利成	2016 年 11 月—2017 年 4 月	处长	
	李　虹	2017 年 4 月—2019 年 7 月	副处长	
	刘志奇	2017 年 4 月—2021 年 4 月	副处长	
	刘明星	2017 年 9 月—2021 年 4 月	副处长	
	周宝平	2017 年 9 月—2021 年 4 月	副处长（晋城校区）	
	李　虹	2019 年 7 月—2021 年 4 月	处长	
	王志强	2020 年 11 月—2021 年 4 月	副部长（晋城校区）	
教务部	李　虹	2021 年 4 月—今	部长	2021 年 3 月更名为教务部
	刘志奇	2021 年 4 月—今	副部长	
	刘明星	2021 年 4 月—今	副部长	
	周宝平	2021 年 4 月—今	副部长（晋城校区）	
	王志强	2021 年 4 月—今	副部长（晋城校区）	
学生处	郭春泰	不详—1984 年 3 月	学生工作处副处长	
	王耀文	1984 年 3 月—1985 年 1 月	学生工作部部长	
	王台惠	1985 年 1 月—1986 年 3 月	学生工作部副部长	
	李永善	1986 年 3 月—1990 年 12 月	学生处处长	
	王台惠	1986 年 3 月—1988 年 3 月	学生处副处长	
	王台惠	1988 年 3 月—1991 年 5 月	学生处副处长（兼）	
	白世成	1988 年 4 月—1995 年 1 月	学生处副处长	
	郭春泰	1988 年 5 月—1990 年 12 月	调研员（正处级）	
	师　谦	1990 年 12 月—1991 年 5 月	副处长（主持工作）	
	师　谦	1991 年 5 月—1995 年 1 月	学生处处长、学工部部长	
	成　宏	1994 年 3 月—1995 年 1 月	学生处副处长（兼）	
	白世成	1995 年 1 月—2001 年 3 月	处长兼学工部部长	
	靳秀荣	1995 年 1 月—2001 年 3 月	副处长兼学工部副部长	
	成　宏	1995 年 1 月—1997 年 7 月	副处长、学工部副部长（兼）	
	周正民	1996 年 2 月—2001 年 3 月	副处长、学工部副部长	
	靳秀荣	2001 年 3 月—2011 年 2 月	处长、学工部部长	
	李保英	2001 年 3 月—2006 年 6 月	副处长、学工部副部长	
	赵　宇	2006 年 6 月—2011 年 2 月	学工部副部长、副处长	
	萨海斌	2006 年 6 月—2011 年 2 月	国防教育中心主任兼副处长（副处级）	
	李保英	2011 年 2 月—2016 年 11 月	学生工作部部长、学生处处长	
	丁庆伟	2011 年 12 月—2017 年 4 月	学生工作部副部长、学生处副处长	
	刘向军	2016 年 11 月—2021 年 4 月	学生工作部部长、学生处处长	
	韩建华	2017 年 4 月—2020 年 7 月	学生工作部副部长、学生处副处长	
	赵明煜	2017 年 4 月—2021 年 4 月	学生工作部副部长、学生处副处长	
	张国辉	2020 年 7 月—2021 年 4 月	学生工作部副部长、学生处副处长	

（续）

部　门	姓　名	任职时间	职　务	备　注
学生工作部	刘向军	2021年4月—今	部长	2021年3月更名为学生工作部
	赵明煜	2021年4月—今	副部长	
	张国辉	2021年4月—今	副部长	
科研处	刘健吾	不详—1984年9月	副处长	
	彭瑞棠	1983年12月—1986年3月	处长	
	马克悌	1983年12月—1990年12月	副处长	
	贝彦良	1986年3月—1988年12月	处长	
	游潜义	1986年3月—1987年10月	直属党支部书记（副处级）	
	游潜义	1987年10月—1988年3月	党总支书记（正处级）	
	李天佑	1988年3月—1990年12月	党总支副书记兼副处长（主持总支工作）	
	游潜义	1988年5月—1991年3月	调研员（正处级）	
	李天佑	1990年12月—1992年11月	党总支书记兼副处长（正处级）	
	马克悌	1990年12月—1993年1月	技术开发部主任兼科研处副处长（正处级）	
	王　鹰	1990年12月—1993年1月	处长	
	郝莉莉	1990年12月—1993年3月	副处长	
	王海儒	1993年1月—1995年1月	处长、党总支书记	
	季新培	1993年1月—1994年12月	副处长	
	黄庆学	1993年1月—1995年7月	副处长	
	马克悌	1993年3月—1997年10月	调研员（正处级）	
	刘　中	1994年3月—1995年1月	副处长	
科技外事处	王　敏	1995年1月—1996年7月	党总支书记兼外事办公室主任（正处级）	
	迟永滨	1995年1月—1996年7月	处长	
	张金旺	1995年1月—1995年7月	副处长	
	刘　中	1995年1月—1998年11月	副处长	
	黄庆学	1995年7月—1996年7月	副处长	
	迟永滨	1996年7月—1998年11月	党总支书记	
	王　敏	1996年7月—2001年3月	外事办公室主任（正处级）	
	黄庆学	1996年7月—2001年3月	处长	
	孙志毅	1996年7月—1998年8月	副处长	
	华小洋	1998年11月—2001年3月	副处长	
科技处	孙志毅	2001年3月—2006年5月	处长	
	闫献国	2001年3月—2006年6月	副处长	
	郝玉峰	2001年3月—2006年6月	副处长	
科技产业处	王台惠	2006年5月—2012年2月	党总支书记	
	钱天伟	2006年6月—2014年12月	处长	
	闫献国	2006年6月—2011年2月	副处长	
	闫志杰	2006年6月—2011年2月	副处长	

（续）

部 门	姓 名	任职时间	职 务	备 注
科技产业处	王建平	2006 年 10 月	正处级调研员	
	宋建丽	2011 年 2 月—2014 年 7 月	副处长	
	蔡江辉	2011 年 2 月—2016 年 12 月	副处长	
	高 蕊	2011 年 12 月—2016 年 12 月	党总支书记（兼）	
	康永征	2011 年 12 月—2016 年 12 月	副处长	
	王台惠	2012 年 2 月	正处级调研员	
科学技术处	孟文俊	2016 年 12 月—2017 年 7 月	处长	2016 年 11 月更名为科学技术处
	蔡江辉	2016 年 12 月—2017 年 3 月	副处长	
	康永征	2016 年 12 月—2017 年 4 月	副处长	
	董增寿	2017 年 4 月—2020 年 9 月	副处长	
	韩 刚	2017 年 7 月—2021 年 4 月	处长	
	马旭军	2017 年 12 月—2021 年 4 月	副处长	
	杜晓钟	2020 年 4 月—2021 年 4 月	副处长（兼）	
	王安红	2020 年 4 月—2021 年 4 月	副处长（兼）	
	张克维	2020 年 4 月—2021 年 4 月	副处长（兼）	
	王文利	2020 年 4 月—2021 年 4 月	副处长（兼）	
	郭晓方	2020 年 4 月—2020 年 9 月	副处长（兼）	
科学技术部	韩 刚	2021 年 4 月—2022 年 2 月	部长	2021 年 3 月更名为科学技术部，2022 年 3 月更名为科学技术研究院
	马旭军	2021 年 4 月—今	副部长	
	楚志兵	2021 年 4 月—今	副部长	
	杜晓钟	2021 年 4 月—今	副部长（兼）	
	王安红	2021 年 4 月—今	副部长（兼）	
	张克维	2021 年 4 月—今	副部长（兼）	
	王文利	2021 年 4 月—今	副部长（兼）	
	何秋生	2022 年 2 月—今	部长	
研究生部	迟永滨	1996 年 7 月—1998 年 11 月	主任（兼）	
	梁 焰	1998 年 8 月—1999 年 6 月	副主任	
	华小洋	1999 年 6 月—2001 年 3 月	副主任（主持工作）	
研究生处	黄庆学	2001 年 3 月—2006 年 5 月	处长、学科学位办主任	
	周晓章	2001 年 3 月—2006 年 5 月	副处长、学科学位办副主任	
	刘翠荣	2001 年 3 月—2006 年 6 月	副处长、学科学位办副主任	
研究生学院	马鸽昌	2006 年 5 月—2016 年 12 月	党总支书记兼综合办公室主任	
	刘翠荣	2006 年 6 月—2011 年 2 月	学科学位办主任兼研究生学院副院长（正处级）	
	张井岗	2006 年 6 月—2011 年 2 月	副院长兼研究生培养办公室主任（正处级）	
	黄庆学	2006 年 6 月—2011 年 2 月	院长（兼）	
	张井岗	2011 年 2 月—2016 年 12 月	院长	
	闫志杰	2011 年 2 月—2016 年 12 月	副院长	

（续）

部　门	姓 名	任 职 时 间	职　务	备　注
研究生院	张学良	2016年12月—2017年8月	院长	2016年11月更名为研究生院
	闫志杰	2016年12月—2017年8月	副院长	
	李新明	2017年1月—2021年5月	党总支书记	
	李亨英	2017年4月—2021年5月	副院长	
	张学良	2017年8月—2021年5月	党总支副书记、院长	
	殷玉枫	2017年4月—2021年5月	副院长	
研究生学院	李新明	2021年5月—2021年9月	党总支书记	
	张学良	2021年5月—2022年2月	党总支副书记、院长	
	李亨英	2021年5月—今	副院长	
	殷玉枫	2021年5月—今	副院长	
	吴素萍	2021年9月—今	党总支书记	
	王建梅	2022年2月—今	党总支副书记、院长	
研究生工作部	李新明	2021年5月—今	部长	2021年3月更名为研究生工作部
学科办	张学良	2011年1月—2016年12月	主任	
	高慧敏	2011年2月—2012年6月	副主任	
招生办	张永鹏	2001年3月—2006年5月	招生办主任	
	张永鹏	2006年5月	正处级调研员	
招生就业处	李保英	2006年6月—2011年2月	处长	
	杨喜红	2006年6月—2017年4月	副处长	
	靳秀荣	2011年2月—2017年3月	处长	
财务处	孙宝山	不详—1984年3月	副处长	
	赵如林	1984年3月—1988年4月	副处长	
	孙宝山	1986年11月—1988年4月	处长	
	杨型健	1988年4月—1993年1月	处长	
	何云景	1988年4月—1993年1月	副处长	
	孙宝山	1988年5月—1989年3月	调研员（正处级）	
	贾元铎	1993年1月—1995年1月	处长	
	赵如林	1993年1月—1995年1月	副处长	
	张恩来	1994年3月—2001年5月	副处长（兼）	
	贾元铎	1995年1月—1997年11月	财务处总会计师	
	赵如林	1995年1月—2001年3月	处长	
	赵如林	1997年11月—2001年3月	总会计师	
	赵如林	2001年3月—2006年5月	院长财务助理	
	李俊林	2001年5月—2006年6月	副处长（主持工作）	
	杨　勇	2001年5月—2006年6月	副处长	
	赵如林	2006年5月	正处级调研员	

（续）

部　门	姓　名	任职时间	职　务	备　注
财务处	李俊林	2006年6月—2014年12月	处长	
	冯雪娟	2006年6月—2016年11月	副处长	
	韩政荣	2011年2月—2016年11月	副处长	
	杨　勇	2011年2月	正处级调研员	
计划财经处	韩政荣	2016年11月—2019年7月	副处长	2016年11月更名为计划财经处
	郝剑凯	2017年9月—2021年4月	副处长	
	韩政荣	2019年7月—2021年4月	处长	
	毕　洪	2020年11月—2021年4月	副处长	
计划财经部	韩政荣	2021年4月—今	部长	2021年3月更名为计划财经部
	郝剑凯	2021年4月—今	副部长	
	毕　洪	2021年4月—今	副部长	
物资处	郭春泰	1984年3月—1986年3月	处长	
	谢资明	1984年3月—1985年5月	副处长	
	孙宝山	1984年3月—1986年11月	协理员（副处级）	
基建物资处	谢资明	1985年5月—1986年3月	基建处处长	
	秦德华	1986年3月—1988年3月	直属党支部书记兼副处长（正处级）	
	谢资明	1986年3月—1988年3月	处长	
	黄挺生	1986年10月—1988年3月	副处长	
基建设备处	秦德华	1988年3月—1993年1月	直属党支部书记兼副处长	
	谢资明	1988年3月—1993年1月	处长	
	黄挺生	1988年3月—1993年1月	副处长	
	李绍山	1988年5月—1990年12月	副处长	
	李绍山	1990年12月—1993年3月	调研员（副处级）	
物资基建处	房振金	1993年1月—1994年3月	党支部副书记兼副处长（主持支部工作）	
	闫　岩	1993年1月—1995年9月	处长	
	谢资明	1993年3月—1996年2月	调研员（正处级）	
	房振金	1994年3月—1995年7月	直属党支部书记	
	雷建民	1995年1月—1996年3月	副处长（主持工作）	
	闫　岩	1995年9月—1996年3月	基建房产处处长	
资产管理处	雷建民	1996年3月—1996年8月	副处长、直属党支部副书记（主持支部工作）	
	闫　岩	1996年3月—1997年7月	处长	
	董　良	1996年8月—1997年7月	直属党支部书记兼副处长	
	成　宏	1997年7月—1998年11月	处长兼直属党支部书记	
	王宥宏	1997年7月—2000年4月	副处长	
	张有慧	2000年4月—2001年3月	副处长	
	张有慧	2001年3月—2006年6月	副处长（主持工作）	

（续）

部门	姓名	任职时间	职务	备注
发展规划建设处	张有慧	2006年6月—2016年12月	处长	
	杨勇	2006年6月—2011年2月	副处长	
	张英俊	2011年2月—2014年11月	副处长	
	冯晓卫	2011年2月—2016年12月	副处长	
基本建设管理处	张英俊	2016年12月—2021年4月	处长	2016年11月更名为基本建设管理处
	孟庆袖	2017年4月—2021年4月	副处长	
	冯晓卫	2016年12月—2021年4月	副处长	
基本建设管理部	张英俊	2021年4月—今	部长	2021年3月更名为基本建设管理部
	孟庆袖	2021年4月—今	副部长	
	冯晓卫	2021年4月—2021年11月	副部长	
资产与实验室管理处	雷建民	2001年3月—2006年6月	实验管理中心副主任（主持工作）	
	陈永红	2001年3月—2006年6月	实验管理中心副主任	
	陈永红	2006年6月	正处级调研员	
	雷建民	2006年6月—2014年12月	处长	
	王守信	2006年6月—2016年11月	副处长	
	王二才	2006年6月—2016年11月	副处长	
资产管理处	王守信	2016年11月—2017年3月	副处长	2016年11月更名为资产管理处
	王二才	2016年11月—2017年4月	副处长	
	李玉贵	2016年12月—2021年4月	处长	
	杨喜红	2017年4月—2021年4月	副处长	
	丁庆伟	2017年4月—2019年12月	副处长、招标采购办公室主任	
	赵晓东	2019年12月—2021年4月	副处长、招标采购办公室主任	
资产管理部	李玉贵	2021年4月—2022年2月	部长	2021年3月更名为资产管理部
	杨喜红	2021年4月—今	副部长	
	赵晓东	2021年4月—今	副部长、招标采购办公室主任	
	李志宏	2022年2月—今	部长	
国际教育交流与合作办公室	王敏	2001年3月—2006年5月	外事办公室主任（正处级）	
	王敏	2006年5月	正处级调研员	
	柴跃生	2006年5月—2011年2月	主任	
	阮彦伟	2006年6月—2016年12月	副主任	
	殷玉枫	2006年6月—2016年12月	副主任	
	陈慧琴	2011年2月—2016年12月	主任	
国际合作与交流处	张井岗	2016年12月—2021年4月	处长	2016年11月更名为国际合作与交流处
	阮彦伟	2016年12月—2017年4月	副处长	
	殷玉枫	2016年12月—2017年4月	副处长	
	邱德伟	2017年4月—2021年4月	副处长	

（续）

部　门	姓　名	任 职 时 间	职　　务	备　　注
国际合作与交流部	张井岗	2021年4月—今	部长	2021年3月更名为国际合作与交流部
	邱德伟	2021年4月—今	副部长	
保卫处 武装部	刘新民	不详—1984年3月	武装部副部长	
	李海荣	1984年3月—1986年3月	保卫处处长	
	刘新民	1984年3月—1988年3月	保卫处副处长	
	郭春泰	1986年3月—1986年10月	保卫处处长兼武装部部长	
	郭春泰	1986年10月—1988年4月	武装部部长	
	刘新民	1988年5月—1994年3月	调研员（副处级）	
	王建平	1989年2月—1990年12月	保卫处副处长	
	王建平	1990年12月—1993年1月	保卫处副处长（主持工作）	
	王建平	1993年1月—1995年1月	保卫处处长	
	王建军	1994年3月—1997年7月	保卫处副处长	
	王建平	1995年1月—1999年5月	保卫处处长兼保卫部部长	
	皇甫广寿	1997年7月—2001年3月	保卫处副处长	
	王红光	2001年3月—2006年5月	保卫处处长	
	王红光	2006年5月	正处级调研员	
	皇甫广寿	2001年3月—2006年6月	副处长	
	皇甫广寿	2006年6月—2010年6月	保卫部部长、保卫处处长	
	眭红亮	2006年6月—2011年2月	副处长	
	眭红亮	2011年2月—2016年11月	保卫部部长、保卫处处长	
	李宏亮	2011年2月—2016年11月	保卫部副部长、保卫处副处长	
安全保卫处	眭红亮	2016年11月—2021年4月	处长	2016年11月更名为安全保卫处
	李宏亮	2016年11月—2021年4月	副处长	
	张安俊	2017年9月—2021年4月	副处长（晋城校区）	
安全保卫部	眭红亮	2016年11月—2021年4月	部长	2021年3月更名为安全保卫部
	李宏亮	2016年11月—2021年4月	副部长	
	张安俊	2017年9月—2021年4月	副部长（晋城校区）	
武装部	赵　宇	2011年2月—2016年12月	武装部部长	2010年10月新设
	李志忠	2017年3月—今	武装部部长	
校园管理处	段书和	1995年1月—1996年3月	处长兼党总支书记	
	周正民	1995年1月—1996年2月	副处长	
	房振金	1995年7月—1996年3月	副处长（正处级）	
总务处	李永善	1983年12月—1986年3月	党总支书记	
	杨型健	1983年12月—1988年3月	处长	
	李正光	1983年12月—1988年3月	副处长	
	李海荣	1986年3月—1988年3月	党总支书记	
	闫　进	1986年3月—1988年3月	副处长	

（续）

部　门	姓 名	任职时间	职　务	备　注
总务处	王红光	1988年3月—1989年10月	处长兼党总支副书记（主持总支工作）	
	胡双全	1988年3月—1993年1月	副处长	
	李林保	1988年3月—1995年7月	副处长	
	王红光	1989年10月—1990年12月	党总支副书记（正处级）（主持工作）	
	李永善	1989年10月—1990年12月	处长	
	金焕斋	1989年10月—1990年12月	副处长	
	金焕斋	1990年12月—1993年1月	党总支副书记兼副处长（主持总支工作）	
	闫　岩	1990年12月—1993年1月	处长	
	杜八先	1993年1月—1994年3月	党总支书记（兼）	
	金焕斋	1993年1月—1994年3月	党总支副书记兼副处长	
	刘永成	1993年1月—1995年1月	处长	
	周　伟	1993年1月—2001年3月	副处长	
	金焕斋	1994年3月—1995年1月	党总支副书记（主持工作）	
	周正民	1994年3月—1995年1月	副处长	
	金焕斋	1995年1月—1999年4月	党总支书记兼副处长	
	张永鹏	1995年1月—1996年7月	处长	
	董　峰	1996年8月—2001年3月	处长	
	房振金	1996年3月—2001年3月	副处长（正处级）	
	董　峰	1999年4月—2001年3月	党总支书记（兼）	
后勤管理处	房振金	2001年3月—2006年5月	后勤党总支书记	
	刘卯生	2001年3月—2006年6月	副处长（主持工作）	
	刘向军	2001年3月—2006年6月	副处长	
	周　伟	2001年3月—2011年2月	综合服务公司经理（正处级）	
	周正民	2001年3月—2011年2月	校园服务公司经理（正处级）	
	房振金	2006年5月—2009年3月	后勤党委书记	
	刘卯生	2006年6月—2009年2月	处长	
	李志忠	2006年6月—2011年2月	副处长	
	刘卯生	2009年2月—2011年2月	处长、后勤党委书记（兼）	
	房振金	2009年3月	正处级调研员	
	刘卯生	2011年2月—2014年12月	处长	
	周正民	2011年2月	正处级调研员	
	贾　昆	2011年2月	副处级调研员	
	萨海斌	2011年2月—2016年12月	后勤党委书记	
	石光生	2011年2月—2021年4月	副处长	
	王建明	2011年2月—2017年3月	副处长	
	孟庆袖	2012年1月—2017年4月	副处长	
	张英俊	2014年11月—2016年12月	处长	

（续）

部　门	姓　名	任职时间	职　务	备　注
后勤管理处	李志宏	2016 年 12 月—2021 年 4 月	处长	
	苏保君	2017 年 9 月—2021 年 4 月	副处长	
后勤基建党委	张有慧	2016 年 12 月—今	书记	
后勤管理部	李志宏	2021 年 4 月—2022 年 2 月	部长	2021 年 3 月更名为后勤管理部
	石光生	2021 年 4 月—今	副部长	
	苏保君	2021 年 4 月—今	副部长	
	李世红	2022 年 2 月—今	部长	
图书馆	朱元乾	不详—1988 年 3 月	馆长	
	邹春云	不详—1988 年 3 月	副馆长	
	王永安	1984 年 3 月—1988 年 3 月	副馆长	
	许春惠	1984 年 3 月—1990 年 12 月	副馆长	
	王永安	1988 年 3 月—1995 年 1 月	馆长	
	王思俊	1988 年 4 月—1990 年 12 月	副馆长	
	许春惠	1990 年 12 月—1991 年 3 月	调研员（副处级）	
	王思俊	1990 年 12 月—1993 年 1 月	党支部书记兼副馆长（副处级）	
	王思俊	1993 年 1 月—1995 年 1 月	党支部书记兼副馆长（正处级）	
	王耀文	1995 年 1 月—1997 年 12 月	党支部书记（兼）	
	王耀文	1995 年 1 月—2001 年 3 月	馆长	
	幸玉亮	1998 年 4 月—2001 年 3 月	副馆长兼党支部副书记	
	郝桂梅	1998 年 4 月—2001 年 3 月	副馆长	
	王耀文	2001 年 3 月	保留正处级待遇	
	郝桂梅	2001 年 3 月—2006 年 6 月	副馆长兼直属党支部书记（正处级）	
	郝桂梅	2006 年 6 月	正处级调研员	
	幸玉亮	2001 年 3 月—2013 年 1 月	馆长	
	吉　萍	2006 年 6 月—2017 年 4 月	副馆长兼直属党支部书记	
	文彤民	2006 年 6 月—2011 年 1 月	副馆长（兼）	
	文彤民	2011 年 1 月—2017 年 4 月	副馆长	
	幸玉亮	2013 年 1 月	正处级调研员	
	赵子龙	2013 年 1 月—2022 年 3 月	馆长	
	文彤民	2017 年 4 月—2019 年 3 月	副馆长	
	黄　勇	2019 年 3 月—今	副馆长	
	辛申伟	2022 年 3 月—今	馆长	
档案馆	文彤民	2006 年 6 月—2011 年 1 月	馆长（副处级）	
	文彤民	2011 年 1 月—2017 年 4 月	馆长（兼，副处级）	
	文彤民	2019 年 3 月—2020 年 5 月	副馆长（负责晋城校区图书、档案工作）	
	吉　萍	2017 年 4 月—2020 年 5 月	副馆长	
	吉　萍	2020 年 5 月—2021 年 12 月	馆长（正处级）	
	李建权	2022 年 3 月—今	馆长（正处级）	

（续）

部　门	姓 名	任职时间	职　务	备　注
教育信息技术中心	陈志新	1995年1月—1997年9月	计算中心副主任	
	王似愚	1997年9月—1999年1月	计算中心副主任	
	郭正光	1995年1月—2001年3月	现代科教中心主任	
	王似愚	1999年1月—2001年3月	现代科教中心副主任	
	郭正光	2001年3月—2001年12月	网络（远程教育）中心主任	
	白尚旺	2001年3月—2004年7月	网络（远程教育）中心副主任（主持工作）	
	王似愚	2001年3月—2006年6月	网络（远程教育）中心副主任	
	张小平	2006年5月—2017年3月	主任	
	王似愚	2006年6月	正处级调研员	
	王宏刚	2006年6月—2012年6月	副主任	
	白尚旺	2017年3月—今	主任	
	王二才	2017年4月—今	副主任	
产业办	王台惠	1993年1月—1995年1月	主任	
	张雅林	1993年1月—1994年3月	副主任	
	黄挺生	1993年3月—1994年3月	副处级调研员	
	张玉芳	1993年3月—1995年12月	正处级调研员	
	樊忠泽	1994年3月—1996年12月	副主任	
产业处	王台惠	1995年1月—1996年3月	直属党支部书记兼副处长	
	崔新喜	1995年1月—1996年3月	直属党支部副书记（正处级）	
	郝维新	1995年1月—1996年3月	副处长	
	孙斌煜	1995年1月—1996年3月	副处长	
	薛增瑞	1995年9月—1996年3月	副处长（正处级）	
产业总公司	薛增瑞	1996年3月—1996年7月	直属党支部书记	
	崔新喜	1996年3月—1996年7月	直属党支部副书记（正处级）	
	张金旺	1996年3月—1998年11月	总经理（兼）	
	王台惠	1996年3月—1998年11月	副总经理	
	薛增瑞	1996年7月—1998年11月	党总支书记	
	崔新喜	1996年7月—1997年12月	党总支副书记（正处级）	
	刘　中	1998年11月—1999年10月	党总支书记（兼）	
	刘　中	1998年11月—2001年3月	总经理	
	高　蕊	1998年11月—2001年12月	副总经理（兼）	
	常志梁	1999年10月—2000年8月	党总支书记兼副总经理	
产业办	刘　中	2001年3月—2006年5月	主任、党总支书记（兼）	
	王建平	2001年3月—2006年6月	党总支副书记（正处级）	
机器厂	李海荣	不详—1984年3月	党支部书记	
	张玉芳	1983年12月—1988年4月	厂长	
	牛汝骥	1983年12月—1986年3月	副厂长	

（续）

部　　门	姓　名	任职时间	职　　务	备　　注
机器厂	秦德华	1983年12月—1986年3月	党支部书记	
	仵陞艮	1986年3月—1993年1月	直属党支部书记（正处级）	
	牛汝骥	1986年3月—1988年4月	副厂长兼副总工程师	
	仵陞艮	1988年4月—1990年12月	厂长	
	牛汝骥	1988年4月—1990年12月	副厂长	
	冯裔泰	1988年4月—1989年8月	副厂长	
	姜三保	1988年5月—1989年3月	调研员（正处级）	
	张玉芳	1990年12月—1992年12月	厂长	
	牛汝骥	1990年12月—1992年12月	副厂长	
	董　峰	1992年1月—1995年1月	副厂长（副处级）	
	李荣华	1992年12月—1995年1月	厂长	
	仵陞艮	1993年1月—1996年7月	党总支书记兼副厂长	
	董　峰	1995年1月—1995年7月	副厂长	主持工作
	张金旺	1995年7月—1997年3月	厂长	
	王伯平	1995年7月—1996年2月	副厂长	
	徐忠礼	1995年7月—2001年12月	副厂长	
	常志梁	1996年2月—1997年3月	常务副厂长	
	高　蕊	1996年7月—1998年4月	副厂长	
	常志梁	1997年3月—1998年4月	厂长	
	孟进礼	1998年8月—2001年3月	总工程师	
	孟进礼	1998年8月—2011年2月	总工程师	
	高　蕊	2007年6月—2016年12月	工程训练中心主任	
	高崇仁	2007年6月—2017年4月	工程训练中心副主任兼副厂长	
普幼教管理中心	董　睿	1995年1月—2001年3月	处长兼党总支书记	
	刘镇川	1995年7月	享受副处级待遇	
	董　睿	2001年3月—2006年5月	主任	
	陶凤英	2001年3月—2006年6月	副主任	
	董　睿	2001年4月—2006年5月	党总支书记（兼）	
重型机械教育部工程研究中心	李玉贵	2009年3月—2011年1月	副主任	2010年10月13日新设；2022年3月更名为高端重型机械装备研究院
	李玉贵	2011年1月—2016年10月	常务副主任（正处级）	
	马立峰	2011年1月—2017年3月	副主任	
	王建梅	2017年3月—今	常务副主任（正处级）	
	王效岗	2017年8月—今	副主任	
分析测试中心	双远华	2016年12月—今	主任	
	高崇仁	2017年4月—2022年3月	副主任	
	薛永兵	2022年3月—今	副主任	

（续）

部　门	姓　名	任职时间	职　务	备　注
发展研究中心	刘国帅	2017年3月—今	主任	
	丁月华	2017年9月—今	副主任	
综合保障中心	王建明	2017年3月—2019年4月	主任	
	宋　宝	2017年9月—今	副主任	
	李世红	2020年5月—今	主任	
其他	朱国荣	1984年3月—1985年3月	服务公司经理（正处级）	
	张继业	1984年3月—1988年3月	服务公司副经理（副处级）	
	侯金柱	1985年3月—1987年10月	服务公司副经理（主持工作）	
	勾洪桂	1984年3月—1988年5月	院体育运动委员会副主任（正处级）	
	梁斌秀	1987年1月—1988年3月	学院打击严重经济犯罪办公室主任（正处级）	
	陈瑞章	1987年1月—1988年3月	学院打击严重经济犯罪办公室副主任（副处级）	
	姜三保	1987年1月—1988年5月	学院打击严重经济犯罪办公室协理员（副处级）	
	孟进礼	2011年2月	副处级调研员	

表C-2　教学单位机构变迁及处级干部名录

部　门	姓　名	任职时间	职　务	备　注
基础部	仵陞良	不详—1984年3月	党总支副书记	2001年3月，基础部撤销
	杜八先	1983年12月—1990年12月	党总支书记	
	陈正照	1983年12月—1986年3月	主任	
	刘九如	1983年12月—1986年3月	副主任	
	王桂芳	1983年12月—1986年3月	副主任	
	黄东保	1984年3月—1988年3月	党总支副书记	
	贾元铎	1986年3月—1993年1月	主任	
	刘九如	1986年3月—1988年3月	副主任	
	杨维阳	1988年3月—1993年1月	副主任	
	闫　岩	1988年4月—1990年12月	副主任	
	黄东保	1990年12月—1993年1月	党总支书记	
	董　睿	1990年12月—1993年1月	副主任	
	郭正光	1990年12月—1995年1月	副主任	
	杨维阳	1993年1月—1995年1月	党总支书记	
	张　钦	1993年1月—1995年1月	党总支副书记	
	杨型健	1993年1月—1997年12月	主任	
	张　钦	1995年1月—1996年7月	党总支副书记（主持工作）	
	闫　进	1995年1月—1996年7月	副主任（正处级）	
	杨　晋	1995年1月—1996年2月	副主任	
	安延一	1995年1月—1997年9月	副主任	
	黄东保	1996年7月—1997年12月	党总支书记	

（续）

部门	姓名	任职时间	职务	备注
基础部	王耀文	1997 年 12 月—2001 年 3 月	主任兼党总支书记	
	陈 翔	1998 年 4 月—1999 年 6 月	副主任	
机械一系	王海文	不详—1986 年 3 月	副主任	
	孟秀琴	1983 年 12 月—1989 年 10 月	党总支书记	
	李新生	1983 年 12 月—1988 年 3 月	党总支副书记	
	郭友晋	1983 年 12 月—1986 年 3 月	主任	
	陈志夔	1983 年 12 月—1986 年 3 月	副主任	
	陈志夔	1986 年 3 月—1989 年 10 月	主任	
	梁爱生	1986 年 3 月—1989 年 10 月	副主任	
	李新生	1988 年 3 月—1989 年 10 月	党总支副书记兼副主任	
	李正光	1988 年 3 月—1989 年 10 月	副主任	
机械制造系	孟秀琴	1989 年 10 月—1990 年 12 月	党总支书记	1989 年 9 月，机械一系更名为机械制造系，简称一系
	李正光	1989 年 10 月—1990 年 7 月	副主任	
	梁爱生	1989 年 10 月—1990 年 12 月	副主任	
	崔新喜	1990 年 12 月—1995 年 1 月	党总支书记	
	郭希学	1990 年 12 月—1995 年 1 月	主任	
	王海儒	1990 年 12 月—1993 年 1 月	副主任	
	杜江峰	1991 年 5 月—1993 年 1 月	党总支副书记兼副主任	
	杜江峰	1993 年 1 月—1995 年 1 月	副主任兼党总支副书记	
	高建民	1993 年 1 月—1995 年 1 月	副主任	
机械工程一系	史 荣	1995 年 1 月—1996 年 7 月	副主任兼党总支副书记	1995 年 1 月，机械制造系更名为机械工程一系
	贾月顺	1995 年 1 月—1997 年 9 月	副主任	
	郭亚兵	1995 年 1 月—1998 年 7 月	副主任	
	史 荣	1996 年 7 月—1997 年 3 月	党总支书记	
	史 荣	1996 年 7 月—1998 年 7 月	主任	
	苏星海	1997 年 3 月—1998 年 7 月	党总支副书记兼副主任	
机械二系	勾洪桂	不详—1984 年 3 月	党总支副书记	
	崔新喜	不详—1984 年 3 月	副主任	
	梁斌秀	不详—1984 年 3 月	副主任	
	李荣华	1983 年 12 月—1990 年 12 月	党总支书记	
	徐克晋	1983 年 12 月—1986 年 3 月	主任	
	安德智	1983 年 12 月—1990 年 12 月	党总支副书记	
	程贵炯	1983 年 12 月—1986 年 3 月	副主任	
	黄松元	1984 年 3 月—1985 年 11 月	副主任	
	彭瑞棠	1986 年 3 月—1990 年 12 月	主任	
	郑 荣	1986 年 3 月—1990 年 12 月	副主任	
	安德智	1988 年 3 月—1990 年 12 月	党总支副书记兼副主任	

（续）

部　门	姓 名	任职时间	职　务	备　注
机械二系	王　鹰	1988 年 3 月—1990 年 12 月	副主任	
	房振金	1988 年 4 月—1990 年 12 月	副主任	
工程机械系	李荣华	1990 年 12 月—1992 年 12 月	党总支书记	1990 年 11 月，机械二系更名为工程机械系，简称二系
	郭晋明	1990 年 12 月—1993 年 1 月	党总支副书记	
	程贵炯	1990 年 12 月—1992 年 11 月	主任	
	郑　荣	1990 年 12 月—1992 年 11 月	起重运输机械研究所所长兼系副主任（正处级）	
	房振金	1990 年 12 月—1993 年 3 月	副主任	
	房振金	1991 年 4 月—1993 年 3 月	党总支副书记	
	郑　荣	1992 年 11 月—1995 年 1 月	主任	
	安德智	1993 年 1 月—1995 年 1 月	党总支书记	
	郭晋明	1993 年 1 月—1996 年 2 月	副主任兼党总支副书记	
	陶元芳	1993 年 1 月—1995 年 1 月	副主任	
机械工程二系	徐格宁	1995 年 1 月—1996 年 7 月	副主任兼党总支副书记（主持工作）	1995 年 1 月，工程机械系更名为机械工程二系
	乔中国	1995 年 1 月—1997 年 9 月	副主任	
	张　洪	1995 年 1 月—1998 年 7 月	副主任	
	徐格宁	1996 年 7 月—1997 年 3 月	党总支书记	
	徐格宁	1996 年 7 月—1998 年 7 月	主任	
	张　洪	1997 年 3 月—1998 年 7 月	党总支书记	
	马鸽昌	1997 年 9 月—1998 年 7 月	副主任	
机电工程系	徐格宁	1998 年 7 月—2001 年 3 月	主任	1998 年 7 月，原机电工程系与机械工程二系合并，重新组建了太原重型机械学院机电工程系
	李新生	1998 年 7 月—2001 年 3 月	党总支书记	
	马鸽昌	1998 年 7 月—2001 年 3 月	党总支副书记兼副主任	
	李淑娟	1998 年 7 月—2001 年 3 月	副主任	
	张　洪	1998 年 7 月—2001 年 3 月	副主任（正处级）	
机电工程分院	李新生	2001 年 3 月—2002 年 9 月	党总支书记	2001 年 2 月，由基础部机械零件、机械制图、公差等教研室与机电工程系合并组建了机电工程分院；2004 年 9 月更名为太原科技大学机电工程分院
	徐格宁	2001 年 3 月—2003 年 2 月	院长	
	王慧霖	2001 年 3 月—2006 年 6 月	党总支副书记兼副院长	
	张　洪	2001 年 3 月—2006 年 5 月	副院长（正处级）	
	李淑娟	2001 年 3 月—2006 年 6 月	副院长	
	孙大刚	2001 年 3 月—2006 年 6 月	副院长	
	苏星海	2002 年 9 月—2006 年 6 月	党总支副书记（主持工作）	
机械电子工程学院	白世成	2006 年 5 月—2010 年 5 月	党总支书记	2006 年 5 月，机电工程分院更名为机械电子工程学院
	孙大刚	2006 年 6 月—2011 年 2 月	院长	
	张　洪	2006 年 5 月	正处级调研员	
	贾跃虎	2006 年 6 月—2010 年 5 月	党总支副书记、副院长	
	张学良	2006 年 6 月—2011 年 2 月	副院长	
	孟文俊	2006 年 6 月—2011 年 2 月	副院长	

（续）

部　门	姓　名	任职时间	职　务	备　注
机械电子工程学院	韩　刚	2006年6月—2011年2月	副院长	2006年5月，机电工程分院更名为机械电子工程学院
	白世成	2010年5月—2011年2月	党委书记	
	贾跃虎	2010年5月—2011年2月	党委副书记	
机械工程学院	白世成	2011年2月—2012年2月	党委书记	2011年2月，机械电子工程学院更名为机械工程学院
	孟文俊	2011年2月—2016年12月	院长	
	韩建华	2011年2月—2017年4月	党委副书记兼副院长	
	孙大刚	2011年2月	正处级调研员	
	王建梅	2011年2月—2017年3月	副院长	
	刘志奇	2011年2月—2017年4月	副院长	
	白世成	2012年2月	正处级调研员	
	贾跃虎	2012年2月—2022年2月	党委书记	
	马立峰	2017年3月—2017年8月	院长	
	杜晓钟	2017年4月—今	副院长	
	马立峰	2017年8月—2022年2月	党委副书记、院长	
	高有山	2017年8月—今	副院长	
	兰国生	2017年12月—今	党委副书记兼副院长	
	赵　宇	2022年2月—今	党委书记	
	李玉贵	2022年2月—今	党委副书记、院长	
机械三系	朱国荣	不详—1984年3月	党总支副书记	
	王丁凤	不详—1985年9月	副主任	
	闫德琦	不详—1984年3月	副主任	
	谷平章	1983年12月—1988年3月	党总支书记	
	袁荣春	1983年12月—1986年3月	主任	
	郭会光	1983年12月—1988年3月	副主任	
	徐振中	1983年12月—1986年3月	副主任	
	贾景德	1984年3月—1988年3月	党总支副书记	
	徐振中	1986年3月—1988年3月	主任	
	黄东保	1988年3月—1989年10月	党总支书记	
	贾景德	1988年3月—1989年10月	党总支副书记兼副主任	
	张　琰	1988年3月—1989年10月	主任	
	段书和	1988年4月—1989年10月	副主任	
	邓子鹏	1988年3月—1989年10月	副主任	
压力加工系	黄东保	1989年10月—1990年12月	党总支书记	1989年9月，由机械三系锻压专业教研室组建了太原重型机械学院压力加工系，简称三系
	邓子鹏	1989年10月—1990年12月	副主任	
	安德智	1990年12月—1991年5月	党总支副书记（主持工作）	
	邓子鹏	1990年12月—1992年11月	主任	
	徐树勤	1991年4月—1995年7月	副主任	

（续）

部　门	姓 名	任职时间	职　　务	备　注
压力加工系	王台惠	1991年5月—1993年1月	党总支书记	1989年9月，由机械三系锻压专业教研室组建了太原重型机械学院压力加工系，简称三系
	李天佑	1992年11月—1995年1月	主任	
	董　睿	1993年1月—1994年3月	党总支副书记兼副主任	
	董　睿	1994年3月—1995年1月	党总支副书记（主持工作）	
	李天佑	1995年1月—1996年7月	主任兼党总支书记	
	王卫卫	1995年1月—1996年7月	副主任	
	吴云霞	1995年1月—1998年7月	副主任	
	李天佑	1996年7月—1997年12月	党总支书记	
	王卫卫	1996年7月—1998年7月	主任	
机械工程系	史　荣	1998年7月—2000年4月	党总支书记	1998年7月，机械工程一系与压力加工系合并，组建了太原重型机械学院机械工程系
	吴云霞	1998年7月—2001年3月	党总支副书记兼副主任	
	王卫卫	1998年7月—2000年12月	主任	
	刘　岩	1998年7月—2001年12月	副主任	
	孙斌煜	1998年7月—2001年12月	副主任	
	刘建生	2000年12月—2001年3月	副主任（主持工作）	
机械工艺系	张　琰	1989年10月—1990年12月	主任	1989年9月，由机械三系铸造、热加工等专业教研室组建了太原重型机械学院机械工艺系，简称四系
	贾景德	1989年10月—1990年12月	党总支副书记兼副主任	
	段书和	1989年10月—1993年3月	副主任	
	王希曾	1990年12月—1993年1月	党总支书记	
	蔡琼尔	1990年12月—1992年5月	主任	
	李国祯	1990年12月—1992年11月	副主任	
	段书和	1991年4月—1993年1月	党总支副书记	
	李国祯	1992年11月—1995年1月	主任	
	段书和	1993年1月—1994年3月	党总支副书记（主持工作）	
	董　良	1993年1月—1995年1月	副主任	
	胡双全	1993年1月—1995年1月	副主任兼党总支副书记	
	王希曾	1993年3月—1995年6月	调研员（正处级）	
	段书和	1994年3月—1995年1月	党总支书记	
	董　良	1995年1月—1996年8月	主任兼党总支书记	
	柴跃生	1995年1月—1997年12月	副主任	
	董　良	1996年8月—1997年12月	主任	
	赵建国	1995年1月—1997年9月	副主任	
	柴跃生	1997年7月—1998年7月	党总支副书记（主持工作）	
	柴跃生	1997年12月—1998年7月	主任	
	贾月顺	1997年9月—1998年7月	副主任	
材料工程系	柴跃生	1998年7月—2001年3月	主任	1998年7月，机械工艺系更名为材料工程系
	贾月顺	1998年7月—2001年3月	党总支副书记兼副主任	

（续）

部　门	姓　名	任职时间	职　务	备　注
材料科学与工程分院	张　钦	2001年3月—2006年5月	党总支书记	2001年2月，机械工程系大部分专业教研室与材料工程系合并，组建了材料科学与工程分院；2004年9月更名为太原科技大学材料科学与工程分院
	刘建生	2001年3月—2006年6月	副院长（主持工作）	
	郭亚兵	2001年3月—2006年6月	副院长	
	赵　宇	2001年3月—2006年6月	党总支副书记兼副院长	
	秦建平	2001年3月—2006年6月	副院长	
	张敏刚	2001年3月—2006年6月	副院长	
材料科学与工程学院	张　钦	2006年5月—2009年3月	党总支书记	2006年5月，材料科学与工程分院更名为材料科学与工程学院
	刘建生	2006年6月—2016年12月	院长	
	张秀芝	2006年6月—2010年5月	党总支副书记兼副院长	
	郭亚兵	2006年6月—2009年3月	副院长	
	张敏刚	2006年6月—2011年2月	副院长	
	李秋书	2006年6月—2017年3月	副院长	
	秦建平	2006年6月	正处级调研员	
	李志权	2009年3月—2010年5月	党总支书记	
	张　钦	2009年3月	正处级调研员	
	李志权	2010年5月—2016年12月	党委书记	
	张秀芝	2010年5月—2011年1月	党委副书记	
	张秀芝	2011年1月—2013年1月	党委副书记兼副院长	
	张敏刚	2011年2月	正处级调研员	
	田玉明	2012年1月—2016年12月	副院长	
	董朝辉	2014年12月—2017年12月	党委副书记兼副院长	
	马鸽昌	2016年12月—今	党委书记	
	陈慧琴	2016年12月—2017年8月	院长	
	陈慧琴	2017年8月—今	党委副书记、院长	
	刘光明	2017年8月—今	副院长	
	张克维	2017年8月—今	副院长	
	弓　晶	2017年12月—今	党委副书记兼副院长	
电气工程系	陈志燮	1989年10月—1992年11月	主任	1989年9月，由机械工程一系自动化专业教研室和电工学、电工基础等教研室组建了电气工程系，简称五系
	李新生	1989年10月—1990年12月	党总支副书记兼副主任	
	李新生	1990年12月—1991年5月	党总支副书记（主持工作）	
	曾建潮	1990年12月—1993年3月	副主任	
	李新生	1991年5月—1993年1月	党总支书记	
	吴聚华	1992年11月—1995年1月	主任	
	李新生	1993年1月—1995年9月	党总支书记兼副主任	
	孙志毅	1993年1月—1995年9月	副主任	
	曾建潮	1995年1月—1995年9月	主任	

（续）

部　门	姓　名	任职时间	职　务	备　注
自动化与计算机工程系	李新生	1995年9月—1997年9月	党总支书记	1995年8月，电气工程系更名为太原重型机械学院自动化与计算机工程系
	曾建潮	1995年9月—1997年9月	主任	
	孙志毅	1995年9月—1996年7月	副主任	
	韩如成	1996年7月—1997年9月	副主任	
	刘　云	1996年7月—1997年9月	副主任	
自动化科学与控制工程系	李新生	1997年9月—1998年7月	党总支书记	1997年8月，由自动化与计算机工程系大部分专业教研室和系统仿真与计算机应用研究所部分教师组建了自动化科学与控制工程系
	曾建潮	1997年9月—1998年8月	主任	
	韩如成	1997年9月—1998年8月	副主任	
	孙志毅	1998年8月—2001年3月	主任	
	李临生	1998年8月—2001年3月	副主任	
	杜江峰	1998年8月—2001年3月	党总支书记	
电子信息工程分院	王台惠	2001年3月—2006年5月	党总支书记	2001年2月，自动化科学与控制工程系更名为电子信息工程分院；2004年9月更名为太原科技大学电子信息工程分院
	张井岗	2001年3月—2006年6月	副院长（主持工作）	
	李志宏	2001年3月—2004年7月	党总支副书记兼副院长	
	李临生	2001年3月—2006年6月	副院长	
	徐玉斌	2001年3月—2003年8月	副院长	
	张继福	2001年3月—2003年8月	副院长	
电子信息工程学院	吴云霞	2006年5月—2010年5月	党总支书记	2006年5月，电子信息工程分院更名为电子信息工程学院
	孙志毅	2006年5月—2017年3月	院长	
	董增寿	2006年6月—2010年5月	党总支副书记兼副院长	
	李临生	2006年6月—2011年2月	副院长	
	李　虹	2006年6月—2017年4月	副院长	
	吴云霞	2010年5月—2022年3月	党委书记	
	董增寿	2010年5月—2017年4月	党委副书记兼副院长	
	赵志诚	2011年1月—2017年3月	副院长	
	李临生	2011年2月	正处级调研员	
	王平平	2016年12月—今	党委书记	
	赵志诚	2017年3月—今	院长	
	王安红	2017年3月—今	副院长	
	赵晓东	2017年12月—2019年12月	党委副书记兼副院长	
	双志宏	2019年12月—今	党委副书记兼副院长	
	王健安	2020年10月—今	副院长	
管理工程系	王丁凤	1985年9月—1990年12月	主任	1985年8月，由机械三系管理工程专业教研室组建了太原重型机械学院管理工程系
	吴　林	1985年9月—1988年3月	党总支书记	
	师　谦	1985年9月—1986年3月	党总支副书记	
	王克勤	1986年3月—1988年3月	党总支副书记	
	刘忠文	1988年3月—1993年3月	副主任	

（续）

部　门	姓　名	任职时间	职　务	备　注
管理工程系	师　谦	1988年3月—1990年12月	党总支副书记（主持工作）兼副主任	1985年8月，由机械三系管理工程专业教研室组建了太原重型机械学院管理工程系
	王克勤	1988年3月—1990年12月	副主任	
	吴　林	1988年4月—1993年3月	调研员（正处级）	
	成秀明	1990年12月—1995年1月	党总支书记	
	王克勤	1990年12月—1995年1月	副主任（主持工作）	
	董成业	1993年1月—1995年1月	副主任	
	赵新平	1993年1月—1993年11月	副主任	
	刘忠文	1993年3月—1997年12月	副处级调研员	
	牛志霖	1995年1月—1996年7月	党总支副书记兼副主任（主持工作）	
	董成业	1995年1月—1999年6月	主任	
	刘立功	1995年1月—2001年3月	副主任	
	牛志霖	1996年7月—1997年11月	党总支书记兼副主任	
	刘立功	1998年8月—2001年3月	党总支副书记（兼）	
	薛耀文	1998年8月—2001年3月	副主任	
经济管理系	刘立功	2001年3月—2003年8月	党总支书记	2001年2月，管理工程系更名为经济管理系
	薛耀文	2001年3月—2003年8月	主任	
	萨海斌	2001年3月—2003年8月	党总支副书记兼副主任	
	贾创雄	2001年3月—2002年3月	副主任	
	任利成	2002年3月—2003年8月	副主任	
经济与管理分院	刘立功	2003年8月—2006年5月	党总支书记	2003年8月，经济管理系更名为经济与管理分院；2004年9月更名为太原科技大学经济与管理分院
	薛耀文	2003年8月—2006年5月	院长	
	萨海斌	2003年8月—2006年6月	党总支副书记兼副院长	
	任利成	2003年8月—2006年6月	副院长	
经济与管理学院	薛耀文	2006年5月—2010年6月	院长	2006年5月，经济与管理分院更名为经济与管理学院
	苏星海	2006年6月—2010年5月	党总支书记	
	耿世雄	2006年6月—2010年5月	党总支副书记兼副院长	
	任利成	2006年6月—2011年2月	副院长	
	李亨英	2006年6月—2017年4月	副院长	
	耿世雄	2010年5月—2011年1月	党委副书记	
	苏星海	2011年2月—2013年1月	党委书记	
	任利成	2011年2月—2017年3月	院长	
	耿世雄	2011年1月—2014年12月	党委副书记兼副院长	
	刘传俊	2011年2月—今	副院长	
	王学军	2013年1月—2017年12月	党委书记	
	苏星海	2013年1月	正处级调研员	
	彭　英	2014年12月—2016年12月	党委副书记兼副院长	
	张文杰	2017年12月—今	党委书记	

（续）

部　　门	姓　名	任 职 时 间	职　　务	备　　注
经济与管理学院	乔　彬	2017年3月—2017年8月	院长	2006年5月，经济与管理分院更名为经济与管理学院
	乔　彬	2017年8月—今	党委副书记、院长	
	王文利	2017年8月—今	副院长	
	吴　锋	2017年12月—今	党委副书记兼副院长	
机电工程系	杜江峰	1995年1月—1996年7月	党总支副书记（主持工作）兼副主任	1995年1月，由机械制造系机制专业教研室组建了太原重型机械学院机电工程系
	赵建强	1995年1月—1996年7月	副主任（主持工作）	
	李月梅	1995年1月—1997年11月	副主任	
	杜江峰	1996年7月—1998年7月	党总支书记兼副主任	
	高建民	1996年7月—1997年1月	主任（兼）	
	李志谭	1997年3月—1998年7月	主任	
	梁　焰	1997年9月—1998年7月	副主任	
数理系	徐永华	1996年2月—1997年12月	主任	1996年2月，由基础部数学教研室，力学教研室部分教师组建了太原重型机械学院数理系
	杨维阳	1996年2月—1997年7月	直属党支部书记	
	杨维阳	1996年2月—1997年9月	副主任（兼）	
	杨　晋	1996年2月—1997年9月	副主任	
	张少琴	1997年12月—1998年7月	主任	
	张永鹏	1997年7月—1998年7月	直属党支部书记	
	卫淑芝	1997年9月—1998年7月	副主任	
	张永鹏	1997年9月—1998年7月	副主任（兼）	
应用科学系	张少琴	1998年7月—2001年3月	主任（兼）	1998年7月，数理系更名为应用科学系
	张永鹏	1998年7月—2001年3月	党总支书记兼副主任	
	卫淑芝	1998年7月—1999年10月	副主任	
	王希云	2000年4月—2001年3月	副主任	
应用科学分院	杨型健	2001年3月—2006年5月	院长	2001年2月，应用科学系与基础部力学，物理等教研室合并，组建了应用科学分院；2004年9月更名为太原科技大学应用科学分院
	杨型健	2006年5月	保留正处级待遇	
	贾月顺	2001年3月—2006年5月	党总支书记	
	李新明	2001年3月—2006年6月	党总支副书记兼副院长	
	王希云	2001年3月—2006年6月	副院长	
	崔小朝	2001年3月—2006年6月	副院长	
	姚河省	2001年3月—2006年6月	副院长	
应用科学学院	贾月顺	2006年5月—2010年5月	党总支书记	2006年5月，应用科学分院更名为应用科学学院
	崔小朝	2006年6月—2017年3月	院长	
	廖启云	2006年6月—2010年5月	党总支副书记兼副院长	
	王希云	2006年6月—2011年2月	副院长	
	赵子龙	2006年6月—2014年12月	副院长	
	魏计林	2006年6月—2013年1月	副院长	
	贾月顺	2010年5月—2011年2月	党委书记	

（续）

部　门	姓　名	任职时间	职　务	备　注
应用科学学院	廖启云	2010年5月—2012年2月	党委副书记兼副院长	2006年5月，应用科学分院更名为应用科学学院
	董　睿	2011年2月—2012年2月	党委书记	
	张雪霞	2011年2月—2019年5月	副院长	
	周　伟	2011年2月	正处级调研员	
	董　睿	2012年2月	正处级调研员	
	张文杰	2012年2月—2016年12月	党委书记	
	兰国生	2012年2月—2017年12月	党委副书记兼副院长	
	魏计林	2013年1月	副处级调研员	
	仝卫明	2016年12月—2021年11月	党委书记	
	张雪霞	2017年8月—2019年5月	副院长	
	林金保	2017年8月—今	副院长	
	王希云	2017年3月—今	院长	
	杨耀田	2017年12月—2022年3月	党委副书记兼副院长	
	李晋红	2020年10月—今	副院长	
	彭　英	2022年2月—今	党委书记	
计算机科学与工程系	李新生	1997年9月—1998年7月	党总支书记	1997年8月，由自动化与计算机工程系计算机专业教研室和系统仿真与计算机应用研究所部分教师，组建了太原重型机械学院计算机科学与工程系
	曾建潮	1997年9月—1998年8月	主任（兼）	
	张继福	1997年9月—2001年3月	副主任	
	刘　云	1997年9月—2002年3月	副主任	
	王台惠	1998年11月—2001年3月	党总支书记	
	曾建潮	1998年8月—2001年3月	主任	
计算机科学与技术分院	马鸽昌	2003年8月—2006年5月	党总支书记	2003年8月，计算机科学与工程系更名为计算机科学与技术分院
	白尚旺	2003年8月—2004年7月	党总支副书记（兼）	
	曾建潮	2003年8月—2004年7月	院长（兼）	
	张继福	2003年8月—2006年6月	副院长	
	徐玉斌	2003年8月—2006年6月	副院长	
	张继福	2006年6月	正处级调研员	
计算机科学与技术学院	陈立潮	2004年7月—2016年12月	院长	2004年7月，计算机科学与技术分院更名为太原科技大学计算机科学与技术学院
	周晓章	2006年6月—2010年5月	党总支书记	
	郭巧英	2006年6月—2010年5月	党总支副书记兼副院长	
	徐玉斌	2006年6月—2017年3月	副院长	
	郭银章	2006年6月—2017年4月	副院长	
	周晓章	2010年5月—2011年2月	党委书记	
	郭巧英	2010年5月—2012年2月	党委副书记兼副院长	
	李志宏	2011年2月—2016年12月	党委书记	
	宋仁旺	2012年2月—2021年4月	党委副书记兼副院长	
	陈立潮	2016年12月—2021年3月	党委书记	

（续）

部　门	姓 名	任职时间	职　务	备　注
计算机科学与技术学院	潘理虎	2017年8月—今	副院长	2004年7月，计算机科学与技术分院更名为太原科技大学计算机科学与技术学院
	崔志华	2017年8月—今	副院长	
	蔡江辉	2017年3月—2017年8月	院长	
	蔡江辉	2017年8月—今	党委副书记、院长	
	宋仁旺	2021年4月—今	党委书记	
	朱小庆	2021年4月—今	党委副书记兼副院长	
政法系	姚宪弟	1997年9月—2001年3月	副主任（主持工作）	1997年8月，由社科部法律基础教研室组建了太原重型机械学院政法系
	李润珍	1997年9月—2001年3月	副主任	
	武　杰	1997年11月—2001年3月	社科部与政法系党总支书记	
	苏星海	1998年8月—2001年12月	社科部与政法系党总支副书记	
法学系	李润珍	2001年3月—2006年5月	党总支书记	2001年2月，政法系更名为法学系；2004年9月更名为太原科技大学法学系
	姚宪弟	2001年3月—2011年2月	主任	
	董　睿	2006年5月—2011年2月	党总支书记	
	郝爱军	2006年6月—2010年5月	党总支副书记兼副主任	
	任俊琳	2006年6月—2011年2月	副主任	
法学院	姚宪弟	2011年2月—2013年1月	党总支书记	2011年2月，法学系更名为法学院
	郭相宏	2011年2月—2017年8月	院长	
	赵雪梅	2011年2月—2017年12月	党总支副书记兼副院长	
	马旭军	2012年1月—2017年4月	副院长	
	张雅琴	2014年12月—2016年12月	党总支书记	
	姚宪弟	2013年1月	正处级调研员	
	萨海斌	2016年12月—今	党总支书记	
	郭相宏	2017年8月—2019年12月	党总支副书记、院长	
	赵　锐	2017年8月—今	副院长	
	段　丽	2017年8月—今	副院长	
	吴玉霞	2017年12月—今	党总支副书记兼副院长	
	乔中国	2019年12月—今	党总支副书记、院长	
外语系	顾江禾	1999年7月—2006年6月	副主任（主持工作）	1999年6月，由基础部外语教研室组建了太原重型机械学院外语系；2004年9月，更名为太原科技大学外语系
	王云平	1999年7月—2001年12月	副主任	
	董喜乐	2001年3月—2006年5月	党总支副书记（主持工作）兼副主任	
	刘晓虹	2002年9月—2006年5月	副主任	
	刘晓虹	2006年5月—2009年3月	副主任（主持工作）	
	董喜乐	2006年6月—2009年3月	党总支书记	
	薛力平	2006年6月—2010年5月	党总支副书记兼副主任	
	邱德伟	2006年6月—2011年2月	副主任	
	顾江禾	2006年6月	正处级调研员	
	郝玉峰	2009年3月—2010年5月	党总支副书记（主持工作）	
	刘晓虹	2009年3月—2011年2月	主任	

（续）

部门	姓名	任职时间	职务	备注
外语系	董喜乐	2009年3月	正处级调研员	1999年6月，由基础部外语教研室组建了太原重型机械学院外语系；2004年9月，更名为太原科技大学外语系
	郝玉峰	2010年5月—2011年2月	党总支书记	
	杨海庆	2010年5月—2011年2月	党总支副书记兼副主任	
外国语学院	郝玉峰	2011年2月—2013年1月	党总支书记	2011年2月，外语系更名为外国语学院
	刘晓虹	2011年2月—今	院长	
	杨海庆	2011年2月—2012年2月	党总支副书记兼副院长	
	邱德伟	2011年1月—2017年4月	副院长	
	张国辉	2012年2月—今	党总支副书记兼副院长	
	杨海庆	2013年1月—2019年3月	党总支书记	
	董　艳	2017年8月—今	副院长	
	阮彦伟	2017年4月—今	副院长	
	耿世雄	2019年3月—今	党总支书记	
体育系	王满福	1999年7月—2001年3月	文体部副主任（主持工作）	1999年6月，由体育教研组建了太原重型机械学院文体部；2001年3月文体部更名为体育系；2004年9月，体育系更名为太原科技大学体育系
	居向阳	1999年7月—2001年3月	文体部副主任	
	居向阳	2001年3月—2006年6月	副主任兼直属党支部书记	
	王满福	2001年3月—2011年2月	主任	
	居向阳	2006年6月—2011年2月	党总支书记	
	岳冠华	2006年6月—2011年2月	党总支副书记兼副主任	
	朱晋元	2006年6月—2011年2月	副主任	
	朱　舰	2006年6月—2011年2月	副主任	
体育学院	周晓章	2011年2月—2022年3月	党总支书记	2011年2月，体育系更名为体育学院
	居向阳	2011年2月—2017年8月	院长	
	岳冠华	2011年2月—2017年4月	党总支副书记兼副院长	
	朱晋元	2011年2月—2017年4月	副院长	
	朱　舰	2011年2月—2017年4月	副院长	
	王满福	2011年2月	正处级调研员	
	朱　舰	2017年4月—今	党总支副书记兼副院长	
	岳冠华	2017年4月—今	副院长	
	居向阳	2017年8月—2021年5月	党总支副书记、院长	
	王兴一	2017年8月—今	副院长	
	杨海庆	2022年3月—今	党总支书记	
艺术系	吴云霞	2001年3月—2006年5月	党总支书记兼副主任	2001年2月，由机械工程系工业设计专业教研室组建了太原重型机械学院艺术系；2004年9月更名为太原科技大学艺术系
	王晋平	2001年3月—2009年3月	副主任（主持工作）	
	刘秀珍	2006年5月—2011年2月	党总支书记	
	刘向军	2006年6月—2010年5月	党总支副书记兼副主任	
	郝玉峰	2006年6月—2009年3月	副主任	
	王晋平	2009年3月—2011年2月	主任	
	刘国帅	2010年5月—2011年2月	党总支副书记兼副主任	

（续）

部门	姓名	任职时间	职务	备注
艺术学院	刘秀珍	2011年2月—2013年1月	党总支书记	2011年2月，艺术系更名为艺术学院；2022年3月更名为设计与艺术学院
	王晋平	2011年2月—今	院长	
	刘国帅	2011年2月—2012年2月	党总支副书记兼副院长	
	李焕梅	2011年2月—今	副院长	
	郭　鑫	2012年2月—今	党总支副书记兼副院长	
	刘秀珍	2013年1月	正处级调研员	
	张秀芝	2013年1月—2021年4月	党总支书记	
	杨刚俊	2020年10月—今	副院长	
	王莉珍	2021年4月—今	党总支书记	
化学工程与技术学院	杜学武	2005年4月—2014年7月	党委副书记	2003年3月，经山西省人民政府批准，山西综合职业技术学院化工分院并入太原重型机械学院；2005年3月成立太原科技大学化学与生物学院，2022年3月更名为化学工程与技术学院
	张志忠	2005年4月	正处级调研员	
	张志洲	2005年4月	副处级调研员	
	王枝茂	2005年4月—2010年6月	院长	
	张星明	2005年4月—2011年2月	副院长	
	成胜利	2005年4月—2011年2月	副院长	
	仝卫明	2005年4月—2011年2月	副院长	
	王枝茂	2010年5月—2010年6月	党委书记（兼）	
	韩如成	2010年7月—2011年2月	党委书记	
	仝卫明	2011年2月—2016年12月	党委书记	
	韩如成	2011年2月—2013年9月	院长	
	王远洋	2011年2月—2017年3月	副院长	
	薛永兵	2011年2月—2022年3月	副院长	
	张星明	2011年2月	正处级调研员	
	成胜利	2011年2月	正处级调研员	
	李世红	2012年1月—2020年5月	党委副书记兼副院长	
	刘卯生	2013年9月—2016年12月	院长（兼）	
	张雅琴	2016年12月—2021年1月	党委书记	
	王远洋	2017年3月—今	院长	
	韩建华	2020年7月—2021年1月	党委副书记兼副院长	
	韩建华	2021年1月—今	党委书记	
环境与安全工程学院	李润珍	2009年3月—2010年5月	党总支书记	由材料科学与工程学院环境工程、环境科学专业教研室和机械电子工程学院安全工程专业教研室组建了环境与安全学院，2019年1月更名为环境与安全学院；2021年3月更名为环境科学与工程学院；2022年3月更名为环境与资源学院
	郭亚兵	2009年3月—2010年6月	副院长（主持工作）	
	李润珍	2010年5月	正处级调研员	
	刘向军	2010年5月—2016年11月	党总支书记	
	丁庆伟	2010年5月—2012年2月	党总支副书记兼副院长	
	郭亚兵	2010年6月—2017年3月	院长	
	何秋生	2011年9月—2017年3月	副院长	
	郭少青	2011年2月—今	副院长	

（续）

部　门	姓　名	任职时间	职　务	备　注
环境与安全工程学院	董朝辉	2012年2月—2014年12月	党总支副书记兼副院长	由材料科学与工程学院环境工程、环境科学专业教研室和机械电子工程学院安全工程专业教研室组建了环境与安全学院，2019年1月更名为环境与安全学院；2021年3月更名为环境科学与工程学院；2022年3月更名为环境与资源学院
	王莉珍	2014年11月—2017年12月	党总支副书记兼副院长	
	赵　宇	2016年12月—2022年2月	党总支书记	
	何秋生	2017年3月—今	院长	
	郭晓方	2017年8月—2020年9月	副院长	
	朱小庆	2017年12月—2021年4月	党总支副书记兼副院长	
	孙明明	2021年4月—今	党总支副书记兼副院长	
	吉　莉	2021年4月—今	副院长	
安全与应急管理工程学院	张秀芝	2021年4月—今	党总支书记	2021年3月22日新设（由商学院更名而来）
	谢建林	2021年4月—今	副院长	
交通与物流学院	贾跃虎	2011年2月—2012年2月	党委书记	由机械电子工程学院交通工程、交通运输、物流工程、土木工程等专业教研室组建了交通与物流学院，2019年11月19日更名为交通与物流学院；2022年3月更名为车辆与交通工程学院
	晋民杰	2011年2月—2017年8月	院长	
	彭　英	2011年2月—2014年12月	党委副书记兼副院长	
	栗振锋	2011年2月—2017年12月	副院长	
	贾志绚	2011年2月—今	副院长	
	廖启云	2012年2月—2016年12月	党委书记	
	赵明煜	2014年11月—2017年12月	党委副书记兼副院长	
	吴云霞	2016年12月—2022年3月	党委书记	
	晋民杰	2017年8月—今	党委副书记、院长	
	师文亮	2017年12月—今	党委副书记兼副院长	
	刘国帅	2022年3月—今	党委书记	
社科部	刘世昌	1984年3月—1986年3月	马列教研室主任	
	许文卿	1984年3月—1986年3月	马列教研室副主任	
	王　琛	1984年3月—1986年3月	马列教研室副主任	
	张国维	1984年3月—1986年3月	德育教研室副主任	
	王　琛	1986年3月—1987年11月	社科部主任	
	张国维	1986年3月—1988年3月	社科部直属党支部书记（副处级）兼副主任	
	许文卿	1986年3月—1987年12月	社科部副主任	
	许文卿	1987年12月—1990年12月	社科部主任	
	常昌武	1988年3月—1990年12月	社科部副主任	
	张国维	1988年3月—1993年1月	社科部直属党支部书记（正处级）	
	张锦秀	1998年5月—1990年12月	思想政治教研室主任	
	李荣华	1988年5月—1990年12月	思想政治教研室副主任	
	许文卿	1990年12月—1994年3月	调研员（正处级）	
	常昌武	1990年12月—1993年1月	社科部主任	
	孟秀琴	1990年12月—1995年1月	思想政治教研室主任	
	李荣华	1990年12月—1994年12月	思想政治教研室副主任（兼）	
	武　杰	1990年12月—1993年1月	社科部副主任	

（续）

部　门	姓　名	任职时间	职　务	备　注
社科部	武　杰	1993年1月—1994年3月	社科部副主任（主持工作）	
	王红光	1993年1月—1997年11月	社科部直属党支部书记	
	武　杰	1994年3月—1997年11月	社科部主任	
	姚宪弟	1995年1月—1997年9月	社科部副主任	
	李润珍	1996年7月—1997年9月	社科部副主任	
	王红光	1997年11月—2001年3月	社科部主任	
	乔中国	1997年11月—2001年3月	社科部副主任	
	武　杰	1997年11月—2001年3月	社科部与政法系党总支书记	
	苏星海	1998年8月—2001年12月	社科部与政法系党总支副书记	
人文社会科学系	乔中国	2001年3月—2006年5月	系副主任（正处级）兼直属党支部书记	2001年2月，社科部更名为太原重型机械学院人文社会科学系；2004年9月更名为太原科技大学人文社会科学系
	武　杰	2001年3月—2006年5月	主任	
	乔中国	2006年5月—2011年2月	主任	
	武　杰	2006年5月	正处级调研员	
	王慧霖	2006年6月—2011年2月	党总支书记	
	李建权	2006年6月—2011年2月	党总支副书记、副主任	
	周玉萍	2006年6月—2011年2月	副主任	
人文社会科学学院	乔中国	2011年2月—2016年12月	党总支书记	2011年2月，对人文社会科学系进行调整，成立人文社会科学学院
	任俊琳	2011年2月—2017年12月	党总支副书记兼副院长	
	黄　勇	2011年2月—2017年4月	副院长（主持工作）	
	周玉萍	2011年2月—今	副院长	
	廖启云	2016年12月—今	党总支书记	
	乔中国	2016年12月—2017年8月	院长	
	乔中国	2017年8月—2019年12月	党总支副书记、院长	
	任俊琳	2017年12月—今	副院长	
	李海平	2017年12月—今	党总支副书记兼副院长	
思想政治理论教育部	王慧霖	2011年2月—2014年12月	党总支书记	2011年2月，根据教育部指示精神，成立思想政治理论教育部，由人文社会科学系思想政治理论课教师和哲学研究所教师组成
	赵民胜	2011年2月—2016年11月	主任	
	李建权	2011年2月—2016年11月	副主任	
	李　敏	2011年2月—2016年11月	副主任	
	毛建儒	2011年2月—今	正处级调研员	
马克思主义学院	赵民胜	2016年11月—2017年8月	院长	2016年11月更名为马克思主义学院
	李建权	2016年11月—2017年3月	副院长	
	李　敏	2016年11月—今	党总支副书记兼副院长	
	黄　勇	2017年4月—2019年3月	副院长	
	赵民胜	2017年8月—2019年3月	党总支副书记、院长	
	刘荣臻	2017年8月—今	副院长	
	杨海庆	2019年3月—今	党总支书记	
	李建权	2019年3月—2022年3月	党总支副书记、院长	

（续）

部　门	姓　名	任职时间	职　务	备　注
成人教育学院	崔新喜	1988年4月—1990年12月	培训部党总支书记（正处级）	1995年1月，培训部更名为成人教育学院；2000年3月成立太原重型机械学院职业技术学院，与成人教育学院合署办公；2004年9月更名为太原科技大学成人教育学院、太原科技大学职业技术学院
	闫　进	1988年3月—1995年1月	培训部主任	
	米尔温	1988年4月—1993年3月	培训部副主任	
	贾景德	1990年12月—1991年5月	培训部党总支副书记（主持工作）兼副主任	
	贾景德	1991年5月—1993年1月	培训部党总支书记	
	贾景德	1993年1月—1995年1月	培训部党总支书记兼副主任	
	米尔温	1993年3月—1995年6月	副处级调研员	
	贾景德	1995年1月—2001年3月	党总支书记兼副院长	
	梁应彪	1995年1月—2001年3月	院长	
	胡林祥	1996年2月—1997年11月	副院长	
	贾景德	2001年3月—2002年9月	成人教育（职业技术）学院党总支书记	
	梁应彪	2001年3月—2002年9月	成人教育（职业技术）学院院长	
	胡林祥	2001年3月—2002年9月	成人教育（职业技术）学院党总支副书记、副院长	
	梁应彪	2002年9月	保留待遇	
	辛申伟	2001年3月—2009年3月	成人教育（职业技术）学院副院长	
	贾景德	2002年9月—2009年3月	成人教育（职业技术）学院院长	
	胡林祥	2002年9月—2013年1月	成人教育（职业技术）学院党总支书记、常务副院长	
	辛申伟	2006年6月—2010年5月	成人教育（职业技术）学院党总支副书记兼副院长	
	姚河省	2006年6月—2013年1月	成人教育（职业技术）学院副院长	
	朱红霞	2006年6月—2017年4月	成人教育（职业技术）学院副院长	
	辛申伟	2009年3月—2010年6月	成人教育（职业技术）学院副院长（主持工作）	
	贾景德	2009年3月	成人教育（职业技术）学院正处级调研员	
	薛力平	2010年5月—2017年4月	成人教育（职业技术）学院党总支副书记兼副院长	
	辛申伟	2010年5月—2017年8月	成人教育（职业技术）学院院长	
	辛申伟	2017年8月—2021年4月	成人教育（职业技术）党总支副书记、院长	
	耿世雄	2013年1月—2016年12月	成人教育（职业技术）学院党总支书记	
	胡林祥	2013年1月	正处级调研员	
	姚河省	2013年1月	副处级调研员	
	高　蕊	2016年12月—2020年12月	成人教育（职业技术）党总支书记	
	李忠卫	2017年9月—2021年4月	副院长	
	朱红霞	2017年4月—2019年12月	成人教育（职业技术）党总支副书记兼副院长	
	张雅琴	2021年1月—2021年4月	成人教育（职业技术）党总支书记	

（续）

<table>
<tr><th>部　门</th><th>姓　名</th><th>任职时间</th><th>职　务</th><th>备　注</th></tr>
<tr><td rowspan="4">继续教育学院</td><td>张雅琴</td><td>2021年4月—今</td><td>党总支书记</td><td rowspan="4">2021年3月更名为继续教育学院</td></tr>
<tr><td>辛申伟</td><td>2021年4月—2022年3月</td><td>党总支副书记、院长</td></tr>
<tr><td>李忠卫</td><td>2021年4月—今</td><td>副院长</td></tr>
<tr><td>李焕梅</td><td>2022年3月—今</td><td>副院长</td></tr>
<tr><td rowspan="17">华科学院</td><td>马鸽昌</td><td>2003年8月—2004年7月</td><td>软件学院党总支书记</td><td rowspan="17">2002年3月筹建太原重型机械学院软件学院；2004年7月命名为太原科
技大学华科学院</td></tr>
<tr><td>白尚旺</td><td>2003年8月—2004年7月</td><td>软件学院党总支副书记（兼）</td></tr>
<tr><td>李志宏</td><td>2004年7月—2006年6月</td><td>党总支副书记兼副院长</td></tr>
<tr><td>白尚旺</td><td>2004年7月—2006年6月</td><td>副院长（主持工作）</td></tr>
<tr><td>刘　中</td><td>2006年6月—2011年2月</td><td>院长</td></tr>
<tr><td>李志宏</td><td>2006年6月—2010年5月</td><td>党总支书记</td></tr>
<tr><td>张雅琴</td><td>2006年6月—2010年5月</td><td>党总支副书记兼副院长</td></tr>
<tr><td>白尚旺</td><td>2006年6月—2017年3月</td><td>副院长</td></tr>
<tr><td>李志宏</td><td>2010年6月—2011年2月</td><td>党委书记</td></tr>
<tr><td>张雅琴</td><td>2010年5月—2014年11月</td><td>党委副书记兼副院长</td></tr>
<tr><td>刘　中</td><td>2011年2月</td><td>正处级调研员</td></tr>
<tr><td>贾月顺</td><td>2011年2月—2018年12月</td><td>党委书记</td></tr>
<tr><td>韩　刚</td><td>2011年2月—2017年7月</td><td>院长</td></tr>
<tr><td>陈　敏</td><td>2014年11月—今</td><td>党委副书记兼副院长</td></tr>
<tr><td>权旺林</td><td>2017年4月—今</td><td>副院长</td></tr>
<tr><td>郭银章</td><td>2017年4月—今</td><td>副院长</td></tr>
<tr><td>贾月顺</td><td>2018年12月—今</td><td>党委书记、院长</td></tr>
<tr><td rowspan="4">公共教学部</td><td>李建权</td><td>2017年3月—2017年8月</td><td>主任</td><td rowspan="4">2015年6月30日新设基础教学部；2016年11月14日更名为公共教学部</td></tr>
<tr><td>朱晋元</td><td>2017年4月—今</td><td>副主任</td></tr>
<tr><td>李建权</td><td>2017年8月—2019年3月</td><td>党总支书记、主任</td></tr>
<tr><td>文彤民</td><td>2020年5月—今</td><td>党总支书记</td></tr>
<tr><td rowspan="5">信息科学与技术学院</td><td>刘立功</td><td>2016年12月—今</td><td>党总支书记</td><td rowspan="5">2015年6月30日新设矿业工程学院；2016年11月14日更名为信息科学与技术学院</td></tr>
<tr><td>徐玉斌</td><td>2017年3月—今</td><td>院长</td></tr>
<tr><td>薛力平</td><td>2017年4月—2019年12月</td><td>党总支副书记</td></tr>
<tr><td>朱红霞</td><td>2019年12月—今</td><td>党总支副书记兼副院长</td></tr>
<tr><td>李俊吉</td><td>2020年11月—今</td><td>副院长</td></tr>
<tr><td rowspan="8">能源与材料工程学院</td><td>闫献国</td><td>2016年12月—2017年8月</td><td>院长</td><td rowspan="8">2015年6月30日新设能源科学与化工学院；2016年11月14日更名为能源与材料工程学院</td></tr>
<tr><td>闫献国</td><td>2017年8月—2021年12月</td><td>党总支副书记、院长</td></tr>
<tr><td>王守信</td><td>2017年3月—2021年3月</td><td>党总支书记</td></tr>
<tr><td>李秋书</td><td>2017年2月—2020年9月</td><td>副院长</td></tr>
<tr><td>李　玮</td><td>2017年9月—2019年12月</td><td>党总支副书记兼副院长</td></tr>
<tr><td>薛力平</td><td>2019年12月—今</td><td>党总支副书记兼副院长</td></tr>
<tr><td>董朝辉</td><td>2021年4月—今</td><td>党总支书记</td></tr>
<tr><td>茹忠亮</td><td>2020年11月—今</td><td>副院长</td></tr>
</table>

附录D　1952—2012年学校专业设置情况

表D-1　1952—1960年学校中专时期专业设置情况一览表

专业名称	设置时间	变化情况
金属切削加工	1952年	1954年改为锻冲专业
电炉炼钢	1953年	1953—1954年为锻铸，1958年改为炼钢
锻冲	1954年	
轧钢机器	1956年	
机器制造	1958年	
热处理	1959年	

表D-2　1960—1983年学校本科专业设置情况一览表

专业名称	设置时间	变化情况
轧钢机械	1960年	
锻压工艺及设备	1960年	
工程机械	1961年	1963年9月至1973年5月为建筑筑路机械
铸造工艺及设备	1962年	
起重运输机械	1965年	1965年至1973年5月为起重运输机械及设备
矿山机械	1973年	
工业电气自动化	1980年	
机械制造工艺及设备	1983年	
工业企业管理工程	1983年	

表D-3　2012年学校本科专业设置情况一览表

学院	专业名称	专业代码	学科门类
材料科学与工程学院	材料物理（工学学位）	71301	理学
	冶金工程	80201	工学
	材料科学与工程	80205	工学
	焊接技术与工程	80207	工学
	材料成型及控制工程	80302	工学
机械工程学院	机械设计制造及其自动化	80301	工学
	车辆工程	80306	工学
	机械电子工程	80307	工学
	测控技术与仪器	80401	工学
	热能与动力工程	80501	工学

（续）

学　院	专业名称	专业代码	学科门类
化学与生物工程学院	过程装备与控制工艺	80304	工学
	化学工程与工艺	81101	工学
	制药工程	81102	工学
	能源化学工程	81106	工学
	油气储运工程	81203	工学
	生物工程	81801	工学
电子信息工程学院	电气工程及其自动化	80601	工学
	自动化	80602	工学
	电子信息工程	80603	工学
	通信工程	80604	工学
计算机科学与技术学院	计算机科学与技术	80605	工学
	软件工程	80611	工学
	网络工程	080613w	工学
	信息管理与信息系统	110102	管理学
经济与管理学院	经济学	20101	经济学
	国际经济与贸易	20102	经济学
	工业工程	110103	管理学
	市场营销	110202	管理学
	会计学	110203	管理学
	电子商务	110209w	管理学
应用科学学院	数学与应用数学	70101	理学
	信息与计算科学	70102	理学
	应用物理学（工学学位）	70202	理学
	光信息科学与技术	71203	理学
	工程力学	81701	工学
环境与安全学院	环境科学	71401	理学
	环境工程	81001	工学
	安全工程	81002	工学
交通与物流学院	土木工程	80703	工学
	交通运输	81201	工学
	交通工程	81202	工学
	物流工程	081207w	工学
外语学院	英语	50201	文学
	日语	50207	文学
法学院	法学	30101	法学
人文社科学	社会工作	30302	法学
	应用心理学	71502	理学

（续）

学　　院	专 业 名 称	专 业 代 码	学 科 门 类
艺术学院	绘画	50404	文学
	艺术设计	50408	文学
	工业设计	80303	工学
体育学院	社会体育	40203	教育学

表 D-4　2022 年学校本科专业设置情况一览表

所 属 学 院	专 业 名 称	专 业 代 码	学位授予学科门类	设置时间	停招时间
外国语学院	英语	050201	文学		
	日语	050207	文学	2008 年	
艺术学院	视觉传达与设计	130502	艺术学	2013 年	
	环境设计	130503	艺术学	2013 年	
	产品设计	130504	艺术学	2013 年	
	绘画	130402	艺术学		
	工艺美术	130507	艺术学	2015 年	2018 年
机械工程学院	机械设计制造及其自动化	080202	工学		
	机械电子工程	080204	工学	2009 年	
	车辆工程	080207	工学	2009 年	
	机械工程	080201	工学	2013 年	2018 年
	工业设计	080205	工学		
	机器人工程	080803T	工学	2019 年	
体育学院	社会体育指导与管理	040203	教育学		
材料科学与工程学院	材料成型及控制工程	080203	工学		
	材料科学与工程	080401	工学		
	材料物理	080402	工学		2018 年
	冶金工程	080404	工学		
	焊接技术与工程	080411T	工学	2011 年	
	无机非金属材料工程	080406	工学	2014 年	2019 年
	功能材料	080412T	工学	2020 年	
电子信息工程学院	电气工程及其自动化	080601	工学		
	自动化	080801	工学		
	电子信息工程	080701	工学		
	测控技术与仪器	080301	工学		2018 年
	智能装备与系统	080806T	工学	2021 年	
	通信工程	080703	工学		
经济与管理学院	经济学	020101	经济学		
	国际经济与贸易	020401	经济学		2018 年
	会计学	120203K	管理学		

（续）

所属学院	专业名称	专业代码	学位授予学科门类	设置时间	停招时间
经济与管理学院	电子商务	120801	管理学		2019 年
	市场营销	120202	管理学		
	工业工程	120701	管理学		
	信息管理与信息系统	120102	工学		
人文社科学院	社会工作	030302	法学		
	应用心理学	071102	理学	2007 年	2018 年
应用科学学院	信息与计算科学	070102	理学		2019 年
	光电信息科学与工程	080705	工学		
	工程力学	080102	工学		
	应用统计学	071202	理学	2019 年	
	数据计算及应用	070104T	理学	2020 年	
法学院	法学	030101K	法学		
计算机科学与技术学院	计算机科学与技术	080901	工学		
	软件工程	080902	工学	2011 年	
	物联网工程	080905	工学	2014 年	
	智能科学与技术	080907T	工学	2019 年	
化学与生物工程学院	过程装备与控制工程	080206	工学		
	化学工程与工艺	081301	工学		
	生物工程	083001	工学	2010 年	
	能源化学工程	081304T	工学	2012 年	
	油气储运工程	081504	工学	2012 年	
	制药工程	081302	工学	2012 年	
环境科学与工程学院	环境工程	082502	工学		
	环境科学	082503	工学		
	环保设备工程	082505T	工学	2013 年	
	环境生态工程	082504	工学	2020 年	
安全与应急管理工程学院	安全工程	082901	工学		
	应急技术与管理	082902T	工学	2021 年	
交通与物流学院	交通工程	081801	工学		
	交通运输	081802	工学		
	物流工程	120602	工学		
	土木工程	081001	工学	2010 年	2018 年
晋城校区	采矿工程	081501	工学	2016 年	2021 年
	数字媒体技术	080906	工学	2017 年	2021 年
	网络工程	080903	工学		2018 年
	旅游管理	120901K	管理学	2017 年	2018 年

附录E 太原科技大学博士、硕士学位授权点情况表

序号	学位点代码	学位点名称	授权类别及级别	授权开始年份	学科发展简介
1	0802	机械工程	博士一级、硕士一级	2010年	机械工程学科源于1952年山西省机械制造工业学校设立的机械制造专业，学校1953年划归第一机械工业部，1960年成立太原重型机械学院，筹建建筑筑路等机械专业，1965年大连工学院、沈阳机电学院的起重运输机械专业并入学校，1978年由轧钢机械、起重运输机械专业组建成机械一系，由工程机械和矿山机械组建成机械二系，1990年成立工程机械系，2004年学校更名为太原科技大学，成立机械电子工程学院，2011年更名为机械工程学院。机械工程学科在继承传统重型机械装备特色的基础上迅速发展，1983年机械工程学科获硕士学位授予权，2006年机械设计及理论学科获博士学位授予权，机械工程学科2010年获博士学位授权一级学科，2012年获批博士后科研流动站
2	0805	材料科学与工程	博士一级、硕士一级	2010年	材料科学与工程学科创建于1990年，材料学、料物理与化学分别于2000年、2003年获得硕士学位授予权，材料加工工程于2005年获博士二级学位授予权，材料科学与工程于2010年获批为博士学位授权一级学科。2019年获批博士后科研流动站
3	0811	控制科学与工程	博士一级、硕士一级	2017年	控制科学与工程学科自1978年开始招收工业电气自动化专业本科生，分别于2000年、2003年和2005年获系统工程、控制理论与控制工程二级学科和控制科学与工程一级学科硕士学位授予权。2002年系统工程学科成为山西省重点建设学科，2012年重型装备控制理论与工程通过了自主设置二级学科博士学位授权点审核，2018年获批一级学科博士点
4	1201	管理科学与工程	硕士一级	2003年	管理科学与工程学科2003年创建，2004年招收首批硕士研究生
5	0801	力学	硕士一级	2006年	力学学科创建于2005年，2011年获自主设置的材料设计及力学行为二级学科硕士点。2018年顺利通过山西省学位授权点合格评估
6	0812	计算机科学与技术	硕士一级	2010年	计算机科学与技术学科从1996年开始招收第一届本科生，于2000年、2003年分别获得计算机应用技术和计算机软件与理论二级学科硕士学位授予权，2010年获计算机科学与技术一级学科硕士学位授予权
7	0830	环境科学与工程	硕士一级	2010年	环境科学与工程学科创建于2011年，2012年开始招生
8	0701	数学	硕士一级	2010年	数学学科创建于2003年，获批应用数学二级学科硕士点，于2011年获得数学一级学科硕士点，2013年遴选为山西省重点建设学科

（续）

序号	学位点代码	学位点名称	授权类别及级别	授权开始年份	学科发展简介
9	0803	光学工程	硕士一级	2010年	光学工程学科为山西省重点建设学科，2002年开始招收光电信息科学与工程专业本科生，2006年开始招收光学专业硕士研究生，2011年开始招收光学工程专业硕士研究生（学术型），2019年开始招收电子信息领域硕士研究生（专业学位，光学工程方向）
10	0305	马克思主义理论	硕士一级	2010年	马克思主义理论学科创建于2009年，2010年获批为硕士学位授权一级学科
11	0835	软件工程	硕士一级	2014年	软件工程创建于2004年（以硕士点获批年份计算），2014年获批为硕士学位授权一级学科
12	0201	理论经济学	硕士一级	2017年	理论经济学学科1986年和1996年分别开始招收经济学和国际贸易专业的本科生，2017年获批为理论经济学硕士学位授权一级学科
13	0806	冶金工程	硕士一级	2017年	冶金工程创建于2004年，2017年获批为硕士学位授权一级学科
14	1305	设计学	硕士一级	2017年	设计学学科创建于2017年
15	0810	信息与通信工程	硕士一级	2018年	信息与通信工程学科1999年开始招收电子信息工程专业本科生，2001年开始招收通信工程专业本科生，2005年获得电路与系统二级学科工学硕士学位授予权。太原科技大学信息与通信学科创建于2014年（以硕士点获批年份计算）
16	0817	化学工程与技术	硕士一级	2018年	化学工程与技术学科创建于2019年，化学工程与技术学科获批为硕士学位授权一级学科
17	0808	电气工程	硕士一级	2020年	电气工程专业于2002年获“电力电子与电力传动”硕士学术学位授予权，2021年获批为硕士学位授权一级学科
18	0301	法学	硕士一级	2020年	法学学科创建于2003年（以诉讼法学二级学科硕士点获批年份计算），2021年获批为硕士学位授权一级学科
19	1251	工商管理	专硕	2010年	工商管理专业硕士学位授权点2010年获得授权，自2011年开始招生
20	0351	法律	专硕	2014年	2014年获批法律硕士专业硕士学位授权点
21	0352	社会工作	专硕	2014年	社会工作专业硕士学位授权点依托太原科技大学人文社科学院。人文社科学院的前身是马列教研室，始建于1952年，2011年独立建院，本科专业于2002年招生，是山西省首家开设社会工作专业的高等学校。2014年获批社会工作专业硕士学位授权点，2015年，开始招收社会工作专业硕士学位研究生
22	0854	电子信息	专硕	2019年	2019年工程硕士专业学位调整后更名为电子信息
23	0855	机械	专硕	2019年	2019年工程硕士专业学位调整后更名为机械
24	0856	材料与化工	专硕	2019年	材料工程于2004年获批专业硕士学位授权点。2019年工程硕士专业学位调整后更名为材料与化工
25	0857	资源与环境	专硕	2019年	2019年工程硕士专业学位调整后更名为资源与环境
26	0858	能源动力	专硕	2019年	2019年工程硕士专业学位调整后更名为能源动力

（续）

序号	学位点代码	学位点名称	授权类别及级别	授权开始年份	学科发展简介
27	0861	交通运输	专硕	2019 年	交通运输工程学科创建于 2011 年，2019 年工程硕士专业学位调整后更名为交通运输
28	1256	工程管理	专硕	2019 年	2010 年获批的工业工程专业学位点发展起来的，2019 年调整为工程管理专业硕士学位点

附录F　太原科技大学华科学院的建立与发展

太原科技大学华科学院始建于2002年6月，2004年3月，经教育部确认为独立学院，2005年1月通过了教育部对独立学院办学条件和教学工作的专项检查。2007年，首届学生毕业，独立颁发毕业证书。2021年5月，根据教育部独立学院转设要求，按照山西省人民政府、山西省教育厅总体部署，太原科技大学华科学院完成了自己的使命，依托学校晋城分院转设为新成立的山西科技学院。

(一)太原科技大学华科学院的建立

2002年3月，山西省人民政府根据国家教育部关于利用社会资源和大学办学优势的指示精神，决定筹建太原科技大学华科学院（以下简称华科学院）等八所独立学院（其他七所独立学院分别是由山西大学、太原理工大学、山西医科大学、山西农业大学、山西财经大学、山西师范大学、中北大学等分别与各自的合作企业共同建立的）。华科学院是由学校与山西省导通信息科技公司合办，经山西省人民政府批准组建、国家教育部确认的全日制普通高等学校。同年开始招收全日制本科生。

建校初年的华科学院命名为太原重型机械学院软件学院，学生入住校本部——太原重型机械学院，招生的首批专业是：计算机科学与技术、信息计算与科学、信息管理与信息系统等三个专业，共计200名学生。2003年，华科学院在高等教育扩招的形势下，招生人数达650人，招生的专业是：计算机科学与技术、信息计算与科学、信息管理与信息系统、市场营销、电子商务、机械设计制造及其自动化等6个。学生于2003年9月入学后依然住在校本部——太原重型机械学院。根据招生的专业，学生分别依托机电工程分院、电子信息工程分院、经济与管理系。2004年，经山西省教育厅重新批准、教育部予以确认，更名为太原重型机械学院华科学院（同时经教育部确认的还有山西医科大学晋祠学院、山西财经大学华商学院）。同年7月，华科学院领导班子诞生，由李志宏任党总支副书记（主持工作），白尚旺任副院长（主持工作），学院的工作机构相继成立，标志着华科学院正式独立运作。

附：中华人民共和国教育部教发函［2004］42号函件

教育部关于对太原重型机械学院华科学院等三所独立学院予以确认的通知山西省教育厅：

你省《关于重新批准太原重型机械学院华科学院的请示》（晋教计［2004]11号文件）《关于重新批准山西医科大学晋祠学院的请示》（晋教计［2004］12号文件）《关于重新批准山西财经大学华商学院的请示》（晋教计［2004]13号文件）和有关材料收悉。经研究，现就有关事项通知如下：

一、根据教育部《关于规范并加强普通高校以新的机制和模式试办独立学院管理的若干意见》（教发［2003］8号文件，以下简称8号文）和《教育部关于对各地批准试办的独立学院进行检查清理和重新报批工作的通知》(教发［2003］247号文件)的有关规定，结合你省对现有的普通高等学校举办的民办二级学院进行检查清理的实际情况，现对基本符合8号文件要求的三所独立学院予以确认。分别是：太原重型机械学院华科学院、山西医科大学晋祠学院、山西财经大学华商学院。

二、经此确认后，我部还将按照8号文的有关要求，组织专家对已确认的独立办学情况进行检查，并对其办学资格进行年审。根据抽查和年审的情况，对不符合8号文规定的，将继续采取措施责令其整改或取消其独立学院的办学资格。

三、望你厅继续加强对独立学院的领导，定期对独立学院进行检查并提出相应的评估意见，督促合作方进一步充实办学条件，规范办学行为，充分发挥普通高等学校人才资源优势，不断提高教育质量和办学效益，确保你省独立学院持续、健康地发展。

二〇〇四年三月十八日

(二)华科学院的建设与发展历程

随着我国高等教育办学规模的不断扩大，华科学院也进入了迅速扩招阶段，自2006年招生规模达1000人后，至2011年，年招生规模稳定在2000人左右。

华科学院是在太原科技大学党委、行政班子的高度重视下快速成长起来的。建校初始，学校作为董事单位，首先对其进行了大规模的基础设施项目建设，于2004—2005年，共投资8700万元建设了教学大楼、学生公寓、学生食堂等设施，为扩大办学规模提供了基础保障。

为保障华科学院的办学质量，学校与山西省导通公司组成的董事会决定：依托太原科技大学本部的办学条件和教学资源，建立共享机制，特别是充分依托科技大学的重点实验室、基础实验室、专业实验室、工程训练中心等部分投资数额大、建设周期长的教学资源，为教学秩序的正常开展提供了必要的基本保障。

在发展过程中，华科学院加强了教学资源建设。例如，电子工程训练中心、校园网、语音室等，同时，还添置了多媒体教室、计算机、纸质和电子图书、教学仪器等，累计投入达2800万元。

为促进学院的快速发展，2006年，在校党委、校行政班子的高度重视下，华科学院领导班子得到了调整、充实和加强。学校党委派遣李志宏任书记，张雅琴任副书记，刘中任院长，张雅琴、白尚旺任副院长。2011年，校党委、校行政班子按照干部交流的原则，经与董事会协商，再度调整了华科学院领导班子，韩刚任院长，贾月顺任党委书记，张雅琴任副书记、副院长，白尚旺任副院长。

在学校党委、行政班子和董事会的高度重视下，华科学院新一届领导班子更加明确了学院的发展和定位，即：实行民营机制和独立自主的办学模式，面向山西区域经济和机械行业，培养高素质专业应用型人才。根据国际经济发展形势、社会与行业需求和国际工程教育前沿，培养具有生产和管理一线技能 、熟练运用所学知识、具备解决实际问题能力的人才。并随着我国高等教育办学规模不断扩大的形势，至2010年年底，办学专业达到22个，在校生达到7847人。2010年后，学院专业基本保持不变，年招生规模保持在1100人左右。

太原科技大学华科学院专业设置及招生情况见表F-1和F-2。

表 F-1　太原科技大学华科学院专业设置情况一览表

序号	学科门类	专业代码	专业名称	批准时间 / 年	首次招生时间 / 年
1	工学	080301	机器设计制造及其自动化	2005	2003
2	工学	080302	材料成型及控制工程	2005	2004
3	工学	080605	计算机科学与技术	2005	2002
4	工学	080602	自动化	2005	2004
5	工学	080601	电气工程及其自动化	2005	2004
6	工学	080603	电子信息工程	2005	2004
7	工学	080604	通信工程	2005	2005
8	管理学	110102	信息管理与信息系统	2005	2002
9	管理学	110202	市场营销	2005	2003
10	管理学	110209	电子商务	2005	2003
11	管理学	110203	会计学	2005	2006
12	法学	030101	法学	2005	2004
13	经济学	020101	经济学	2005	2006
14	文学	050201	英语	2005	2005
15	理学	070102	信息计算与科学	2005	2002

表 F-2　太原科技大学华科学院招生情况一览表

年份 / 年	招生人数 / 人	备　注
2002	200	软件学院时期
2003	650	软件学院时期
2004	800	
2005	1500	
2006	1500	
2007	1800	
2008	2000	
2009	2000	
2010	2000	
2012	1277	
2013	1049	
2014	1297	
2015	1162	
2016	1274	
2017	1096	
2018	1143	
2019	1055	
2020	753	

走入规范化办学程序的华科学院非常重视学生动手能力的培养和提高，鼓励学生参与教师的科学研究工作，从而促进教育质量进一步提高。如：2008 年在北京举办的残奥会闭幕式上，有 120 名学生参与了由齐向东教授主持设计的“智能草坪”。办学质量的提高，使每年的毕业生中都有数量不等的学生考入研究生继续深造，参加工作的学生也以实力得到了用人单位的好评。如：2007 年的第一届毕业生中就有 33 人分别考入了西安交通大学、太原科技大学等学校的研究生；毕业生高原参加工作半年多就成为中信集团洛阳矿山机械公司技术骨干，2008 年下半年接受开拓市场的新任务后，于 2009 年为企业签订了 1400 万元的订单合同，成为中信集团的“知名人物”。

为保证华科学院的办学质量，华科学院在组建自己的教师队伍、管理队伍的基础上，充分利用和依托校本部——太原科技大学优质教育资源和综合办学优势，进行人才培养。

近二十年的教学实践，华科学院培育出了自己的优势，其中，“模拟电子技术”“机械设计基础”被评为山西省精品课程。大学生的科技创新研究也颇有成效，其中“基于无线技术的燃气泄漏报警系统”获山西省大学生创新成果奖。

利用和依托校本部资源和优势，华科学院在发展壮大中也培育出了自己的优势和特色，成长为以工为主、专业特色鲜明的多科性独立学院。学院的机械类、材料类、电子类专业在山西省和机械行业的影响初步凸显，学生就业率明显高于山西省其他七所独立学院。2010 届毕业生一次性就业率为 80.86%，其中两个重点专业：材料成型及控制工程和机械设计制造及其自动化的毕业生就业率分别达到 87.61% 和 87.80%。

与此同时，为提高学生就业能力，学院于 2011 年开始实施“3+1”人才培养模式，加强与校外实训单位的合作，建立了数家实践教学基地。自 2011 年以来，先后对计算机科学与技术、信息管理与信息系统、通信工程、电子信息工程、电子商务、视觉传达设计、产品设计和环境设计等 8 个专业实施了“3+1”人才培养模式改革。截至 2021 年，经过实习基地培养的学生已达 3600 余人，毕业生就业率每年保持在 85% 以上。

2015 年 6 月 26 日，学院组织有关专家对“华科学院相关专业 3+1 人才培养模式实训基地”进行了评审，最终选择上海杰普软件科技有限公司、山西维信致远科技有限公司、山西信思智学科技有限公司、山西优逸客科技有限公司和北京中软国际教育科技股份有限公司 5 家公司作为合作单位。通过校企合作，学生既掌握了新知识，又提高了实践能力，同时还提高了学生毕业设计 (论文) 的质量，提升了学院的社会知名度，增加了学生在本专业领域的就业比例。

2011 年 5 月 29 日—31 日，山西省学位办公室组织专家进驻学校，对华科学院申请的学士学位授权单位和专业进行了检查验收。专家们一致认为：太原科技大学华科学院具备了学士学位授予资格。2012 年 5 月，山西省人民政府学位委员会下发了晋学位［2012］3 号文件《关于批准山西大学商务学院等八所独立学院暂行学士学位授予权的通知》，太原科技大学华科学院在经济学、法学、工学、管理学等领域的 14 个专业拥有了学士学位授予权。华科学院招生专业情况及 2019 年的招生计划如表 F-3 和表 F-4 所列。

表 F-3　太原科技大学华科学院招生专业情况一览表

学校及专业代码	学校及专业名称	学位授予门类
13597	太原科技大学华科学院	
020101	经济学	经济学
030101	法学	法学
050201	英语	文学
080301	机械设计制造及其自动化	工学
080302	材料成型及控制工程	工学
080601	电气工程及其自动化	工学
080602	自动化	工学
080603	电子信息工程	工学
080604	通信工程	工学
080605	计算机科学与技术	工学
110102	信息管理与信息系统	管理学
110202	市场营销	管理学
110203	会计学	管理学
110209	电子商务	管理学

表 F-4　太原科技大学华科学院 2019 年招生计划

		合计	天津	河北	山西	江苏	安徽	河南	湖北
★总计		1050							
本科合计		650	30	35	545	10	10	15	5
经济学	文、理	30			30				
法学	文、理	30	2	2	26				
市场营销	文、理	30	2	2	26				
英语	文、理	30	2	2	26				
会计学	文、理	30	2	4	24				
机械设计制造及其自动化	理工类	30	5	6	7	3	3	3	3
材料成型及控制工程	理工类	30	2	3	15	2	2	4	2
电气工程及其自动化	理工类	30	2	3	25				
电子商务	理工类	30			30				
电子信息工程	理工类	30	2	3	25				
计算机科学与技术	理工类	35	5	3	20	3	2	2	
通信工程	理工类	30	3	3	24				
信息管理与信息系统	理工类	35	3	4	24			4	
安全工程	理工类	25			18	2	3	2	
自动化	理工类	30			30				
环境工程	理工类	30			30				
环境设计	艺术类	20			20				
视觉传达设计	艺术类	40			40				
产品设计	艺术类	20			20				
社会体育指导与管理	体育类	30			30				
计算机科学与技术	对口	25			25				

（续）

		合计	天津	河北	山西	江苏	安徽	河南	湖北
电子商务	对口	25			25				
预留计划	理工类	5			5				
专升本合计		400							
机械设计制造及其自动化	专升本	150							
电气工程及其自动化	专升本	50							
计算机科学与技术	专升本	120							
会计学	专升本	70							
市场营销	专升本	10							

（三）华科学院的转设

2020年，根据《教育部办公厅关于印发〈关于加快推进独立学院转设工作的实施方案〉的通知》（教厅发〔2020〕2号）要求，按照山西省委省政府关于独立学院转设的决策部署和《中共山西省委教育工作领导小组关于印发〈山西省独立学院转设总体方案〉的通知》（晋教组〔2020〕1号）精神，华科学院开始了转设为独立设置的省属公办理工类普通本科高等学校的工作。太原科技大学、晋城市人民政府、太原科技大学华科学院、太原科技大学华科学院转设筹备处、山西省教育厅共同拟定的《关于太原科技大学华科学院转设为公办普通高校及办学善后事宜协议书》，制定了《太原科技大学华科学院转设方案》。

2021年5月，经教育部批准，太原科技大学华科学院转设为山西科技学院。自此，学院转设完成。

附：教育部关于同意太原科技大学华科学院转设为山西科技学院的函

中华人民共和国教育部

教发函〔2021〕82号

教育部关于同意太原科技大学华科学院转设为山西科技学院的函

山西省人民政府：

《山西省人民政府关于商请将太原科技大学华科学院转设为省属公办理工类普通本科高校的函》（晋政函〔2021〕27号）收悉。

根据《中华人民共和国高等教育法》《普通本科学校设置暂行规定》《关于加快推进独立学院转设工作的实施方案》有关规定以及第七届全国高等学校设置评议委员会评议结果，经教育部党组会议研究决定，同意太原科技大学华科学院转设为山西科技学院，学校标识码为4114013597；同时撤销太原科技大学华科学院的建制。现将有关事项函告如下：

一、山西科技学院系独立设置的本科层次公办普通高等学校，由你省负责领导和管理。

二、学校要切实加强党的建设，全面贯彻党的教育方针，坚持社会主义办学方向，落实立德树人根本任务，培养德智体美劳全面发展的社会主义建设者和接班人。

三、学校定位于应用型高等学校，主要培养区域经济社会发展所需要的高素质应用型、技术技能型人才。

四、我部将适时对学校办学定位、办学条件、办学行为和人才培养质量等情况进行检查。

望你省加强对学校的指导和支持，加大资源投入力度，引导学校科学定位、内涵发展，改善和优化学科专业，加强教师队伍建设，不断提高教学科研和治理水平，更好地为区域经济社会发展服务。

（此件主动公开）

抄　　送：山西省教育厅。
部内发送：有关部领导，办公厅、高教司、学生司

教育部办公厅　　2021年6月3日印发

后　　记

根本固者，华实必茂；源流深者，光澜必章。肇始于1952年的太原科技大学，即将迎来70周年华诞。为传承弘扬优良办学传统，总结办学经验，展示办学文化，续写科大新华章，学校决定续编七十年校史。

本次校史编写主要是在《1949—1983太原重型机械学院史》(《当代中国的重型矿山机械工业》编辑委员会1985年出版)、《太原科技大学史（1951—2012年）》(机械工业出版社2012年版）的基础上，通过广泛搜寻、查阅资料，按照尊重历史、尊重实际、尊重原创的指导思想进行补充、修订和续写的。校史以时间为主线，采取“分期＋分类”结合的方法进行历时性叙事。全书划分为：从山西省机械制造工业学校到中央第一机械工业部太原机器制造学校的中专时期、太原重型机械学院时期、太原科技大学时期三个阶段，详述了各时期学校的机构沿革、教育教学、人才培养、学科建设、科学研究、国内外交流合作、党的建设、思想政治工作、校园文化、治理体系等史实。

《太原科技大学校史（1952—2022年）》(以下简称《校史》）以马克思列宁主义、毛泽东思想、邓小平理论、“三个代表”重要思想、科学发展观、习近平新时代中国特色社会主义思想为指导，坚持辩证唯物主义和历史唯物主义，秉持“尊重历史、实事求是、客观公正”的原则，力求系统、全面、准确地记述太原科技大学70年来的历史与现状。

在具体编写过程中，以2012年为时间分割点，对2012年之前的校史进行修订，2012年至2022年的校史进行续写。修订部分，在尽力完整保留原创的基础上根据新收集的资料做了微调整。1952年至1983年，在之前两版校史的基础上，将山西省机械制造工业学校、中央第一机械工业部太原机器制造学校两个时期以及中专时期学校党的建设和思想政治工作单列成独立三章。1983年至2012年，编写组成员通过遍阅档案馆所藏资料，并结合校外所收集资料，在对这段历史有充分认识及把握的基础上，对部分章节内容进行了重新梳理，力求主题和内容达成逻辑与事实上的匹配。

经过近一年的编纂，2022年6月，《校史》脱稿付梓。《校史》采用叙述与考证相结合、历史与现实相呼应的方式，系统反映了太原科技大学70年发展演变历程，如实地记述了太原科技大学及其前身太原机器制造学校、太原重型机械学院的发展历史，对于人们了解学校过往，总结办学经验教训，不忘初心砥砺奋进再出发，将起到应有的作用。

《校史》能够在短时间内如期付梓，离不开学校党委行政的直接领导，全校教职员工、广大校友的大力支持，很多老领导、老同志的热情关怀和悉心指导，特别是王耀文老师在编写过程中给予了具体指导，在此一并表示衷心的感谢！

同时，《校史》出版也得到了学校校友的大力支持，在此特别感谢1997届应用电子技术专业校友刘豪先生的资助出版。

校史编研是一个新的史学研究领域，校史编写组力求做到可读、可鉴、可感，但由于编写组成员大部分非专业人士出身，专业素养、学术水平有限，加之时间紧迫，在资料收集、史实考证、史料运用、观点表述等方面，难免存在疏漏错误，敬请广大校友、全体师生员工和社会各界批评指正。

谨以此书献给太原科技大学 70 周年华诞！

太原科技大学校史编写组